U0169186

The Naming of Names

The Searchfor
Order in the World of Plants

植物命名的故事

[英] 安娜·帕沃德 著
暴永宁 译

生活·讀書·新知 三联书店

图书在版编目（CIP）数据

植物命名的故事 / （英）安娜 · 帕沃德著；暴永宁译. —北京：生活 · 读书 · 新知三联书店，2020.9
（彩图新知）
ISBN 978 – 7 – 108 – 06826 – 2

Ⅰ. ①植…　Ⅱ. ①安… ②暴…　Ⅲ. ①植物 – 命名法 – 普及读物
Ⅳ. ① Q949-65

中国版本图书馆 CIP 数据核字（2020）第 061510 号

特邀编辑　张艳华
责任编辑　徐国强
装帧设计　康　健
责任校对　曹秋月
责任印制　徐　方
出版发行　生活 · 讀書 · 新知 三联书店
（北京市东城区美术馆东街 22 号 100010）
网　　址　www.sdxjpc.com
图　　字　01-2019-6494
经　　销　新华书店
印　　刷　北京图文天地制版印刷有限公司
版　　次　2020 年 9 月北京第 1 版
2020 年 9 月北京第 1 次印刷
开　　本　720 毫米 × 1000 毫米　1/16　印张 32
字　　数　300 千字　图 170 幅
印　　数　0,001 – 5,000 册
定　　价　129.00 元
（印装查询：01064002715；邮购查询：01084010542）

谨以此书献给

一直支持我的科林·汉米尔顿及库尔金·杜瓦尔

目录

楔子

在圭亚那的一处溽热幽暗的热带雨林里，隐藏着两道巨大的瀑布。一道是凯厄图尔瀑布（Kaiteur Falls），位于波塔罗河（Potaro River）上；一道叫奥林杜伊克瀑布（Orinduik Falls），坐落在艾凌河（Ireng River）河口。两道瀑布间有羊肠小道相通，路径窄得只能容人步行，而且若有若无，地图上也并未标出，知道它的只有当地的一支属于帕塔摩纳（Patamona）部族的原住民，再就是若干撞大运的淘宝人——一批在密林深处支起帐篷，凭借最原始的工具沙里淘金和刨掘钻石的葡萄牙人后裔在这里孤军奋战。凯厄图尔瀑布要比尼亚加拉大瀑布（Niagara Falls）高四倍。我第一次看到它，是从一架英国制造的双引擎客货两用轻型飞机上。当时我坐在副驾驶的座位上，同行的是一位要返回委内瑞拉边境工作营地的探矿工程师。飞机先是沿着波塔罗河飞行。从空中俯瞰，这条河呈现为在密林中时隐时现的一段段懒洋洋移动的宽阔浊流。一望无际的绿色，铺满了我们的视野，不过偶尔也会被几块鲜艳的红色取而代之——那是一株株大树上满满怒放的花朵。在到达凯厄图尔瀑布上空时，驾驶员一时兴起，将飞机降在距瀑布那巨大弧面不远的位置，最后停到了一条跑道上。跑道十分简易，它只是在林间清整出来的一片空地。平常驾驶员飞过这一带时，偶尔会降落于此。飞机在这片灌木林里下降时发出的噪声，将我的大脑震得完全停转。我们来到了河边，离这片平坦宽阔的河面不远处有一面荒蛮的峭壁，岩壁上有一道狭窄的关口。河水就顺着这里狂泻到 820 英尺深的下方。飞溅的水花造出彩虹，悬浮在瀑布下方的谷地上。水花在不断地变化，彩虹却一直悬挂在空中。湍急的河水在喧嚣着飞泻而下后，又继续沿着它们形成的岩石河床汹涌地奔流远去。

被巨大水体的陡然跌落造成的激烈振荡的空气，不停地晃动着挂在树上生长的野生兰花和俗称老人须的空气草。飞溅的水花变成了千千万万个小棱镜，与空气混为一体；一旦离开水体，它们便自由地翻飞起来。看着这道瀑布，我想到了在圭亚那位居第二的奥林杜伊克瀑布，以及连接着这两者的林间小径。我们的飞机驾驶员不认识任何听说走过这条小路的人，不过揣想如能找到当地人带路，花上一周时间，大概便能走完这段路程。

正是这一段经历，致使我在六个月后，在一片茂密不见天日的雨林中艰难跋涉，连东西南北都全然搞不清。我面前有一条蛇，蛇皮伪装成杂草、树叶，与之浑然一体，一动不动地盘在小径旁的植物上，对我们一行人全然不予理会。要不是两位帕塔摩纳向导告诉我，我根本就无从发现。这是条什么蛇？我不知道。不过向导的表现使我意识到，对它可得十分当心才是。我对这里一无所知，得百分之百地倚仗向导。这里没有道路，不设路标，也没有可以作为标识的特别参照物。我们现在身处何方，朝什么方向走呢，已经走了多远，还得过多久才能停下来准备过夜，我一概不知。对于“还有多远”或是“还要过多久”一类的询问，向导总是以不变的方式回复——挥挥手臂，姿态优美，但模棱两可，只表示着“还得走一段”“还得过一会儿”。所以，我们都接着前进，忽而溜下山坡，忽而向上攀登；在这里打滑，在那里爬行；水浅处则蹚，水深处则游；就这样摸、爬、滚、打着，甚至诅咒着，扯着藤蔓悠着荡着，从这里到那里，蹦着跳着，穿行在这片土地上。我的两位向导无疑对这里很熟悉，而我却有如到了火星，进入了一片化外之境。

脚下的这条小径看来大体是顺着波塔罗河向上游方向蜿蜒的，可能会一直延伸到柯皮南山（Kopinang）一带。波塔罗河的这一段，被隐藏在密得无法通过的植物群落后面，通常根本看不到，只是间或能听到它流到湍急处或从矗立在河中石块间挤过时发出的声响。如果这里能够行船，我们就会走水路——帕塔摩纳人能打凿出十分出色的独木舟来。走水路要比旱路容易多了。遇到河水无声地流淌的地段，雨林里会寂静得令人不安。这里很少鸟儿，行走在这片土地上的两位向导，也都一声不响，他们只有一次发出呼喊，那是因为有一群美洲豹在我们面前穿越小径，它们的神情有如猎人般专注而沉着。不过有一天早晨，雨林中掀起了一阵怪异的声响，十分响亮，好像是什么动物被植物的浓密枝条缠绕住了。这像是一只巨兽喘着大气，

图 1 在这幅摘自一本 13 世纪初的手抄本的图画上，一个男人正在砍一株被认为能医百病的药水苏（学名 *Stachys officinalis*[1]）。植物与人的比例画得很不合实情

① 本书中提到的相当一部分植物在中国有分布，并被纳入中国科学院植物研究所等多家单位联合编纂的大型工具书《中国植物志》（2009 年国家自然科学一等奖著述），其中的一些分类归属与书中所提到的有所不同（本书也提到，植物体系的总体结构虽已经确立，学名的唯一性也成为确定不移的规章，但分类的具体定位一直是有变化的，并得到世界范围内植物学者的关注和参与）。如此处提到的药水苏，便不在作者所说的水苏属（学名 *Stachys*）内，而是与其他 15 种已知植物同归为与此属并列的药水苏属（学名 *Betonica*），因此相应的学名在《中国植物志》中为 *Betonica officinalis*。后文中的类似情况，译者也尽自己所知以注释形式与读者分享。——译注

声音十分低沉，又有些刺耳，强一阵，弱一阵；再强一阵，又弱一阵，就这样幽灵般地萦绕着、折磨着我的耳鼓。这种动静不似人类发出的，究竟是什么发出的呢？是吼猴，是狒狒，还是别的什么动物？这种声音源于林间，它在移动，但我却看不到它。倘若能够看到它，我会少一点疑窦，从而在这块既陌生又不能理解的地方少一点手足无措的感觉。

时不时地，我们三人会在林间碰到一个手持弓箭、背负箭囊的猎人，他的那些箭，镝上都是浸过毒药的。我们偶尔还会遇到集体行路的一家人。大人带着孩子，拎着锅子，背着袋子——里面是他们叫作“发林”的木薯粉，狗也跟着走在他们前后。我看到一个孩子，看上去顶多只有三岁，打着赤脚，踩着躺倒的树干过河。这里的所有“桥梁”只有这一种。它们高高地架在滚滚奔流的河上，河水湍急得无法泅渡。而充当“桥”的树干不但长着苔藓，两侧也没有拦绳或扶手，走在这种“桥”上，就像是在走钢丝。从这样的“桥”上过河，是我这辈子最恐怖的经历。而这样的经历，我在这里每天都可能要体验十多次！过“桥”给我带来噩梦，结果是连踢脚带哭喊地醒过来。我既不具备在这种环境下生存的体能，精神上也没做好足够的准备。生在温带，长在温带，一旦置身于热带环境，便会觉得有如脱了榫头，前前后后，上下左右，竟没有一样活的东西是我能叫得出名字的！

我伸手摘下一片叶子。它的大小有如果榛的叶片，只是更厚实些，质地也更韧些。看它的形态，我觉得很可能是一种有缓解黑蝇叮咬所造成不适的树叶。不过我不敢肯定。说不定它倒是有人警告说切勿触碰的一种呢——这种叶子含有剧毒，哪怕只是挨上一下，心脏就会停止跳动，而且立时毙命。这样两种不同植物的叶片，要凭借什么本质性的不同点予以区分呢？对此已经有人在某时某地做出了结论，形成了文字，画出了图样，印成了书籍；两种植物也各自归属于特定的植物目、科和属，又分别得到了由两个拉丁单词组成的学名，分别表示着属的名称和具有的某种特性。植物分类学家——一批专门负责给植物起学名的人——会把它们的性质一一弄清楚，并通过某些性质，如叶脉的分布、茎秆上纤毛的情况，以及生长的习性等，来判断一种植物是否与另外一些植物同属一个类别；这样便可以确认，我看到的这片叶子，究竟是有医疗功效，还是含致命成分。靠了植物分类学家的工作，原来只为在有限范围内生活的原住民所掌握的生死攸关的植物体验，便被收纳为有关全世界的已知植物知识的一部分，构筑成了一个全面的命名与分类的有序体系。然而在这片雨林中，我是无从与这个体系打交道的，我只能利用形成于中世纪欧洲的那一套办法，即根据植物的用途——用作食物、治疗或者巫术——来一一判定。假如就在这里生活下去，我也将学习如何像这些帕塔摩纳人一样，找到合适的小树搭起过夜的小棚子，也会同我的向导一样，能够认出会分泌一种罕见树脂的植物——这种树脂简直是火种加干柴：在夜幕降临后的露宿地里，哪怕棚外是瓢泼大雨，哪怕捡来的树枝是湿漉漉的，只要有小小的这一团东西，就能拢起一团篝火，烧饭、取暖便不成问题了。这种树脂的确有助于他们的生存。至于这团东西叫什么，除了帕塔摩纳人，别人一概不知；即便是与帕塔摩纳人的生活区域很接近的马库希（Macushi）原住民和威威（Wai Wai）原住民，也不知道自己的这些邻人是如何称呼它的。

我们的最后一段行程是改走水路去奥林杜伊克瀑布。我们沿着艾凌河顺流而下，在湍急处，我们乘坐的独木舟会如箭般地飞驶，两名桨手一面各自从一侧对付着河水，一面发出野性的呼叫。舟头的篙手则用一柄底部很宽的长篙控制方向，有时小舟会失控，此时便如一片落叶般在河中一面打转一面下行，直到河水将小舟推送到比较平稳的水域。奥林杜伊克瀑布是艾凌河水被劈成几路，从形成梯级的红色铁石英岩台泻下的一段。那一天正值满月。入夜后，附近的山上下了一场暴雨。来到瀑布区后，我们就坐在瀑布附近，一边听着轰鸣的水声，一边欣赏与繁密的星辰共同构成半个天球的那轮明月。明月的后面是帕卡赖马山（Pakaraima Mountains）。那里的闪电，不时地勾勒出这座山脉络起伏的轮廓。

嗣后，我便乘上一架租来的双座单引擎小飞机，离开壮观的奥林杜伊克瀑布，再一次飞到层峦叠嶂的密林上空。坐在副驾驶的座位上，扫视下面无边无际的绿界，我再一次认识到自己与自然世界的关联，而且这一次认识得十分明确。飞机沿着一道山谷和谷间一条从岩石间翻滚而过的河流朝着太阳飞去。眼下是一个个密布森林的山崮，有如海上的一座座岛屿。我在飞机上看着不久前步行走过的那条穿于两道瀑布间的蜿蜒小径，觉得这里真的有如柯南·道尔（Conan Doyle）在他的小说《失落的世界》中描述的所在。我真是无比的幸福。

******

1629年7月13日早上，英格兰一位刚于不久前取得营业执照的药剂师托马斯·约翰逊（Thomas Johnson，约1600—1644），离开了伦敦市斯诺墩（Snow Hill）他开张不久的药店，来到圣保罗大教堂前的广场等人。他时年28岁上下，目下正准备与从伦敦医药界从业人员会社精心选出的几名同道，去位于伦敦以东的近邻肯特郡（Kent）走上一遭。旅行的目的是编写出一份当地植物的名单。这是掌握全英国的植物区系、编纂英国全国生长的一切植物完整情况的植物志（这样的植物志此时还没有在英国出现）的第一步。当时英国已经出现了若干药草本册和本草图谱，有拉丁文的，也有英文的，其中就有约翰·杰勒德（John Gerard，1545—1612）的一本出版于1597年、因不靠谱而出了名的《植物说文图谱》。这些书册大多为译著，原作者或者是意大利人，或者是佛兰德人，内容都关乎他们本土的植物。虽说书中的部分植物也能在英国找到，但在这片土地上与植物打交道的人要根据这些来自国外的，而且还可能经过若干人未必负责任地增删改写过的本册和图谱，将之与英国不同环境里生长的植物做对照和判断，实在是很难的事情。药剂师和药店店主们特别需要掌握本土植物的分类与命名。医药是他们的行当，植物则是他们用种种方式加工制成丸散膏丹浆的原材料。要成为药剂师，须得到医药界从业人员会社颁发的执照；有了执照，才有资格制备和发售成药。不过，这批人要向采药人购买种种药材，而这些药材是不是西贝货呢？比如他们要买进脐心草，可送上门来的会不会是猪耳草呢？[①]约翰逊相信药剂师们是有可能上当受骗的。对此他曾指出——

> 在药草市场上，药剂师总会面临对病人造成巨大伤害的危险。他们还难免遭到一帮以挖草根、采草药为业的人的坑害与作弄。这帮人摸透药剂师的底细，因此不惮信口雌黄地以次充好，以假乱真……病人要是信靠这些提供药材的医

① 这两种植物都属景天科，前者为其中的脐景天属的物种之一，学名*Umbilicus rupestris*，有利尿和缓解结石疼痛的功能；后者为其中的绒叶景天属的物种之一，学名*Cotyledon orbiculata*，因叶子形如猪耳而得此俗名，茎叶含有毒素，对牲畜有危险。如果单看叶子，特别是干燥脱水后颜色改变的叶子，这两者是很相似的，只是前者的叶片上有不明显的小圆凹陷。——译注

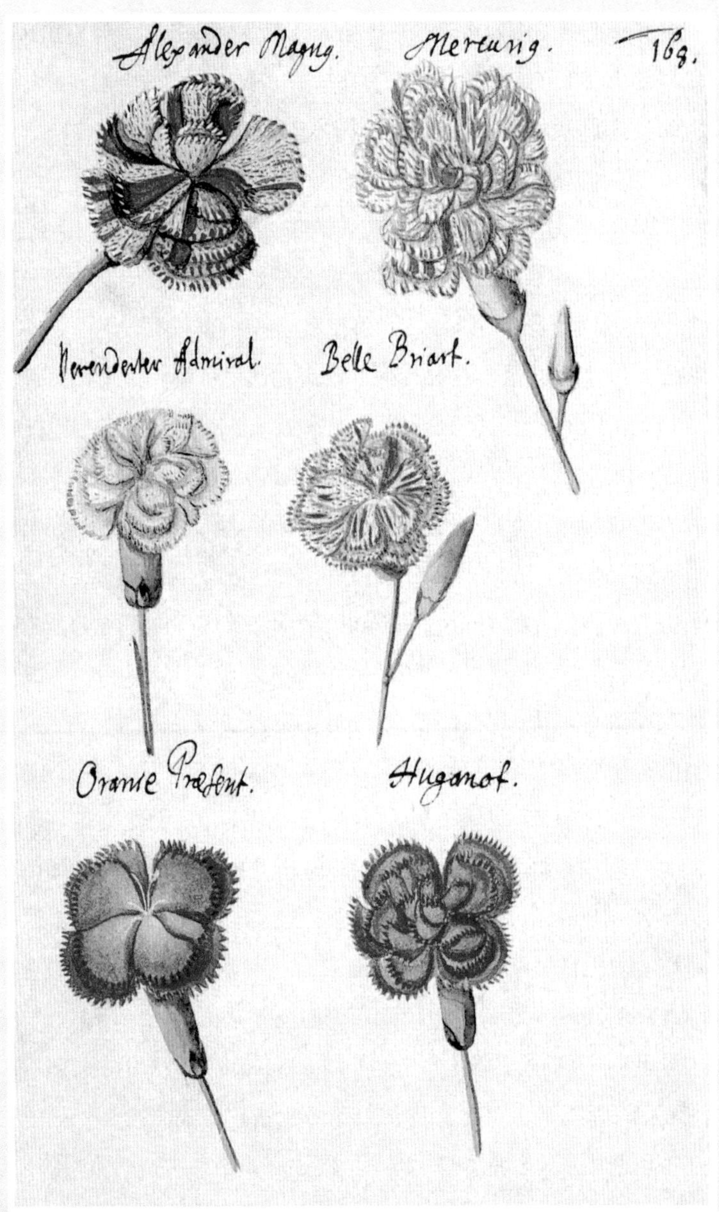

图 2 一张 17 世纪由德国人画的几种不同的石竹，图上还标出了它们的俗名。此图为克里斯蒂安·文策尔·范·诺斯蒂茨 – 赖内克（Christian Wenzel van Nostitz-Reineck）的收藏品

生和药剂师，是不是命运堪忧呀！医生相信药剂师，药剂师又相信水平低下、不讲诚信的贪心采药人以不变应万变塞来的假货，病人的安危实在往往要系于采药人掌握药草知识的深浅，以及他们的居心呢。[1]

正是这个问题，促使这位当过八年药店学徒的托马斯·约翰逊，约上了几位药业同行，立志熟悉一下本地的植物世界。眼下正要进行的是他们的第一次出行。计划是一直走到罗切斯特（Rochester）和吉灵厄姆（Gillingham）一带，再经由达特福德（Dartford）返回伦敦。这一行人并没有地图可资利用（他们打算要去的区域，直到18世纪才出现大比例尺地图）。不过一位名叫菲利普·塞蒙森（Philip Symonson）的英格兰地图出版商，早在1596年出版了肯特郡的地图，它十分简略，主要是供在海岸和内河行船的人使用的，图上只标示出了各处教堂的位置，以及教堂中哪座有钟楼，哪座有尖顶。当时的道路也少得可怜，没有路标，多处路面很泥泞。从伦敦去肯特郡，最合宜的选择是先沿着泰晤士河（Thames）走水路。因此约翰逊一行人也计划这样做，打算一直乘船到格雷夫森德（Gravesend）。到了这里，泰晤士河便不断展宽，形成扇面的形状，最后流入大西洋的北海。到了此处，他们再从南岸登陆改行旱路。

托马斯·约翰逊写道，抵达伦敦的泰晤士河岸后，他们便为第一段行程雇了两条船，只是"天气很坏，打乱了我们的计划"，搭载着约翰逊的几位朋友——伦纳德·巴克纳（Leonard Buckner）、约翰·巴格斯（John Buggs）、乔布·威尔（Job Weale）和罗伯特·拉金（Robert Larking）——的小船，不得不改道在格林尼治（Greenwich）停下来，等待风停雨歇。约翰逊等队伍中的一半人则平安抵达格雷夫森德，旱路之行从跨过约翰·科巴姆（John Cobham）和罗伯特·诺尔斯（Robert Knowles）修建于1387年——其上"捣鼓出不少法兰西式的花头"——的稳固石桥开始。在罗切斯特一处名叫"公牛客寓"的小店，巴克纳等一行人终于与他们会合到一起。原来这另一半人在等到坏天气结束后，仍旧从格林尼治乘船继续走水路前来，只是此时河水的潮期已变，船行很慢；他们中途在埃里思（Erith）下船上岸，步行来到格雷夫森德，并在那里弄到马匹，一路赶到了罗切斯特。"大家都很快活，"约翰逊写道，"我们一起用了晚餐。"饭后，他们看了看店家的花园，注意到园里种着烟草、迷迭香、萱草、肺草、糖芥，还有撒尔维亚[①]。

第二天早上，他们来到了查塔姆（Chatham）。时值一支英国皇家海军舰队——以英国历史学家威廉·卡姆登（William Camden）在其《不列颠》（1586）一书所见，英国海军的舰船在“天底下设备最为精良”——正在那里的港口下锚。这一伙人得到允准，登上排水量 1200 吨、时为全英格兰战舰之冠的“王储号”参观。这艘才下水不久的新船给托马斯·约翰逊留下了深刻印象。“66 门青铜大炮，都是最大号的，”他在访问后这样写道，“这艘船在构造上、规模上和气势上都超出了我的想象，令我无法诉诸文字。”[2] 在吉灵厄姆用过中饭后，他们去镇上的墓地调研了那里的植物，随后便过河来到谢佩岛（Sheppey），分别投宿在昆伯勒镇（Queenborough）的两家小客栈。这一行人对当地人来说，可算得上是大队人马了，因此令镇长产生怀疑，便派人前来传唤，要他们说明前来的缘由。这位镇长不无自矜地表示，由于肩负保障“长远福祉的重大职责”，保护谢佩岛居民不受危害义不容辞。他坚持职责所系，必须了解这一行人前来的目的。当地的走私行为相当普遍，劫掠事件也频有发生。这里的牡蛎是本镇的主要经济资源，莫非汝等要打昆伯勒牡蛎滩的主意乎？

约翰·巴格斯——他在数年后因无照行医坐了牢——向镇长说明了来意。他说，身为药剂师，他们“立志钻研有关医药和药材的科学”。他又告诉镇长说，他们听说谢佩岛上长有稀罕草木，便想亲自看一看。乔纳斯·斯泰尔斯（Jonas Styles）则试用了另外一种方式。他的说法是，他们到这里来，是希冀有幸能亲晤一下曾任皇家海军舰长、熟谙海事而又声誉卓著的镇长先生。他还脸不红心不跳地表示，为能高攀镇长这位“如此卓越”的人物深感荣幸。“如此这般的一番迷魂汤，灌得镇长舒服无比”，托马斯·约翰逊这样记录在案。镇长请这一行人喝啤酒，并举杯祝他们健康，还同他们议论了一番医药和海事。得到他的同意后，这一伙人便来到昆伯勒要塞，在已经倾圮的墙脚下采到了卵叶铁角蕨。他们又在希尔内斯（Sheerness）的海滩一带，找到了结出长而弯曲豆荚的长荚海罂粟和生有灰绿色叶片的两节荠；此外还捡拾到一些海星和乌贼，不过乌贼已经死了，变得扁扁的，颜色也不乌而白。

① 又名药用鼠尾草，名称中带有“草”字，但实际上为半灌木，带有“草”字是因为与它同属（鼠尾草属）的植物多数为草本之故。——译注

图 3 水彩画《水仙花与优红蛱蝶》，佛兰德画家雅克·勒莫因·德莫尔格作于 1568 年前后

谢佩岛是他们这次行程的最远点。从这里，托马斯·约翰逊和他的朋友们雇了梅德韦河（River Medway）上的一只平底船，将一行人送到对岸的格雷恩岛（Isle of Grain）——名字叫岛，实际上是个形状浑圆的半岛。这里地势平坦，然而单调呆板，还终年大风不断。半岛的南面是梅德韦河，北面是泰晤士河。“岛”上之行是此番肯特行的低潮部分。约翰逊对这段行程是这样记载的：“离开小船后，我们步行了五六英里，一路上却没有发现哪怕是一样能让我们高兴的东西。路沿着水边伸展。白天天气炎热，我们饥渴难当，堪似一群坦塔洛斯；[①] 渴得难受，周围固然有水，可都是咸的；也饿得同样悲惨。但置身于空旷的荒野，没有村镇，看不到一丝炊烟，听不到一声狗吠，环顾四方，寻觅不到任何能够唤起希望的人迹。”除此之外，连一样值得关注的植物也没有看到。

就这样在煎熬中蹭行，这一行人最后总算来到了一个小村庄，村名叫作斯托克（Stoke）。喂饱了肚子后，他们遇到了几辆马车，车子很简陋，装的是些啤酒桶，准备送往罗切斯特。这样，大部分人便上了顺风车，跟大酒桶挤在一起上了路，晃来晃去地听天由命了。托马斯·约翰逊和乔纳斯·斯泰尔斯两人没有搭车，一道步行西去。在先后穿过了高哈庄（High Halstow）和柯林堡（Cooling Castle）两处村寨后，投宿到了柯利孚镇（Cliffe）的一家小客栈。一路上他俩斩获颇丰，采集到不少新植物（其中还包括大麻），有相当一部分还是他们一向以为在英格兰本土上根本不生长的呢。[3] 只不过在柯利孚镇周围的陡峭山坡上，他们未能发现任何新植株，于是便改变预定路线，去了格雷夫森德东面一片盐碱很重的滩地。在那里，他们发现了卫足葵和法国大植物学家卡罗卢斯·克卢修斯（Carolus Clusius）命名为 *Trifolium fragiferum* 的莓果车轴草。

穿过一片片种着欧洲油菜、要用镰刀收获的田地后，托马斯·约翰逊和乔纳斯·斯泰尔斯又回到格雷夫森德，等着同他那批“酒桶伙伴”会合。正在吃中饭时，托马斯·瓦利斯（Thomas Wallis）骑着一匹马来了。马是他在罗切斯特租来的。他说，伦纳德·巴克纳和乔布·威尔随后就到，至于别人，他可就说不准了。此时正值落

① Tantalus，希腊神话中的人物。他因惹怒宙斯被打入冥界，被罚站在没颈的水池里，当他口渴想喝水时，水却退去；他的头上有果树，但当肚子饿想吃果子时，却摘不到果子，因此永远处在饥渴的折磨中。——译注

潮期，直到晚上也不会有船驶往伦敦港。于是，这一部分人便雇了几匹马，走御道来到达特福德。下马后，他们便径直去往一个名叫灰岩谷（Chalkdale）的地方，因为“在那个曾开过石灰石矿、烧过石灰的地方，生长着许多少见的草木。我们看到在那个野草遍布的地方，生长着好多漂亮的植物”。约翰逊记下了他们的收获：茎秆长长的蓬子菜，一丛丛的风铃草，开着深棕色花朵的蝇兰，间或还能看到些牛舌草。他们都一一加到了肯特郡所生长的植物名单上——单子已经相当出色了呢。

当天晚上，他们接受了理查德·瓦利斯（Richard Wallis）——当地“一位彬彬有礼的牧师”——的招待，先是享用了一顿美餐，然后去他的草场搜寻植物。翌日一早，这队“减员人马”走步行小道进入位于泰晤士河南岸的小镇埃里思后，便雇了一条船上溯将他们送到伦敦。一路上，他们遇到了三艘刚从西属东印度群岛（Spanish East Indies）[①]回来的大船，并应邀上船造访。这半伙人中的伦纳德·巴克纳（后来当上了伦敦医药界从业人员会社的掌门人）还接受了船上的赠礼——“一颗很大的果松松球、一节甘蔗，还有一根竹子”。据托马斯·约翰逊所记：“然后，我们便下船，走过我们大英世界上最著名的大桥[②]。有人告诉我们，那些没同我们一起回来的伙伴们现在都在等着我们。原来他们已经回到伦敦了。”这伙“马车帮”以不同凡响的方式，经由胡芜半岛（Hoo Peninsula）来到罗切斯特后，受到此地被立为城市后上任的第一任市长安东尼·阿伦（Anthony Allen）的盛情款待，享用了以一种新方式烹调的羊肉，又与罗切斯特大教堂的牧师约翰·拉金（John Larkin）有一场愉快的聚会。重新会合到一起的这一伙人全都同意，这是一番最令人满意的旅行。此行共搜寻到大约 270 种肯特郡从不曾有记录的植物，其中更有约半数是全英国不见经传的。这便令他们决定今后还将再度出行，时间定于 8 月间，方式是骑

① 中世纪以来，欧洲人对印度文明与物产的向往，使其探险家时常将他们发现的海外新地域误认为印度，将当地原住民视为印度人。北美的印第安人（如今一般已经不再用这一称呼）和加勒比海的西印度群岛都是这种误解的产物。东印度群岛也是如此，而且情况更复杂些，有西属东印度群岛和荷属东印度群岛之分；前者指从 16 世纪中叶至 19 世纪末被西班牙占领的菲律宾群岛及周边范围，后者指从 16 世纪末到 20 世纪中叶被荷兰强占的大部分印度尼西亚。由于这两个殖民地的存在时间有交叉，地理位置也相邻（都是马来群岛的一部分），故往往在指称上比较含混，都称东印度群岛，也简称为东印度。——译注

② 指伦敦桥（London Bridge）。此桥始建于公元 50 年前后，后多次重建，于 1209 年改建为石桥。1750 年前，它是泰晤士河在伦敦市段的唯一桥梁。——译注

马，而目标是被视为荒原的汉普斯特德丘地（Hampstead Heath）。

******

我骑在马背上，与几位哈萨克牧民行走在天山山麓。这里地处中亚高原。4 月末的雪山顶上，一场小小的暴风雪扫过后，阳光重又普照大地。从高原边缘处向下面眺望，可以看到一弯高悬在平原上空的彩虹。平原上散落着还是苏联时期修建的设施，有灌渠、输气管道和工厂，如今都已废弃，成了一堆堆残迹。它们从天山脚下延伸到平原上，再向北一直零落地铺到下一道山脉脚下。那道山是卡拉套山脉（Karatau Mountains），我们从这里也能够看到。天山山脉群峰耸立，山坡在白云映衬下看上去一片青黛。一匹身上长着灰斑块、鞍后搭着粗帆布褡裢跨袋的马儿走在我前面，瘦削的身子两侧都冒着水汽。我骑的这匹马，马鞍是金属的，制成小船的形状，上面铺着颜色鲜亮的天鹅绒软垫；勒绳两边是编成的马缰和穗子，穗子是用红色布条做的。出村后直到山脚一段的路很平坦，长满了草和小灌木，马儿走得十分轻快。行走在这片草原上，如果遇到窄窄的小溪时，它们就会跳过去，跳的姿势颇有些特别，就像是摇椅的一晃。走到后来，路便陡了起来，也有些崎岖了，而且变得让我辨认不出。于是，我便只是盯着前面那匹马，看着它一步步蹚进蹚出矮墩墩的四季常青的刺柏灌木丛、绕过硕大的石块，连走带滑地通过因雨后湍急变宽、条数也多起来的溪流两侧泥泞的岸边。马儿有时会惊起长着红脚杆的朵拉鸡扑棱着翅膀飞快逃离，活像是些发条玩具。

雨滴顺着哈萨克牧民的帽檐流下来。他们的帽子帽檐前面上翻，后面披在颈项上，样子很像渔夫帽。帽子是毛毡制的，毡料很厚实，与当地牧民居住的毡包料子相同。我们沿途就能看到这样的毡包。它们就搭建在山坡上，已经被固定好，准备供牧民住一个夏天。绕过一面峭壁，便看到一片开满野花的高原。花儿开得密密麻麻，简直比哈萨克人的地毯还要密实。有红棕色的贝母，蓝色的鸢尾，冰山般白中透蓝的番红花，大片的叶子斑驳有如蛇皮的郁金香；低矮的樱桃灌木[①]开着浅粉的

① 樱属下有百余种樱桃，多数为乔木，也有几种为灌木。——译注

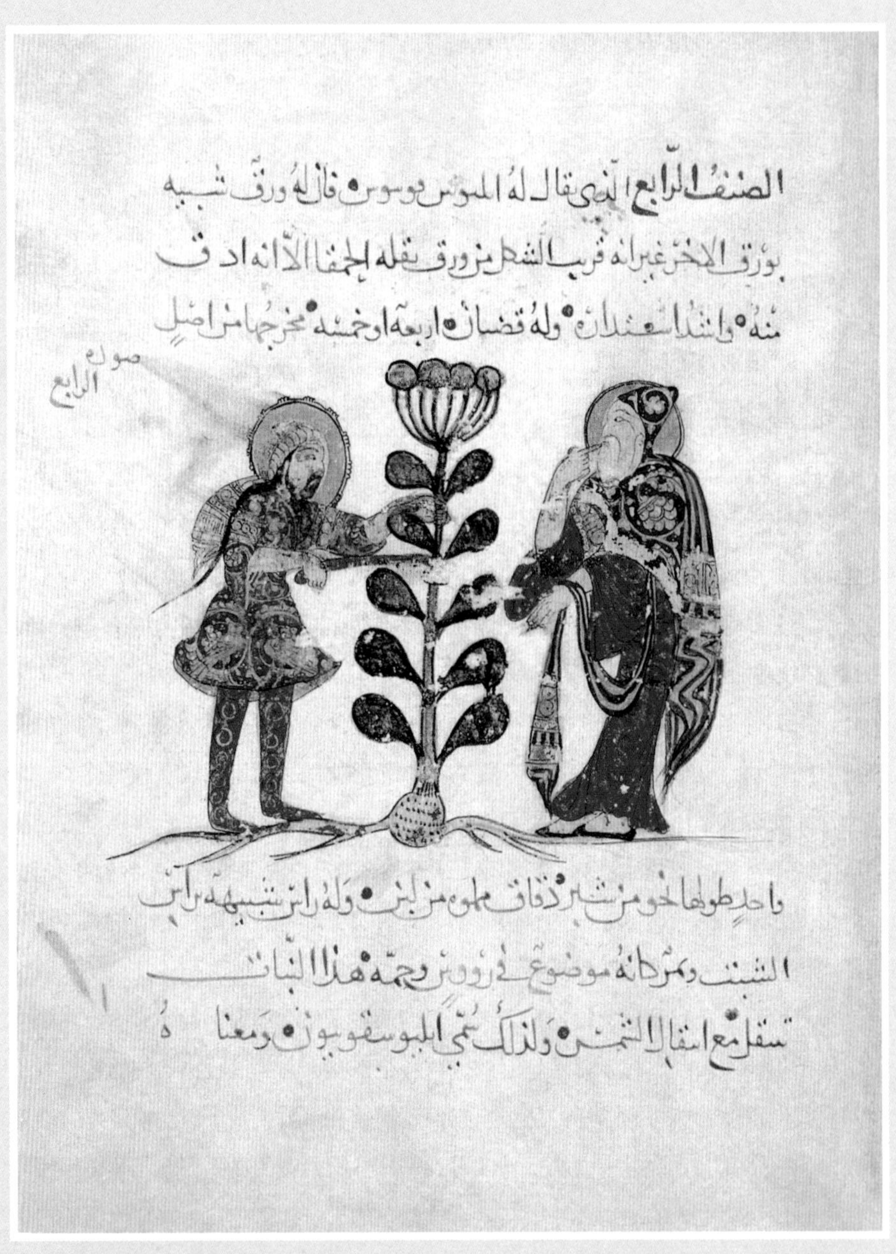

图 4 狄奥斯科里迪斯和一名助手在采集草药。摘自巴格达的一部手绘本。该绘本形成于 1224 年

花朵；挺拔的绣球葱，成片的堇菜，从叶鞘中挺然钻出，花簇一似烧红拨火棍的独尾草；毛蓬蓬有如一团翠绿丝线的大阿魏；花色紫红的野豌豆和美紫堇；茎枝弯弯、连茎带叶有似鸟羽的黄精；叶片如箭镞的野海芋。这些我都认识，也都能叫得出名目来——欧洲的植物爱好者，恐怕很少会有谁不想试着给这些美丽的花草换换环境，从夏天热得会爆表的天山山麓的石坡处，移栽到潮湿、温暖、有云又有雨的润土上吧！这些植物实在是太美丽了，令外来人一旦见到，就肯定想将它们带出中亚这个上天为之选定的小小落脚地，进入更广阔的世界。1453 年，拜占庭（Byzantium）帝国的首都君士坦丁堡（Constantinople）被奥斯曼帝国攻陷后，欧洲的外交使节便开始出现在这个帝国的新国都，打开了东方植物进入欧洲的大门。从此，亚洲的草木便源源来到欧洲，而且数量迅速增加。在从 15 世纪中期到 16 世纪中期的一百年间，就有超过以前两千年总数 20 倍的植物来到西方。百合、贝母、风信子、银莲花、花毛茛、番红花、鸢尾、郁金香等，同一匹匹丝绸一道，沿着早已形成的“丝绸之路”，翻越一道道崇山峻岭，先经过塔什干（Tashkent）、撒马尔罕（Samarkand）、布哈拉（Bukhara）、阿什哈巴德（Ashgabat），再走从巴库（Baku）到埃里温（Jerevan）的路线，一路跋涉到君士坦丁堡这一前往欧洲的跳板这里。

我一面放开马，随它小心翼翼地避开有刺的野蔷薇啃吃顶冰花的草叶，一面盘算着一些有关行李、褡裢袋、手工制的马具、支起和拆卸毡包、点燃防熊驱狼的篝火，以及如何运送远离故土的植物使之一路上不致损坏等诸般问题。被运送的植物当然不会死掉，因为最珍贵的植物品种、最受欢迎的美丽花卉，运送的都只是它们的球根[①]部分。这些植物一旦开过花后，就会迅速将对自己最重要的成分集中存储到地下的这一部分，然后靠着覆盖着它们的砂质土壤的保护度过炎夏。在这几个月的休眠期中，生长是停滞的；只要将球根包装好，长距离运送就会很保险的。球根也同丝绸一样，价值高而体积小，是商人们认为值得为之冒些风险长途运输的货物。

与我同行的牧民向导叫亚历山大（Alexander），一路上都在花草丛中搜寻一种

① 球根并不是，或者并不只是起吸收养分和固定作用的根，还有更多的重要作用。它们是茎发生变化发展到地下的结果，称地下变态茎。地下变态茎变得肥大的部分就是球根，根据其变态形状又分为五大类，即鳞茎（如水仙、百合等），球茎（如唐菖蒲、番红花等），根茎（如美人蕉、莲等），块茎（如马铃薯、仙客来等）和块根（如地瓜、大丽花等）。——译注

叫“蓝腿儿”的蘑菇。这种菌的伞帽呈淡淡的奶油色，有些像石头块。他招呼了一声，指着一堆东西让我看。这是一坨野兽的粪便，就在一丛野生香艾菊旁边，很大的一泡，看上去拉的时间还不久。“熊。”亚历山大说。这头熊早上吃了刺柏果，后来又吃了大黄。据亚历山大揣测，这个家伙一定是在上面的一个岩洞里过的冬。那个洞黑乎乎的，边上盛开着一丛天山贝母。它们密密地长在一起，如同一片野荨麻，向上挺起的茎干上长着灰绿色的轮生叶片，开着令人喜爱的暗黄色钟形花朵。欧洲的园艺师们认为，在所有的贝母里，要属这一种最稀有，样子最奇特，也最难伺候。可它却在这里装点着一头熊的门庭！

我的坐骑穿过一大片兰状鸢尾，去靠近亚历山大的马儿，一路上，它们没有钉马掌的四蹄将黄色的花朵踩得稀烂。“真抱歉呀，”我看着这些还连在镶着一道白边的宽阔叶片上的花儿说，“实在抱歉！”这种鸢尾，我以前只看到过一次，是在伦敦的英国皇家植物园里。那只是孤零零的一朵花，被恭恭敬敬地养在一个大大的陶土花盆里，交由英格兰的一位有本事让它肯开花的人精心呵护着。“Iris。”我将鸢尾的英文读音告诉给——讲哈萨克语时会不时地夹杂些俄文单词的——亚历山大。他则回复我这种植物的当地说法：“Ukrop。”“*Iris orchioides*。”我又说，不过这一次其实是说给我自己的。我说的是这种鸢尾在植物学中的连“名”带“姓”的学名——将这种植物运送出哈萨克斯坦时，才会给它套上标签，写上这个1880年时由埃比－阿贝尔·卡里埃（Ebie-Abel Carrière）给出的名称。（附带一提，这位法国分类学家当年是在一家苗圃里见到此物种的，继而又在法文期刊《园艺》上首次倡议使用此学名，意思是说，这是一种花朵，有如兰花的鸢尾，因此学名的意思就是兰状鸢尾）。见到这种花的西班牙人、比利时人、美国人、澳大利亚人、巴西人，还有日本人，都同意它的确是一种不同于来自中亚地区的其他鸢尾——天山鸢尾、布哈拉鸢尾等——的独特品种。从中世纪起，拉丁文便一直是全欧洲共同的书写语言，无论在法国、意大利、英格兰还是荷兰都通行无阻。出现在欧洲最早的一批药草本册上的拉丁文植物名词，经过随后三百年的不断加工，形成了一种特殊的植物学语言，堪称一种世界语，为全球所有对植物感兴趣的人理解着和使用着。诚然，这些名称只是些标签，对植物本身并无任何意义，不会引起相应植物的任何反应。千千万万年来，使它们起反应的是光照、黑夜、冷暖、干湿、马蹄践踏等

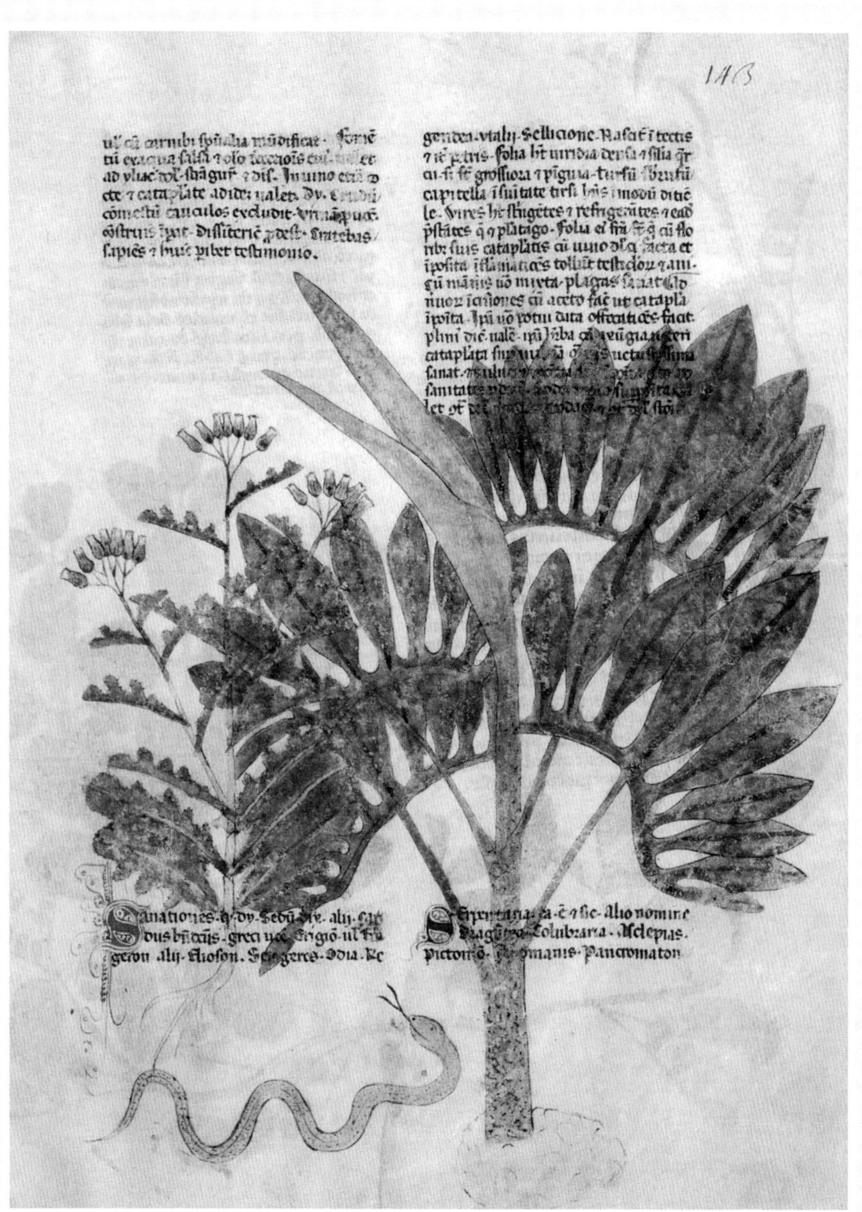

图5 此图摘自1330—1340年间的一部手稿上所绘的两种植物。左后方的一株看上去似乎是欧洲千里光（学名 *Senecio vulgaris*），右前方很神气的一株是名称中带个显赫“龙”字的龙海芋（学名 *Dracunculus vulgaris*）。画面上还有一条蛇，可能表示此种植物是蛇毒的克星

外来刺激。对这个拉丁文名称不起什么反应的还有我的牧民向导亚历山大。多年来，他始终生活在这片山地下面的一块小平原上的一个小村庄里，村名叫作札巴格里（Dzhabagly），大概还会继续在这个地方过完这一辈子。他只知道存在于这片土地上的植物的当地俗名，而且至少知道 80%。而对于与他一起生活的人，这些俗名就是最有用的。这里有梨，他叫它 grusha；这里长荨麻，他说它是 krapiva；我知道的郁金香，他称之为 kyskaldak；那些他一直在采集的蓝腿菇，他名其曰 sinenozhka——一个对他来说已经足够用了的字眼，表明是一种吃了不会中毒、味道很好，还能卖出不错价钱的菌子。

所有这些佳妙的植物在远离故土、辗转来到外地后，又是经过什么样的过程，得到了新的、被普遍认知的名称呢？商人传给海船船长，旅行家传给园艺师，外交官传给王公贵族，传教士传给僧侣，从中亚地区传到比萨（Pisa）、帕多瓦（Padua）、普罗旺斯（Provence）、巴黎（Paris）、莱顿（Leiden）、伦敦，被传递的植物会失掉各自原有的俗名——它们在当地的身份。原来的名字消失了，但名字一定还是要有的，哪怕只是为着实用的目的也必须如此。有不少植物是为着医用目的被引入欧洲来的，用以充实草药师傅们的药典，扩展医药的功效。当时的大多数药物都来自特定植物（并被纳入专门术语“本草”的范畴）。新的本草便可能意味着带来新的疗效——当然先得保证它们是名副其实之物。采药人鉴别植物品种的本领，决定着植物的医药价值，同样也就决定了它们的经济地位。

不过，药剂师和药店老板总要担心被假货冒名顶替，买到的并非正宗，只是些容易弄来的东西。不就正因为如此，托马斯·约翰逊和他的朋友们，才决定去大自然中调查肯特郡的植物吗？他们的肯特郡之行只是计划中的第一次，他们打算到英格兰的不同地方去，将看到的野生植物搜集来，研究它们的特性，了解其应用。此外还有一点，就是确立有关英国所生长的植物其种类的共识，并决定它们都应当有的名称。这在英国可是破天荒第一次。

当英格兰学界开始进行植物考察时，这样的工作在意大利和法国已经进行了好一段时间了。托马斯·约翰逊一行人的旅行，以及这样做的用意，是受到 1557 年的一次锡比利尼山脉（Sibylline Mountains 或 Sibillini Mountains）之旅启发的结果。进行这番跋涉的，是年轻的意大利植物学家乌利塞·阿尔德罗万迪（Ulysse

Aldrovandi，1522—1605），目的是对该特定地区的植物进行登记，也就是确立起一种地区植物志。此举在欧洲实属第一次。诚然，阿尔德罗万迪并不自认是什么植物学家——这一称呼成为正式术语，还要等到这次锡比利尼山脉之行之后的一个多世纪。以往对植物的研究，一向是与药学紧密相连的。16 世纪时，无论是药剂师还是医生——外科和内科都在内，必须知草识木。阿尔德罗万迪的大学生涯是在意大利的博洛尼亚（Bologna）大学度过的，老师之一是杰出的教授卢卡·吉尼（Luca Ghini，1490—1556）。他们师生是泛欧洲网络的一部分，是信息交换处，是 16 世纪的互联网，将所有希望更好地理解自然世界的人联结到一起。他们致力于与其他国家持有同一旨趣的人进行沟通，希冀在逐步达成共识的基础上，找到植物世界的秩序，并形成一套命名体系，创建起一个在植物俗名之外的拉丁文名称体系来。进入而立之年后，阿尔德罗万迪便与很有影响的西班牙药剂师贝尔加索（Bergaso）有了交往，又与教宗派往马德里（Madrid）与西班牙国王腓力二世（Philip Ⅱ of Spain）[①] 建立个人联系的罗萨诺（Rossano）主教和巴塞罗那（Barcelona）的米孔·德维兹（Micon de Viez）医生交流过信息，还同梅赫伦（Mechelen）的植物园园长菲利普·布朗雄（Philip Brancion）互换植物种子。1578 年时，一种形态特殊、开橙红色花朵、名叫皇冠贝母的植物刚刚从东方传入欧洲不久，阿尔德罗万迪便给著名的普拉托里诺大花园的主人、托斯卡纳大公弗朗切斯科·德·美第奇一世（Francesco I de' Medici）送去一幅该植物的图画。形成一个能够将自然世界纳入某个逻辑体系的构想，是这个泛欧洲网络中诸学者、赞助人、贵族和庄园主的热望。他们还有一个共同点，就是都能用拉丁文这一共同语言沟通。

给植物对号入座，除了出于医药这个实用目的，还有一个着眼点更高的冀求，那就是理解自然世界。这后一点正是欧洲文艺复兴时期的关键表现。曾主导着中世纪欧洲的那种万事不离宗教的套路，开始逐渐被主动的、注重人世间的思辨方式取代。这个新时期的精神文化，是鼓励人们回归古典时期钻研学问的方式，做出科学发现，进行地理探索，并认识人类自己的思想潜力。艺术要挣脱宗教的桎梏。随着

① 历史上至少有八个腓力二世，故在外文姓名后加上有关的国名或地区名以资区分，中文译名则加在前面。本书中对于其他有类似情况的人物也以同样方式处理。——译注

更理性的、更科学的思维方式的形成，研究自然世界并对其整理归类，便成了推动文艺复兴的原动力和基本内容。欧洲人在 14 世纪遭受的磨难——严酷寒冬、食物匮乏、瘟疫迭起——促成了注重经验的理念，并使之体现为人们在 15 世纪上半叶的基本行事方式。这正标志着在人与自然的关系中出现了新的维度。博物学家、草药师、庄园主、农夫，还有在欧亚两洲活动的外交人员，彼此间形成了新的交互并取得了可观成果。威尼斯共和国派驻西班牙大使安德烈亚·纳瓦杰罗（Andrea Navagero）在巴塞罗那和塞维利亚（Seville）之间走马旅行时，详细地记下了生活在那一带的摩尔人[①]种植的各种作物；1510 年在威尼斯（Venice）出生的威尼斯共和国官员彼得·安东尼奥·米希尔（Pietro Antonio Michiel），在家乡著名的圣特罗瓦索教堂所在的小岛上精心辟成一处园林，园内种植了该共和国派驻君士坦丁堡和亚历山大城（Alexandria）的使节送来的草木。他还同达尔马提亚（Dalmatia）地区、克里特岛（Crete）和黎凡特（Levant）地区的人们保持着联系，也同从法国、德国和佛兰德前来威尼斯经商的生意人打交道。欧洲的大量贸易是经由意大利的海港进行的，因此，在探求植物世界中所存在秩序这一活动的初始阶段，由意大利人唱主角便不足为奇了。不过，信息的流动很快便从地中海（Mediterranean Sea）沿岸地区的学界，自由地流向欧洲更北的地区，与威尼斯、佛罗伦萨（Florence，也写作 Firenze）、普罗旺斯、巴黎、莱顿、伦敦等地的知识界连接为一体。

活字印刷的出现——欧洲第一次用到它，是 1454 年在美因茨（Mainz）为天主教会印制花钱消灾的“赎罪券”——自然成了传播知识的强大催化剂。在此之前，信息只形同个人资产，凭借拥有者的意愿辗转递送，或者靠口传，或者借信授。在此过程中，每个传递者都有可能对信息增减改动。印刷书籍的出现，改变了接收信息的方式。大家接收到的都是同样的内容；固然未必真确，但在传递过程中始终保持不变。这样一来，下一步如何发展，就有了确定的基础。

约翰内斯·古腾堡（Johannes Gutenberg）的活字印刷术在欧洲问世后不到三十年，以这种形式写就的讲述植物的书籍便出现了。第一种出现在德国，这是一部

① 欧洲白人对在西班牙南部生活的阿拉伯人，包括有阿拉伯血统的混血后代的统称。阿拉伯帝国的第一个世袭王朝倭马亚王朝的贵族是最早的摩尔人，在 8 世纪中期的内战中灭亡后，他们逃亡到了伊比利亚半岛南部的地方。——译注

介绍草药的书。不过最早受到欢迎、在全欧洲有了读者的同类印刷读物，是 1530 年出版的一部植物图谱，作者是德国人奥托・布伦费尔斯（Otto Brunfels，1488—1534）。他本是一名天主教加尔都西会修士，后来改信了新教，当上了瑞士伯尔尼（Berne）一所教会学校的校长，同时又兼行医。他的这本书之所以畅销，其实并非缘于书中的文字——它们基本上是泰奥弗拉斯托斯（Theophrastus）和狄奥斯科里迪斯（Dioscorides）这两位古典时期人物著述的摘录。使它受到欢迎的是印在书页上的版画。这些插图出自一位名叫汉斯・魏迪茨（Hans Weiditz）的德国画师。这位魏迪茨不同于布伦费尔斯，不满足于因循前人的套路。他为这本图谱所画的插图，是以真实的植物为蓝本绘制的。他创作出的一批最早的印刷版画有睡莲、野荨麻、车前草、细辛、马鞭草、小白屈菜、星星草、五叶银莲、白头翁草等，欧洲无论哪里的人看了都能准确无误地辨认出来。促进欧洲文艺复兴时期植物学发展的是艺术家，而不是作家。

汉斯・魏迪茨学艺的领路人和效仿的榜样，是德国文艺复兴时期的巨匠阿尔布雷希特・丢勒（Albrecht Dürer，1471—1528）。丢勒曾这样说过："听从大自然的引导，而且不要离开它。自认能够比大自然做得更好，实在是误入歧途。真正的艺术是潜身于自然之中的，唯能领略者把握之。"他所画的草木惊人地逼真，作品有如对现场的摄影，细节上也与植物学事实精确相符。报春花叶片的波纹皱，耧斗菜花朵底部的纤长花梗，莫不在他的笔下得到了反映。只不过魏迪茨从细节上反映植物自然分类状况的做法同丢勒有所不同。在意大利，达・芬奇（Leonardo da Vinci，1452—1519）也尝试着用另外一种方法描绘植物。具体说来是将点燃的蜡烛凑近植物的叶片，使之蒙上一层烟炱，再将叶子平放在纸上按压，烟炱便留在纸上，显现出复杂的叶脉形象来。这样得到的结果也与版画相同，而且既省了木料，也免了雕工。他在《绘画论》[①] 一书的第六部分，便给出了他研究植物，认识根、枝、皮、花、叶的内容。

就这样，欧洲文艺复兴时期的植物学者与博物学家在艺术家的帮助下，开始了

① 有中译本，译名为《莱奥纳多・达・芬奇绘画论》。此书原为达・芬奇本人的笔记，他死后手稿长期下落不明，二百多年后才在意大利小城乌尔比诺（Urbino）重见天日，故也得名"乌尔比诺手稿"，经整理后以 *Trattato della pittura*（《绘画论》）的书名出版。——译注

图6 一幅德国鸢尾（学名 *Iris germanica*）的水彩画，阿尔布雷希特·丢勒作于1503年前后。原作上的这株植物几乎与实物一样大小

给植物统一命名的漫长过程。在此期间，比萨、帕多瓦和博洛尼亚的大学里先后建成了植物园。宗教信仰的不同，使新教教徒无法在巴黎的大学接受教育；西班牙国王腓力二世帐下的天主教人马也将他们驱赶出安特卫普（Antwerp）[①]，英格兰的新教教徒同样突然发现自己成了受打击排斥的一方。于是，在法国南方的著名学府蒙彼利埃大学的医学院，便集中起一批信奉新教的年轻人。他们在那里交流信息；再度遭受驱赶后，又到欧洲北部建起出色的新中心。在离开法国的20万胡格诺教徒中，有许多出色的植物学者、园艺师和苗圃专家，分别移居到了瑞士、德国、英格兰、荷兰等地。迫害逼出了进步。蔓延欧洲的移民潮，将有关植物的新知识播散开来，知识的网络得到了扩展。法国企业家、学者、旅行家与苗圃专家皮埃尔·贝隆（Pierre Belon，1517—1564）也带来了欧洲之外的信息。他发表的本人从1546年到1548年在黎凡特地区周游的见闻，强化了欧洲园艺爱好者纷纷栽种他所介绍的美妙植物（介绍中的多数都是生有球根的）的意愿。随着新植物一拨又一拨地从外方来到欧洲，对植物进行分类、描述，并形成合理命名体系的要求也更加迫切。到了新植物从美洲滚滚涌来时，这一任务便更显紧迫了。在亲赴美洲的欧洲人中，西班牙人尼古拉斯·莫纳德斯（Nicolas Monardes，1493—1588）第一个写书介绍了迄今尚不为他的同胞所知的这片化外之域的丰富植物。到了1577年，这本提到向日葵和烟草等种种新奇植物的书便被译成英文，书名是《来自新大陆的好消息》。就这样，从公元前3世纪的希腊哲学家[②]泰奥弗拉斯托斯开始的给植物命名的工作，便从当初零零星星的尝试，引来了欧洲大批出众人物的关注。下面就讲一讲这些人与这些人的事。

---

① 安特卫普，比利时北部的一个省和该省省会的名称，曾一度属于佛兰德，远离西班牙本土。而这位腓力二世是西班牙帝国处于历史上最强盛时代的国王，除了西班牙本土，还是欧洲其他许多地方的统治者，远离西班牙本土的中欧和南欧许多地域，都在他的统治范围内，此外还有非洲和美洲的广大殖民地。——译注

② 本书中提到的哲学，基本上都是指自然哲学，并不是涵盖范围更广的现代含义上的哲学。它的研究内容，以及与自然科学的关系，请参看有关的书籍和互联网资料。——译注

第一章

肇始时期

（公元前 370—前 290）

林林总总的大千自然世界中必定存在着秩序，相信它并为之探寻而苦苦求索的诸多人中，希腊哲学家泰奥弗拉斯托斯是最早的一位。他属意于拼合连接出植物秩序的大拼图，并将其中的几块拼接到了一起，且认为自己拼对了。在随后的两千多年里，时不时地会有些哲学家、医生、药剂师等接续着这样做，这里那里地接上几块拼片，使它一点点渐渐地变大；终于到了 17 世纪末时，拼图开始显现出了些眉目。目前有文字描述的植物共有 42.2 万余种，泰奥弗拉斯托斯当时所知的有约 500 种，其中半数在他之前已经出现在古希腊的诗篇、剧本和文章中［比如荷马（Homer）便提到了 60 种］，不过要论认真关注植物命名事宜的，泰奥弗拉斯托斯可是第一位。他在率先搜集植物信息的同时，想到了两个重要的问题：一是“世界上都有哪些植物”；二是“如何最有效地区分不同的植物”。他是最早考虑到植物之间关系的人，而且出发点不仅仅限于它们对人类的用途。巫术和医药都为促成更多地了解植物提供着强大的动力，但泰奥弗拉斯托斯要做的是，通过另外的途径达到认知，可以说纯粹就是为闻道而为之。在求索这个“道”的过程中，植物之间的关联便会渐渐地显现出来，从而帮助人们认识自然世界的丰富存在及其行事方式。要知道，古希腊人对秩序可是十分热衷的哩。

希腊首都雅典（Athens）有个宪法广场，广场北侧立着一块界石。这是一块没有经过打磨的大理石，上面镌有一些文字；看上去十分模糊，应当已经刻上不少年头了。它大约只有两英尺高，不过下面又垫了一块石头，垫石要新得多，新旧石头加在一起，高度便大约赶上了设在它们旁边卖冷饮和冰激凌的小亭子。这块大理石便是当年雅典学园所在处的标记。公元前 320 年，泰奥弗拉斯托斯便在这里教学。忘却宪法广场四周的道路上被风驰电掣的车辆弄得尘土飞扬的场面吧，忽视四下林立的广告牌吧，漠视那雄视广场的布列塔尼大饭店吧，更不要去理会那些足蹬鞋头上缀着怪里怪气大绒球的卫兵们。请让眼前浮现一下当年雅典学园的情景：清早前来听讲的人超过了两千名。[1] 他们是来听泰奥弗拉斯托斯讲学的，此时的他正在听众面前踱着步子边走边谈；一只手里拿着一片悬铃木的树叶，是从某株给整个学园洒下树荫的这种乔木上摘下来的；另一只手里拿着一片从葡萄藤上摘来的叶子。两片叶子大小差不多，也都大体上呈现为三叉形。这是不是意味着，这两种植物间存在着某种亲缘关系呢？可是，葡萄藤上会结出可以吃的水果，而悬铃木却不能够。那么，是否又可以据此否定它们有任何关联的可能性呢？要知道，悬铃木能够长得很高，用英制丈量可在 30 英尺以上，而葡萄藤却不会长高长粗，永远不可能呈现出大树的模样呀！

高度——或者换成性状这个更广义一些的说法——会不会是区分植物和对其进行分类的既方便又合理的标准呢？泰奥弗拉斯托斯认为它是一个，并告诉他的弟子们说，他认为可以据此将植物分为四个大类：乔木、灌木、亚灌木和草株。今天看来，这并非像什么立论之言。不过我们还是应当先行忘掉几千年来知识的大量积淀，回归到泰奥弗拉斯托斯所在的时代才是。面对他想要理解的世界，并没有达尔文（Charles Darwin）的启迪，没有《物种起源》的引导，进化的概念也还没有形成。那时的希腊人将栽种的葡萄、李子、桃子和苹果等植物看作神的赐予，是奥林匹斯神山上的神祇一时兴起捣鼓出来的。公元前 5 世纪的希腊哲学家希彭（Hippon）倒是说过，人类栽种的植物有可能源自野生的草木，但这却被认为胡思乱想，没能被人们接受。泰奥弗拉斯托斯知道这一想法，也觉得它不无道理，但仍认为在给植物分类时，首先就应当判明是属于栽植的还是野生的，这两者应分属不同的类别。他不晓得授粉的作用，不过在提到枣椰树时，仍然注意到“将阳株带到阴株处会有更好的结果，因为阳株会令果实成熟且不易脱落。有人将这一办法比作‘以阳导阴’，具体做法如下：当阳株开花后，便将这些花从托叶处切下，然后连花带托叶拿到阴株结的果实上甩动。这样做便能帮助坐果，使它们不易落掉”。① 今人的认识和他的想法的巨大差别正表现在此处。他没有考察这一做法奏效的原因，却精确地描述出了授粉的过程；他懂得植物有阴（雌）阳（雄）之分，[2] 也明白结出果实需要阴（雌）和阳（雄）两种花遇到一起，但一直未能悟出授粉的概念来。植物会坐果，会结籽儿，但为何会这样始终是个谜。

泰奥弗拉斯托斯又讲到其他权威人士对此的看法：希腊哲学家阿那克萨哥拉（Anaxagoras，约公元前500—前428）相信，万物均是微小的颗粒被某种超级智能构筑到一起的结果。在他看来，空气中便含有一切物体的种子；若它们被雨水冲到地上，便会生成为种种植物。公元前4世纪的雅典历史学者克雷德姆斯（Kleidemos）认为，植物也有同动物一样的基本构成，之所以没能成为动物，是由于其构成不够纯正，也少了些“热力”。希腊诗人赫西俄德（Hesiod，约公元前750—前650）告诉人们，栎树——又称橡树、柞树——不但会结出俗称橡子的果实，也会造出蜜与蜜蜂来。种种用来授粉的器官，比如果榛上生出的俗称“毛毛虫花”、学名为葇荑花序的小串，在他看来只是些根本无用的部分。泰奥弗拉斯托斯对这一部分谈得也很简略。他是这样叙述的——

> 当果榛结果之后，这种聚在一起的小长条便开始出现了。它们的大小同大个毛虫差不多，其中有些是几条共同长在一根细茎上的。有人将这种东西叫作猫尾条。每条这种东西都是由小小的、有如鱼鳞的部分聚成的，总体形状很像是一颗长成不久的绿色杉树球果，只是更长些，而且通体的粗细更一致些。它们冬天里会一直在长（到了春天，它上面的鱼鳞样的部分便会直挺起来，颜色也会变黄）；最后会有三个手指长。不过一旦到叶片萌发时，这种东西就会脱落，而贴着茎干生长的果壳也会形成，有如一个个小杯子，每个杯子对应着一朵花，而里面将来也会结出一粒果实。[3]

① 枣椰树是雌雄异株的乔木；雄树的花有些像芦花，雌树的花则与果实（椰枣）形状接近，故不了解授粉机理的泰奥弗拉斯托斯将雌花误当作果实。但他所讲述的将雄花带到雌花附近甩动，会有助于雌花结成果实的观察，是完全准确和合乎道理的。——译注

他只讲述自己能够用眼睛看到的东西。眼镜当时还没有出现，放大镜和显微镜也是以后的事物。叶片上的脉络是他能看见的，而叶片底面的气孔——控制氧气和二氧化碳进出的微小孔眼——是他无法看见的。再说他自然也根本不知道存在着这两种气体，更全然不晓得叶片还有呼吸。

泰奥弗拉斯托斯的导师是亚里士多德（Aristotle）。亚里士多德已经进行过对动物的研究。这便指引着泰奥弗拉斯托斯以看待动物的方式研究植物，即将植物视为脚在空气中而嘴在地下的动物。在某些方面，以这种视角看待植物也的确说得通。比如在描述植物时，同样可以沿用血管、神经、肌肉等概念。泰奥弗拉斯托斯是频频使用类比这一方式的：诸如这片叶子要比那片叶子大些或者小些，纤毛密些或者稀些，颜色淡些或者深些，等等。这一做法是否奏效，取决于他的听众和（或）读者是否掌握"那"的具体情况。这也就是说，在提到缠绕在凉亭花架上的白花丹时，如果告诉对方它的叶子形状像月桂叶，生长情况也像月桂叶，只是比月桂叶要小一些；开花的季节要比月桂晚些，香气也比月桂浓些，都只有在对方知道月桂是怎样的一种植物时才有效果。泰奥弗拉斯托斯注意到，植物的叶片形状多种多样，但在同一种植物中却大体一致。这便为他进行植物分类提供了一个合乎情理的依据。在讲学时，他可以一手拿着一种植物的叶片向学生解释，也可以直接进行类比。就叶片的形状而言，凡形状与月桂叶相近的都属矛尖形，也称披针形；同橄榄叶差不多的便属长圆形[①]；长与宽相当接近的圆形是另外一种，以钱币草为代表。对于鹅耳枥这种乔木的叶子，泰奥弗拉斯托斯是这样描述的："形状像是钱币草叶，不过长下里要比宽处多出不少，而且头部还很尖；它的叶子也比钱币草大，而且有不少筋络；这些筋络很粗，都从叶子中部的一条很大的直筋伸出，排成肋条的式样。叶子本身也很粗糙，并沿着筋络的方向皱起，还生有细密的锯齿缘。"[4]这一番描述真是生动而准确。他在写这段话时，说不定面前的桌子上就摆着这种树叶吧！其实，叶片并不总能成为区别植物的标志，因为就是同一种植物，叶子也不都是一样的。常春藤便令他拿不定主意，蓖麻也是如此。

① 也有一些橄榄树的品种生有披针形或卵形叶片。——译注

他的著述有两卷流传下来，一为《植物志》[①]，一为《论草木本源》。这两部著作读起来，感觉一如他为在雅典学园讲学准备的笔记。书中汇集了时下——公元前300年左右——所积累起的植物学知识，属于已知的范畴。对植物世界秩序的问考便从这些知识开始。然而对泰奥弗拉斯托斯来说，不幸的是，他写的东西被后世的罗马人老普林尼（Pliny the Elder）[②]毫不在意地抄袭和改动，而此人以此种方式写成的《博物志》[③]却得到了长久流传。随着老普林尼的著述一再得到引用，泰奥弗拉斯托斯写下的东西便被忘却了。新知识是要搭架在已有知识上的。无常的命运——战争、逝亡、火灾，权力更替和语言兴衰——阻碍了后人知晓泰奥弗拉斯托斯的真知灼见。直到特奥多罗·伽札（Teodoro Gaza，约1398—约1478）将泰奥弗拉斯托斯辛辛苦苦积累起来的知识翻译成拉丁文，形势才终于得到改观。

泰奥弗拉斯托斯这位当时知识的集大成者，约于公元前372年出生在希腊莱斯沃斯岛（Lesbos）的埃雷索斯村（Eresos）。他的父亲默兰忒斯（Melanthus）在一家织布作坊里做清漂工。泰奥弗拉斯托斯离开莱斯沃斯岛来到雅典，在柏拉图学所这一当时最负盛名的哲学学校之一师从柏拉图（Plato）学习。亚里士多德当时也是这位著名先哲的弟子。柏拉图于公元前347年去世后，亚里士多德便开办了雅典学园并创建了逍遥学派。泰奥弗拉斯托斯也来到这一学园，成为一名逍遥子弟。师生二人的年龄相差12岁上下，而这位年长些的老师对这位年轻学生的影响，无不在后者的著述中反映出来。当亚里士多德故去时（时年63岁），将自己的藏书都遗赠给泰奥弗拉斯托斯，而据信这些藏书是前无古人的，其中包括他自己和他的老师柏拉图的手稿。这便为泰奥弗拉斯托斯的工作提供了坚实的依托。先是亚里士多德

① 原书中对此书的书名有时用希腊文原本的拉丁文译名 *Historia plantarum*，有时用其英译本之一的书名 *Enquiry into Plants*，此中译本则除作者特别指明为英译本时译为《植物问考》外，统一译为《植物志》，以同泰奥弗拉斯托斯用作蓝本，且有中译本的亚里士多德所著的《动物志》更显传承关联。对于书中提到的另外两人的同名（拉丁文）著述，则给出了有所不同的中译书名，并在相应正文第一次出现处加以说明。——译注

② 古罗马时期出过两个著名的普林尼，而且是舅父与外甥兼为养父—养子的关系，故分别以老普林尼和小普林尼区分之（也有称他们为大普林尼和小普林尼的）。本书中对两人都有提及，但多为前者。——译注

③ 《博物志》共37卷，分为2500节，引用了——也包括随意改动了——古希腊327位作者和古罗马146位作者2000多部著述的内容。《博物志》中第12—第19卷为植物与农业的内容，第20—第32卷以药物为主要内容。此书又有中译本《自然史》。——译注

撰写出《动物志》，随后才有泰奥弗拉斯托斯以同一格局写成的《植物志》，而二者又都是受了柏拉图观念影响的结果。柏拉图认为，人们见识到的事物（草木、飞禽、走兽、游鱼等），其实都只是存在事物的表象，而存在与表象是有重大不同的。亚里士多德和泰奥弗拉斯托斯都因花精力来谈论活物受到一些同时代人的讥讽：你泰奥弗拉斯托斯是能够研究有关政治、道德、纵横、数学、天文等领域的学问的——而且也已的确研究过，还出了成果，为什么要耗费脑力来解释，用一种开花的树枝往开另一种花的树枝上甩动，还要研究什么长在树上的"大个毛虫"呢？

其实，泰奥弗拉斯托斯对于植物的问考，也同他的其他著述一样，包含着深层上实实在在的哲学内涵。他的两本植物著作，并不是只罗列出若干植物的条目，也没有将精力放在为帮助对基本内容的查询而按字母顺序的排列上。他写进书中的，是关于植物总体的问题：如何为植物定义？哪些部分对于选择分类最为有用？认为植物在所有的层次上都与动物一致的设定，给植物的分类带来许多困难：能够将花朵或者果实视为植物的一部分吗？花朵和果实都是从植物上生长出来的，小动物也是动物生出来的，但我们却不能说小动物是原来动物的一部分。再有，植物的"神能"又寓于何处呢？植物必然是应当有"神能"的——说没有在那个时代简直无法想象。不过，如果从根、茎、叶和种子都能长出植物来（当时的希腊人已经知道了扦插和压条等技术），那岂不是说，植物的"神能"这一决定植物之所以为植物的存在，能够栖止于各个部分，但情况不应当是这样的吧！泰奥弗拉斯托斯在做了多种设定后，最终下结论说，植物的"神能"是寓于根与茎的连接部位的。只不过这个连接部位的准确位置也不好界定。[5]他在书中频频指出，许多内容尚有待于进一步的研究。比如，他对一种他称之为"埃及水栗"的植物就是这样说的。这种东西的地上部分很像纸莎草，但地下会生出可食用的扁圆小块。有人认为它是一年生的，也有人说它的根可以生存许多年。从老根上会长出新茎来。对于这一歧见，泰奥弗拉斯托斯也做出了评论，说"此事尚有待问考"。

他的《植物志》和《论草木本源》对当时人们所掌握的植物知识进行了综合，其中的一部分是他亲身体验到的。松树能够在经历林火后从树根处重新长成为树即为其一："此种事发生于莱斯沃斯岛（他的出生地）上皮拉（Pyrrha）一带的松林遭到火焚之后。"他还注意到，苹果树的树干上经常会形成的节疤，"看上去像野兽的脸”。对生长在雅典学园水渠附近的悬铃木，他记述下它们在幼龄期“因为养分充足，空间也宽裕，树根能伸延得长过33腕尺[①]”；相比之下，“当年的大狄奥尼西奥斯（Dionysius the Elder）国王在雷焦卡拉布里亚（Reggio Calabria）的花园里种下的悬铃木，由于那里后来变成了角斗学校，基本上都长不出像样的根来”。其他的信息（其中有的相互矛盾）得自外部来源，分别来自埃达山区（Mount Ida）[②]、马其顿（Macedonia）地区、阿卡迪亚（Arcadia）一带和克里特岛。北部欧洲的情况，他基本上全然不了解。对于其他地方，有的他简略地提到些许，如鸢尾在地处亚得里亚海（Adriatic Sea）沿岸的伊利里亚（Illyria）生长良好，而在西亚本都（Pontus）地区的帕提卡珀姆（Panticapaeum）生活的人，因为当地冬天太冷，无法栽种他们宗教仪式上需要的月桂和香桃木。不过，对于埃及和利比亚的植物，泰奥弗拉斯托斯给予了特别的关注。棉花、胡椒、桂皮、没药、乳香，都是他做了最早文字叙述的植物品种。他也详细提及了当年亚历山大大帝（Alexander the Great）征战印度时，他手下的军官们猎奇式地提到的榕树。随亚历山大大帝东征的人提到的红树林，也得到了泰奥弗拉斯托斯的生动描绘：这些树“高大得有如悬铃木或最高的杨树”。潮水上涨后，“一切都没入水中，只有这种树中最高大的一些，树枝还露在水面上，船只便将缆绳系在它们上面。到退潮时，船只便系在树根处”。[6]他还提到，由于不同地方的人用不同的词语指代这种植物，结果造成了一些麻烦。生命本身有时可能会取决于名称是否能够弄准：“有好几种植物，名字都是strykhnos，”他在书中这样写道，“有一种是得到栽种的，会结出可以吃的浆果一样的果实；另外还有两种：一种会使人瞌睡；另一种可令人发疯……那种让人疯癫的，根部会长到一腕尺，白色并有空芯。如果服用量为三英钱[③]，则只会造成多动和妄言；服用量若加倍，便会神志不清，产生幻觉；倘若吃下的是三倍，疯狂从此即成不治……

① 腕尺为古老的长度单位，具体数值随地区与时期而异，但都是参照成年男子前臂的长度而定的，故而一腕尺大约总在45—55厘米之间。——译注

② 本书中多次提到的Mount Ida实为两处同名所在，都在古希腊的疆域内，一处位于现仍属于希腊的克里特岛上，一处在安纳托利亚半岛西端，现属土耳其。为避免混淆，本书中将前者译为艾搭山，而将后者译为埃达山区。——译注

③ 也译为本尼威特，为英制重量单位，一英钱约合1.6克。——译注

以四倍量服下，断会一命呜呼。”对于施毒之术，他是怀有敬畏之意的。

在泰奥弗拉斯托斯的著述中，贯穿着柏拉图的理念，即若能实现对事物的“自然种型”分门别类，便可以由此达到认识自然世界“理想状态”的水平。该理念的基本要求是，要掌握事物的分类原则。然而，要分类，就先得知道要对什么这样做；而知道的“什么”越多，识别它们彼此的相似处和不同点便越容易。手头掌握的东西要是太有限，寻找相似处和不同点便无从做起，分类便也难以为继。分类原则很可能是柏拉图或亚里士多德归纳出来的，不过施之于植物是泰奥弗拉斯托斯的首创。是他提出了这样的问题：“在区分不同的植物时，应当以什么为典型特征呢？典型特征的本质又是什么呢？”

他面临的第一个困难是确定植物的基本组成部分。导致这一困难的是，已经成为定见的前提——植物与动物在构造上相当。这也是泰奥弗拉斯托斯最早想要解决的。动物身体上的各个器官都是存在一生的，而植物却并非都会如此。开花、结果、叶生叶落，都构成了这一哲学上的困难。他想要探明，在植物体上，究竟有哪些部分是所有的植物都共同具备的，而哪些是各自特有的。在他看来，植物间的不同表现在三个方面：一是有的部分会为此种植物所有而彼种却无；二是有的部分会以不同的外观和大小出现在不同的植物体上；三是有的部分会在不同的植物上以不同的方式排布（比如他便注意到，古希腊人很看重的用材树银冷杉，树枝就总是一对一地长在树干两侧）。

他认为，植物的根、茎、主枝和叶枝这四部分最重要。他只字未提花朵是否重要。在他之后的两千年里也不见有任何研究植物的人重视。形形色色的蘑菇令他为难，因为这些菌哪一种也没有这四个部分。可它们不会是动物，因此必定被视为植物王国的成员之一。“植物是多种多样、五花八门的，因而很难找到一概适宜的共同用语。”这就是他做出的结论。凡是动物都有嘴和肠胃，但对植物来说，却不存在类似的共性。藤蔓植物为什么会有卷须？栎树为什么会长出瘿包？此类特别的、为特定植物所专有的典型性状，该如何纳入普适的植物体系才是正确的？虽然面对此类困难，泰奥弗拉斯托斯还是深信，借助于与动物世界的平行比对，可以实现对植物世界的更好的认知。“对于我们的感官来说，知道较好的存在，会表现得更为清楚明白，因此要认识未知的存在，须在它们的帮助下进行。”

他很谨慎地建议将所有的植物分为四个大类，即乔木、灌木、亚灌木和草株。乔木（他以橄榄树和无花果树为代表）的典型性状为：只有一个主干，从主干上生出若干枝条；整体难以拔出地面。灌木——滨枣为其一例——则与乔木不同，是从根部直接长出多根枝条来。而如留兰香和芸香之类，既从根部长出多根枝条，同时从这些枝条上又长出更细小的分枝条的便属于亚灌木。至于草株，则从根上直接生出有如叶片的茎干。泰奥弗拉斯托斯在寻求合理的植物分类系统的研究过程中，一直在摸索自己提出的标准是否普遍适用。但此标准一经提出，虽然很快便流传开来，并为包括今天在内的人们经常沿用，但他自己旋即便遇到了难题，因为情况往往并非如此。苹果与石榴即为例子。这两种植物是得到人们栽种的。侍弄它们的人通常会进行修剪，结果是使它们分成几根树干，不复只有一根。它们虽则仍然属于乔木类，但已然不符合他所提出的典型性状，有些向他所提出的灌木标准靠近了。

那么，是否可以根据植物的高矮粗细、生命力的相对强弱，或者寿命的长短进行分类呢？又能不能将它们划归野生和栽植两个大类呢？根据它们结不结果、开不开花成不成呢？凭借它们是四季常青，还是秋天会落叶来分类又行不行得通呢？这后一种区分法倒是容易被人们接受：红豆杉不就是终年常绿，而榜树却会在入秋后将树叶掉光吗？然而泰奥弗拉斯托斯从不回避难题。他知道在有些地方“葡萄和无花果都从不落叶”。他还听说在克里特岛的一处叫戈廷（Gortyn）的地方，有一株长在泉水边的悬铃木（传说中的天神宙斯就是在此树下与欧罗巴公主成就了姻缘），树上就总是有叶子的。凡此种种，又都如何纳入一个合理的分类目录呢？他也设想过以植物长在旱地上还是水中作为分类标准，而且对此也比较中意。或许这是因为动物中也存在水生的和陆栖的吧。不过他也预见到这样分类仍然会出现问题，因为柽柳、柳树和赤杨等乔木，在他看来似乎接近于水陆双性的，无论是根扎在土地还是长在湿处都关系不大。

诚然，湿也有很多种——湿地的湿、湖泊的湿、江河的湿、海洋的湿。泰奥弗拉斯托斯也指出了此类的不同。他在“生态”一词还没有问世的时代便谈到了这一概念。[7] 他自其研究之始便认识到生存地点对植物的重要性，“因为植物是与大地结合在一起的，不能像动物那样能够自行改换生活的地域”。植物会“因地而异”，因此须分别考量。他注意到，有些地区生长着一些特有的植被。克里特岛艾搭山上

图7 黎巴嫩雪松（学名 *Cedrus libani*）。此图是莱昂哈特·富克斯为其未能出版的植物全书准备的画稿

的柏树，叙利亚和安纳托利亚半岛（Anatolian peninsula）上奇里乞亚地区（Cilicia）的雪松，还有叙利亚部分地区的笃耨香树，就都是这样的例子。他在那时便已经认识到，土壤和环境的不同，会造就生长于斯的植物具备特殊的性状。他对阿卡迪亚地区一处名叫克雷茵（Krane）的地方给出的描述是这样的——

> 这里地势低洼，风吹不进这里，听说也从来射不进阳光。这里的银冷杉都长得特别高，生命力也特别顽强，只是它们的纹理不很紧凑，材质也算不得上佳……人们在制作高档和有特别用处的木制品时，便不会用这种木料，只用它们来造船和盖房子。用它们打造的小船、梁杆、帆桁什么的都极为合用。用它们制成的桅杆特别高，只是强度要差些。用在有阳光的地方长成的这种树制成的船桅，肯定高度要逊色些，不过纹理细密，质地也坚硬。[8]

只不过他是顺便带出这一情况的，随后便表示对于此种“因地而异”的表现，他将用另外的篇幅讨论。他不想让来自利比亚的、波斯的或者印度的此类既特殊又难以处理的情况，影响他对自己更为了解的希腊本土上形形色色植物的阐述。对于这些本地植物，分析其异同点便不需要这样为难。

在泰奥弗拉斯托斯的《植物志》中，乔木占着主要地位。这也许是因为它们形体高大、寿命绵长，因而他认为比低矮短寿的其他植物更值得注重吧。再说他也是对植物的功用十分关切的，因为他认为功用是与形态相关的。生计与木料、木材有关的人，通过接触和使用，积累了大量的知识。在造船领域，最受到注重的是杉树和雪松，特别是杉树中的银冷杉和雪松中的叙利亚雪松。三层桨战船和北欧长船多以银冷杉为材，因为此种木材具有质轻的特点。不过这些船舰的龙骨要用俗称橡木的栎树树材打造，因为“这种木料特别能吃重”。北欧长船的甲板通常会用椴木铺就。至于普通商船，一般会用杉木打造，因为此种木料不易朽烂。在营造房屋方面，银冷杉最能派上用场。而要打制箱匣和衡器，用椴木是最合适的。胭脂虫栎特别适合用来造车轴以及里拉琴和八弦琴上的弦栓。榆木轻易不会翘曲，故而是造大门和捕兽夹的材料。用榆木做户枢也极理想，取自根部的榆木适合抠凹窝，得自枝干的部分适合打门轴。某些冬青灌木和南欧紫荆用来做手杖是很理想的。沙枣木是制榔头柄和螺丝刀把的良好候选。要是制造宗教偶像的话，质轻材软、加工容易，而且不像栓皮栎那样动辄碎裂的棕榈木是最常被请来充任的了。如果要烧炭呢，用纹理致密的浆果鹃和栎木，特别是其中的冬青栎，可以得到上等的货色——对银矿石进行第一道熔炼时，用的就是这样制得的炭。不过铁匠通常并不用它，而更中意杉木炭，因为这种炭虽然火力弱一些，但是火头好，轻易不会只发烟而无火苗。所有这些信息，都是靠多少个世纪以来搞建筑的、干木工的、造船舰的、植树造林的和斫伐木材的人逐渐积累起来的第一手知识。将不同的树木用于不同的需要，决定因素是树木本身的特性：有的材质通直（如银冷杉），有的纹理细密（如黄杨），有的容易矫形（如椴木），等等。只不过单凭用途一项，并不足以得到对植物世界进行分类和组织的满意结果。（诚然，这一方式后来倒是被一批以医药效用为基本出发点的人奉为分类的唯一标准。）泰奥弗拉斯托斯虽说对如何给植物派用场很关注，但仍然在努力探索真正正确的植物分类方式——根据重要的本性而非单纯的功用。

他调查了植物外皮的情况：月桂树的树皮很薄，葡萄藤有深深的沟纹，栎树的树皮很厚，而其中栓皮栎的树皮虽厚，但又十分柔软。他考察了根系的实情：悬铃木的根非常发达，苹果树的根既少且短，银冷杉的所有细根都生在一条粗大的主根上，月桂树和橄榄树的根又粗又壮，葡萄藤的根纤纤瘦瘦，松露谈不上有什么根，鸢尾的根多数有香气，因此为香水业所钟爱。他也考虑了叶片的形态是否可用于分类：葡萄叶和无花果叶又宽又大，橄榄叶和香桃木叶有如船桨，杉树叶形状如针，长生草生的是肥厚的肉质叶片。他又注意到，椰枣、榛子和扁桃仁等部分种子，是被一层硬壳紧紧包住的，而橄榄籽儿和李子的籽儿，与包着它们的外皮间还隔着多汁的果肉。南欧紫荆和长角豆等一些植物的种子是若干枚共同包在一只长荚里面的，而小麦和谷子的种子是一粒粒分别封在薄壳中的，罂粟籽儿则被包成一团，有如调料瓶中的胡椒粉。只是对于花朵，他却几乎没有说过什么。这种种不同的部分——根、叶、果——都提供着区分植物与进行分类的可能依据。事隔一千八百年后，泰奥弗拉斯托斯的这些工作又重新进入植物研究的主流，植物的每个部分又接受了新的查验，而这一次是由一批接一批的植物学者和植物爱好者进行的，目的也仍同泰奥弗拉斯托斯一样，即找到一个能够合理地说明世间层出不穷的事物，并予以分门别类的普适系统。他们的探索也同泰奥弗拉斯托斯的一样艰难。

《植物志》的第一卷完稿后，泰奥弗拉斯托斯便不再探讨有关植物构成及其基本性质所涉及的哲学问题，而关注起与实用有关的方面来。他调查了植物的生长习性和繁殖方式，由此注意到一个所有搞园艺的人至今仍然注意的现象，就是“所有从插条上长成的树木，会结出看上去同母树一样的果实，但若播下这种果实中的种子，即便能够长出下一代来，也会是比较低劣的”。他这里谈到了无性繁殖，只是不曾意识到此种表现与性有关而已。他四下搜集到的事实有些是相互矛盾的，但他也一一介绍而无偏袒。阿卡迪亚地区的人会说黑杨[①]是从不结实的，但克里特岛上的人不同意，并举出了几个相反的实例，包括艾搭山某处洞穴左近的一种——“人们还往这些树上挂献祭呢”。在谈到植物时，在提起植物的名称时，阿卡迪亚人经常与艾搭山一带的人不一致，其实更可以说，阿卡迪亚人总是与众不同。对于松树与杉树间的不同，泰奥弗拉斯托斯是这样认识的：“杉树有浓密的叶子，它的表面有光泽，成簇地垂挂在枝上，而松树则……叶子长得较稀疏，干些也硬些。不过这两种树的叶子都细长如针。”这样的比较应当说是很清楚了，但“阿卡迪亚人还是对这样的说法大加批评”。银冷杉木质轻软，其他的杉树会粗大些，质地沉些，节疤多些，分泌的油脂也更多些，常用来制造画板，纸张出现前也时常用于书写。对于这些事实，“阿卡迪亚人似乎也有不同的说辞”。对于种种植物的种种不同叫法，泰奥弗拉斯托斯更是煞费苦心地一一搜集，找到相类的名称，认真罗列出事实，并强调出有待于今后问考的内容。比如山民们将枫树称为 zygia，平原上的人却说成 gleinos，这究竟是一种特定枫树得到了两个不同的名目呢，还是两种有所相异的同类树木？地区性的俗名是重要的（至今也仍然重要），但泰奥弗拉斯托斯已经看出，如果给植物一一定出名目来，而且让无论在马其顿、阿卡迪亚、维奥蒂亚（Boeotia），还是在利比亚或者克里特岛的所有人都能够接受，进一步的研究便有了坚实的基础。

泰奥弗拉斯托斯使用了多个方面的不同标指来描述植物：生长习性、外皮形态、叶片情况、成材类别、果实状况，以及根系结构。他还将分布范围加进其中，如“在艾搭山一带”，“多见于马其顿地区”，等等。生长环境也得到他的注意：稠李性喜河湖地区和湿润地带，接骨木多生长在湿润和多阴之处。黄杨最可能在山地和多石

① 杨柳目、杨柳科、杨属中的一种乔木，雌雄异株，以风媒方式传粉。其实此种植物是会结实的。——译注

地，而且有时会在较冷的地方出现。科西嘉岛（Corsica）上此类地方不少，因此这里的黄杨长得“档次最高”，无论高度还是粗壮程度都优于其他任何地方的出产。在一些情况下，他会将几种植物放在同一个名目下。比如，他就将如今人们称为欧楂的灌木，同其他两种也有棘刺的灌木放到一起，称它们为“刺楂”。他还将艾搭山山民分成五种（可其他地方的人认为只有四种）的栎树归为一体。至于不同品种的麦子，他的做法是以产地名来直接指代，即“利比亚”、“本都”、“色雷斯”（Thrace）、“亚述”（Assyria）、“埃及”、“西西里”（Sicily）等等。这些麦子在颜色、尺寸、形状和食用价值上不尽相同；收割时间也有早有迟；植株有粗壮，有细弱；麦粒的稃壳数有多有少；成熟期也有长有短。

“‘西西里（麦）’，”他说，“要比运到希腊中部地区来的多数外地货都更实。不过还不及来自中南部维奥蒂亚的。有一种说法支持着这一点。据信在维奥蒂亚，竞技选手的一餐饭很少能吃下三品脱①的量。但当他们到了雅典，一顿吃上五品脱也不在话下……而在一个叫皮萨托伊（Pissatoi）的地方，那儿产的粮食实在是太实了，吃多了会撑出大毛病来。许多马其顿人就摊上了这种事。”[9]泰奥弗拉斯托斯相信这样的说法是可靠的。他的有些话并没有砸实——搜集民间零星传闻时，情况往往就会如此。比如在谈到鹅耳枥（他误称为与之同科的铁木）时，他就写进了这样的传闻：“听说是不能带进屋里去的，因为这种东西无论到了哪里，都会带来痛苦的死亡或产妇生产的大不适。”对于涉及宗教的种种仪式，他是郑重对待的（他写过这样的字句：用接骨木的浆果榨出的汁“看上去像是酒。人们在进行种种神秘操作之前，都会用它洗手洗脸”）。不过对于笼罩在种种植物上的迷信传闻，他一向都抱嫌弃的态度。就以有关肉桂树的迷信传闻为例，他是这样说的:“有人说，这种树长在深山幽谷，那里有许多毒性很强的蛇。为了对付这些蛇，采剥桂皮的人在进谷前，先要将手和脚都保护起来。取下桂皮后，采集人将它们分为三份，并将一份算成属于太阳的，然后便对它们抽签，如果抽到属于太阳的，便将这一份留下来不拿走。他们还说，人一离开，留给太阳的这份就会着火烧起来。他们还说这是

① 译者未能查出作为古希腊度量衡单位的品脱（pint）如何换算成现代数值。不过书中所谈的是相对比较而言，不知道具体数值之大小。——译注

亲眼所见。真是纯粹的编造之言。”[10] 对挖掘不同草药的种种习用套路，他也写下了严肃认真的评语：“要说在采挖之前应当祷祝一番，或许并非没有道理。”但对祷告之外附加的名堂，在他看来却是荒唐的。比如在割断被称作“百疾灵”的夏枯草后，“就应当在这株草的位置上摆放加进各种果子的糕点作为献祭。而在切断艳珠鸢尾时，供奉的就应当是用春小麦面粉烘烤的点心。而且在斩切时，用的必须是两面开刃的刀，切前还要绕着它画三个圈；切下第一刀后，在接着割断余下的部分时，必须将第一刀切下的部分一直高高擎着”。[11] 很可能执行这套程序的主要意图是，要把并非专业户的采药人吓得不敢染指，以此独享采药的可观回报吧。夏枯草——“百疾灵”这个俗名就恰恰说明了它的价值——有很出色的医药功效。它的果实可用来治疗尿失禁；榨出的汁可医扭伤，饮之还可清咽利喉；草根可供产婆用于助产；对役畜腹内胀气也颇有疗效；被蛇咬了，用它也有效果；此外还能预防癫痫。只是这种草共有三种：叙利亚有一种，希腊的喀罗尼亚（Chaeronea）和摩里亚（Morea）半岛①东部又各有一种；它们彼此并不相同，但在当地都叫“百疾灵”。这就是说，应当知道面对的究竟是哪一种。仙客来也是一种相当有利可图的本草，被古希腊妇人大量用来避孕，颇类于今天有些妇女使用的子宫帽。

泰奥弗拉斯托斯对有毒植物兴趣很浓。原因可能出自当时的希腊显贵们都有对毒药的需求。他本人最钟爱的此类草木是毒参。相比其他类似的毒物，这种东西致死“又快又少痛苦”。公元前 399 年，希腊哲学家苏格拉底就是用这种植物自杀的。欧洲有许多地方生长此种植物，英国也包括在内。它们最初很可能是罗马人带来的。它们在英国的表现是喜欢以潮湿的沟渠为家。据泰奥弗拉斯托斯说，希腊最好的毒参也生长在这样的地方。发现这种植物有毒性的人是阿卡迪亚地区的曼提内亚（Mantineia）人斯拉昔亚斯（Thrasyas）——

> 此人最早将毒参、罂粟和其他一些有同样用处的草药榨出汁来，再混合到一起，得到的是一种合剂。这种合剂的毒性极强，重量不超过四分之一盎司就够用了，因此便于携带；一旦服用便无从救治；而且无论保存多久，毒性都不

① 现名伯罗奔尼撒（Peloponnese）半岛。——译注

会消减。他用的毒参并不是随处采来的，要么应来自（阿卡迪亚地区的）梭萨（Susa），要么当来自别的又凉爽又背阴的地方。对于其他成分，他也都同样注重地点。斯拉昔亚斯也制备其他多种毒药，用到的成分也很多。他的弟子阿莱希亚斯（Alexias）同样很聪明，摆弄毒药的技术实不逊乃师，对于医药学也同样颇有造诣。[12]

在泰奥弗拉斯托斯看来，古老的毒药学在进入他本人所处的时代后，得到了长足发展。人们已然得知，如有多次接触，药物对接触者的毒性便会减少；人们也已经意识到，毒药并非每一种都能对所有人起到同等的作用。这就让制备种种毒药的人格外留意。他指出，最早的制毒过程，无非就是搞来毒参，然后将这唯一的成分弄碎而已。在爱琴海（Aegean Sea）中的小岛凯阿岛（Ceos）上制毒的希腊人，原先也是这样做的。“不过到了如今，再也无人采用这种只是搞碎的方式了。他们会先将不易同其他部分掺和，因而影响药效的外表皮剥除，种壳也都去掉，然后放入研钵内舂捣成糊；再将这种糊放在细筛上滤过，就可以用水拌和后饮用了。这样制得的药，服用起来，死亡会来得快，也来得轻松。”[13]

他知道猪笼草这种据信能够医治哀伤悲怆的草药，效果源自能够引发健忘，造成冷漠。他又听闻埃塞俄比亚有一种植物的根部极毒。索马里人就用来浸蘸箭镝。对于有毒的乌头，他自然绝不陌生，因为克里特岛和也属于希腊的扎金索斯岛（Zakynthos）上便大量生长着这种植物（具体地说是黄花乌头这一种）。不过毒性最强的一种产自本都地区的伊拉克利亚（Herakleia）——

这种东西叶子像菊苣，根部的颜色和形状都与大虾相类似。这种根能使生命消弭，不过据说叶子和果实都没有什么毒性……它可以经过不同的加工方式，达到摄入后过一段时间才会致命的效果，而这段时间可以是两个月、三个月、半年、一年甚至两年；而且时间越长，死亡过程的痛苦也会因身体的不断垮掉而变得严重。如果是立即毙命，倒不大会受折磨。据说人们还发现，毒参之毒无药可解，而别的有毒草药都有天然解药。不过也曾有过用蜂蜜加酒或者类似的东西将中了这种毒的人救下来的情况，不过只是个别的，而且很难做到。乌

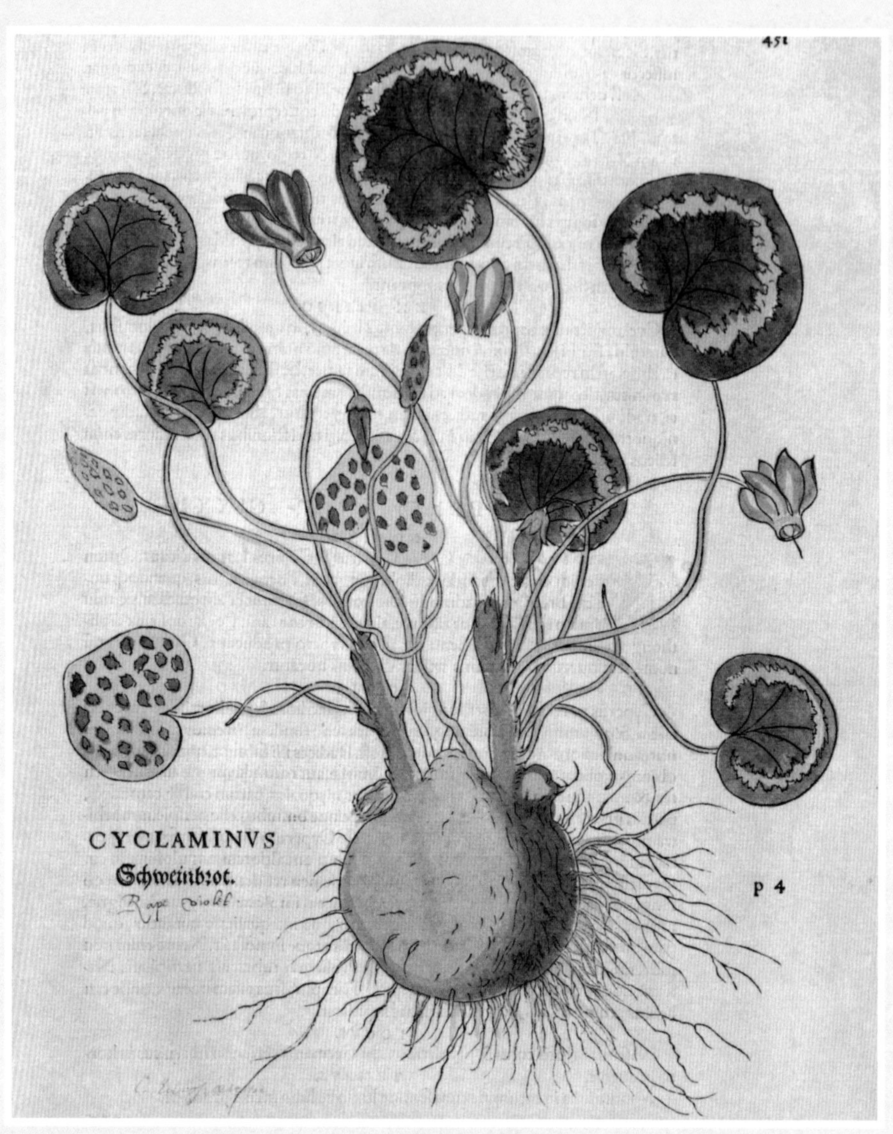

图8 常春藤叶仙客来（学名 *Cyclamen hederifolium*），摘自莱昂哈特·富克斯的《精评草木图志》（1542）第 170 节。泰奥弗拉斯托斯介绍说：“仙客来的根可用来医治脓肿，还可供妇人用作子宫帽，亦能与蜜拌和后涂敷于外伤处”

头……如果不了解这种东西，那就不会有用。事实上，听说拥有此种东西是非法的，违者要被处以极刑；还听说等待它发生效力的时间与采掘它的时间有关，从采来到服下有多久，等它生效也就须有多久。[14]

希腊医生狄奥斯科里迪斯在他大约完成于公元77年的著述《药物论》中说，解救中毒者的最好办法是，让他们连头带尾吞下一整只老鼠。泰奥弗拉斯托斯推荐的对策是用香橼。将这种新近从亚洲引进的水果加入葡萄酒服下，可以引起呕吐，毒药便会被带出来。他还介绍了如何运输这种植物，方法就和枣椰树差不多，即栽在底部有洞眼的花盆里。这样的话，将它们经长途海运带来就容易些。

希腊与东面和南面的世界有了商业往来后，跨海来到的植物自然使泰奥弗拉斯托斯受到了启发。他在《植物志》一书中用专门的篇幅介绍了埃及、利比亚和亚历山大大帝的军队所征服之部分亚洲国家的植物，并注意到它们如何"因地而异"。这些植物往往与希腊本土生长的颇不相同甚至迥异。泰奥弗拉斯托斯所做的研究，大部分是以希腊本土为中心进行的，而即便是对于这些草木，他也总是在努力探索分门别类的途径。他见识到的越多，实现这一目标的念头便越迫切。后世的欧洲学者们在面对如巨浪般涌来的植物时，同样地也是怀有紧迫感的。16世纪时，欧洲与土耳其进行的贸易往来，使大量植物进入欧洲，其中许多是生有球根的。在文明形成期更为古老，并且得到古希腊人承认的古埃及文明和两河文明［从美索不达米亚（Mesopotamia）发掘出的艺术作品表明，枣椰树、葡萄和若干谷物，远在泰奥弗拉斯托斯在雅典学园研究它们时，便已在那里出现了］，更是他感兴趣的目标。早在公元前7世纪时，希腊便在尼罗河三角洲（Nile Delta）上的瑙克拉提斯（Naucratis）①建立了殖民区。埃及的长角豆和姜果棕便从这里运到希腊。姜果棕的果实里有个又大又硬的果核，埃及的手艺人便将这种东西加工成环圈，用来挂吊绣花床帷。

泰奥弗拉斯托斯也详述了埃及蓝睡莲，虽说他本人从未亲眼见识过这种美丽的植物。他还就纸莎草写了不少内容，其实他也只是知道用这种植物制成的一些物品，

① 这是古埃及的一座港城，曾长期为希腊的海外殖民区，并是设在埃及的唯一永久性殖民区，对古埃及与古希腊的文化交流起到过重要作用。此城现已不存在，且由于尼罗河三角洲的长期淤积而不复位于海边。此城原址目前为埃及的农村。——译注

并不晓得植物本身是何模样。他是这样介绍纸莎草的——

> 它们生长在水里，不过水不能太深，大约应在两腕尺，在更浅些的水域也可见到。纸莎草根有壮汉的手腕粗细，长度在4腕尺以上。它们会长得高出水面，并将相互缠绕的纤细须根扎入湿土。水面之上的茎秆部分就是这种植物名称中带个“纸”字的缘由。它的茎秆是三棱形的，长可达约10腕尺，顶部生出很多分叉，不过细弱如羽毛，派不上什么用场。它们也不结果、不打籽。①纸莎草的茎会从根部的多处地方生出，而木质的根是有用的，不仅可充薪柴，还可制成多种物件，而且数量既多，质量也好。与“纸”有关的部分也有诸多其他用途：可以用在造船上；从茎下剥下的粗皮可用于织帆、编席、拧绳，还能用作苫布乃至蔽体，用处实在极广。埃及以外的人知道纸莎草，基本上都是因为知道有纸草书这种东西。其实，这种植物还是可以吃的哩。无论生的、煮的还是烤的，当地人都会将它们送进嘴里咀嚼，嚼后咽下汁水，吐掉渣滓。这就是纸莎草。这就是它的用处。[15]

从古希腊米诺斯王（King Minos）建在克里特岛上的克诺索斯王宫（约前1900）的壁画上，就可以看到纸莎草和枣椰树，可见早在亚历山大大帝于公元前331年出征埃及之前，希腊人便已知道它们的存在了。

泰奥弗拉斯托斯的这一重要著述，无疑应是长期酝酿的成果。例如在谈到乳香和没药这两种植物时，只提到乳香脂和没药脂。书上指出对它们的介绍“是迄今我们所知晓的全部事实”。他记入书中的内容，会随着他得到的新知识而不断修改与扩充。他同科西嘉岛、利帕里群岛（Lipari Islands）②、克里特岛和维奥蒂亚地区都有联系。马其顿地区、阿卡迪亚地区和埃达山区更是他谈及的重要地点。公元前335年亚里士多德在雅典学园组建起逍遥学派的队伍后不久，泰奥弗拉斯托斯便加入了这一阵营，并于公元前322年成为该学派的领军人物。亚里士多德的工作对泰

① 这一信息是错误的。纸莎草会开花（不起眼的风媒花），也能结实，果实内会含种子。它们都形成于茎秆顶部大量分成羽叉的部位，并通常会很快落入水中漂走。——译注

② 现名埃奥利群岛（Aeolian Islands），是西西里岛北面的一组小岛屿。——译注

奥弗拉斯托斯的《植物志》影响极大。他俩都曾在柏拉图学所修习过，又在公元前347年离开该学所后一起旅行，并在泰奥弗拉斯托斯的出生地莱斯沃斯岛上共同逗留过一段时光。亚里士多德对海洋生物的早期研究工作，有些便是在这个岛上进行的。因此有理由认为，泰奥弗拉斯托斯此时也可能在搞自己的《植物志》。这本书上提到了若干事件，便为此推断提供着佐证。在谈及筚篥管这种头上安着一个苇制簧片，像现代的单簧管那样通过吹奏使它振动发声的古老乐器时，他告诉人们说，最好的簧片应取自维奥蒂亚地区的科派斯湖（Lake Copais），而且以在湖水泛滥期割下的品质最佳。书中有这样一句话："不久前发生的喀罗尼亚战役，让我特别记住了这一点。"他这里所指的喀罗尼亚战役发生在公元前338年。这就是说，《植物志》必定形成于该战役之后。另一条证据出现于他在对石榴下评语时，提到在奇里乞亚地区的一个离皮纳里斯河（River Pinaris）不远的叫索利（Soli）的地方长着这种树，而这个地方"曾发生过事关大流士三世阿塔沙塔（Artashata, Darius Ⅲ）的一场战事"，而阿塔沙塔这位波斯国王死于公元前330年。还有，在提到利比亚所特有的乔木和灌木时，他说起莲——他将这种植物归入树木一类——会结出大小有如豆粒的果实，并介绍这些果实就像香桃木的浆果那样，聚在一起长在茎干上。"有这种植物生长的地方，人们吃它的果实，因此得名食莲人。莲的果实很好吃，没有害处，甚至还能养胃……这种树很多见，结的果也很多。据说欧斐拉斯（Ophellas）在征讨迦太基（Carthage，古城邦国家，位于今天的突尼斯国内）时，他的士兵就吃过这种果实，而且还曾在供给不足时，一连几天只吃这种东西。在一个名叫'食莲人岛'的地方，这种树也特别多。这个岛就离本土陆地不远。"[16]欧斐拉斯是古希腊时期一个城邦国家的统治者。该城邦国名昔兰尼（Cyrene），地处北非海岸，具体位置在今利比亚的昔兰尼加（Cyrenaica）地区。公元前308年前后，欧斐拉斯联合叙拉古僭主阿加托克利斯（Agathocles）一起进犯了迦太基。根据书中提到的最晚日期，可以判断出当时他仍在继续写这本书，时年65岁，不过仍有二十年的寿数。

随着亚历山大大帝的部队四处征战，有关大军所到的东方各地新奇植物的传闻，便为欧洲人不断知晓。公元前327年夏，亚历山大进军印度；翌年春季，他手下的大将尼阿库斯（Nearchus）率舰队从印度河（Indus）河口［在今日的卡拉奇（Karachi）附近］沿着俾路支（Beluchistan）地区的海岸来到波斯湾（Persian

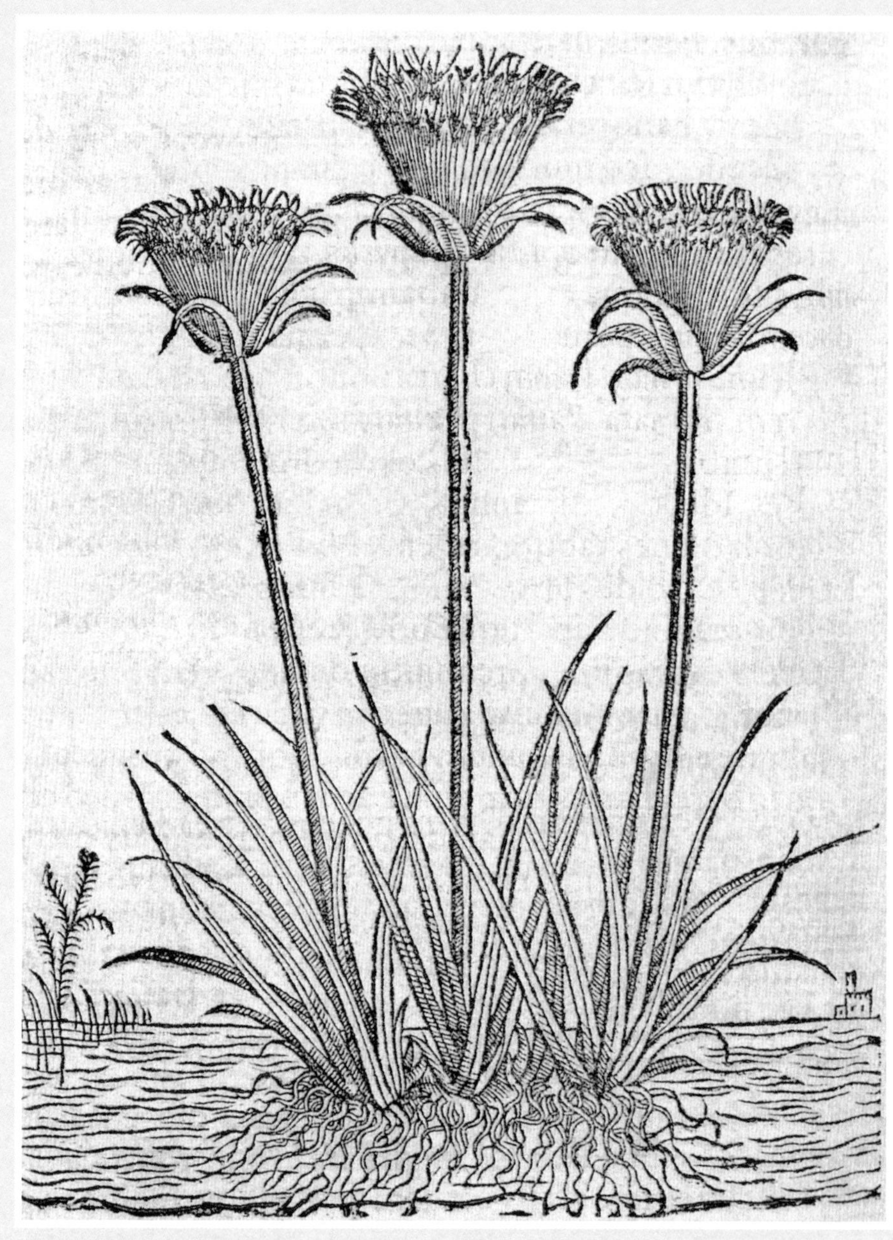

图9 纸莎草的图幅。此图原刊于马蒂亚斯·德劳贝尔和皮埃尔·佩纳合著的《新草木本册》（1570）。1644年出版的泰奥弗拉斯托斯的《植物志》上也采用了此图

Gulf）入口处的霍尔木兹海峡（Strait of Hormuz）。另外一支队伍在安德罗斯赛尼斯（Androsthenes）的统领下，来到波斯湾西侧的巴林（Bahrain）。有关征途的情况，包括对所到之处植物情况的详细描述，都会定时传到雅典。他们所介绍的植物，都是欧洲人先前不知道的。这些令人惊诧的植物都叫什么呢？对它们又该如何描述呢？泰奥弗拉斯托斯在介绍榕树时，起先说这是一种无花果树，不过是特别古怪的一种，“每年都会从树枝那里生出下垂的根来……它们一直扎进土里，结果是围出一圈篱笆，整株树也变得有如一顶帐篷，里面有时真会有人住下哩……据说这种树，大的一株就能造成方圆两个弗隆[①]的树荫，树干也可能长到60步粗呢[②]”。他从这些传闻中第一次得知有“一种叫作稻子的谷物”。印度还有一种树，能结出甜得不得了的果实来（这是指波罗蜜）“供那里的学者食用，而那里的学者都不穿衣裳”。还有的报告说，有这样一种树，“叶片长圆形，两侧有弧边，就像鸵鸟的羽毛，大约有两腕尺长。人们就将这种叶子插在头盔上”。这是不是对芭蕉的最早介绍呢？他又说起印度人用来缝制衣服的植物：这种植物的叶片“跟桑树的差不多，而整个植株看上去像野蔷薇。印度人将它们一排排地种在田里，远远看去如同一处葡萄园”——他在这里介绍的正是棉花；当时也同香蕉和榕树一样，是西方人全然不知道的东西。在谈这些陌生植物时，他只能借助希腊人熟悉的草木打比方。最早来到美洲的欧洲人，也沿用了同一方式：凡是果实像橡子的，就一律被称为栎树；只要开的花朵呈喇叭形状的，便会被归入百合一类；其实美洲的植物在当地都各有自己的称法，但对它们的描述传到欧洲时，原来的名称却几乎都没能一同前来。泰奥弗拉斯托斯承认在印度那里，许多植物“都同我们这里能够看到的不一样”。不过他又认为“它们本来就没有名字。这些东西太特别了，特别得无论我们如何奇怪也不为过。的确有人说过，印度的乔木也好，灌木也好，草株也好，简直……没有一样像我们希腊这里的”。在种种来自阿拉伯半岛（Arabian Peninsula）、叙利亚和印度的植物中，他认为种类繁多的芳香草木是最特殊的，与他以前所知道的大相径庭。

① furlong，又名浪，英制长度单位，一弗隆大致相当于200米。此数据有可能是夸大的。——译注

② 步也是长度单位，但有两种含义，一为一次走过的长度，相当于75厘米左右；也有以走两次为一步的。在古罗马时代，此词代表的是成人（有可能是某个国王）一只脚的长度，故对应的是足长。这里所提到的数字，应当不会是前两者，就是最后一者也似乎相当夸大。——译注

泰奥弗拉斯托斯往往会因为缺少描述植物细节所需的词语而犯难——这些词语当时还未被发明出来呢。他将植物的几个最明显的不同部分区别开来：根、茎、枝还有叶。他又注意到几种只长在一些植物上而另外的则不具备的成分，如棘刺和卷须。他还尝试过几种给植物分类的标准，是否会开花便是其中之一。然而，他并没有描述花朵本身的必要用语可资使用。他将花瓣处理为叶片中的一种，对于玫瑰和百合这样雄蕊明显可见的花，他会称为“双重的”，即认为雄蕊本身也构成一朵花，而这朵花又卧在另一朵花里。对于牵牛花之类的合瓣花，他的说法是，它们是些单片的“叶子”。草药通常总是来自植物的根、外皮和叶子，而花则很少会成为药材。由于功用在很大程度上决定着当时人们的关注程度，这便使古代人很少去注意植物的花朵。就此而言，玫瑰是唯一的例外。它们是得到长期关注的，就在泰奥弗拉斯托斯生活的年代里，玫瑰也已有许多不同的品种，被他给予“叶（花瓣）数、适应性、颜色和香气的美好程度各不相同”的描述。[17] 马其顿地区的费利陂（Philippi）尤以玫瑰著称。那里的潘盖翁山（Mount Pangaeus）上长着许多这种植物，被当地人移栽到自己的庭园里。

从某种意义上说，泰奥弗拉斯托斯缺少描述植物细节的技术性词语，倒也带来了一个好处，就是他的介绍一向都不是太过专业化的、让一般人不得要领的。两千年后的约翰·杰勒德的著述也有这个特点。这便会促成对形象化类比的寻求与使用。比如，泰奥弗拉斯托斯便将银冷杉树冠的半球形轮廓，比作维奥蒂亚农夫所戴的无檐儿圆帽。令他觉得困难的因由之一是，得到当时的人们真正重视的植物实在十分有限。“野生草木大多没有名字，”他说，“没有多少人认识它们。得到栽种的多数是被起了名的，也受到了较多人的共同关注。我所指的是葡萄、无花果、石榴、苹果、梨、月桂、香桃木，以及诸如此类的草木。人们要利用它们，便会研究与之有关的不同。”[18] 无花果是营养的重要来源，每当它们成熟时，给奴隶的面包就会减除两成而代之以这种果子。[19] 泰奥弗拉斯托斯在他的《植物志》一书中提及了约 500 种植物，其中 80% 是得到人工栽植的。

类比是泰奥弗拉斯托斯的研究方式。借助此种方式有助于找出相似之处和判明不同之点。只不过类比并不等于描述。他无疑是能够进行描述的，而且做得既生动又贴切。比如对长生草，他便给出了十分形象的介绍，说这种草的叶子很厚实，像是些肉片，长在希腊人的屋顶上，往往会铺成一片。他又接着说道："如果要说它们的许多其他特殊之处，恐怕还能讲出许多来。"只是他到此便再次立即刹车，理由是"我已经一再说过，要注意观察的，只应当是可以与其他草木相互比对的特殊之处与不同之点"。只不过单凭此等类比，便很难再有所深入了。要想进行真正的对比，还需要有更详细的描述。

除了描述上的困难，泰奥弗拉斯托斯还面对着另外一个难点，就是时下的人们普遍接受的植物可以改变类别的观念。要给植物命名，前提就是物种是有明确界定的恒定存在。小麦一直就是小麦，大麦始终就是大麦，芸香也永远就是芸香。然而泰奥弗拉斯托斯知道动物界并非如此：蝌蚪不会一直是蝌蚪，它们会变成青蛙；毛毛虫也会经历类似的出谷迁乔式的变化，并最终成为蝴蝶等昆虫。既然改头换面在动物世界里明显可见，植物世界中便也可能如此这般。他在书中表示，据说——他在进行本人态度有所保留的陈述时，经常会使用"据说"或者"听说"的字眼——小麦和大麦都会变成毒麦。毒麦是一种杂草，庄稼地里经常能够见到。古希腊的农夫们注意到，此种杂草最容易在气候潮湿时出现，在田地里最泥泞的地块也特别容易看到。不过对于此种情况，人们的观察并没有向在我们看来合乎逻辑的方向进行，也就是没能考虑潮湿天气毁害了庄稼，致使不需要的杂草得到了打籽儿的机会。泰奥弗拉斯托斯对枣椰树结实的研究也有同样的方向性问题。由于毒麦的叶子形状和种子形态都同样被认为与变化本源的植物足够相似，遂造成它便是由大麦和小麦变来的认识。也有人认为在亚麻这种植物上看到了类似的"串种"。无论言及的是植物的体系、模式、构造、方式还是顺次，都需要所涉及的具体个体各自有确定的、不可能变换的指代。对于毒麦的说法，泰奥弗拉斯托斯未置可否，但对于有一些人认为的小麦和大麦同样会互变的说法，他认为根本就不可能。"此类说法是无稽之谈，"他断然表态说，"不管怎么说，即便有什么此类的改变发生，也会是自然出现的，属于生长位置的改变……并非出于任何特别的栽种方法。"[20]就这一看法而论，泰奥弗拉斯托斯是超前于时代的。因为直到17世纪结束之前，认为植物物种天生就不稳定的看法，一直占据着主导地位。

以当时的形势而论，泰奥弗拉斯托斯获得的成就实在是了不起。他在《植物志》中写下的第一句话，便是"有鉴于种种植物既有不同的特性，又有相类似的表现，对它们便须针对各自的禀性、不同的组成部分、其生命的萌发方式和全部的生长历程一一考量”。在他之前，还从来不曾有任何人，哪怕只是想到应当对植物做如此大范围的研究，更不用说实际着手进行了。他的理念中最重要的一点内容，就是探讨植物的植株应当分成哪几个组成部分，以及如何一一界定。举例来说，人们一般会认为，所谓植物的根，就是位于地下的部分。但泰奥弗拉斯托斯却看出这并非真确。常春藤就生有暴露在地上的气根。而生长过程中会有一大部分位于地下的洋葱，其地下部分却并不都是根。他对所有植物进行的基本分类——乔木、灌木、亚灌木和草株（这四种名目，他给出的都是日常用语，因为除此之外他也别无选择，就说亚灌木吧，他当时所用的词语是“樵柴”，也就是供炉灶之用的植物）——正成为一个有用的开端，只是虽然如此，他也看出这肯定不会是截然的划分方式。

他也设想过其他一些判别方法，不过只是作为观察结果写进书中，并没有说它们也可用于分类这一基本目的。有这样一种区别，不但会反映在水生植物和陆生植物之间，也会体现在栽种品种与野生品种之中（其中以果树表现得最明显），那就是有的植物是落叶的，而有些是终年常青的。不少重要的栽培植物四季常青：橄榄、棕榈、月桂、香桃木、柏树等都是如此。它们的生长就是在许多人的眼皮底下进行的。这些植物的生长习性，包括常青植物的叶子其实也有更替而非始终如一等，都被泰奥弗拉斯托斯注意到并写进书中。他还发现在落叶树中，像扁桃等一些物种，叶子萌发得最早，而早生并不意味着一定早落。

从他写入《植物志》的这500种植物中可以看出，他认识到，而且是最早认识到的许多特性，最终是可以用于进行植物分类的。他了解到一些植物是一年生的，即在一年之内完成生命的整个循环；而其他的则是多年生的，也就是每一年都会从同样的根中生出，而这些生出的部分又在冬天死去。他又看出，有些植物似乎可以归入同一个自然类别，特别是若干茎秆中空，会开出若干小白花，而这些小花又会形成茎秆顶部的一个不小的叫作花顶的扁平冠部的草株。到了后来，当供人们用来解决分类这一迫切需要的更专门化的语言出现后，此种花顶便有了一个专门名称：伞状花序。出现这个名称后，所有会长出此种特别花顶部分的植物，便都被纳入了一个共同的团组——伞花类，计有当归、胡萝卜、芹菜、莳萝、小茴香、香芹、防风草、峨参、独活、大阿米芹、甜没药、走马芹、宽叶羊角芹……还有其他不少。

能致人死命的毒参也在其中。可见要弄清这一植物与其种种形态类似的野生表亲间的区别，实在是明显和紧迫的任务。

泰奥弗拉斯托斯总是用俗名来指称种种植物的——其实他也没有别的名称可用，而且还得当它们果真有叫法时。他告诉人们说，许多野生的植物根本就没有任何名目可言。他指出，既然这些无名之物存在于人的世界里，是人厕身其间的世界的一部分，就理应得到辨识和描述。他也是指出这一必要性的第一人。要知道，亚里士多德对于动物研究，也曾说过“我们不应当对任何一种置之不理。再也没有比这样的态度更糟糕的了”的话。[21]所有的植物都理应得到一视同仁的密切关注和不分亲疏的仔细研究。泰奥弗拉斯托斯通常会将最容易叫响的通俗名称，指派给他认为最具代表性的植物，然后再对其他与之类似的植物做出区别性的描述。在讨论栎树时，他描述某一种是宽叶的，另一种是树皮上有直沟纹的，再一种被他称为土耳其栎，并说它也可称为瘿栎——这后一种称法是因为此种树上会长出可供皮革工匠鞣皮用的虫瘿来。我们如今在区分同一类别的基本相同的物种时，也是会使用通俗词语的，比如在讲几种不同的蓟草时，就分别给它们以“褐毛蓟”“刺苞蓟”“烟管蓟”之类的名目①。这样的命名方式如果能够始终保持上与下的层次，倒不失为一种行之有效的套路。不过，倘若代表性植物这一层也出现混乱，麻烦便又来了。比如说，若是有人将某类植物叫作“蓟”，但另外一些人却以为他所指的是这些人意识中的“蒿”呢？泰奥弗拉斯托斯本人也遇到了这样的问题。比如他便发现，阿卡迪亚人区分植物的方式，马其顿人和维奥蒂亚人都不能理解，而这三个地方其实还都相距不远哩。进入文艺复兴时期后，通俗名称引起的混淆，便随着信息在更大范围——意大利、法国、德国和英国——的流动而越发严重了。

泰奥弗拉斯托斯于公元前287年去世，临终前将自己的花园和园内的所有物品，还有花园旁的房屋，都遗赠给自己的朋友卡利奥（Callio）、卡利斯提尼（Callisthenes）、克利厄丘斯（Clearchus）、德莫提姆斯（Demotimus）、喜帕恰斯（Hipparchus）、

① 原文此处是从一种名为窃衣的植物属出发，给出了同一属中几种名称中带有描述其特点的通俗形容词的具体例子。鉴于窃衣属植物目前在国内并不为广大公众熟悉，而且目前在国内也仅发现两种，其中文名称又只有一种带形容意味，故改用中国普遍的蓟属植物中的若干有此特点的名称。紧接其后的一句也将与窃衣有连带的例子进行了类似改动。——译注

涅琉斯（Neleus）、斯特拉托（Strato，约公元前335—约前269），“以及乐于同他们一起在此钻研学问、探讨哲学的同道们”。他的遗赠是有附带条件的，就是他们谁都不得声称拥有任何所有权，也不得“擅自改作他用”。房屋也好，花园也好，都是供他们共同使用的，应当是“进行亲密往来、友好交流的场所”。泰奥弗拉斯托斯还表示要埋骨于园内，并请朋友们为他找到他们认为合适的下葬地点。他要求不要为他的葬仪靡费，墓碑也以简朴为上。他又叮嘱须让管家继续住下来并照旧打理一应事务，包括监督奴隶在花园中的劳作。他还指明在这些奴隶中——他称这些人为他的“娃子”，[22]三名在他死后便可立即恢复自由，在其余的奴隶中，有两个“要继续留在花园内听使唤，要求他们在以后的四年内一直勤劳且不出差错”，期满后同样可解除他们的奴隶身份。余下的两个要给他的朋友，一个给德莫提姆斯，一个给涅琉斯。[23]在寿满85岁的一生中，泰奥弗拉斯托斯撰写了大量著述，有关植物的只占其中的5%。据传他在临终前说了这样一句话：“生命竟终于生活开始之时。”不过这话太富戏剧腔，未必当真出自他本人之口。只是如今要在雅典寻觅到可供以凭吊这位伟大人物的遗迹，却只会是徒然。去雅典北郊簇新的自然博物馆去找呢——结果会空手而归。一个个查看矗立在大小广场上的名人雕像吧——没有他的。坐落在希腊首都市中心雅典大公园内的植物博物馆也早就不再开放，一任杂草在屋顶的瓦缝中和门廊前的大理石柱四周蔓生。馆址附近有一条小河沟，河岸是用石块砌成的，如今也已经废弃。几丛可怜巴巴的玫瑰已被杂草包围。在馆址正面用菱形方砖铺砌的路面上，只能看到高大松树洒下的浓荫，和从砖缝中钻出的蒲公英。一株树龄相当长、已经被野藤缠得不亦乐乎的南欧紫荆下，野生大麦草在风中摇曳。“我是来寻觅泰奥弗拉斯托斯的。”我对一名正在那里不紧不慢地打扫落叶的园林工人说。他随身带着一部收音机，机中正播放着流行歌曲《舞后》。“你说的是个店铺吗？”他问道。所以，要想找到泰奥弗拉斯托斯，还是在春天里破土而出的墨绿色的芍药嫩叶里找吧。这类植物的名字*Παιώνια*——相应的拉丁学名是*paeonia*，正是他起的，而且现在还被人们用着呢。从水仙里也可以找到他。是他将这种散发出优雅芳香的草株写作*Νάρκισσος*介绍给希腊人，后来又转化成拉丁文*narcissus*流传至今的。他也潜身于他写进书中的芦笋、嚏根草、绵枣儿、银莲花、鸢尾、番红花等植物中呀，让我们铭记泰奥弗拉斯托斯吧！

图 10 《介绍印度的几种植物》（1600—1625）中刊出的枣椰树图

第二章

求知是人类的天性

（公元前 600—前 60）

泰奥弗拉斯托斯给人们留下了第一部关于植物的著述，并率先研究了给植物命名的方式。这是他的重大贡献。形形色色与植物打交道的人——大田农夫、果农、菜农、牧人、木匠、染坊师傅、织物漂洗工匠、郎中、草药师傅、采药人，还有祭司和巫祝，都一直在创造和传递着有关植物的信息，不过在这方面做得最出色的，是雅典学园的逍遥学者们。

早在泰奥弗拉斯托斯于雅典学园讲学的一万年之前，西亚地区的人们便已经试图变采集为种植了；当这位学者开始撰写《植物志》时，墨西哥人已经有了栽种南瓜和角瓜七千年的历史；而当该古希腊人出生之际，美索不达米亚地区一些壁画上的枣椰树、葡萄和谷物，也已经画上去三千多年了。文明发展的结果，使人们对植物的需求不再仅仅是为了满足物质需要，也因为它们可爱。克诺索斯王宫创作于公元前 1900 年前后的壁画上，除了画有大麦、橄榄、无花果、小麦和番红花等有实用价值的植物，也有百合、水仙、玫瑰和香桃木等令人愉悦的草木。

贸易是促进植物知识传播的强大催化剂。随着古希腊人一向不知道的木材、香料和食材从外方运抵希腊的港口，有关它们本身的信息便也一同来到了。许多这类商品都来自埃及——头一批运到目的地的时间，要比泰奥弗拉斯托斯撰写其《植物志》早两千多年呢。种种植物商品除了产自埃及，还有产自东方的松木、柏木、杉木、黑檀等。埃及第十八王朝（始于公元前 16 世纪）的统治者法老图特摩斯三世（Thothmes Ⅲ）曾派人远赴叙利亚，带回埃及人不知道的葫芦、鸢尾和疆南星。这位法老还下令将这些植物凿刻在卡纳克神庙的墙上——堪称以石为纸的“植物图谱”，还在这些形象的下面加刻上这些珍奇之物来到埃及的记录：“此等物品均属真确，无疑如我之存在，并无丝毫虚妄。”征战与讨伐也带来了植物的传播。泰奥弗拉斯托斯便是率先记录下生长在印度河流域的种种植物的人。他根据的是随亚历山大大帝进军印度的海军属下所提供的信息。而更早于这位大帝的是，雄心勃勃的亚述帝国统治者提格拉特帕拉沙尔一世（Tiglath-Pileser I）。有记录表明，他在公元前1100年前后征服了巴比伦尼亚（Babylonia）后，便将“我的列祖列宗从不曾拥有过的”雪松和黄杨等一路带回本土。

古埃及人特别以掌握与医学有关的丰富植物知识著称。从底比斯（Thebes）的一座陵墓中发掘出的一卷写于约公元前1500年的纸草古籍上，便记有应对寒战、发烧、腹痛和呕吐等症状的处方以及施治注意事项。就是在今人眼中这卷显得无比古老的著述中，居然还列出了相当于参考读物的另外一些“古老著述”！[1]解读从古代亚述帝国重镇、今日伊拉克北部城市摩苏尔（Mosul）附近的尼尼微（Nineveh）出土、原存放在该帝国统治者亚斯那巴（Asshurbanipal，公元前669—前626年在位）的图书馆里的黏土字板可知，当时的学者便有所抱怨，认为前人有关植物的资料，安排得不符合任何逻辑，致使有些名称无法推知。在这些资料上，植物被分为16大类，分类基本上以用途为原则，计有食物类、洗涤类、染色类、镇痛类、编纺类、泌脂类等。尼尼微的学者们对植物进行了最早的去伪存真和划分类别的尝试。早些时候的资料是根据苏美尔语写成的，因此还要对应成时下所用的阿卡德语。[2]泰奥弗拉斯托斯在试图将阿卡迪亚人使用的名称与艾搭山那里的人们所用的叫法对应起来时，想必也曾遇到过同样的困难吧。

当泰奥弗拉斯托斯开始撰写《植物志》时，古巴比伦文化和古埃及文化大体上已经与希腊文化相当接近了。新的词语和新的植物名称，都迅速地被丰富和灵活的希腊语吸收进来。风信子和薄荷等植物，以及松节油等与植物有关的名词，都是希腊古风时期的产物[①]，银莲花和神香草直接就用了闪米特语的音译。至于茄参——又名曼德拉草——这个古时充当麻药和镇痛剂的重要植物，名称中也掺杂了亚述语的成分。地处安纳托利亚半岛最西端的爱奥尼亚（Ionia）地区，由于得到了天时地利的眷顾，在公元前1100年前后形成了若干城市，是港口，是贸易枢纽，也是重要的文化中心。在那个时代，走海路要比行陆路容易得多，这便使爱奥尼亚的这些城市发展成贸易重镇。在埃及和巴比伦尼亚先进技术的激励下，希腊的商人与学者努力冲决着宗教强权势力的严密控制。在爱奥尼亚地区，科斯岛（Cos）上的同名城市科斯城和奈德斯（Cnidos）半岛上的同名城市奈德斯城，都出现了名声响亮的医学院校。这便形成了旧传统与新精神共存于医药领域的局面。新精神是凭借理性进行求索，旧传统中则充斥着诸如恶鬼附体、祛邪祓魔、求神拜佛、念咒求符等种种古老而原始的迷信积淀。当时人称“刨草根的”，曾被古希腊喜剧大师索福克勒斯（Sophocles）写进剧本的采药人，多属迷信之至的一类；迷信到有些只肯在夜间干活（这倒也有助于不让他人查知贵重药草的生长地），迷信到相信如果在刨芍药根时看见啄木鸟，眼睛就会瞎掉。不少此类调调儿都在泰奥弗拉斯托斯的书中得到了反映。比如他就提到，在挖掘有奇幻效力的茄参时，“刨前须先用剑绕着画上三圈，弄出土时应当面朝西方；准备掘第二株时还要绕着它舞蹈一番”。如果是挖嚏根草，“有人说，如果是黑嚏根草，也应当绕它画圈——画一圈，挖前要面冲东方祷告，并向左边和右边都看清附近没有鹰隼在场，否则不出一年，当事的采药人便会亡故”。[3] 此等程序会增加采药的神秘感和重要性，令初入道和尚未入道者大生畏葸之心。看来这些是最早的植物问考者探寻自然世界时归纳出的道道儿呢！

泰奥弗拉斯托斯在为他的《植物志》搜集素材时，对于人们积累起来的知识——真实的也好，附会的也罢，都是认真对待的。对于笼罩着植物的种种迷信说法，他未必相信多少。尽管如此，他仍对前人们的工作一律表现出敬意。对于来自希俄斯

---

① 在希腊神话中，风信子（*Υάκινθο*，英文 hyacinth）是从受伤而死的美男子 *Υάκινθος*（雅辛托斯）的血泊中生出的植物；薄荷（*Μέντα*，英文 Mint）一词也源自希腊神话，原为一个名叫 *Μένθη*（敏丝）的小仙女，因受冥王喜爱而遭冥后妒恨，被变成了这种虽不起眼，但清新可爱的植物。松节油（*Τερεβινθέλαιο*，英文 turpentine）的名称来自从当时属于希腊、现属土耳其并已经改名为塞岱夫岛（Sedef Island）的 *Τερέβυνθος* 小岛（台莱宾索斯岛，英文 Terebinthos）上密布松林的松树中提炼出的油状液体。——译注

图 11 13世纪中期狄奥斯科里迪斯所著《药物论》手抄本中的一幅图。画上的植物名称是用阿拉伯文写出的，画风也属伊斯兰风格

岛（Chios）的欧德摩斯（Eudemos）、曼提内亚人斯拉昔亚斯，以及斯拉昔亚斯的弟子阿莱希亚斯这几位都以与药草打交道为业，也都精擅制毒的草药师傅所取得的成果，他都给出了正面的评价。公元前4世纪的希腊医生迪奥克利兹（Diocles）留下的医书，也深得他的重视。（该书是目前人们所知道的最早的希腊草药典籍，被包括泰奥弗拉斯托斯在内的后人频频引用，但后来散佚无存。）这位出生于卡鲁斯图斯（Carystus）、为时人誉为“医圣”的希腊人在动手写这部草药书之前，便搜集了超过300种植物的信息，包括它们的生长环境和用途。

“求知是人类的天性。”这是亚里士多德写进他的《形而上学》一书开篇处的名言。知识来自于问考——所谓问考，是指发现问题并寻找答案。泰奥弗拉斯托斯的《植物志》和《论草木本源》是以《动物志》和《论动物生成》两本书为样板的。这后两部著述都是亚里士多德撰写的，目的有两个：“一是把握属于所有动物的共性并指出其区别，二是发现如此的成因。”[4]他对种种动物的描述，内容主要集中在彼此的区别上。“会飞的动物生有翅膀，有的上面长着羽毛（如鹰隼），有的是薄膜（如蜜蜂），有的则是皮肤（如蝙蝠）。”[5]若以今天的角度，站在达尔文的立场上，以进化论为工具分析亚里士多德的这两本书，可以看出他不曾认识到存在于动物世界中的连续性。他以不变的眼光看待各种动物，认为它们彼此间只存在比例，即相对大小的不同，也就是他所说的“或盈或亏”。[6]

当年在柏拉图主持的学所，便很盛行“有余有缺”的概念。在区别动物的不同类型时，亚里士多德也时常用到这一概念。他在动物中查找种种程度不同之处：骨骼是粗些还是细些，躯体是重些还是轻些，喙部是长些还是短些，行动是靠蹼足还是脚爪……如此这般。“有些鸟的腿长得很长，它们生活在沼泽区便是一个原因。大自然会根据功能创造器官，而不是反过来。”[7]柏拉图学所是柏拉图于公元前387年在雅典创办的，亚里士多德17岁进入这里，而且一待便是二十年。后来，他到马其顿，当上了太子师，负责辅导亚历山大大帝——彼时后者尚未登基，还没有率领大军四处征战并一直打到印度河流域。公元前335年，亚里士多德回到雅典，创建起雅典学园。马其顿在控制了希腊后，雅典学园便被期待着为当前激流勇进的新世界培养未来的领袖。那时的雅典学园是四大哲学学所之一，建于雅典城墙外不远处一座圣堂和健身场的旧址；圣堂是专门供奉太阳神阿波罗的，和健身场一样一向对公众开放。如今，这个地方已经成为希腊首都宪法广场的所在地。在雅典学园进修的学子们，后来被冠上了“廊间弟子”的代称，原因是这里的讲学地点，通常都是在学园中顶上有遮盖，但没有墙壁，只有一些柱子的回廊里。①

据传闻，当时学园里讲学的地方摆放有一张桌子，一些木制靠背长椅，外加一尊青铜雕像和一只地球仪。泰奥弗拉斯托斯也提到学园里有一株很气派的悬铃木。由于雅典学园原来是公众常来常往的地方，成为学园后也准许任何人前来听讲和参加讨论。这里还有一处博物馆和一座极好的图书馆，都是亚里士多德筹建起来的。他鼓励前来求知的学子们进行专题研究：如泰奥弗拉斯托斯侧重植物，欧德摩斯——不是前面提到的那位人称“药圣”的医生，是位来自罗得岛（Island of Rhodes）的同名人——主攻数学，迈农（Menon）在医药史上特别下功夫，等等。[8]这样做的目的是，希望以严密而有条理的方式，对知识做全方位的研究。他本人和他的若干优秀弟子都是这样努力的。以亚里士多德为思想领袖的学派对事实可说是务求必得：就连雅典剧场上演戏剧的微末情节、希腊各城邦所订的大小规章、德尔菲神庙运动会②优胜者的名单，都在搜集的范围之内。不过此类搜集，自然比泰奥弗拉斯托斯为其《植物志》所做的工作来得简单。亚里士多德一向强调进行问考要有系统的方法，老师们也定期修改自己的讲义以反映新近的种种发现。与柏拉图学所相比，在雅典学园里多了些指导而少了些讨论；讲学时所说的话，都要形成文字；分界线也出现了。学者们在传授知识时，开始会告诉学生们说：“这些是我们所知道的——目前就是这些。”接下来的是难以迈出的一步：确定从已知的事实中可以分析出什么来。积累是个渐进的过程，需要和平、安全的环境。亚里士多德和泰奥弗拉斯托斯都不是雅典本地人，因此想要在这座城市里置产颇受滞碍。但他们二人又都支持马其顿，在马其顿人控制了雅典后，新被委派为雅典执政官的法勒鲁姆（Phaleron）

① “廊间弟子”还有另外一种译法。由于亚里士多德有一边漫步、一边同簇拥在周围的学生交流的习惯，故也得到了“漫步学者”的称呼。由于此种授课方式看上去不似通常的课堂那样刻板，显得气氛十分轻松，故使这批人又得到了“逍遥学派”的译法。此种译法的通用程度更大一些，因此本书中除了在这一段正文中顺应作者的原意用到“廊间弟子”的说法外，其他地方都沿用“逍遥学派”的译法。——译注

② 以纪念阿波罗神杀死盘踞在德尔菲（Delphi）的恶蟒为由在全希腊范围举行的竞技盛会，当时与奥林匹克运动会几乎齐名，也是每四年举行一届，但两者的比赛项目有较大不同。此竞技会始于公元前6世纪，到5世纪初便不再举行。——译注

人德米特里（Demetrios）曾是一名逍遥弟子，经他分派，泰奥弗拉斯托斯得到了一处花园，有了稳定安全的居所，可以存放他的藏书，还可以种植草木以供研究之用。

在3世纪的罗马帝国作家第欧根尼·拉尔修（Diogenes Laertius）的笔下，亚里士多德的形象是这样的："细瘦的双腿、不大的眼睛；衣着入时，手上戴了不少戒指——而且还刮胡子。"细腿再加小眼睛，看来外貌不易为他赢来粉丝。这表明他的魅力必然来自其他方面——或是他的举止，或是他的精力，或是他思维的敏捷……无疑更来自他的创见。在当时的西方，亚里士多德最早让弟子们相信，有关植物和动物的知识，其重要性也绝不逊于形而上学或者天文学。而在亚里士多德的弟子中，泰奥弗拉斯托斯最清楚地领会到了老师的意图。因此，亚里士多德在公元前322年去世后，泰奥弗拉斯托斯受其遗命继任雅典学园的领导，应当说是顺理成章的。拉尔修——这位堪称他那个时代的威廉·希基（William Hickey）[①]的作家，了解到了亚里士多德在遗嘱中都有什么内容：他指定马其顿派驻雅典的总督安提帕特（Antipater）为遗嘱的主要执行人，并要求包括泰奥弗拉斯托斯在内的另外五个人也为执行人，负责照顾他的第二任妻子、孩子和房产，直至他的养子尼卡诺尔（Nicanor）从外地回来接管。他还要求当他的女儿成年后，由这些执行人安排她与尼卡诺尔结婚，而如若在此之前这位养子出事致使此事不谐，"要是泰奥弗拉斯托斯愿意同我女儿共同生活，就将由他承继本应在尼卡诺尔名下的一切"。[9]

泰奥弗拉斯托斯接下了学园这个摊子，不过没有娶亚里士多德的女儿为妻室。他管理着这处学府直至三十五年后（公元前287）谢世。他在本人的遗嘱里留下一笔款项，用以整复立在学园里的名人雕像，又将学园的图书馆交由涅琉斯负责。涅琉斯接手后，便将书籍统统搬离雅典，运到了自己在安纳托利亚半岛上塞泼昔斯（Skepsis）的家中。这一图书馆对雅典学园的学风起着至关重要的作用，它的消失是逍遥学派式微的重要原因。到了继泰奥弗拉斯托斯为学园领导人的斯特拉托于十八年后去世时，当年的鲜活风气已然消失殆尽。

① 英国律师，以写于19世纪初的《记事录》这一回忆录性质的著述闻名。该书逾700页，有对伦敦和若干英国属地的日常生活的生动叙述。——译注

这处本是热火朝天的学园，到头来变得清锅冷灶，恐怕也应当说是势在必然，因为这里最出色的学子们不断离开——有的去别处兴办自己的学所，有的被新崛起的他方权贵聘走。亚里士多德和泰奥弗拉斯托斯为之煞费苦心钻研的内容，如今又再次被新一代学者们视为浪费光阴而鲜有人问津，也可能是雅典学园衰落的又一个原因。古罗马著名政治家与雄辩大师西塞罗（Marcus Tullius Cicero）就明显地表现出对泰奥弗拉斯托斯的继任者斯特拉托的轻蔑，原因就在于认为后者居然会抛开伦理道德、价值观念之类的“高尚”课题，跑去研究什么“自在之物”！[10]是不是在两位伟大的先驱者离开之后，知识界中厚此薄彼的风气便又卷土重来，觉得动物和植物只配医生之类的人来搞，哲学家应不屑为之呢？诚如现代希腊哲学史专家鲍勃·沙普尔斯（Bob Sharples）在20世纪末所分析的：“无论是希望研究综合性哲学体系的人，还是立志探求主观性哲学体系的人，都不会被雅典学园吸引来，因为那里没有能与伊壁鸠鲁学派或斯多葛学派一争短长的人物。”[11]

雅典在此期间所处的不稳时局，也是逍遥学派大大衰落的又一个原因。雅典学园地处城墙之外，很容易受到动乱波及，而教学是需要稳定环境的。刚刚进入公元前3世纪不久后，埃及的亚历山大城和地处希腊最东端的罗得岛上的罗得城（Rhodes City）都未发生过多少战事，由是便开始发展，并形成了与雅典分庭抗礼的教育中心。这两个新的中心能拟定出出色的研究课题，涉及的范围之广，规模之大，也只有当年的逍遥学派能一争短长。亚历山大城的新教育中心设在缪斯众神堂，一向得到雄心勃勃的历任埃及国王从财政到设施的慷慨资助。相形之下，雅典学园也好，柏拉图学所也好，雅典的其他学府也好，得到的支持都严重缩水。在这种每况愈下的局面中勉强支撑了八百年后，它们都在东罗马帝国皇帝查士丁尼大帝（Justinian I）——他于527年至566年在位——的命令下，于529年全部关闭。[12]不过正如英国著名史学家爱德华·吉本（Edward Gibbon）在他所著的《罗马帝国衰亡史》①中强力揭示的：“科学的光芒是不可能只被关在雅典的城墙之内的。”“活下来的大儒们会移居到意大利和亚洲去……对于雅典的学校，日耳曼人的兵器，杀伤力毕竟比不过新立起来的宗教。基督教的教士们扼杀理性，对所

① 此为名著，有多个中译本。——译注

有的一切都以信仰这个唯一的尺度衡量，若认为有怀疑，若认为不遵从，便一概以火刑处置之。”就在查士丁尼大帝扼杀掉雅典的哲学传统的同时，基督教信徒圣本笃（St Benedict）也在意大利的卡西诺山（Monte Cassino）修建起基督教的第一座修道院——圣本笃修道院。

******

亚里士多德留给泰奥弗拉斯托斯、泰奥弗拉斯托斯又在遗嘱中托付涅琉斯负责的那些藏书，后来又到了何处呢？这些精心积聚起来的书籍，形成了当时雅典最出色的图书馆。大量的手稿和手抄本涵盖了多方面的内容，囊括了当时人们已知的大部分自然知识。通过不惮辛劳的搜集与比对，亚里士多德和泰奥弗拉斯托斯已经开始了进一步的努力，即寻求决定生物之间关系的逻辑。不过他俩就有如面对着一大堆零散的拼图块，不但零散，更短缺大量的拼块，很难琢磨出它们会构成什么样的图案。他们所要发掘的系统，其“种子”——确立以有意义的方式给动物和植物命名的规则，为今后的研究奠定基础——就播在这座图书馆里，然而并没有萌发。在随后十多个世纪的岁月中，什么也没有发生，一切都停滞不前。直到13世纪时，一本题为《动物论考》的书问世，才结束了这一漫长的僵死状况。此书的作者是人称“神学界之王”的托马斯·阿奎那（Thomas Aquinas）的导师，本人也是著名神学家、曾任雷根斯堡（Regensburg）主教的大阿尔伯特（Albertus Magnus，约1200—1280）。原因何在？罗马帝国时期的历史学者斯特拉托（Strabo，约公元前63—约公元23）在对罗马时期的逍遥学派进行研究后，讲述了如下的情况——

> 涅琉斯将这座图书馆的藏书弄到了自己的家乡塞泼昔斯，交给自己的后人看管。这帮人缺见少识，只是找个地方将这些书一堆，然后一锁了事，存放地点也找得很马虎。塞泼昔斯后来成为帕加马王国（Kingdom of Pergamon）的一部分。当这些人听说当政的阿塔罗斯王朝的国王正四处搜寻书籍，送往王国首都帕加马（Pergamum）以壮王室收藏行色后，便挖坑将书埋到地下藏了起来。过了一段时间后，这些书便被湿气和虫子糟蹋了。这些人的后代又将亚

图 12 各部分安排得当、显示出一应细节的虞美人（学名 *Papaver rhoeas*）图画。此图摘自由尼科洛·罗卡博奈拉鼎助出版的《本草画本》（约 1445）。画面逼真，不难判明所画为何物

里士多德和泰奥弗拉斯托斯的这些书以不菲的价格卖给了雅典富翁阿佩利康（Apellikon）。对于书，阿佩利康只知爱而不会用，致使在修补被虫子吃掉的部分时，弄出了种种不忠实于原文的抄本，结果是谬误百出……

阿佩利康一死，占领了雅典的罗马大将卢基乌斯·科尔内利乌斯·苏拉（Lucius Cornelius Sulla）便将这些书运到罗马城（Rome）。罗马的文法学者泰冉尼翁（Tyrannion）说动了这批书的管理人，得到了整理和安置这些书的委任。然而他的做法只是雇用一批糟糕的缮写员抄出复件来，抄成后也不与原本对照。在这一点上，他真是同书商也差不到哪里去。[13]

斯特拉波又有何种表现呢？作为一名希腊人，对罗马人要将亚里士多德的伟大思想纳入罗马体系的做法，是不是持反对态度呢？对于罗马缮写员在转抄和翻译希腊文著述中弄出的谬误，以及罗马书商胡乱贩售不可靠的希腊作品的做法，他是不惮指出的。博学的希腊文法学者阿忒纳奥斯（Athenaeus）对于这批书的下落，给出了另外一种说法。据他所述，涅琉斯（或者他的亲属）得知埃及国王托勒密二世（Ptolemy Ⅱ Philadelphus）有意将新建成不久的亚历山大图书馆扩充成全世界最出色的一座，便将亚里士多德和泰奥弗拉斯托斯的书一股脑儿卖到了那里。[14]究竟哪种说法是对的呢？这些书究竟下落如何呢？

在泰奥弗拉斯托斯主政雅典学园的最后一段时间里，逍遥学派的重量级人物之间出现了严重分歧，而且既涉及观念，也牵扯到人际关系。泰奥弗拉斯托斯和欧德摩斯是正统派，即为沿袭传统的代表，亚里士多塞诺斯（Aristoxenus）和狄西阿库斯（Dicaearchus）则比较激进。泰奥弗拉斯托斯本属意于指定涅琉斯——他讲学水平不甚出众，不过行事稳健——继任领导职位，并将图书馆交付给他。但另外一些举足轻重的人物不同意泰奥弗拉斯托斯的考虑，选中了斯特拉托。而据斯特拉波说，泰奥弗拉斯托斯逝世不久，涅琉斯便回到故乡，将所有的书也都带了去。这些书当初是亚里士多德留给泰奥弗拉斯托斯的；而泰奥弗拉斯托斯的二度遗赠，却使它们变成了涅琉斯的私产。逍遥学派中产生的分歧，看来可能与部分人主张少搞些纯哲理性研究而更多地将精力放在科学领域有关。斯特拉托也是持此种观点的。逍遥学派的学风同柏拉图学派和斯多葛学派都不同，研究内容和方向并无一定之规，组织结构上也另立一套，就是规定雅典学园的领导人应当经一个委员会选举产生。但到了斯特拉托这里，他却直接指定一个叫律孔（Lycon）的人为下一任掌门，还话里有话地声言“以合作保无虞”。有人看不上律孔，卡鲁斯图斯人安提哥诺斯（Antigonus）就是其中一个。他认为此人崇尚奢华，又耽迷于运动，不适于充任正经学府的负责人。其实斯特拉托也未必看上了律孔，只是认为不这样做就无法恢复学园的地位。这里的生源正大量流失。他觉得如果律孔上任，会恢复学园里的哲学课程。在这一点上他的想法是对的，因为研究自然科学的种子此时正在北非的肥沃土壤上萌发。

泰奥弗拉斯托斯逝世时，涅琉斯自己也并不年轻了。据说他将得来的珍贵书籍留给了家庭成员继承。这些继承人并未受过什么教育，不知道如何处理得来的书册。也许是听从了什么人的建议，也许是听说阿塔罗斯王朝的统治者正打算在帕加马也搞一个图书馆，以同亚历山大图书馆一争高下，觉得将书埋入地下藏起来乃为上上保全之策，于是便照做了。书埋入大坑之后，土便一点点渗入书页之间，地下的虫子更是对其中的字句、概念、理论，以及刚刚萌发的植物科学大下杀手。到了差不多一百五十年后亦即公元前 100 年时，涅琉斯的后人不再遵从老祖宗的嘱托，将这批东西卖给了阿佩利康。这一转手当时看来似乎是个很好的解决办法。阿佩利康是个富豪，肯出高价买下这些书册；他又是个有影响的人物，是公元前 1 世纪初期反对希腊走向罗马化的领军人物。再者此人还是个大书迷。他将这些书弄到雅典，意在整理出一整套逍遥学派的著述来。只是他本人于哲学所知无多，被他雇来缮写抄本的一批人又对匡正被毁坏和蛀蚀的内容这一工作并不认真，结果搞出了一套谬误百出的抄本。

到了公元前 86 年时，卢基乌斯・科尔内利乌斯・苏拉以武力拿下雅典后，便将阿佩利康的藏书搬到了罗马。这位罗马大将在公元前 78 年死去，他的继承人福斯图斯・苏拉（Faustus Sulla）遂成为这些书的主人。不过没过多久，此人便因要还赌债，于公元前 55 年将它们拍卖。据斯特拉波说，在拍卖会上，有几个罗马书商将部分手稿弄到手，估计是打算以它们为蓝本形成些手抄本出售。西塞罗的朋友、藏书成癖的文法学者泰冉尼翁也分得了一杯羹。不过这几个人的境遇也同阿佩利康差不多，找来的都是些不称职的抄书匠，不肯将亚里士多德和泰奥弗拉斯托斯的著述认真搞出来（不过说实在的，真正有水平的人中，又有几个愿意从事此等枯燥的工作呢）。至于书商，他们感兴趣的只是卖书，并非支持学术研究。不过，虽然苏拉的这些书当时没能修成正果，但毕竟还是作为种子得到了保留。种子在，希望就在。一旦出现有培育技术的人，科学便能得到萌发的机会。

泰冉尼翁得到了种子，但他并不是有培育技术的人。为福斯图斯・苏拉管理藏书的人同他关系密切，拍卖这批来自泰奥弗拉斯托斯的书籍，给他带来了机会。此外，若套用时下报纸的用语，泰冉尼翁还同一个名叫蓬波尼乌斯・阿提库斯（Pomponius Atticus）的人“有交结”，而这位阿提库斯与西塞罗关系甚好，还是个有名气的书商兼制书人，自己又有不少藏书。在公元前60年前后，泰冉尼翁成了他的合伙人。不过参与的目的并不是传播理念。公元1世纪期间，在罗马工作的希腊哲学家安德罗尼柯（Andronicus）也不具备培育禀赋，不过就编辑能力而言，毕竟比阿佩利康和泰冉尼翁都略胜一筹。经他一番工作，亚里士多德图书馆的这一部分书还是得到了整理，应当说毕竟减少了一些希腊思想被湮没的可能。只不过安德罗尼柯这一站过后，亚里士多德与泰奥弗拉斯托斯同欧洲人的思想联系便断了线。

好在还有另外的线存在。它横越地中海，一直接到了亚历山大城。根据阿忒纳奥斯的考证，涅琉斯——或者他的后人——将亚里士多德图书馆的书卖给了大力扩建亚历山大图书馆的埃及国王托勒密二世。此外，逍遥学派的著述也在公元前3世纪和前2世纪时大量传入亚历山大城。这两条线都始自雅典。只是就作者本人所涉及的内容而论，已经与这座希腊城市不再有什么关系了，虽则作为发祥地，它永远会占有重要地位。研究植物的道路将向其他地方延伸。有些地方本作者有所知晓，如比萨、帕多瓦、佛罗伦萨、蒙彼利埃（Montpellier）、法兰克福（Frankfurt am Main）、伦敦（只不过以伦敦为代表的英格兰，在求解植物世界这幅大拼图的努力中步履迟缓）。在优美逻辑的指引下，人们积跬步成千里地蹒行，终于看到前方显现出了拼图的全貌——由无数草木构成的万千集团军所形成的壮美自然界，一个有目、有科、有属、有种、有亚种……的植物世界。亚里士多德对植物学的贡献至此为止。从根本上说，他其实还算不上是植物学家。不过如果没有他，泰奥弗拉斯托斯也未必能够写出《植物志》来，而这部著述正是寻找植物界中存在关系，理解其种种相似与差异之处的最初努力。由于亚里士多德的指导，泰奥弗拉斯托斯学会了如何组织信息，认识到思想开放、锐意问考的重要性。亚里士多德还使自然科学的地位得到了提高。虽说这一形势不曾在唯美思潮居先的古希腊社会永久驻足，但仍长久到促成人们迈出了第一步。接班的人在亚历山大城。

第三章

亚历山大图书馆

（公元前 300—前 40）

一份 2 世纪或者 3 世纪的纸莎草古籍，提到亚历山大城是“五湖四海人的奶娘”。此话的确不错。这里接纳着马其顿的士兵和希腊的移居者，还有阿拉伯人、巴比伦尼亚人、亚述人、米底（Media）人、波斯人、迦太基人、意大利人、高卢（Gaul）人、伊比利亚（Iberia）人，以及不少有学识的犹太人。这个位于地中海沿岸，又在距岸不远处有法罗斯岛（Pharos）[①] 护卫的地方，具有许多天然优势。亚历山大大帝于公元前 331 年 1 月 20 日乘船经过这里时，立即看出此地的优越性，遂下令随军前来埃及的建筑师狄诺克拉底（Dinocrates）为这里设计一座宏大的城市。亚历山大大帝死于公元前 323 年，比亚里士多德还早一年，因此没能亲眼见到这个以他的名字命名的地方。亚历山大大帝死后，马其顿帝国遂被裂土分茅。他的同父异母兄长得到了埃及，是为托勒密一世（Ptolemy I Soter，参看图 13）。狄诺克拉底规划的亚历山大城设计十分杰出，一纵一横的十字大街将整座城市分成大小不一的四个部分，沿街盖起了大理石柱撑起的遮阴步廊，石料修造的房屋下建有地下窟室，储存由地下水渠送来的淡水并使之保持清凉。港区里是密密麻麻的码头和库房。1 世纪的演说家与作家迪奥 · 赫里索斯托姆（Dio Chrysostom）在其《讲演集》第 32 篇里，这样赞美这座壮丽的新都市：“你不仅有美丽的港口、宏大的舰队、丰饶的

① 此岛便是被称为古代世界七大奇迹之一的亚历山大灯塔的所在地，后因在该岛与亚历山大城之间修筑起防波堤而连为一体。——译注

物产和包罗万象的市场，还将全地中海的海运集中到你这里，更将远处红海（Red Sea）和印度洋（Indian Ocean）的商船也吸引过来——而印度洋这个名字，早几年还几乎无人知晓呢。”[1]在埃及这片原本由法老统治的古老大地上，如今由有马其顿血统的托勒密一世管理着，他在这里也促成了一波文艺复兴。城里建起了亚历山大图书馆，它是众神堂（用以供奉统称缪斯、辖领各部文艺及科学的诸女神）的一部分，规模在整个古代世界是空前的。众神堂位于希腊人区，是原来皇宫的一隅。堂外筑有步道、半圆形的露天散座，座位都用大理石打凿；堂内设有多功能厅和餐厅。众神堂前是一道遮阴走廊，大理石的柱子支撑着顶盖，沿走廊便可来到图书馆。馆内修有十个大厅，安设着一排排书架和柜橱，都编着号、标注着说明。架上和橱里满满地摆放着手稿和抄本。在埃及人区也设有一处分馆，就在广受埃及人祭祀的塞拉比斯神庙附近。

图书馆的这十个大厅都各自与一个特定的主题有关。我自然很想知道，在这座浩瀚的宝库中，泰奥弗拉斯托斯的著述究竟被存放在哪一处呢？又有什么人曾从某个编号的书架上将他的《植物志》取下来阅读呢？亚里士多德的离世，标志着一个伟大的希腊古典文化时期的终结。不过，就在亚里士多德逝去、他参与构筑的出色传统也走向消弭的同一时期，亚历山大城那里开始了一个新纪元。亚里士多德率先在雅典学园筹建起图书馆，此举使他被人们尊为先驱者和革新家，而托勒密一世随

图 13　托勒密一世。公元前 323 年，他在埃及建立起第一个由马其顿人统治的王朝，又在亚历山大城建起了举世皆知的与该大都会同名的图书馆

后要建造的图书馆，规模上则远为胜出。馆内延聘的学者可能有上百名，负责书稿的搜寻和翻译。托勒密一世又罗致来作家、诗人、哲学家、科学家、数学家——其中就有欧几里得（Euclid），共同推动起一波以希腊古典时期的理念为先导的文明大潮。以亚历山大城为中心的托勒密王朝意在将这一文明推向整个埃及，其实，这个国家早已存在着一个比古希腊更为古老的文明。还是在历代法老统治埃及时，也就是远远早于泰奥弗拉斯托斯大力探求植物知识的时期，埃及人已经在他们的象形文字中，记下了罂粟、小茴香、金合欢和芦苇等202种植物的名称了。[2] 埃及人还知道如何用纸莎草造出纸来（泰奥弗拉斯托斯在他的《植物志》中也提到过），[3] 又掌握了用提取自植物的膏油处理尸体的方法。只不过在古埃及，种种知识基本上都被祭司们垄断着，不似雅典学园和柏拉图学所那样在民间广为流传。

法勒鲁姆人德米特里在失势后便离开雅典，来到地中海彼岸的亚历山大城。他希望将这里变成第二个雅典。是他率先提出建议，主张在这座城市修建一座图书馆，以及一处供学者们聚会，同时也用来供奉缪斯众女神的堂馆，结果是这二者修在了一起。他还为托勒密一世搜罗来第一批书籍。德米特里除了有哲学造诣，还是一名演说家和政治家，而且是亚里士多德的忠实追随者，又是泰奥弗拉斯托斯的学生与朋友。所以看来阿忒纳奥斯有关亚里士多德图书馆藏书下落的传闻是可靠的。逍遥学派的书籍至少会有一部分来到亚历山大城，德米特里便是其中的关键人物。而他投靠的托勒密一世很有眼光，有可能只想得到书籍中顶尖水平的少数。说不定正是这个缘故，德米特里只将原始手稿弄来，而将手抄本部分留给了涅琉斯及其继承人，结果是被埋入坑中，一任水汽和虫豸料理了。这就是说，前述两种传闻有可能都是真的。亚历山大图书馆最有可能建于公元前307年，因为这正与德米特里来到亚历山大城、继而又得到将书稿弄来所需的大笔财政支持在时间上相合。当时的资料表明，在最初的十到十二年间，他弄来的书稿可能多达两万卷，真不输给19世纪和20世纪的书籍收藏家摩根父子——老约翰·皮尔庞特·摩根（John Pierpont Morgan Sr.）和小约翰·皮尔庞特·摩根（John Pierpont Morgan Jr.）、亨利·亨廷顿（Henry Huntington）和保罗·格蒂（Paul Getty）这几位大力搜集古文化结晶的美国人。这些著述都被誊写于纸莎草卷上，放在亚历山大图书馆的书架上或书橱里。托勒密一世撒下的搜书网可谓铺天盖地。当从希腊再也弄不来什么书籍后，他又将目光转向了他方，特别是在他治下的整个埃及以及东方古国亚述。

法勒鲁姆人德米特里是亚历山大图书馆的第一任馆长。在他之后的许多馆长也赫赫有名：以弗所（Ephesus）人泽诺多托斯（Zenodotus，公元前282—约前260年在任）、昔兰尼人卡利迈丘斯（Callimachus，约公元前260—约前240年在任）、罗得岛人阿波罗尼奥斯（Apollonius，约公元前240—约前230年在任）、昔兰尼人埃拉托色尼（Eratosthenes，约公元前230—前195年在任）、出生于拜占庭城的阿里斯托芬（Aristophanes，公元前195—前180年在任）[①]、阿波罗尼奥斯·埃多格拉弗斯（Apollonius Eidographus，公元前180—约前160年在任）、萨莫色雷斯（Samothrace）人阿利斯塔克（Aristarchus，约公元前160—前131年在任）[②]等。德米特里很不幸，在托勒密一世的儿子托勒密二世接了班后不但失宠（不知是嫌他在图书馆上的开销太大，还是出于一朝天子一朝臣的定式），还被贬谪到埃及南部，并在公元前282年被一种名叫角蝰的毒蛇攻击后毒发而亡——有人怀疑是一桩谋杀案。他一死，泰奥弗拉斯托斯的这条线便断掉了。

托勒密王朝延续了三百年。该王朝终止后，亚历山大图书馆仍继续存在了大约同样长的时间。它是一座知识与科学的宝库，存储着希腊人努力得来的所有知识，也存储着亚历山大大帝从征战地获得的大量学识。这个王朝曾对进入亚历山大城的书籍实行严格管控。凡进港的船只一律接受检查，发现的书册一律收走，以誊录的抄本相抵，原书则送入亚历山大图书馆。

托勒密二世也拨款用于翻译《旧约圣经》最古老的版本《塔纳赫经》。他找来72名犹太人翻译此经，将他们送上四面环水的法罗斯岛，指示他们在将此经译完前不得离开。此事在被称作“詹姆士王圣经”的《新旧约全书》（1611）的序言中得到了印证：“上帝慈爱，启示埃及国王托勒密将此书由希伯来文转译为希腊文……遂使上帝的话语为希腊人知晓，如置于高台之烛，将光明洒至室内四处……”我儿时住在威尔士，一向总要按时跟着家长去教堂做礼拜。这是个小教堂，建于13世纪。在冗长的布道过程中，我有时会瞟几眼这段序言中的文字，因此记住了托勒密二世

① 此人不是雅典的同名喜剧作家。——译注

② 此人不是萨摩斯（Samos）的同名希腊天文学家。——译注

的名字 Philadelphus[1]。真不可思议，它引起了我的思恋，就像喜爱比阿特丽克斯·波特（Beatrix Potter）的童话故事《彼得兔》一样难以释怀。后来，当我有了自己的第一个小花园后，在那里再次见到了这个名字。这一次，它是以一种灌木的名称出现的。这就是香气甜美开白色花朵的山梅花。山梅花还有一个俗名叫竖笛木，而它的学名 *Philadelphus coronarius* 中就带着这个词。此种灌木原产土耳其，最初是由神圣罗马帝国派去的大使、佛兰德人奥吉耶·吉塞利·德比斯贝克（Ogier Ghiselin de Busbecq，1521—1592）于 1562 年带到欧洲的。不过竖笛木这个俗名也被用来指代木樨丁香，即欧丁香，因为这两种树的树枝都是中空的，木质也都很软，均被土耳其人加工成木管乐器。山梅花和木樨丁香本是两种大不相同的灌木，却得到了相同的叫法，实在是有些乱弹琴。为解决这个矛盾，英国植物学者约翰·杰勒德的做法是将其中一种——开白花的前者——叫作“白花竖笛木”，而瑞士植物学者让·鲍欣（Jean Bauhin，1541—1613）更彻底，给了它一个全新的名称，就是这位托勒密二世的名字。

托勒密二世死于公元前 246 年，因此没能亲眼见到亚历山大城遭到夷毁之灾。这场大劫大难是罗马独裁者恺撒大帝（Julius Caesar）造成的，时间是公元前 47 年。当时恺撒下令向埃及军人阿基拉斯（Achillas）率领的在亚历山大港的埃及舰队发起火攻，但大风却刮向海岸，将港区的建筑也一起吞噬。是不是图书馆也遭了祝融之厄呢？烧毁了一部分，但并未完全殃及。[2] 完成全面毁书之举的可以说是宗教，而且是在这场大火之后发生的。那时的亚历山大图书馆，摆放在十间大厅里的各个贴有编号的书架上的库存书卷已经超过了 50 万种，结果是其中一些（最宝贵的部分）被埃及女王克丽奥佩特拉（Cleopatra）送给了恺撒；图书馆的书架便有所腾空，正好后来用于摆放马克·安东尼（Mark Antony）同样为向这位埃及艳后示好特意赠送的另外 20 万册图书——都是他攻打帕加马时，从那里的图书馆洗劫来的。这些

① Philadelphus 是希腊文 *Φιλάδελφος* ——托勒密二世本名的拉丁化拼法。他因娶了自己的亲姐姐为第二任妻子（这在古埃及不被认为是乱伦行为），遂使自己的这个名字成为“与姐妹有情爱者”的同义词。后来此词的词义有所扩展，带上了“情同手足”的含义。这正是美国费城的正式名称 Philadelphia 的由来。——译注

② 有的考证认为，这场大火烧光了主馆内的藏书，只有位于塞拉比斯神庙的分馆未受波及。——译注

书都写在加工过的羊皮和牛皮（所谓羊皮纸）上。粗糙厚重的羊皮纸同又薄又没有什么强度的纸莎草放到了一起。分流的知识在这里重新聚集到了一起。那么，这些混合的图书中，有没有泰奥弗拉斯托斯的著述呢？当时的图书目录没能流传下来，因此无法断言。不过有关植物的书籍，正是这座图书馆收藏的大宗。缪斯众神堂和亚历山大图书馆同雅典的一应学府不同，不是进行哲学清谈的场所，而是重视技术性知识的机构，而且特别注重同医药和自然科学有关的部分。泰奥弗拉斯托斯在雅典开始的工作，是亚历山大城这里的重中之重，只不过没有被归为与在雅典时同等的知识占位。逍遥派学者从自然科学角度研究出的成果，到了亚历山大城的学者这里则被纳入百科全书一类的典籍中。这样一来，写下来的东西便与实际存在隔开了一层。撰写评论是亚历山大学者的强项。他们将精力放在诠释古典著述中的字句，但鲜能开创新的研究——至少在泰奥弗拉斯托斯所从事的领域中如此，在人体解剖学和生理学方面则另当别论。[4]

爱德华·吉本在他的书中写道："无论是恺撒大帝防卫失当使大火失去控制，还是基督徒执意摧毁异教的偶像崇拜纪念馆，亚历山大图书馆的灾难，在这里我都不再重复提及了。"[5]只是知识，将今天的人们与发现知识的古人联结到一起的纽带，能否得以幸存，不仅取决于大火和战事，同样也要受另外一些因素——一些或许不似前两种那样触目惊心，但同样有破坏性，而且更隐蔽、更阴险——的威胁：图书馆屋顶滴漏下的雨水，入侵皮革和纸莎草的潮气，一块块长在重要字句上的霉斑，啃下纸莎草片为幼崽垫窝的老鼠，在羊皮纸间产卵的飞蛾。从公元前 287 年泰奥弗拉斯托斯逝去，到 391 年前后亚历山大城的塞拉比斯神庙在信奉基督教的东罗马帝国狄奥多西大帝（Theodosius I）统治期间被捣毁，前后大约有七百年（今天的人们与中世纪年代，也相隔着大抵同样长的时间）。在此七百年间，亚历山大图书馆处于什么状态呢？狄奥多西大帝是罗马帝国作为统一体存在的最后一个统治者。在他在位的二十年间（375—395），新崛起的基督教势力不断壮大，对异端也日见不容。基督教定下了严酷的教义，视一切非基督教信仰为必须坚决摧毁的异端。供奉埃及人信奉的健康之神塞拉比斯的庙宇被摧毁后，原址被改建为一座基督教教堂和一处修道院。亚历山大图书馆的那处位于该神庙门廊前的分馆，是不是逃过了此劫呢？无从查知。不过就算它侥幸得免，也维持不了多久。狄奥多西大帝死后，来到的是

图 14 黄芪属（又统称黄耆，另有俗名山羊刺，学名 *Astragalus*）中的一种。此图摘自 13 世纪中期狄奥斯科里迪斯著作的一种手抄本。画面有明显的伊斯兰风格

被称为撒拉森人的阿拉伯游牧民族。7世纪时，这些人攻进了亚历山大城。他们在城内大肆劫掠，然后用骆驼队将这些横财运往阿拉伯帝国的首都麦地那（Medina）。据说骆驼一头接一头连绵不断；当第一头进入麦地那城门时，最后一头还在埃及的土地上呢。这些撒拉森人的领袖是哈里发欧麦尔·伊本·赫塔卜（Omar ibn al-Khattab）、一个无比狂热的伊斯兰教徒。他的信条是“普天下只有一本书，那就是真主传下的书（《古兰经》）”。埃及历史学家伊本·基夫提（Ibn al Kifti）在他大约完成于1227年的《智者传》中，提到了这些书的下落。当阿拉伯帝国的将军阿姆鲁·伊本·阿斯（Amr ibn al-As）占领了埃及后，一位名叫叶海亚·纳哈维（Yahya al Nahawi）的穆斯林学者告诉他，亚历山大图书馆有一批书，是极珍贵的宝藏。这位将军根本不知书为何物，便表示要等哈里发的命令。他派人去请示，而这位哈里发以绝对原教旨主义的精神回复说：“这些书中所说的，如果是真主之书中已经有了的，便没有必要保留它们；如果与真主之书不符，那就是悖逆之言。总之毁掉便是。”于是阿斯将军便将所有的书堆上车子，运往亚历山大城的400处公共浴池，悉数投入供热的火炉中。据说这些书足足供这些火炉用了六个月呢。[6]

亚历山大图书馆是第一座伟大的图书馆，也是最早被毁掉的图书馆。亚历山大城的焚书禁道之火，后来又多次肆虐人间。当蒙古人旭烈兀汗（Hulagu）于1258年占领巴格达（Baghdad）后，便下令将所有的书都丢进底格里斯河（Tigris）。此番劫难过后还不到二百年，这座文化名城又再次遭到帖木儿（Tamerlane）大军的洗劫。在欧洲组织的十字军进犯当时属于叙利亚的西亚城市的黎波里（Tripoli）[①]时，一位有着贝特兰姆公爵头衔的十字军指挥官圣吉禄（Saint Jeal, Count Bertram）也下令将此城的图书馆藏书悉数焚烧，估计此举毁书300万册。当西班牙人在15世纪下半叶从阿拉伯人手中夺回了安达卢西亚（Andalusia）地区的所有权后，也对那里历史悠久的图书馆采取了同样的做法。看来无论谁想建立一个“新秩序”，焚书都是前提条件呐。不过书中的种种观念仍然有办法存活下来，而且显得日益重要。

① 这一名称的地名有多个，最大也最有名的有两个，此处提到的在西亚的黎巴嫩，历史上曾属于叙利亚；本书中也提到了另一个，它在北非，目前是利比亚的首都。——译注

第四章

老普林尼，大抄书匠

（20—80）

以泰奥弗拉斯托斯之见，本草学——有关植物在医药领域应用的知识——只是植物研究这个很大领域内的一个分支。这个涉及实用的应用性分支，它的起源比希腊文明要早得多。而泰奥弗拉斯托斯在他自己的问考工作中，加进了新的内容——从哲学角度来对植物加以全面认识。这便不单单是关注可以提供药用原料的部分，而是将当时已知的全部植物都考虑在内。他的探讨从给植物定以正确的名称开始。对于植物间的相似之处和不同点，他是很感兴趣的。这便引致他提出给植物找到可靠分类方法的建议。当时虽然缺乏准确词语，根本上更不存在专业词汇，但他仍然对植物做出了简明和贴切的描述。他对植物的分布范围和生长环境颇感兴趣，并率先提出了有关植物的若干基本问题，如根与芽有何不同、叶片与花瓣是否同一事物等。然而，对他率先提出的这些重要问题，反应却是绝对的沉寂。等到再有人提出类似疑问，并重新发掘出泰奥弗拉斯托斯当年的问考时，欧洲已经进入了文艺复兴时期。这就是说，欧洲人将差不多两千年的光阴浪费掉了。不过，对泰奥弗拉斯托斯属意解决的问题，阿拉伯学者们倒是始终意识到其重要性的，对他的著述也一直不曾曲解。亚历山大大帝纵横天下的时代结束不久，叙利亚便出现了不少希腊语学校，学者们也开始将亚里士多德和泰奥弗拉斯托斯的著作翻译成叙利亚方言。渐渐地，逍遥学派的思想也开始渗入波斯和阿拉伯半岛。叙利亚方言版的希腊经典著述又被转译成阿拉伯语。就在欧洲深陷于漫长黑暗的中世纪年代的同一时期，阿拉伯的医生阵营和哲学家群体保住了泰奥弗拉斯托斯留下的火种。待到阿拉伯译本回归为拉丁文和希腊文，让欧洲学者们读到并真正认识到泰奥弗拉斯托斯面对自然世界所提问题的深刻性时，已经又是多少年过去了。

在欧洲这里，律师出身的罗马人老普林尼（23—79）和希腊医生狄奥斯科里迪斯（约40—90），都成了植物知识的源泉。其实他们的权威程度都大可商榷。这两位都大致在同一时间（77）完成了介绍若干植物知识的著述，只不过都不曾提出任何问题，也都没有对给植物命名的复杂过程发表任何见解。这两位都是剪贴匠和编纂人，但都不是思想家。狄奥斯科里迪斯首先是一名医生，然后才傍靠为植物学者。植物的医药性能是他关注的主要方面。至于以一套《博物志》成为从1世纪直至16世纪初植物知识的首席提供者的老普林尼，应当说是一位罗马时期的葛擂硬①。事实、事实，还是事实。他大量地吞进事实，然后便着力反哺给他人，并不对事实做任何加工。他不通过对事实的归纳以求得任何结论；对于可信的内容和杜撰的传言，他也很少有所区分。[1]植物学的哲学内涵和实际功用，在泰奥弗拉斯托斯那里是美妙地结合在一起的。狄奥斯科里迪斯和老普林尼本也可能将这两项都发扬光大，但到头来却只将植物学降格到了最低的层次，即只为满足实用性的具体需求服务。结果是这两个方面非但没有相辅相成，还再一次走到了简单合并的老路上——以形成草药书为最终目的。

老普林尼去世后，他的外甥小普林尼（Pliny the Younger）回忆了自己的这位舅舅对信息的渴求达到了何种地步——

> 冬季里，他通常会通宵工作到凌晨一两点钟，即便偶尔早些，也要到子夜时分。他无论何时上床，合眼即睡。有时他也会在工作时打个小盹儿，醒来后又继续干下去。天还没放亮，他就起身去谒见罗马帝国皇帝韦斯巴芗（Vespasian）——这位陛下也爱熬夜，或汇报完成的委任，或接受新的指派。回到家后，他要学习到早饭时分。用过简单的早饭后，如果是夏令时节又能得些闲空，他便会躺在阳光下，叫人读书给他听，一面听，一面记笔记和做摘录。

① Gradgrind，狄更斯小说《艰难时世》中的人物，是个所谓的教育家，但其教育理念的核心不是育人，而是一味灌输所谓“事实”——他总爱挂在嘴边的字眼，结果使自己的儿女都成为人生输家。在此小说的近年中译本中，相应的译名为葛莱恩或格莱恩。——译注

> 他在听诵读时从来是要做摘录的。他常说的一句话是，书哪怕再不济，也不至于糟到找不到一丁点儿有用内容的份儿上。在此之后——对一般人是一天之始，他会进行又一轮学习，要到晚饭时才结束。即便是在用这一天中最重要的一餐时，也须有人为他诵读，也要做摘记，而且一边做一边仍听书不辍。我记得有一次听书时，他的一位朋友也在场。那个给他诵读的人有一句话没读对，这位朋友便打断了一下，让他将那句话重读一遍。“读头一遍时，意思你就懂了，不是吗？”我舅舅问他。对方点头表示是这么回事。“那你何须要他再读一次呢？”他太珍惜时间了。离开餐桌后，无论是天色仍然明亮的夏日，还是夜幕已降的冬晚，他仍然会风风火火地行事，仿佛被什么催着赶着似的。这就是他身处罗马这个充满事务与纷乱的大都会中的生活方式。到了乡间，他也只有一种休闲方式，而且是片刻的，这便是每天都少不得的洗浴，而且休闲只包含在其中属于泡在水里的那一段时间。因为在擦拭身体和穿衣阶段，他仍会听书，或者口述。当外出旅行时，他便似乎将所有事务都抛到了脑后，只专注于一类事情，那就是总在身边留着一名速记员、一本书，还有一块记事板……在罗马时，他无论去哪里，总是一路都要坐轿，原因也是同样的。我清楚地记得，有一次我步行去看他，他见到我便说“你不该将时光这样浪费掉”——时间，只要没有用于学习，在他看来统统属于浪费之列。正是这样能挤时间，他才完成了卷帙浩繁的著述。[2]

老普林尼的著述涉及范围极广，甚至有一部专论骑手如何在马上投掷标枪。这是他在统领一队骑兵时撰写的。小普林尼认为，他的这位舅舅“无疑是勇敢和谨慎兼备”的领导。在率军驻扎在受罗马帝国管辖的日耳曼人生活的地区期间，他不但撰写了朋友蓬波尼乌斯·塞昆杜斯（Pomponius Secundus）的两卷集传记，更是完成了长达20卷的编年史，细述了罗马帝国与日耳曼人之间的战事。据他自述，这一想法是他在梦中所得——真是连睡觉也没有虚度哩。他还以讲演为专题写了三本书，目标对象从小娃娃直到元老院成员，题为《当学生》。在暴君尼禄（Nero Claudius）当政的危险时期，他一面尽可能留在自己的庄园里深居简出、低调行事，一面完成了八卷集的《演说针酌谈》。试想一下，这样以近于无情的方式要求自己

图 15 意大利巴亚镇（Baiae）一座喷泉屏墙上的镶嵌装饰画，完成于 1 世纪

的人，对浪费时间、虚度生命的行止该何等地不能容忍！公元 77 年，他完成了巨著《博物志》。这是一套介绍自然世界的百科全书，包括了宇宙学、天文学、地理学、动物学、矿物学、冶金学等内容，植物学自然也没有漏掉。

在他的著述中，老普林尼兼收并蓄地吸纳海阔天空的内容，简直可以说是到了没有选择标准的地步。不但如此，他还基本上没有加入新知识。在《博物志》的前言中，他开列出一份一百位作者的名单——都是他将其著述搬运到自己的《博物志》中的人。这套书是可怜的诵读人多少小时朗读的结果，又是速记员多少天笔录的产物！具体来说，《博物志》中摘抄了他人的 473 处文字，其中的 146 处源自罗马人，327 处来自希腊人；引自亚里士多德的（有关动物的内容）和泰奥弗拉斯托斯的（有关植物的内容）都超过了其他人的。“对前人们的艰苦努力，”他说，“真是无论如何赞美也不为过。他们对一切都要探究，一切都要尝试。”[3] 他还在《博物志》的前言中告诉人们，他一共汇集了两万条事实。这大概只是个估计数，不过都来自谁，出处又在什么书上呢？自这套书于公元 77 年问世以来，在很长时间里也不曾有人想到要认真查证一下。就植物这一方面而论，他描述了约 800 种植物，并分别归类于若干用途，有的是酿酒的，有的是滋补的，有的是食用的，有的是治病的，有的是编花环的，还有的是会招引蜜蜂的。

《博物志》中的三卷与园林植物有关。而在三百多年前，泰奥弗拉斯托斯的著述中可几乎没有这类内容。只在一处，亦即《植物志》的第六卷上，他提及了玫瑰，说到此种植物生长在距费利陂不远的潘盖翁山处，当地人会将它们挖出来栽到自家的花园里。老普林尼还在罗马西南不远的劳伦蒂姆（Laurentum）的一处庄园里辟出一个庭园。他十分喜爱这个地方，对此有这样的描述——

> 在悬铃木高大的绿荫下，围绕着浓密的常春藤。它们缠绕在树干上和树枝上，将所有的树连接得有如一体。在一株株悬铃木之间，生长着低矮的灌木黄杨。它们的外围又有一大圈高大的月桂灌木，将自己的树荫与悬铃木的加到了一起……栽在一块块草坪间的黄杨被修剪成各种形态，有的是字母，连起来便拼成园丁的名字，我的名字也出现在其中；有的呈小小的方尖塔形，与果树夹杂着排布起来。在这些景致中间，还有一处被布置成田园风光。这是一片开阔

的地块，两端是不太高的悬铃木，远处是些茎干柔软、叶片油亮的老鼠簕，再向外走，又是更多黄杨修剪成的图案和拼成名字的字母。[4]

这处庄园的正前方修了一圈马车环道，围绕着一片桑树和无花果树，还有最外面的一圈密密匝匝的迷迭香和黄杨。这些植物又环绕着中心处的一座缠绕着青藤的凉亭。这种布置是老普林尼最早采用的，而这便成了后来许多世纪里庭园设计的格局，虽经不断发展而基本套路不变。爱德华时代（20 世纪初）的著名英格兰建筑师与景观设计师哈罗德·皮托（Harold Peto），在意大利的地中海滨海地带为美国富豪们设计的一处处花园，可以说从风格到细节都基本照抄了老普林尼的园林理念。爬满藤蔓的凉亭成了高雅庭园的标志，总是会出现在《家与园》一类高档的生活杂志上。在老普林尼当年的花园里，有花草匠打理花草，树木匠照管树木，藤蔓匠侍弄攀缘植物，此外还有被视为低一等的浇灌丁，负责为所有的草木浇水。［虽说地位不高，大诗人奥维德（Publius Ovidius Naso，笔名 Ovid）在遭流放期间仍表示说，只要能重返家园，哪怕只让他当一名浇灌丁也心甘情愿。］在屋大维（Gaius Octavius Thurinus）统治罗马的时期，园艺造型师是非常吃香的职业。老普林尼就在他的书中谈到将柏树修剪成“打猎场面或舰只船队的样子”。[5] 此种纯粹以娱乐为目的而将植物修剪出种种花样的做法，在泰奥弗拉斯托斯的时代可是没有的。公元前 3 世纪初，人们在希腊萨索斯岛（Thasos）上镌刻在一栋公用建筑的文告中，可窥见那个年代对植物种植的典型安排。据此告示所言，岛上的土地可供租来用于栽植，具体实施须在阿斯克勒庇俄斯派祭司的监督下进行①。租约上除要写明租期，还应列出其他一些内容：租户须隔一段时间交纳一头公牛以为献祭，须保持租地院墙和园内厕所符合要求，栽植的植物只限于无花果、香桃木和果榛。作为回报，租者可以支配园内土地上的所有野生植物，并可在规定的时间段使用公共水源浇灌。[6]

在泰奥弗拉斯托斯生活的年代，悬铃木在希腊还不多见。希腊人觉得它们是极好的遮阴树。罗马人也这样认为。希腊人和罗马人主要从东方引进草木，而很少从

① 阿斯克勒庇俄斯，古希腊神话中的医神。古希腊和罗马人对疾病的惧怕和对医药的敬意，形成了一派对其崇拜的力量，并在相当长的一个时期里是强大的社会势力。——译注

它们西边的欧洲其他地方引种。在老普林尼写入《博物志》(而泰奥弗拉斯托斯没能知道)的植物中，有一种是樱桃。欧洲人最早是在黑海(Black Sea)南岸的本都地区发现这种植物的。公元前60年前后，罗马共和国将领卢库鲁斯(Lucullus)将它带回本国，随后，它又随着罗马人的征战脚步，迅速在今天的德国和比利时一带扎下根来。英国是在公元46年有了樱桃的，此时距离罗马人第一次在不列颠落脚仅有三年。罗马人的杏树是从亚美尼亚(Armenia)引进的，李树得自叙利亚的大马士革(Damascus)，桃树则取自波斯。《博物志》中还有对用枝叶和花——水仙、玫瑰、百合、飞燕草——所编装饰物的描述。老普林尼告诉人们，每逢节日，埃及建筑物上高高矮矮的柱子和府邸豪宅的门廊周围，都会挂上大大小小的花环、花串与花球，祭坛上、拉尔神像①前、陵墓处和死者的灵牌前也会摆放点缀有鲜花的珠串。[7]泰奥弗拉斯托斯最看重的玫瑰来自费利陂，而到了老普林尼的时代，最受欢迎的这种花产自罗马东面的帕莱奈斯特(Praeneste)，香气最佳妙的产自利比亚的昔兰尼加地区。

虽说老普林尼介绍了一种新概念——栽种植物是为了休闲而非食用或医用；虽说他在搜集信息上孜孜以求，但他始终只是一位编纂人，而且是轻信的编纂人，并非有创见的思想家，甚至都算不上是个认真的研究者。他写进书中的内容，很少是源自第一手的体验(只有对日耳曼地区——当年的泰奥弗拉斯托斯对此可是一无所知——一些植物的介绍，是他本人在那个地区的直接所得)。对当时人们对植物普遍的缺乏重视，老普林尼觉得很不应当："对药材的不熟悉，原因在于只有一些没文化的乡下人知道药材，而且也只知道近处的……更不像话的原因是，掌握它们的人即便有些知识，也不肯向他人传授，大概是认定一旦说出去，自己便会失去优势。"[8]他自己也满足于在二手知识的圈子里打转。在他之后的一千多年里，这种风气更变得越发不堪。研究植物的学者们居然连真实的植物都不肯去看；他们打交道的对象，只是别人观察得来并记下的结果。间接知识越来越多，而亲身体验却越来越不受重视。

① 拉尔神，古罗马多神教中的保护神，是身份较低的神祇，又常分为家庭保护神和公众保护神两种，形象被立在不同的地方接受顶礼膜拜。——译注

不过，如果是好的二手知识，那表明作为其来源的第一手资料自然也是好的。可为什么为后世奉为经典的却不是泰奥弗拉斯托斯，而是老普林尼和狄奥斯科里迪斯呢？根本原因就在于，这后两个人的书是可以赚现成的。在亚历山大图书馆的书籍被毁之后，欧洲学者与泰奥弗拉斯托斯的联系便断了线索。泰奥弗拉斯托斯的著述跑到了阿拉伯人手里，直到15世纪终于在梵蒂冈宗座图书馆重见天日后，才由来自被阿拉伯人保存下来的希腊文原本译为拉丁文，重新回到欧洲学者的手中。老普林尼的《博物志》却从不曾消失，而且用的是拉丁文这种在中世纪欧洲通行的语言。当时凡有阅读能力的人，读起拉丁文都会如同母语一般顺畅。无论在法国、意大利、德国还是英格兰，《博物志》都是修道院和教堂传抄的对象，而且一抄再抄、辗转复抄。在整个中世纪时期，这套书被复制了不下200次，每这样来一次，老普林尼这套书的地位便越发笃定一些。抄写这一套书，工作量和耗费都实在巨大（共有37卷），这便使它们得到了精心呵护。印刷时代的到来，使此书的传世越发有了进一步的保证。15世纪里，威尼斯一位名叫饶阿内斯・斯皮拉（Joanes Spira）的出版商印刷出版了最早的一批《博物志》，时间是1469年，只比约翰内斯・古腾堡印行出他那版著名的《四十二行圣经》[①]晚不多时。还没等到这个世纪结束、哥伦布（Christopher Columbus）扬帆驶向新大陆时，老普林尼的此套书已经印行到第二十三版了。意大利的各个出版商迅速跟上了斯皮拉的脚步。布雷西亚（Brescia）、米兰（Milan）、帕尔马（Parma）、罗马、特雷维索（Treviso）、维罗纳（Verona）等意大利城市，先后都出版了《博物志》。在随后的半个世纪里，巴黎、巴塞尔（Basel）、里昂（Lyon）、法兰克福、科隆（Cologne）、伦敦、海德堡（Heidelberg）、斯特拉斯堡（Strasbourg）、日内瓦（Geneva）、莱顿和维也纳（Vienna）等欧洲各国城市也群起响应。以上提到的都是拉丁文本。《博物志》的意大利文译本是1476年问世的。继而很快又有了法文的、荷兰文的和德文的。在历时一千年的黑暗岁月里，欧洲的学界只能瞥到泰奥弗拉斯托斯的些微亮光——不是直接来自《植物志》，只是老普林尼《博物志》零星摘录的反照。

老普林尼的著述生涯始于在日耳曼地区的时期，他时年23岁，是罗马帝国驻

① “四十二行”指一个印张上印出42行文字的格式，不是内容上有什么变化。——译注

军的一名军人。而这一生涯又在公元79年时以罗马帝国海军指挥官的身份前去那波里（Naples）海湾打击海盗期间终结。是年夏季，他统率的舰队停泊在第勒尼安海（Tyrrhene Sea），下锚于如今称为米塞诺角（Punta di Miseno）附近的近岸海域。那里离维苏威火山（Vesuvius）不远。8月22日正午时分，人们看到从这座山顶的巨大凹口处升起来一片云气，形状有如一株笔挺的树干，树枝水平伸出的意大利伞松。老普林尼便派出一只轻捷的小帆船就近观察这一奇特现象。随后这座火山便猛烈地喷发起来，伴随着出现了地震。红热的熔岩与灼炽的火山灰从顶口喷发出来。老普林尼立即意识到，此次喷发使这座山周边的所有生命都处于危险之中。要想逃离，走海路是唯一的选择，他便下令舰队前去救援。面对落到舰船上的红热石块和灰烬，水手们都吓坏了，但他们的这位指挥官，却仍然镇定地向速记员继续口述他对火山喷发和由此所引起效应的观察所见。他在其朋友的乡间住所的地方上了岸。他知道撤离的船只都为当地村民安排妥当了，只是强大的近岸风刮得船只无法驶离。不离开的危险此时已是一时大过一时。天黑后，不知道是不是为了稳定人心，老普林尼照旧洗了澡，用了晚餐，便同以往一样入睡了。第二天一早，从天而落的石块越发凶猛，火山灰越发密集，地震也越发频繁了。老普林尼的床是支在门廊处的，仆人担心这里会被火山灰掩埋，一大早便将他唤醒。从火山口抛出的石块越聚越多，眼见所有的建筑都将被它们砸毁。村民们纷纷将垫子和枕头之类的东西包住头部，向大海的方向奔逃。然而很不幸，海上掀着巨浪，风向依然不利于航行，人们也无法登上在岸边等待的船只。此时虽然已进入白天时段，然而阳光被浓密的火山灰遮蔽，岸上和海上仍是漆黑一片，只有一阵阵从地面上方的巨大缝隙中不时蓦地迸发出的闪光和火焰，瞬间地将黑幕撕裂。村民们不知所措，绝望地盲目乱跑。老普林尼被两名奴隶搀扶着离开住所，但因吸进了火山喷出的含硫毒气倒地身亡。赫库兰尼姆（Herculaneum）和庞培（Pompeii）这两座繁荣的城市都被整个地埋在了熔岩和火山灰下。[9]将近两千年后，研究人员在发掘庞培城时，对当年一处名叫“洁恋堂”的花园里的火山灰进行了分析，根据被封于其内的植物花粉颗粒得知，当这座城市被维苏威火山的可怕喷发物埋葬时，花园里的碱蒿、香桃木、紫菀、石竹、锦葵、风铃草、剪秋罗、卷耳花和车前草都正在绽放着花朵。

图 16 出于利用率的考虑，画家令一株玫瑰开出了三种不同颜色的花朵。摘自1083年阿拉伯北部地区的一部手抄本

第五章

医生撰写的植物书

（40—400）

泰奥弗拉斯托斯的植物著述在东方的学者那里幸运地被保存下来。老普林尼传授的草木知识在西方为人们所知。而在东方和西方都得以流传下来，并且保持着植物学权威著述地位凡一千五百年的，是另外的一套书。此书名为《药物论》，完成于公元 77 年前后，作者是位年轻的希腊医生狄奥斯科里迪斯（参看图 17）。其实，要是人们能对这套书少一些崇拜，大概反倒会有利于进步。狄奥斯科里迪斯本人在写他的《药物论》时，并无意于放眼寻找某个可据以对大自然进行分类和排序的有效体系，只是冀求为可用于医药的植物提供一个实用性指南。他固然认为前人的探究没有章法，但对于他自己提出的某种章法，并不意味着他本人着意地寻求某种终极体系。他所要实现的，只是建立一种结构，用以方便地找到给病人施治所需药材的信息。也就是说，他需要一套简单易行的路数，来帮助鉴定医用植物，并大体归纳出它们各自可对症的病痛与不适。

这套《药物论》的篇幅主要集中在如何将植物用于治病疗伤，对植物本身的描述相当有限。尽管在流传过程中，有太多的人加上了太多的溢美之词，不过还是可以看出，狄奥斯科里迪斯本人是位富有朝气、注重理性的人，对于种种迷信的说道也持怀疑态度。诚然，身处那个时代，他也不免将植物治病的效力，拔高到了今天看来实属不经的地步。比如，在谈到芦笋时，他便说此种植物是春天时从碾碎的公羊角里长出来的，能够驱邪；倘若将一段芦笋挂在脖子上，男人便不能致孕，女人便不能怀胎——该书的说法是，它“不利繁衍”。

图 17　一身东方装束的狄奥斯科里迪斯。摘自 1229 年的一部手抄本

狄奥斯科里迪斯大概出生于公元40年，出生地是奇里乞亚地区的阿那萨布斯（Anazarbus）。他先后在亚历山大城和梅尔辛（Mersin）地区的塔尔苏斯（Tarsus）学医，随后便成为罗马军队中的一名医生。他随军去过许多地方，以在地中海东部沿海地区留下的足迹最多。（按照罗马帝国军队的建制，每25个到30个战斗军团——每个战斗军团约有6500—7000人，会配备一个医务军团。）医务军团所需的药草均在春、夏、秋三季采摘，并在军团内制备。而这些植物在不同的季节里会有不同的形态。狄奥斯科里迪斯是最早提出这一事实的人之一："凡要取得有关经验者，都必须认识它们萌发时、长成时和枯败时的样子。如若知道的只是发芽时的，见到完全长成时的便会认不出；而如若只见到过完全长成时的，也不会辨识萌发时的。"[1]

在撰写这套书时，狄奥斯科里迪斯搜集了地区性知识，了解了各个地区的不同传统，援引了前人的著述（不过只在两处提到泰奥弗拉斯托斯），也写进了自己的切身经验。他能够感受和对比东方与西方的两类传统，故而有十分有利的站位。他是用希腊文写作的，内容分门别类组织成五个卷册。有的专门记录油性大、黏性强、会分泌树脂，故而可用来配制膏剂和油剂的植物；有的收入可供药用的乔木和灌木；谷物、菜蔬和有刺激气味与芳香气味的本草又是一类。他指出植物的根作为药材特别重要，并且介绍了由根制取的液态药物；他还列出了可以入药的植物种子，又开具出他在施治过程中发现的有疗效和健身作用的果酒和补药。他也将一些形态上有相似之处的植物归为一类，如都有很多花瓣的若干种雏菊、茎干顶部都会开出有如打开的伞面一样平平一片小花的几种植物；不过只是偶尔提出，一笔带过。除了植物，狄奥斯科里迪斯也在这套书中给出了35种非植物来源的药物，有的来自动物，也有的相当另类——洗浴时从身上搓下的澡垢就是其一。不过大多数药材还是植物，这套书中提到的有近600种——比泰奥弗拉斯托斯稍多一些，不过不如老普林尼（但《博物志》中提到的植物并非只偏重于医药类）。就对植物的描述而论，狄奥斯科里迪斯不如泰奥弗拉斯托斯出色，但他在介绍可能适于生存的环境和地理分布方面，做得更详尽些。这对于生活在领土日益扩展的罗马帝国疆域内以采药为谋生手段的人，有着很大的帮助。在植物的命名和用途这两个方面，他都没有什么创见，只是进行搜集并以统一的方式记录，最后将结果以清楚、准确和容易使用的简洁方式组织到一起。比如对一种名叫拂子茅的草本植物，他便是这样记叙的："拂子茅，各部分均比剪股颖草大，役畜吃下会致死，尤以巴比伦一带路边生长者为害最甚。”短短数字，却包括了名称、参照对比（各部分均比剪股颖草大）、药性介绍，以及生长环境和分布地点。这些正是此书成为标准参考资料的原因。行文的简洁利落，给人一种权威感，结果是连智力远高过狄奥斯科里迪斯者，也会将其敬为先师，奉其书为圭臬。他便以此种不容置疑的形象，出现在后世历代人的心目中。

假如彼得·安德烈亚·马蒂奥利（Piet Andrea Mattioli，1501—1577）这位意大利医生与博物学家，或者其他什么人，能够有足够的勇气发表自己不同于狄奥斯科里迪斯的研究结果，《药物论》无疑是会提前报废的。然而，事实却是这位马蒂奥利在1544年发表了好一通赞美这套书的颂辞，还将狄奥斯科里迪斯捧到了先师的位子上。在他之后，便是一大批不同国家的不同作者，纷纷将各自知晓的植物知识与《药物论》对号。16世纪的西班牙医生尼古拉斯·莫纳德斯认为，狄奥斯科里迪斯的著述“是世界性名著，为作者带来光荣与声望。在此书问世之前，他已功成名就，这套书使他更上一层楼”。甚至又过了许久，都到了下一个世纪，托马斯·约翰逊在1633年编纂英格兰第一部植物名录时，还提到《药物论》“过去是，今天仍是这一方面的奠基之作”。在从1652—1655年的三年时间里，颇有名望的英国学者约翰·古迪耶（John Goodyer，1592—1664）也将狄奥斯科里迪斯的这部著述弄成逐句对译的拉英双语本，以辅助他本人当时正在进行的重要相关研究。（当时对应着同一植物的不同俗名更多了，古迪耶将它们放入括号内一一添加到译文中。）下面便是其中的一段译文——

鸢尾（不同地方叫法各异，罗马人管它叫Radix，埃及人称之为Nar，其他地方的人还有叫Iris Illyrica、Theklpida、Urania、Catharon、Thaumastos、Marica、Gladiolus、Opertritis、Consecratix的）。这些不同名称的由来，有的是因为它的花朵颜色种类如天空的彩虹般多彩，有的是觉得它的叶片像剑身；虽说像剑身，也是有的长些，有的宽些，有的肥（厚实）些。开在茎秆顶上的花朵是弯垂的，一朵贴着一朵聚在一起，萌出后很快便有了颜色，有的白，有的浅黄，还有黑的、紫的、蓝的。正是颜色的多样，使它们的名字与彩虹挂靠起来。下面的根是分节的，很粗壮（或者说很硬实），有香气。

切片后应在阴凉处阴干，然后（用麻线穿成串）吊起放置。[2]

鸢尾的根可治咳嗽，排出“浓黏体液”，有助失眠者入睡，“医治腹内不适”。它还可用于毒蛇咬伤、坐骨神经痛、脓肿溃烂；对头痛和晒伤也有很好的效果。总而言之，它是草药中的翘楚。

比狄奥斯科里迪斯早四百年的泰奥弗拉斯托斯已经注意到，同一种植物在不同的地点会有不同的叫法，即便只就希腊而论也是如此。对某种植物，马其顿人和爱奥尼亚人的叫法就可能不一样。随着旅行、贸易和文化交流日盛，物同而名异的问题也日显严重。狄奥斯科里迪斯的《药物论》系用他的母语希腊文写就，各种植物的名称也都是各自生长地的叫法，并加上相应的拉丁文同义词。不过他是去过许多地方的，因此又在这套书中加入了不少额外的俗名，有埃及、非洲其他一些地区、波斯、叙利亚，还有伊比利亚地区和伊特鲁里亚（Etruria）地区的。此外，他还加上了从西班牙到印度这一广大地域内若干地方的草木信息。这些地方多是在1世纪后希腊商旅开拓的贸易区。不过，他在加上这些异域叫法时，会不会张冠李戴呢？后来，当法国、意大利、德国、瑞士和西班牙等国的学者都想效尤时，形势便越发严峻了。

就在纷乱的植物叫法使人们意欲判明植物与名称之间的正确关联的努力，及其与之已达成统一的认识搅成一锅烂粥之际，出现了一种新的表达方式——描绘植物图像。诚然，给植物画图的做法古已有之。画在庞培城和赫库兰尼姆城宅邸墙壁上的香桃木和玫瑰；克诺索斯王宫壁画上的番红花、鸢尾和圣母百合，便都是这样的例子。只不过是过了好一阵时日，才有人终于想到可以将图画形象与文字叙述结合到一起，以用于更有效、更容易地辨识植物。这一想法很可能源自希腊人而非罗马人。从两位古罗马文人的著述——历史学家马尔库斯·波尔基乌斯·嘉图（Marcus Porcius Cato）的《论农业》和大诗人维吉尔（Virgil）的诗篇，都可以看出罗马人是自然世界的出色观察家，但就研讨自然界万物本性而论，兴趣却不及古希腊的逍遥学派。最早提到插图作用的是老普林尼。他认为这一做法“没有在国人心目中得到应有的接纳”；而希腊的草药师傅们却能迅速意识到插图可以在辨识植物上发挥巨大效用。老普林尼在《博物志》中便告诉人们，有三位希腊人，名字分别为克腊塔乌斯（Crataeus）、狄奥尼修斯（Dionysius）和美特多洛斯（Metrodorus），都是率先这样做的人——

> 画出很真确的植物图来，然后在图的下面写上它们的种种性质，此种做法很有吸引力。这一点是毫无疑问的，只是实施起来并不容易。图像会造成误解，除了植物色彩的多种多样会导致难以真实反映自然之外，还有很多别的原因，如画图人的本领不高所导致的连续传抄失真等。此外还有一点，就是画在图上的形象只是其整个生命中区区一时的形态，而其模样一年四季都在变化。[3]

今天的人们是置身于图像的汪洋大海中的，因此可能会对以前的人们为什么很晚才想到以图配文，以此将两种表述信息的形式合为一体感到诧异。其实，早在2世纪之始，加工纸莎草的一种技术性变化，已经使这一搭配方式成为可能。1世纪之前，文字多写在长条的纸莎草上，写好便卷成一卷；阅读时需要用到两只手，一只手展开将要读的卷轴，另一只手卷起刚刚读毕的。这样一来，阅读区域就只限于窄窄的一行或两行字。这样的成书方式只适用于文字，如配上图就不方便了；打开的阅读区域就须宽出许多来，才能看到完整的画面。再者说，文字和图画是由不同的人完成的，致使确定插图的位置也是麻烦事。大约在公元100年时，制作纸莎草纸的方式有了改变。长长的纸莎草纸卷变成了单张的纸莎草纸片。手稿完成后，将一张张纸莎草纸片合到一起不使散乱，这便形成了如今书册的样子。新形式的出现，标志着显示信息的方式有了发生重大变化的可能。用图辅助文字便成了合乎实际的事情了。无论打开哪一处，展现出来的都是完整的一页内容，文字和图画便可以一起发挥作用了。展现信息的空间也得以大大增加（据小普林尼所记，一种被称为“奥古斯都”的上佳纸莎草纸，纸页宽度相当于33厘米）。要想让图像真正起作用，就不能画得太小，否则就无法呈现出有别于其他植物的必要细节来。

今天的植物图画——斯苔拉·罗斯－克雷格（Stella Ross-Craig，1906—2006）的美妙作品可视为代表——能用一幅图提供很大的信息量。这样的图画是将一株植物的所有的部分——根、茎、叶、花、籽儿都画到一张图上。所画之物的大小均标出明确比例，或与实物同样大小，或大小相当于实物的一半，或大小两倍于实物，等等。老普林尼曾指出，植物是一直变化着的，因此通过一幅图像是难以表现其全貌的。他的话没有说错。于是罗斯－克雷格女士的处理方法便成了当今的标准模式。这就是以一幅开花时（如果是会开花的）的完整植株为中心，并在周围伴以若干个额外的细部画块作为辅助，额外部分可多达十块；有的显示结籽儿时的形态，此时就会画出种子和荚果的额外部分，而且通常用较大的比例尺表现；有的按最可能的情况画出茎干的条数和分叉的形态；有的以切开的一段显示茎干内是否有空腔；有的专门表明植株是光滑的还是生有纤毛或棘刺的。叶子是得到特别详细显示的部分。单个叶片的形状、叶片边缘的情况，以及若干叶片在茎干上的分布，都会受到特别关注。人们一直相信，大自然中一定存在着至为伟大的安排，并急切地希望有所探知。如今已经了解到，花朵中的花瓣、雄蕊和其他一些组分，都是确定有关植物在整个大图景中位置的关键标识。不过在为植物书册手稿画出的最早的插图和罗斯－克雷格女士的作品之间，存在着两千年的理解差距呢。早期的植物图画都是快照式的，画下的都是植物全盛时期的形态：根、茎、叶、花全体登场，而且由于相信根部为植物的精要部分，自然对它给予了最精细的描绘，那个时期的药物，也多数由根部制备，而非来自叶片或种子。不过正如老普林尼指出的那样，全盛时期的植物快照图，并无助于采药人识别新萌发时和结籽儿枯萎时的植物，因此无论怎样画都于实用无补。这便使植物图变成了程序化的图案，一如用来印在壁纸和花布上的样子，而且图像尺寸越小，图案化的程度便越甚。

有时候，植物的特点在图中得到了准确的表现。7 世纪时以希腊文撰写的《那波里手绘本》上有一幅图，就可以根据其鲜亮的橙色心形果荚，明白无误地判断出它是一株酸浆果——只有这种植物会结出这样的果荚。（图 18 也是一幅酸浆果的插图，不过年代更早些。）[4] 然而此种情况在那个时代并不常见，大多数插图都难以辨识。看一看画在“约翰逊纸莎草纸残片”① 上的那个颜色乌青的圆滚滚的东西，就不难理解这一点（参看图 19）。[5] 此图绘于 400 年前后，是所有发掘出来的古代本草图像中最古老的一份。图画下方的文字告诉我们，这个东西是 Symphyton，现

① 因由英国纸莎草古籍研究专家约翰·德莫宁斯·约翰逊（John de Monins Johnson）1904 年在埃及发现而得名。——译注

图 18 酸浆果（学名 *Physalis alkekengi*，俗名红姑娘、灯笼草等）的图幅，源自《尤利亚娜公主手绘本》。此绘本的文字取自狄奥斯科里迪斯的著述，由霍诺拉塔镇民众在 512 年前后进呈

今的俗名为聚合草，学名 *Symphytum officinale*，是一种重要的药用植物，特别可用于辅助正骨。可真正的聚合草生有很发达的根系，并且是木质的，然而出现在画幅上的，却是个简略至极的物体，稀稀落落地生着几须草根，上面顶着一个由乌青色的叶片裹成的大球。在地中海沿岸一带，许多植物的叶子都是乌青色或灰绿色的，这是为了适应当地炎热并少雨的漫长夏季气候进化形成的。不过聚合草的叶子并不是这样的，是些表面粗糙的厚实叶片，与毛地黄有些相类。这就是说，如果名称给对了，图像便对判定植物没有什么用。因此尽管理论上可以认为图像的出现是一重大突破，但初期的实际情况却并非如此。

或许最早为植物作画的一批人，是面对着真实的植物写生的。但传抄者们却不然。一次又一次的辗转临摹，结果其模样越来越偏离最早的原图。话语传来传去，实情就可能变成流言；对插图而言，便是使真实的植物蜕化成模式。老普林尼指出的这种“连续传抄失真”的危险确实存在。他还提到作画人所用的颜色未必逼真。当时可资使用的颜料种类十分有限，绿色通常只有一种，蓝色也是如此；画根部时就用一种很深的棕色，至于花朵呢，也就只有以赤铁矿加上其他不同成分得到的从黄到橙的几种选择。更重要的问题是，不能在一幅图上表现出植物在各个生长阶段的不同形态。绘画中以讹传讹的风气，直到 1300 年左右才有人想要扭转。这反映在一本名为《草药图本》的植物册上，由于它是在意大利的萨莱诺（Salerno）被发现的，故通常称为《萨莱诺手绘本》，其中的文字摘引自雷根斯堡主教大阿尔伯特不久前的著述《草木论考》，并加上了该书上没有的插图。插图是全新的不说，还都并非照抄前人的仿品，显然均以真实植物为模特临摹而成。画家与自然界直接交流，没有古典定式从中阻隔。

另外一种革新也在此时出现。这一革新体现为信息在页面上的编排方式。最早这样做的人是出生于亚历山大城、在罗马行医的希腊人潘菲洛斯（Pamphilos），但由于他的著述篇幅不大，没能受到应有的注意。使这一编排方式得以风行的是希腊名医盖伦（Galen，约 130—约 200）。他将有关植物的资料，逐条地按字母表顺序编排到一起。这一方式从表面上看似不错，这种使内容纷杂的大批资料得到明晰安排的组织方式，让寻找特定内容变得便捷起来。不过狄奥斯科里迪斯另有见地。他指出，按字母顺序编排，会分开“本是相类的事物和彼此密切关联的操作，因而

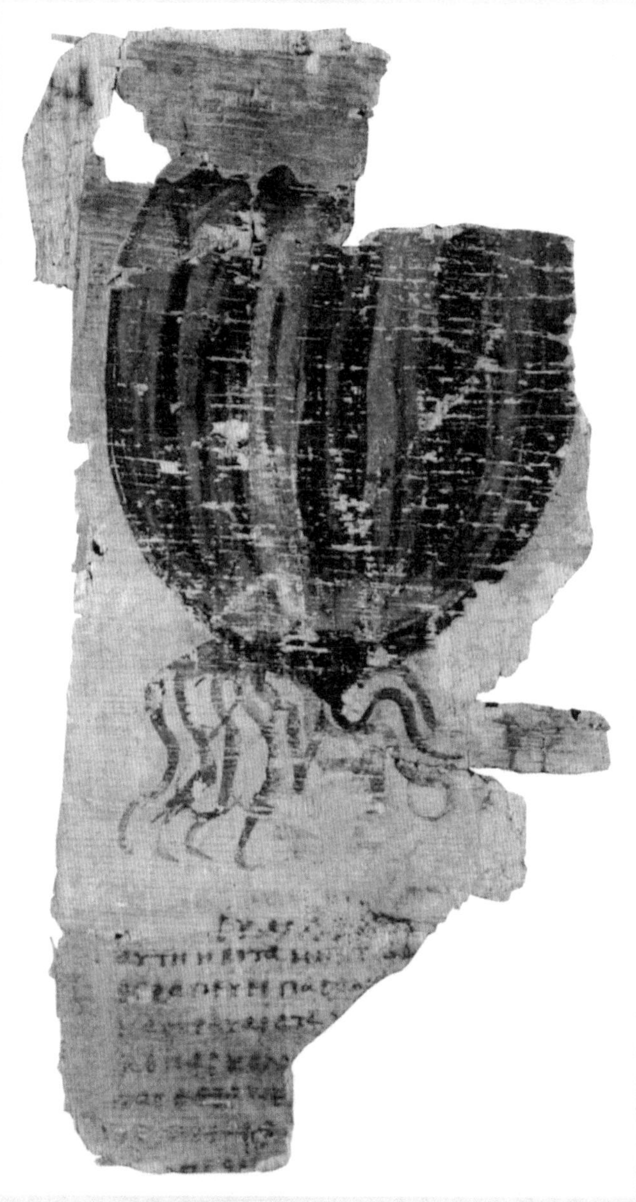

图 19 目前已知的最早植物插图。上面画的是聚合草（学名 *Symphytum officinale*），摘自名为“约翰逊纸莎草纸残片”的出土文物，绘于 400 年前后

难以记住”。以这样的编排方式，是不可能反映出植物之间的内在联系的。也就是说，它既有系统性，却又是随机的。不过盖伦的行当是与药物打交道的，而非研究植物间的关联。这是他写书的出发点。被他按字母顺序排列的条目是药物的名称，而不是提供药物所含成分的来源植物。附带一提，盖伦虽然袭用了潘菲洛斯实施的排序方式，但对首创者本人并不抱任何好感。在写出五花八门医药著述的诸多作者中，他最不想涉及的就是这位潘菲洛斯，理由是“这个人写植物，却压根儿没见过它们——连做梦时也算上”。

盖伦可是见到过很多种植物的。他出生在帕加马，曾在埃及、比提尼亚（Bithynia）、巴勒斯坦（Palestine）、色雷斯、马其顿、意大利、克里特岛、塞浦路斯（Cyprus）和利姆诺斯（Lemnos）等地游历过十年。嗣后，他成为一名军医，参加了罗马帝国皇帝马库斯·奥勒留斯（Marcus Aurelius）发动的征讨夸迪人和马科曼尼人的战事。由于军中暴发瘟疫，征战以失败告终。他撰写有关植物的著述时，已经是泰奥弗拉斯托斯之后五百年的事情了。然而，植物研究仍然处于普遍缺乏标准的状态。医生本应对植物知道得最多，然而实际上所知甚少。这便引起了盖伦的慨叹——

> 医生应当尽自己所能认知种种植物，至少也应当知道大部分和用处最大的那些……只有能认出它们从最初到长成的所有不同状态的人，才能真正区分开不同的草木，并且能在多个地方找到所需的植物，正如我在意大利的多处地方所能做到的那样。而这些地方的医生却只认识干的、死的，而不认识初生时的和已经长成的；也不能根据果实的情况，一眼辨认出某种植物是否从克里特岛运来的，因而都是些“二把刀”，因为即使就在罗马城外，也可能长着同样的植物呢。这些人认不出，是因为两个地方的同一种草木的果实会在不同的时间成熟。对此我是清楚的。本人要采草药时，无论是筋骨草、香科科、百金花、金丝桃，或者别的什么，都会挑准适宜的时间，因此得到的都是当令之物，既不会是过了节气的，也不会是功效未足时的。[6]

盖伦的草药书是流传下来的最早按字母顺序编排条目的著述。他中意的这一方式得到了同时代的文字工作者的接受并沿用下来。到了 4 世纪时，就连新的《药物论》抄本，也转而按照这一方式重新编排了，而此书的作者狄奥斯科里迪斯，当年可是反对这一做法的哩。重新编排的结果，不但涉及原文的传抄和翻译，还要根据字词的拼法重新安排位置，由是大大增加了出现谬误的可能性。有的条目会消失不见，有的会被放错位置。在盖伦之后，形成了“原本流畅的思想渠道出现淤塞可能”的局面。[7] 一向“天马行空任去来”的状态已成明日黄花，希腊科学的创造时期也告终结。

著名的英国植物学者阿瑟·希尔（Arthur Hill，1875—1941）1934 年造访希腊时，同两位英国皇家植物园的植物学者来阿索斯山（Mount Athos）采集植物，于一处邻近某个修道院的山坡上与一位东正教祭司邂逅。这位祭司头戴标志着身份的黑色高顶帽，正在采集莨菪——俗名天仙子，学名 *Hyoscyamus niger*。这是一种自古希腊时代以来一直受到重视的、有强效镇静作用的草本植物，狄奥斯科里迪斯就曾介绍过如何将它与茄参掺和到一起，让人进入痛觉变钝的“半醒半睡”状态。就在这位有神职的药剂师的行囊里，竟小心翼翼地珍藏着四页手抄的狄奥斯科里迪斯的大作《药物论》。

第六章

《尤利亚娜公主手绘本》

（500—600）

狄奥斯科里迪斯的《药物论》在1世纪时便已问世。随之发生的，便是不少人一心要将书上提到的植物，与自己所在地区的草木对上号。在那个年代，生病是普遍现象，致使人们都希望能用上狄奥斯科里迪斯在书中提到的植物。这样一来，在他这套书中原来给出的希腊文和拉丁文的植物名称之外，便又增加了种种希望能够与之对等的其他语言，如亚美尼亚语、维奥蒂亚方言、卡帕多西亚方言、埃及人讲的阿拉伯语、埃塞俄比亚人说的阿姆哈拉语、高卢人使用的多种方言、西班牙人讲的数种语言，以及意大利托斯卡纳（Tuscany）地区流行的方言等。泰奥弗拉斯托斯的著述在欧洲的失传，使狄奥斯科里迪斯坐上了金交椅，他的《药物论》开始按照盖伦推行开来的字母顺序编排，还出现了节选本，以及加上插图的画本。插图可能是转录于一本早些时的植物图谱，作者是草药师傅出身的克腊塔乌斯，威名赫赫的本都国王米特里达梯六世（Mithridates Ⅵ，公元前120—前63）的御医。（附带提一句，米特里达梯六世自己也深谙医道，对毒药尤有兴趣与心得。）大概在512年，都城君士坦丁堡所辖的霍诺拉塔镇（Honorata）民众，将一大部有关植物的资料册献给了本镇恩主、有罗马帝国皇室血脉的尤利亚娜·阿妮茜娅公主（Juliana Anicia）。[1]这位公主是前文提到的东罗马帝国狄奥多西大帝的后裔，身份实在尊贵非常。她的父亲弗拉菲乌斯·阿尼修斯·奥利布里乌斯（Flavius Anicius Olybrius）是帝国的一名执政官，丈夫也是有同样职务的高官。她十分虔信宗教，因之出资为霍诺拉塔镇居民盖了一座供奉童贞圣母马利亚的教堂。教堂是在512年前后落成的，

图 20 《尤利亚娜公主手绘本》题献页的绘图。此绘本的文字取自狄奥斯科里迪斯的著述，由霍诺拉塔镇民众在 512 年前后进呈

恰与这本带有感恩意味的书在时间上相合。（书中的一幅插图便绘有民众代表向公主敬献书册的场面，参看图 20。）因此这本通常被叫作《尤利亚娜公主手绘本》[①]的书[2]是带有感恩意味的。字数不多，但精心抄写的文字，配上精美的捉鸟捕鱼以及各种植物的插图，颇像是比顿太太（Mrs Beeton）的又一本大作哩[②]，只不过时间上提前到了 6 世纪。这本书所绘的 383 种植物中有不少为上乘之作，并说是“取材于”狄奥斯科里迪斯的著述。其实在这本书中，文与图的关系恐怕是颠倒过来了，插图才是此书的核心，文字只是为图而设的搭配。取材于狄奥斯科里迪斯的内容，多数选自书中有关谷物、根、草药和种子的部分。

这本《尤利亚娜公主手绘本》不仅是幸存手稿中年代最久远的，而且堪入最出色的手稿之列。此书在 491 片上等羊皮纸上完成，狄奥斯科里迪斯在其《药物论》中提到的药用植物在此绘本中占了约四分之三的篇幅。正文从第 10 片开始。以粗大的字体写出的第一句是“此书系狄奥斯科里迪斯有关本草之根、汁、籽儿、叶及其药效之文。全文按（字母）顺序给出”。第一条是按字母表顺序排在第一个的 *Aristolochia*（马兜铃）：“马兜铃，可治哮喘、呃逆、寒战、烦闷、脓肿及惊厥等症。掺水饮之可使扎刺排出。舂捣成糊可吸移碎骨，收干脓血、清整伤口。此液漱之益齿，洗之疗伤。”

这本书所用的羊皮纸尺寸很大，长 33 厘米，宽 20 厘米，给画家提供了充足的挥洒空间。正文的第一幅画上放着一组人物，颇像今日的名人合影。画面上是五位著名医生。从入选者可以窥见当时对他们的高下之分。那个时代的君士坦丁堡人无疑对潘菲洛斯的评价高于盖伦，这可以从两方面看出来：一是前者入选被画到这第一幅画上；二是书中索引部分的植物名称的同义词部分，用的是他在 1 世纪末 2 世纪初编纂成的结果。在他的周围画着药物学家阿弗罗狄西亚（Aphrodisias）人色诺克拉底（Xenocrates，约公元前 50—公元 50）；在比提尼亚地区的普鲁萨（Prusa）

① 《尤利亚娜公主手绘本》是一部以狄奥斯科里迪斯的只有文字的《药物论》的内容为主，加以大量精美手绘彩色插图形成的珍本。此部手绘本后来为奥地利重金购得，故又得名《狄奥斯科里迪斯维也纳图典》，成为此书的正式名称之一，并简称为《维也纳图典》。它现存于奥地利国家图书馆。——译注

② 比顿太太的姓名为伊莎贝拉・玛丽・比顿（Isabella Mary Beeton）。她是 19 世纪中叶的一位英国女作家，因编写了一本畅销的《比顿太太谈家政》出名，也因之得到了这个称呼。——译注

学成的医药学者和作家昆图斯·塞克斯提乌斯·尼格尔（Quintus Sextius Niger，生活年代在公元前1世纪下半叶至公元1世纪上半叶间）——狄奥斯科里迪斯多次引用过他的著述；经验主义医学学派的杰出代表之一、塔林敦（Tarentum）[①]人赫拉克利德斯（Heracleides，生活年代不晚于公元前75年），以及希腊医生与药物学家曼蒂亚斯（Mantias，公元前2世纪）。位置比这五个古典时期的重头人物更显赫的是，希腊神话中的半人马喀戎。在希腊神话中半人马这一角色有一批，其中这位叫喀戎的又聪明又善良，被天神宙斯选中，给了他知晓用植物疗伤治病的本领。不过本作者可是希望将泰奥弗拉斯托斯放在这个位置上呢。画在下一片羊皮纸上的是另外一批重头人物。盖伦占了上方的中间位置。他右手边是克腊塔乌斯，左手边是狄奥斯科里迪斯。盖伦正将脸冲着他，似乎正在听这位权威人物说些什么。在这三个人的下面，又画了四位稍小一号的人物，分别是医生兼诗翁尼坎德（Nicander）——公元前2世纪他出生在爱奥尼亚地区克罗丰城（Colophon）附近的克拉罗斯（Claros），故被称为克罗丰人，在其著述《毒与解毒》中介绍了21种不同的毒药及相应的解药，这些在《尤利亚娜公主手绘本》中也有提及；1世纪在亚历山大城行医的以弗所人鲁弗斯（Rufus）；托勒密四世（Ptolemy Ⅳ）的御医、公元前217年被刺客误杀身亡的凯瑞斯托斯（Carystus）人安德烈亚斯（Andreas），以及亚历山大城人、被盖伦夸赞为有史以来顶尖级药物大师的阿波罗尼奥斯·迈斯（Apollonius Mys）。狄奥斯科里迪斯对安德烈亚斯也有同样的评价。不过这几个人上榜，也可能有政治上的原因。正如近代美国女植物学家敏达·柯林斯（Minta Collins，1921—2013）所说的，他们都是用希腊文写作的，生活地点也都在罗马帝国东部。[3]因此这是一种宣传手段，意在告诉人们，希腊人——而且特别是指在东罗马帝国的希腊人能力出众。此书中还有几张有人物的图画，其中一张是狄奥斯科里迪斯与代表发现发明的女神霍瑞茜丝在一起。又有一张也是狄奥斯科里迪斯，与现形为人身、拿着一株茄参根部的智慧概念同在一起，狄奥斯科里迪斯侧坐着，边看茄参边记笔记，画面左方还有一名画家对着草根作画。

所描画植物的图画水平参差不齐。如茄参的一幅，无疑充满了想象成分。还有

① 即今日的意大利半岛南端的最大城市塔兰托（Taranto）。——译注

一些根本判断不出所画为何物。不过三成以上的质量是很好的，足以看出都是些什么，如葱头（第 185 片）、夏枯草（第 26 片，参看图 21）、玫瑰（第 282 片）、大戟（第 349 片）等。刺莓更是画得活灵活现（参看图 22）。一张画着一种秋季开花的仙客来的图画，精确地表现出花葶是从球茎的顶部钻出的。其余的植物图画——估计并非临摹希腊文原作上的图幅——却只能说是简略到了极点。东罗马帝国从事视觉艺术的人并不重视写实。随着插图的出现，描述植物外形的文字便逐渐减少了——有画在此，何需文字！然而，当图画本身脱离实际时，描述文字的稀缺便导致辨识植物的工作反而越发困难。看来老普林尼对图示的作用有所保留真是不无道理的。

《尤利亚娜公主手绘本》在君士坦丁堡至少保存了一千年。1350 年时，位于这座帝都的圣约翰洁修院里的一名修士尼奥费托斯（Neophytos）还将此绘本中的文字部分另行抄录了一遍。[4] 到了 1406 年，同一洁修院的另一名修士纳撒尼尔（Nathaniel）找到了君士坦丁堡的一位名叫约翰·肖尔塔斯迈诺斯（John Chortasmenos）的教会文书，将这本书做了全面整修并重新装订过。[5] 整修后的手绘本上，各幅植物图都有了编号，植物名称的拼写也从原来只有大写字母的安色尔体改为大小写都用的双写体，估计都是这位肖尔塔斯迈诺斯所为。在该手绘本的第一片和第二片上，出现了一个新的姓名穆赛·本·穆赛（Moseh ben Moseh），因为他将植物的阿拉伯名称和希伯来名称加了进来。此书在圣约翰洁修院一直保存到 1423 年前后。1453 年君士坦丁堡陷落后，奥斯曼帝国苏丹苏莱曼大帝（Sulayman the Magnificent）的御医摩西·哈蒙（Moses Hamon）得到了它。此时该书已成为珍贵文物，只是已十分破旧零散。神圣罗马帝国派驻奥斯曼帝国的大使奥吉耶·吉塞利·德比斯贝克自然不会不知道这本书，因为他在 1562 年的一封信中这样提道——

> 有一样宝贝，我没能从君士坦丁堡带回来。这是一本内含狄奥斯科里迪斯著述的手抄本，非常古老，是用希腊正体手写，并绘有植物图画；如果我没搞错的话，还夹杂着一些沙梨木的碎片……此书为一名犹太人所有。他是摩西·哈蒙的儿子。摩西·哈蒙生前是苏莱曼大帝的御医。我很想将这本书买下，只是要价惊人，开口便是一百杜加，怕只有吾皇万岁才付得起呢。我将不断地向陛

下提及此书，以将这样一位伟大作家的著述解救出来。由于年代太久，此书目前状况不佳，虫蛀遍布，若是丢在街上，只怕未必会有人捡起来呢。[6]

七年过后，《尤利亚娜公主手绘本》来到了维也纳，成为皇家图书馆的收藏。也不知道是谁掏的腰包：神圣罗马帝国皇帝马克西米利安二世（Maximilian Ⅱ）耶？酷爱珍品成癖的奥吉耶·吉塞利·德比斯贝克本人耶？附带提一句：将第一株郁金香的鳞茎从东方带进欧洲的也是这位大使，时间比他见识到这一手稿还要早几年。

这本书还提供了生于公元前120年、死于公元前63年的本都国王米特里达梯六世，与16世纪欧洲的关联之直接的线索。这位国王深谙毒药。他在与罗马共和国大将格奈乌斯·庞培（Gnaeus Pompeius）的交战中败北自杀，但他与有毒植物打交道的一套知识却一直被流传下来。是他的御医、本草知识丰富的希腊人克腊塔乌斯将有关的知识写进了一本书（现已失传，据信内容按字母顺序编排，是采取此种方式的最早著述之一）。为供本国人阅读，庞培找来一个名叫勒纳尤斯·格拉马蒂克斯（Lenaeus Gramaticus）的人翻译此书，又让一名画家将此书中的插图临摹到译本上。这位画家所绘的插图，其实反要比原作高明不少。这个译本成了昆图斯·塞克斯提乌斯·尼格尔后来所写的一本植物图谱的主要参考，而他自己完成的这本图谱，又得到了老普林尼和狄奥斯科里迪斯的大大光顾，并最终成为《尤利亚娜公主手绘本》中的内容。在这些容易损坏的羊皮纸上，承载着诸多的知识，构筑出思想的定位。尽管连绵战火在欧亚大陆上此起彼伏，尽管种种宗教兴衰不已，尽管城市和学府沉浮无定，尽管帝国与王国今兴明亡，有关植物知识的文献却存在着、传播着和增长着，受到希腊人、罗马人、土耳其人、阿拉伯人、日耳曼人——其实应当说是所有人的重视。

《尤利亚娜公主手绘本》中图文紧随，其贴切相符的方式，受到了普遍的仿效。在随后很长一个时期里，在有关植物的著述中，文字及插图都是以这种形式出现的。方式确实不错，不过通行时间也未免长了些，因为它使植物与医药的关系过分密切。医药应当受到重视不假，不过，当植物被当作只是药物中的若干成分时，它们作为植物本身的相互联系、相似之处和异同点等更大范畴上的问题，便越发不好廓清了。对探知宇宙间固有秩序这个泰山的非功利性目标，被日常需求之叶

图 21 《尤利亚娜公主手绘本》中的夏枯草（学名 *Asphodelus aestivus*）。此绘本的文字取自狄奥斯科里迪斯的著述，由霍诺拉塔镇民众在 512 年前后进呈

图 22 《尤利亚娜公主手绘本》上的一株刺莓（学名 *Rubus fruticosus*）。此绘本的文字取自狄奥斯科里迪斯的著述，由霍诺拉塔镇民众在 512 年前后进呈

障了目，于是乎，植物大黄便只是“可治瘀滞、抽搐、肝脾不舒、肾区不适、绞痛，以及膀胱疼痛”之物，莳萝则无非具备为“有子宫病痛”的女子解厄之功；柠檬香蜂草“有助于缓解毒蘑菇引起的呼吸受阻”；乌头“若拌入肉中，豹、熊、狼等野兽吃下便会毙命”……如此而已。17 世纪时，英国学者约翰·古迪耶不惮辛劳，将狄奥斯科里迪斯的《药物论》全文照录下来，并译成英文。以上的引文便是其中的几句。在古迪耶这样做时，狄奥斯科里迪斯的这一著述已被译为欧洲其他语言，但还没有英文译本。这一双文对译本写在四开本大小的纸张上，共抄录了 4540 页。每抄完原书中的一节，古迪耶都会标注上日期和钟点。全书抄录共费去他三年光阴。[7]

******

过了一段时日，在意大利的某个希腊文化仍占上风的地方——很可能是拉韦纳（Ravenna），又出现了一种手绘本。可以说，它是君士坦丁堡那里的希腊文化之光，留在这个意大利文化中心的余晖。这一手绘本的材料来源也与《尤利亚娜公主手绘本》相同。不过，尤利亚娜公主是文学艺术的保护人，她也有很高的文化素养，更是爱书成癖。呈献给她的手绘本，便都考虑到了她本人的这些特质。而意大利人搞成的这个手绘本便没有这样考究。它是以做学问者为目标读者的，是写出来供实际应用的。书上的图画，色彩既不丰富艳丽，笔触又嫌粗糙，就连尺寸也小了许多，通常会在一片纸上挤进两三幅，标题和文字都分栏放在图的下面（参看图 23）。就某些方面而言，可以认为这本书——通常被称为《那波里手绘本》[8]，同《尤利亚娜公主手绘本》有相同的出发点。不过具体看一看插图与文字，就可确信前者并非照抄后者的产物。《那波里手绘本》是用所谓圣经体抄就的，由此可判断出它完成于 6 世纪末或 7 世纪初。此时的字体瘦长了些，雕琢多了些，因此更显花哨。狄奥斯科里迪斯原作中的文字被这本书处理成一些会戛然而止的字符串，简缩成为干巴巴的叙述。此外还加添了若干同义词语和处方。《那波里手绘本》比《尤利亚娜公主手绘本》的问世时间晚，开本尺寸略小些，所用的羊皮纸为 29.5 厘米 ×25.5 厘米。插图共 400 多幅，每片纸上都有，并占据了大部分空间。相形之下，文字部

图23 《那波里手绘本》上的一种大戟（右）。此希腊文手绘本以狄奥斯科里迪斯的著述为基点，估计绘制于7世纪初期

分是次要的，彼此缺乏衔接，用意也很难看出。这些文字被简略为对插图的说明，是插图的附属。这样的书籍颇符合那个时代的特点。那是个喜欢概述和摘记，而不愿面对复杂真实存在的时代，是个接受图像胜过领会文字的时代。《那波里手绘本》是为忙碌人提供的手册，适用于急着为在诊室里等候的病人找到对策的医生之类的用户。这本书也同《尤利亚娜公主手绘本》一样，没有标示出图像与实物间的大小比例。苋草这一草株和属于灌木的黑莓被放在同一片羊皮纸上，看上去高度一样，其实并非如此，它们被弄到一起，只是因为这两者名称的希腊文在拼法上相近而已。固然也有同科的植物被放在一起的情况出现，如几种兰花都被放在第 133 片羊皮纸上，但看来仍是出于拼写顺序的安排而非科学归类。大部分画幅都是从齐平的角度表现的，只是有时会将根部沿纵向有所挤压，以腾出下面的空间书写文字，不过偶尔也会换个视角。有一株铁线蕨，就被画成从顶上向下看时的样子。满满生着叶片的叶柄呈放射状摊开，有如一只海星（参看图 24，图左）。画家还尝试表现某种植物的生长环境，比如书中的灌木刺山柑，就被画在了石板台阶的缝隙中，而一株铁线蕨，被画在一蓝色水池中生长。不过只是偶一为之。有时候，植物还会被画得千奇百怪。就有这么一幅图，手绘本上给出的植物名称是 hypneion，它的根长成缠结的密密一团，有如希腊神话中蛇发女妖戈尔贡的头颅（第 78 片）。这样一来，忠于自然的原则便被简单化的要求取代，存在化为了抽象。叶片都成了镜面对称的，自然弯曲的枝条和茎干都变成直挺挺的棍棒，不规则的复杂实情简化为图案式的表达。

表述方式的改变就这样开始了。从中世纪初期起，欧洲的药草图谱便刮起了“抽象风”，或者简直可以说是犯了“抽象疯”。天主教廷对思想实行的监管控制，是培养不出独立探究精神的。正如教宗阿加托（Pope Agatho）在 680 年回复拜占庭帝国皇帝君士坦丁四世（Constantine Ⅳ of Constantinople）的信中所反映的那样：“陛下希望我派去几名主教，要求他们须品行端方，并对《圣经》有渊深的知识……所派之人是符合第一个要求的，至于第二点，则考虑的是他们的渊深学识体现在对《圣经》的真正虔敬而不是亵渎上。”时间更提前一些，当教宗格列高利一世（Pope Gregory the Great，约 540—604）派遣两名教职人员——一人叫狄奥多（Theodore）、一人叫哈德里安（Hadrian）赴英格兰传教时，交给他们的首要任务是，纠正那里

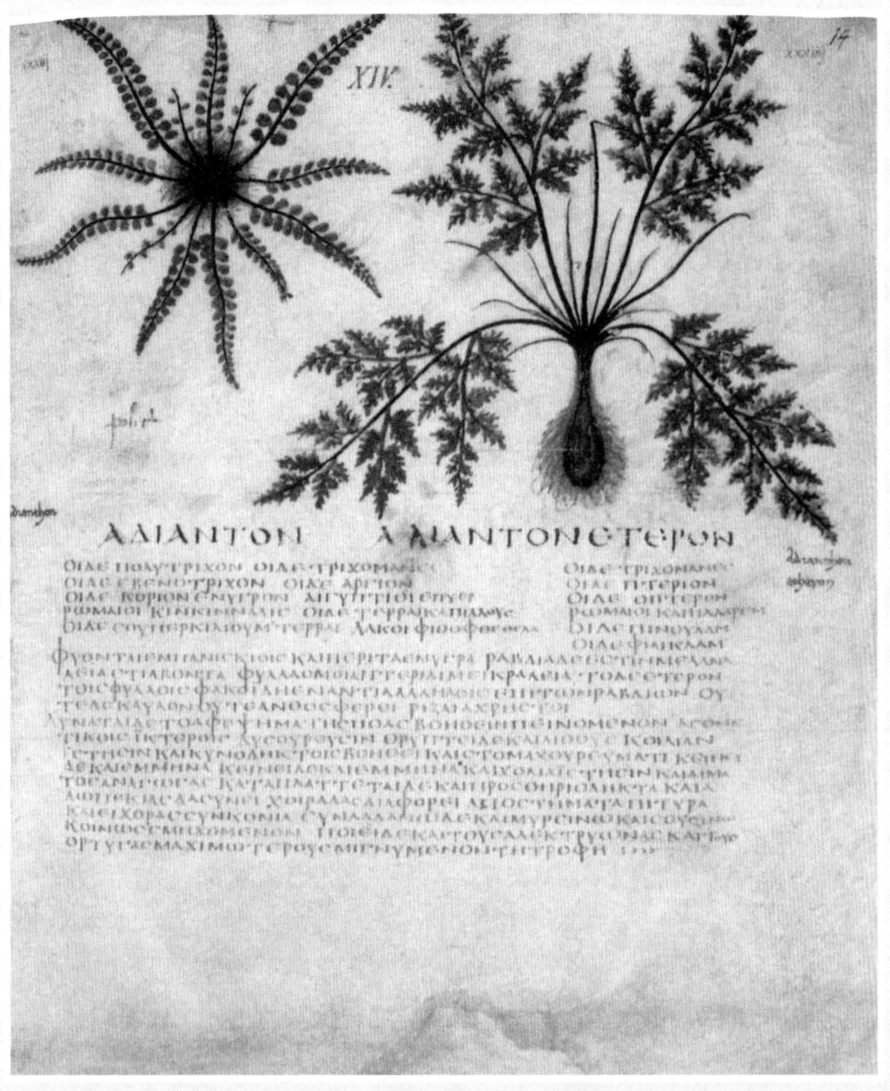

图24 《那波里手绘本》上的铁线蕨（左）。此希腊文手绘本以狄奥斯科里迪斯的著述为基点，估计形成于7世纪初期

采用的来自爱尔兰人的计算复活节的方法。[①] 然而，他们将自己的文化修习一股脑儿地带到了英格兰，其中就包括画风，结果是强塞进来的绘画方式便在英格兰的教会系统中如天花般蔓延传播开来。它不但简化，而且僵化，将自然世界的精细微妙之处的趣味全都遗弃掉了。

在《那波里手绘本》的第 172 片上写着这样一行拉丁文：*Antonii Seripandii ex Hieronymi Carbonis d[om]inici optimo munere*——吉罗拉莫·卡尔博内（Girolamo Carbone）赠予安东尼奥·塞里潘多（Antonio Seripando）。考证表明，这位卡尔博内是意大利的一位诗人，安东尼奥·塞里潘多是个喜欢收藏古旧手稿的文人。前者在 16 世纪的第一个年代将这一手绘本送给了后者。后者在 1531 年去世，临终时又将此书传给了自己的胞弟、有着红衣主教衔称的神学家吉罗拉莫·塞里潘多（Girolamo Seripando）。这位弟弟得到此书后，便将它赠予位于卡尔博纳拉（Carbonara）的圣乔万尼女修道院，藏于那里的图书馆。1718 年 11 月，这部在那里存放了一百多年的《那波里手绘本》，经神圣罗马帝国皇帝查理六世（Charles Ⅵ, Holy Roman Emperor）的御书房管理人亚历山德罗·里卡尔迪（Alessandro Riccardi）之手送到维也纳，与《尤利亚娜公主手绘本》做伴去了。

---

① 基督教认为，被钉死在十字架上的耶稣又复活了，复活节便是庆祝这一事件的节日，在基督教文化里，复活节是仅次于圣诞节的第二大节日，但它的具体时间并不固定，与所采用的历法有关。而历法的制定，在欧洲又是经过多次修改的，直到 1582 年才定为目前使用的格里历（又称公历），而后又经历了不同的时期才被普遍接受，且至今也没有被完全采用。因此按某种“钦定”方式推广这一历法，便也成为教士的一项任务。——译注

第七章

阿拉伯人的继承与发扬

（600—1200）

《尤利亚娜公主手绘本》是以希腊文写成的一本最早的本草图谱，也是最美丽的一本。它虽然问世很早——6世纪初，但在其后的近一千年里，整个欧洲却不曾有更好的同类书册出现。不过，就在欧洲越来越成为知识的黑洞时，东方却形成了智力活动的新高潮。第一波新高潮出现在叙利亚的埃德萨（Edessa）[①]。这座城市始建于马其顿人的殖民活动期。它的地理位置优越，处在叙利亚高原的北缘，是南北交通和东西往来的要冲，特别是通往中国的丝绸之路便经过这里。与罗马帝国近在咫尺的政治形势，更进一步促进着它的独立与繁荣。叙利亚商旅频频往来于欧洲和北非之间，还赴阿拉伯半岛、印度和锡兰开展贸易。作为贸易大通道的交会点，这座城市吸引了许多有文化的商人前来，而文化修养决定了他们愿意亲近希腊（包括希腊人的学风）而非罗马。早在4世纪时，埃德萨便有了一所医学院，但489年被东罗马帝国皇帝芝诺（Emperor Zeno）以培植异端的莫须有罪名强行关闭。嗣后，该学院的聂斯托利派[②]教师便集体离开，先是去了东面不远的努赛宾（Nisibis），继而又南下800公里，来到波斯城市贡德沙布尔（Gondeshapur）。当地人接纳了他们，529年又接纳了被逐出雅典的一批新柏拉图主义者。这些人的教学方法和课程内容

① 现属土耳其，并改名尚勒乌尔法（Şanliurfa）。——译注

② 又称东方亚述教，系基督教中的一个派别，认为耶稣的神性与人性是分开的。聂斯托利派得名于最早提出这一观念的亚述（古叙利亚）人聂斯托利（Nestorius，386—451），创建不久便被视为异端。此派在唐朝时作为基督教的一派率先传入中国，被称为景教。——译注

都对伊斯兰哲学产生了重大影响。聂斯托利派的医生成了贡德沙布尔著名医学院的中坚力量。汇集到这里的希腊人、犹太人、波斯人和印度人，都以当地通用的古叙利亚语交流，使各自的文化传统得以交会到一起。[1] 在波斯皇帝的大力支持下，这里建起了一座医院和一所医学院，开始时均由出身医药世家的阿布·扎卡瑞亚·优哈纳·伊本·马萨威伊（Abu Zakariya Yuhana ibn Masawaih，777—857）主持。它们兴盛了三百年，直至来自阿拉伯半岛的阿拉伯人征服了波斯，并因巴格达发展为主要的学术中心走向式微。

聂斯托利派的学者队伍在东方文化的发展上占有重要地位，因为是这些人翻译了希腊的科学著述，从而避免了它们在拜占庭城的图书馆里无声无息地湮灭的命运。当罗马帝国的统治者君士坦丁大帝（Constantine the Great）占领了当时为希腊一部分的拜占庭城后，这些人便向东逃到叙利亚，由他们译成古叙利亚语的希腊典籍便传入波斯和阿拉伯半岛。传播过程自埃德萨开始，继而又在贡德沙布尔进行，然后在 9 世纪的巴格达达到全盛。在这个世纪里，巴格达医学院的负责人是有多方面建树的著名学者与医师阿布·优素福·雅古伯·伊本·伊斯哈克·肯迪（Abu Yusuf Yaqub ibn Ishaq al-Kindi，约 800—866）。819—825 年，许多书稿，特别是大量的医学资料，从君士坦丁堡传入巴格达，这就是说，阿拉伯人完成了，而且是精准地完成了在欧洲已然失传的正宗希腊典籍的传递。泰奥弗拉斯托斯的著述也在其中。受阿拉伯帝国阿拔斯王朝的哈里发阿布·阿拔斯·阿卜杜拉·马蒙（Abu ‘Abbas ‘Abd-Allah al-Ma’mun）派遣赴君士坦丁堡的使节，向这位统治者奏报说，当前在位的罗马帝国皇帝根本不知道这些古代经典的存在，也压根儿没兴趣了解一二，连它们存放在哪里也不晓得。一位有学识的修士知道这些书的所在，而且似乎相信这些宝藏若能移到巴格达去，会比在君士坦丁堡安全，于是便吐露了这些书的藏匿地点。832 年，这位哈里发在巴格达建起了一座名叫智慧堂的建筑，既是图书馆，又是供学者们聚会的场所，并组织起一批人来，在医生兼学者胡纳因·伊本·伊沙克（Hunayn ibn Ishak）领导下，专门进行外文著述的翻译与校对。

有了这样的条件，狄奥斯科里迪斯著述的第一种阿拉伯文译本便得以在 854 年前后问世，译者是受胡纳因·伊本·伊沙克领导的学者斯台方诺（Stephanos）。此人是一名基督徒，在巴格达生活。对书中涉及的植物名称，他尽自己所能给出相应的阿拉伯名词，但在遇到不知道的名目时，他的对策是将希腊文按字母一一对应为阿拉伯字母，并无奈地表示说“愿真神赐下能译出这些名堂的人来”。他的这一译本在诸阿拉伯国家一直流传到948年。伊沙克自己也参与具体翻译。他是位阿拉伯药剂师的儿子，本人同样是基督徒，古叙利亚语讲得与母语阿拉伯语一样流利。在定居巴格达前，他曾用两年时间一边旅行、一边收集书册，同时提高希腊文的水平。阿拉伯帝国后倭马亚王朝的医生伊本・丢勒丢里（Ibn Djuldjul）在987年发表评论认为，如果没有伊沙克，狄奥斯科里迪斯的希腊文著述就不可能为巴格达的阿拉伯人所知晓。中世纪时期形成的阿拉伯文的狄奥斯科里迪斯著作的绘画手抄本共有十多种，其中的五种是伊沙克和斯台方诺在智慧堂劳作的成果。

948年，东罗马帝国皇帝罗曼努斯二世（Romanos Ⅱ）[2]向在科尔多瓦（Cordoba）当政的后倭马亚王朝哈里发阿卜杜拉赫曼三世（Abd al-Rahman Ⅲ，891—961）赠送了一件大礼。这是一部狄奥斯科里迪斯著述的手抄本，并加绘有富于拜占庭风格的插图。罗曼努斯二世还在致这位哈里发的信中表示，这部书虽然堪称贵重，但只有能找到既知晓植物，还懂得由这些植物制得药物的人翻译成阿拉伯文，才能成为有用之物。然而当时在科尔多瓦全都城，竟连一位通晓古希腊文的基督徒也找不出。[3]就这样，这本漂亮的手绘本就闲置在哈里发的藏书室里。三年之后，这位哈里发请罗曼努斯二世派人前来翻译这本书。一名君士坦丁堡的修士尼古拉斯（Nicolas）便被派往科尔多瓦，与那里的一批学者合作。在一位犹太医生哈斯代・伊本・沙普鲁特（Hasdai ibn Shaprut）和一位懂希腊文并有医用植物知识的西西里人的协助下，尼古拉斯搞明白了狄奥斯科里迪斯著述中又一批植物的具体所指，并根据花的形态和植株类别对应上了当地的一些植物——只是并非总能成功。[4]

虽说阿拉伯学界在文化交流领域做出了出色贡献——而且就我感兴趣的领域而论，阿拉伯人是此期间对欧洲知识的交流做出重要贡献的唯一成员，关键问题却仍然没能得到解决。翻译有关植物的文字固然不易，但认知植物本身却更加困难。每个国家、国家内的各个地区，都会给自己用于吃喝、巫术或医药的植物起俗名。就以《尤利亚娜公主手绘本》中第98片上的植物为例。这株植物长着箭头样的叶片。今天的人们知道它叫斑叶疆南星，学名为*Arum maculatum*。这个学名是根据《国际

图 25　在 1224 年的一份巴格达的手稿中表现的阿拉伯药店

藻类、真菌、植物命名法规》① 定下的。凭借这个学名，无论在欧洲、美洲、亚洲还是大洋洲，都能得到统一的辨识。而在狄奥斯科里迪斯第一次提及这种植物时，它的叫法可真是五花八门：单在希腊的不同地区，叫法至少就有八种。埃及人、罗马人、伊特鲁里亚人、北非人，以及叙利亚人，也都有各自的称谓。[5] 如若西班牙人——对意大利人、法兰西人、捷克人、波兰人、德国人、英国人也是一样的——不能确认自己这里的植物是否就是狄奥斯科里迪斯在他的书里提及的某种有希腊名称的植物，那么他所介绍的无论是制备药剂，还是治病驱邪，都无从派上哪怕一星半点的用场。在他所提到的种种植物中，相当一部分不能生长在希腊以西的地区，也就是说，不在相应的自然生境内。不过也有不少他所介绍的植物出现在希腊以东的地域。所以，研究西班牙南部植物的阿拉伯学者，尽管会在认知狄奥斯科里迪斯所提到的地中海东部地区的植物上遇到困难，不过与后来面临同样问题的欧洲北部人相比，毕竟日子多少还要好过一些。

狄奥斯科里迪斯也同泰奥弗拉斯托斯一样，在介绍植物时使用了比较方式：植物甲与植物乙类似，只是叶片大些、花朵小些，诸如此类。这也加大了后人认知和对应的难度。况且泰奥弗拉斯托斯用作“标尺”的“样板”植物只有月桂和钱币草等有限的几种，而狄奥斯科里迪斯用到的可要多得多，出错的可能性便也大大增加了。如果连作为样板的植物都将名称搞错了，想搞对以它们为出发点比对的植物，就越发成为难能之事。因此，尽管胡纳因·伊本·伊沙克和斯台方诺下了大力气将希腊典籍译为阿拉伯语和古叙利亚语，令人无奈的含混之处依然不在少数。

******

从 7 世纪起，阿拉伯人进行的征战，促成了科学知识在整个阿拉伯世界的振兴。

---

① 《国际藻类、真菌、植物命名法规》是一部关于植物命名的规则与建议，于 1905 年成文，当时名叫《国际植物命名法规》，最重要的内容是确立每一个分类单元只能有一个学名，而且必须是独一无二的。此规则通行于全世界，更改必须经由国际植物学会议（International Botanical Congress，IBC）的讨论。全部学名皆由国际植物分类学学会组织完成，并不定期增补与修正。中国是该组织的成员，并且是 2017 年国际植物学会议的主办方。——译注

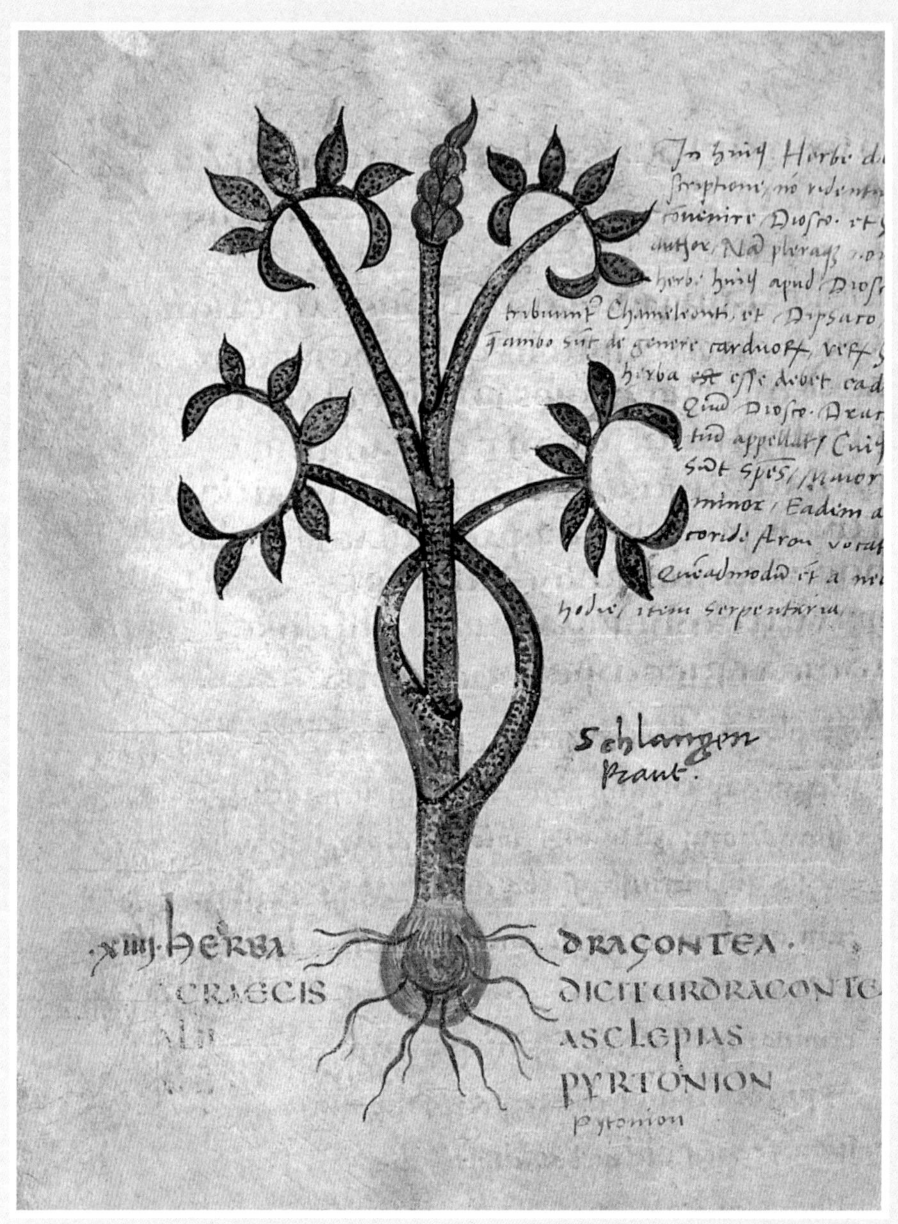

图 26 6世纪下半叶一部手抄本上的龙海芋（学名 *Dracunculus vulgaris*）。画家画出了它结出的浆果，却遗漏了包在其外的、形状奇特的黑紫色佛焰苞。不过这位艺术家笔下仍然十分准确地表现出了由若干叶片形成的半圆形叶簇

与此同时，基督教统治下的欧洲却处于普遍的窒息状态。这二者形成了鲜明对比。阿拉伯人控制了贸易的主要通道，给阿拉伯世界带来了进一步的繁荣。而经济的繁荣又为知识创造了发展的空间。976年时，科尔多瓦的大学是全欧洲的顶尖学府，也在整个阿拉伯世界稳坐金交椅。进入978年时，世界上的第一所教学医院在巴格达落成，以该世纪统治着两河流域的布耶王朝的统治者阿杜德·道莱（'Adud al-Dawla）命名，招募来24名医生执教。这个帝国的统治者支持学术活动，对非伊斯兰信仰也在一个时期里持宽容的开明态度，这些都大大地胜过残酷镇压异端的基督教世界。《古兰经》有云："你应当奉你的创造主的名义而读。"[①] 这一教谕被诠释为既应当向真主祷告，也应当求索知识，并通过求索知识实现救赎。如果学习与研究能够证明是有益于人类的，那这样做的本身就是崇拜真主的一种形式，应当尽量少加限制。在可以定量确定的所谓精确科学领域，在经验性比重大于理论性的学科，阿拉伯人是非常杰出的。在胡纳因·伊本·伊沙克领导下完成的翻译成果经过后人不断的修改和完善，在11世纪时达到了最高水平。现存的最古老阿拉伯文植物图谱，就形成于这一时期，是以工整顺畅的纳斯赫体，抄录在228张书页上的。[6] 该图谱上画入了600多幅图画，基本用色为绿、褐、橙、红四种，少数地方也用了蓝、黄二色。[7] 图面上的植物都是狄奥斯科里迪斯本人熟知的：玫瑰、睡莲、香脂树（树身上还颇富戏剧性地插着两把引导脂液流出的匕首）、兰花、根部长成人形的茄参等等。画笔工整，但嫌简略，怕是只有先前已经见到过实物的人，才有可能有所辨识。就以睡莲为例（参看图27），出现在画面上的有六朵：三红三白，其中的五朵交互着排成美观的一列，立于荡着蓝色涟漪的池水上。还有玫瑰（参看图16），图上画出了三种，红的、白的，还有粉色带深色镶边的，为着节约的目的让它们开到了同一棵植株上。这些还罢了，可要看一看画在第32片上的那株寥寥几笔勾出的没有立体感的东西，如果能判断出这是兰花，那可真是独具慧眼了。至于那幅脂液从插着匕首的树身汩汩流出的香脂树，以后便长时间没有重现，而再次露面是在前文提到的《萨莱诺手绘本》上，此时已是在13世纪末，画风出现了改变，艺术家们从几乎带有迷信色彩——仿佛认为若有变动，原有的魔力就会消失——的

① 《古兰经》第96章，第1节。——译注

一味仿古，开始画出植物的真实形态。也许他们就是对着真实的植株作画的吧。更重要的是，在这一时期，狄奥斯科里迪斯的著述中所涉及的知识，得到了阿拉伯学者的进一步推广。伊本·西那（Ibn Sina，980—1037）就是其中的代表人物。他的全名是阿布·阿里·侯赛因·伊本·阿卜杜拉·伊本·西那（Abu Ali al-Husayn Ibn 'Abd Allah Ibn Sina），但欧洲人通常称之为阿维森纳（Avicenna）。他出生在布哈拉城附近的阿弗沙纳（Afshana），是阿拉伯世界中多个最高统治者的御医，并有很广的游历。他的著述《医典》[①]在12世纪时被克雷莫纳（Cremona）人杰拉尔德（Gerard，1114—1187）译成拉丁文，并在嗣后的五百年里一直被奉为标准的医学教科书。《医典》是一部卷帙浩繁的医学百科全书，其中包括对可用于配制758种药剂的650种植物的详细介绍。后来，巴格达的著名医生阿布德·拉蒂夫·巴格达迪（Abd al-Latif al-Baghdadi，1160—1231）在阿拉伯世界广泛游历，主要是为了与当时最享盛名的学者晤面。他在大马士革和开罗教授哲学和医学——具备多方面的才能和强烈的好奇精神，这正是那个时代里阿拉伯学者的两大特点。

在这个时期里，源自希腊的观念传入阿拉伯世界，在更广大的范围内得到了接受和理解，但是植物名称却没能与观念同步。阿拉伯世界的学者、医生和药剂师们怀着热切的希望，十分想了解和掌握狄奥斯科里迪斯这位1世纪古希腊军医的植物学识。只是这些学识又在很大程度上依赖于采药人提供的含药物成分的草木。可植物名称对这些采药人却根本无关紧要——对他们来说，知道哪些本草为哪些药方所需，再加上看到它们时能认出来，也就足够了。至于将植物名称转换成其他语言，他们可犯不上操这份心。不过，尽管这个难题一直存在，解决得也特别慢，但并没有影响到狄奥斯科里迪斯的《药物论》作为阿拉伯学者著述的主要引用来源的地位。这些人尊敬狄奥斯科里迪斯，甚至可以说到了崇拜的地步。他们喜欢狄奥斯科里迪斯所采用的按字母顺序给信息排序的做法，不过也承认这种方法未必是最实用的。由于后世这些阿拉伯人的工作，狄奥斯科里迪斯当年根本不知道的有关波斯、印度和阿拉伯地区的植物知识，都被加进了他本人的这一著述。

在阿拉伯世界，科学研究是受到鼓励的，因此医学和农业都取得了长足发展。

① 有中译本，译名《阿维森纳医典》。——译注

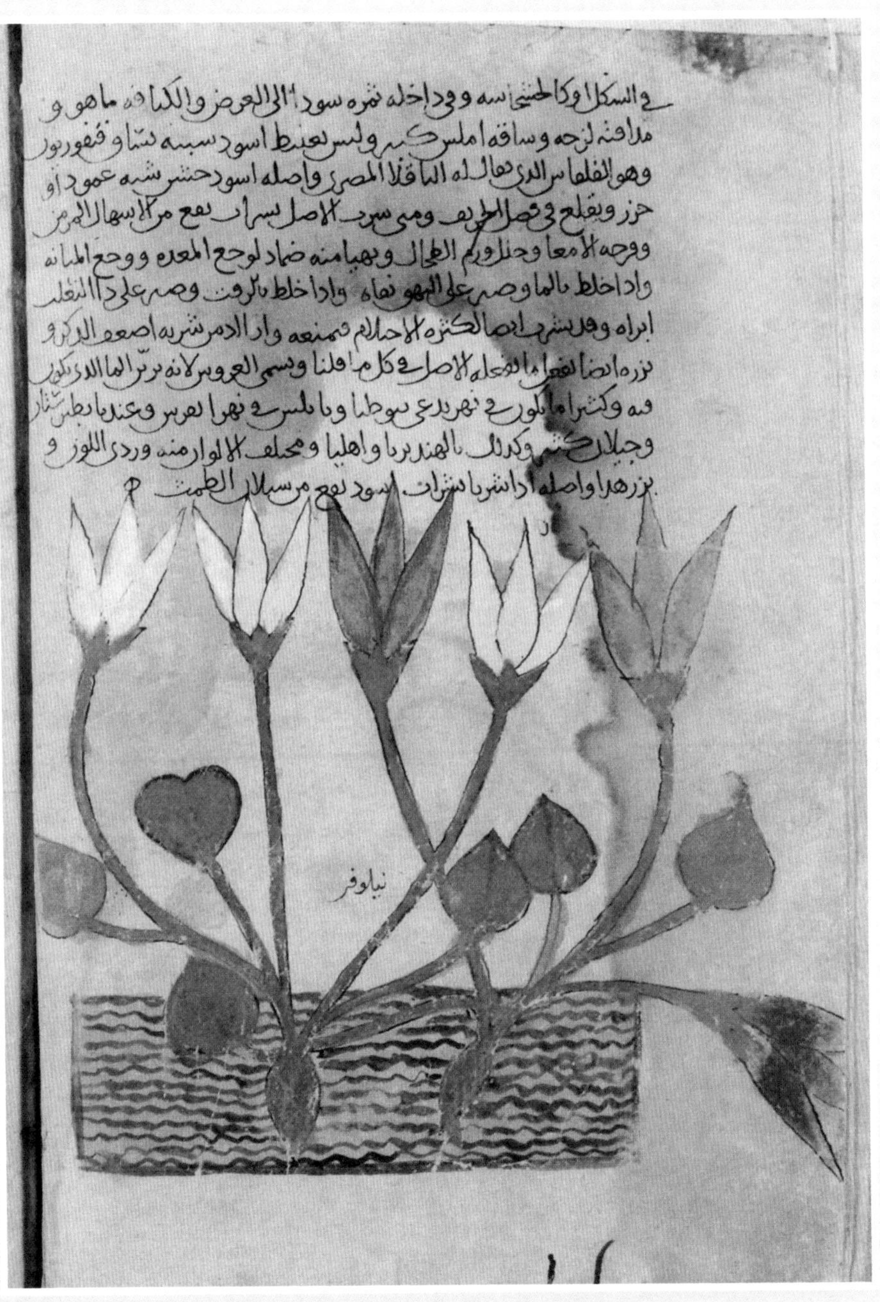

图 27 并排开放的红睡莲和白睡莲。摘自 1083 年阿拉伯北部地区的一部手抄本

不过表现真实图像却在受禁之列。那里出版的植物书，插图会很漂亮，但画面表现都是模式化的，而且都画成扁平的，有如壁纸和花布上的图案（参看图 28）。君士坦丁堡——现在叫伊斯坦布尔（Istanbul）了——有一座小山名为第三山丘，那里有一座苏莱曼清真寺，寺里保存有一部装潢考究的阿拉伯文绘画手抄本《药物论》。[8] 此绘本的文字部分是胡纳因·伊本·伊沙克所领导的翻译队伍中斯台方诺的译笔，问世时间为 1224 年，地点很可能是巴格达，故被称为《巴格达手绘本》。当时的哈里发是阿布·纳赛尔（Al-Nasir），一位开明的君主。在他的治理下，以巴格达为代表的阿拉伯文化进入了巅峰时期，并一直持续到 1258 年，才遭入侵的蒙古人破坏殆尽。不过，虽然这部手绘本是在阿拉伯世界的学术研究处于巅峰时期完成的，书中的图幅也仍表现得变化无常，一如爱德华·利尔（Edward Lear）的《植物狂想集》[①]。这部书的第 21 片上的图画曾让我激动了一阵子（参看图 29）。画幅中央有一株完整的植物（看上去像是委陵菜——阿拉伯人管它叫“巴掌叶”）。在它下方的两侧有两个细部图，也画得同主图一样简略。左面的那个部分，形状很像一朵碗形的花，上面立起七颗摇曳的小团块。右边的那一个也与左边的有些类似，而且乍一看简直就是一朵模式化了的花（生有三片顶头尖尖的花瓣），上面也立起同样有如棒棒糖的小团块。这些小团块是雄蕊，我想。果然有人想到要表现雄蕊了！终于有人认识到此构造对开花植物的重要性了！画家是要用细部的部分图引起注意呢！这可是个突破啊！可当我随后拿起放大镜再观察时，刚才的理论假设便破灭了，真是来得容易去得快。刚刚被我设想为雄蕊的“棒棒糖”在放大镜下一看，却只是些缩微了的花朵，有的为红，有的为蓝，每朵花上各有四片花瓣，如此而已。认识到雄蕊和子房最终对植物命名的重要性，还要再等上好几百年呢。

12 世纪和 13 世纪的阿拉伯学者以自己的文明作风和高超智力，实现了对古希腊先哲医药研究水平的大跨步发展与提升。这些学者见多识广。他们也像泰奥弗拉斯托斯那样通过亲身观察做出结论。他们会组织以调查和辨识植物为目的的旅行［穆斯林学者伊本·素里（Ibn al-Suri）就曾于 13 世纪初进行过黎巴嫩植物考察行，

① 这是 1888 年在英国出版的一本漫画式作品集，将植物的若干部分画成其他的动物、人或无生命物体。——译注

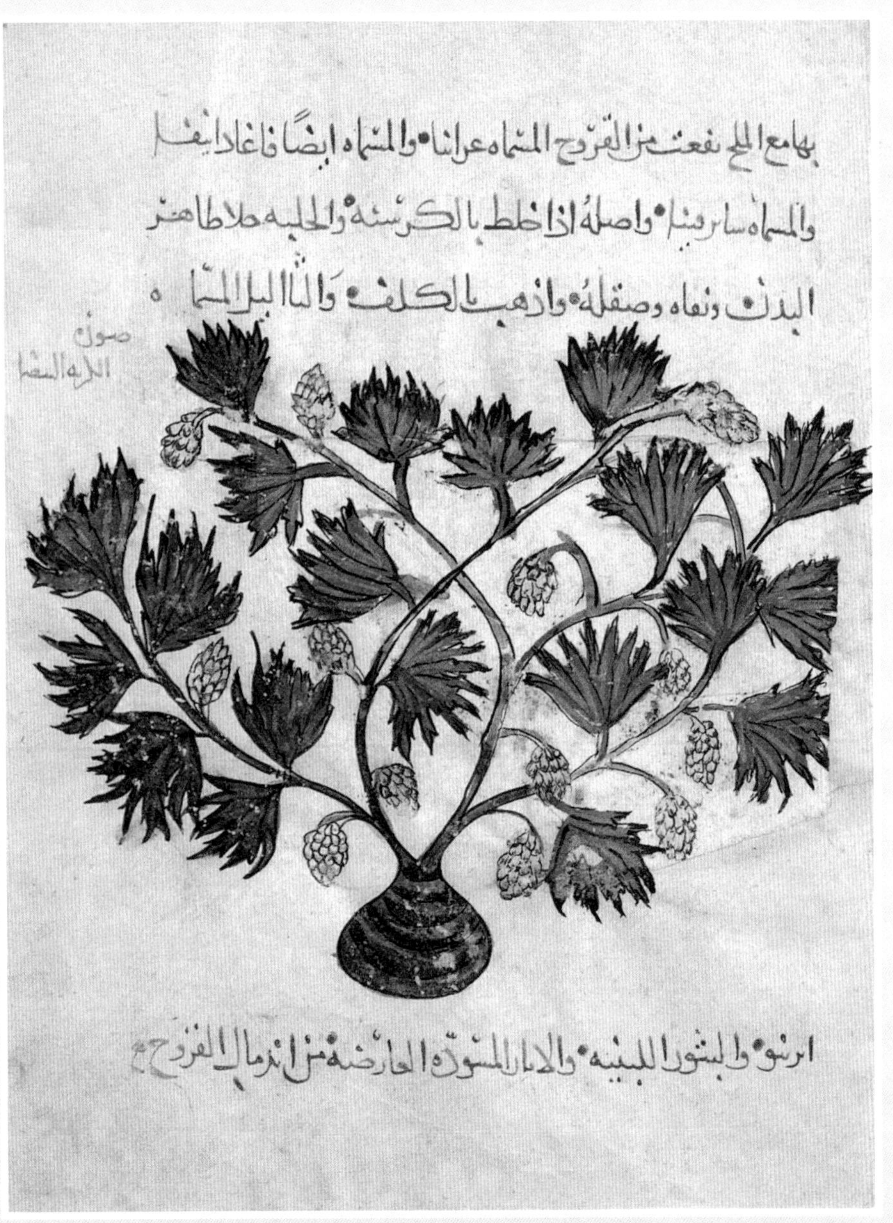

图 28 长有古怪球形根的藤蔓植物。摘自《巴格达手绘本》（1224）

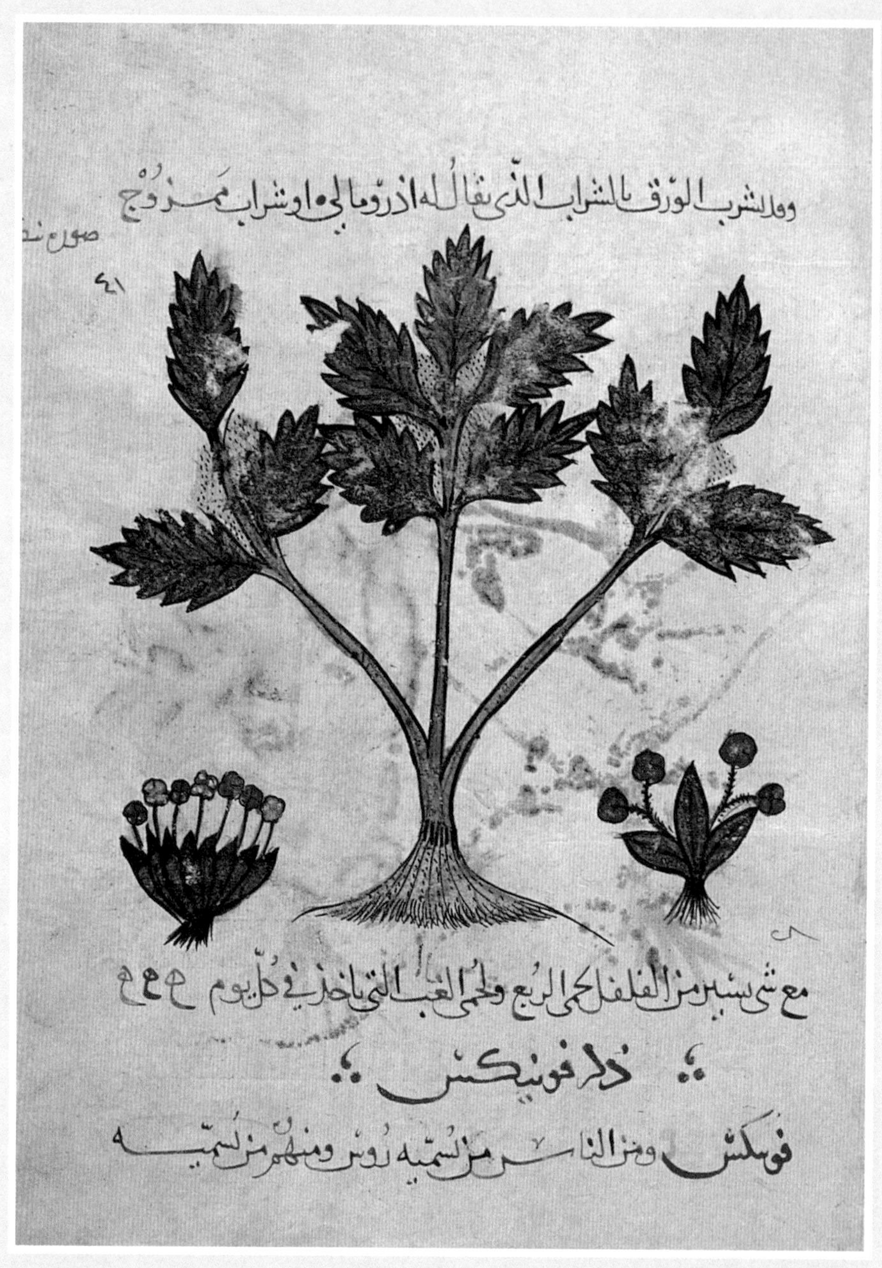

图 29 画面上的阿拉伯文植物名称用拉丁文拼出来是 *Bantafullun*，看样子有可能是匍匐委陵菜（学名 *Potentilla reptans*），摘自《巴格达手绘本》（1224）

而欧洲的植物学者过了多年后才开始这样做]。不过，对于狄奥斯科里迪斯写下的东西，阿拉伯学者们批评归批评，纠正归纠正，增添归增添，却一直不离不弃，始终不曾完全凭着自己的智慧与体验，形成全新的研究成果。原因何在？这是我坐在剑桥大学图书馆那安静得可以听到自己心跳的珍本阅览室里，面对一部精美的、估计形成于16世纪的阿拉伯手稿[9]时思考的问题。这份手稿里有不少植物图片，1682年被从士麦那（Smyrna）① 弄到了英格兰，如今是这座图书馆的一本装订整齐的厚厚书册，包着沉甸甸的深色压花革面。我很想使劲闻闻这些羊皮纸，好领受一下它们所经历的沧桑（但我不敢这样做——一位图书馆工作人员正从高台上威严地盯着下面的读者呢）。当初是谁绘制了这部手稿呢？都是什么样的人曾拥有它呢？它又辗转到过哪些地方呢？这部手稿共有372张羊皮纸，每一张上都画着一株植物：长生草、蒿草、春黄菊、琉璃繁缕、多种美丽的伞形科植物、接骨木、老鹳草、蔓菁等等。一株画得相当精美的起绒草显示着生着小绒刺的茎干和一组弯弯翘起托着花葶的针叶，整株草是暗绿色的，重点部位涂为赭黄色。此外还有间荆、鸢尾、圣母百合、仙客来、大戟，还有结出很有特色的长种荚的白屈菜。手稿的最后还有一幅图，画的是一个似乎为海神的形象，坐在大海里，周围有鱼儿游来游去，膝上还盘着一条蛇，不过看样子似乎很不舒服。“海神”头上伸出一丛分成两杈的珊瑚——不过是不是珊瑚不大好说。

这部手稿的部分羊皮纸在背面处写有阿拉伯文字，不过并不很多。它基本上是一部画册。在每一页的右上角都写着一些名字，对应着下方的植物。剑桥大学图书馆1900年编纂的《穆斯林手抄本简明目录》上有说明，告诉读者这些文字有希伯来文、希腊文、阿拉伯文，还可能部分地夹杂着土耳其文。嗣后的研究认为，希伯来文写于16世纪，出自塞法迪犹太人② 之手。手稿上虽然没有明言，但无疑曾一度为意大利人所有，因此添上了他们所指称的植物俗名。看着手稿上被蠹虫吃出的弯曲盘折的虫道，不禁想起了基督降临前的一口大坑，坑里埋的是泰奥弗拉斯托斯

① 地处安纳托利亚半岛最西端，最早作为古希腊的一部分兴盛发达，后屡经不同势力的争夺，现属土耳其，并更名为伊兹密尔（İzmir），在正文中所述时期为奥斯曼帝国的领土。——译注

② 犹太人的一支，属犹太教正统派。他们长期生活在伊比利亚半岛地区，包括语言在内的生活习惯与其他分支颇有不同。——译注

的开山之作——险些便荡然无存的典籍。我在剑桥大学所读的这部手稿，看起来很眼熟，因为它们是从《尤利亚娜公主手绘本》抄来的。看看这幅蒿草吧。在原来那本希腊文绘本上，那一簇簇红色浆果画得何等匀称优美，到了这里却挤成了一堆，叶子也不复生气勃勃。再看看这部剑桥手稿上的夏枯草吧，它的叶片的扭曲处画得很生硬，茎秆末端处的花顶也处理得缺少均衡感。狄奥斯科里迪斯初次提及蒿草是在《药物论》的第二卷。五百年后，他的著述成了《尤利亚娜公主手绘本》的主要取材来源。我正在翻看的这部手稿，是又过了一千年后的产物。我真有些弄不明白，为什么过了这么长时间，人们仍然盯着 6 世纪时绘出的图画不放，还是苦苦将图画与实物对号，甚至还在代表着同一植物的不同名称中间打转呢？这些聪明的阿拉伯人为什么不曾给研究工作谱写出新的篇章来呢？为什么不将希腊人的东西放到一边，创造出自己的著述，更密切地针对自己这里植物世界的构成及其性质呢？莫非他们在回顾先前对狄奥斯科里迪斯的著述所进行的渐进式的不断修补时，已经觉得很满足了？莫非出于对医学的极大关注，导致他们满足于认定只需将狄奥斯科里迪斯提到的本草一一认准，从而取得更好的医学实施效果便足够了呢？总之，从阿拉伯人的著述中，根本看不出他们怀有泰奥弗拉斯托斯所持的旨趣。种种植物之间存在什么关联？类似之处是哪些？不同之处又是什么？打开植物世界的大门的钥匙究竟在哪里？研究植物，不就应当让它们一一显现出真实的全貌，而不只是出于纯医药目的而一个个单独选来放到草药书和植物图谱上的约略图形吗？种种植物难道不应当被纳入一个巨大的、美丽的、有序的、只按照内禀逻辑安排的体系吗？不过，即便是再出色的头脑，也只能沿着从已知到未知的方向前进。泰奥弗拉斯托斯曾问过上述这些问题，而答案也只有通过掌握更多的，而且是很多很多的有关植物本身的事实得到。而最大的困难仍存在于摸索出这个系统来。对此，狄奥斯科里迪斯并没能提供什么帮助。他主要的兴趣聚焦在植物是否有医药功效上，而不是植物本身。这使他仍然将植物捆绑在医药名单上，并不曾从更宽广的角度进行考察。

与欧洲陷入的停滞局面相对照的是，阿拉伯帝国的西部地区从 10 世纪到 13 世纪智力活动的极大兴旺，这实在是一个奇迹。在此期间，欧洲的基督教并不曾起到解放思想的作用。早期基督教神学家圣奥古斯丁（St Augustine，354—430）曾教化信徒们说，知识——所有的科学学科自然也包括其中——是上帝的意念在人类智力中的反响。这便造成了一种被动的心态。什么启迪，什么澄清，都只能或者来自神明的直接点化，或者通过教会的传递。至于自然世界，用英国近代专攻神学的学者查尔斯·雷文（Charles Raven，1885—1964）的话来说，无非只是“一只空空的容器”[10]，一片要由教会用其观念填塞的真空。在这样的心态下，个人的观察和实验是得不到培养与鼓励的。在中世纪的欧洲，与自然世界打交道的目的，与其说是为了吸引真情，毋宁说是为了构想出种种迷信、象征和朕兆。当阿拉伯人将来自西方的知识全部吸收后，又将它们回馈给欧洲。通过阿拉伯人，欧洲的学者们又重新熟悉了本属于自己的文化之根。除此之外，他们还学到了不少其他的东西，而这些东西对他们后来看待周围的世界将产生深刻影响。

阿拉伯学界同化古希腊知识是个集腋成裘的过程。欧洲人接受阿拉伯人的成果也同样缓慢，而且往往是通过犹太人传递的。犹太人尊重学识，除了自己的母语希伯来文，还掌握希腊文和阿拉伯文，可以说早在“多元文化”这一术语出现前，他们便已经集多样文化为一体了。沙伯塞·多诺洛（Shabbethai Donnolo，913—982）就是这个民族的代表。这位犹太医生与医学作者出生于奥特朗托（Otranto），12 岁时全家被一伙撒拉森强徒劫掠至巴勒莫（Palermo）。等到这一家人被意大利的亲戚赎回来时，他已经从劫掠他的撒拉森人那里学来一口流利的阿拉伯语，还有了个阿拉伯名字萨巴泰·本·亚伯拉罕·本·约尔（Sabbatai ben Abraham ben Joel）。他在意大利的南部城市罗萨诺（Rossano）学医，学成后又留在那里开业，还写了一本《形成之书》（约 946），书中声称他本人钻研过“希腊、阿拉伯、巴比伦尼亚和印度的诸般学问”。为掌握新知识，他走遍了整个意大利，并一路传播阿拉伯人的知识。比他晚些时的迦太基医生康斯坦丁（Constantinus Africanus，约 1020—1087）也是如此。此人祖籍迦太基，是位穆斯林，会讲阿拉伯语。他早年在非洲生活过，故后人称他为非洲人康斯坦丁。他离开非洲后，又在印度和波斯生活了多年，并多处游历。1065 年前后，他经由西西里岛来到意大利西南沿海城市萨莱诺后，掌握了拉丁文和希腊文，随后便进入卡西诺山的圣本笃修道院，在那里把余生贡献给将希腊文和阿拉伯文的医学和植物学著述翻译成拉丁文的事业。他只是单枪匹马地干——大规模的翻译潮在一百年后才掀起，不过仍然引起了欧洲人对希腊前人和阿拉伯后人共同凝聚起来的知识的关注。

阿拉伯世界的知识之果，主要是靠像沙伯塞·多诺洛和康斯坦丁这样的人传播的。阿拉伯语实在难啃得很，即使是有多方面才能、学识渊博，著作涉及当时所知的各门类知识的罗杰·培根（Roger Bacon）都对付不了它，可此公曾没费多大气力，便自学掌握了希腊语和希伯来语。要想掌握阿拉伯语，唯一的方式就是进入讲这种语言的环境生活。有几位杰出的学者，如英格兰自然哲学家巴斯（Bath）人阿德拉德（Adelard，约 1080—1145）和意大利翻译家克雷莫纳人杰拉尔德，在准备翻译阿拉伯人的著述前，都在有众多摩尔人的西班牙生活过。当欧洲人开始从阿拉伯人那里汲取科学知识时，西班牙是个重要的接触点。自西班牙民族英雄、人称“大先生”（西班牙文为 El Cid）的罗德里戈·迪亚兹·德·维瓦尔（Rodrigo Díaz de Vivar）在 1085 年与莱昂王国（Kingdom of León）国王阿方索六世（Alphonso Ⅵ）联手行动，占领了被阿拉伯人统治了三百多年的托莱多（Toledo）后，这座城市就变成了东方与西方之间的重要联络站。这样的交流，第一轮发生在君士坦丁堡，第二轮在埃德萨，然后在贡德沙布尔，接下来则是巴格达……这一次次行动，使我联想到第二次世界大战期间的某个作战指挥部里巨大的世界地图上标出的一个又一个作战箭头来。中世纪欧洲的第一所医学院于 985 年在萨莱诺建成，创办人是四位医生，希腊人、犹太人、撒拉森人和萨莱诺本地人各一名。建成后，这所学院便成了学术活动的中心。作者本人固然不想将植物挂靠到医药领域，但没有这个领域，我也真就无从下手。在从狄奥斯科里迪斯所生活的 1 世纪直到中世纪的漫长时期里，大概找不到以不偏不倚的眼光看待植物的人。医药导致了偏向。就因为有些植物无法用以治病、吃喝和巫术，就没有人画它们、写它们。而这样的植物其实要多得多呢。狄奥斯科里迪斯一直被奉为通晓植物的先师，可在希腊大地上生长着的 4300 种野生植物中，被他提到的却只是不大的一部分。

意大利有一座卡西诺山，山上建有著名的圣本笃修道院。修道院里保存着若干最有名的有关希腊的植物与药物的典籍。距卡西诺山不远就是萨莱诺城，城里曾有一所医学院。这所医学院与这座修道院有着密切的关联。为什么这所医学院要将院址选在萨莱诺呢？这同 18 世纪时英格兰的温泉城市巴斯那里医生扎堆儿是同一个理由。萨莱诺地处那波里以南，是一座海滨城市，因此多有富人来此休闲。远在公元前 7 世纪时，希腊人便在从此地向南只 40 公里远的肥沃沿海平原上，建立起

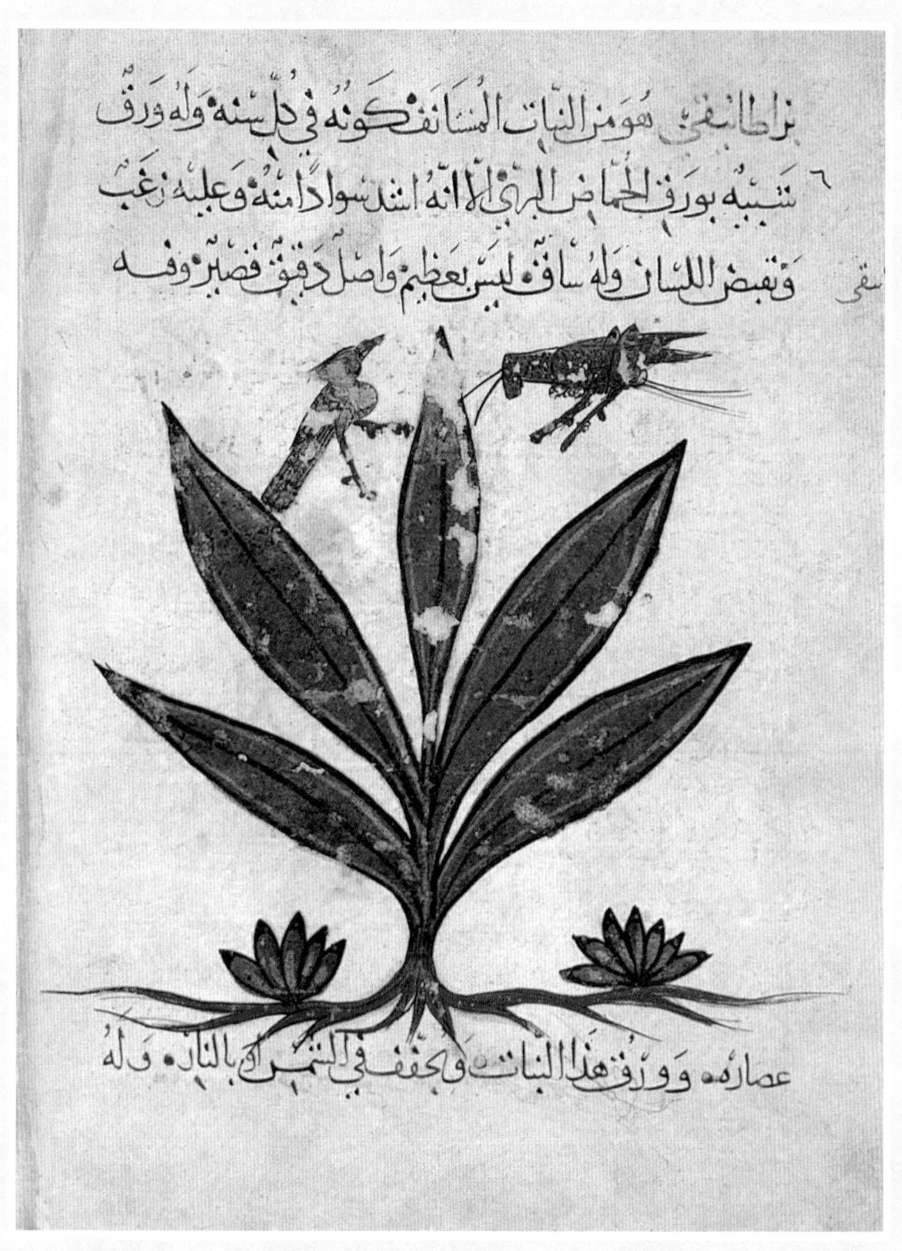

图 30 画面上的植物很可能是水生酸模（学名 *Rumex aquaticus*），叶片上停着一只鸟和一只蝗虫。画在根部的两苗“崽草”清楚地表明，此种植物具有这种繁衍方式

一座殖民城市波塞多尼亚（Poseidonia）。后来罗马人接管了这座繁荣的城市，并改名为帕埃斯图姆（Paestum）。因此萨莱诺既属于意大利，又保留着不少希腊传统。离萨莱诺不远就是西西里岛，该岛首府巴勒莫也曾建有一所医学院，比萨莱诺早一百年，是一度征服了该岛的撒拉森人兴办的。萨莱诺医学院建成后，便积累起很好的名声，被认为是中世纪时期最可信、最实用的医学资料中心。而这样的好名声，在很大程度上应归功于阿拉伯人和他们的学识。它比欧洲的所有其他学术机构都更早地汲取着阿拉伯世界的智慧。不过当 1224 年神圣罗马帝国皇帝腓特烈二世（Frederick Ⅱ，Holy Roman Emperor）在那波里建起大学后，萨莱诺医学院的精华便被吸引走一大部分，再后来竟成了一所野鸡学校，最后于 1811 年被拿破仑（Napoléon Bonaparte）下令关闭。

第八章

冲出黑洞

（1100—1300）

欧洲人阿德拉德提出了一个超前于时代的观点，就是强调对任何自然现象，都应努力在自然界中找出原因，而不要急于挂靠到鬼神上。他在12世纪30年代写了一本书，名为《探天察地》。书中的前六章都涉及与植物有关的理论性问题。他是继泰奥弗拉斯托斯之后第一个这样做的人，而且也像泰奥弗拉斯托斯一样，是一位有很强哲学根底的人物。他得到了英格兰国王亨利一世（Henry Ⅰ）的支持，在法国的沙特尔（Chartres）读书，然后先后去叙利亚、希腊和西西里等地结识阿拉伯学者，钻研阿拉伯人的学术成就，嗣后便在业已成为西班牙最繁荣、技术最先进的托莱多定居。他重新提出了研究植物的指导方针，那就是研究的应当是植物本身而非其中可能含有的药性。

托莱多和萨莱诺都是东西兼备、半东半西的所在。在这里，由阿拉伯人形成的本草图谱中的图幅，便得到了挣脱阿拉伯传统文化对图像大加限制的机会。保存在苏莱曼清真寺的那部1224年的《巴格达手绘本》[1]，虽然年代比《尤利亚娜公主手绘本》晚了七百多年，但里面的植物图幅若不参照文字部分，却没有几张是能够辨识出来的。画在《尤利亚娜公主手绘本》上的一株弯扭盘曲、结出油亮深色浆果的植物，无疑看得出是一株刺莓（参看图22）。可到了1224年的这本书上，却被搞成了难以名状的古怪东西，最下面是一疙瘩鳞茎，又从里面抽出一长条有如狼尾巴的毛蓬蓬的玩意儿（参看图31）。[2]另一幅植物注明了是酸浆果，[3]但要是只看画出的果萼——鼓胀胀的，颜色浅黄，圆球上带个尖头有如尿脬，那恐怕是说成什么植物都无可无不可呢。而在《尤利亚娜公主手绘本》上，果荚那特有的火焰般的明亮橙红色，以及准确给出的上面球形、下面收成一个小尖的形状，都是这种植物的真实样子（参看图 18）。《巴格达手绘本》上没有一幅图画能够给出明晰的、可以一眼辨识出的植物来。不过就局部而言，倒还准确地表现出了球根和普通根的不同。该手绘本上画出的野剑兰（参看图 32）也还明白无误地表现出地上部分是从球茎中抽出的，然而无论叶片还是花朵都没有这种植物的模样。倒是一些附加的内容给这些图幅带来了价值。比如盘在叶片上的蛇（可能表示此植物的叶子有解蛇毒的功能），还有片号为 3v 的图上挨着水生酸模——单看画面可是判断不出来——的鸟儿和看似蝎子的虫子,以及狗牙根草后面的一汪蓝色水波和背景上的连绵山脉。不过就是作为陪衬画出的内容，多数也难以明辨。就以虞美人为例。植物本身便画得不三不四，又被画在了水边，而这是最不适合它们生长的地方。就连着色也无法与《尤利亚娜公主手绘本》比肩：叶子总是灰绿的，树干和根部都无一例外地涂成棕色，花朵通常抹以粉色，偶尔也弄成黄色的。倒是鸟儿的颜色相对漂亮些，时不时地会披上翠蓝色的羽毛。

《萨莱诺手绘本》与《巴格达手绘本》差不多同时问世。在这本图谱的文字部分中，包括一篇全文抄录的《便捷药物》，作者是意大利医生马特豪乌斯・普拉提厄里乌斯（Matthaeus Platearius），写于 1150 年前后。他的这本书的正文也是以这四个字开头的，书中介绍了 273 种药物，其中 229 种来自植物。这本《萨莱诺手绘本》是一大类被称作“草药书”的著述中流传下来的最早一部。此类书多形成于 1280—1300 年，书中反映出的实用目的由来已久。不过图幅部分倒反映出一种新趋势，就是走向了写实（可参看反映出这一趋势的图 33）。[4] 翻看一下这部《萨莱诺手绘本》便可以看出，真实的番红花的确就像书上所画的那样，从肥大的鳞茎中挺然钻出，细窄的叶片、瓶状的花朵和高耸的雄蕊，图上都画得相当准确。真实的金盏花也正是画册中的这样，花朵在上，叶子在下；花朵由密集的诸多花瓣组成，叶子又大又厚实的样子。真实的仙客来也确实有图上给出的毽子形状的花形。画着野生象脚草的插图，植株伸延得包住了说明文字，而实物也的确生有攀缘能力很强的茎和典型的心形叶片。因种荚形状特殊而得到三角荷包这一俗名的荠菜，还有因其香气在南欧地区到处得到栽种的素方花的羽状复叶和花梗长长的白色花朵，也都

图 31　一株大大失准的刺莓（学名 *Rubus fruticosus*）。摘自《巴格达手绘本》（1224），它的根部被表现为一团鳞茎，从里面抽出一根有如狼尾巴的长条

图 32　一株被冠以野剑兰（学名 *Gladiolus segetum*）名目的球茎植物。摘自 1224 年的《巴格达手绘本》

在这一抄本中得到了准确描绘（参看图 34 右部的素方花）。蚊子草那生有膨起瘤块的根系，小茴香那生在细密如针的叶簇上方的花盘，针叶比小茴香来得还细的黑种草，其针簇、肥大的种荚和漂亮的五瓣蓝色花朵几乎占满了整张羊皮纸，也都得到了值得称道的表现。我们如今看到的黑种草，花朵通常都是半重瓣的。而这本书上给出的（68v）是这种植物最早的野生品种，不是后来形成的变种。植物发生着重大改变,画家的画风也发生着重大改变。改变是勇敢者的行动,有改变才有新篇章。

用现今的眼光评价,这部《萨莱诺手绘本》上的图画还不能说是自然形态的写照。它们都是扁扁的、二维的，一如压平后夹在书中的模样，不过已经不再是按某种模式刻意套成的结果了。它们在向大自然真实创造看齐的方向努力。这一天总算来到了！终于来到了！当真来到了！这本书形成于南部意大利并非偶然。当时，诺曼人对意大利南部的统治刚开始不久，阿拉伯人的治学精神依然浓厚，被神圣罗马帝国皇帝腓特烈二世在那波里新建的大学吸引来的原萨莱诺医学院的医生们需要合用的教科书。这位统治者在 1231 年主持制定的《梅尔菲宪章》是一部新的法典。其中对药店主、药剂师和他们制售的药品做出了更严格的规定。从该宪章生效的日子起，有资格开业的药剂师，总数被限定在一定的上限；所有药物必须由两名药剂师一起制备，而且须在另外一名药业内行人士的监督下进行。医生们不得自行出售药物，并应检举有非法行为的药剂师。不过采药人心里有数，知道药剂师所需要的原料还是得靠他们这帮人弄来，而能够辨识出作为原料的药材是真是伪、孰优孰劣的药剂师为数不多，遂导致无德行采药人欺瞒坑骗的行为依然难以消除。《萨莱诺手绘本》可能就是顺应腓特烈二世新立法的产物，特别写进了如何分辨真货与赝品的文字。

不过使《萨莱诺手绘本》成为光芒四射的灯塔的，并不是文字而是图画。20 世纪的奥地利艺术史专家奥托·派赫特（Otto Pächt，1902—1988）认为此手绘本中的图幅——

> 开始了尽可能师法自然，据以对植物图像予以修正的过程。这便意味着首先会充分利用本地的植物区系……画家在他们的工作中表现出一种重要的新精神，以及亲身探索视觉世界以有所发现的新勇气。……这些图幅还不能说是给出了逼真的形象；它们并非百分之百地建立在对现实存在的独立研究上，只应

当说是仔细比较的结果——比较的是被立为样板的图画（古典的）和源自实物的样板。[5]

这些图画都是水彩画，共画有406株植物。图形固然被简化了，不过还是充分表现出了花朵与种子的特点，以及它们在茎干上的生长方式。叶子的总体形态更是表达得特别清楚，如接骨木的羽状复叶、羽扇豆的掌状复叶等。而此绘本作者最突出的贡献，或许是清楚地给出了植物各个部分的相互关系，这无疑对面对着同名和相似名称的乱摊子犯难的人们很有帮助。画家给出了活的植物，它们的特点得到了表达，每一页上都有漂亮的、不拘形式的表现方式，植物之间相互掩映，文字则穿插其间。只是植物的棱角和凹凸都不甚分明，因此没能像《尤利亚娜公主手绘本》那样鲜活。《萨莱诺手绘本》是动的，《尤利亚娜公主手绘本》是生动的。

充斥在欧洲药草本册中的魔法气息和迷信色彩，在《萨莱诺手绘本》中并不多（源自阿拉伯的部分除外）。即便是茄参的根，也没有画成木偶的样子，还是像一株植物（第61片）。早于此手绘本的草药书在提到这种植物时，都一直说它出土时人是不能沾碰的，因此要用绳子拴在狗身上，由这可怜的动物拉出来。新的草药书和植物图谱要得到人们的信赖，当前有两种选择："或是回归，采用尚未被搞得乌烟瘴气时的古典植物图谱中的图画，或是师法自然。"[6]至于《萨莱诺手绘本》究竟走的是哪一条路，尽可留给艺术学史专家们去讨论。反正在我看来，结果都是一样的，那就是出现了进步。

虽说阿拉伯人对植物的兴趣在12世纪和13世纪达到了以往不曾有过的高度，但流传下来的资料表明，他们的植物图画并不是师法自然的产物。伊斯兰教教义是反对图示的①。正因为如此，那本《巴格达手绘本》才会将作为辅助文字说明的图像弄得几乎风马牛不相及。也正因为如此，被埃及阿尤布王朝的喀米尔苏丹（Al-Kamil）封为御用草药师的生物学家伊本·巴伊塔尔（Ibn al-Baytar）虽曾在大马士革一带亲自采集过本草，肯定知道他看到的那些本草图谱上的图画与他本人所见的

① 记录伊斯兰教创始人穆罕默德言行的《穆罕默德言行录》（又称《圣训》，是伊斯兰教徒认为与《古兰经》并重的指南）中有这样一句话："若画有生命之像，真主会让你为画像注入生命以示惩罚，而画家绝对给它注入不了生命。"——译注

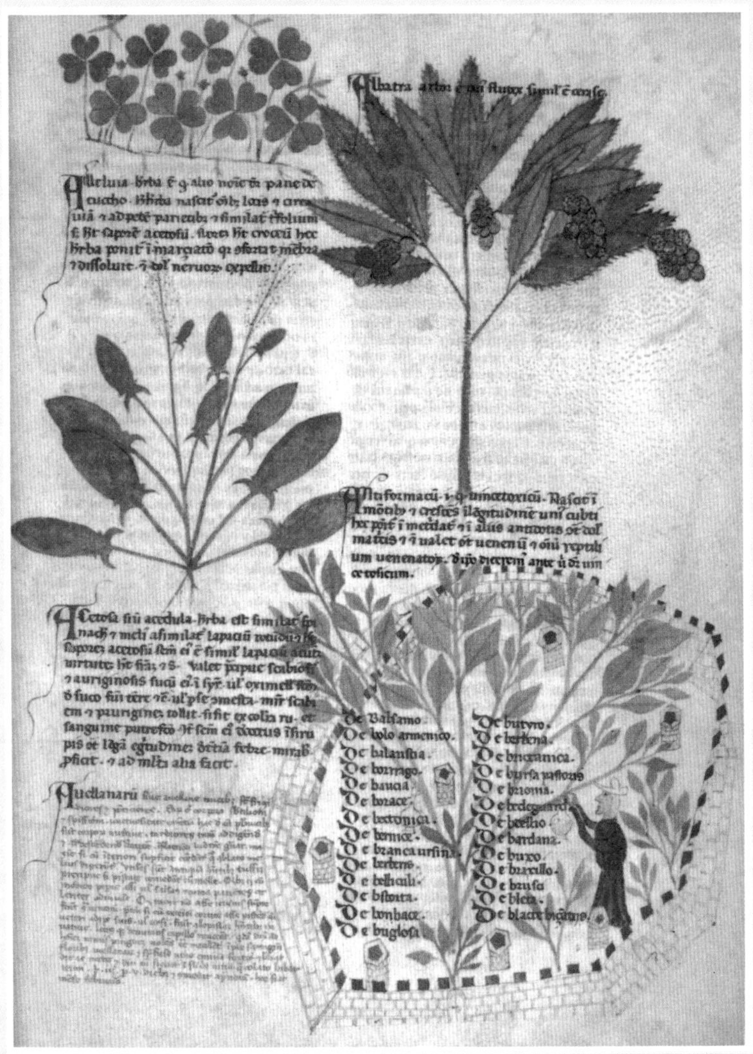

图33 叶形很有特点的白花酢浆草（学名 *Oxalis acetosella*，左上）和遏蓝菜（学名 *Rumex acetosa*，左中），以及结出红色鲜艳果实的草莓树[①]（学名 *Arbutus unedo*，右上）和估计应为大叶钻天杨（学名 *Populus balsamifera*，右下）的乔木。摘自约1280年问世的《萨莱诺手绘本》

---

① 一类常绿灌木或乔木，原产地中海一带，结红色浆果，形状有些像草莓，但果实表皮粗糙，虽也可食用，但口感并不好，而且与草莓味道大不相同。——译注

图34 图上所画的两株形态优美的植物，据判断应当是欧当归（学名 *Levisticum officinale*，图左）和素方花（学名 *Jasminum officinale*，图右）。摘自约1280年问世的《萨莱诺手绘本》

实物对不上号，但画风还是依然故我。不过这位喀米尔苏丹与神圣罗马帝国皇帝腓特烈二世有密切的外交往来，而在后者当政期间，罗马帝国一度兴起过问考之风，这与阿拉伯人主动精神的影响是不无关系的。在阿拉伯文明的影响下，欧洲出现的发明和革新给农业、医学和药学带来了改变，学界也开始转向以理性代替沿袭的作风。转变带来了药草书册上文字内容的新的表述方式。《萨莱诺手绘本》的出现，也标志着图像开始能够得到辨识了。是什么人带头促成了这样的转变呢？是某位有钱亦有识的科学保护人在本人的私人藏书中付诸实施并不时地向学界介绍？是某大学或者医学院的头面人物，一心要将医药学的课程拔离水波不兴的泥潭？不管是什么人挑的这个头，相信此人是相信腓特烈二世的一句颇具权威的名言的，即“要得到真理，只能靠理性的推知和自然的证明”。

考虑到当时欧洲的背景，《萨莱诺手绘本》能够问世，委实特别令人惊讶。就在阿拉伯人在学术上取得进步的同时，欧洲的学界却越来越与真实脱钩。圣奥古斯丁在他撰写的《上帝之城》[①]一书中，宣称人类厕身其间的所在是绝对朽败的和毫无价值的。主导中世纪欧洲的教义，认为世界——芸芸众生所存在的这个场所，其实只是作为另外一个更高世界的表征和工具存在着。对自然世界固然可以研究，可以诠释，但目的并非为了了解这个当今的存在，而只是为了更好地理解将在以后降临的美妙新世界。有鉴于此，本作者既并无意于从 13 世纪英格兰某修道院院长亚历山大・内柯罕（Alexander Neckham，1157—1217）的大部头著述《论事物之本性》中搜寻解悟，也不打算从法国的道明会修士、博韦修道院的樊尚（Vincent de Beauvais，约 1190—1264）编纂的《大宝鉴》里淘筛真知。甚至再往后，都到了莎士比亚（William Shakespeare）的时代，方济各会的苦修士巴托洛梅乌斯・英格利科斯（Bartholomeus Anglicus）约写于 1260 年前后的皇皇巨著《物性论》，仍旧被奉为博物学的权威著述。他的这套共 19 卷的百科全书式的厚本本，真的也同内柯罕的著述差不多，它的大部分内容都是谈上帝和天使的，只是到了最后几卷才蜻蜓点水地提到些自然界中的真实存在，而且也是以实用为主的，如姜、葡萄、桑树和糖等。书中对糖是这样说的：“埃及有一条泥洛（尼罗）河，从河附近的湖边与池

① 有中译本多种。——译注

塘边的某些粗秆草和苇草，可以榨得一种叫作甜秆汁的浆液。像熬盐那样焙烧（煮干）这种水，得到的便是糖。”[7]

正是因为受到世界是短暂的、脆弱的、可能毁坏的这种观念的影响，中世纪的欧洲人缺乏认真切实地研究自然界种种奥秘的动力。再加上又有恶劣的具体坏榜样为虎作伥，更是使欧洲的学者们没能沿着从阿拉伯人那里回传过来的狄奥斯科里迪斯的讲求实用的研究方向前进，结果便在中世纪的泥沼里越陷越深了。这个坏榜样便是一本名叫《柏拉图信徒阿里普列尤斯植物图谱》的著述。该书中充斥着巫术、迷信，以及在盎格鲁－撒克逊人中广泛流传的种种荒诞不经的东西——生病是被小鬼的箭射中啦，治病疗伤的本草计有九种啦，无形毒气飞天伤人啦（“要避免为无形毒气所伤，需用橡木剑向四方猛劈四记，然后在剑上涂上鲜血后扔掉，再念诵三遍咒语……”），等等。[8]

现存最古老的《柏拉图信徒阿里普列尤斯植物图谱》上给出的时间是6世纪下半叶，估计实际上可能写于400年前后，所用语言为拉丁文。[9]虽然这样早，但是书中仍写进了许多以当时便已失传多年的语言——古迦太基文和达契亚文——书写的同义词语。直录诸多无法理解的文字，照搬某些无法辨识的植物图幅，本就是了无用处的行为，却竟然流传了多年。到了9世纪时，此书又被意大利北部小镇博比奥（Bobbio）的一处同名修道院的某个还算明白的修士加工了一番，方式是将所有他不认识的植物一律删除，再将自己知道的“本草”添加进去。这本仍叫《柏拉图信徒阿里普列尤斯植物图谱》的读物，从图幅可以判知并非源自《尤利亚娜公主手绘本》（参看图35），文字方面则这里一段老普林尼，那里一节狄奥斯科里迪斯，拼凑得倒是颇适合实用精神不及阿拉伯人的一应读者的头脑，而且特别像是专门介绍药水苏的专著。药水苏是中世纪时最重要的万能药。《柏拉图信徒阿里普列尤斯植物图谱》在总纲部分便特别介绍它可以医治眼疾、耳病、牙疼，还可用于解酒、治蛇咬和狂犬病——

> 此物名药水苏，长在洁净山坡上草地的多荫处。人若服之，对身体和心智都大有裨益。既可挡拦夜里前来作祟的精怪，还可防阻噩梦和幻觉。如欲得此有多种效用的草药，应在8月时采集。挖掘时不得沾铁（使用铁器）；掘出后

图 35 天晓得此图所画之物是否为某种蒿草。摘自用盎格鲁－撒克逊古英语写成的《柏拉图信徒阿里普列尤斯植物图谱》，约形成于 1050 年

> 须连掘器一起抖摇直至将土去净，然后置于阴凉处风干，待到干至根部彻底细碎后，便可在需要时服用。如果头部跌破，就取两打兰重的药水苏碾成细末，用热啤酒送服，头伤便会很快痊愈。[10]

《柏拉图信徒阿里普列尤斯植物图谱》一书中对药水苏的描述（与其说是描述，毋宁说是使用说明，因为根本就没写进任何有助于辨识植物的内容），摘引自科顿图书馆①的一本检索号为“Vitellius C Ⅲ”②的手抄本。此书是一部形成于1000—1066年盎格鲁－撒克逊的古英语译本，书中以神秘的口吻说了茄参“功用多复强”的一大堆烂话，就是不足为奇的了。缮写这本图谱的盎格鲁－撒克逊人是这样写的——

> 采掘方法应当如是：要将它真正弄到，就先得知道一些事项。它会在夜里发光，就像是一盏灯。知道这一点就能找到它。一旦看到，就得马上用铁器在它的根上露出头的地方划一划，不然它就会飞掉。此物本领强大，品性高洁，倘靠近者为不洁之徒，它便会立即躲开。正如前面已经交代过的，在动手挖之前先要用铁器划一划，但不得用铁器刨挖，要用长兽齿或者象牙棒。一旦挖到能看到它的手和足时，就得用绳系住它，再将绳的另一端系到狗的脖子上，而狗还得是饿着肚子的狗。接下来就是将肉放在狗的面前它够不到的地方。这样一来，狗就会将茄参连根带梢扯出来。据说这种草法力高强，无论谁用什么法子将它弄出来，如果不处理，很快就会遭到同样方式的对待。所以它刚一被扯出来，就得赶快握在手里绞拧，并用细颈玻璃瓶装盛从叶子里挤出的汁液。[11]

还有人说，这种植物当根部被拉出土时，还会发出尖叫。对中世纪学者们的这种迷

① 英国著名的私人图书馆，16世纪时由英格兰贵族罗伯特·布鲁斯·科顿（Robert Bruce Cotton）男爵创建，现为大英图书馆的一部分。——译注

② 按照该图书馆创建人科顿男爵的设计，所有图书的位置按三个参数摆放，这三个参数分别为一个人名、一个拉丁字母和一个罗马数字，人名指代特定的书架，拉丁字母表示从书架顶部数起的层数序数，罗马数字则为从左边起的摆放排位。——译注

图 36 画有白蒿（学名 *Artemisia vulgaris*）的图片。摘自一本 1050 年前后的盎格鲁－撒克逊人的植物图谱。当初绘此图所用的颜料已腐蚀部分羊皮纸，以致图片消损破烂

信，我还是别再探究了吧。正如我在从斜立的梯子下面钻过时，会将中指压住食指；或者如在看到喜鹊从我面前的篱笆上飞过时，会嘟囔一句套话或做个致意的动作的意思是一样的。据我揣测，也许有人会认为，在又经历了一千年的研究和发现之后的今天，我本应当更有逻辑，更懂道理，更可理喻，但居然还有此类表现，实在还不如古人呢。我懂得，我明白。不过不怕一万，就怕万一嘛，或许当年那位抄写这段文字的人也是出于同一心理呢。还是按老规矩行事的好，宁可信其有，不可信其无嘛。虽然不妨这样自我开脱，但面对这些中世纪抄本所表现出的盲目性，我还是感到不舒畅。一页页翻动着大英图书馆的这本检索号为“Vitellius C Ⅲ”的手抄本，[12] 读着书中郑重其事地记录下的文字，在盎格鲁－撒克逊时代的植物间穿越，我注意到了一件事，就是当年画图的某种苛性颜料，竟将羊皮纸的一些地方完全腐蚀光了（参看图 36）。公元前 6 世纪时爱奥尼亚地区的希腊人能认定世界是个存在理性、有规律可循的所在，可抄写这本书的后人却认识不到这一点。英国近代科技及医学史专家查尔斯·辛格（Charles Singer，1876—1960）指出，中世纪学者的头脑里“被迷信堵得油盐不进，又被希望骗得耳聋目瞽”。[13] 在欧洲，知识走上了怪异和腐败的道路，结果是古人的科学坦途陷进了巫术的流沙泥沼、《浪迹人》[①]的玄秘存在和《杜厄》[②]中的不可知体系。但并不是人人如此。1080 年，也就是英国有了《柏拉图信徒阿里普列尤斯植物图谱》一书的同一时期，巴约挂毯问世了。在其上面织就的大量事物表明，认真观察揭示事实的人仍然是存在的。比此挂毯晚将近一百年建成的英格兰诺丁汉郡（Nottinghamshire）的绍斯韦尔大教堂，以其在石材上雕出的种种植物的美妙果实、叶簇和花朵，也证明着自然世界的美丽并不是无人理会的。从欧洲大陆来到英格兰的新统治者、人称“征服者威廉”的威廉一世

① 《浪迹人》，英国一首流传很广的诗歌，形成于 10 世纪，作者不详，叙述了一位流浪者对以往和时下生活经历的思考。——译注

② 《杜厄》，英国 10 世纪的一首长诗，诗中的主人公杜厄在面对种种困境时，不是想办法化解，而是以“凡事无永恒，咬牙且熬过”的态度安常处顺。——译注

（William I of England）于 1085 年下强令形成的重要文书《末日审判书》[①]，也标志着人类社会毕竟有能力组织起大量的有用信息并综合成一个整体。不过在一本于盎格鲁－撒克逊时代问世的草药书中，还兀自正经八百地向人们推荐外出旅行时应当带上白蒿——也有人称之为北艾——这种植物，理由是这样的——

> 出门带上这种蒿草，拿在手里也行，放在身上也行，旅途中的舟车劳顿便会大大减轻，也不会晕车晕船。放在屋里还可辟邪除祟。

按此书所说，如果弄到小蔓长春花，好处也多着哩——

> 这种草……有许多用处。比方说，能治恶心，避虫蛇，驱猛兽，解毒药，遏制嫉妒、恐怖等种种情绪，还能带来宽厚的气度。有了这种东西，定会百事顺遂、广结善缘。

倘若书中所指的是罕见的或者昂贵的草木，这样吹嘘它们的功用或许还有人相信。可白蒿却只是一种多年生的无用野草，英国这里的田边地头和荒地上随处可见。园艺工人也都晓得，小蔓长春花是一种很能抢占地盘的爬蔓植物，只要有一条匍匐茎接触到土壤，就能够生根蔓延。因此要想检验《柏拉图信徒阿里普列尤斯植物图谱》所言是否虚妄，其实并不难办到。不过要这样做，还是得先弄准手边要查验的植物是否的确就是这本书上所提到的东西。形成于盎格鲁－撒克逊时代的《柏拉图信徒阿里普列尤斯植物图谱》抄本，上面没有给出对植物性状的描述，不过在不少地方提供了生长环境的信息。比如对白蒿，书上便提到它通常会生长在“多沙或多石之处”。如果图幅是可靠的，缺少文字描述倒不会有问题，只不过情况并非如是。这个抄本上所画的白蒿，叶子的颜色有绿、蓝二色，的确与有绿和灰绿二色的真实白蒿接近，

① 在欧洲大陆的诺曼人征服英格兰建立起诺曼王朝后，1086 年其第一任国王“征服者威廉”命令进行一次大规模的社会调查，《末日审判书》就是这次社会调查的记录。它类似于后来的人口普查，主要目的是清查英格兰各地人口和财产情况，以便征税。而它所用的援引自宗教教义的“世界末日”字样，是为了强调这本书的最终性和权威性，以更有效地震慑时下被外族统治的盎格鲁－撒克逊人。——译注

图 37 画面上是大大走样的喇叭水仙（学名 *Narcissus pseudonarcissus*），还有神情抑郁的半人马，手中擎着一株矢车菊。摘自 1200 年前后的一部手抄本

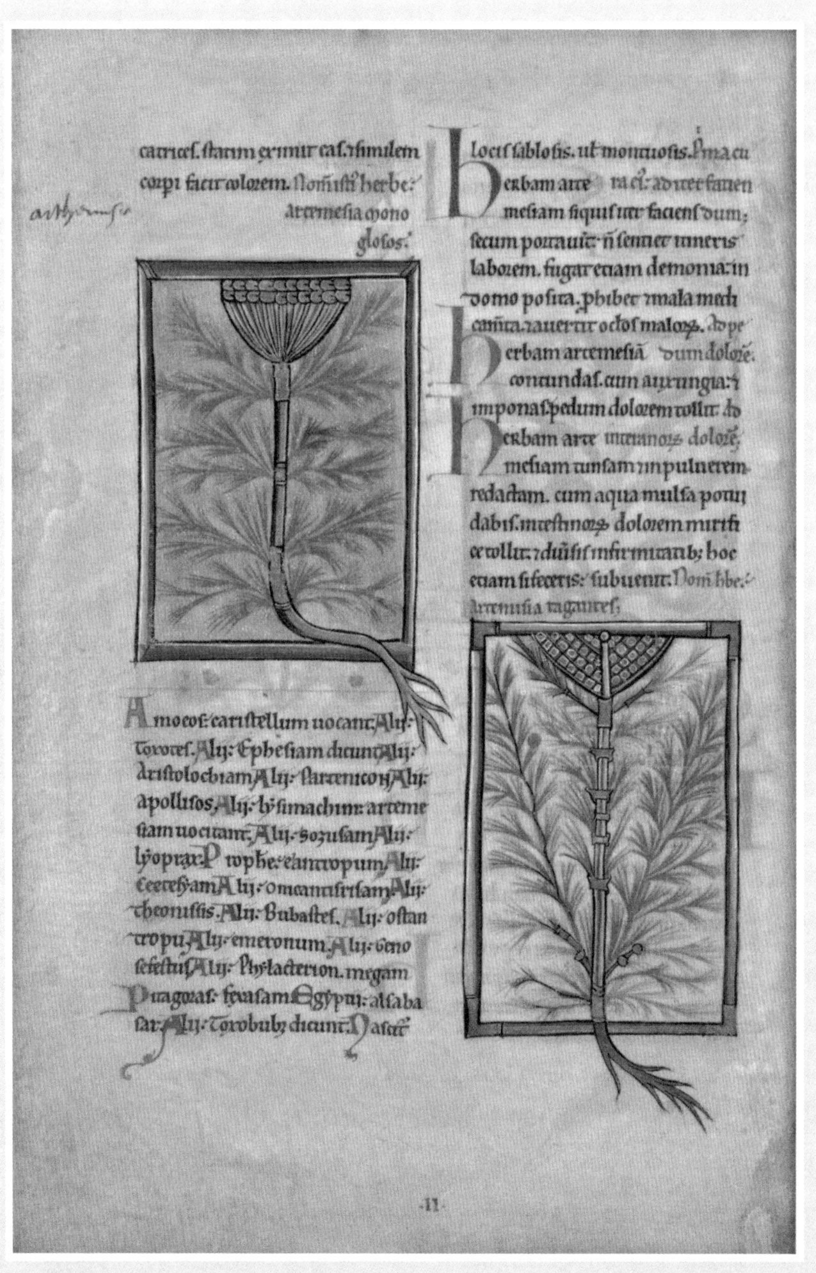

图 38 《柏拉图信徒阿里普列尤斯植物图谱》中的两种蒿草，都表现得高度模式化。刊有此图的版本于 1200 年前后在诺曼人统治时期的英格兰问世

不过书上所画的天仙子也是这样的，其他不少植物也是如此。再就是画面上的白蒿，叶簇的整体形状是一枝枝分立排开的，叶片上生有很大的分叉，这些也大体符合实际情况。画家对蓝色的处理（涂在主茎右半部叶片向下的一面和左半部的向上的一面，天仙子也有同样的着色方式）也可能是基于旨在表现出叶片上蒙有一层发白短毛的考虑。但在花的处理上，画家的做法可是太有误导的可能了。真实的白蒿花颜色十分暗淡，呈现出黄中带些浅灰的色调。可书中却被刻意画成了显眼的红色。[14]

若从植物学的角度衡量，诺曼人对英格兰的占领，倒是促成了盎格鲁－撒克逊人植物图谱水平的提高。书中的内容安排得比先前有条理，画风也表现得更为大胆。画上的植物都以深褐色或者黑色勾边，这样就不容易与文字部分相混淆。文字部分也有变化，加上了一些有花饰的大号字母（参看图 37）。[15] 只是此类变化，虽然使外观有所改进，但于植物知识本身并无增益，而知识才是这些书存在的核心理由。图画弄得越是花团锦簇，与所要代表的植物的关系便越浅。就以蒿草为例。在一部形成于 13 世纪初的《柏拉图信徒阿里普列尤斯植物图谱》抄本上，[16] 它们便被画得有如胸针上的图案，漂亮然而扁平，还生出些金银二色的叶子（参看图 38）。它们的根还颇为闲适地伸到画框之外，花冠也模式化了，表现为几何学上的三角形；茎上的分杈处也套上了有如箍圈儿的东西。

正当诺曼人此种劳而无功的作风行将在英格兰的植物图谱中蔓延开来时，来自外部的因素改变了这一倾向。来自阿拉伯的春风吹进了英格兰。阿拉伯世界的影响深刻地反映到了医药领域中，进而改变了描述植物的文字与图画。盎格鲁－诺曼画家的作品画风精细，然而装饰性强、表现得有如雾里看花的并不实用的图像，被《萨莱诺手绘本》那样的生动图画所取代。在我看来，到了这个阶段，知识和研究方式在欧洲和近东之间传播的过程，就算是完成了一个大大的循环。先是希腊人的著述被翻译成阿拉伯文（通常靠着讲希伯来语的犹太人搭桥），如今则是阿拉伯人的书籍被翻译成拉丁文这一欧洲的通用语言回馈到欧洲。蒙古侵略者在摧毁中国和波斯的文明时，也一路狂扫着阿富汗、印度和俄罗斯。1258 年 2 月 10 日，成吉思汗的孙子旭烈兀率蒙古大军攻入巴格达。智慧堂被毁，阿拉伯学者苦心经营了多少代的丰富藏书被焚。好在阿拉伯人的知识已经进入欧洲并传播开来。书是又一次被烧掉了，但知识并没有消亡。

第九章

画师成为先行官

（1300—1500）

14 世纪的意大利诗人与作家弗朗切斯科·彼特拉克（Francesco Petrarch）曾写过这样的字句："在我的面前与身后各有一个意大利：一个来自于前瞻，另一个源于回顾。"[1]他的身后是回顾的意大利：一个积淀着多少个世纪的迷信与教条，又被大瘟疫①刈去三分之一人丁的止步不前的所在；他的身前则是前瞻的意大利：曾一度兴旺的文明在文艺复兴中重放光华，重振当年希腊和罗马（特别是希腊）雄风的舞台。就彼特拉克这位有人文主义情怀的文人而论，他还特别希望将意大利的将来筑在过去的伟业之上，但不是一味怀旧地被动复古，而是在建立新意大利时，不要忘记体现出古典时期的光华。人文主义者们认为，人类的创造本领至关重要，而且可以通过得当的发挥使人类实现对自然世界的领悟。战争与政治曾切断过东方与西方的联系。中世纪的学界也曾受到过伊斯兰文化的激励和促进。但此时的彼特拉克所希望的是，靠着伊比利亚半岛上的阿拉贡（Aragon）和卡斯蒂利亚（Castile）两个王国的军事力量，遏制一下学界中聪明能干的摩尔人和犹太人。君士坦丁堡被奥斯曼帝国攻陷后，曾被威尼斯商人马可·波罗（Marco Polo，1254—1324）出色地讲述过的从欧洲走陆路通往中国的"丝绸之路"上，便断了往来商旅的踪迹。

东方有两项发明传到欧洲，给文化领域带来了巨大的变革；其一为过程，其二

① 指从 1346 年到 1351 年在欧、亚、非三洲肆虐的"黑死病"（鼠疫），意大利是重灾区，但具体死亡人数有不同说法。诗人彼特拉克便亲身经历了这一恐怖与绝望的时期。——译注

为物品。过程是指活字印刷术。不过如果没有植物纤维纸张这另一发明渐渐取代了中世纪时用来书写的羊皮纸，印刷术也只会是无米之炊。[2] 约翰内斯·古腾堡在15世纪中期印成《四十二行圣经》，即俗称“古腾堡圣经”的印刷本册，似乎表明文字比图像更利于传播。不过倘若没有值得阅读的东西，那么不管是用机器印在便宜的新型纸张上，还是用手抄到昂贵的老式羊皮纸上，总归都强不到哪里去。有了这两项新发明，信息自然能够实现更快和更广的传播，但在活字印刷术开始运作时，形势是既有术又有纸，却没有值得印刷的植物学知识。在有关植物的知识发生根本性变化前（而做到这一点，还须再等上一百年），古腾堡最初制成的“大笨兽”一直没能显示出其作为该领域中变革工具的威力来。一旦此种威力得到显示之日，便是变革到来时，而且是重要的、革命性的变革。不过造成这一变革的不是墨客而是画师。

这一场大变革始自弗朗切斯科·彼特拉克来到人世间之前不久，即在1280年前后，有某位佚名画家给一部草药书加添了图画，使之变成了一部图谱，而且是第一本活灵活现、看图识物的图谱（此书应当就是那本《萨莱诺手绘本》，现保存于大英图书馆，编号 MS Egerton 747）。这位艺术家摒弃了极度缺乏表现力的老旧套路，画出了真实的铁线蕨（那斜向伸出的茎秆，表现得十分洒脱）、结着饱满豆荚的蚕豆、看叶片上的斑点便可判知名目的斑叶肺草等等。这位画家甚至还试着画上了一头大象——不过却更像是一口猪，只是有个长鼻子而已。现在看来，这些画可比描述这些植物的所有文字都重要得多（参看图33、图34）。在14世纪30年代，一位对医药颇有研究的意大利作家曼弗雷都斯（Manfredus de Monte Imperiale），又搞出了一种新版的草药图谱。[3] 从某些方面衡量，这本图谱可以说更为出色。该书中的图幅是从前人的抄本中转录的，但特别注意了色彩，使花朵的颜色同真花相近。据敏达·柯林斯女士考证，14世纪70年代时，意大利北部——具体地点可能是帕多瓦，又有一位佚名画家将这一图谱抄录下来，不但像原作一样注意色彩，而且更青出于蓝。[4] 他笔下的圣母百合，无论是鳞茎、翠绿的叶片、伸出花外的长长雄蕊、形如一叶扁舟的满盛花粉的花药，以及每片花瓣中央生出的长条微凹，都表现得淋漓尽致。这在以前的植物学界还从未有人做到过（参看图39）。意大利画家利波·里皮（Fra Filippo Lippi，约1406—1469）在15世纪创作的名画《天使报喜》中，便

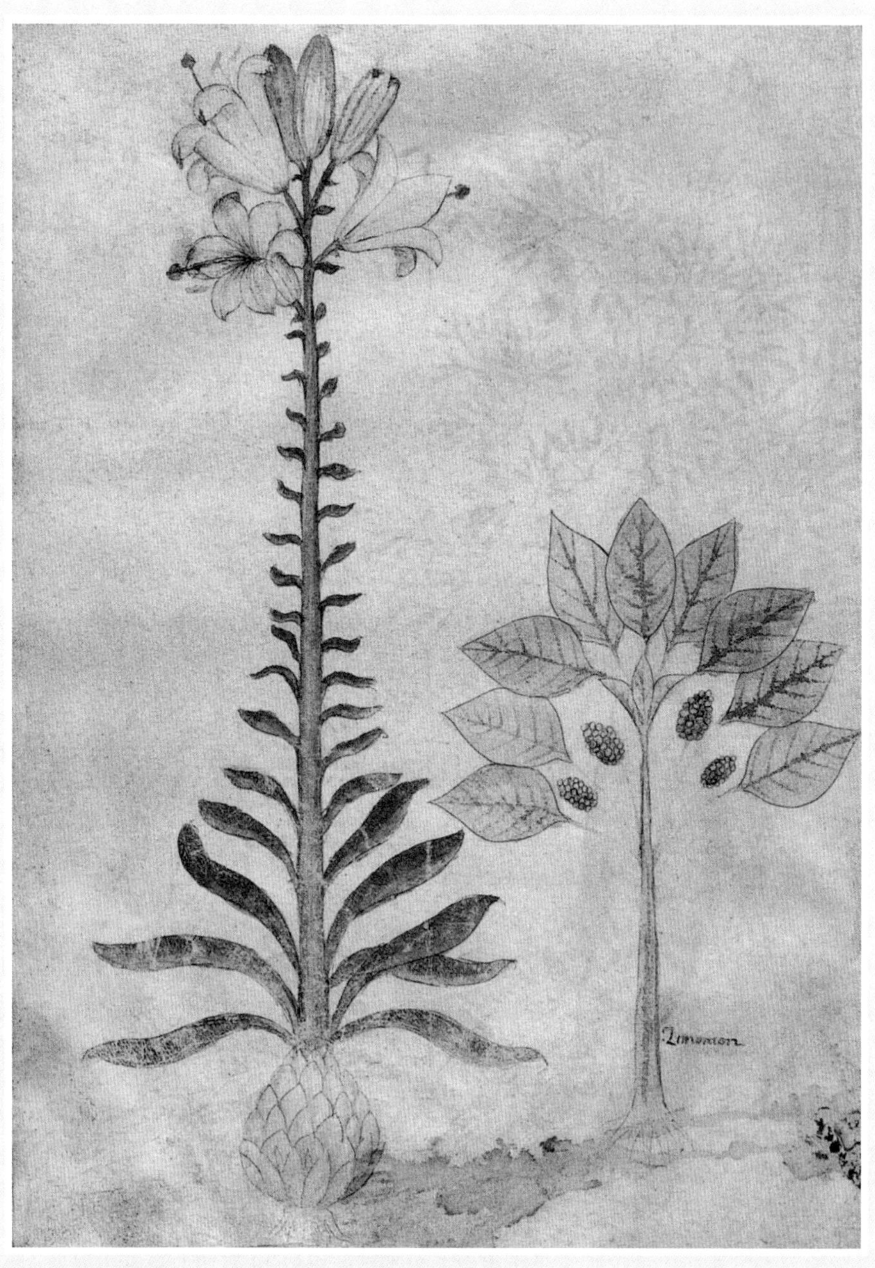

图 39 一株美丽的圣母百合（学名 *Lilium candidum*，图左），图上给出的是完整的植株，包括地下的鳞茎部分。摘自 1370—1380 年间的一份手抄本

在告知圣母马利亚怀孕、即将诞下圣子耶稣喜讯的天使的左手中，加上了一株圣母百合。不过在把握住这种植物的基本形态上，这位佚名画家可是胜过了里皮。

画家们的这种要做到令真实的植物跃然纸上的不懈努力，形成了一股无形的力量，并终于在一本名为《卡拉拉本草图谱》[5]上达到了顶峰。《卡拉拉本草图谱》形成于14世纪90年代，因献给帕多瓦的领主弗朗切斯科·卡拉拉（Francesco Novello da Carrara）而得名。该领主是帕多瓦作为自治市存在的最后一位统治者，1403年因自治市被威尼斯共和国兼并而遭废黜，三年后被缢死在威尼斯的一所监狱里。此书的文字部分出自该城的一名修士雅各伯·菲利皮诺（Jacopo Filippino），是将阿拉伯医生塞拉蓬（Serapion the Younger）约写于800年的一部药用生物学著述翻译成意大利文誊写到羊皮纸上的，故而没有什么新意。不过上面的一幅幅水粉画着实令人难忘。女贞、车轴草、大麦、芦笋、田旋花、春黄菊、葡萄、迷人的大片堇菜、几种不同的葫芦，还有郁郁苍苍的松树（图40便是此图谱上的松树插图）。书中不少地方还留有空当，只有50来处画上了植物。“为什么留有空当呢？”我有些想不通。当我坐在大英图书馆的超现代化的手稿与抄本室里，翻看着形成于六百多年前的一幅幅鲜活的形象时，我又在琢磨，这位与我相隔如许之久的无名画家,在为一位阿拉伯人的著述添加插画的工作中创造出这样一部杰作时，究竟如何选择他的作画目标呢？是创作正当时令的植物吗？（被他选中的植物中，有许多都是深秋时结出果实的。）是意在画出前人不曾表现过的东西，以产生最大的视觉冲击力吗？（葫芦和葡萄都是，参看图41上所画的葡萄。）不然就是他（抑或他的艺术恩主）在塞拉蓬所介绍的植物中，对可以食用的物种，兴趣大于花朵和药材吧？此书上画出的植物，第一种所占的比例最大。有豆类、大麦、好多种核果，还有这个瓜那个菜的。有一幅图上画了四株大麦，神气地并排竖立着，最左边的一株鞘叶弯起来垫在另外三株下面，有如一面卷起的旗帜。这些植物都画得十分出色，同时也中规中矩，有自己的风格并着意表现出来。有些地方没能作画，莫非是因为这位佚名艺术家事业未竟而亡？或者是由于恩主惨死使其难以为继或根本无法接续？无论如何，这位画家是位勇敢的艺术家，也是14世纪所有敢于放弃旧表现套路，勇于直视自然的先锋人物中最杰出的一位。[6]

《卡拉拉本草图谱》中的图幅被大量传抄。此书问世不久，也就是在1445—

图 40 两株松树。由针叶形成的树冠和结出的松球都得到了表现。摘自在塞拉蓬医生的《药草学》文字著述的基础上添加图画而成的《卡拉拉本草图谱》。此图谱形成于 14 世纪 90 年代的帕多瓦

1448年间，意大利北部的威尼托（Veneto）地区便出现了一部《本草画本》，其中至少收进了《卡拉拉本草图谱》中的20幅画作。[7]此《本草画本》的创作靠一位意大利医生、威尼托地区的科内利亚诺（Conegliano）人尼科洛·罗卡博奈拉（Nicolò Roccabonella，1415—1458）出资进行，完成后也归他所有。负责作画的是安德烈亚·阿马迪奥（Andrea Amadio）。其中有部分植物是第一次入画，其中包括颠茄、獐耳细辛、染料木等。[8]包括《卡拉拉本草图谱》在内的一应植物图谱都是画在羊皮纸上的，而阿马迪奥的水粉画，却是在以植物纤维为原料的纸张这种新商品上完成的——意大利第一家制作这种纸的作坊，于1340年在法布里亚诺(Fabriano)开工。

在这册《本草画本》中，植物名称分别用拉丁文、希腊文和阿拉伯文标示，但没有用意大利文。书中也有一些植物附加了德文和塞尔维亚－克罗地亚（Serbia-Croatia）文——估计是尼科洛·罗卡博奈拉在塞尔维亚－克罗地亚地区的扎拉城（Zara）①行医时，向前来看病的斯拉夫人和日耳曼人讨教来的。后来此书为威尼斯市中心一家名为泰斯塔道洛药店的店主贝内代托·雷尼奥（Benedetto Rinio）所有。该店主在16世纪下半叶去世前，将此图谱留给儿子阿尔贝托·雷尼奥（Alberto Rinio），并叮嘱他务必将此画本保管好，因为“这本本草图书上画的都是真实的植物，很值几个钱”。只是阿尔贝托没有子嗣，因此在1604年去世时，便将此书遗赠给威尼斯的一座以两名殉道者的名字命名的教堂，并要求该教堂认真看管好它，将它锁在固定的链条上，阅读时必须有两名保安修士在场。在此期间，此书上又增添了若干植物的同义称法，可能是出自某位修士的贡献。植物知识就是这样逐步积累起来的：将个人的体验与观察一点一点地加到前人的成果之上。

就在尼科洛·罗卡博奈拉医生出资完成《本草画本》时，意大利的知识求索与交流中心也正处于从萨莱诺和那波里向北移至帕多瓦城和威尼托地区的过程中。帕多瓦这里有大学和医学院，威尼托地区的首府威尼斯有川流不息的商旅，因此都具备成为这一革命中心的有利条件。在这里形成的种种本草图谱上，僵硬死板的人物形象不见了，植物成了真正的明星、绝对的主角。它们延伸进纸页上版面四周的留

① 塞尔维亚－克罗地亚地区基本上位于巴尔干半岛，当时是在威尼斯共和国的控制下，如今已经成为两个独立的主权国家——塞尔维亚共和国和克罗地亚共和国。扎拉城在克罗地亚共和国，并改名为扎达尔（Zadar）。——译注

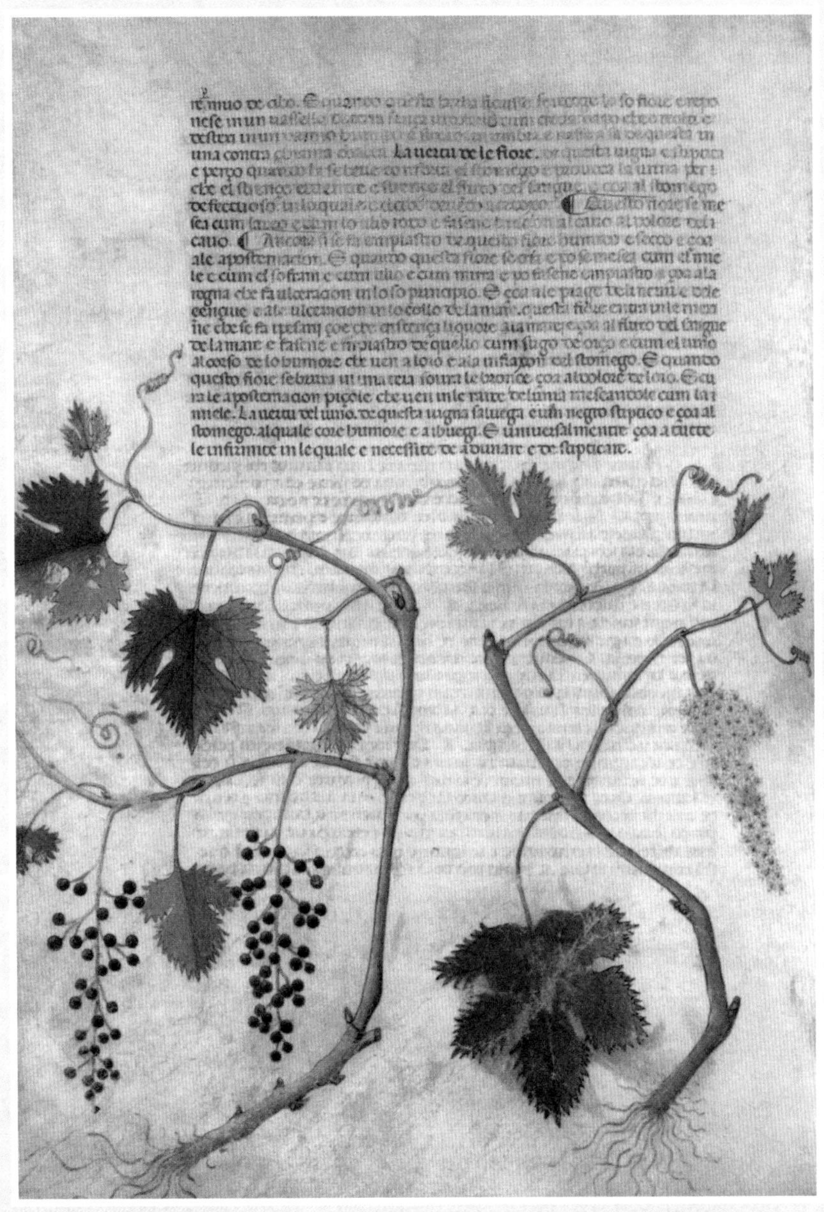

图41 藤蔓舒展开来的酿酒葡萄（学名*Vitis vinifera*）。摘自在塞拉蓬医生的《药草学》文字著述的基础上添加图画而成的《卡拉拉本草图谱》。此图谱形成于14世纪90年代的帕多瓦

边，将卷须和花瓣搭到了字符串的边缘。新的图幅表现出写实的作风，也体现出比例尺的概念。在伦巴第（Lombardy）地区的一种14世纪80年代前后的《健康图本》①上，将一株香芹画成了一棵大树——这可以从站在它下面的草地上一男一女的比例上判断出来，而且它的茎秆和叶子还被画成毛蓬蓬的一团。[9]不过只过了十年左右，还是在伦巴第地区，还是在一册《健康图本》上，同样的一株香芹就现形为一株低矮的草本植物，与真实情况相当接近了。[10]由新的画家创作出来的新图像"读"起来更容易，也更正确。[11]一场深刻的移风易俗就这样在很短的时间内实现了。

在结束雾里看花般的植物描绘方式、代之以去掉背景的直观表现手法时，也失掉了几样有用的部分。在先前的图谱上，画家有时会反映一下最适合它们生长的环境。如从屋顶的瓦缝间钻出的长生草（不过比例大为失真）、池塘中开放在蓝色涟漪中的睡莲等。只是这样的附加内容——我们这些在21世纪生活的人特别看重的成分——过于模式化，致使它们往往会被传抄者误解，结果仍对采药人无用。早期的图谱上还常常连带画出昆虫、疯狗、毒蛇之类的动物，用意是指明相应的植物能够对症的伤病。更早些时的此类抄本上，[12]还会表现草药的采集和加工，以及病人接受治疗的场面（参看图42）。在15世纪上半叶这一将植物与其实用目的脱钩的重要时期里，艺术家们创造出了另外一种表现方式，这就是找出每一种植物本身固有的值得注意的特点，而不是可以吃喝、能够治病，或者借以通灵的表征。此时期的画家开始将花朵搬上纸张和画布，原因就是它们美丽动人，与画出来供某些医生和药剂师按图索骥的目的无关。而以往的本草图谱，无论是形成于萨莱诺、帕多瓦、威尼托，乃至普罗旺斯、君士坦丁堡，或者英格兰萨福克郡（Suffolk）的文化重镇贝里圣埃德蒙兹（Bury St Edmunds），都只是反映出当地各自生长植物总体中的小部分。一些出名的外来手抄本还往往会出自应用于本地的目的而被"打补丁"。不管为本草图谱作画的是意大利人、日耳曼人或盎格鲁－诺曼人，在那个时期都还抱有一个同样的理念，就是所画的植物应当在某个方面派上某种实际用场。

还有一本图谱，因为在1400—1425年间形成于意大利小城贝卢诺（Belluno），

① 这是在活字印刷术出现、普通纸张也大众化后开始风行于欧洲多地的一种以一页一图并加附文的通俗读物，但内容和印刷质量彼此往往有很大的不同。——译注

图 42 一名全身长满某种疮痘的病人，忧愁地等待医生的诊治。医生的处方里显然含有猪屎的成分。下方的植物无论是凭写下的名称还是画出的形状都无法确定，只能说是某种野芹的可能性大些

图 43 头巾百合（学名 *Lilium martagon*）。它的鳞茎和花葶上的种荚都画得十分到位。摘自《贝卢诺绘本》

故称为《贝卢诺绘本》。为此图谱作画的画家，虽说艺术造诣不及为《本草画本》作水粉画的安德烈亚·阿马迪奥，也逊于为《卡拉拉本草图谱》出力的佚名艺术家，但也贡献出了另外一项重要革新。这就是除了按传统方式画出全貌外，又在其周围添加上某些特定的部位。就以该绘本中的头巾百合为例（参看图 43），它的茎秆从纸面的底部一直上升到顶端，茎秆周围环绕着其特有的轮生叶簇。除此之外，在它的左边还画上了鳞茎部分，可以看到须根从它扁平的底座下面生出；右侧是此种植物结出的种子，结构上虽然处理得有些简单，但仍准确地表现出了有如烛台上的蜡烛般插在茎秆上的种荚，就是由当初在这些地方开放的花朵变成的。在表现酸浆果的图幅上，这位画家也加进了一个果实的特写部分——橙红色的薄薄果荚（开花时的花萼）被剖开，露出包在里面的圆如樱桃的果实。渐渐地，植物图谱发生了重要变化，结果是成功地转变为花卉图册。

老普林尼当年是不赞成在植物书籍中加入图画的，理由是辗转传抄的结果，会导致图像越来越走样。这种看法是正确的。只不过还有一点他没能预想到，就是形式主义的桎梏将中世纪的画师逼上了抽象之路，注重的不是活的事物而是套路，结果是偏离自然的程度更甚于水平不高的传抄。此种局面直到新观念出现后才得到扭转。这就是 14 世纪末 15 世纪初时的艺术家们抛弃了先前的定见，将目光重新聚焦到了美妙的自然世界上。这是不是一种“瞧哇！我们终于熬出来啦！”的精神呢？是不是这些从“黑死病”的肆虐中熬出来的人，悟出了感恩和表示欣赏自然世界中美妙事物的新方式呢？

获得了自由的新绘画方式，又将对植物的描绘从图谱上扩展入新的天地。它们被织进挂毯等各种织物，[13] 还装饰到种种祈祷书和华丽型手绘本上。它们又挤进了油画作品，更被意大利雕刻家洛伦佐·吉贝尔蒂（Lorenzo Ghiberti，1378—1455）铸到了佛罗伦萨城中施洗者约翰洗礼堂的青铜大门上。最初只是一批为本草图谱作画的意大利北部画家开创的局面，为以后的艺术家打开了新的大门。当佛罗伦萨的安德烈亚（Andrea da Firenze）1365 年为该城中新圣母大殿的西班牙礼拜堂作画时，在一群舞蹈女郎身后画上了一片作为背景的草地，草地上正有各色鲜花开放。这些花朵虽然有不同的形态，但都是模式化的，辨别不出名目来。而在安东尼奥·皮萨内洛（Antonio Pisanello，约 1394—1455）创作于 1438—1440 年间的著名肖像画

《侯爵夫人像》上，[14]出现在深绿色灌木丛前的耧斗菜和石竹这两种植物的花朵都是很真实的，特别是石竹更是逼真，连一如蝴蝶口器的细长花蕊，以及边缘参差有致的花瓣都清楚可见（参看图 45）。皮萨内洛是位因创作动物图谱出了名的画家，同时也擅画植物。他画出的堇菜、报春花、委陵菜和蒲公英等常见植物都呈现出不同形状的叶片。[15]他在《侯爵夫人像》上采用的对背景点缀以植物花朵的做法也被其他画师袭用，开始作为镶边出现在布吕赫（Bruges）和根特（Ghent）等地的种种华丽型手绘本上，而且除了皮萨内洛画过的耧斗菜和石竹，还增加了雏菊、长春花和琉璃繁缕。[16]到了 15 世纪 70 年代中期，在一位人称“德累斯顿（Dresden）之祈祷书画匠”的佚名艺术家为布吕赫的奥朗治公爵夫人夏洛特（Charlotte of Bourbon-Montpensier）所画的时祷书①上，和 1475 年时在画匠西蒙·马米翁（Simon Marmion）为勃艮第公国（Duchy of Burgundy）统治者查理公爵（Charles Martin）和他的妻子玛格丽特（Margaret of York）专门为《骑士亲历地狱记》②一书特制的泥金手绘本上，更涌进了一系列植物——矢车菊、草莓、风铃草、野豌豆和蓟草都在其内。蓝色是当时的宠儿，大量蓝色颜料的使用，可让订购此类书册的人没少破费：在意大利，当时黑颜料的价格为每盎司两个半名叫“索第”的银币，而蓝颜料可是十个“索第”，仅次于十五个“索第”一盎司的金色。画家让·布尔迪雄（Jean Bourdichon）特别钟爱蓝色，致使他在 16 世纪的第一个年代里为布列塔尼女公爵安妮（Anne of Brittany）加工时祷书时，居然将红色基调的石竹花和白色的雪花莲也都涂成蓝色的。在马米翁等画匠的早期此类画本中，有时也会将整株植物都画全（《骑士亲历地狱记》泥金手绘本上有好几页的雏菊都是如此）。此书第 14 面上的堇菜便既有贴在地面处的叶簇，也有挺立的草茎，鲜活一如《卡拉拉本草图谱》上的同种植物，堪称此泥金手绘本上最美丽的画面。在华丽的页边装饰上，画家也有令人喜出望外的表现。马米翁在这一手绘本上（第 27 面）画上了一株野兰花。

① 时祷书不同于一般的面向公众的祈祷书，是中世纪流行的一种供基督教徒个人祈祷用的读本，多是富人为自用而定制的手绘作品，故做工相当考究，通常有大量因使用者的习惯和喜好而异的彩色艺术装饰。——译注

② 《骑士亲历地狱记》原为 12 世纪一位爱尔兰修士的文字作品，后来被扩展为绘画读物，大意为一名富有的贵族在梦中游历冥界多处地方，醒来后成为虔诚的教徒。——译注

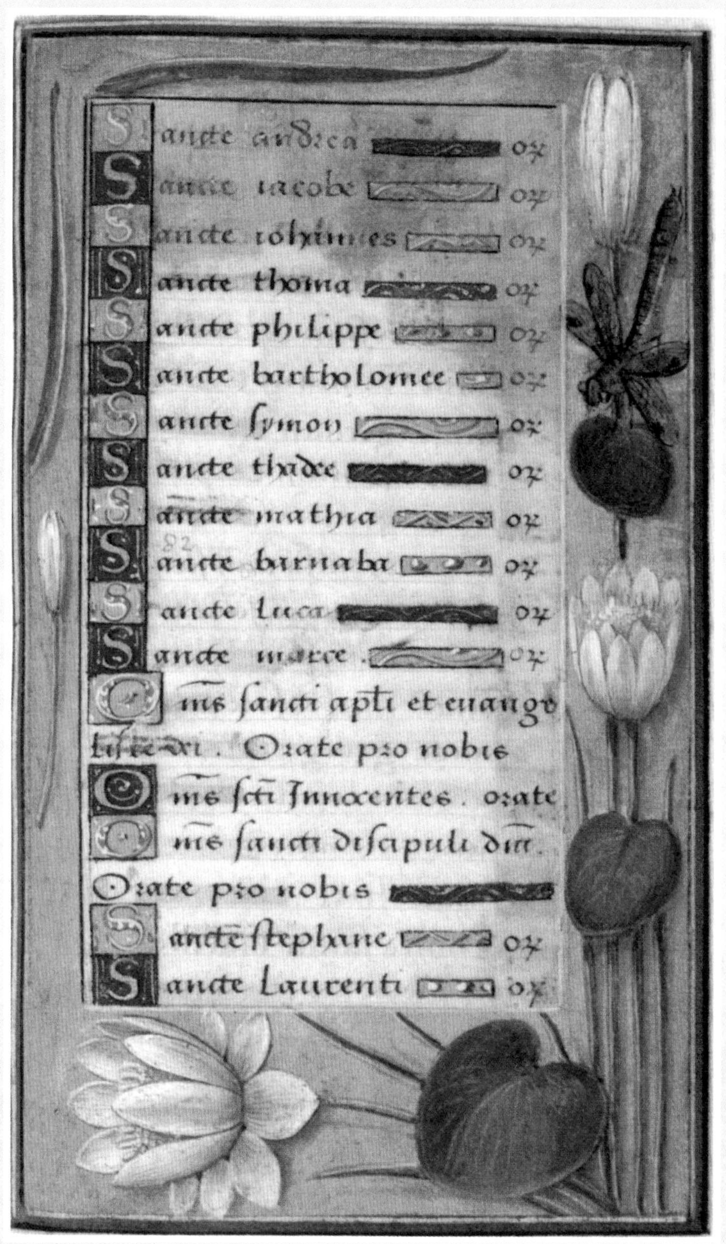
Sancte andrea or
Sancte iacobe or
Sancte iohannes or
Sancte thoma or
Sancte philippe or
Sancte bartholomee or
Sancte symon or
Sancte thadee or
Sancte mathia or
Sancte barnaba or
Sancte luca or
Sancte marce or
Omes sancti apti et euange
liste xi . Orate pro nobis
Omes scti Innocentes . orate
Omes sancti discipuli dni .
Orate pro nobis
Sancte stephane or
Sancte laurenti or

图 44 沿着书页边缘伸展开的睡莲。摘自让·布尔迪雄在 16 世纪绘于法国的一本时祷书。此类华丽型手绘本在印刷时代到来后仍持续了一段时日

这种以野花为华贵绘本装饰图案的做法，堪称前无古人，后无来者呢。

到了15世纪80年代中期时，佛兰德画家又为华丽型手绘本创造出了一种新的表现方式，这就是在纯色背景的页边处画上花卉和昆虫，而且带有一定的想象成分。[17]它们不是西蒙·马米翁所画的整株植物，只表现花朵部分，而且通常选用堇菜、石竹、雏菊、勿忘我等适合此种新方式的扁平花型（参看图44）。在这种方式的影响下，一大批供画家参照的“标准”花型出现了。于是乎，自然存在又被逆转为固定的、闭门造车的模式。只不过如今形成的毕竟是些好模式，再说画家们也有了更好的创作手段。即便此时期——从1470年至1560年——在绘画界刮起象征主义的强风，即便同样的图样一而再，再而三地出现在不同的华丽型手绘本上，画家们的眼睛仍然没有离开自然界。先前的种种药草本册和本草图谱都立足于实用的基点，宗教理念更是一直无孔不入地约束着画家，只有马米翁的那株不带任何象征意味的野兰花算是一个偶然的“偏差”。[18]不过话说回来，假如没有为本草图谱作画的艺术家们用他们的美好花卉形成铺垫的话，又怎么能期待像真实姓名已不可考，只被人们称作“勃艮第的玛丽之维也纳泥金师”在大约1470—1475年间为勃艮第公国的女公爵玛丽（Mary of Burgundy）完成的一幅惊人、美丽（同时又十分真实）的图画呢？这是泥金画本《勃艮第的玛丽之时祷书》中的一页（14v），图画中心是一扇打开的窗，窗台上放着一只玻璃瓶，瓶中插着一株花茎长长的鸢尾。这一作品可要比同一匠师为拿骚公国的恩格尔贝特二世（Engelbert Ⅱ of Nassau）所绘制的《恩格尔贝特二世时祷书》中的一幅也绘有鸢尾的图画（181v）出色多了。因为在后者中，为了将植株挤进狭窄的镶边，结果非但不能全部容下，还弄得头重脚轻。由于没有画进鸢尾那修长而又柔韧的花茎和剑样的叶片，结果可是与阿尔布雷希特·丢勒作于1503年前后的同样一株德国鸢尾（参看图6）[19]大异其趣了。

在率先意识到大自然的美与其功能并非一回事的人中，就有弗朗切斯科·彼特拉克这位意大利著名诗人与作家。不过欧洲文艺复兴时期的典型表现是，将艺术与科学放在一起探索，致使这两者之间的界限往往模糊起来，特别是在达·芬奇看来，这两者简直就不分轩轾。他曾在30岁上为米兰大公吉安·加莱亚佐·斯福尔扎（Gian Galeazzo Sforza）做工程设计时，在个人笔记中留下了飞机、直升机、潜水艇和降落伞的设计草图。他还为另一名保护人、法国国王弗朗索瓦一世

图45 点缀在《侯爵夫人像》背景上的石竹花与耧斗菜花。安东尼奥·皮萨内洛绘于1438—1440年间

（François I of France）设计了一架疏浚器，分析了鸟的飞行原理，又搞了一个城市的总体模型。[20]这位大师还搜集种种民谚俗语（此外还罗列了一份自己生活用品的清单，连“两柄大号斧头和八只青铜调羹”也登记在案）。对于植物的构成，他也同对建筑结构和机器构造一样有着浓厚的兴趣。为此他弄出了“叶脉图”——叶脉是今天的术语，叶脉乃是植物表形的一部分，创作叶脉图时，要使蜡烛燃烧时产生的带些油性的烟炱附着到叶片的一面上，然后将这面向下放在纸上，从另一面按压。另外，他那有形象思维能力的大脑，还用到了描绘植物的真实形态上（参看图46）。他在《绘画论》一书中指出：“在画秋季的植物时，要注意秋凉的影响有早有迟。初秋降临时，只有老枝上的叶子开始凋萎，不过也不能一概而论，还取决于它们是长在沃土上还是瘠薄地上。另外还应注意，不要千篇一律地用同一种绿色画所有的叶子（哪怕都处于同样远近的位置）。无论画草地、石块、树干，还是别的任何物体，色调都需力求丰富。因为大自然的变化本来就是无穷无尽的。”[21]在英国温莎（Windsor）王室的城堡内，可以参观到极其出色的植物图幅，如刺莓、五叶银莲、花朵弯弯下垂的耧斗菜，还有1749年时画在纸上而非画布上的圣母百合。

对于如何准确地把握植物的特点，如花朵如何长在茎上、叶片如何从叶鞘中钻出，比达·芬奇年轻20岁的德国画家阿尔布雷希特·丢勒知道得很多，但他从来没有刻意地表示出对植物结构的关注。植物内里的种种情况，他不像达·芬奇那样表现出浓厚的兴趣，不过在相信眼见为实上，他俩是完全一致的。丢勒在一篇探讨比例的文章中说：“自然界中的生命喻示着真理，因此应当不懈地观察之、判断之……听从大自然的引导，而且不要离开它。自认能够比大自然做得更好，实在是误入歧途。真正的艺术是潜身于自然之中的，唯能领略者把握之。”[22]达·芬奇也在《绘画论》中写下了相同的观点：“若能致力于师法自然界中的诸般事物，便可取得良好的结果……但能掬清泉，何须饮池水？”是否忠于自然便成为衡量艺术作品的标尺。丢勒作于1503年前后的名画《野草地》，[23]便被视为能够真实地反映大自然的前无古人的杰作（参看图47）。丢勒可以说是以在草丛中生活的虫豸的视角，完成了这幅比例尺几乎是1∶1的作品。他表现的是晚春时节的一片茂盛的野草，有婆婆纳草、蒲公英、琉璃草、鸡脚草、雏菊、宽叶车前、四季青和锯齿草，其长势生机勃勃。这幅水彩画所表现出的率直、逼真和美丽，也成了衡量他本人其他画

图 46 《花之研究》，达·芬奇采用软金属轮廓画法，创作于 1483 年前后

作的参照，致使他所画的其他植物，无论是芍药、百合、牛舌草、耧斗菜、堇菜、毛茛，还是九轮草，都统统被等而下之。以至于倘若某幅作品没有加上他那著名的缩写花押①，就会被怀疑并非出自他手，而且即便有这个图符，也仍难免要被鉴定一番。不过这些植物图都是美好的，即使的确不是丢勒本人的大作，也是受到这位天才人物影响的其他艺术家的成果。它们的存在表明，人们从此再也不必在看到无论是形态还是色泽都与实物相同的画作时，感到恍惑与茫然了。

早在 15 世纪时，阿尔布雷希特·丢勒的出生地纽伦堡（Nuremberg）便已是个以种花养草闻名的城市。该城的一位居民曾在 1495 年做过这样的描述："谈一谈这里住家的窗台吧。它们是春天的常驻之地。数不清的花卉和外邦异草在这里喷芳斗艳。一阵轻风拂过，便会将香气送进间间卧室和房屋最深处的角落。"这里有一个问题，就是为什么艺术家们能够注意到这些花草并用画笔加以描绘，而文人墨客们却了无动作呢？对比之下令人觉得，仿佛丢勒和达·芬奇等画植物的人，与用文字写植物的人，并没有生活在同一个世界里似的。自从绘有最早一批植物图像的《尤利亚娜公主手绘本》问世以来，在漫长的时期内，图画是传递植物信息的唯一媒介。从 14 世纪末到 16 世纪中叶，只有艺术家群体称得上是真正的博物学家。[24] 然而，这些人虽然善于表达，却也只能在一个特定的方面取得效果。他们能够让世人睁开双眼，但不能单凭一己之力促成讨论。文人墨客们要想走出中世纪的黑暗盘陀路，就得创造出描述相应事物的新方式来。画家们已经创造出用于作画的新"语言"来了，而在作家们的阵营里，这种语言还因缺乏指称植物构造和比较异同的统一词语而难以形成，交流信息也就谈不上了。泰奥弗拉斯托斯早就率先指出过这一问题，但盖伦一死便再无人记得。如今是重新记起这位希腊先哲的时候了。

---

① 丢勒的这一花押是由他的姓名的德文首字母 A 和 D 略加艺术处理后，一上一下地叠起来，并将 A 罩在 D 的外面形成的图案，即 AD。——译注

图 47 阿尔布雷希特·丢勒 1503 年创作的名画《野草地》。画上的植物表现得精准非凡

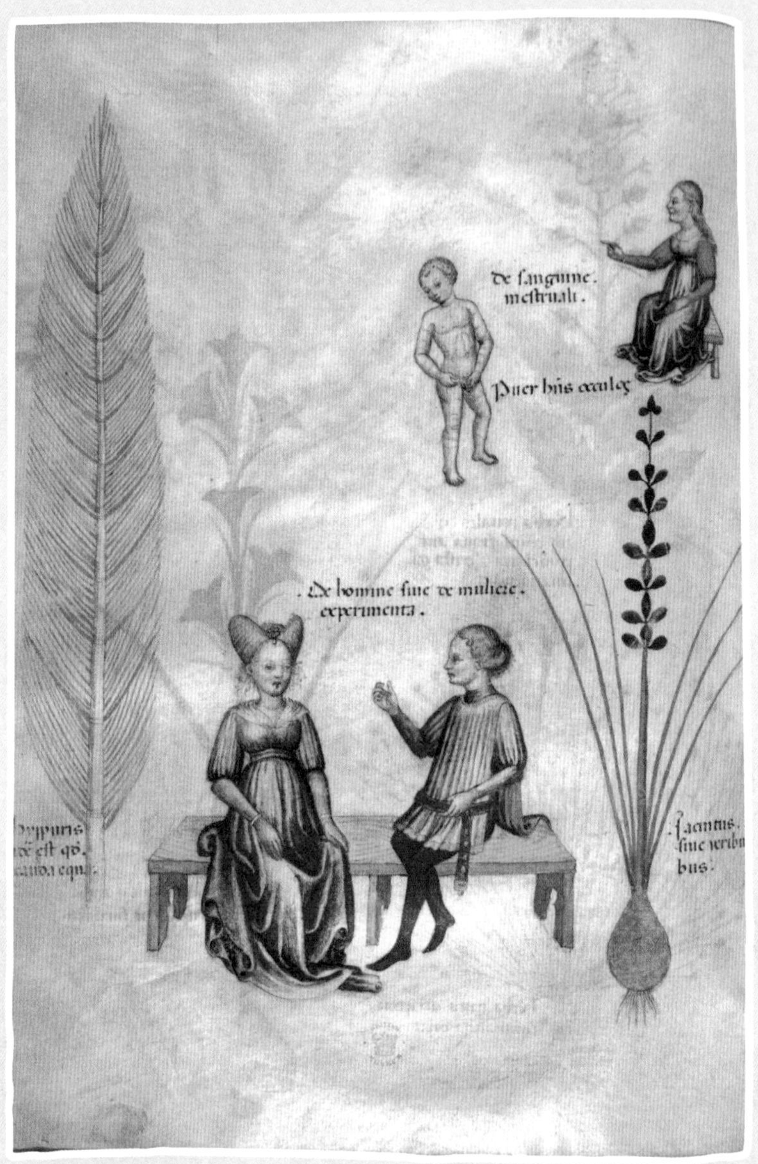

图 48 图左方的植物是问荆，又名节节草（学名 *Equisetum arvense*）。右方有球根的植物应当是一株串铃花（学名 *Muscari neglectum*），当时在法国和德国都有分布。有人认为是风信子（学名 *Hyacinthus orientalis*），但这是错误的——风信子此时还未从土耳其引进西部欧洲。摘自 1440 年前后在伦巴第地区形成的一部植物图谱

第十章

泰奥弗拉斯托斯再领风骚

（1250—1500）

每当某种观念和表现方式变得陈旧，便会被新一代思想家和艺术家弃之不用，新的表现方式从此出现并造就新的辉煌。13 世纪也有这样一个人，试图对自己十分熟悉然而陈腐不堪的古旧典籍照此办理。此举实为勇敢，只是时机对他不利。这个人就是前文提到的大阿尔伯特。他是教会中人，出生于巴伐利亚的一个富裕家庭，曾求学于帕多瓦大学，后来入了天主教下的道明会。13 世纪 30 年代他在德国教书，后来又去了法国，最后于 1248 年开始在科隆长期生活。他的重要著述《草木论考》是在 1256 年前后完成的。按照他本人的看法，这本书立足于亚里士多德的一篇文章。亚里士多德极其关注寓于一切有生命形体之内的“灵气”或说“神能”。大阿尔伯特也是如此。他看出植物是表现出摄取、生长、繁殖、死亡等过程的，但他却察觉不出它们是否有感知、盼求和睡眠。不过常春藤是会缠绕在大树上的，莫非是这两种植物因其“神能”一致而结合到了一起？他又明白无误地宣称植物的根是至关重要的部分，起着为地上的所有部分提供种种养分需求的作用，一如家庭中默默奉献而不抛头露面的母亲。他也赞同泰奥弗拉斯托斯的说法，相信物种是会跳变的，因此认为在砍倒栎树或者山毛榉的地方会长出杨树的说法十分自然。民间流传的巫师持握的用欧楂木削成的棍子有法力的说法，他也是接受的。对于那种将白蒿绑在腿上有减轻行路劳顿的招数，他也并无异议。其《草木论考》一书分为七章，前五章是理论探讨，第六章列出了一系列药用植物，第七章讲的是农业和园艺。他还将第六章分为木本植物和草本植物两部分，分别介绍了 90 多种和 180 多种植物，都按字母顺序排列。对于这样的安排，他倒也同早期古希腊哲学家一样，觉得从前面五章的哲学高度，一下子“跌”到第六章罗列清单的水平，未免有损本人清誉，甚至颇失气节。[1]

以他之见，植物世界里并不存在性别与性行为。他相信植物中只存在一种性，不过有“阳”和“阴”两种表观，而且这两种表观都会体现在同一个植物品种上。表观为阳的植株叶片窄些、硬些，表面粗糙些，结出的果实和打下的种子也小些，而表观为阴的则叶片相对较宽、较柔软润泽，果实和种子也较大。以他接受所谓植物有“神能”并赞同若干迷信观念而论，大阿尔伯特还没能摆脱他所处的那个时代的宥见。不过在对植物的问考和寻求定义上，他是超越了同时代人的，在这一点上与泰奥弗拉斯托斯是一致的。他将乔木定义为从根部只生出一个硬质的躯干，然后从此躯干上长出诸多分枝的植物。灌木则与乔木不同，会从根部生出多条硬质躯干来。至于草株，他又根据草叶的浓密和高矮程度进一步区分，将浓密些、高大些的叫作“茂草”，余下的叫作“蒻草”。不过甫下这两个定义，他便遇到了困难。就以甜菜为例。按照他的定义，这种两年生的草株在第一年应归为“蒻草”类，转年却又该属于“茂草”。此外，他又将一片片单独存在的叶子称为“叶体”，而称像梣树或胡桃树上长在一起的一组叶片中的各个成员为“叶元”，另外又将这一名称也施之于托叶和花瓣。对于葡萄和黄瓜之类藤蔓植物的卷须，他起的名字是“钩丝”。他还看出树皮是由两层构成的；外面的一层干而硬，里面的一层软而润。枣椰树躯干的生长特点特别引起了他的兴趣，因为“它不是像圆轮一样由里向外长大的，而是像一束一起变粗、一起伸长的木条”。对于花朵，他是按照形态的不同分类的，即分为鸟形、钟形、星形（最常见）和塔形。大阿尔伯特认为，花朵的主要功能是标志着将来会结出什么样的果实来。在这个方面，他也同古典时期的一些作者一样，将无花果树和桑树归入另类，根据是它们不属于先开花后结果的常见类型。虽说他对花朵不甚看重，但仍然注意到它们的结构为若干个环圈，外圈的每个小瓣都正对着位于里面一圈中两个相邻小瓣之间的缝隙。（观察一下郁金香，便能明白它的意旨。）他还注意到雄蕊的存在，并有梗（花丝）和头（花药）两个不同的部分。这些的确都是出色的观察。如果他的朋友圈子里还有别的一些人也对他如此注意的事物多少有些兴趣的话，或许上千年前的那些过时的观点就有可能被抛弃，从而为新

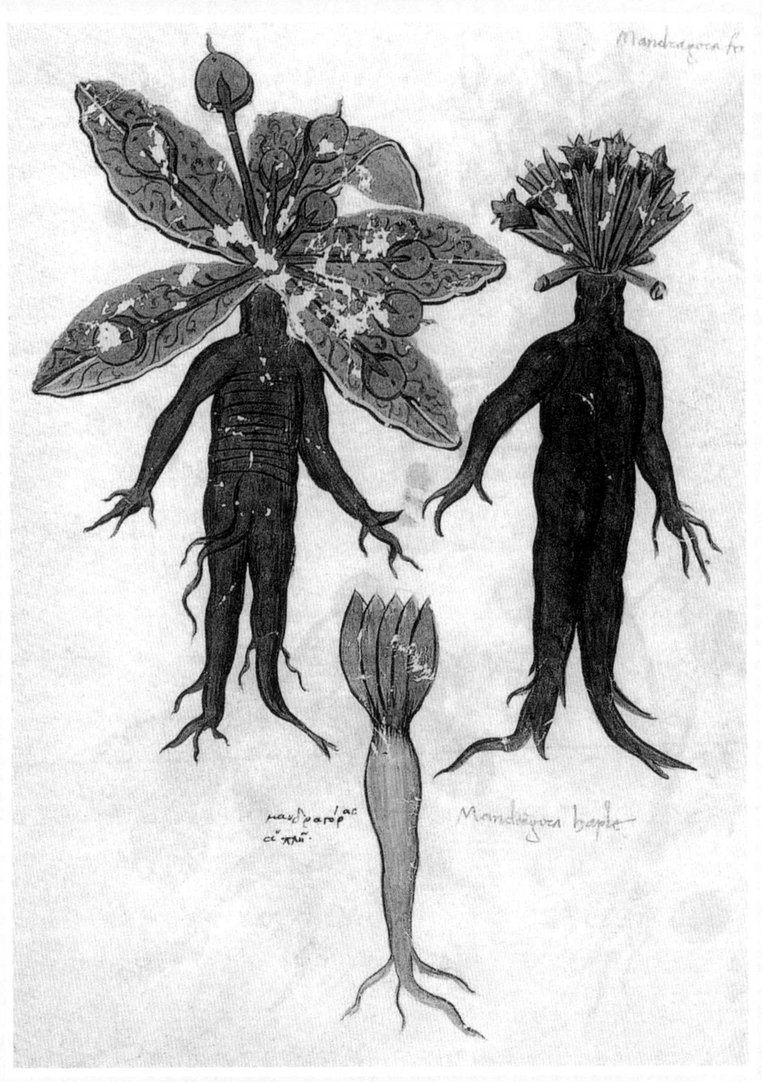

图 49 被传得神乎其神的茄参即曼德拉草（学名 *Mandragora officinarum*[①]）。画面上给出的是一“阳”一“阴”两个植株。摘自 1406—1430 年间形成于君士坦丁堡的一部手抄本。虽说此画幅按照传统的看法行事，将根部都画成人形，不过还是明白无误地表现出花茎聚成一簇的形态，以及托在花萼上的橙色浆果

① 在《中国植物志》上，茄参的学名是 *Mandragora caulescens*。——译注

的进步廓清道路呢。可惜这并未成为历史。不过如若泰奥弗拉斯托斯地下有知，无疑是会将大阿尔伯特引为知己的。而在大阿尔伯特这一方，却根本不知道曾经有过一位泰奥弗拉斯托斯。他的资料来源是一本名叫《草木论》的古籍。大阿尔伯特相信此书为亚里士多德所撰，其实它的真实作者是古希腊的历史学家与哲学家尼古劳斯·达马斯塞努斯（Nicolaus Damascenus），一位生活在基督教兴起时期的学者。这本《草木论》也同古典时期的许多著述一样，先后被译成古叙利亚语和阿拉伯语，然后又形成拉丁文本。大阿尔伯特的《草木论考》所依据的，应当就是此拉丁文本。只不过达马斯塞努斯的这部《草木论》又是在谁的影响下写成的呢？原来正是泰奥弗拉斯托斯！这一事实直到15世纪下半叶，当这位植物科学的鼻祖所写的伟大著述《植物志》重新进入学术界的主流后，才极为偶然地得到了证实。

假如泰奥弗拉斯托斯的著述能在欧洲流传下来并熬过黑暗年代，会不会使中世纪人们的思想框架有所不同呢？会不会倾向于积极问考呢？大阿尔伯特会不会成为当时学界交流植物知识的信息中枢，一如后世文艺复兴时期的意大利人卢卡·吉尼呢？然而，事实却是得以在中世纪流传的，只有老普林尼的《博物志》一类古典时期走向没落阶段时的东西。盖伦是在自己的著述中直接引用泰奥弗拉斯托斯的最后一人。

单有书还不够，也要有需要书的环境。黑暗年代和中世纪时期不是需要问考之书的环境。进入15世纪后，求知的风气重新形成，并成为这个时代的标志。教宗尼古拉五世（Nicholas V）做出安排，拟将一直闲置在梵蒂冈宗座图书馆的一大批古典时期的典籍翻译成拉丁文。泰奥弗拉斯托斯的《植物志》便是其中一种。就这样，盖伦死后又过了十三个世纪，泰奥弗拉斯托斯的著述才终于有了拉丁文译本，译者是特奥多罗·伽札（参看图50）。这是一位颇具文艺复兴色彩的学者。他出生于希腊北部城市塞萨洛尼基（Thessalonica），1422年来君士坦丁堡办学。不久奥斯曼帝国苏丹穆拉德二世（Murad Ⅱ）前来攻打这座城市，他便逃到了意大利；先是迂回地来到西西里，继而去到曼托瓦（Mantua），师从早期人文主义者维多里诺（Vittorino da Feltre）学习拉丁语，又跑到帕维亚（Pavia）教授希腊语，然后便辗转到费拉拉（Ferrara），在费拉拉大学当起教授来，后来又被当政者延聘为该大学校长。1451年，他应召来到罗马，被吸收入教宗尼古拉五世的翻译计划，参与

图50 用五年时间将亚里士多德的《动物志》和泰奥弗拉斯托斯的《植物志》译成拉丁文的特奥多罗·伽札

将希腊人的精华著述译成拉丁文。还是在 1391 年时，佛罗伦萨大学便已设立了希腊语教席，然而直到 15 世纪末，古希腊语还是个冷门，即便在文艺复兴时期的学界，掌握这门学问的人也属凤毛麟角。伽札接受了两宗重头安排：翻译亚里士多德的动物典籍和泰奥弗拉斯托斯的植物著述。他用了五年时间完成了这两种，不过泰奥弗拉斯托斯的这一部分直到 1483 年才在特雷维索得以付梓。他在《植物志》的译序中，字里行间流露出翻译此书极为不易的实情：拉丁文中并没有泰奥弗拉斯托斯所提到的有关植物构造的对应词语，致使他不得不自行拟造。而他本人并非深谙草木，因此不敢保证拉丁文名目都能够对应上泰奥弗拉斯托斯的希腊文词语。他用拉丁文给出的毒参，当真就是这位雅典人所意指的 *κώνειο* 吗？月桂呢？百合呢？错误肯定在所难免，不过终归是泰奥弗拉斯托斯理念的一个胜利的新开端。当年他开创的局面没能得到及时跟进，而在十七个世纪之后，在伽札的帮助下，新局面又开始了，而且这一次没有受到冷落。一门新的知识开始了稳健的增长。后来这门知识还得到了一个正式名称——植物学。伽札此举可谓功不可没，为此甚至在他去世多年之后，费拉拉大学的学子们在路过他当年的住所时，还会做出向这位先人感恩致意的表示呢。

泰奥弗拉斯托斯重新被记起，明显地反映出文艺复兴时期的欧洲学界对古典知识的热情。热潮之初集中反映在指斥中世纪的狭隘观念上，继而便转向了对古典思想有扬有弃的处理。没过多久，意大利学界便开始向老普林尼那经久不衰的著述挑战了。费拉拉大学有一位在该校教授医药六十载并终于斯职的学者尼科洛·列奥尼塞诺（Nicolò Leoniceno，1428—1524）。由于《博物志》最容易读到，他的学生们一向是从最新版的这套书中寻求植物知识的。然而，当列奥尼塞诺和他的学生们阅读老普林尼用希腊文写成的原作时，却发现拉丁文译本中就有特奥多罗·伽札指出的可能会犯的错误，而且多得惊人。1492 年，列奥尼塞诺写了一篇论著，标题为《老普林尼等人有关本草著述的失误》。这是一连串对古代作者进行“评论”的第一次。随着其他希腊原作的拉丁文译本的问世，类似的“评论”便接踵而来。其中杀伤力最强的是《普林尼氏著述匡正》，与《老普林尼等人有关本草著述的失误》差不多同时发表，作者是意大利学者埃尔莫劳·巴尔巴罗（Ermolao Barbaro，1454—1493），书中指出了他在《博物志》中发现的 2500 处谬误。（不过他很策略地告

图 51 意大利画家多梅尼科·韦内齐亚诺（Domenico Veneziano）在他创作于 1445 年前后的油画《圣母与圣子》中，将玫瑰加在了背景上

诉读者，它们是历代传抄人弄出来的，并非老普林尼本人之过。）在跟老普林尼大大地过不去一番后，巴尔巴罗又向狄奥斯科里迪斯开了火，写出了一本《狄奥斯科里迪斯著述补遗》，在他去世后于1516年出版。曾在希腊军队里当过军医的狄奥斯科里迪斯，在77年前后写成了《药物论》。而巴尔巴罗的书相当于给这套著述中提到的种种植物追加了若干杂七杂八的补充。就以鸢尾为例，《狄奥斯科里迪斯著述补遗》便写进了一些泰奥弗拉斯托斯的有关介绍（附带提一句，狄奥斯科里迪斯的原作中基本找不到泰奥弗拉斯托斯的东西），又添了老普林尼的一些文字，此外又——这一点最值得注意——加进了一些他本人的体验："帕多瓦大学的费利克斯·索菲亚（Felix Sophia）让我参观了种在他花园里的一种鸢尾。这种鸢尾的花会散发出一种熟透李子的气味，因此特别招引蚂蚁。"根据他提到的这种花的紫红颜色和李子气味，可以确定他说的是原产于南欧和中欧的狭叶鸢尾。或许这还是此种植物第一次见诸书面呢。这位巴尔巴罗也和伽札一样，指出了存在词同义不同的问题："同是*Geranium*，可在希腊文中和在拉丁文中却是指两种很不同的植株。"

在1450—1455年间，约翰内斯·古腾堡印刷出版了第一种活字印刷的图书。印刷版的《博物志》是他在1469年推出的。此书一出便大受欢迎。狄奥斯科里迪斯的《药物论》也很快跟上，而且出了若干版。到了1483年，泰奥弗拉斯托斯著述的拉丁文译本也得到印行。药草本册和图谱显然是人们需要的东西，因此当印刷品的市场一旦形成，种种印制的植物图片便出现了，其中以出自意大利北部威尼托地区的尤为精良。回顾15世纪下半叶这段历史，似乎会让人们觉得，既然已经出现了像安德烈亚·阿马迪奥这样优秀的植物画家，将植物的真实图像制成木刻作品，再配以反映出文艺复兴时代精神的文字印制出来，岂不就是一种全新的手段！然而这种手段并没有很快形成。最早以印刷方式出现的植物图谱，非但没有反映出进步，反而倒退回中世纪的水平，而且档次还相当低下。不妨以当时印制的一本题为《自然之书》的图书为例说明一下。在这本由德国学者康拉德·封·梅根伯格（Conrad von Megenberg）撰文、奥格斯堡（Augsburg）的汉斯·巴姆勒（Hans Bamler）承印、1475年出版的书上，第五部分开篇处有一幅木刻版画（参看图52）。这幅木刻（我是何等希望作为当时印刷植物图像代表的这座里程碑，会是价值远高于此的作品哟！）呈现的是在一个长约7英寸、宽约5英寸的方框内，放上的9株无从辨识的

图 52 活字印刷术出现后刊登在《自然之书》上的第一幅植物图。此书作者为康拉德·封·梅根伯格，1475 年在奥格斯堡印行

草木，而且它们之间也没有关联，可以说比此书的文字部分更无价值。其实文字部分的用处也有限，无非是从常见书册中拼凑来的杂碎，一些阿维森纳，几处盖伦，再加上若干狄奥斯科里迪斯，仅此而已。这位梅根伯格曾在爱尔福特（Erfurt）和巴黎读大学，《自然之书》是在1349—1351年间写成的，印刷出版时已经是一百多年前的陈货了。就在此书印行的同一年，那位为勃艮第的玛丽绘制时祷书的佚名维也纳泥金师，便画出了一株美丽的开蓝花的鸢尾，看上去像是刚刚剪下来插在一口玻璃瓶中摆到窗台上的呢。佛兰德画家西蒙·贝宁（Simon Bening）也在这一时期由他加工的时祷书中，从这里到那里地画进了石竹、复瓣雏菊、多花野豌豆、勿忘我和琉璃繁缕，真实得令人不禁想从书页中摘将下来呢。可是要知道，这本书的大小还不到3英寸×2英寸，这些花草又只是画在页边处。相形之下，《自然之书》的植物简直是糟糕透顶，应当说并非只是技术上的偏差。

接下来现世的又一部有关植物的带有图像的印刷出版物，是中世纪时期最低劣的产物，书名叫《柏拉图信徒阿里普列尤斯植物图谱》。[2]此书手稿上的图画本就是一批没有价值的涂鸦，转移到木料这种更粗糙的介质上成为木刻，越发成为一堆不知所云的胡乱线条。此种带有木刻版画插图的《柏拉图信徒阿里普列尤斯植物图谱》是1481年前后在罗马出现的。行至此时，只要是对植物稍有些许兴趣，都会知道睡莲是什么样子——圆圆的大叶片平铺在水面上，叶片之间浮着花朵，花朵有很多瓣，张成杯子的形状。可是看看按照9世纪时的手抄本搬到印刷物上的木刻“睡莲”吧，简直就是三根棒棒糖，棒上黏着些又像叶片又像羽毛的东西（参看图53），真岂有此理！其实就在这个1481年受聘于佛罗伦萨美第奇家族的佛兰德画家休·范·德·胡斯（Hugo van der Goes，约1440—1482），已经完成了著名的波尔蒂纳里祭坛画。画面上，童贞圣母和圣子耶稣的前面有一只花瓶和一只大口玻璃杯，里面都插着鲜花，不但美丽，而且逼真，有橙红色的百合、蓝色和白色的鸢尾，以及耧斗菜与石竹，附近的地面上还有零零星星的堇菜（参看图54）。这样出色的样板已经出现了，但出版界并没能引为己用。

这个时期的人们无疑是渴求知识的。正因为如此，售书的渠道很快便形成了。走家串户的书籍推销员在游走四方时，会根据身边所带的书册，将书名写成广告一路带着。[3]纽伦堡的一名出版商安东·科伯勒尔（Anton Koberer），也从1480年开

NOMEN HERBAE NYMPHEA.

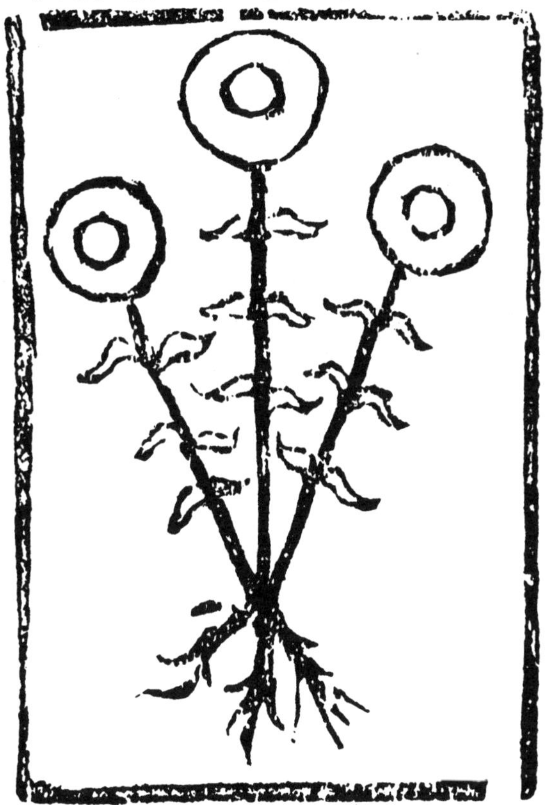

A græcis dicit’ Prothea. Alii Caccabus. Alii Lo
tometra. Alii Androcanos. Alii Hidrogogos.
Alii Heracleos. Alii Arneon. Itali Nympheā.

图 53 一幅不堪至极的木刻，属意于表现睡莲属（学名 *Nymphaea*）中的某一种。摘自《柏拉图信徒阿里普列尤斯植物图谱》，约翰内斯·菲利普斯·德黎纳米尼 1481 年前后印制于罗马

图 54 休·范·德·胡斯所绘波尔蒂纳里祭坛画的中心部分。画面前景相当明显的位置上画着一些插花，其中有鸢尾、耧斗菜和艳丽的橙红色百合花（有可能是卷丹百合，学名 *Lilium bulbiferum*）

始散发传单，宣传他销售的 22 种图书。流动图书推销员每到一处新地方，就会亮出这种广告牌来，再在上面添上自己的住处。有了印刷术，书册的数目自然有了革命性的增长。据 1475 年的一位人士调查，一本 366 页的书，在三台印刷机上印制，三个月内可印出 300 册来。要是换成手抄，即使是三名职业抄书匠抄上一辈子，也未必能完成这样的工作量,更何况在抄写的过程中会弄出多少错来！有了印刷手段，为害多年的在抄写中无意铸成的错误就不会出现了。将木刻的或者金属铸的字母一行行精心排成字句并予以固定，再将约翰内斯·古腾堡发明的伟大机器准备停当，那就开印吧。想印就尽管印好了。从技术角度看，这种方式是不会出错的。只是有一样，印刷术初现之时尚无版权之说，致使盗版行为相当普遍。同样的文字，经其他出版商不止一次地重新排版，错误也仍会出现，再加上重排的频率明显地高过印刷术出现前相同时段内的手抄次数，这样可能反而错得越发严重了。法国出版商皮埃尔·迈特林耶（Pierre Metlinger）于 1486—1488 年间在贝桑松（Besançon）印行了一本《草木大志》，是根据一部更早些时的手抄本形成的，后来在英格兰换了头面，成了古英文版的《草木大绘本》。这两本书的出版时间相隔四十年，足以发生许多错误和曲解，也的确发生了。不过在此类盗版行为中，也蕴含了自我救赎的种子。相对于手抄本，印刷本上的谬误之处更容易被越来越广大的读者群体发现，出现像当年挑老普林尼毛病的尼科洛·列奥尼塞诺和埃尔莫劳·巴尔巴罗一类人物的可能性，也就大大地增多起来。

作为图像的一种表现方式的木刻，也带来了造成新谬误的可能性。木刻这一表现形式是 1400 年前后进入欧洲的。与安德烈亚·阿马迪奥的画笔和达·芬奇用来勾画植物轮廓的硬金属笔相比，木雕师的工具便显得粗糙（不过仍可以认为，这毕竟是一种能在印刷品上将植物形态大致表现出来的可行方式）。美国科学史学者玛丽·博阿斯（Marie Boas，1919—2009）认为，以当时的情况而论，与绘本师和画家的作品相比，将传统的原始木刻方式引入印刷术所得到的最初结果，实在颇难称道："这些版画都是从手抄本上连画带字照搬下来的；因此它们说明的对象是文字而非自然。它们无疑提供了一种特殊的视角，然而并非真正研究植物（或者动物）的独立视角。独立视角的形成乃是 16 世纪的事情。"[4] 在最早出现的印刷图本上，文字和图画都是一起雕到同一块木板上的。不过当文字有了活字字块可资使用后，木板——材质柔韧、纹理细密的苹果木、梨木、欧楂木和榅桲木等，便只用于图形部分了。文字与图像分开后，排版时又遇到了新问题：图画与文字没能正确地搭配在一起。木刻制版的花费相对高昂。为了不亏本，就得尽量利用。虽说用得太过，木刻画便会磨损和开裂，但出版商仍会照用不误。这就是说，手抄时代便已存在的质量优劣之分，在印刷时代也仍旧是存在的。该领域内的这种质量上的差别，直到印刷植物图谱出现将近一百年后才有所消弭。

文艺复兴时期的学者们在钻研古典文献时都面临着一个共同的困难，就是都要与虫吃鼠咬的古旧手稿打交道，而且它们都是古旧了多少代，又传抄了多少次。第一批为印刷业加工泰奥弗拉斯托斯、狄奥斯科里迪斯和老普林尼的植物著述的编辑们也不例外。翻译是个艰苦的过程（特奥多罗·伽札花了五年光阴，才译出了亚里士多德和泰奥弗拉斯托斯的作品呢），不过这些与植物打交道的学者文人，毕竟还有一点优势可言，使他们比搞伦理学或者数学的同行们处境好一些，这就是毕竟还有现成的植物可资借鉴。家里有花可赏，园中有果堪观，田野中也有现成的草木为凭。诚然，它们未必就与古人所提到的完全相同（对此，文艺复兴时期与植物打交道的人并非从一开始便能意识到），但研究者们相信，与泰奥弗拉斯托斯在《植物志》中所提到的草木完全相同的植株，如今肯定仍生长在某些地方。

怀着这样的信念，一位富有的德国园艺爱好者当真就去搜寻这些草木了，时间是在 15 世纪 80 年代。此公的姓名如今已无人知晓，但他搜寻的结果，被美因茨的印刷技师彼得·舍费尔（Peter Schoeffer）以《保健之园》的书名于 1485 年 3 月 28 日出版。这是一本充满勇气的书，因为它刊出了若干从不曾有人表现过的东西。一是书中的文字并非拉丁文或者希腊文，而是出版地一带的日常语言（一种流行在巴伐利亚地区的德语方言）；二是在书中刊出的 379 幅版画中，六分之一以上的植株可以认出就是相应文字中所提到的草木（参看图 55、图 56）。这在当时真可称为奇迹了。成为“奇迹”的原因，应当说与图幅的大小有关。此书上的版画为 7 英寸 ×5 英寸，为通常画幅面积的四倍。此外这本书上还附有几种很好的索引，读者查找起来就方便多了。此书作者在序言中写进了这样的话——

应当说，人世间最大的财富，莫过于身体的康健。这便令我相信，以佐

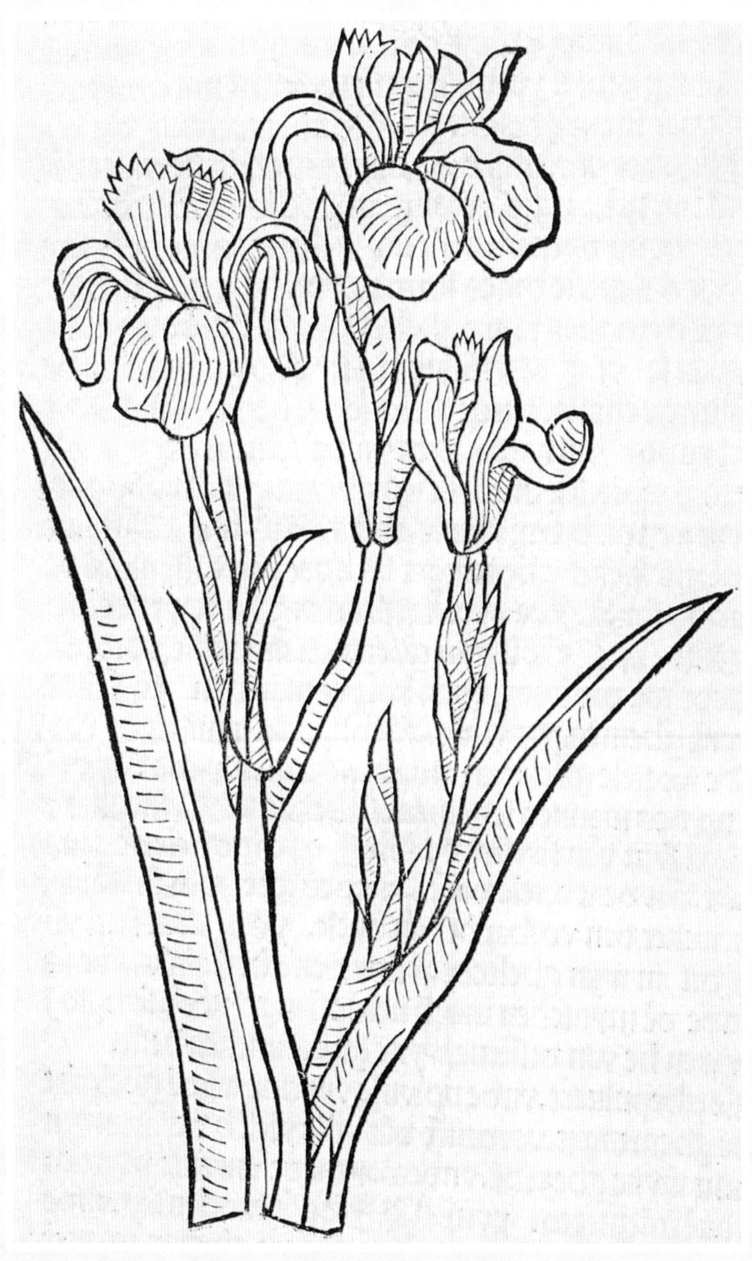

图 55 黄菖蒲（学名 *Iris pseudacorus*），摘自 1485 年在美因茨出版的德文植物图谱《保健之园》

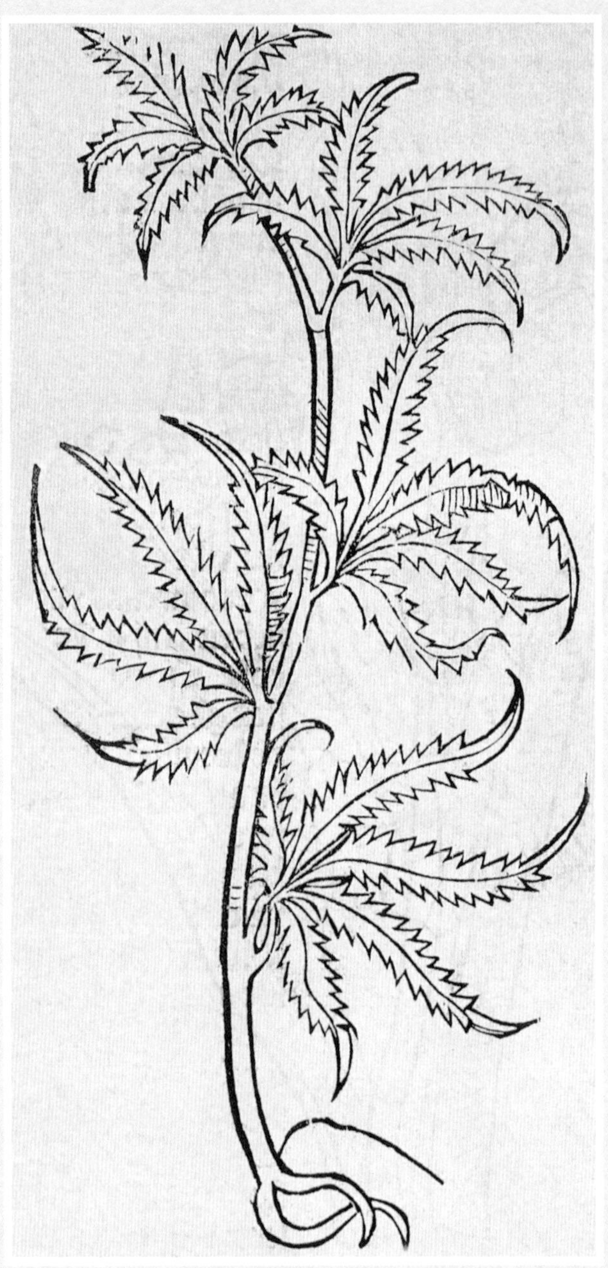

图 56 线麻（学名 *Cannabis sativa*）。它的掌形叶簇得到了相当好的描绘。摘自1485年在美因茨出版的德文植物图谱《保健之园》

助天下生灵而论，编成一部书来，用以介绍多种药草的和其他天然造物的特点和功用，并给出它们的真实形状和颜色，实为一等的有用、可敬、高尚的工作。我便请到一位懂得医理的人［法兰克福的约翰·封·库贝（Johann von Cube）医生］着手进行。应我的要求，他搜集来盖伦、阿维森纳、塞拉蓬、狄奥斯科里迪斯、马特豪乌斯·普拉提厄里乌斯等若干名医提到的多种药草的特点和功用，统统收入一本书册内。不过在编书时，我在看这些药草的图画时，注意到许多贵重的药草并不生长在我们日耳曼地区。这样一来，我就画不出它们的真正颜色和样子来，只能靠别人指点。所以我就停了笔，将这件已经开了头的事又撂在一边。后来，我在有幸去圣墓教堂和圣母马利亚及圣凯瑟琳（Saint Catherine）埋骨之所的西奈山（Mount Sinai）顶礼时[①]，想到不该将没能完成之事作罢，还想到我去朝拜不是只为了本人的灵魂，也是为了所有的人，便找来一位精明强干、笔下也说得过去的画师，名字叫作埃哈德·劳维克（Erhard Reuwich），同我一道前去。于是我们便从德国动身，穿过意大利和伊斯特拉半岛（Peninsula of Istria），一路走过斯洛文尼亚（Slovenia）、克罗地亚、阿尔巴尼亚（Albania）、达尔马提亚、希腊、科孚（Corfu）、摩里亚半岛、克里特岛、罗得岛、塞浦路斯，一直去到应许之地与圣城耶路撒冷（Jerusalem）。在此之后，我们便去朝拜了西奈山，再从那里去到红海另一边的埃及城市开罗、巴比伦尼亚与亚历山大城，然后又折回克里特岛。[②]在这些国家和地区，我都努力寻找想找到的药草，找到就记下来、画出来，颜色和样子都弄对头。当我在上帝保佑下回到德国到了家里后，便在对这一工作的爱的驱使下继续下去。如今，上帝护佑我将此书完成，书名就叫《保健之园》。在这处园林里，可以看到435种草木和别的天然造物，知道它们助人健康的功用与能力。它们都是药店里的常备之物。在这些药草中，有350种上下是给出

① 圣墓教堂是耶路撒冷旧城内的一所基督教教堂。许多基督徒认为，教堂基址即为耶稣受刑被钉死之处，而且据说耶稣的墓也在其中。西奈山相传是摩西受上帝启示归纳出“十诫”之地。圣凯瑟琳据称是4世纪早期的著名女学者，天主教会传统上将其视为十四救难圣人之一，因使许多人皈依基督教被罗马帝国当局处死。根据基督教传说，天使将其遗体运到了西奈山。6世纪时在山脚下建立了以她的名字为名的修道院。——译注

② 这段引文中提到的诸多地名有些混乱，甚至重复，旅行顺序也不尽合理，不过仅属微末细节。——译注

了真实的颜色和样子的。所以这本书可能对所有的人，无论有没有文化，都是有用处的。我是用德文出版的……[5]

《保健之园》一书在若干方面都开拓出了新天地，尤其是在语言的选择上，它是第一种不再使用传统的拉丁文或希腊文的植物类印刷书册，只不过在这本书里，植物还是被捆绑在医药领域，并非作为植物本身接受问考，因此对公正地看待所有的植物并无助益。此外，此书的佚名作者非但没能驱散笼罩在人体健康缘由上的迷雾，倒还将自中世纪以来便居主宰地位的有关观念进一步予以了强化。《保健之园》的治病之“理”，是建立在所谓“四素四质”的设定上的。四“素”是火、气、水与土，而四“质”是热、冷、干与湿；这四“素”都各兼有两种“质”：火为热与干，气为热与湿，水为冷与湿，土为干与冷。当时的医生们相信，是否健康，取决于这四“素”与四“质”是否实现了应有的共同平衡。而每种药草都具备某些特性——不是对它本身，而是对外的功效。此书的序言中便这样说道：“药草中有的能补热，有的会添冷。均凭其自身本性起作用。”书中也审视了种种药草之间的异同之处，但并不是我本人希望进行比较的方面。几种索引编来固然不易，也确实有所突破，但都没能实现按照给植物命名的正确方向进行编排与分类。看来此作者也不是我企盼出现的人物——能够明白给植物命名的重要性，并有能力以文字方式重新打造自然世界中的这个宏大体系，从而让植物摆脱药店的羁绊，挣脱开按用途人为排序做法的天才。彼得·舍费尔承印的这本《保健之园》发行之后，还不到五个月的时间，美因茨的另一个出版商约翰·舍恩施泼格（Johann Schoensperger）就搞出了盗版。在随后的四年间，斯特拉斯堡、巴塞尔和乌尔姆（Ulm）也同样跟进，先后出了七种盗版，只是为了少些制版的花费，尺寸都一律减半。

在这个时期，欧洲向世界开放的速度很快。从 1270 年到 1275 年，马可·波罗亲眼见到了鲜活的大黄、肉桂树、姜黄、樟树、椰树和人参，而这些植物，他以前只是在药店的货架上见识过，而且或者只是部分，或者是脱了水的，都是些制成品。虽然他写成的游记从 1298 年起便以手抄本的形式出现，但发生重大影响还是到了 1477 年有了该游记的印刷本以后。1487 年时，欧洲的探险家们已经到过非洲海岸，

图 57 《黄衣女郎》。意大利画家阿莱索·巴尔多维耐提（Alesso Baldovinetti，约 1426—1499）的作品。画家大胆地将扇棕（学名 *Trachycarpus fortunei*）的形象放在了女郎服装的袖管上

并进入了阿比西尼亚（Abyssinia）[①] 内陆。1498 年，欧洲的船队再一次来到印度，重新探访了当年亚历山大大帝的军队到过的印度河流域——当年就是从这里，他麾下的将军们向欧洲本土发回了有关榕树这一怪异植物的报告。待到 1503 年，欧洲人的贸易已经扩展到西印度群岛（West Indies）和整个美洲大陆。1511 年是马六甲（Malacca）和香料群岛 [②] 被加到地图上的一年。进入 1516 年后，欧洲航海家们登上了中国的土地，继而又在 1542 年来到日本。当 16 世纪中叶结束时，欧洲的探险家们几乎到过除了澳大利亚和新西兰之外全世界的所有国家。种种欧洲和西亚的古代学者们根本不知道的植物，其存在如今得到了普遍承认。在不到一百年的时间里，涌入欧洲的植物品种达到了先前两千年间的 20 倍。虽然最早的几次远洋探险是葡萄牙航海家实现的，但以资助新发现而论，最积极的是意大利的商人与银行家。率先在本土栽植蜂拥而来的陌生草木的也是意大利人。还在 15 世纪时，美第奇家族在佛罗伦萨的花园里，除了橄榄和葡萄等本土草木外，外来户还只有菠萝和桑树。而到了下一个世纪，单是从美洲新大陆那里，就涌来了令欧洲人啧啧称奇的玉米、地瓜、马铃薯、荷包豆、四季豆、向日葵和菊芋。这时，意大利学者们开始积极而认真地对待为纷至沓来的草草木木分门别类的任务。此时他们有了三个新的帮手：植物园、植物标本，还有姗姗来迟的高质量印刷成的植物著述。

① 埃塞俄比亚的旧称。——译注

② 即东印度群岛刚被欧洲人发现，但尚未被荷兰人统治时，欧洲人给出的名称。——译注

第十一章

奥托·布伦费尔斯的《真实草木图鉴》

（1500—1550）

对于像特奥多罗·伽札这样的早期人文主义者来说，将古典时期的典籍加工整理出来，便已大功告成，至于它们是出自老普林尼还是狄奥斯科里迪斯倒无所谓。这批早期人文主义者是受到中世纪僵化理念阻碍和神学思想打压的学者，认定这个时期只是尾随在往昔灿烂的古典时代之后的一阵令人讨厌的呃逆，继之而来的以人为本的时代势将再创辉煌。他们相信，人类与现实世界的关系也同其与上帝的关系一样重要。不过这些早期人文学者们也都一致认为，想要准确地理解古典著述中的精义，字句就必须是精确的原文。通过不惮辛劳地比较不同版本的经典著述，散佚的片段得到了复原，抄错的字句得到了纠正（在此过程中还不忘将原因推到岁月的磨蚀和抄写人的失误上，却从未批评过古典时期的原作者）。然而，君士坦丁堡1453年被土耳其人占领后，欧洲人与收藏在那里丰富的古希腊文献便一下子断了联系。这便使红衣主教弗朗切斯科·皮科洛米尼（Francesco Piccolomini）向教宗尼古拉五世报告说，“源自缪斯众女神的泉水永远枯竭了”。没了古典资料来源的新一代学者，只能钻研不久前译成拉丁文的典籍，也因此有了审视意识，敢于动问原先被奉为圣贤的诸般权威的立言。尼科洛·列奥尼塞诺发表了《老普林尼等人有关本草著述的失误》；埃尔莫劳·巴尔巴罗写出了《普林尼氏著述匡正》。要修养成人文学者，必须熟知古代典籍，然而他们在努力修习的过程中，很快地便发现典籍中的内容固然有些能够解惑，但更多的是招致疑问。这便引来了探究：狄奥斯科里迪斯和老普林尼所写的东西是否值得如此重视？阿拉伯人在下大力气保存古希腊典籍不致湮没的过程中，是否在其中掺进了自己的观念与文字？

渐渐地，这些处于新形势下的学者们，开始努力解开将自己捆绑在古老典籍上的绳索。今天的人们处在一个急躁和自以为是的时代里，又掌握着极丰富的知识，因此难以理解那个时代的进步为何如此迟缓。看来一些现代人怕是忘记了，他们所掌握的知识，在那时都还有待于后人的发现呢。平心而论，那时的人文主义者是喜欢面向大自然的，而且不但对研究它乐此不疲，还坚决奉行为理解它本身而研究、因理解它本身而愉悦的原则，而不是为了用以诠释《圣经》中的字句（像圣奥古斯丁所要求的那样），也不是为了将上帝创世的奇迹具体化。因此，这是一个解放思想的时期，是一个形成独立思考的时期。

这也是一个研究真实植物的时期。将注意力聚焦在一千七百多年前所写的若干草木知识的时代已经结束了。不过要进行研究，至少先得有所察看——认真地察看。所幸在这个16世纪里，察看草木已经方便了许多。最早的植物园已经在帕多瓦和比萨建成，最早的植物标本（压扁并脱水的真实花草）已经制得。比这两样更重要的是，第一批带有学术研究性质的植物书册也已经印行问世；其中最早的一种是三卷集的《真实草木图鉴》（1530—1536）。该书的作者是奥托·布伦费尔斯（参看图58）。其实在这套书里，图像要比文字来得更重要。

奥托·布伦费尔斯在第一卷的题献文中告诉读者说，他写此书的目的只有一个，就是复苏“一门几乎消失的科学。而我相信，要达到这一目的，就必须将所有老旧的植物图谱抛开，代之以新的、确保真实的植物图画，相配的文字说明也须引自可以信赖的古代著述。我在这两个方面都尽了力，以最大的认真争取双双实现”。[1]

为这本书作画的是汉斯·魏迪茨。看过此人为这本书画出的一大批“新的、确保真实的植物图画”——无论是白头翁草、水仙、羽衣草，还是睡莲，对它们的真实模样就再也不会有所怀疑了。安德烈亚·阿马迪奥当年也达到了这一水平（只是种类要少得多），但由于没有印刷本，只有他本人亲笔画的唯一原本能够如是。如今有了印制出来的《真实草木图鉴》，无论哪里的学者——德国的、法国的、意大利的还是丹麦的，看到的都是一丝不差的相同图像。在大范围内实现植物真实形态传播的时代开始了。魏迪茨是阿尔布雷希特·丢勒的弟子。他为这三卷书贡献的260幅极出色的植物插图，都是真实草木的再现。就连起绒草出现断折的茎干，嚏

图 58 奥托·布伦费尔斯（1488—1534），三卷集著述《真实草木图鉴》（1530—1536）的作者；插图部分由阿尔布雷希特·丢勒的高徒汉斯·魏迪茨完成

corum TOMVS Primus. 217

A

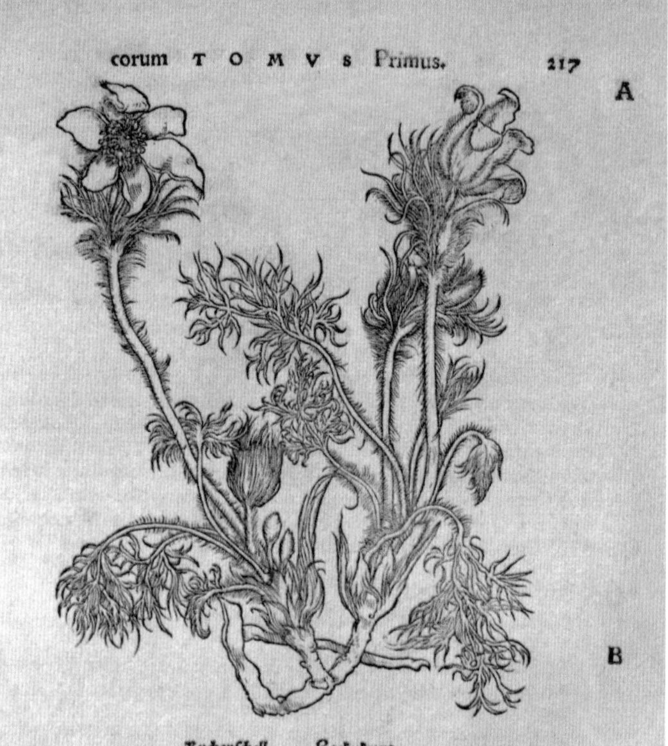

B

Kuchenſchell. Hackerkraut.

OTHO BRVNNFELSIVS.

CONSTITVERAMVS ab ipſo ſtatim operis noſtri initio, quicquid eſſet huiuſcemodi herbarum incognitarum, et de quarum nomenclaturis dubitaremus, ad libri calcem appendere, & eas tantum ſumere deſcribendas, quæ fuiſſent plane uulgatiſſimæ, adeoq; & officinis in uſu: uerum longe ſecus accidit, & rei ipſius periculum nos edocuit, interdum ſeruiendum eſſe ſcenæ καὶ καιρῷ λατρεύειν, quod dicitur. Nam cum formarum deliniatores & ſculptores, uehementer nos remorarentur, ne interim ocioſe agerent & prela, cōacti ſumus, quamlibet proxime obuiam arripere. Statuimus igitur nudas herbas, quarum tantum nomina germanica nobis cognita ſunt, preterea nihil. Nam latina neq; ab medicis, neq; ab herbarijs rimari ualuimus (tantum abeſt, ut ex Dioſcoride, uel aliquo ueterum hanc quiuerimus demonſtrare) magis adeo ut locum ſupplerent, & occaſionem preberent doctioribus de ijs deliberandi, q̄ꝫ

t 3

图 59 白头翁草（学名 *Pulsatilla vulgaris*），奥托·布伦费尔斯视之为“野草棵子”而不情愿收进《真实草木图鉴》的插图之一

根草上枯黄的叶片，野兰花受到的病害，都被他一一显示到图像上。它们都是具体一株株植物的真实写照，不是对整个品种的模式化表现。诚然，要对这些图像所表现的实物给出得到一致同意的文字指称，前途仍然任重道远。

奥托·布伦费尔斯为这本书写的题献文相当长，但其中却没有提到汉斯·魏迪茨——功绩为他一人独占。两年后出德文版时，他这才在前言中提了一下“斯特拉斯堡的汉斯·魏迪茨先生”。布伦费尔斯似乎很不情愿地称赞这位画家的出色业绩。他曾在多个场合抱怨过自己不得不对“那些师傅们”让步——他们只肯捣鼓自己喜欢的内容，而且要在喜欢干的时候才动手。他解释说，这样一来，他便无法将插图与文字搭配停当，而只有他自己才清楚插图中应当表现什么内容。每当雕版师刻出足够的插图图版，他便作为一卷书付印。第一卷形成于1530年，第二卷在1531—1532年积累成功，而第三卷则在他逝去后于1536年问世。从历史的角度分析，魏迪茨的插图其实要比布伦费尔斯的文字远为重要——也许从一开始，人们就是这样认为的。其实形成此书也许并非布伦费尔斯的创意，而是斯特拉斯堡的出版商兼印刷技师约翰内斯·肖特（Johannes Schott）的主张。也许这位肖特意识到了印有精良图幅的植物书刊会有不错的市场，因此由他聘用魏迪茨承担作画任务，并从始至终将这位画师放在最重要的地位上也未可知。在魏迪茨为此套书选定的插图中，有47幅是从未用于其他地方的新作。这其中有些是德国常见的植物，都是很美丽的，如五叶银莲、草甸碎米荠、车前草，还有全套书中最美丽的白头翁草（参看图59）——那细柔如羽毛的叶簇，茎秆上生出的软毛，开放在一丛丛卷须上的花朵，都被魏迪茨表现得尽善尽美。只是布伦费尔斯非常不愿意将它收进书中，说这是一种既没有正式拉丁文名称，又不能入药的“野草棵子”。他对五叶银莲也持同样的态度，觉得它无非是一种长在树棵子之间“连名字都叫不出的野草”。对于魏迪茨将又一种名叫铃兰的草株添加进来的做法，布伦费尔斯也认为是因为有权拍板的人“像鱼一样不吭气”而得以硬挤了进来的结果。凡是时下不知道用处的植物，他一概不赞成收进。这种态度，可是以往的任何植物作家所不曾有的。这说明布伦费尔斯不是位革新者。而作为阿尔布雷希特·丢勒门墙桃李的魏迪茨，不但学来了恩师的不妥协精神，也显然从叶片那多种形态与聚组方式、花朵在茎秆上的位置布局，以及容纳种子的变化多端的果托那里，感悟到了植物世界内在的多样性。正是由于

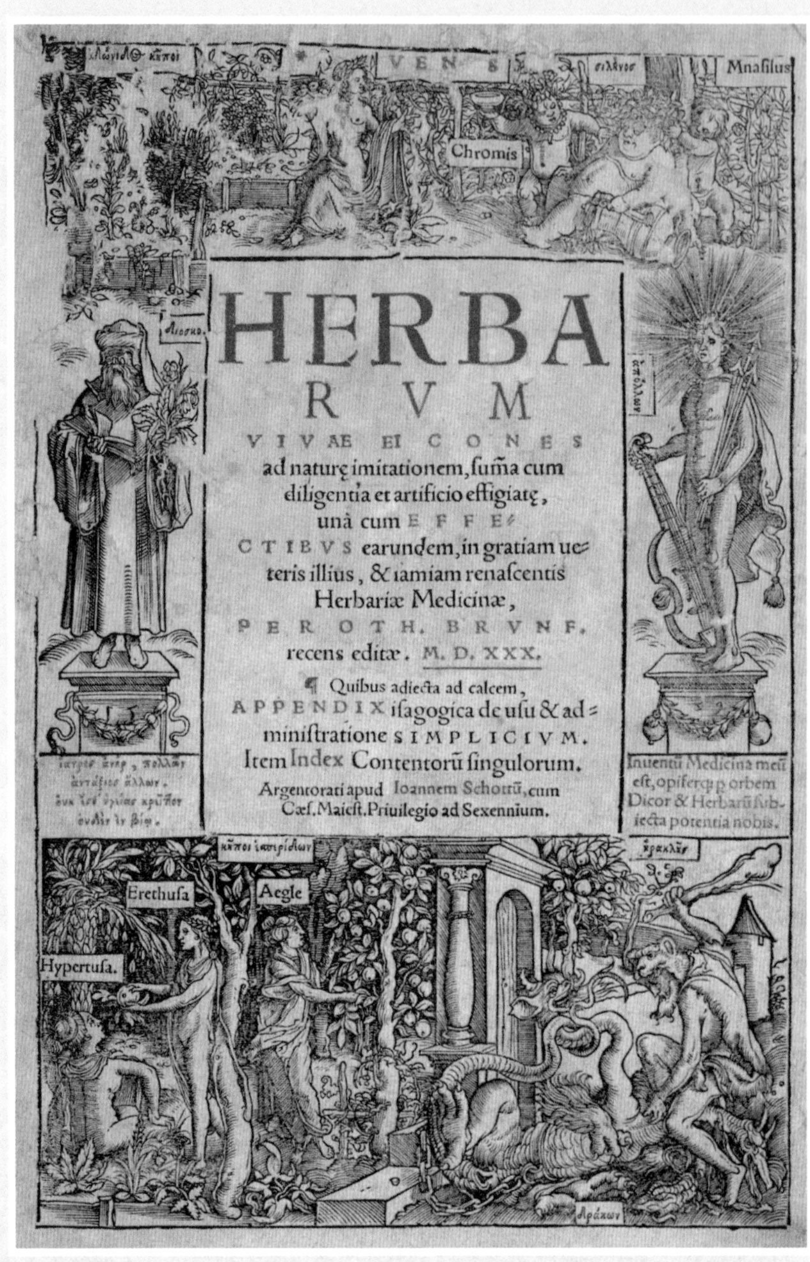
HERBA
RVM
VIVAE EICONES
ad naturę imitationem, sūma cum
diligentia et artificio effigiatę,
unà cum EFFE-
CTIBVS earundem, in gratiam ue-
teris illius, & iamiam renascentis
Herbariæ Medicinæ,
PER OTH. BRVNF.
recens editæ. M. D. XXX.
¶ Quibus adiecta ad calcem,
APPENDIX isagogica de usu & ad-
ministratione SIMPLICIVM.
Item Index Contentorū singulorum.
Argentorati apud Ioannem Schottū, cum
Cæs. Maiest. Priuilegio ad Sexennium.

图60 奥托·布伦费尔斯所著《真实草木图鉴》第一卷的扉页。此著述中有汉斯·魏迪茨所作的精妙植物插图。该卷于1530年在斯特拉斯堡出版

魏迪茨创造出种种新的图像，这些新图像又进入印刷书册中流传到整个欧洲，使得它们再也不能被置之不理了。药剂师固然未必能找到它们的用途，但说它们是“野草棵子”也好，叫不出名目也罢，它们的存在却是毋庸置疑的事实。当《真实草木图鉴》的第一卷于1530年出版时，当时的学界所掌握的植物资料尚不足以实现切实可行的分类。尽管如此，布伦费尔斯还是觉得有必要制定出一种秩序来。画家们提供的名称让他不愿接受而又不能不接受，弄得他十分恼火。

《真实草木图鉴》中的文字部分都是奥托·布伦费尔斯从通常的资料来源取得的。它们来自47个人的著述，包括欧洲人泰奥弗拉斯托斯、狄奥斯科里迪斯和老普林尼等，阿拉伯人塞拉蓬、梅苏厄（Mesuë）、阿维森纳和拉齐（本名Abū Bakr Muhammad ibn Zakariyyā al-Rāzī，拉丁化名字Rhazes）等，就连胡诌出《柏拉图信徒阿里普列尤斯植物图谱》的作者也榜上有名。第一卷的扉页上（参看图60）印了好大一堆古典形象，分列书名框两侧的是，站立在柱台上的狄奥斯科里迪斯和阿波罗神（后者披着一件怪怪的、缀着缨穗的斗篷）；爱神维纳斯在一处16世纪风格的花园里，傍着用木栅栏围起的花床怡然自得地休憩；奉命看守金苹果树的赫斯珀里得斯仙女三姐妹在果园里嬉戏。布伦费尔斯除了对医生一类人物表示感谢之外，还向他称之为“平头百姓”的一批人表示致意，说“他们的知识不是来自书册而是亲身体验”。他这里是指采药人，一些“有老到经验的人”。就是从这类人那里，他知道了一种当地人叫作“穷棒子芦笋”，样子像菠菜的可食用植物。[2]他还津津乐道地转述过一则有关16世纪的医生与人文主义者纪尧姆·考普斯（Guillelmus Copus）的逸事。据说这位巴塞尔人在宴请来自巴黎的医学界同道时，从一盘刚上桌的凉拌菜中挑起一根东西来，问客人们是否能叫出它的名目来。在座的人都说不出，便猜想这会是一种来自外地的稀罕物。于是考普斯将厨娘叫来，让她告诉客人们，这其实就是一根香芹。看来布伦费尔斯似乎从讲述这件事中感到一丝隐隐的快意。

奥托·布伦费尔斯对他所称的“平头百姓”怀有一种天然的亲近感。这很可能与本人的出身有关。他出生在德国小镇布劳恩费尔斯（Braunfels），是家里的独生子。他的父亲约翰·布伦费尔斯（John Brunfels）是个箍桶匠。大约在1510年，奥托在美因茨大学取得文科硕士学位，随后便离开家园，不顾父亲的反对，以见习修士的身份进入离斯特拉斯堡不远的一座加尔都西会的修道院清修。他在那里生活了大概十年，随后改信新教路德宗，又与另一名相契的天主教神甫米夏埃多·赫尔（Michael Herr）一起离开天主教会，来到斯特拉斯堡，并结识了那里的印刷技师与出版商约翰内斯·肖特。嗣后，他以一名新教牧师的身份在德国西南地区的多个地方布了几年道，然后于1524年回到斯特拉斯堡。他在这座城市里结了婚，办起了一所学校，并开始了写作生涯。在头十年里，他著述的内容都在神学领域内。1532年，他在巴塞尔大学取得医学博士学位，随后便开始行医，先是在斯特拉斯堡干了不长一段时间，随后便来到伯尔尼开业，但转年便死于肺结核。

这就是说，先是神学主宰了他的前半生；然后一面撰写《真实草木图鉴》、一面同时办学；取得医学博士学位的1532年，也正是他这套书的第二卷出版的那一年。他攻读医学时，应当是学过药草学知识的——当时的植物学知识只能通过医学课程接触到。他也应当从教师那里学会如何从医学教科书中筛选出此类知识——这也可以从写进《真实草木图鉴》中的一段段摘录中看出。其实对于植物学，奥托·布伦费尔斯本人也未必比他的读者更内行多少，即便知道一些，也都范围有限。他在巴塞尔大学的老师们应当是只传授了些有医药价值的草木知识。难怪看到汉斯·魏迪茨拿来一张张古典学者们从来不曾提及的植物时，布伦费尔斯会大为恼火呢。可既然从先师们那里找不到根据，有发言权的人又“像鱼一样不吭气”，他本人也只好当闷葫芦了。不过，他也从当地的采药人和药剂师那里学有所成。对于医药界所谓的“形信号说”，他是全盘接受的。所谓“形信号说”，是指认为植物的用途会蕴含在其形状之中。比如有一种蓼草，常常被用来应对某些外伤，根据就在于这种植物的每片叶子上都生有一个血红色的斑点。“这种药草，”布伦费尔斯在他的书中写道，“也长成两种，一种大，一种小，不过都生有桃形叶片，斑点都位于叶片正中，像是一滴血落在了上面。此种绝妙的表征令我无比惊讶，超过了所有其他草木。”当他遇到若干种混杂在一起介绍的植株时，如果原来资料的处理是将它们的特点混在一起给出，弄得倒像是会有不同表现的单一种植物时，他的对策是全盘照抄，而且不附加本人的任何观察结果。比如，对于他称之为水仙的植物，《真实草木图鉴》中是这样介绍的——

据说它们会开两种花，也就是阳花和阴花，分紫、黄与白三色。它们一年

> 花开两度，一次在3月间，一次在9月里，结籽儿则在5月底6月初和一年之始时。它们在春天开的是白花和黄花，入冬前会开紫花。有人说这种草株实在很奇妙：如果3月间采集，将它们从土中弄出来会很容易，用一根手指便可连根拉出，只是一过3月，它们便会越来越深地钻入地下，一直钻到9月里才止住。这时它们会在一腕尺深的地下，要采挖出来就得大费周章了。不过一入冬，它们就会再次上移，甚至会在春天开出第一朵花时移到地面之上。我还听说而且真就注意到，它们的根一开始是柔软的和膨起的，叶簇与韭葱差不多……但没过多久便会变硬，叶子也肥厚起来，而且不从茎秆上分出，直接就从地里钻出来。从9月往后，这些叶片便变得又硬又粗糙，不过开出的花朵却很精致，形状一如百合，整朵花有一个巴掌宽，开放时间是在割过第二茬草后。[3]

其实，这部分内容涉及三种植物，只是被他搅成了一锅粥：开黄花的是喇叭水仙，开白花的是雪片莲，开紫花的则是秋水仙。汉斯·魏迪茨将其中的喇叭水仙和雪片莲一起画在《真实草木图鉴》第一卷的第129页上（图61即为此图），可以看出这两种花其实大不相同。在书中给出的植物名称表上（列以希腊文、拉丁文和德文三种文字），奥托·布伦费尔斯倒还是给出了这三种植物中两种的德文俗名，而这两个俗名是不同的。

奥托·布伦费尔斯在他的书中用到了“阳”和“阴”这两个字眼，不过并没有想到植物会有性别。当时的植物界还不曾意识到植物也是有性行为的。“阳”和“阴”只是包括布伦费尔斯在内的学者们用来表示大体相同的植物在形态上有所差异的小类别。“阳”通常用于形容花朵颜色深浓的一类，“阴”则用于花色浅淡些的。这就是他说开紫花的秋水仙为“水仙”中的“阳”者，而称春天开白花的雪片莲为“水仙”中的“阴”者的缘故。他认为开黄花的睡莲为“阳”，开白花的为“阴”，也是根据同一个缘由。在另外一些情况下，“阳”也被定为“正宗”，“阴”则指代其变种，不过“阴”并不意味着较为差弱。

用近代行话来比方，奥托·布伦费尔斯干的是“剪切和粘贴”的行当，并没有任何创新。据苏格兰植物学家托马斯·斯普拉格（Thomas Sprague，1877—1958）研究，在《真实草木图鉴》中提及的258种植物中，78种是泰奥弗拉斯托

corum, TOMVS Primus. 129

NARCISSVS.

A

Narcissus Pseudonarcissus — Leucoium vernum

De NARCISSO, & Hermodactylo, Rhapsodia Vicesima.

NOMENCLATVRAE.

Græcæ, νάρκισσος. ἀντεγινίς. βολβὸς ὁ ἐμετικός. λείριον. ἄνυδρος.

Latinæ, Narcissus, Hermodactylus.

Germanicę, in Marcio, Hornungs blům. In Septembri, Zeytlößlin.

PLACITA AVTORVM de Narcisso.

Historia Narcissi, secundum DIOSCORIDEM, lib. 4.

NARCISSVS folia Porro simillima habet, tenuia, multo minora, & angustiora: caulis uacuus, & sine folijs, supra dodrantem attollitur: flos albus in medio, intus croceus, in quibusdam purpureus: radix intus alba, rotunda, bulbosa: semen uelut in tunica, nigrum, longum. Probatissimum nascitur in montibus suaui odore. Cætera Porrum imitatur, atq; hærbaceum uirus olet.

m

图 61 喇叭水仙（学名 *Narcissus pseudonarcissus*，左）和被奥托·布伦费尔斯也划归为其同类的雪片莲（学名 *Leucojum vernum*，右）。摘自布伦费尔斯的《真实草木图鉴》第一卷（1530）

斯早已了解的，84种为狄奥斯科里迪斯和其他古典时代的作家已然知晓的，还有49种是中世纪的植物学者们有所掌握的。[4]余下的47种“新”草木，也只是仅就其不曾见于前人著述而论；而且它们被收入书中，其实很可能是汉斯·魏迪茨看中了它们的形态，并非布伦费尔斯出于科学价值的考虑。至于此书未能按任何逻辑顺序编排，倒是不能够怪他，因为出版商约翰内斯·肖特不肯等到整套书都完成后再出版。这位出版商在插图雕版上投入了重金，因此不想长期压着，一旦等到积攒起足够的图，便赶印出一卷来。不过布伦费尔斯还是有可能给植物的命名搞出些逻辑规则来的。然而他没有这样做，仍然中意于沿用“古典”名称，如若他找不到，便从相应的一堆俗名中相当随机地选出一个。古代学者们笔下的植物，基本上都生长于地中海沿岸，对阿尔卑斯山（Alps）以北日耳曼人地域的草木无疑所知有限。然而他不肯接受这一事实。如果他遇到德国本土上的某种植物，但在泰奥弗拉斯托斯和狄奥斯科里迪斯等人的著述中都查找不到，他就索性放弃。也许他认定古人们肯定是知晓此类草木的，只是由于某种原因将有关的描述弄得走了样，结果反令他对不上号了。他对描述文字没有下很多功夫，不过既然有那样出色的插图，读者们也就用不着对文字太过要求了——况且用以形容植物构造特点的专门词语此时也还没有形成，描述主要仍然是通过类比。因此，即便布伦费尔斯有所描述，也无非是些生着桃形叶片的蓼草，“叶簇与韭葱差不多”的“水仙”，诸如此类的字句。

为什么《真实草木图鉴》一书如此重要？主要就是因为汉斯·魏迪茨为这套书做了插图。这些图画为所有接触到它们的人提供了共同乐于接受的新起点。它的出现令全欧洲的植物学者都意识到，全面认识植物世界的新历程行将从这里开始。印刷术对植物学研究的深刻影响，特别体现在它使完全相同图像的传播成为可能。这是有史以来第一次大量出现多种与实物相同的图画。应当说，它们是研究植物并寻找出某种有意义并起作用的植物分类方法的强大催化剂。可是，如果逼真的图画会起到如此石破天惊的效果——实际上魏迪茨的作品也的确起到了这种效果，为什么却姗姗来迟呢？一个原因是文艺复兴初期的那批人文主义者，对他们着手复原的古代典籍过分崇敬；老普林尼等一些古代作家强调一幅图画只能表现植物一时的形态，由是导致认识失当的看法，可能便起了不小的作用。其实魏迪茨已经解决了这个问题，办法是在居主位的图画周围，加画上种种细部的小图。比如他画的喇叭水

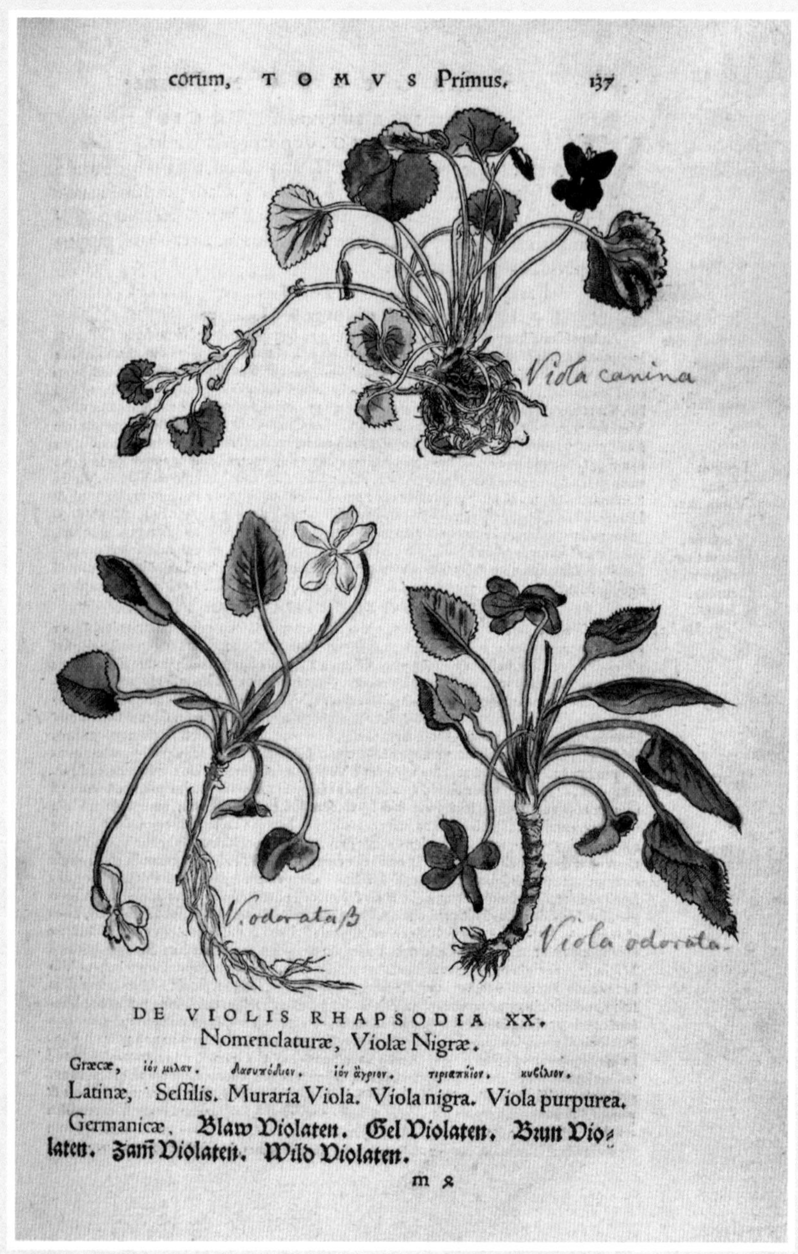
corum, TOMVS Primus. 137

DE VIOLIS RHAPSODIA XX.

Nomenclaturæ, Violæ Nigræ.

Græcæ, ἴον μέλαν. δασυπόδιον. ἴον ἄγριον. τριαπήϊον. κυβίλιον.

Latinæ, Seſſilis. Muraria Viola. Viola nigra. Viola purpurea.

Germanicæ, Blaw Violaten. Gel Violaten. Brun Vio-laten. Zam̃ Violaten. Wild Violaten.

m 8

图 62 汉斯·魏迪茨为《真实草木图鉴》所作的堇菜属（学名 *Viola*）下的三个种。在此书问世之前，印刷书册中从未出现过如此逼真的植物图像

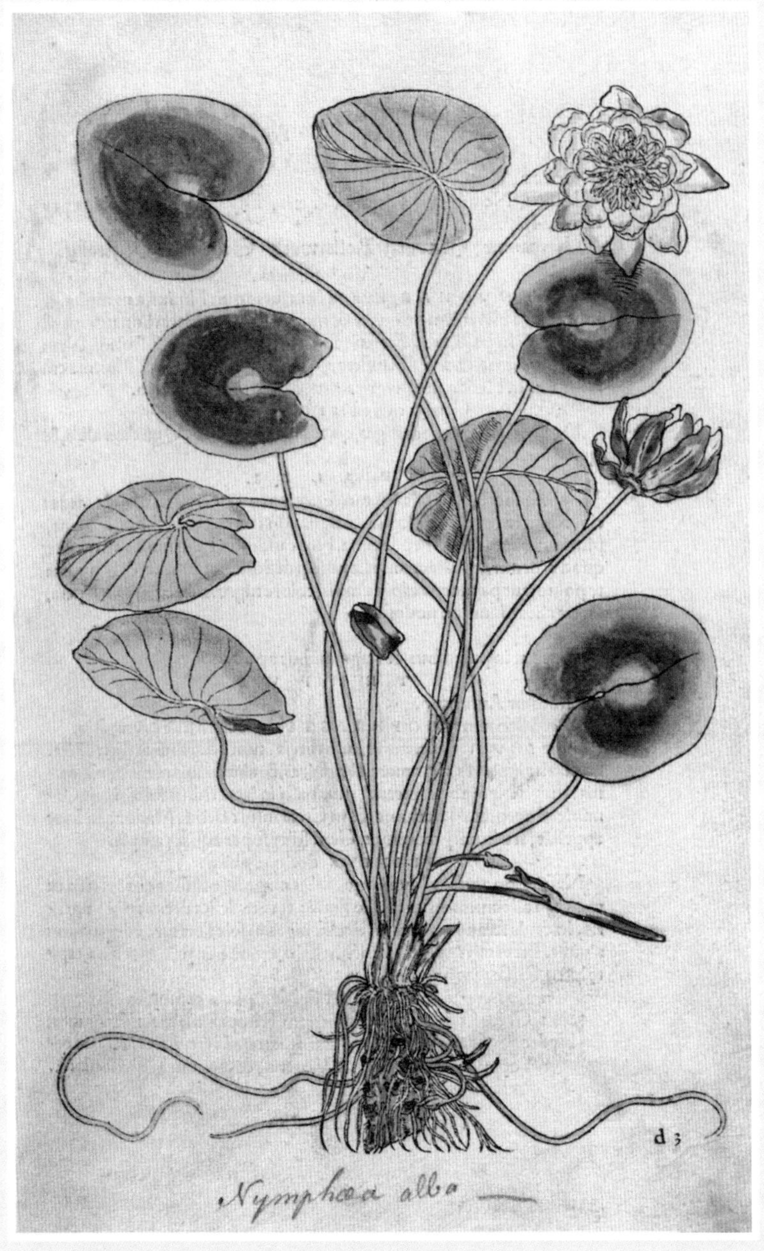

图 63 汉斯·魏迪茨为《真实草木图鉴》所作的白睡莲（学名 *Nymphaea alba*）。在此书问世之前，印刷书册中从未出现过如此逼真的植物图像

仙，就是一株处于萌发状态的主画，再加上旁边的一朵开放的花朵（参看图61，左）。时间的流逝终于使人们对图画的偏见一点点地消弭。它们的优点实在是太明显了。另一个原因不是来自文化层面，而是技术领域。画家们早就证明了自己是能够画出写实的植物来的，但将画家的图画仿制成不走样的木刻，从而能够在机器上大量地印制出来，却是在阿尔布雷希特·丢勒的木刻刀下实现的。[①] 丢勒对真实性的严格要求，使德国形成了木刻艺术新的传统，达到了木雕技术新的水平。正因为如此，最早的一批像模像样的高水平植物图谱都出自德国的木刻雕师与印刷技师，而不是他们的意大利同行。欧洲的文艺复兴始自意大利，但德国在印刷术上占了鳌头。

① 丢勒也是开创逼真版画的前驱人物。他的木刻《犀牛》被普遍认为在艺术水平与写实程度上都堪与《野草地》并驾齐驱。——译注

第十二章

霹雳火莱昂哈特·富克斯

（1500—1570）

虽说将图画引进文字的好处远远多过缺点，但同时也蹚出了导致出错的新路径。这便是莱昂哈特·富克斯（Leonhart Fuchs，1501—1566，图 64）1542 年在编纂自己的《精评草木图志》时注意避免的情况，即在奥托·布伦费尔斯的《真实草木图鉴》一书中，插图的位置并没能都与相应的文字部分很好地匹配到一起。富克斯本人可是绝对不允许自己的著作出现这种情况的。虽然这两个德国人有若干共同点，比如起先都是天主教徒，又都皈依了新教路德宗，还都当过学校校长，也都取得了医学学位，并在编写植物学著述时都大力仰仗古典文献，此外也都不喜欢旅行，观察植物又同样只肯在德国本土进行，等等。不过富克斯与布伦费尔斯也有不同之处。首先是富克斯生而逢时，尽占了天时之利，而且无论是从学者的角度还是植物学家的角度衡量，水平都更高一筹。富克斯比布伦费尔斯小 12 岁，因此沾了时代迅速发展的光，得以成为全欧洲学者参与共享知识、交换植物、热烈探讨植物学术用语网络中的一员。富克斯在蒂宾根（Tübingen）的一所新成立不久的新教大学即蒂宾根大学谋得了教授的稳定教职；而布伦费尔斯取得医学博士学位没过几年便去世了。富克斯是名斗士，极有主见，凡事不做则已，要做就非自己主事不可。他的《精评草木图志》完全是自己说了算的产物，而布伦费尔斯可是向为他的书做插图的人让了步。《精评草木图志》一书由画师阿尔布雷希特·迈尔（Albrecht Meyer）作画，技师海因里希·菲尔毛勒（Heinrich Füllmaurer）将画拓到木板上，再由木雕师法伊特·鲁道夫·斯派克勒（Veit Rudolf Speckle）加工成木刻。对这三位艺术家的工

图64 莱昂哈特·富克斯的肖像。摘自他本人的著述《精评草木图志》（1542）

PICTORES OPERIS,

Heinricus Füllmaurer. Albertus Meyer.

SCVLPTOR

Vitus Rodolph. Speckle.

图65 为《精评草木图志》(1542)作插图的三位匠师：作画人阿尔布雷希特·迈尔(上右)，拓图人海因里希·菲尔毛勒(上左)和雕版人法伊特·鲁道夫·斯派克勒(下)

作，富克斯给予了充分好评，还将这三个人的肖像放进书中作为压阵的插图（参看图 65），不过从此书的致谢文中便可清楚地看出，这三个人都是本着他的意图行事的——

> 至于书中的插图部分，每一幅的线条都表现出了活植物的形态。我们都特别注意让每根线条都绝对精确地给出，并以极大的努力表现出每株植物的根、茎、叶、花、果和籽儿来。我们还刻意避免使用阴影等人为手法，而画家们通常会为追求艺术效果这样做，结果是妨碍了对植物天然形态的全面表现。我们也不允许搞任何会影响到反映真实的名堂。法伊特·鲁道夫·斯派克勒是当今全斯特拉斯堡最优秀的木雕师。他以与画师和拓师相同的辛勤精神工作，使木刻极为出色地表现出每幅原作的面貌，因此应当得到与前两者一样的赞誉。[1]

这段话颇有批评奥托·布伦费尔斯的画师汉斯·魏迪茨将艺术表现凌驾于科学反映之上的弦外之音。不过，莱昂哈特·富克斯也赞扬了布伦费尔斯立下了以其《真实草木图鉴》将药草学著述“从险些绝种的黑暗境地”解救出来，并力图“改进与光耀”这一学科的功绩。他同时也批评这套书在“文字内容上有许多不足之处”，而这是缘自在取材方面“选中的植物较少，又都只是常见的种类，而且时常未能给出植物的真确的和得到普遍采用的名称。尽管如此，单就作为率先在德国实现以正确的图画表现出植物而论，他便值得赞扬与称道，堪为人们仿效的榜样”。[2]

莱昂哈特·富克斯的志向自然不是仿效他人，他要实现的是超越。若以收纳进《精评草木图志》的植物种数而论，他是做到了这一点的。此书有近 500 张插图，而且都以整页篇幅表现。[3] 他在文字的取舍上依仗狄奥斯科里迪斯的地方很不少，但在总体安排上做到了查找起来比《真实草木图鉴》方便。他将所有的植物分放在 344 节文字中，并按各节标题的希腊文字母表排序。这样做虽说不上十分理想，却也有前例可循。对于各节的文字，他都以固定的顺序安排，并都给出统一的小标题组：首先是名称，即相关植物所得到的所有已知叫法；然后是形态，也就是对外观的描述；接着是分布，提供了可能生长处的环境信息；随后是时令，给出的是生长的季节；再往下是物性，也就是按照盖伦当年所建立的体系标定其冷热、干湿和平烈的类别；最后再以小标题功用为收束的部分列出狄奥斯科里迪斯、盖伦、老普林尼，以及别的一些由富克斯选定的权威给出的医用介绍。在其中的若干节里，他还再加上一个附注作为小标题，放入的是他本人对相关植物的见解。例如在大麻这一节，他在引用了老普林尼、狄奥斯科里迪斯和盖伦当年如何将这种植物用于医药的陈述后，加上了自己的这一段意见："情况十分清楚……大麻让知觉高度活动的结果是导致损伤，因此沿用通常的错误套路，让精神上不健全者服用大麻籽儿是不明智的，这样会给病人带来很大的危害；对重症患者则尤为严重。"[4]

对于"平头百姓"的药草经验和知识，莱昂哈特·富克斯并不如奥托·布伦费尔斯那样重视，就连医生们，他也不大看在眼里。这一态度也反映在《精评草木图志》的致谢文中——

> 在这些人中，真正掌握正确（植物）知识的，恐怕百里也未必能够挑一呢。他们似乎认为，此类知识不在他们的职业要求之内，即便是打一点交道，也无非就是高高在上地向下瞥上几眼，看一下买卖药草的人是不是搞鬼而已。这样一来，就只能靠草药师傅——要知道，他们多数都不识文断字——与一帮寻草刨根的村夫村妇打交道了。而这些村夫村妇可是又蠢笨又迷信呢。将鉴别药草的工作交给他们，错误只会层出不穷。[5]

莱昂哈特·富克斯自小就表现得早熟，他后来的傲慢可能就与此有关。他是家中三个孩子中最小的一个。父亲是个中等官吏，家道殷实，但在幼子五岁时辞世。小莱昂哈特被寄送到海尔布隆（Heilbronn）的学校读书，15岁时进入爱尔福特大学，两年后获得文科学位。他回到家乡韦姆丁（Wemding）创办了一所学校，办学还不满一年，他又去英戈尔施塔特大学学医，于1519年6月28日成为医学博士。在此之后，他便赴慕尼黑（Munich）行医，此时尚不足23岁。婚后，富克斯再次回到英戈尔施塔特大学——这一次是在医药系教学，还偕"品德高洁、家世可敬、教养出众"的新婚妻子安娜·弗里德贝格尔（Anna Friedberger）同去。两年后，亦即1528年5月18日，富克斯应时为摄政的勃兰登堡藩侯格奥尔格亲王（Prince Georg，1484—1543）之召来到安斯巴赫（Ansbach）。这位也信奉新教的藩侯有志

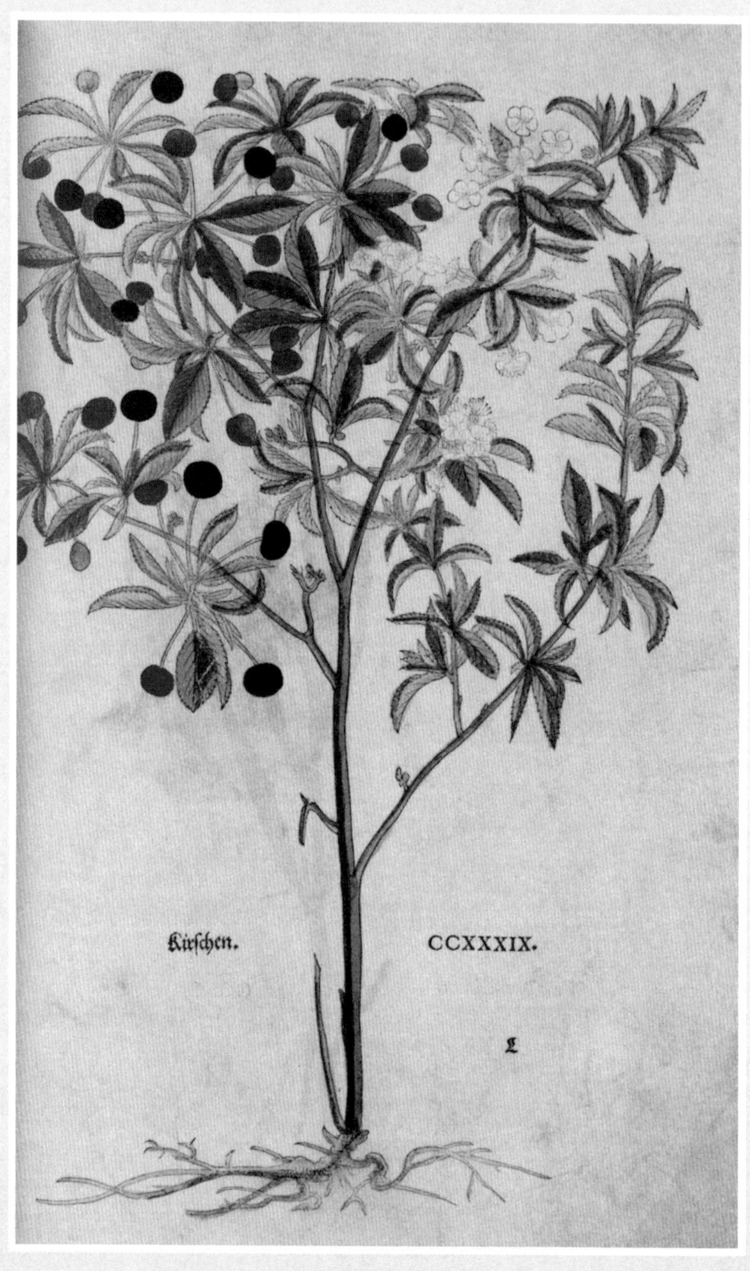

图66 一株樱桃树。树上开着花，还结出三种不同的樱桃。摘自莱昂哈特·富克斯1542年的《精评草木图志》第239节

于在安斯巴赫成立一所新教大学，并属意于聘富克斯在该大学任教。此事最终不谐，不过富克斯仍留了下来，任藩侯的私人医生，并在此职位上干了七年。由于1529年时医治肆虐德国的流行性汗热病①成效显著，他的名望大大提升。“由于没有有效的治疗方法，此种时疫变得十分凶险，成千上万的人染病死去，”在富克斯的奠仪上，他生前的同事格奥尔格·席兹勒（Georg Hizler）在祭文中说，“就在这一时期，我们的这位医生，在全能上帝的指引下，以自己的医术拯救了许多生灵。为此他不但得到了诸多民众的感激，也赢得了来自最上层人物对其本领的赞赏。这种流行病就是人们通常所说的‘英国汗热病’……1496年在德国暴发。”[6]

再到后来，莱昂哈特·富克斯接受了蒂宾根大学的聘任邀请，来到蒂宾根这座城市（参看图67）。[7]当时此市受符腾堡大公乌尔里希（Duke Ulrich of Württemberg）管辖。他于1535年8月14日抵达，来后便在此生活到逝世。他将家安在14世纪时的一座女修道院的旧址处，[8]在房屋东侧的空地上（如今这里立着一排公寓，造型可不怎么受看）种了些香附子，又播下些当时被视为稀罕之物的烟草籽儿，还栽了不少他后来写进《精评草木图志》的花草。据信，《精评草木图志》就是他在来到蒂宾根后开始撰写的。与此同时，他也尽心致力于改造大学里教授医学的方式。他以改革者的激情投入教学（他的保护人乌尔里希大公也有同样的热情），剔除了所有阿拉伯来源的教科书：“咱们都清楚，阿拉伯人的东西差不多都是从希腊人那里抄来的。这就是说，它们对于（医科）教学没有什么用——既然有清水可供灌溉，何苦还浇这些浑汤呢。”他持这种态度是很自然的。还是在安斯巴赫时，他便发表了一篇著述，标题是《近年的医药误区》，时间是1530年。他是位属于文艺复兴时代的人物，自然会尽力支持欧洲的古代典籍而贬抑穆斯林的译作了。（不过这一立场也并没有令他全面放弃阿拉伯人的东西于不顾，他在《精评草木图志》中还是数次引用了阿拉伯学者阿维森纳的著述。）乌尔里希大公也对教授

① 这是一种至今仍存在不少疑问的流行病，无论病因、传播方式、易感对象至今都仍未明了，就连为什么此病基本上只出现于英国，以及它在肆虐多次后为什么再未出现都仍有待了解。此病于1485年首次暴发，在极短的时间里夺去了大批英国人的生命，以后又暴发五次，其中第三次（指以后五次暴发中的第三次，即正文中提到的1496年）波及包括德国在内的欧洲大陆；但16世纪后期便销声匿迹。因为六次中有五次都只发生在英国，故又得到“英国汗热病”的俗称。——译注

图 67 蒂宾根城市图。这是绘于 16 世纪初的一幅图画。莱昂哈特 · 富克斯在 1535 年接受该市一所新教大学医学教授职务的聘任，嗣后一直在这里生活至 1566 年辞世

医学的教师提出了新的要求，就是责成他们带领学生去野外实习：“（教员）应当在夏季里不时地带领医科学生去乡间和山区，指导他们认真考察植物的形状，了解它们的生活习性，而不是听任学生们相信走街串巷的野药贩子和没有文化的采药人的说道。不少教员迄今为止一直没有这样做。”[9]这是个很有革新精神的想法。爱尔福特大学有位尤里修斯·考尔杜斯（Euricius Cordus，1486—1535），当年是富克斯的老师。是此人率先将野外实习作为医学学生的一门课程列为自己的教学内容的，乌尔里希大公大概就是受到了此举的启发。这一举措产生了重大影响。通过观察活生生的植物，学会鉴别它们，探讨彼此的异同（这些都是两千年前的泰奥弗拉斯托斯曾经做过的），使药草学受到了重视。如果社会中的偏见和势利导致掌握植物知识的只有那些“走街串巷的野药贩子和没有文化的采药人”，植物学研究是难以取得进展的。医生们自视高人一等，哲学家们（至少是泰奥弗拉斯托斯之后的系列）又认为植物之类只是些旁枝末节，不值得自己劳神。而进入这个新时期后，植物学知识成了人们需要的学问。对它们的兴趣表现为那个时代的鲜明特色，并一直在这个光辉的世纪里持续着。

莱昂哈特·富克斯在蒂宾根大学的年薪起初为160弗罗林，1537年时增为200弗罗林，此外还享受每年15弗罗林的住房补贴。这使他成为该校收入最高的教授。在这所大学里只工作了两年后，丹麦国王克里斯蒂安三世（Christian Ⅲ of Denmark）打算在哥本哈根（Copenhagen）创建一所大学，便通过有司向富克斯发来邀请，但没有被接受。“我有四个年幼的孩子，”他在1538年4月10日的回复中解释了原因，“我太太又正怀着孕。这使我目前无法做这一长途旅行。此外我还有许多藏书，不可能长途运送，而我还要钻研医道以服务公众，因此也不能将它们留下不带走。即使我乐于接受阁下的邀请，薪酬也不能低于700或800弗罗林……阁下想必会承认，国王陛下是不可能向我支付这样一笔款项的。请恕我无法接受。”[10]

在他的这一回复中，狮子大开口的部分是他的真心话，其他借口都不大站得住脚。他不想搬动的原因，其实是已经深深地投入到了《精评草木图志》的写作之中。在拒绝来自丹麦邀请同一年的10月24日，他在致普鲁士公国统治者阿尔布雷希特公爵（Duke Albrecht of Prussia）的信中，提到自己“正在准备著述一部植物图谱，含350多幅植物图画，不过目前还不能交付印刷”。然而当此图谱在1542年印行时，图幅

图 68 不同颜色的单瓣玫瑰与复瓣玫瑰。摘自莱昂哈特·富克斯 1542 年的《精评草木图志》第 254 节。他在书中写道：“花园中处处可看到人工培植的变种”

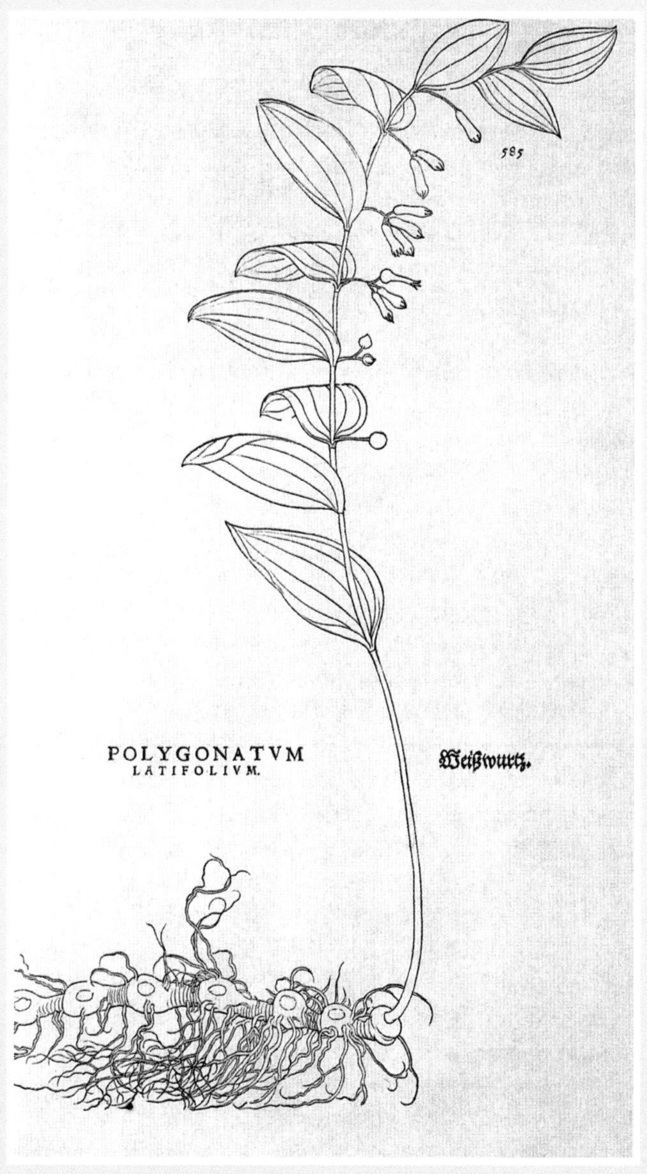

图 69 俗名所罗门王印玺的杂交黄精（学名 *Polygonatum x hybridum*）。此种植物的根状茎呈特别的结节形。摘自莱昂哈特·富克斯 1542 年的《精评草木图志》第 222 节。该草本植物在欧洲的分布范围很广，但富克斯误称为只生长在山区

的数目已超过500幅。扉页上印着“对草木的精辟评述”一行字，并进一步介绍道——

由当代最著名的医生莱昂哈特·富克斯不吝花费、不惮辛劳地完成，并附有以空前技艺绘制印成的500多幅逼真的写实图幅。

为求得实在的草木知识，许多人四处旅行，不但花费不赀，历尽辛劳，往往还要冒生命危险。本书读者可以高兴地知悉，这些知识皆收入此书之中。读此书犹如漫游花园，轻松愉快、节省金钱、节约时间，且更无危险之虞。

此外，书中还对不时出现的难以卒读的内容添加了扼要的解释。书后还附有一个名单，含有四栏有关植物名称的平行内容，即希腊文、拉丁文、草药师傅和采药人的用语，第四栏为德文。[11]

扉页后面的一页印着作者莱昂哈特·富克斯的肖像。他时年41岁，头戴黑色圆檐软帽，身穿红棕色大披肩狐皮领豪服（参看图70）。这幅肖像有一定的附加意义，但也可能是拿他的姓氏打打趣——要知道在德文中，“富克斯”（Fuchs）既是姓氏，也指代着狐狸。他戴着一枚镶有红宝石的戒指，手中还拿着一株植物，不过并不是与他的姓氏有关的倒挂金钟①，而是石蚕叶婆婆纳。彼时倒挂金钟尚未被欧洲人知晓，该植物的学名与富克斯挂上钩乃是1703年的事，彼时富克斯已作古一百三十七年了。

莱昂哈特·富克斯将此书题献给不久前于1539年皈依新教的勃兰登堡藩侯约阿希姆二世（Joachim Ⅱ，1505—1571）。他的这一攀附之举，显系有所冀求。他曾在一封信中表示自己“真是弄不明白，为什么几乎我们的所有王公显贵，都不曾努力效仿古代的帝王和英雄，多少扶助一下研究植物的人们……这些贵胄们为什么不在自己的园林里栽植上最出色的植物，包括远方的奇花异草，并延聘一批草木行家负责，看管它们、使它们繁衍呢？他们无疑是能够做到的……有心以此种方式提携对植物的认知……诚为获得盛赞与佳名的最有效途径”。得到有权势的保护人，

① 倒挂金钟为一开花植物的属名。第一种发现于墨西哥，便以富克斯的姓氏Fuchs为词根命名为*Fuchsia*以资纪念。后来又陆续发现多种类似植物，遂根据后文提到的林奈双名法升级为属名。——译注

图 70 身着华贵皮毛披肩领豪服的莱昂哈特·富克斯。此肖像由参与《精评草木图志》工作的海因里希·菲尔毛勒绘于 1541 年

是取得成功的捷径。如果这本《精评草木图志》能够让这位被题献人发生兴趣，此书自然会因之声名大噪。而该藩侯的采邑就包括蒂宾根在内，因此给蒂宾根大学里的人提供更好的事业机遇，显然也会是水到渠成之事。这本书出版之后不出数月，富克斯便给一位朋友、花木爱好者老约阿希姆·卡梅拉留斯（Joachim Camerarius the Elder, 1500—1574）修书一封，提到将送去一本装订考究的《精评草木图志》，恳请这位学者“给萨毕努斯（Sabinus）① 或者别的有门路的人，使这本书能够上达藩侯大人……我已找来一位年轻人将此书送呈你处”。[12] 这位老卡梅拉留斯当时在莱比锡（Leipzig）的一所大学执教，与富克斯有频繁的书信往来，是后者为数不多的支持者之一，也难得地受到后者的信任。在撰写《精评草木图志》时，富克斯无疑听取过这位学者有关专业术语的意见，并且十分宾服。他曾在一封写给老卡梅拉留斯的信中这样表示——

> 我非但没有因你提出与我大大相左的看法觉得受到伤害，而且十分高兴你这样做。真希望有更多像你一样的对手，能站在朋友和兄弟的立场上与我进行探讨真理的争辩。我很希望能有机会与你当面讨论你所提到的内容，只是不知道要等到何时才能实现。你知道我的脾气是一旦想到要干什么，就会马上去做的。但就在今天，我已经被一些乡民打断三回了。我得检查他们的尿液，弄得我比平素更忙。下面还是转入正题吧……（他在这封信中接下来谈到的正题是，关于春黄菊这种植物的性质与可靠的鉴别标准。）[13]

莱昂哈特·富克斯很遗憾自己未能在《精评草木图志》中实现对植物的有意义的分类，只能做到“尝试着东鳞西爪地将一些有关联的植物放在一起”。时至如今，找到存在于植物世界中的合理秩序的要求，已经变得十分紧迫了。纳入书本中的植物越多，分门别类的要求便越强烈。富克斯只是偶一为之的对策——将若干形态相似的植物放在一起，如五种毛茛、五样薄荷、四式包叶蔬菜——是很不够的，他自

① 可能是指德国外交家和诗人、当时在普鲁士公国的统治者阿尔布雷希特公爵创建的柯尼斯堡大学任校长的格奥尔格·萨毕努斯（Georg Sabinus, 1508—1560）。——译注

己也清楚这一点。奥托·布伦费尔斯也曾抱有同样的缺失感。两人所不同的是，富克斯认为，狄奥斯科里迪斯或者别的古代人物，都不具备了解他们本人写下的所有植物的条件。他自己也有同样的站位——毕竟在他的书中，单是生长在德国本土和欧洲中部地区的植物就有100种之众。还有100种左右是第一次出现在图画上的，且其中更有玉米、南瓜和万寿菊等来自化外之地的奇特物种。而他本人只是个惯于伏案劳作之人，又兼天性不够开放，对旅行也不感兴趣，对很多种植物的来源只有些模糊的认知。他大量引用的古典作家都是希腊人和罗马人，可他对希腊和意大利那里都有什么植物却并不清楚，更何况来自大洋彼岸新大陆的草木呢。对于插图，富克斯认为是重要的，而且要放就应占据整幅页面。他认为“人们都会受到图像的吸引,作为图画出现在画布和纸上的内容,会比单纯的文字更深地印入人们的头脑”。

《精评草木图志》是又一部标志着药草学发展的重要里程碑。画师阿尔布雷希特·迈尔为此书创作的图画，水平几乎与汉斯·魏迪茨相当，只不过除主图外还辅以附加细部的作品更多了些。图画的总幅数更比《真实草木图鉴》多了几乎一倍，始自魏迪茨的加添花朵和种子的画法在迈尔这里也运用得更普遍。比如，看一下他所画的野海芋，便可从图上了解到想要知道的一切（参看图71）。图的正中是植株充分长成时的全貌，从最底部自地下块茎生出的须根，直到最上端的箭头形的叶片和斗篷状的佛焰苞。它的左侧画上了晚些时结出的果实，此时叶片和佛焰苞都被去除，只留下茎秆和其顶端的一团浆果。画面的右侧是佛焰苞下部的截面图（又是一项革新），显示出肉穗花序的基部有复杂的丝状物加突起的构造。树木是无法按同一比例尺画出主画和细部的，因此在表现上会困难些。不过迈尔仍然在栎树旁添上了一枚橡子，在胡桃树旁加了一枚生有槽纹的核桃。富克斯给一些植物写下的平直介绍，生动地反映出在16世纪中期的德国，种植草木已经蔚然成风：胡桃——“德国各处均广泛栽种”；阿尔泰铁角蕨——“受到多数花园的欢迎”；康乃馨——“很普及的盆养花，几乎家家户户的门前都摆放着”；罗勒草——“各家主妇都栽在花盆里，放在窗台上”；辣椒——“倒退几年还无人知晓，如今在德国可差不多哪里都可见到，或栽于花盆，或养入瓦罐”。就栽培植物而论，被选中作画的植物变换得很快。以富克斯所选中的部分，对比一下古典时期和中世纪的本草图谱，便可以看出受重视植物的重点有何转移。最早的图谱上尽是毒参一类有毒的（以及可用来

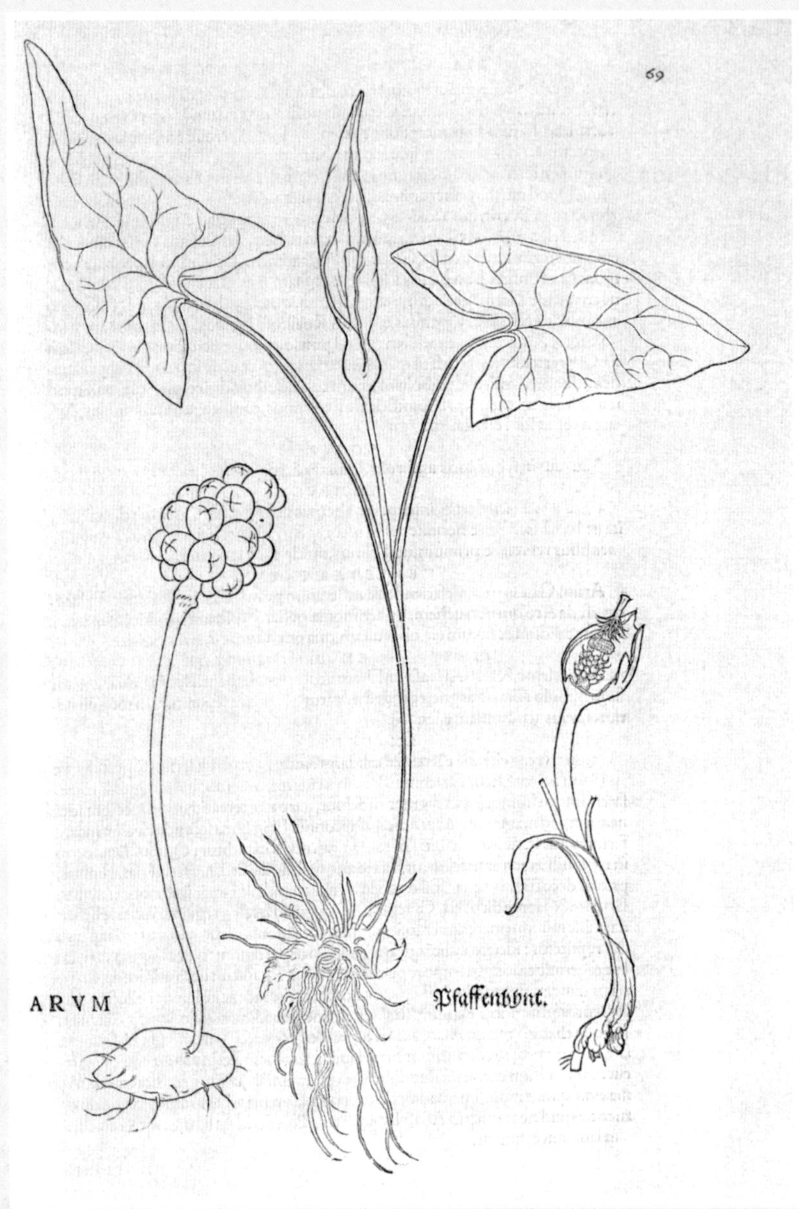

图71 斑叶疆南星，俗名野海芋（学名*Arum maculatum*）。摘自1542年莱昂哈特·富克斯的《精评草木图志》第22节。富克斯以惯常的挑剔态度告诉读者说，这种植物“又被药剂师们将名称搞错了。这帮人总是这样”

解毒的）植物，到了中世纪时，最常见的是些搭配有疯狗、毒蛇和毒虫的图片，辅以被咬、挨螯后如何救治的文字。富克斯能将在德国暴发的流行性汗热病迅速写进著述，并摸索出不少对抗这一时疫的药方来，指出当归可“遏止此可怕传染病的蔓延……并将毒素驱入汗和尿中排出”，又说用康乃馨花制成的蜜饯有同样的功效；苦胆草“对抵御此时疫之毒最见成效”；室内须焚熏迷迭香的细嫩枝叶“以保此疫流行期间的房舍为安全之所”；蜂斗菜的根磨成粉可促发汗“而达退烧的良好效果”。他收入的植物也有些可用于美容：将亚麻布在软羽衣草水中浸过，敷于下垂的乳部可恢复坚挺；随处可见的黄杨可将头发染成橘红色；用金盏花泡过的水洗头，可使秀发越发润泽；野海芋“可去除面部与其他部位的皮肤瑕疵”。中世纪时被草药师傅们定为万能药的药水苏，如今被刺柏夺去了金交椅，成为长期在德国大行其道、极有地位的强效本草。富克斯是这样介绍它的——

> 捣碎后加蛋清敷在太阳穴和前额处可止鼻血。加乳香粉末和蛋清内服可治呕吐。以同一混合物揉搓可解腹泻。蛋内加入此物之粉后徐缓饮之，可停胆汁性呕吐，亦有遏止便血尿血之功效。此物还可化解肠胃内积生之黏块，亦能阻截脑液上涌，还能杀灭腹内绦虫等恶虫。若瘘管口处屡有渗液，外敷便可遏制。此物又有止经血之功效。感冒者嗅闻熏炙之气亦有助康复。置于手脚皴裂处揉搓亦可助痊愈。总之，此物之功效一如（另一种万能药）琥珀，然更具功力。

老普林尼当年曾认为药水苏有利尿功能，而近世研究证明，刺柏倒的确是具有这一功效的，因为它含有的挥发性油的成分，会对肾脏的薄壁组织产生影响，从而促进排尿。[14]

针对有些人批评添加插图的议论，莱昂哈特·富克斯反驳说，有许多植物是“无法用文字描写的”——能达到这一目的的词语还没有问世呢。不过他也加进了一些我们如今可称之为“专业词语表”和“困难术语解释”的内容，而且是这样做的第一人。富克斯说过，他希望能出现一套可以用于一门新学科的词汇。他这样说了，看来也这样做了。他收进书中的“困难术语”（共132条，按字母顺序排列）并非由他自创。其中许多来自老普林尼，如*bulbus*（球块）、*fructus*（果体）、

internodium（膨块间部）等。还有一些术语是以前他人曾用过，但与富克斯的意指有所不同的。其中最值得注意的是“花芯丝”（雄蕊）。按照富克斯的解释，它们是“从叶盏中突起的一组尖丝”。他在这里仍然没有提到“花瓣”这个说法，所涉之处仍然处理为叶子中的一类。他也没有提到“花粉”，因为它们的作用仍然未被搞清楚。他所用的“阳”和“阴”，也依然与植物世界的实际情况不搭界。该书中还出现了一些今天的人们所熟悉的由两个词共同形成、恰如一“姓”加一“名”的植物名称，如 *Angelica sylvestris*（林当归）、*Aquilegia vulgaris*（野耧斗菜）、*Digitalis purpurea*（紫花毛地黄）等。[15] 这样的名称，人们今天会在植物园的植株标签上看到，也会在园艺书刊中读到。此种“姓 + 名”的组合方式，不但可以简洁地区分开犹如不同家族般的不同种类的植物，也可将同一类植物中彼此有所不同的品种清楚地分开，一如定出同一家族中同一辈分的不同成员。二百年后，这一命名方式终于形成了居压倒地位的体系，不过此时还只是些幼芽，而且富克斯本人也未能意识到这一方式的潜在意义，因此对于各种植物，他有时用两个词结合起来指代，有时又只用一个；有时用希腊文，有时又用拉丁文，不过渐渐地形成了一种趋势，就是采用有描述功能的单个形容词。此类形容词仍存在于今天的命名体系中：*sylvestris*（林木的、木质的、粗壮的）、*vulgaris*（普通的、野生的）、*purpurea*（紫色的、开紫花的）、*albus*（白色的、开白花的）、*germanicum*（日耳曼的、德国的）、*italicum*（意大利的）、*hortensis*（园林的、观赏性的）、*rotunda*（圆形的、球形的、圆叶的）、*angustifolia*（狭长的、细而尖锐的）、*odoratum*（甜香的、有香气的）、*sativus*（栽植的、播种的），都是其中的例子。这种“一姓一名”式的用法始自奥托·布伦费尔斯的《真实草木图鉴》，但为数有限。富克斯这里也有所沿用，但仍然未能成为主流。要形成体系尚有很长的路要走。每有一本新书出现，便沿着这条路前进一段，对一些植物便能看得更分明些。不过仍然有成千上万种植物从未有人提及。仍然有太多的植物被安上了错误的名字。富克斯为瑞香这一类开芳香花朵，然而有毒的灌木写下的文字，便典型地说明了这种混乱的存在——

在这里应当说明一下，药剂师们犯了一个大错误，就是将瑞香误认为月桂。

> 它们本不是一种植物，但一来二去，便被他们混成了一个①……药剂师们总是对最显而易见的事情视而不见，又受到对讲草药的书和图谱懵懵懂懂的医生的一味支持。瑞香和月桂不是一回事，狄奥斯科里迪斯早就说过，那时就有人将瑞香叫成麻棵子，无非就是长得与人们栽植的胡麻相似之故……[16]

说到这里，不妨也用上一句莱昂哈特·富克斯常常付诸笔端的话："难道还用再往下说吗？"

应当说，莱昂哈特·富克斯是位编纂人，算不上什么创新者。他写进《精评草木图志》中的文字基本上都源自他人（全书共344节，其中只有12节涉及他本人的工作），而且大多数植物仍局限在与医药有关的范围内。托马斯·斯普拉格认为，富克斯撰写此书的主要目的是，"重修德国的药典"，且其人也并非研究型学者，而是"认真努力、按部就班的汇编人"。[17]不过富克斯的确将他的信息按照加小标题的固定格式清晰地组织到一起，插图又十分出色，全套书也如他本人所说"不吝花费、不惮辛劳地完成"，因此取得了巨大成功。[18]在这套书中，所有的插图自然还都只是黑白画面，不过在送呈勃兰登堡藩侯的一套书中特别以手工补加了彩色。另外又特制了一套加色的存档样本。加色是在富克斯的监督下进行的，无论花朵、叶片还是果实，都适当地涂上了对应的色彩：铜绿用以产生不透明的绿色，朱砂是鲜艳的红色，青金石粉是深蓝色，三种都是矿物颜料。加色也用到了自番红花等植物中提取的颜料。彩色的也好，黑白的也罢，这套书在富克斯的有生之年再版了39次，并被译成德文、法文、西班牙文和荷兰文。富克斯的出版商、瑞士巴塞尔的米夏埃多·伊兴格林（Michael Isingrin）在1545年出版了这套书的袖珍版，开本虽小，但插图同样"一如实物"，出版的目的是"供属意于认真修习植物知识之众，可将此书随身携带，为在户外行走或旅行时随时参照提供方便"。这样一来，在蒂宾根大学开设野外植物实习课的富克斯，又为自己开辟了一个新财源。

虚荣、武断而又固执的莱昂哈特·富克斯，自出版了《精评草木图志》后，更

① 弄混的原因很可能与希腊神话有关。在希腊神话中，月桂本是水畔小仙女Daphne为逃避阿波罗的追求变成的，而瑞香一属的拉丁文正是Daphne（其实它的希腊文并非如此），遂导致药剂师弄混。——译注

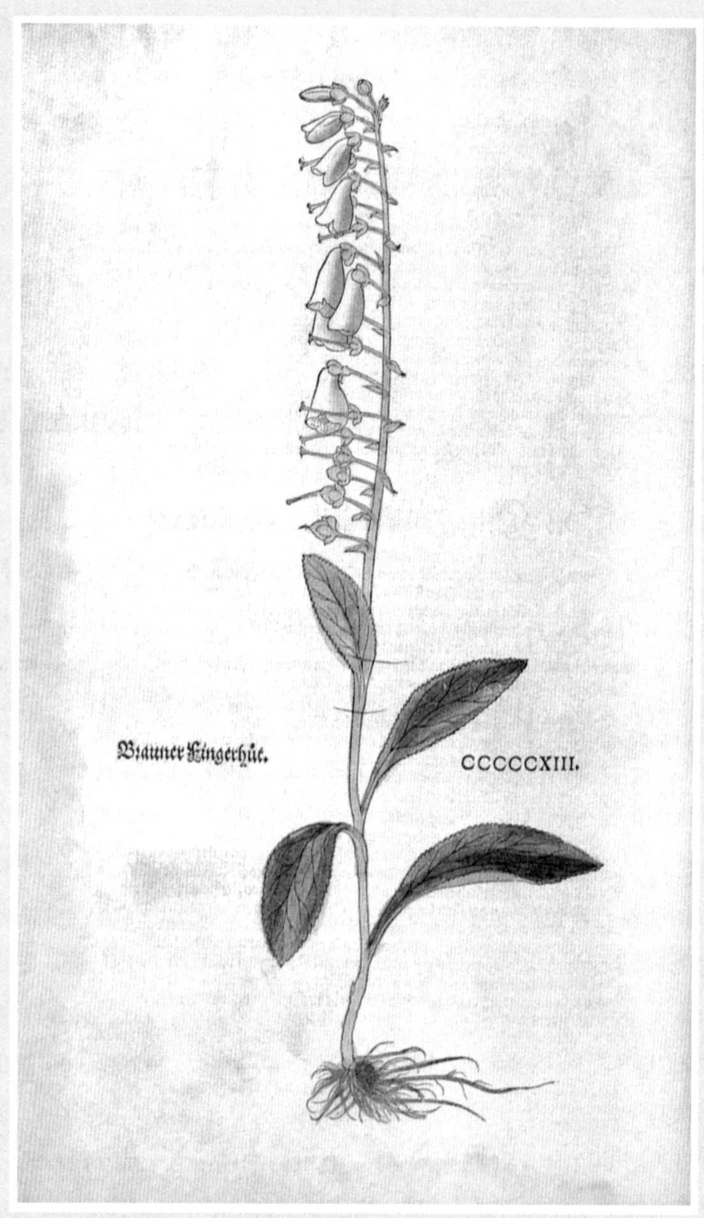

图 72 紫花毛地黄（学名 *Digitalis purpurea*）。摘自德文版的《精评草木图志》（1543）。此图也载于较早些时的拉丁文版的同一书中（第 342 节）。这是此种植物第一次在植物书刊上出现

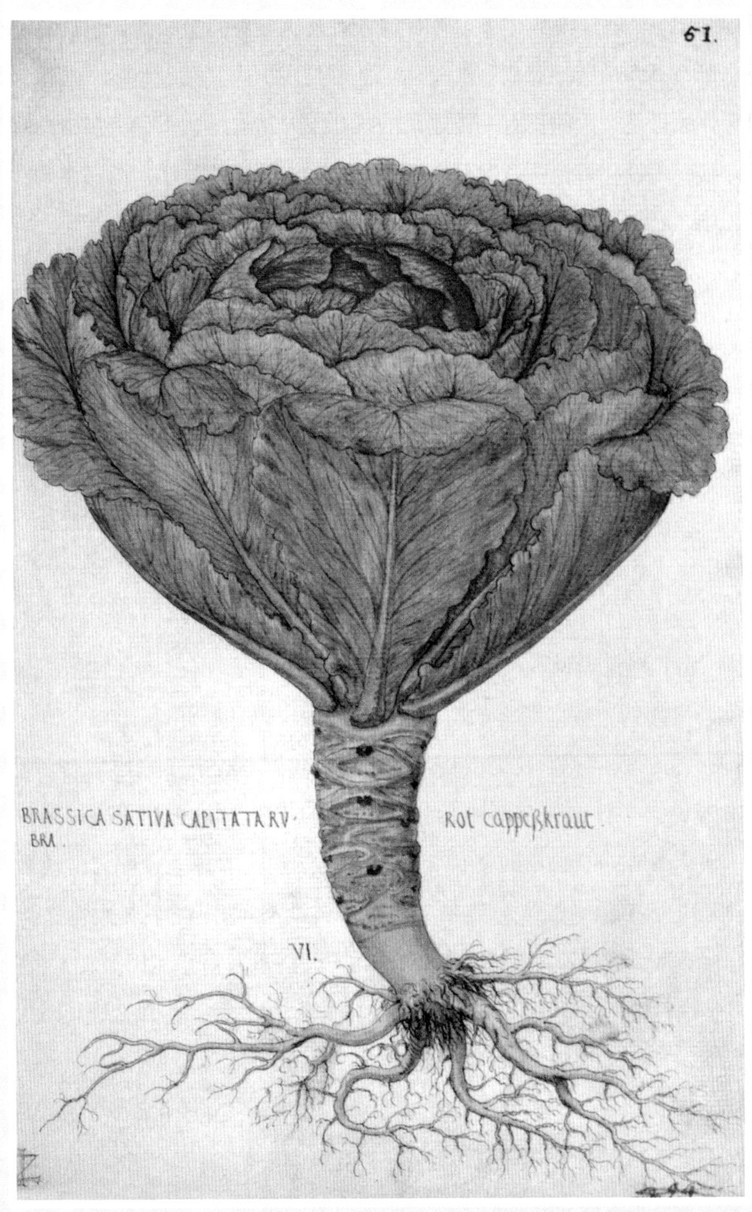

图73 “红心菜”——紫卷心菜的一个早期品种。摘自莱昂哈特·富克斯未能出版的植物全书

是神气得有如一只大公鸡。他不容许任何人怀疑这套他自信极为出色的、一再重申“不吝花费、不惮辛劳地完成”的著述。他可是多少次“翻山越岭”地跋涉于田野和林间呀！他可是“因纠正有一技之长的某些人的错误，遭了他们多少白眼呀！”他固然做出表示说，自己愿意敞开大门倾听同行们的批评建议，但又强调“吐无礼语言、怀攻讦之心，而无意于探讨真理、不肯以理性审视书中之论者免开尊口”。在他看来，世上可是有一批动不动就找碴儿、挑不是的人呢，这批人——

> 多数要么藏在阴影里，要么匿在角落处，靠鼓噪起一批同他们一样的无知蠢材而成气候。一旦他们离开阴影来到光天化日下，就不难看出其实只是些腹中空空却自以为是的虫豸。对他们就应当不客气，让他们后悔跳将出来，宁愿还退回黑暗处并永远躲开阳光。我们自信既有力量也有本领，让这批人得到应得的下场，不但能躲开他们的明枪暗箭，还能够以牙还牙。[19]

莱昂哈特·富克斯这样说了，也真就这样做了。《精评草木图志》出版后，这只神气的大公鸡便起劲地啄向所有敢有不同看法的人。一位与出版印行《精评草木图志》的米夏埃多·伊兴格林交恶的法兰克福出版商克里斯蒂安·埃格诺夫（Christian Egenolff）不论出了什么书，都被富克斯斥之为“犯了讨厌的错误”；一位名叫萨迪厄斯·迪诺（Thaddeus Duno）的人认为富克斯引用盖伦著述偏多，便被富克斯讥讽为“无知少识的碎嘴子小儿”；英格兰语言学家亚努斯·科尔纳里乌斯（Janus Cornarius）认为《精评草木图志》简直是一个大拼盘，便得到回敬说：“疯子装成正常人真是件可怕的事……还是待在乱叫的乌鸦群里，等到不那么癫狂时再抛头露面吧。”

《精评草木图志》不断再版。两年后，他的名声传到了意大利。科西莫·德·美第奇（Cosimo de' Medici）① 向莱昂哈特·富克斯发来邀请，希望他能来比萨大学教授医学课程，每年可得 600 克朗——“非常丰厚的报酬”。正如在富克斯的葬仪上

① 即后文提到的托斯卡纳大公科西莫一世。他此时只袭了公爵的称号，1569 年才被封为大公，因此在书中的不同时期以不同的头衔出现。——译注

他生前的同事格奥尔格·席兹勒所说的，德国人中能有资格接受邀请，“从大北方去到无论哪个领域都人才济济的意大利”，可真没出过几个。美第奇家族想要什么总是能够如愿的。不过富克斯可让他们吃了瘪。这一次提出的报酬数目很有吸引力，去意大利看来也比赴丹麦诱人。富克斯在1544年11月1日写给友人老约阿希姆·卡梅拉留斯的信中，谈到了自己的犹豫：“你自然不难想见，邀我前去意大利，让我有多么矛盾，有多打乱我的计划……虽则我不倾向于前去，但这不等于说我就会在这里安之若素。许多因素都促使我考虑另谋新职，希望给自己的一大帮孩子创造更好的生活是特别重要的一个。”[20]他说的“一大帮”指四儿六女共十个下一代，不过其中有两个出生不久便夭折了。

“一大帮”当真是莱昂哈特·富克斯没有答允美第奇公爵优渥条件的真实原因吗？会不会是意大利那里天主教居统治地位的形势，让这位新教路德宗的坚定信徒视为畏途呢？是不是不希望影响自己手边重要工作的考虑，再一次占了上风呢？在《精评草木图志》出版后，他便开始了又一桩工作，而且计划更加宏大。这就是搞出一套百科全书式的植物学著述来，收入更多的植物，插入更多的图幅，更要大大地突破药草的范围，反映广阔的植物世界。他将一生的最后二十四年光阴，都献给了这一努力。到1550年时，第一卷已准备就绪。此时他当年的出版商米夏埃多·伊兴格林已然作古。富克斯向老友老约阿希姆·卡梅拉留斯抱怨说，该出版商的遗孀不肯投入出书所必需的3000弗罗林（金币）。不过这也没能将富克斯逼停。他还是找人制得了更多的图画，并为之配上文字。[21]当年为《精评草木图志》拓图的技师海因里希·菲尔毛勒已于1545年去世，木雕师法伊特·鲁道夫·斯派克勒也在1550年瞑逝。结果是富克斯聘用了一位名叫约尔格·齐格勒（Jorg Ziegler）的新人。他为此项目在梨木板上完成的若干雕刻，如今还保存在蒂宾根的植物学会里。在一些雕版的下方，还留有富克斯写下的植物名称，这样一来，如果在付印时印刷技师将文字与插图匹配错了，富克斯便可兴问责之师了。《精评草木图志》中采用的花朵、荚果和种子等细部放大后附在主图上的做法，在这套新项目上都有进一步加强（参看图7）。他还在自己的手稿上给齐格勒和插画作家（姓名不可考）写下了不少注意事项。以蒂宾根大学为中心，富克斯组织起了一个广大的联络网，通过它获得新发现的信息和植物样品与种子。集腋成裘，他搞成的植物资料超过了1500种，

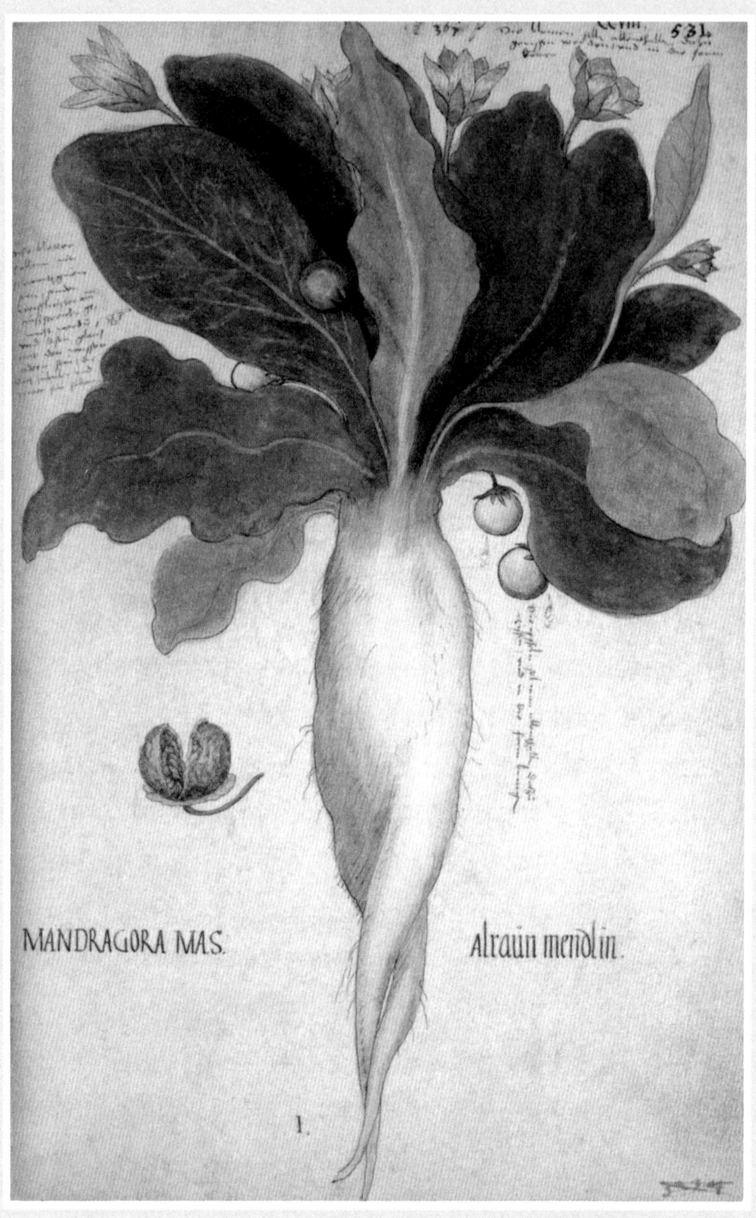

图 74 有致幻作用的茄参（曼德拉草，学名 *Mandragora officinarum*）。摘自莱昂哈特·富克斯未能出版的植物全书。他在书中写道：“卖野药的到处乱窜，兜售人形的草根，骗人说是曼德拉草，其实只是将美人蕉的根茎捣鼓成人形而已。”

仍按《精评草木图志》的方式组织编排。

在同一时期，优秀的年轻瑞士学者康拉德·格斯纳（Conrad Gesner，1516—1565）也正在进行着类似的努力。不过他仍表示极为期待看到富克斯这一努力的新成果——

> 虽然我对（《精评草木图志》的）某些方面并不认同，具体说是在套用古人所定的植物名称等方面，但我并不怀疑，如果这位作者能接受我和其他一些人的建议，定会得到更好的成果，因为我们去过的地方更多，见识过的植物更丰富。对该作者的刻苦努力，资料的组织安排，特别是插图的优异和完美，我是十分赞赏的。即便单就这些插图而论并不涉及其他，它们也是极富价值的。[22]

这番话很有见地。虽说这位康拉德·格斯纳此时只有29岁，但已经游历过瑞士、德国、法国和意大利的许多地方。莱昂哈特·富克斯却只光顾过德国东南部的巴伐利亚和西南方的符腾堡两个地区。富克斯本人也在《精评草木图志》中指出了植物的地域性——所有的植物都带有此种品性：头巾百合生长在奥斯特贝格（Osterberg），黄龙胆草和阿尔泰铁角蕨的老家在法伦伯格山（Farrenberg），雪片莲喜欢在距蒂宾根不远的贝本豪森修道院附近的林荫地里连片开放，“萝卜哪里好，爱尔福特找”，纽伦堡出牛舌草，要是想找拳参呢，顶合适的地方要数黑森林（Black Forest）。

估计是不想让同类著述同时出现的打算，使莱昂哈特·富克斯向康拉德·格斯纳提出建议，表示希望后者将其研究成果纳入他本人即将问世的大型植物全书。格斯纳不为所动，冷峻地，然而也不失儒者风度地予以拒绝。他知会富克斯说，对后者想要“将我从同一研究领域吓退”的做法很觉惊讶，“植物的种类多得数不胜数，考虑到地域的不同，许多植物更不是任何一个人能够全面了解的”。如果所有的人都能为了公众的福祉进行合作，自然有可能实现“某种集万于一的完美成果”。只是他不认为此种成果会在他的有生之年出现。格斯纳还表示希望能有许多人将自己的发现告知富克斯，以协助那“宏大而美妙的开局之举”。只是他本人属意于自做自说，况且其中的许多内容都尚未诉诸笔端，已经写成的也没有组织起来，只是一堆无序的东西，除了自己，对任何旁人都没有意义。“因此拜求你，”格斯纳写道，

“让我保有我的自由和我由衷的快乐吧。”他又提醒富克斯说，在他们的这个共同的研究领域里，“还有那么多有待领略的东西呢”。格斯纳恐怕是在这里敲打一下富克斯，点出他是个经常将向自己提供信息来源的人秘而不宣，缺乏表示应有谢忱的人，因此与皮埃尔·贝隆和纪尧姆·龙德莱（Guillaume Rondelet，1507—1566）两位法国学者不在同一层次上。而这在格斯纳看来，“实为不知感恩至极，是无耻地利用他人抬升自己”。

康拉德·格斯纳也告诉莱昂哈特·富克斯说，他准备在斯特拉斯堡的出版商文德尔·里歇尔（Wendel Rihel）那里出书，并慷慨地提供了此书的节略。他还更大度地表示，如果其中有什么内容“让你或者米夏埃多·伊兴格林觉得不合适，我可以改变原有的安排以适应你们的需要，并等到你们的大作出版后再说”。[23]然而，即便是这样的君子风度，也无法改变富克斯的禀性。此事过了若干年后，他仍对格斯纳宁愿走自己之路的表示耿耿于怀。他在给老约阿希姆·卡梅拉留斯的信中这样说道——

> 这个康拉德·格斯纳竟然搞出了一大堆东西，还得到了一些人的期盼，真让我极为吃惊。因为他在差不多一年前写信给我时，还说大部分内容都还没能就绪呢。其实，就算他的东西能先行发表，我也没有什么可担心的，因为我知道他的禀性。他是我的朋友，给我写过不少信。我知道他是个喜欢同搞各种研究的人都打交道的人，尤其乐意将别人写的这个那个都拆解开来，再按照自己的心思重新编排。就在不久前，他还将纪尧姆·龙德莱的一本讲鱼类的书折腾了一番，并加上了些评论呢。他还沿着同样的路子，求我同意在这本书出版后，再用他的观点和他的铺排方式，给我的书写些评论。他自己的书，他想怎么弄都由他，可我不能让他折腾我的东西，就是允许他染指，也得按照我的意思来弄。如今，他又来打我的植物标本的主意了。我可知道他打的是什么算盘，所以从现在起，我什么都不会给他。[24]

莱昂哈特·富克斯构筑起的联络网，使他同一些愿意共享发现信息的学者有了接触。曾在蒙彼利埃大学师从伟大的纪尧姆·龙德莱修为的年轻学者莱昂

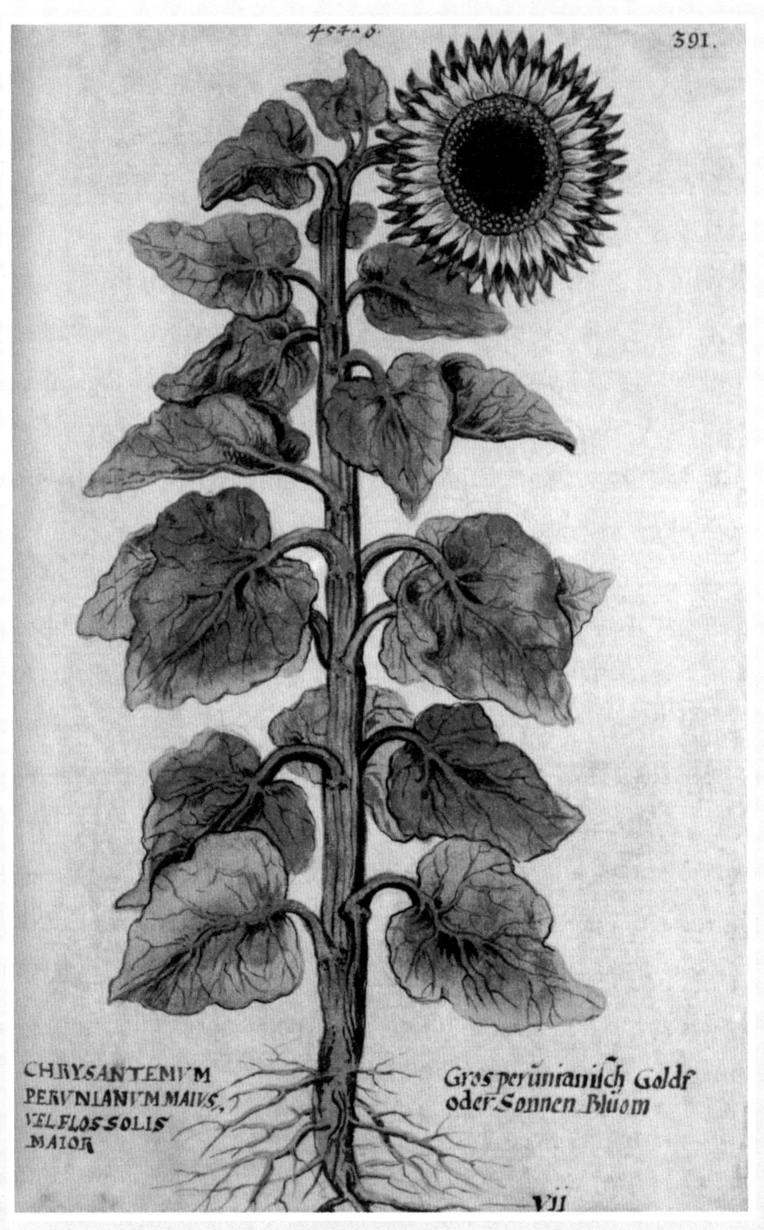

图 75 大块头草本植物向日葵。原产地应在秘鲁。此图原系莱昂哈特·富克斯为本人未能出版的植物全书准备的插图，根据他在蒂宾根自家花园中种植的植物画出，时间在 1560 年前后

哈特·劳沃尔夫（Leonhart Rauwolf，1535—1596），将自己的脱水植物标本借给富克斯参考。[25]这是干花草第一次被用于提供准确的性状信息。制作脱水植物标本的技术，近年来已经在意大利臻于完善。富克斯本人是1563年见到劳沃尔夫的，并将后者从法国蒙彼利埃出发，一路走到阿尔卑斯山，再穿过圣哥达山口（St Gothard Pass）进入瑞士，继而在去过苏黎世（Zurich）后，经蒂宾根回到奥格斯堡的长途跋涉中收集起来，并用新的加工方法制成平面形式的标本借了来。此时他可以说已基本上完成了他的巨作，但还是重新做出安排，将劳沃尔夫提供的标本中的45种介绍进来。意大利的弗朗切斯科·戴亚历山德里（Francesco degli Alessandri，1529—1587）提供了茄参。比萨大学的优秀教师卢卡·吉尼送来了有李子香气的狭叶鸢尾。英格兰医生与博物学家威廉·特纳（William Turner，约1510—1568）给了他一种学名 *Bunium bulbocastanum*，俗名地核桃，球根部分含有不少淀粉的植物。“为人实在的植物学者”萨米埃尔·奎克彻伯格（Samuel Quiccheberg，1529—1572）则以安特卫普的聚合草相赠。勃兰登堡藩侯也是德国本土联络网部分的贡献者，贡献的是来自他在安斯巴赫领地的落叶松树苗。富克斯还向法国蒙彼利埃大学的药物学教授纪尧姆·龙德莱发去一份名单，开列出62样植物，希望对方有所支援，计有黑嚏根草、苞芹、“地蛋”①、淫羊藿、地核桃（后来从威廉·特纳那里得到）……“务请一有可能便从速送来，”他这样要求龙德莱，“送到巴塞尔或斯特拉斯堡均可。如送到巴塞尔，该地的出版商米夏埃多·伊兴格林或者约翰内斯·奥波利努斯（Johannes Oporinus）均可转递于我。斯特拉斯堡那里的泽巴尔德·哈芬劳伊特（Sebald Havenreutter）医生也同样可以转送。”早在8月间，龙德莱便知会富克斯，他要送去的是一些值得关注的植物图片和说明材料，已经托一位能干的青年学生卡罗卢斯·克卢修斯送去。可是富克斯给龙德莱复信说，自己可是——

> 压根儿没见到你提到的那个学医的学生。可能我说的两处地点，他都没有去。你说的那个佛兰德学生卡罗卢斯·卢修斯（**富克斯将姓氏写错了。——作者说明**）什么都没送来；既没有图片，也没有说明。我真不知道这个人是不是

① 即马铃薯，这种植物原产自北美洲，16世纪下半叶被西班牙人带到欧洲，当时在德国尚属罕见。——译注

将你的嘱托正经当回事。他不想跟我打交道也就罢了，但至少我希望此人会信守对你的承诺吧。如果我能知道他的去处，或许会自己写信给他。如果他知会你他目前的住处，务请费心写信去提醒他一下。

纪尧姆·龙德莱的确是送出了这些东西，只不过四个月后才到了莱昂哈特·富克斯手上。富克斯告诉龙德莱说，自己那套评述植物的大工程目前已经弄好了两卷，第三卷也行将开始。他在信中说："我可是老实不客气地将彼得·安德烈亚·马蒂奥利的胡说八道批了一通。……我不会将自己的时间浪费在这个说瞎话的人身上。希望你能说动他不要发表那套玩意儿。告诉他如果发表了，我们是会嘲笑它的。"[26]就在富克斯发表《精评草木图志》后又过了两年，马蒂奥利——这位意大利学者出版了一本评论狄奥斯科里迪斯的著述。此书是用意大利文发表的，书名为《狄奥斯科里迪斯医学著作述评》。他还属意将它用拉丁文出一个高水平的再版，并为此延请了乔治·利贝拉莱（Giorgio Liberale）和沃尔夫冈·迈耶派克（Wolfgang Meyerpeck）两位艺术家为此新版作画。富克斯显然知道此人的计划，于是便请纪尧姆·龙德莱想办法打消他的计划。然而，这位与富克斯差不多同年的马蒂奥利，可并不像年轻的康拉德·格斯纳那样好说话。应当说，在富克斯的同代人中，也只有马蒂奥利在意志、自信心，乃至打嘴仗的本领和不赢绝不罢休的犟脾气上能同他一较高下。

"我敢说，我的每卷书都是对他一百次的批驳，"莱昂哈特·富克斯在一封致老约阿希姆·卡梅拉留斯的信中大为光火地说："我要让那个尾巴翘到了天上的意大利人明白无误地知道，德国这里可是有人能够看透他的一派胡言，并准备戳穿他哩。"[27]他自然也会在自己的文稿中不遗余力地向对手开火。他写有关烟草的介绍时——这是介绍此种植物的最早文字，就在提到时下多数人相信它就是某种天仙子的看法时说："彼得·安德烈亚·马蒂奥利也如同以往一样，不做判断地在他自己的草药书中支持了这一错误的猜想……他啦，伦贝特·多东斯（Rembert Dodoens）啦，还有别的一帮人啦，都满世界这样讲。对此大家可都是再清楚不过的。"[28]富克斯还聘用画家绘制出四张烟草的图画，将这种植物特有的硕大叶片表现了出来，算得上是最早向欧洲人介绍美洲新奇事物的画作（参看图76）。他还第一个使用

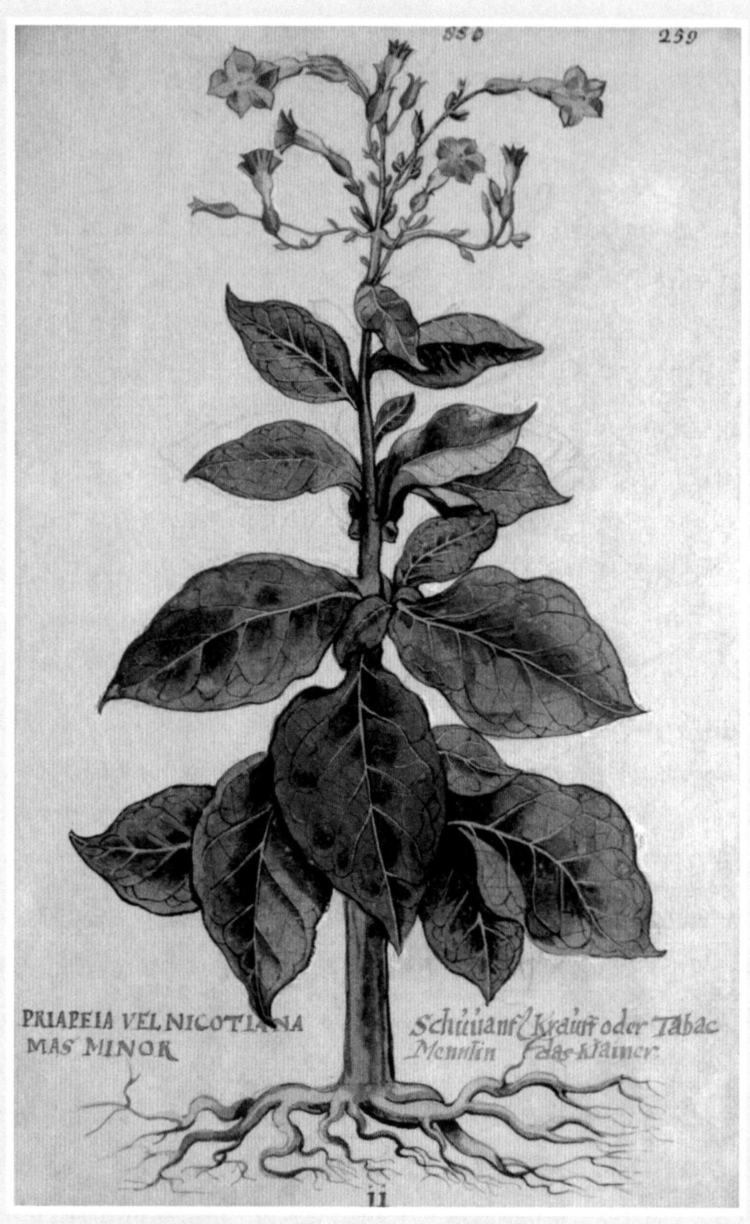

图 76 当时欧洲人尚不熟悉的红花烟草（学名 *Nicotiana tabacum*）。图上还写出了若干不同的叫法。此图原系莱昂哈特·富克斯为未能出版的植物全书准备的插图。富克斯表示，“此植物不久前才来到德国，据我所知以前从不曾有人见识过”

了*Nicotiana*一词来表示这种植物，此词一直得到沿用，并在后来成为烟草属的学名。富克斯选中这个词，应当与一个名叫让·尼古（Jean Nicot，1530—1600）的人有关。此人是法国外交家、曾任驻葡萄牙大使。他在1559年前后将烟草的种子从葡萄牙送呈法国国王弗朗索瓦二世（François Ⅱ of France）和法国朝臣们。烟草从新大陆来到欧洲的经过颇为有名。当哥伦布的探险船队1492年来到北美洲后，船员们看到古巴和海地的原住民们吸用烟草这种东西。他们吸食的用具，当地人称为“塔巴管”，外形有些像弹弓，分叉的两端距离与两个鼻孔相当，用时将它拿在手中，两个分叉对准鼻孔，另一端放在燃着的烟草叶子上方，烟气便被吸入鼻腔。海地原住民将这种植物叫作“考豪巴”，阿兹特克人称之为“柯怀特勒”。只是新大陆的种种植物虽然来到欧洲，但它们在原产地的叫法却难得随同一起进入。语言上的困难是个巨大的障碍，所问所答都未能得到正确意会，结果是错误的信息铸成了现实，用具的名称变成了所用对象的叫法。[①] 其实尼古并不是将烟草这种植物带到欧洲的第一人，西班牙的商人们更早些，在16世纪40年代便已将这种东西带到了低地国家。

莱昂哈特·富克斯在他的植物全书的书稿中收进了三倍于《精评草木图志》一开始时所计划的种数。他本想尽量收进来自新大陆和近东的新植物，然而它们的到来似乎没有止境，这使他最终不得不告一段落。他曾在《精评草木图志》上发表了一幅茄子的最早图画，并给它起名为“新异果”，原因是与古典作家们所提到的任何植物都对不上号。对此种“新异果”，他这样介绍，“有人加入油、盐和胡椒烹食，方法类同蘑菇”，还提到有些做泡菜的人将茄子腌起来长期保存，但富克斯不以为然，说茄子无非是“给那些什么都敢塞进嘴里的老饕们的吃食”。他还在自己的新书稿中提到了番茄。彼得·安德烈亚·马蒂奥利也在其1544年出版的意大利文著述《狄奥斯科里迪斯医学著作述评》中提到了这一植物，不过没有附上插图。富克斯倒是为自己的植物全书备下了一张，尽管说不上精准，但毕竟是为这种原产墨西哥的稀罕东西给出的第一幅图像（参看图77）。富克斯将这种植物称为“金苹果”，还将花和果实都画成逐个单打一地挂在果枝上的样子，没能表现出它们成簇生长的

① 指哥伦布探险队的船员将“塔巴管”当成了烟草的名称，写成葡萄牙文和西班牙文的tabaco，此物传入英国后，名称也成为音与形都相近的tobacco。此物刚传入中国时，也得到了发音相近的“淡巴菰”译名。——译注

图 77 莱昂哈特·富克斯为其未能出版的植物全书准备的番茄插图。图上写进了若干说明文字，并给出了此植物当时的拉丁文名称 *Malus aurea* 和德文叫法 goldt apffelkraut，意思都是“金苹果”。很可能这是此物来到欧洲后第一次走上画面

典型特征。看来他本人并不认可这幅图，所以在上面写了不少评语。他在此图的左上角加画了一朵形状比较准确的番茄花，又在下方的一枚“金苹果”的旁边，勾勒出果实长在绿色花萼上方的形态。他还写下说明说，此种植物是“希腊和罗马的古人们都不曾提及的，就连摩尔人也没有说起过”。它最终以同原产地中美洲纳瓦特尔原住民的叫法 tomatl 相差不多的 tomato 这一名称在欧洲落户，也真是实属难得了。想当初，富克斯曾力主将自己不喜欢的阿拉伯学者的著述请出蒂宾根大学的教学大纲，不过后来似乎又一改初衷，在新手稿中引用了梅苏厄、阿维森纳和塞拉蓬的著述，表现出重新接纳的意向。他的新项目中涉及的植物要比《精评草木图志》多得多，其中像番茄这样古代典籍中不见经传的又占了更大的比例。看来正是这种现实，要求他进一步将自己的联络网再行扩大。

在莱昂哈特·富克斯为他的植物全书备下的浩繁手稿中，收有万寿菊的最早资料（参看图 78）。这种一年生草本植物如今在许多花坛上摇曳生姿，当年却是个稀罕东西。它们原产墨西哥，是跟着哥伦布的脚步来到新大陆的西班牙探险家带回欧洲的。它们在新家园风靡起来，被既种观赏草木也栽实用植株的园艺爱好者们广为培植。富克斯还在手稿里改进了另外一些植物的资料，如来自中国的情调特殊的萱草，它的图像最早得到了富克斯的记录；还有第一批画成图画的郁金香，花色有红的、黄的和奶油色的。富克斯并没有称它们为郁金香，就管它们叫“球上花”，足见此物资历之浅，连个像样的名字都没能得到。络绎不绝地涌进欧洲的形形色色的植物，特别是来自近东和美洲的大量草木，给学界带来了一系列的新问题和新的努力方向。

在备好 1529 幅植物插图和 1543 种植物说明后，莱昂哈特·富克斯终于宣称，自己的这一工作可以令有志于求得植物知识的读者大大受益了。二十年前，他曾提醒读者说，他的《精评草木图志》一书正推出于“有关植物的知识几乎全部湮灭无人知晓，犹如锁匿于牢房”之际。如今他再次指出，“有鉴于植物科学涉及极为困难的方面，而研究本身又缺乏组织，致使本作者的错误无疑在所难免”。他又发出预见说：“我的这又一部与植物相关的著述面世后，马上就会成为一帮狗苟蝇营之徒——此号人等在这个年代里还真是不少——指手画脚、说三道四的新目标。”

他与原出版商米夏埃多·伊兴格林的遗孀的麻烦一直没能解决。到了 1557 年，

图78 万寿菊（学名 *Tagetes erecta*）。此植物原来在欧洲被称为非洲金盏花，其实来自于墨西哥。此图原是莱昂哈特·富克斯为其植物全书所备，但未能出版。最早见诸印刷出版物是在彼得·安德烈亚·马蒂奥利 1565 年版的《狄奥斯科里迪斯医学著作述评》上

他又与另一位出版商、巴塞尔市的约翰内斯·奥波利努斯商谈出版这一“共分三卷、每卷都同我先前出的那套书大致相仿。我觉得你是出版此书的最合适人选，只是我不清楚你的出版力量”。他可能还建议奥波利努斯从伊兴格林的遗孀那里将已经完成的木刻雕版盘过来。“如果她肯这样做，完成余下部分的花费就不会太大了。”然而到了 1563 年，他却又在给忠实老友老约阿希姆·卡梅拉留斯的信中说：“目下我正在蒂宾根附近的温泉小镇伯拉希巴德（Blasibad）休闲。我知道咱们在一起时，你是特别喜欢这个地方的。只是我又成了光棍汉，不能离家太久。至于点灯熬油之事，我已经弄完了那套（植物）全书，分成了三卷，每卷的篇幅都相当可观。伊兴格林家的寡妇和她的女婿说话不算数，就连亲手写下的字据都不认账了。所以你看，我亲爱的约阿希姆，我还能相信谁呢？”[29] 奥波利努斯也好，其他的一些出版商也好，显然都觉得铸字、制版和用纸的投入会太高。纸张是当时出版商的一项大支出，而这套新书上的插图是要耗用大量纸张的。

莱昂哈特·富克斯从此再也没能取得任何第一。1565 年，也就是他去世的前一年，他嫌恶的对手彼得·安德烈亚·马蒂奥利印出了第一张万寿菊（还有第一张风信子）的图片。1554 年，佛兰德学者伦贝特·多东斯在刊出番茄和萱草的图片上领了先，继而又在 1568 年凭借向日葵的图画取得了又一项冠军。另一名佛兰德学者马蒂亚斯·德劳贝尔（Matthias de l’Obel）率先让欧洲人从图片上见识到了烟草的模样，时间是 1570 年。这些植物的图片，其实富克斯都准备好了。只是他在 1566 年 5 月 10 日故去，他为之献出了最后二十四年光阴的开拓性巨作再也没能出版。

第十三章

在意大利忆华年

（1500—1550）

11 月 2 日[①]是个星期六。这天上午，我走在一条从圣玛德莱纳（Santa Maddalena）通往多尼尼（Donnini）的小路上。在过去的六个星期里，我一直待在这里，不与外界接触，并试图忘记原来已经了解到的植物学知识。圣玛德莱纳和多尼尼是佛罗伦萨远郊的两个小村庄，彼此仅相隔数英里，不与任何大道相通，沿途都是葡萄园和橄榄园，还可看到几座年久失修的谷仓和树干上钉着路标的柏树。采摘葡萄的季节已过，只剩下一些枯黄的叶片在藤上簌簌作响。眼下正是收获橄榄的时日，有人用木夹子夹住枝条从根到梢地划过，橄榄便纷纷落到张在树下的网里；也有人索性戴着手套直接将它们从枝条上捋下来，发出像是牛吃嫩草的动静。橄榄园里还立着一些木梯，梯旁是盛满橄榄的大笸箩，还整齐地堆着不少收橄榄时连带剪下的底部树冠的部分枝叶。

我为什么到这个地方来呢？又为什么要试图忘记进化论和发现这一理论后导致的一切呢？因为在 16 世纪，意大利是向植物世界进军的中心。以奥托・布伦费尔斯和莱昂哈特・富克斯为代表的德国学者，做出了形成最早一批重要植物出版物的贡献，不过除了这一点，所有的重要发现和创新都是在意大利这里做出的。在 15 世纪里，文艺复兴已经带来了植物研究之花的开放，出现了《本草画本》这一在尼科洛・罗卡博奈拉鼎助下形成的出色植物图谱，印刷版的《博物志》亦于 1469 年

① 指 2002 年。——译注

在威尼斯问世，由特奥多罗·伽札翻译的泰奥弗拉斯托斯著述的拉丁文译本也于1483年在特雷维索印行出版。率先对老普林尼和狄奥斯科里迪斯的经典提出质疑的也都是意大利学者——一位是威尼斯大议会的议员埃尔莫劳·巴尔巴罗，另一位是费拉拉大学的医学教授尼科洛·列奥尼塞诺。进入16世纪后，意大利人马尔切洛·维吉里奥·阿德里亚尼（Marcello Virgilio Adriani，1464—1521）重新翻译了狄奥斯科里迪斯的《药物论》，时间是1518年。米开朗基罗（Michelangelo）为西斯廷教堂创作的《创世记》天顶画也刚完成不久。我为什么要试图忘记自己已经知道的植物学知识呢？因为若不将有些东西——卡尔·林奈（Carl Linnaeus，后改称Carl von Linné，1707—1778）的工作、达尔文的进化论、DNA（脱氧核糖核酸）的知识等彻底放诸脑后，就不可能充分认识到意大利人在16世纪取得的是何等的成就。文艺复兴初期恢复古代典籍的成就给后来的发展确定了方向，而16世纪下半叶是更富革新精神的时期，是发现重于恢复的时期。1533年，帕多瓦大学的医学教授弗朗切斯科·博纳费德（Francesco Buonafede）改任有史以来的第一位本草学教授——本草学是当时的称呼，其实就是植物学，只是当时这一名称还未被创造出来而已。进入16世纪40年代后，第一批植物园也相继在比萨大学、帕多瓦大学和佛罗伦萨大学创建，佛罗伦萨大学的一处，园址还是第一任托斯卡纳大公、美第奇家族的科西莫一世（Cosimo I de' Medici）还是在身份为公爵时定下来的，建成于1545年12月1日。比萨大学的杰出教师卢卡·吉尼（参看图79）更创造出来一种可用于研究植物的全新工具——将植物的植株压平、脱水后固定在纸张上，制成书册的形状存放，最早的植物标本收藏便出现了。

我一面在这条小路上踱步，一面琢磨当年这些意大利学者们是如何动脑筋的。我脚下的这条路是用石块铺砌的，中央部分有些拱起，以使雨水和山洪能够流向两侧，再漫过牢牢把住路边的条石泻入排水沟。从佛罗伦萨骑马缓行四个小时，便可来到这里的森林，踏上这里的小路。走在路上时，我闻到了绵羊的气味，闻起来很舒服。这些羊都在一顶小棚子里挤成一堆，被一条系在树上的狗看守着。看到我路过，这条狗便向我的方向扑过来吠叫，将系着它的树（一株接骨木）扯得晃个不停，也弄得一只挂在树枝上的牛铃叮咣乱响。我还在路边一处神龛内见到一块不大的蓝、白、黄三色彩釉陶板，上面有圣母马利亚的形象，龛下有一只

图 79 卢卡·吉尼（1490—1556）的肖像。这位富有人格魅力的比萨大学教师，培养出了一代植物学者

小罐，有人在罐里插进了一些花朵，有天蓝色的菊苣、白色的雏菊，还有浅黄色的柳穿鱼。向我身后的方向远远望去，仍然能够看到一座教堂高耸的细狭钟楼，它的钟声，我在圣玛德莱纳的房间里便能听到。沿途生长着一丛丛红艳艳的蔷薇果，乱蓬蓬像一部部大胡子的空气草，还不时能看到卫矛木的浆果兀地绽开，以自己的果实为深秋提供着此时少见的桃红色调，一如自然界的埃尔莎·斯基亚帕雷利（Elsa Schiaparelli）[①]。

“你好！”一位男子从立在一株橄榄树下的梯子上跟我打招呼。“你好！”我回应说，还向他招了招手。我正遐想着卢卡·吉尼和16世纪呢，一下子便来了位操着当年老普林尼的语言同我说话的人！卢卡·吉尼当年也应当会有类似的经历吧？我一面这样想，一面走上一座单拱石桥。桥身的坡度不很大，造型很优美。下面的河床宽宽的，铺砌着大块石板，山上的积雪融化后，便会从这里流过。我坐在绿草茵茵的河岸上，吃着从多尼尼一家面点店买来的咸面包夹熏火腿，再以野苹果和无花果当甜点。在我身边，长青嚏根草的顶端已经萌发出浅黄绿色的花苞。在我身后，深秋季节里萌发的鸢尾和水仙正从斑叶疆南星——1530年时汉斯·魏迪茨为奥托·布伦费尔斯的《真实草木图鉴》所画的植物之一——的生有花纹的宽大叶片下露出头来。我周围的一切都充满生机。这里能看到人为活动的迹象，不过是间歇式的，与我的家乡英格兰不同。这里的土地会在很长时间内不受人类搅扰。牛、羊和庄稼都没有英格兰多。大地上最常见的栽培植物是葡萄和橄榄，而葡萄园只在需要修剪和进行采摘时才有人前来，橄榄园也是如此，而这两种活动又差不多前后脚进行。这便给野生草木创造了生长的大好机会。看着瓦尔达尔诺河谷（Valdarno Valley），我不禁想到，英国的农牧业活动未免太频繁了些，对许多野生草木都很不利，只有矢车菊和虞美人等为数不多的一年生植物适于在年年翻耕的土地上生长。沿着路边我又见到一栋房屋的残基，都是些石料，占了很大一片地方，还看到了从残基的石缝中钻出的糖芥、石竹和金盏花。目光顺着这些石料扫过去，我又看到一家农场。公鸡在粪堆上刨食，火鸡、鹅和母鸡在院子里走动，谷仓里有倒挂起来风

① 意大利出生的法国时装设计师（1890—1973）。她设计的最著名的时装多为纯粉色和以粉色为基色。——译注

干的玉米棒，屋顶上摊着在阳光下等待熟透的橙红色硕大的南瓜。过了几个小时，我回到了圣玛德莱纳，走的是另外一条从树木间穿过的小路。路上我会听到猪一面哼哼、一面用鼻子嗅拱橡子的动静，不过却看不到它们。假叶树结出的鲜艳浆果将灌木丛点缀得十分醒目。我一面踩着满地的山毛榉落叶，一面回顾意大利当年各城邦间无休止的争夺与凶杀：米兰与威尼斯相互算计，罗马与佛罗伦萨你争我斗，那波里同米兰彼此过不去，佛罗伦萨争抢比萨的入海口……想着想着，不觉来到一片开阔地，秋水仙正在绽放冬天前的最后一轮花朵。两头正在吃草的鹿抬起头来凝望了片刻，定格般地僵住了一瞬，然后便蹿到树林里不见了。又走了好一会儿，快要回到圣玛德莱纳时，我听到了一伙猎人的声音。他们以喊叫呼应着，还一路吹着号角。我也不停地喊着"嗨！嗨！"，好让他们得知我的位置。我们的叫声在山谷中此起彼伏地回荡着。当我来到一个交叉路口时，一只毛蓬蓬的金毛犬蹿了出来，系在它脖子下的小铃铛叮叮作响。

瓦尔达尔诺河谷似乎神奇地避开了现代社会的进袭。我曾在这里只身一人远足，也从这里搭火车前去佛罗伦萨和阿雷佐（Arezzo）。从圣埃莱若（San Ellero）乘火车，两欧元的车费，便可将我带到佛罗伦萨市中心。佛罗伦萨是艺术杰作的天堂。我可以从乔托（Giotto）一路看到米开朗基罗，通常都以我最喜欢去的新圣母大殿为最后一站。多米尼哥·基兰达奥（Domenico Ghirlandaio）从1485年开始为新圣母大殿中的托纳波尼小圣堂所画的壁画《圣母往见》[①]（参看图80），在我看来似乎有浓重的现代气息：瞧那三个站在矮墙垛后向城里方向眺望的男人吧。他们的姿态有多么放松自然！再看那位站在稍后位置上的女子盯住人打量的眼神，又多么像我在多尼尼的小路上偶遇的一位将三根木柴拖回村里去的老妪！画上那几座高耸的钟楼，看上去又多么眼熟！还有那只从空中捕捉到一只大雁的老鹰，以及背景上形状规整得一如鼹鼠丘的小山包[②]，我都有多么的熟悉啊！相信若是走上画面上远远现出的小道，也能看到我在如前所述的石砌路上

① 也译作《圣母访亲》，反映的是怀着耶稣的圣母去看望表姐——腹中怀着圣徒施洗者约翰的圣伊丽莎白——的情节。许多著名画家都有以此为题材的作品。——译注

② 本书上的这幅图画只取了原画的中间部分，文中所提的鹰和山丘等都在书上所刊画面的左方，未显示在此插图中。——译注

图 80 油画《圣母往见》的细部。多米尼哥·基兰达奥 1485 年绘于佛罗伦萨的新圣母大殿

看到过的树木、花朵、农场、猪只、猎人和葡萄藤呢。（不过不会看到南瓜——在画面上所表现的年代里，它们还在美洲待着，等着莱昂哈特·富克斯在16世纪中期以新奇植物的身份被介绍给欧洲人哩。）阿尔诺河（Arno）从佛罗伦萨穿过。我来到位于河南岸的圣母圣衣圣殿，遵照参观者的惯例读一番祭坛前用三种语言写就的艺术史“教材”。祭台后面是一幅13世纪的圣母像，神情极为严肃。这幅画像被三位15世纪名家的油画簇拥在中央，这三位画家是马索利诺·德·帕尼卡莱（Masolino da Panicale）、马萨乔（Masaccio di Simone）和菲利皮诺·利俾（Filippino Lippi）。在利俾的一幅画上，可以看到门外的山坡上长着几株挺拔的柏树和一棵杨树。在从圣埃莱若开往佛罗伦萨的火车上，我也能看到同样的小山和同样的树木。

在佛罗伦萨的加富尔路，有一座人称“美第奇宫”的建筑。这里就是美第奇家族当年的宅邸。我注视着这座豪宅里的一幅贝诺佐·戈佐利（Benozzo Gozzoli，1420—1497）所绘的壁画。画上有几株高大的、只在顶部留有枝叶的树木，树上结着些果子，果皮亮光光的，会不会是石榴呢？意大利法理学家皮耶·德·克雷申齐（Piet de' Crescenzi）所著的《农家乐》在1471年首次出版，书中详细地介绍了栽植石榴的知识。此外，这本书中还谈到了扁桃、果榛、栗树、樱桃、榅桲、无花果、苹果、桑树、欧楂、橄榄、梨树、李树和桃树。戈佐利的这幅壁画是为人称老科西莫的科西莫·迪·乔瓦尼·德·美第奇（Cosimo di Giovanni de' Medici，1389—1464）[①]所绘，画在本家族教堂的三堵墙上，描绘着前去朝拜圣婴耶稣的东方三位贤王。画面上的景物真幻参半（参看图81），有一大批随从、马匹、猎犬，甚至还有一头豹子。[②]老科西莫是银行家，也是政治家，领导本家族在佛罗伦萨建立起强大的政治势力，还是佛罗伦萨圣马可教区（San Marco）“东方三贤会”的赞助人。每逢主显节那一天，“东方三贤会”都会在市里的一条名为宽街的古老街道上组织化装游行。在欧洲的16个城市里开设有银行的美第奇家族，用金钱支持着欧

① 使美第奇家族成为巨富并发挥政治影响的开山人物，前文提到的第一代佛罗伦萨大公的本家高祖父，并是后文提到的洛伦佐·德·美第奇的祖父。——译注

② 原作为一幅巨型长条壁画，本书只取了其中很小的一段，作者所提到的景物多数都不在这段细部上。——译注

图 81 佛罗伦萨美第奇宫内一幅壁画的细部。贝诺佐·戈佐利绘于 1460 年

洲，特别是佛罗伦萨、罗马、威尼斯和米兰的文艺复兴事业。这个家族的财富来自毛纺与丝绸。他们与英国、荷兰和法国做买卖，从那里买来呢毡坯和丝绸坯进行精加工，染成鲜亮的蓝色和洋红色［我在参观圣乔瓦尼－瓦尔达尔诺（San Giovanni-Valdarno）的马萨乔艺术中心时，就在马萨乔的画作上看到了这两种色调］。通过羊毛业、丝织业、银行业和药业等七大行会控制了种种经济活动后，美第奇家族借此华丽转身，成为呼风唤雨的政坛人物。从商人到富人，再到公认的“大能人”，他们的头脑和教养博得了佛罗伦萨人的崇敬。

在此期间，高度自治的意大利出现了不少美第奇家族这样的保护人与赞助者。他们自己有丰富的学识，也关注对学术研究的促进，但不是为促进而促进，而是要通过此种途径换得更大的权力与地位。进入16世纪后，在费拉拉公爵阿方索一世（Alfonso I d'Este, Duke of Ferrara）及其承袭这一爵位的长子埃尔科莱二世（Hercules Ⅱ of Ferrara）的主持下，向教宗博义九世（Boniface Ⅸ）创办于1391年的费拉拉大学提供了大量捐款。葡萄牙医生与植物学者阿马托·卢西塔诺（Amato Lusitano，1511—1568）有过这样的评论：“如果有人想要获取有关植物的最可靠的知识，我就会劝他去费拉拉。那里的医生学识最渊博，对大自然的探寻也最刻苦，简直有如受了神启一般。”帕多瓦大学在1533年率先设置本草学教授学衔，也是这一设置的申请得到威尼斯共和国大议会的积极批准的结果。威尼斯处于控制香料贸易的强势地位，而此种贸易利润极丰，在为保持住这一商业优势而获取植物学知识这一点上，威尼斯也同样很有优势。制取种种丸散膏丹浆所需要的诸般药草——种子、香料和脱水的草根树根，由威尼斯的商船（它们形成了地中海上最大的船队）源源运来（参看图82）。威尼斯的造船厂，每一百天就有一艘簇新的桨帆船下水。下水的新船会沿着码头上的一座座不同的仓库驶过，依次装好桅杆、船帆、桨舵和种种补给，一如传送带上的操作。所有的桨帆船都为共和国所有。诸船装备与配件都是标准化的，因此船员们若换船，操作上也不会有任何不便。威尼斯共和国还在海外的阿科（Acre）、亚历山大城、君士坦丁堡、赛达（Sidon）和提尔（Tyre）等城市设立了贸易区，它的商人们对地中海以东的黑海这一遥远的陆间海，也熟悉得如同家门口的亚得里亚海一样。费拉拉人安东尼奥·穆萨·布拉萨沃拉（Antonio Musa Brasavola，1500—1555）医生在提起他认识的一位

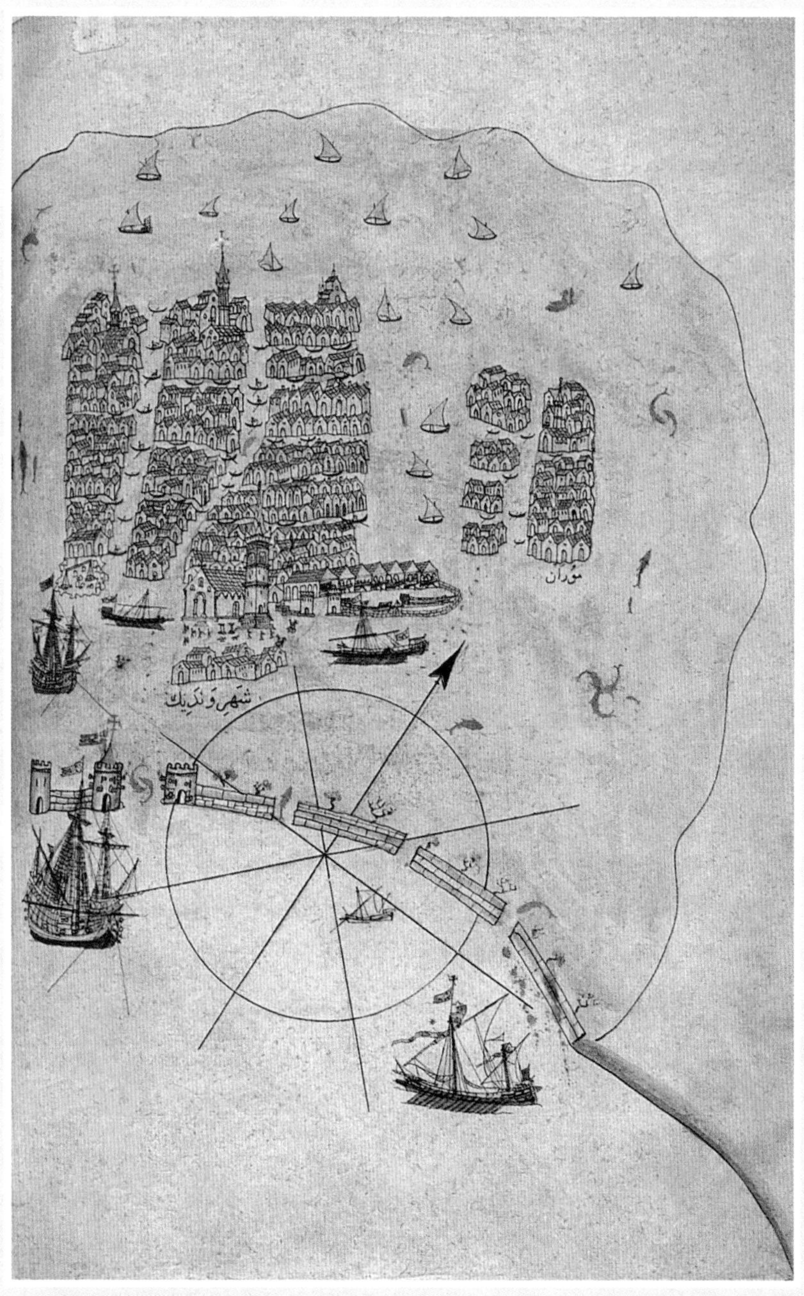

图 82 16世纪航海家传递给世人的威尼斯印象

威尼斯大商人时说，此人的商业标志为一口钟的图符，他“做买卖时从不计较成本高低”，能将大黄——不但有干的大黄根，还有鲜活的整株植物，从伏尔加河（Volga）河岸的生长地一路运来。[1] 到了15世纪末，威尼斯每年至少会派出六七艘桨帆船去亚历山大城和贝鲁特（Beirut），买下不少于50万杜加的各种香料。[2] 该共和国会向远至开罗和伊斯法罕（Isfahan）的地方派出外交使节。它的旅行家更是来到苏门答腊（Sumatra）和锡兰，而且先于葡萄牙航海家瓦斯科·达·伽马（Vasco da Gama，约1469—1524）的绕好望角（Cape of Good Hope）之行。住在伦敦、巴黎和布吕赫等地的威尼斯人会将情报递送给共和国的谍报官员。这些旅行家、外交使节、船长和商人在做这些营生的同时，也将种种新奇植物带回威尼斯。1525年时，威尼斯共和国的驻外大使安德烈亚·纳瓦杰罗在威尼斯的穆拉诺岛（Murano）和西班牙的塞尔瓦（Selva）各有一处花园，园内种了不少珍奇草木。他在与地理学家乔瓦尼·巴蒂斯塔·拉穆西奥（Giovanni Battista Ramusio）的通信中，详细介绍了自己在从巴塞罗那骑马到塞维利亚的旅行中，一路上所见识到的摩尔人种植的作物。共和国官员彼得·安东尼奥·米希尔也在意大利全境游历时，一路搜罗稀有的草木植株。他在威尼斯著名的圣特罗瓦索教堂附近建了一座花园，专门栽种舶来的草木。他还与全意大利的园艺爱好者和植物学者建立起广泛的经常联系，卢卡·吉尼、路易吉·安圭拉拉（Luigi Anguillara，约1512—1570）和乌利塞·阿尔德罗万迪都是他的联系人。商船给他捎来海外的威尼斯人给他的植物，有的甚至来自遥远的君士坦丁堡和亚历山大城。他还从途经威尼斯的法国、德国、佛兰德旅人和商贾那里搜集消息、书籍和种子。克里特岛、达尔马提亚地区和黎凡特地区都有人与他保持联系。有一本由多梅尼科·达格雷契（Domenico dalle Greche）绘制插图的高质量的植物图谱，也是在他的资助下出版的。[3] 前文提到的长期收藏安德烈亚·阿马迪奥所画的出色的《本草画本》的贝内代托·雷尼奥，则是威尼斯生人。以总督尼科洛·孔塔里尼（Nicolò Contarini）为代表的这座城市的大土地所有者中，也不乏对植物怀有持久兴趣的行家。那位曾在帕多瓦大学任修辞学与诗歌学教授，又出任过威尼斯共和国驻罗马教廷代表的埃尔莫劳·巴尔巴罗，也是威尼斯人。他在1492—1493年间写出《普林尼氏著述匡正》，接着又写成《狄奥斯科里迪斯著述补遗》，并于死后在1516年发表。看来威尼斯人的确有此项专长哩。1462年美因茨的陷落[①]，加速了印刷术在整个欧洲的铺开。到了1480年时，全欧洲已经出现了110家印刷作坊，其中意大利就占了50家，而其中的大部分又都在威尼斯。不久以后，在共和国政府的支持和保护下，这座城市便几乎垄断了意大利的出版业。威尼斯成了佛罗伦萨的强大竞争对手，不过孔塔里尼这位威尼斯总督还是不及美第奇家族精明。《老普林尼等人有关本草著述的失误》的作者尼科洛·列奥尼塞诺便在自己这本书的引言中大大地称颂了“伟大的洛伦佐”[②]，说这位洛伦佐·德·美第奇（Lorenzo de' Medici，1449—1492）是“这个时代最伟大的获取知识的支持者，为了能够给（他本人）和其他名家提供最丰富的研究与获取知识的资源，不吝财力地派人去世界各地搜罗手稿”。[4]他的侄孙科西莫·德·美第奇公爵后来向莱昂哈特·富克斯发出前来比萨大学的邀请，也是抱着建成伟大学术中心的同一目的。

意大利的大学——费拉拉大学、博洛尼亚大学、比萨大学、帕多瓦大学、佛罗伦萨大学——不但为卢卡·吉尼这样的优秀教师提供了强有力的支持，也形成了有利于植物学研究的组织形式。帕多瓦大学继1533年改聘弗朗切斯科·博纳费德为本草学教授之后不久，又迈出了新的领先步伐，即增设本草实习辅导员这一教职，负责指导学生在大学新开辟的植物园里获得实际体验。在文艺复兴时期的后半段，人们对植物的观察形成了新的重点，这个时期是搜集的时期，矿物、昆虫、珊瑚、新奇贝壳、禽鸟标本、蛇皮蛇蜕、药泡鱼虾，都纷纷成为搜寻对象，而植物是尤为适合的目标。大自然创造出的植物实在丰富，来自近东和美洲的奇花异草又一直在源源涌进。到了16世纪初时，意大利这里已经形成了可观规模的植物收藏，只不过多数为私人所有，收藏范围也因所有者的兴趣而异，如美第奇家族就喜欢在佛罗伦萨的花园里种些菠萝之类的热带植物。大学自然应是为学生提供各种鲜草活木的场所。到了这个世纪的40年代以后，比萨大学和帕多瓦大学建起的园林，便不复

① 美因茨原为一座有较大自主权的所谓自由城市。由于对美因茨主教的教席之争上升为军事冲突，被市民一方普遍不看好的另一方攻入城内，强行废除了所有授予自由城市的特权，使之再度成为采邑主教领地。致使大量市民离开，将大量知识与财富，特别是1450年古腾堡在此发明的活字印刷技术带到欧洲其他地方。——译注

② 前文提到的使美第奇家族兴旺起来的第一代人老科西莫·德·美第奇的孙子，意大利政治家和文艺复兴时期佛罗伦萨的实际统治者，“伟大的洛伦佐”是同时代的佛罗伦萨人对他的尊称。——译注

为此类带有炫富意味的私人空间了。它们向所有的人开放；收纳对象既有舶来花草，也有本地植株；既有长期向药剂师供应的药草，也有不曾发现有药用价值的“野草棵子”。把握所有植物间的关系，并了解它们为什么形状会如此丰富多样，是此时学界非常认真的意愿。正如那位将狄奥斯科里迪斯的《药物论》重新翻译过的佛罗伦萨学者马尔切洛·维吉里奥·阿德里亚尼所说的：“自然中接续不断的和五花八门的变化……使有关植物的科学一直处在困难之中，这种困难一直存在着，甚至到了如今也依然如是。时光的流逝、地点的不同、季节的变迁、栽植的作用，以及大自然本身永不休止的变化，都令植物罕能保持同一不变的面目。除了造物制造的这些困难，不同国家的作者所用语言的不同，也加重了局面的严重。研究工作的复杂性实在非同一般。”[5]不过，复杂归复杂，繁难归繁难，如今总算有了高质量的图片，再加上卢卡·吉尼和其他一批人——实在应当感激他们——提供的脱水标本，使得植物研究一年到头都可以进行。可靠的平台终于形成了。各国的学者们，无论是德国的、法国的、佛兰德的、瑞士的，还是意大利的，都可以通过拉丁文这种共同语言相互沟通。这也是一个有利条件。在这个时期，植物研究的著述总是先以拉丁文出版，然后再译成其他语种供普通民众阅读。

不过虽说有了优质的植物图谱，也有了共同的工作语言，混乱仍然大量存在，而且就连最常见的植物也难以避免。安东尼奥·穆萨·布拉萨沃拉医生便在他撰写的《草木考量》一书中——此书颇带些以意大利为中心而自得的味道，这样介绍了他称之为“报春菜”的植物——

> 佛罗伦萨人用它做凉拌菜。在我们费拉拉省也是这样，不过只限于初春时分它们很嫩时。过不多久，地里就会长出太多的可以食用的蔬菜来，它们就无人问津了。报春菜植株很小，叶子匍匐在地面上，花朵与春黄菊相仿，不过是白色的，顶尖部分还有些发红。在我们这个省，冬天不是很冷，它们一年到头都会开花。报春菜是药剂师的叫法。这里的妇人们管它叫莲香花，还有些人叫它圣彼得草。近年来又添了毛蕊花和玛格丽塔两种新称呼。反正都是人们根据自己的印象扣到它的头上的。[6]

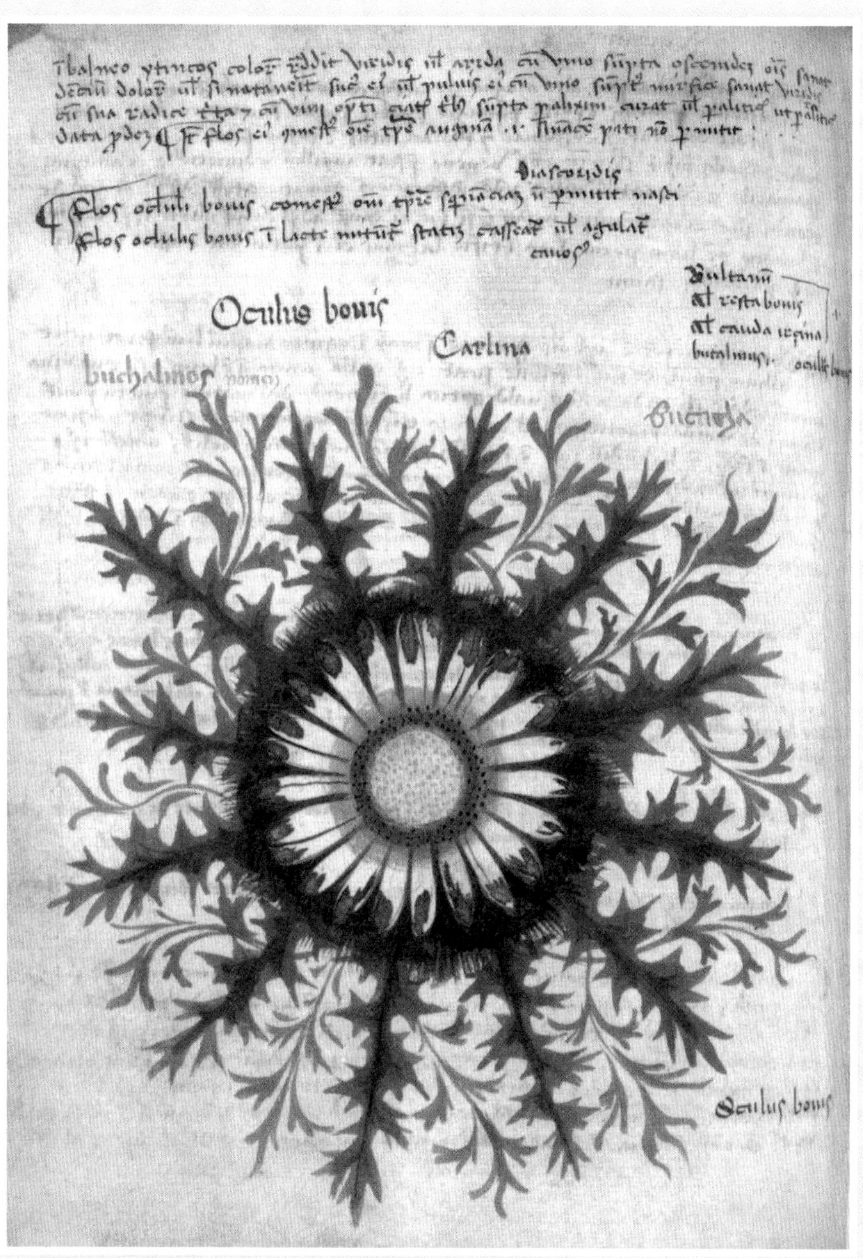

图 83 侏儒刺苞菊（学名 *Carlina acaulis*）。这是生长在横亘欧洲东南部的阿尔卑斯山区中常见的植物。摘自 15 世纪初期形成于意大利的《贝卢诺绘本》

按照这位医生给出的拉丁文名称，这种植物似乎应是报春花中的一种，但他所提到的花朵呈白色，且顶尖发红的特点，却又不是任何一种报春花所有的。破解这一谜团的线索，是在他给出的一个俗名——玛格丽塔上。从此俗名的发音判断，可以认为它就是指发音为“玛格莱特”的木茼蒿中的一种，而木茼蒿又是野菊花中的一大类，是会出现在千千万万个花坛中的杂草。自从人类出现在进化树上时起，这种植物就前来与人为伍了，但人们对它究竟是什么，竟然一直没有达成共识。要解决此类困难，关键在于给每种植物在种种俗名之外加上一个能够得到共同认可的名目。俗名自然是各国有各国的不同叫法，甚至一国之内也有不同的称呼。安东尼奥·穆萨·布拉萨沃拉便指出，同一种植物可能会有四五种不同的名目。此种状况至今仍然没有改变。就以原拉拉藤为例。这是一种很讨嫌的野草，分布很广，其茎、叶和胡椒粒大小的籽儿上都生着小钩子，无论谁从它们旁边走过，它们就会挂到谁的身上，用其充当传播工具。这种附着能力使其得到了“沾沾钩”的俗名。将这种草剁碎后可用来饲喂刚孵化出来的小鹅，于是又得到了另外一个俗名“鹅崽食”[①]。俗名是生动的、形象的，还携带着它们的种种历史掌故。在一个不断趋向大同的世界上，俗名提醒我们记住局部差异的力量。只是俗名是无法输出的。早在文艺复兴时期，学者们便认识到，大家都想要拟定的命名系统，一定得能够用于所有的地方，就是说必须为普适的。通用的语言一旦定下，在这一语言内形成某种系统，并使之施于世界上的所有生物，便是顺理成章的下一步了。桑德罗·波提切利（Sandro Botticelli）和达·芬奇等艺术家已然用他们的特有方式开始了这一过程，并得到了人们都能辨识的图像成果。只是寻找词语却要困难得多。还是如布拉萨沃拉所说的：“倘若不借助词语便可理解和交流事实，那就根本不需要起什么名字。只是无论艺术还是科学，不使用名称，理解和交流都不可能实现。因此，看来词语还是要用的，不过要尽量用能力最卓越的人选取的，而不是没水平的人拿出来，又未经有威望者审查的。”[7]在意大利的各大学及其附属的植物园里，广泛的讨论进行得热火朝天，吸引了全欧洲学者的注意。由于讨论内容事关探寻和理解植物世界的秩序，而探寻和理解世界正是这个时代的基本精神，自然便得到了时下若干最出色大脑的关注。

① 此种草本植物的学名为 *Galium aparine*，在中国也有若干俗名，如猪殃殃、爬拉殃、八仙草等。——译注

图 84 美洲龙舌兰（学名 *Agave americana*）。1561 年引进帕多瓦大学植物园。这是意大利画家雅各伯·利戈齐（Jacopo Ligozzi，约 1547—1632）在 1577—1587 年间为弗朗切斯科·德·美第奇一世所绘的一批植物图画中的一幅

图 85 图左为黑花鸢尾（学名 *Iris susiana*）。此物种原产黎巴嫩，1573 年引入欧洲。图右是西班牙鸢尾（学名 *Iris xiphium*），原产地在地中海沿岸。这是意大利画家雅各伯·利戈齐在 1577—1587 年间为弗朗切斯科·德·美第奇一世所绘的一批植物图画中的一幅

在佛罗伦萨著名的乌菲兹美术馆里，从世界各地蜂拥而至的参观者们正囫囵吞下操不同语言的导游们大讲特讲的艺术史。我真想对他们说：“我说诸位，不要光听这些投影原理和绘画技法行不行？也不要只是注意什么象征意义好不好？当年的学者们也正在画上表现出的环境里走动，面对着画中同样的树木讨论，寻找它们的原产地，以及同它们有亲缘关系的其他植物呢！当年的学子们也在要求开设新的课程，不过不是艺术史之类，而是提供你们正在观看的这些植物的知识呢。桑德罗·波提切利去世的那一年，卢卡·吉尼正满 20 岁呀。看一看波提切利这位画家的名作《春》吧。画上的那些花朵并不是随随便便的点缀，而是当时的人们正在栽种、正在相互探讨的品种呢。植物可是这个新开端的中心哩！”

安东尼奥·穆萨·布拉萨沃拉和其他的学者们都已意识到这样的事实，即“这个世上的草木，狄奥斯科里迪斯提到的尚不足 1%。泰奥弗拉斯托斯和老普林尼也是如此。每天都有新的成员添加进来”。[8] 到了 16 世纪中叶时，世界地图已经同实际情况大体接近了（只是还缺了澳大利亚和新西兰这两个重要部分）。此时的形势确实与英国的风云人物沃尔特·雷利（Walter Raleigh）爵士所说的那样，上帝并不曾“将全部知识都堆放在亚里士多德的智力明灯之下”。[9] 在夏季漫长而炎热的意大利，人们开始种植种种原先不知道的作物——玉米、地瓜、马铃薯、荷包豆、四季豆、菠萝、向日葵和菊芋，并且取得了成功。1550 年，意大利积极地种起第一批番茄来——不过不是为了口腹，而是相信它能够催情。到了 1585 年时，辣椒已经在意大利全面种植，西班牙的卡斯蒂利亚地区和中欧的摩拉维亚（Moravia）地区（现为捷克的一部分）情况也是如此。意大利的大学里解剖学的复兴激励起医学的进步。同样地，研究植物之风的兴起，也促成了直接观察、理性判断和科学怀疑的作风，并施之于对古典教义的问考。说实在的，这种问考早就应该进行了。

第十四章

最早的科教植物园

（1540—1600）

1544年，比萨大学建成了欧洲第一处面向公众并侧重研究与教学的植物园①。在第一位本草学教授弗朗切斯科·博纳费德的建议和威尼斯大议会的财政支持下，帕多瓦大学也在不久后建起了一处（参看图86）。比萨大学的植物园是卢卡·吉尼来到比萨大学后不久建成的，托斯卡纳大公科西莫一世为此植物园提供了财力支持。当年他未能吸引莱昂哈特·富克斯前来，如今罗致吉尼从博洛尼亚大学前来取得了成功。帕多瓦大学建成植物园后，博洛尼亚大学也在两年后开始筹建同样的设施。而从1527年起便在该大学任教的吉尼，在来到比萨大学后，先是被委以本草讲师的职称，继而又升任为本草学教授。由于在传授植物知识上表现出色，他很快成为全欧洲知名的顶尖教师。

卢卡·吉尼出生于克劳亚（Croara），博洛尼亚大学毕业后便在母校执教。他在开设一门有关植物学的新课程时，向校方提出了创建植物园的建议。建园过程的拖沓与扯皮（结果到1567年才告完成），让他有了转到比萨去的充足理由，虽说他此时已经54岁了。[1] 比萨大学的植物园是欧洲的第一处，选址在阿尔诺河右岸，附近就是比萨共和国的造船厂。根据当年的一幅旧地图判断，[2] 该植物园占地不小，

① 植物园有两类，一类属私人所有，另一类即为本章和以后各章大量提到的带有科研和教学目的，并注意普及知识的场所。由于其面向公众的性质，有时也被称为植物公园。这后一称法更接近它们的性质，不过因为国内的植物园基本都是这后一类，称法中也都省去了“公”字，故译文中仍采用此约定俗成的称法。本书中出现的提到植物园这一名称的地方，读者不难从前后文看出它们各属于哪一类。——译注

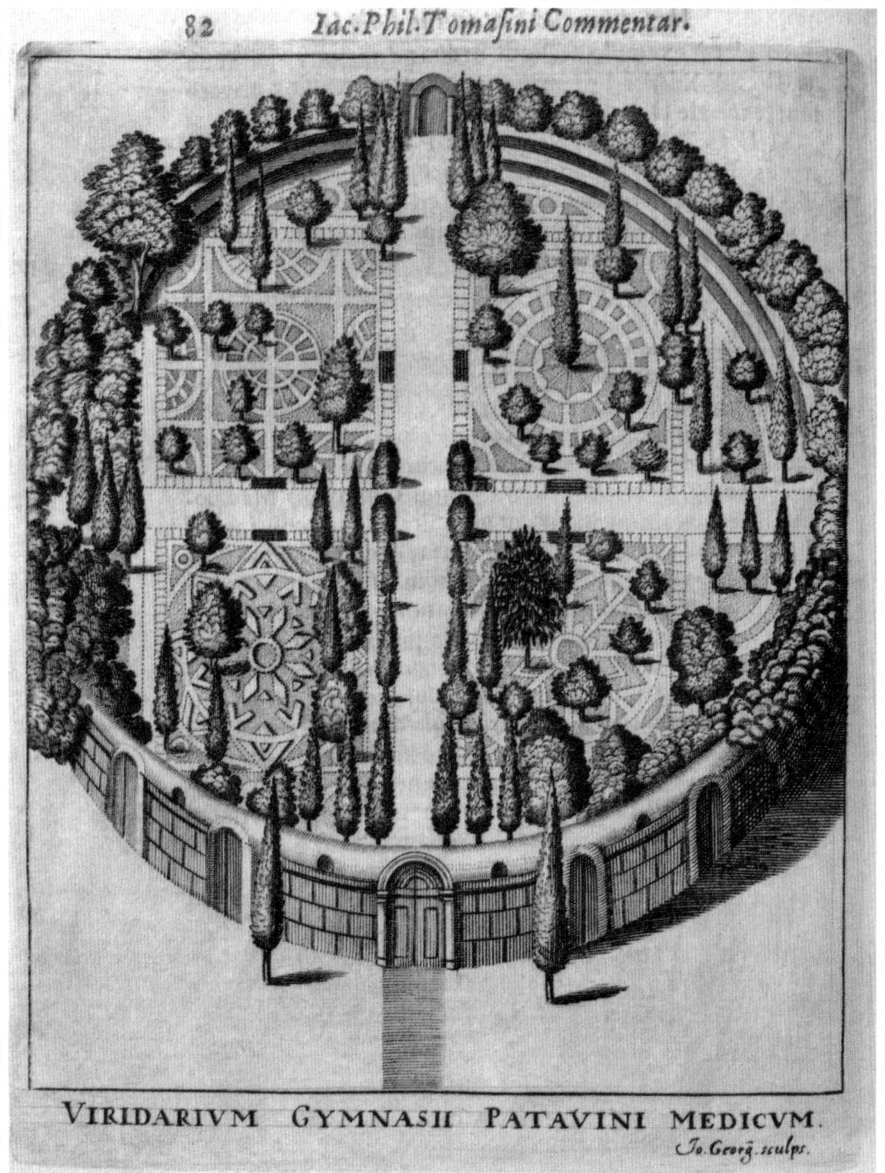

图 86 帕多瓦大学的植物园，应弗朗切斯科·博纳费德的建议创立于 1545 年。摘自意大利历史学家贾科莫·菲利波·托马西尼（Giacomo Filippo Tomasini）的《帕多瓦育英学校》（1654）

其中一侧一直延伸到城墙根。在任教授期间，吉尼还兼为植物园园长，园内陈列的植物使学生受益匪浅。他的学生中有相当一批成了杰出的植物学者，如路易吉·安圭拉拉、安德烈亚·切萨尔皮诺（Andrea Cesalpino，1519—1603）和乌利塞·阿尔德罗万迪等。吉尼在比萨大学里确立起一种通过观察与实验进行研究的过程，这使他成为一位前驱人物，一如二十年后出生的伽利略（Galileo Galilei）。

有关比萨大学植物园（参看图 87）的最早文字信息，来自卢卡·吉尼于 1545 年 7 月 4 日写给托斯卡纳大公的管家弗朗切斯科·里乔（Francesco Riccio）的一封信。信中提到，在从比萨取道皮斯托亚（Pistoia）翻越亚平宁山脉（Apennines）去博洛尼亚的漫漫旅途中，他为比萨大学的植物园采集到不少草木。他还叮嘱这位管家将植物园打理好，不但要令大公满意，也须对学生有用。吉尼还提到，自己在前一个月旅行时采集到的许多美丽的植物都已精心栽入植物园中。[3]1548 年的一份登记资料表明，此时这处植物园共种植着 620 种不同的植物。[4]

卢卡·吉尼的得意弟子乌利塞·阿尔德罗万迪——也是后来拥有《卡拉拉本草图谱》的幸运儿，为后人留下了一份这位恩师在比萨大学所教课程的名单。名单上共开列出 103 项，而且无疑涉及很广的领域，并对能够将“为我们罗马人服务过的希腊军人”——这是指狄奥斯科里迪斯——的实用性的知识直接用于自己的教学感到愉快。不过吉尼也认为，狄奥斯科里迪斯的问题，在于“对植物给出了那么多未免嫌短的、不明确的、不充分的描述，因此单靠这些描述未必能实现辨识。大家的观点如此多歧，如此矛盾，恐怕即便真的面对它们时，也未必一定能够判明”。[5]

在对某种植物的介绍上，特别地反映出了此种状况。这种植物，狄奥斯科里迪斯称为“灰棘叶菜”（crocodilium）。他所做出的描述是这样的：“长在有林木处，生有不小的、有刺鼻气味的光滑长根。若将此根煮水饮下，会导致大流鼻血。对脾脏不适者似有好的效果。种子呈圆形，成双地合纳于一个盾形果荚内，服之可以利尿。”卢卡·吉尼告诉一位友人说，自己一直想要根据盾形果荚这一明显的外观特征找到这种植物，为此花费了不少时间。狄奥斯科里迪斯多少提了一下适合它生长的地域，于是吉尼便去有林木遮蔽的地方搜寻。然而有一次，他在海边探查植物并收集种子时——

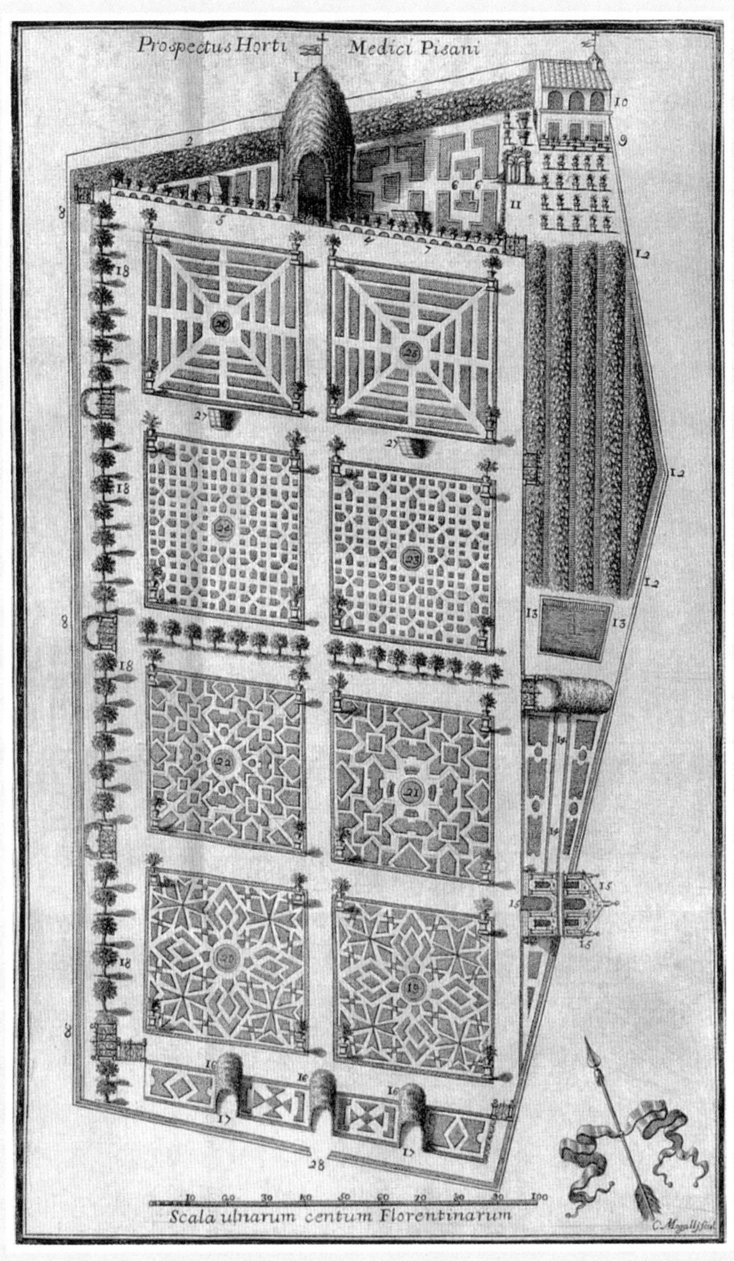

图 87 比萨大学的植物园。摘自米凯兰杰洛·蒂利（Michelangelo Tilli）的《比萨植物园目录》（1723）

> 偶然碰到了一种名字叫作海冬青的草株。这种草是灰绿色的，叶子上生着小刺。我发现它的种荚是盾形的，里面有两粒圆圆的种子。后来我回忆起，老普林尼提到的“灰棘叶菜”是长在沙地和卵石滩上的，而狄奥斯科里迪斯却说是 *sylvosis*（林木），我想可能是他用错了词，其实应当是 *sabulosis*（砾石）吧。不过写着原文的地方有些残缺，使我不能下结论，只能说是一种想法。而且我也开始问自己，它可能并不是我要找的那种“灰棘叶菜”吧。原因在于你①认为它就是蓟草中的一种叫侏儒刺苞菊的草②，而我看到的海冬青草，虽然叶子上有刺，但在其他方面并不像你说的这种刺苞菊。这一来，原来我曾接受了你的看法，如今却又改变主意了。又过了一阵子，我突然记起我曾吃过这种东西的根，是放在凉拌菜里的，但并没有影响我的健康。这是 1522 年的事情了。我是住在苏马诺山（Monte Summano）上时，与当地的一些修士们吃过这种东西的。狄奥斯科里迪斯说过，侏儒刺苞菊只长在山区，以前我也只在山上见过，从未在平原地区见到过这种草，更不用说在海边了。这让我开始有了新的想法。如今我敢相当肯定地认为，我见到海冬青并非什么侏儒刺苞菊，而是蓟草中的某种类似的东西……现将它的一些种子带给你，我认为它就是那种“灰棘叶菜”。我准备用它的根煮水喝，如果真让我流鼻血，认定的把握就更大了。[6]

有着“干植物园”之称的植物标本馆、植物标本室、植物标本册，或者其他形式的大宗脱水植物收藏，是在卢卡·吉尼这里发扬光大的。有了这种收藏，不同国家和地区的学者们探讨起植物的辨识和命名来，要达到一致会容易得多。图片固然很不错，但将真的植株在经心保留好最重要特征的前提下压平弄干，效果会更为理想。植物标本收藏的重要性，所有对植物研究有兴趣的人都很快认识到了。1551 年，吉尼给在戈里齐亚（Gorizia）行医的彼得·安德烈亚·马蒂奥利送去一批植物标本。1553 年 10 月 16 日，他又在与博洛尼亚大学的旧时弟子乌利塞·阿尔德罗万迪的通信中，说起自己曾弄成功 600 多种“干草木”，只是半数以上都没能保存下来。

① 此段引文摘自吉尼与一位同行的通信。——译注

② 按照《中国植物志》目前的分类标准，侏儒刺苞菊并不属于蓟草属，而是刺苞菊属下的一种，不过这两个属都属于更上面的同一类别菊科，因此也会与蓟草有不少相类之处。——译注

佛兰德学者马蒂亚斯·德劳贝尔和他的朋友皮埃尔·佩纳（Pierre Pena）也说过，吉尼曾经画过一些托斯卡纳地区的植物，画得十分出色，颜色更是十分精准，只是收藏一段时间后往往便会褪色。

将植物制成标本，除了作为一种收藏植物的新手段，还有助于对植物分门别类。卢卡·吉尼便将自己搞到的种种托斯卡纳地区的植物放到一起，做了形成地区植物实物志的最早尝试。他搜集到了大量实物，但始终未能著书立说。倒是他送到蒂宾根大学给莱昂哈特·富克斯的一批托斯卡纳地区植物的图画（岩蔷薇、鸢尾、虎眼万年青，还有两种风铃草和多种野兰花），帮助了后者出书。[7]还是在博洛尼亚大学工作时，他也曾有过打算，想撰写一部更全面的植物图谱，但就在他转到比萨大学的那一年，彼得·安德烈亚·马蒂奥利的大部头著述《狄奥斯科里迪斯医学著作述评》出版并立即大为畅销。正如马蒂奥利本人在1558年写给吉尼当年的学生乔治·马留斯（George Marius）的信中所提到的那样："（卢卡·吉尼）本是打算出书的，也着手进行了，还是一本图谱，对插图也做了安排。不过在看到我的《狄奥斯科里迪斯医学著作述评》后，他便写信来，祝贺我走在了他的前面，又说这一来便减轻了他的负担。他还给我送来一大批植物。我认为在将这些植物的插图加在我的书中时，须将这一事实如实告知。"[8]

这就是说，到头来彼得·安德烈亚·马蒂奥利这头急脾气的大块头斗牛因写书成名，卢卡·吉尼却既未能因写书获誉，也因为旅行范围不广而未能发现任何新植物品种。不过，他也从建立起联系的植物爱好者那里得到了意大利南部的卡拉布里亚（Calabria）地区，以及埃及、西西里、西班牙和叙利亚等地的草木。他在克里特岛当开业律师的兄弟奥塔维亚诺·吉尼（Ottaviano Ghini）也对此有所贡献。他的弟子路易吉·安圭拉拉行踪遍及从亚得里亚海到黑海间的广大自然界，还在游历过土耳其、叙利亚和希腊后，又去到北非，先后到了亚历山大城、北非城市的黎波里（Tripoli）和突尼斯城（Tunis），而吉尼最远也只到过厄尔巴岛（Elba）。意大利建筑师巴托洛米奥·悌吉奥（Bartolomeo Taegio）在他的一本出版于16世纪的介绍全意大利最美丽园林的书中，就提到了比萨大学的植物园，说这里聚集了不可胜数的罕有草木，多是在意大利的其他地方见识不到的。[9]只是这样一处打头阵的园林，竟然没能存留下来以作为吉尼卓越贡献的纪念碑。他去世七年后，一个名叫"圣斯台方诺骑士团”的组织便将植物园的地皮买下，用以扩展比萨共和国的造船厂。比萨大学倒是又筹建起另一处新的植物园，只是规模小了不少，而且被视为吉尼的继任者安德烈亚·切萨尔皮诺的贡献。切萨尔皮诺倒是在吉尼的又一名学生，来自弗留利（Friuli）地区奇维达莱镇（Cividale）的路易吉·列奥尼（Luigi Leoni）的协助下，监管了该园的营造全过程，只是还有其他压身的学术任务，致使他再也无精力为植物园更多地劳神，再加上这片土地相当贫瘠，又被高大的城墙挡住了日光，导致这处园林一直不见兴旺。[10]1571 年 10 月，乌利塞·阿尔德罗万迪收到了鲁卡省（Lucca）一位名叫焦万·巴蒂斯塔·富尔切利（Giovan Battista Fulcheri）的熟人写来的信，说他行将前来比萨，拜望“大名鼎鼎的切萨尔皮诺”。然而，在后来的另一封信里，他可是抱怨了一番，因为他的这次专程来访，没能见到切萨尔皮诺不说，就连他的助手列奥尼也缘悭一面。他还评论了一番这座新植物园，说如果再不好好弄一下，恐怕就会比最低档的菜园子强不到哪里去了。原来这位切萨尔皮诺也和他的老师卢卡·吉尼有同样的嗜好，就是喜欢摆弄矿物的天然结晶一类东西。在人家前来拜望期间，他正带着自己的一个学生，在托斯卡纳地区到处踅摸矿石和化石呢。这处植物园只维持了三十年出头（1563—1595）便被放弃了。原因之一是它离比萨大学太远了一些，难以为学生所用。因此到头来便在第三代托斯卡纳大公斐迪南·德·美第奇一世（Ferdinando I de' Medici）① 的安排下，建成了第三处植物园，并一直存在到今天。

1554 年，卢卡·吉尼退休离开了植物园，又在两年后告别人世。没有著述，没有以他的姓氏命名的植物，他建起的植物园被改为他用，就连植物标本收藏也没能留下（他的这些收藏据考都已散佚）。不过他仍给后人留下了一样东西，一种无形的纪念品——口碑。他的专门利人，他的慷慨大度，他的无私奉献，他的拳拳敬业，都反映出此公的高洁品性。他将脱水植物标本赠予彼得·安德烈亚·马蒂奥利，又将活的草木与植物图幅送给莱昂哈特·富克斯。他不是攫取者，而是赐予者。他的好名声能将千里之外的人吸引来：约翰·福尔克纳（John Falconer）和威廉·特纳便是他的英国高足。他在学生中唤起对植物学的热忱。他令学生们带着对植物的

① 第一代托斯卡纳大公科西莫一世的第五个儿子、第二代托斯卡纳大公弗朗切斯科一世的弟弟。——译注

图 88 小果咖啡树（学名 *Coffea arabica*），因自阿拉伯地区引进，花朵又为纯白，因而得一俗名“阿拉伯素馨树”。此种灌木被列为异域物种栽植在比萨大学植物园内。摘自米凯兰杰洛·蒂利的《比萨植物园目录》（1723）

永不磨灭的理解和热爱，以及对植物世界复杂性的深刻认识，走上各自的生活道路。他真有如催化剂一般。他一生教过许多学生，而所有这些人，都无一例外地膺服他那出众的人格魅力。看着肖像中的那张因蓄着山羊胡子而显得有些古怪的面孔，看着他那凝聚着探寻神情的目光，我真希望他也曾是我的老师。

******

安德烈亚·切萨尔皮诺（参看图 89）是卢卡·吉尼的学生和接班人。他在 1563 年搞成的脱水植物收藏至今仍在，并已发展成为一座颇具规模的植物标本室。当初他弄起了两套植物标本收藏，一套献给他的保护人托斯卡纳大公，另一套给了美第奇家族的股肱人物、时任桑塞波尔克罗（San Sepulchro）主教的阿方索·托尔纳博尼（Alfonso Tornabuoni）；前一套现已不存，后者辗转成为目前佛罗伦萨自然博物馆的一部分，也是我来到这座城市的最先领略之处。10 月里的一个雨天，我来到两扇硕大的门前。门是紧锁的，我便按响了门铃。铃声过后，门锁打了开来。我看到门内有一位穿着制服的女子坐在一张桌子后面。“我要去植物分馆。”我说。“植物分馆不开放，”她告诉我，“植物园开放，门票三欧元。”“什么时候开放？”我问她。得到的回复只是一个耸肩。“那切萨尔皮诺……”又是一个耸肩。“我能见见某位负责人吗？”“不能。”我便买了张门票，有些不痛快地走进了植物园。园里有几条宽阔的石子路。顺着其中一条，我信步走到位于植物园中央的圆形水池。这是个招人喜欢的地方，古典风格的布局：正方形的园区，被一横一竖、中间相交的两条干路分划成四个小的正方块。水池就位于这两条路的相交处，四周是些柠檬树，栽在巨大的陶盆里，而这些陶盆看上去也都有些年代了。园里还有很大的杜鹃花植株，也栽在若干陶盆里，顺着从水池到当年的植物园入口的位置摆放着，这处老入口虽然古旧，但依然很漂亮。向上仰望，可以看到若干经年的栗树、金合欢树和椴树的树冠。植物园的两侧都是高高的建筑物，墙壁是土黄色的。一阵急雨突然袭来，大股雨水顺着椴树的硕大叶片泻下，将我撵进了玻璃温室躲避。温室是环形的，修得很高，多年前印出的导游图上便已画进，可见早就存在了。娇弱的热带植物此时还没有搬进来准备过冬，温室里空荡荡的，只有几株常年住户：来自新喀里多尼亚（New Caledonia）的库克南洋杉和澳大利亚的肯氏南洋杉，都长得快要碰到玻璃棚顶了。温室里还有一些石灰岩堆起的假山，可以看到些细小的钙华悬坠在假山的山石下。一位园林工人正往一排花盆里放入花种，花盆口大约都在 7 英寸上下。花种是从一些白色纸袋中取出的，还同果枝连在一起。这名工人先在花盆底部垫上一些干树叶，再从身边的手推车里抓些培植土放在树叶上方，然后用指关节娴熟地将果枝碾揉几下，花种便离开果枝，种荚和种壳也都剥落了。他只将剥离下来的花种放入培植土，然后将花名一一写在标签上——醋栗、绣球葱、鹅掌藜等等，最后再将标签上的细线穿过花盆边缘上的小洞系好，这就完成了一批。他干得专心而又有条不紊，符合从切萨尔皮诺时便已基本定形的程序。

在温室里还有一位避雨的男子，看上去 70 岁上下，瘦削的面部，高高的个子，穿一件深蓝色的开襟针织上衣，很有风度。他告诉我他叫伊万・伊里契（Ivan Illich）。我谈起自己怎么会跑到这座温室里来，又提起安德烈亚・切萨尔皮诺 1563 年搞起的植物标本收藏虽然近在咫尺，大门却紧闭不得进入。他彬彬有礼地让我知道，这其实是我自己没能安排好。参观这处植物分馆是要提前预约的。如果我在当天晚上同他联系一下，他会提供一个人的姓名和电话号码。我便按他说的，晚上与他通了电话。我是从离乌菲兹美术馆不远的一个公用电话亭里，在亭外街道上车水马龙的喧闹声和雨滴在电话亭塑料顶的击打声中与他联系的。

两个星期后，我便来到了佛罗伦萨自然博物馆植物分馆的植物标本室。它在分馆的二楼上，天花板很高，立着一排排柜橱，里面是一摞摞压平的脱水植物。室内十分安静，而在这种安静中弥散着一种浓厚的沉思气氛，同时还弥散着微弱的福尔马林气味。在一口玻璃拉门的柜橱里，密密地摆放着一层层精致的陶盆，是 18 世纪末 19 世纪初的产品，烧上了一层鲜亮的绿釉，顶上有一圈花纹。每只花盆壁上还塑有一个面具的形象，嘴里衔着一条穗绦，绦下是个椭圆形的环框，框内写着某种植物的名称，而盆内便是有这个名称的植物的蜡制标本：大果西番莲啦，日本木瓜啦，广玉兰啦，红丝姜花啦，等等。这些蜡制标本已经有些褪色，变成了浅黄和橄榄绿这两种在意大利的公墓里常会看到的缅怀花环的基本色调。管理员带我看到了安德烈亚・切萨尔皮诺最早的植物标本收藏，原来是三大卷红色摩洛哥皮面的本册。在我的心目中，这些本册便是一种象征，仿佛发出一种光芒来，一如马萨乔所

图89 卓越的意大利植物学者安德烈亚·切萨尔皮诺。他在博洛尼亚大学师从卢卡·吉尼学习，后来成为比萨大学植物园的园长

描绘的壁画上圣人头上的光环。

安德烈亚·切萨尔皮诺收藏的植物标本是固定在以传统的手工工艺制作的粗纸上的，纸张大小为29厘米 × 43厘米。献给桑塞波尔克罗主教阿方索·托尔纳博尼的题献文就由切萨尔皮诺本人以工整的细密小字，写满了整整两页。这位主教是位醉心园艺的业余植物学者，烟草引种到意大利，就有他的一份功劳在内。他很认同切萨尔皮诺的担心，即认为大部分研究植物的人“缺乏基本的哲学引导，因而不易从中获益”。在这篇文字的后面便是索引部分（参看图90），所有的植物名称都按字母顺序排列，先是希腊文的，然后是拉丁文的和意大利文的。他沿用了卢卡·吉尼当年采用的名称，并在名称旁边一一给出相应标本在本册中的位置编号。不过标本的安放位置与索引排序不同，是分类摆放的，亦即将彼此相类的放在一起。这在当时可是一种首创。1583年，切萨尔皮诺在佛罗伦萨出版了《植物十六论》一书。他在这一著述中阐述了本人的研究意向，这就是确立起一种大体上根据植物果实与种子的不同类型进行划分的体系。这也就是根据果实与种子确定亲缘关系。他在书中这样指出——

> 任何一种学科，都会涉及将相类的东西归结到一起，同时找出不相类的内容并予以区分。这也就是说，将所有的东西按照造物给出的显示分成“群”与“个”，并将“个”纳入“群”内。我如今正在努力做的，便是在植物世界中形成这样的体系，希冀能以我的不才之力，为公众奉献出些许有益之果。泰奥弗拉斯托斯是最早提出可能存在这一体系的先哲，只是未能再接再厉地建立起来。时至今日，让·吕埃尔（Jean Ruel）①也曾做过类似的努力，但未能超越泰奥弗拉斯托斯而居领先地位。至于狄奥斯科里迪斯，则是从医生的角度着眼，根据植物的药用功效分成汁、脂、根、籽儿等类别的。[11]

其实，安德烈亚·切萨尔皮诺对植物分类的这一革命性观念早已牢牢形成了，比在

① 让·吕埃尔（1474—1537），法国医生与植物学家，曾将狄奥斯科里迪斯的《药物论》译成拉丁文。——译注

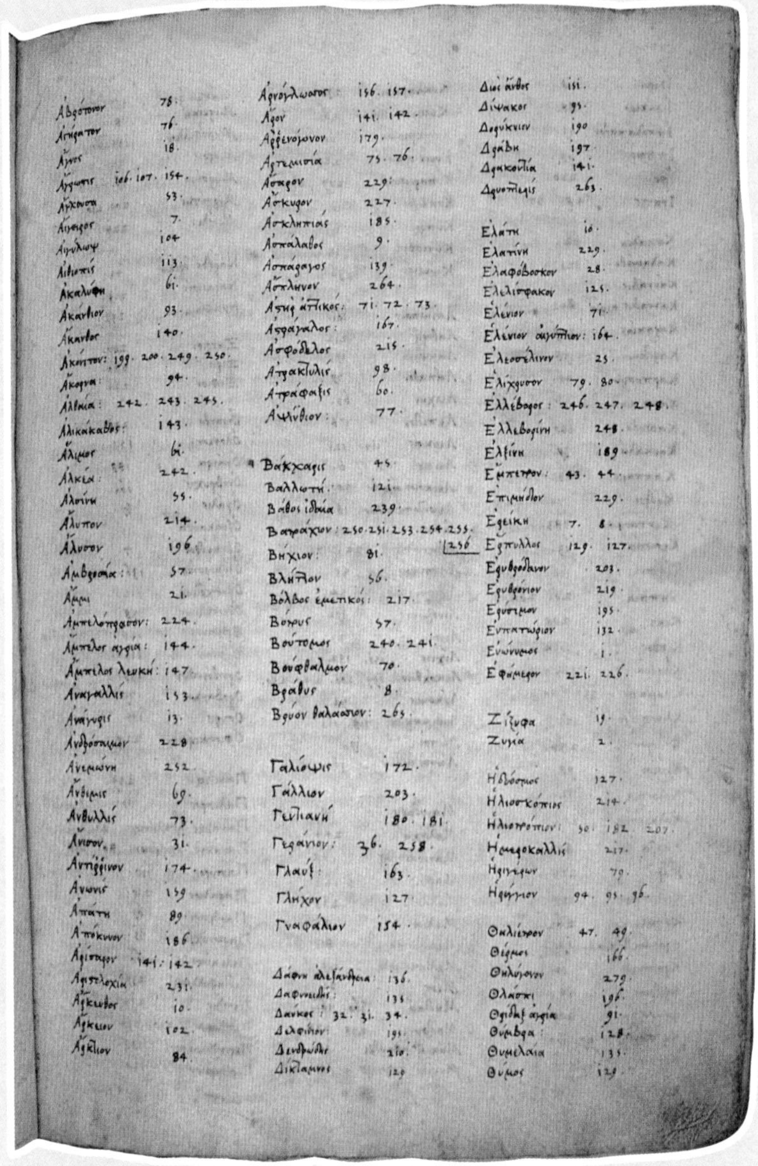

图 90 安德烈亚·切萨尔皮诺始建于 1563 年的植物标本收藏本册中的一页索引（希腊文部分）。文字部分按字母顺序编排，实物标本部分则根据果实和种子的相似程度安排存放位置

《植物十六论》中正式提出还要早二十年。这可以从他在 1563 年完成的三大册植物标本收藏中致阿方索·托尔纳博尼主教的题献文字中看出。我小心翼翼地翻阅着这套植物标本集，看着经过切萨尔皮诺之手放入本册内的一株株如今已经发脆的植物，不禁联想到当他将这根龙芽草、这几株不同的毛蕊花，还有这几穗不同的马鞭草固定在一张张纸底上时，大画家提香（Tiziano Vecelli，英语国家多写为 Titian）正在创作那幅《照镜子的维纳斯》油画，而又一轮可怕的“黑死病”阴影也正笼罩着欧洲，单在伦敦一地便刈去了两万多条生命呢。

在这套标本集的总共 260 张手工制的粗纸上，安德烈亚·切萨尔皮诺放进了 768 株植物：锦熟黄杨、灰蒿、星星草、金雀花、形形色色的蕨草、姿态优美的嚏根草、叶缘生刺的滨刺芹、山毛榉树的枝叶、灯芯草、睡莲、堇菜、野荨麻……（图 91 即为 260 张收藏中的一张）。放在最前面的是乔木的枝叶，然后是灌木的组分，最后是种种草本植物——与泰奥弗拉斯托斯的思路是一致的。在乔木部分，他放入的有山毛榉、鹅耳枥、栲树和椴树的部分结构。这些树也被他种植在植物园内，而且如今仍在园内生长着，隔着四百余年的历史空间与我互动。切萨尔皮诺将这几种树作为标本放入本册，并非信手拈来，完全是根据他自己琢磨出来的方法选定的，结果是直接接续上了我的第一位偶像——泰奥弗拉斯托斯。切萨尔皮诺极其信奉亚里士多德的演绎推理方式，也深信泰奥弗拉斯托斯并非只意在罗列与描述，而是要探查植物之间有根本意义的异同之处。切萨尔皮诺来到这个世界上，使泰奥弗拉斯托斯终于等来了理解他的人，使他的理念在被忘却一千八百年后，重新得到了学界的探讨。值得注意的是，泰奥弗拉斯托斯与切萨尔皮诺两人之间的差距，似乎并不比切萨尔皮诺和我们之间的差距更大些。对于古典学说，切萨尔皮诺可以说是一位名副其实的传人。他不但相信亚里士多德认为植物的“灵气”或说“神能”最可能寓于其地下部分与地上部分相交处的设定，甚至还进而认为，他已经在这个关键位置上，找到了类似于动物脑子的柔软构造。他接受了泰奥弗拉斯托斯的观点，确信一切植物的生存理由，归根结底莫过于产生种子，并由此进而推断种子本身便应当是对植物进行合理分类的关键因素。柏拉图曾经认为，动物的精子应当源自骨髓。切萨尔皮诺也遵循同一思路，设想种子应形成于植物茎干的内层。这是因为他注意到，树木的种子通常会结在细软而非粗硬的枝条上，由此便推断它们必然是在比较容易钻出的较软内层即髓体内形成的。今天看来，他的这一“籽儿成于髓”的假说很不靠谱，但当时一经提出，便得到了普遍接受，并且一直流行了二百年。因为以当时人们掌握的植物知识而论，这一假说是完全合理的。

安德烈亚·切萨尔皮诺努力问考的目的，是要求得一个尊重植物真实本性的体系，是一套反映存在于此类本性中的秩序。“我们要从种种相似处和不同处中确定造成根本性质的成分，即必元（substantia），而不是那些导致偶然表现的成分，即偶元（quae accidunt ipsis）；前者是决定人们凭感官认识到的基本性质的主要因素，而后者只起次要作用。”[12]“必元”和“偶元”这两个概念源自亚里士多德。切萨尔皮诺相信这两者都为真确的存在，因此不赞同其他前人提出的种种人为的分类方式。比如他认为，身为医生的狄奥斯科里迪斯只是从治病角度进行植物分类的，因此治咳嗽的药草是一类，治发烧的药草是另一类，将植物世界弄得俨然如一个大药店。按植物名称的字母顺序排列固然形成了某种秩序，却妨碍着将基本性质相同的多种植物安排到一起而形成有亲缘关系的组群。还有其他一些分类方式。例如着眼于根的形态，于是将生有圆形根块的蔓菁、疆南星和仙客来归为一组。不过正如切萨尔皮诺指出的，这样分类并不合理，因为造物不曾赋予植物的根以很多种形态，也就是说“异构”有限，无法有效地反映出真实的差异来。对于以其他构造为分类依据的若干种设想，切萨尔皮诺排除了以叶子分类，理由是它们的功用只在于保护果实。形体大小也不足为凭，因为这会随土壤情况、气候条件和季节时令而异。类似地，香气、味道和生长环境也都被他定为“偶元”而不在考虑范围之列。减来减去，留下的便是果实与种子。以他之见，这两种构体可以满足对植物世界中存在的多种多样的组群进行正确分类的要求。

基于这一构想，安德烈亚·切萨尔皮诺便将凡结出的果实都嵌入有些像杯子的壳斗的树木定为一类，栎树、栗树、山毛榉和果榛都在这一类内。他又将鹅耳枥、桦树、赤杨和铁木划归为一类，但不是根据它们都会开“毛毛虫花”（要是根据这一点，果榛便应当也归入这一类了），而是由它们开花之后最终结出果实的形态而定。诸般果实上生着有如翅膀的薄膜的乔木又是一类，这类树木中包括榆树、槭树、梣树等。种子中间有个硬核，核外包有柔软果肉的树木是另外一类，樱桃树、桃树、李树均属此类。他发觉郁金香和喇叭水仙等若干球根植物的种荚呈三棱形。他

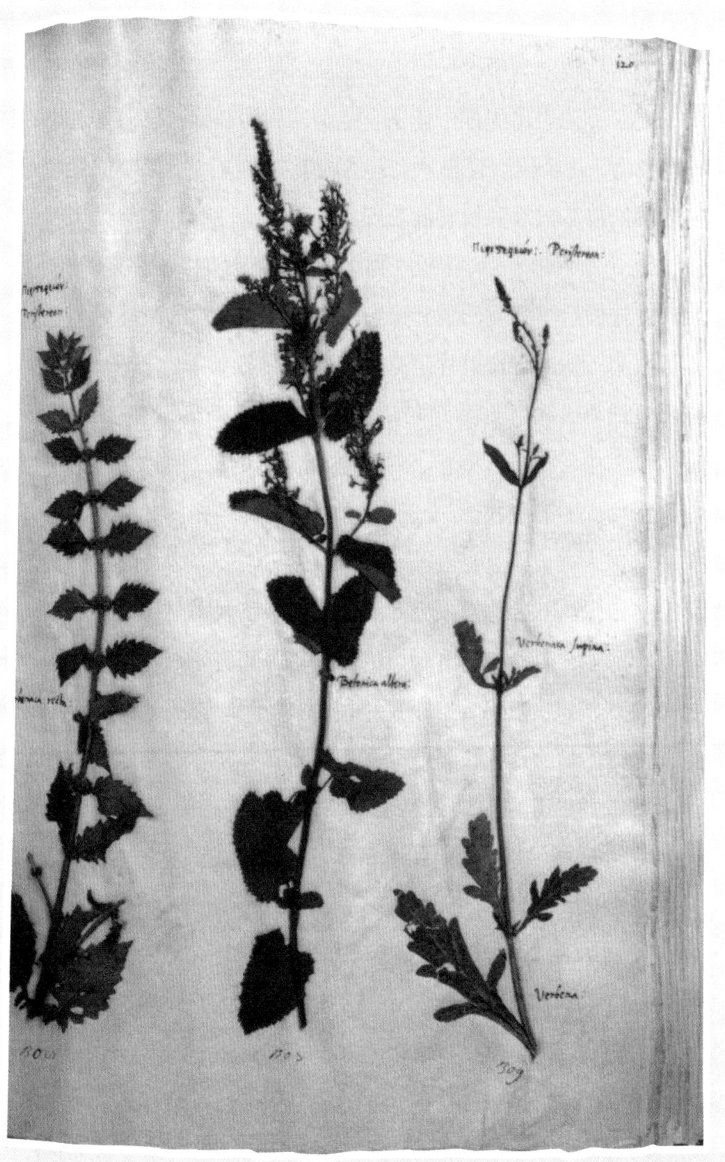

图 91 三种都有疗伤草俗名的草本植物，被安德烈亚·切萨尔皮诺一起放在他的植物标本本册的第 120 张纸底上。他的这一植物标本收藏完成于 1563 年，即比他撰写《植物十六论》早了二十年，表明他当时已然形成了将植物分成群组的革命性概念

还注意到有些植物似乎根本就没有种子——霉菌和地衣便是如此："这些是最不完善的一类。它们自朽败之物中生出，因此能活、能长，不过不能生，是介于活物与死物之间的一类。"他提出的这个体系有坚实的哲学基础，故而好过以往的任何一种。他本人也指出，这个体系反映了大自然的着力方向："就果实的发育过程而论，造物为此所形成的诸多器官和使它们表现出的诸多特性，都不曾见于其他的所有构成。"他努力在特定中寻求普适，希望根据感知确定出法则，结果也形成了一个体系。虽说后来发现，他的这个大厦的地基没有选准，但其倚仗的设计原则——演绎——仍然是令人折服的。他的工作堪称是里程碑式的。

我一页页地翻动这些粗糙厚实的纸张，安德烈亚·切萨尔皮诺给出的许多我都熟悉的植物名称实在令我难以释卷。到了他生活的年代，植物学的语言已经开始定形。学者们已然达成了某些共识。诚然，有些植物的名称仍然沿用泰奥弗拉斯托斯时期的叫法而丝毫未变。在切萨尔皮诺给出的索引中，至少有 40 种是直接袭用了《植物志》中的名称。不过他本人也开始自创出一条规则，而这条规则为植物命名法的最终确立指出了方向。他在这套植物标本集的开篇处，亲手工整地写下了一份植物名单，并在指代这些植物的名词后面，添加了修饰的形容词，以将相应的植物与他认为有密切关联的其他植物区分开来。这样一来，名单上既有 *Marrubium* 这种经常用于制咳嗽药的开白花的植物夏至草，也有其他方面与它都差不多，但开深紫色花朵的另外一种，于是被他在 *Marrubium* 之后加了一个表示"黑色"的形容词 *nigrum*，便成了另外一种植物 *Marrubium nigrum*——紫花夏至。他又以同样的方式，给常春藤——*Hedera* 造出了两个带形容词的成员，一个是 *Hedera spinosa*，即生有棘刺的常春藤（刺长春藤）；一个是 *Hedera terrestris*，即贴着地生长的常春藤（地滚常春藤）。*Anagallis aquatica* 和 *Anagallis sylvestris* 又是一实例，这里涉及两个分别列于 *Anagallis*（琉璃繁缕）之后的形容词，*aquatica* 表示亲水的、水生的，*sylvestris* 表示林木的，即生长于树林中的，亦即分别是水琉璃繁缕和林琉璃繁缕。虽说他使用的这一给植物分类的方法最终被认识到并不正确，不过其中所涉及的在给类似的植物命名时，将一个词（有时还带有描述性）缀在另一个词的后面的双名方式，的确简捷易懂，而且能够被操不同语言的植物学者使用，无论他们是丹麦人、德国人、法国人、英国人还是意大利人。

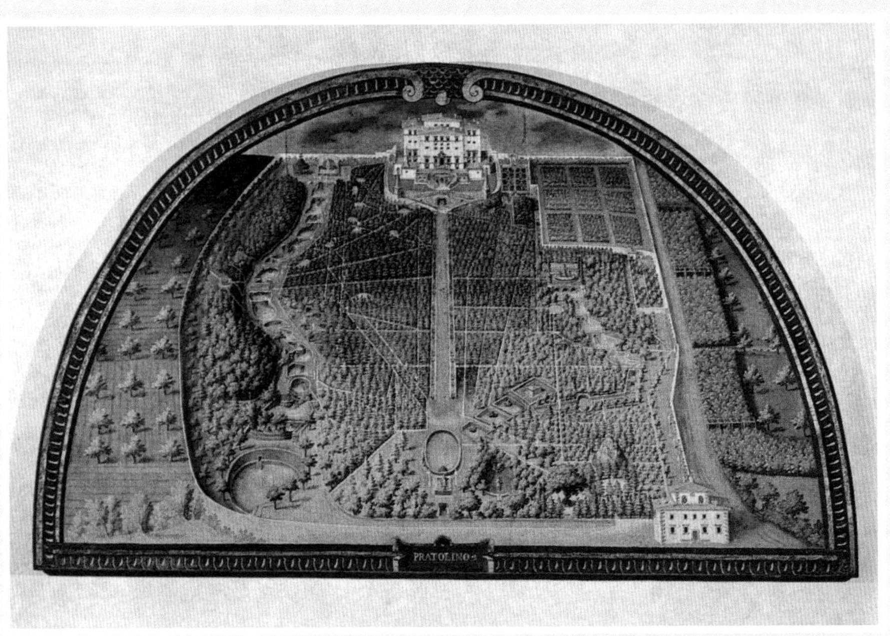

图 92 宏大而美丽的普拉托里诺大花园。这是佛兰德画家约斯特·乌滕斯（Joost Utens）在园内一幅半圆形壁画上描绘出的园中景象，作画时间应在 1598—1607 年。此花园系第二代托斯卡纳大公弗朗切斯科·德·美第奇一世所建，园中辟有月桂树丛筑成的花园迷宫，还有开满鲜花的草坪

安德烈亚·切萨尔皮诺在阿雷佐出生，毕业于比萨大学，1549年取得医学博士学位后留在母校，教了将近四十年的生物学、医学和哲学。卢卡·吉尼去世后，他继任为比萨大学植物园园长，并也如吉尼一样在植物园举办展览。一连好几年，都是切萨尔皮诺独自管理着植物园，1558年才经科西莫一世安排，得到路易吉·列奥尼为副手。在此之前，当佛罗伦萨大学于1550年也拥有了一处植物园时，负责人便是列奥尼。1555年，法国学者、旅行家与苗圃专家皮埃尔·贝隆来比萨访问时，得到了几种常青灌木的馈赠。佛兰德学者马蒂亚斯·德劳贝尔和他的朋友皮埃尔·佩纳不久后前来时，得到了几块“特意现挖的”纸莎草根为礼，并答应会分给苏黎世的康拉德·格斯纳一些。[13]纸莎草只是比萨大学植物园所栽植的许多稀奇植物中的一种。切萨尔皮诺通过在君士坦丁堡、埃及、叙利亚，以及别的遥远地域的联系人，为园里弄来了罗望子、芦荟、美人蕉等形形色色的珍奇草木。1592年，切萨尔皮诺离开了比萨大学，估计是第三任托斯卡纳大公斐迪南·德·美第奇一世委任语言学家兼医生吉罗拉莫·梅尔库里亚尔（Girolamo Mercuriale）为比萨大学植物园的管议，且薪酬又大大高过自己的缘故，他来到罗马，被聘为教宗克勉八世（Clement Ⅷ）的私人医生——一个很叫得响的名头，再加上又得到了高等医药学教授的职称，这使得他自信地告诸同事说，自己并不比这位管议位低一等。[14]

安德烈亚·切萨尔皮诺是从44岁时开始捣鼓植物标本的。二十年后，他又将自己的革命性理论白纸黑字地写进了《植物十六论》。此书于1583年在佛罗伦萨出版（参看图93），比阿拉伯医生卡西姆·伊本·穆罕默德·瓦齐尔·伽萨尼（Qasim ibn Muhammad al-Wazir al-Ghassani）撰写出植物分类的最早阿拉伯文著述早了三年。[15]切萨尔皮诺的这本书观点明确，洋洋洒洒地写在密排的600多页纸张上，再加上正文后面所附的索引和勘误，一共621页。在开始收藏植物标本以后的二十年中，他完善了自己提出的植物分类体系，将1500种植物分成32个群组，如“伞花类”（他用的拉丁文词语为*Umbelliferae*①，包括毒参和峨参等花朵聚成伞面形态的植物）、“星花类”（他用的拉丁文词语为*Compositae*②，将花朵瓣数很多的植物收入此类，

① 此拉丁文学名的正式中文译名为伞形科。——译注

② 此拉丁文学名的正式中文译名为菊科。——译注

如雏菊和蒲公英）等。这部书只有文字没有图片。对此，他试图在序言部分解释不加插图的原因：与好的文字描述相比，“图画提供的知识并不可能做到更为准确翔实”，因为植物的各个部位都会存在“异构”，而靠一张图是不可能都表现出来的。除了这个原因，他还注意到图片未必能做到准确，即便卓越如汉斯·魏迪茨和阿尔布雷希特·迈尔等画师，也会对植物形成不同的观感，从而画出不同的图片来。图片翻制成木刻后，会遭到虫蛀鼠啮，会搭配上错误的文字（其实不是“会”，而是“已经”）。然而，虽说切萨尔皮诺在此书的题献文中提到自己的这一著述“纯正之至、不受任何图画的左右”，其实这并非他的本意。在这篇题献给他的保护人（第一代托斯卡纳大公的儿子弗朗切斯科·德·美第奇一世）的文章中，他也提到曾为此书准备了插图：“承蒙大公不惮辛劳的支持，这些图画莫不呈现出入微的形态，可以说都是栩栩如生，足堪辅助之任。倘何时认为需要付诸印行，自将不难完成。这不仅会为一大成就，也更符合一位伟大治理者的身份。”切萨尔皮诺本来是极为希望在书中加入插图的。他在1759年从比萨写给弗朗切斯科·德·美第奇一世的书办贝利萨里奥·汶塔（Belisario Vinta）的信中，曾提到已经过世的第一代托斯卡纳大公科西莫一世生前曾做过承诺，将来此书的插图准备好后，要资助将图画制成铜版的花费，故希望进一步打听一二。结果他担心的前景成了事实，现任继承人不肯这样做。到了后来，这些图画也都散佚了。《植物十六论》虽然最终得以出版，但是没有任何插图，失掉了对不少人的吸引力。

插图造成的漫长等待，无疑是《植物十六论》拖到1583年才出版的主要原因。安德烈亚·切萨尔皮诺对自己的分类系统是自信的。题献文中也清楚地道出了他曾事先得到过第一代托斯卡纳大公给予支持的保证。当然，新植物源源不绝地出现也是一个原因。他曾表示过自己“无从达到先前定下的目标，原因正如一句成语所说的：‘日新月异’——倒不是造物创造了新东西或者新类型，而是它们不断地为我们所知晓。”他特别提到了西印度群岛，说那里的植物不久前得到了西班牙人尼古拉斯·莫纳德斯——“一位学识广博的医生”的分类。他将有关的内容收入了自己的《植物十六论》。他还说起葡萄牙学者加西亚·德奥尔塔（Garcia de Orta，约1490—1570）在1563年介绍了“高度不超过6英尺，根部一粗一细，长约1英尺，叶子形如新生的橙叶”的金刚藤。但该植物未能收入他的这本书。新植物源源不绝

DE PLANTIS
LIBRI XVI.

ANDREAE CAESALPINI
ARETINI,

Medici clariſsimi, doctiſsimiq; atque
Philoſophi celeberrimi, ac
ſubtiliſsimi.

AD SERENISSIMUM FRANCISCUM
Medicem, Magnum Aetruriæ Ducem.

FLORENTIAE,
Apud Georgium Mareſcottum.
MDLXXXIII.

图 93 安德烈亚·切萨尔皮诺的扛鼎之作《植物十六论》的扉页。该书于 1583 年在佛罗伦萨出版

而来，及时跟进是不可能的。想要海纳百川，可结果只能是这边在补写，那边又有新的来到。他在植物标本集内放进的不同植物有 768 种，书中写进并加以分类的有 1500 种。种数越增多，形成合理审视方法的要求便越迫切。切萨尔皮诺曾用军队的情况加以比喻：如果不对植物归类，“便会一如大军在战场上不能按不同功能投入战斗，出现的便只能是混乱和动荡”。处在这样的环境下，错误就必然会出现。“由于偶然的疏忽，有些植物会被归入不当的类别，犹如有时会跑到并非所属建制的士兵。如果所涉及的是来自异域的植物，而且根本无从得见整个植株，只能接触到某个部分，如根块、汁液、木块或别的什么部位，分错的可能性便更大了。”[16] 这种情况的确存在。愈创木就是一个这样的例子。这种生长在南美洲热带地区的小型乔木，通常只是作为药材进入欧洲的，而仅有其树皮和分泌的树脂才是药用部分，而且都是去除水分后以干燥形态为欧洲人见识到的。

******

怀着深深的满足感，我走出了凉爽的植物标本室，走下盘曲的楼梯，顺着挂有镶着一个个画框的植物化石的墙壁方向往外走去。我边走边想，所想之事仍离不开安德烈亚·切萨尔皮诺。这位 16 世纪的学者认为，种子是在植物茎干内的髓体部分形成并钻到外面的。他坚信亚里士多德的学说，认为凭借着这位先哲指示的原理，便足以实现对自然世界的理解与组织。他努力将描述动物的同一套词语施于植物，告诉人们说，植物的“心”就位于根与茎的结合处，而根正相当于动物的消化系统，髓体则犹如动物的肠子，茎干负责繁衍，果实便是胚胎。离开展馆，蓦地进入明媚的阳光下，看着园内的椴树和柠檬树，突然一下子萌生了一个念头，就是古人曾认定叶片的功能只是保护果实不至于被阳光焦灼的设想未必是信口开河——当时的人们根本就不知道什么光合作用，就连氧气和二氧化碳的名称也都并不存在呢。

植物园里一片繁忙。园林工人们正开着叉车循环往复，将娇贵的植物连花盆一起送入温室。两周前我避雨时所在的空地，现在已经布满了珍稀植物，都是即将在室内过冬的。这里有来自非洲的铁树，也有来自南非的鹤望兰。墨西哥的曼陀罗花也在这里发出甜香。温室外面的一块方形花坛上，整齐地摆放着我上次来时看到的

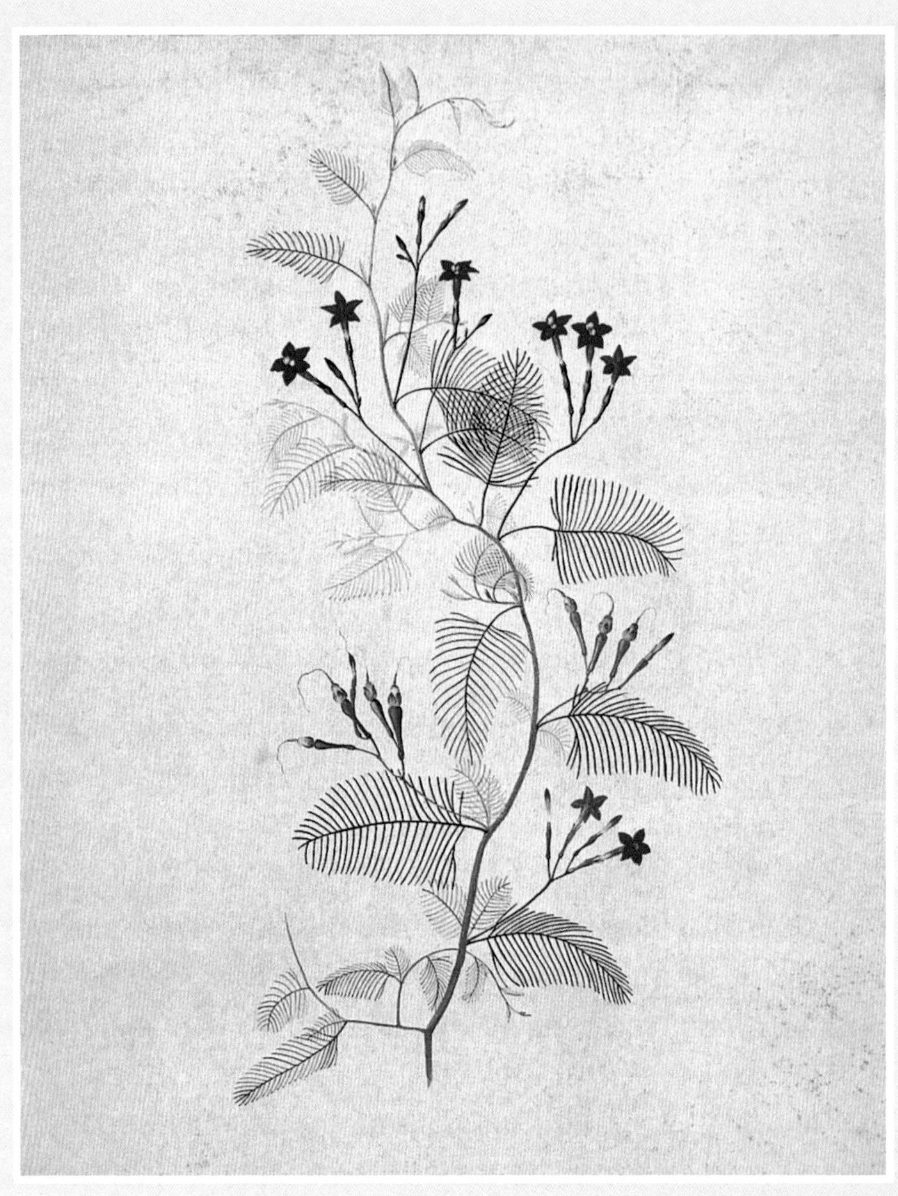

图 94 由南美洲引入佛罗伦萨的热带植物茑萝（学名 *Ipomoea quamoclit*）。这是意大利画家雅各伯·利戈齐在 1577—1587 年间为弗朗切斯科·德·美第奇一世所绘一批植物图画中的一幅

那位工人播进种子的花盆。虞美人已经萌发了，它们的幼苗嫩绿嫩绿的，颜色像是水中生长的浮萍。在乌菲兹美术馆附近的电话亭里，我又给伊万·伊里契打去电话，打算感谢他指引我见识到安德烈亚·切萨尔皮诺的植物标本收藏。没有回应。接线员告诉我这个号码并不存在。这不对啊，我的本子上写着这串数字呢，而且是他亲笔写的。这岂不成了灰姑娘的水晶鞋！

在参观过安德烈亚·切萨尔皮诺的植物标本收藏后又过了几天，我乘火车去阿雷佐寻访他的出生地。我事先翻阅了若干导游手册，却都查找不到有关的信息。这是个星期天的早晨，来到这座城市后，发现正赶上每月一次的古旧货集市。集市就设在一座小山坡坡顶的广场上，占满了广场并沿周围的街道向外铺开。古董烛台、上漆的老家具、杂七杂八的零碎，还有各色旧书，散发着潮味，还透出一丝孤单。山坡的最高处有一处城堡旧址，如今已辟为一片绿地，名为青草坪公园。园内有两株冬青栎古树，还有一尊面目严肃的弗朗切斯科·彼特拉克的大理石雕像，是1928年立在这里的。冬青栎之间生长着椴树、松树，还有修剪得圆滚滚的黄杨灌木。从公园顺着宽阔的石板阶梯下行，便可来到以意大利政治家贝蒂诺·里卡索利（Bettino Ricasoli）的姓氏命名的里卡索利街。街上立着些石柱，柱顶上是石雕的罐瓮，旧货集市便到此为止。我的目光偶然落到一块路标上，竟然发现我正站在一条名叫切萨尔皮诺街的街角！这里有一栋房屋，门前立着一块牌子，告诉人们这里曾是彼特拉克离开佛罗伦萨回到故里时居住的地方。基亚洛马尼宫离这栋房屋不远，是一所考究的建筑，正面刷着浅褐色，窗边雕有纹饰，拱形门框是用砖砌成的。圣皮尔·皮科洛教堂是我很喜欢的一处所在。圣母马利亚的浮雕令我赞叹。我还注意到这里还是天文学家托马索·费雷利（Tommaso Ferrelli）的故里。只是在这座城市里，除了那条街名，我找不到任何踪迹，能够与我心目中的英雄、吸引我前来这里的切萨尔皮诺联结到一起。阿雷佐文化服务站也没能提供帮助。17世纪的杰出学者加斯帕尔·鲍欣（Gaspard Bauhin，1560—1624）这样说过：“切萨尔皮诺的《植物十六论》一直在我心中占有很重的分量。我经常拜读它，用它来指导我进行植物分类。他非常有学问，但写出的东西不容易弄懂。为此我可没少下气力。我认为他的著述未必适于学生和初入门者。”这番话听来有些不客气，不过并没有说错。

第十五章

手长气亦粗

（1540—1600）

真是鹊巢鸠占哟！这个念头是我从阿雷佐的古旧货集市返回火车站的路上，在一个旧书摊上看到一张尺寸不小的书页时泛上心头的。我这样想，是因为它并非来自安德烈亚·切萨尔皮诺的著述，而是一种大开本《狄奥斯科里迪斯医学著作述评》书册中的一页，作者是彼得·安德烈亚·马蒂奥利（参看图95）。此书在1544年便有了初版，不过从这张纸面上的一幅占了大部分面积的插图来看，应当是来自以后的版本。这是一张金刚藤的木刻版画，显现出弯弯的卷须和小小的球果。该图是此书成为畅销作品后，才印在自1565年起的各种版本上的。《狄奥斯科里迪斯医学著作述评》前后一共出了61种不同的版本：法文版于1561年问世，1562年出了捷克文版，再过一年有了德文版，印有932张考究插图的拉丁文豪华版在1565年出现（图97便摘自此版）。单就马蒂奥利在世期间，以各种形式出版的这部书便售出了32000本——须知在那个年代，销售额达到500本便堪称可观了。尽管觉得对不住切萨尔皮诺，我还是买下了这页书，主要是看上了乔治·利贝拉莱的画作。他在图片的处理上采用了疏密不同的交叉线条的表现手法，虽然在逼真程度上逊于汉斯·魏迪茨，不过也是大胆之举，而且有很强的装饰性。魏迪茨的风格是对大自然百分之百的写实，而利贝拉莱则有些图案化，将植物加以伸缩盘曲，使之都能纳入统一规格的矩形空间。说真的，这页纸上的文字部分根本就不值得为之破费，因为若与有才华、敢革新的切萨尔皮诺相比，这个马蒂奥利真无异于块头大而脑子小的恐龙。此公一直死死地抱住狄奥斯科里迪斯的一套不肯放开，还以其著述为出发

图 95 彼得·安德烈亚·马蒂奥利（1501—1577）的肖像。此画作于他 67 岁时

点左说右道，直弄得比狄奥斯科里迪斯还要狄奥斯科里迪斯。这位古希腊人的《药物论》序言只有一页篇幅，而马蒂奥利对它却搞出了洋洋洒洒的 14 页“述评”，而且 14 页的文字更是一气呵成为天大的一段，连让读者喘口气的工夫都不给！狄奥斯科里迪斯在自己的书中写进了 600 种植物，马蒂奥利又另加上了几百种，而且每次再版时都会添进更多的内容。这是新物种大量涌入欧洲的结果，其中的大多数来自近东。切萨尔皮诺是卢卡·吉尼的高徒，作为植物学者要大大胜过马蒂奥利，只是没有后者那种争强好胜到不能容人的禀性。此外，切萨尔皮诺也没有后者那样走运。他本想在自己的著述中放进插图，但著述尚未完成，原来答应给予资助的美第奇家族的掌门人便离世而去。马蒂奥利是宫廷医生，直接为波希米亚的统治者、奥地利大公斐迪南二世（Ferdinand Ⅱ， Archduke of Austria）[①] 服务。他以这种身份舒舒服服地在布拉格过活，不愁支付出书作画的庞大开销。他们二人都与全欧洲和世界的许多地方建立了联系，也都由此得到了不少植物与信息。只是马蒂奥利一方面对联系人利用得十分起劲，另一方面又总是将其实属于他人的工作成果算到自己头上。切萨尔皮诺细心建立起一个研究植物世界的体系，总结出了根据植物间的异同点考证植物的全新方法。在这一意义深远的哲学领域，马蒂奥利并未建有寸功。然而他的书却不但得到流传，还成为经久不衰的著述，成为在他生活的那个重要世纪中一再印行的出版物。

有一天，我去里尼亚诺（Rignano sull'Arno）购物。里尼亚诺地处瓦尔达尔诺河谷，是个毫无吸引力的小镇，不久前重新翻建过，镇中心是一处广场，建有一处带喷泉的水池。途中我路过一家药店，它开在一栋公寓楼的地面一层，簇新的门面，大块的玻璃橱窗，看得出新开张不久，名叫普拉泰莱希药店。店主是位女士，有博士学位，名叫菲奥蕾拉·加兰蒂·马萨伊（Fiorella Galanti Massai）。她家世代多从事药业，祖父当年在附近一处避暑胜地开了一家药房，口碑相当不错。在这家药店的大块玻璃橱窗内，摆着一些药店的传统用具：一套大理石打磨的捣药杵臼，药片压模，大小不同、形状各异的药铲，小巧精致的天平与砝码，各色镊钳，蒸馏器皿，还有装

① 这一时期的奥地利公国包括波希米亚在内，也称作上奥地利。布拉格一直是波希米亚最重要的城市，且一度是公国首都。——译注

1270 Discorsi del Matthioli

SMILACE ASPRA.

altra pianta che poco auanti mi uenne di Spagna; & se bene amendue hanno foglie di Smilace aspra, sono però minori, ne sono spinose da rouescio, ne manco sono spinosi i suoi sarmenti. Onde posso ben hora affermare che sia qualch e differenza tra la Smilace aspra, & la zarza paril la, se bene io resto nella mia opinione che sieno piante congeneri, & d'vna uirtù medesima. La Smilace liscia poi se non è quella, di cui è qui la figura, non so io altra pianta al presente che piu se gli rassomigli di questa, in la quale si ueggono tutte le note dal seme in fuore, il quale non ha conformità veruna con i lupini. Questa adunque nasce abondantissima in Toscana, & chiamasi Vilucchio maggiore. Questa produce le frondi sue simili all altra, & nassene similmente su per gli alberi; ma non sono i suoi sarmenti spinosi, ma lisci & arrendeuoli I fiori son bianchi, simili à campanelle: & il seme nero, maggiore delle lenticchie. Chiamasi volgarmente nelle spetiarie Volubile. Di questa scriuono gli Arabici piu spetie, & tra esse connumerano anchora il LVPVLO. *il quale quantunque sia à i tempi nostri per l'uso della medicina molto stimato, & necessario, nientedimeno non se ne ritruoua mentione alcuna appresso à Dioscoride, Galeno, & gli altri antichi Greci. Benche corsiuamente chiamandolo Lupo sali-*

ctario

图96 乔治·利贝拉莱以旋扭风格创作出的金刚藤（学名 *Smilax china*）。摘自彼得·安德烈亚·马蒂奥利的《狄奥斯科里迪斯医学著作述评》。此图在同一部书的1565年再版拉丁文增补本上是以整页篇幅刊登的

饰得很漂亮的瓷瓶——当年用来装盛用植物和矿物制得的药品。一只硕大的青铜缸里栽着一株俗称橡皮树的印度榕，卵形叶片油光闪亮。橱窗正中的架子上摆着一本书，正是一本彼得·安德烈亚·马蒂奥利的《狄奥斯科里迪斯医学著作述评》，包着染色的上等羊皮纸封皮，年代久远了，装订已经松开，它被用透明胶带对付到了一起。

菲奥蕾拉·加兰蒂·马萨伊博士十分客气地接待了我，让我走进她那光闪闪、簇簇新的办公室，更盛情地从橱窗里拿出这本书来让我翻阅。我坐进一把未来派风格的高档转椅，将书放在她那张放着彩色有机玻璃台灯和手机－座机两用电话的曲面书桌上，读起其中的“致读者”一节来。这是1565年的拉丁文版。插图的尺寸较小，其中一些在一页上印出四幅。正文之前是一张植物名单，接着便是按字母顺序排列的疾病列表，都是狄奥斯科里迪斯和彼得·安德烈亚·马蒂奥利本人认为可以用书中提到的植物医治的伤病。办公室外，几名穿白罩衣的店员正在利落地加工轻泻剂、头痛药片和咳嗽药水；办公室内，我陆续翻看着书中介绍鸢尾、郁金香——当时的郁金香在欧洲仍为罕见之物，故被马蒂奥利称为君士坦丁水仙——龙海芋和木樨丁香等部分。木樨丁香的最早图片正是在这一版《狄奥斯科里迪斯医学著作述评》中出现的。这种灌木目前早已成为植物园里最常见的园林植物，不过在马蒂奥利的该版书问世的1565年，它还是不久前刚刚从近东引进的稀罕花木呢。对培育植物有专长的法国探险家皮埃尔·贝隆是最早在土耳其广泛游历过的人物之一。他早就在著述中向人们介绍过木樨丁香：“小型灌木，叶子与常春藤相仿，四季常青，花呈紫色，围绕枝端生成团状一如狐尾……”[1]在君士坦丁堡任驻奥斯曼帝国大使的奥吉耶·吉塞利·德比斯贝克，于1562年携带许多珍奇物品回到维也纳时，也将这种灌木带了来，从此欧洲大陆才得以弥散着它的浓香。木樨丁香也让马蒂奥利沾了光，因为是他印出了它的图画，在欧洲通行开来的名称lilac也是他起的。

菲奥蕾拉·加兰蒂·马萨伊博士告诉我，这本《狄奥斯科里迪斯医学著作述评》，在她的家族里已经代代相传了不知多少年。许多人都在这本书的空白处写下了自己的补充，一如此书的作者本人在从此书1544年问世以来，直至1577年去世前的三十三年中，一直对这本著述的不断更新。为什么此书会如此成功？一般读者可能会觉得是由于书中收入的内容十分全面。这部书能造成一种印象，就是凡是人们想要知道的有关植物及其应用的内容，都已经写进这本书中了。它的初版虽然没

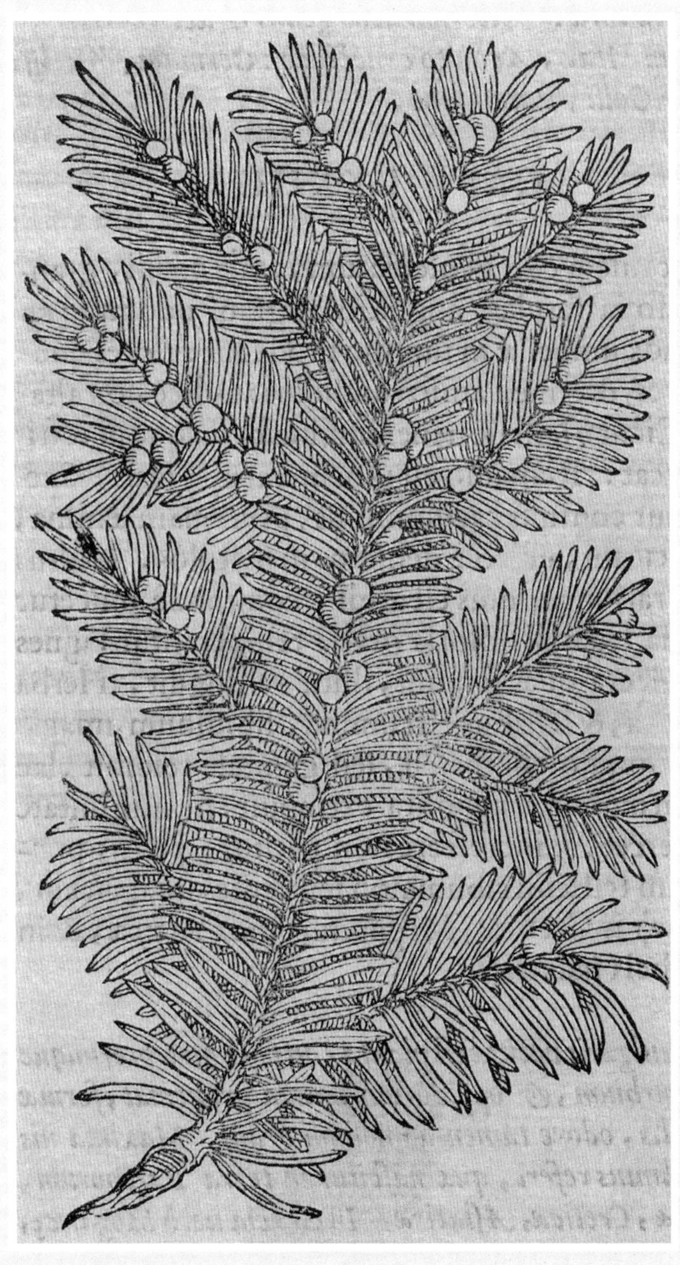

图 97 欧洲红豆杉（学名 *Taxus baccata*）。摘自彼得·安德烈亚·马蒂奥利 1565 年出版于威尼斯的增补版《狄奥斯科里迪斯医学著作述评》

有插图，但语言是意大利文，这便为它在本土争取来最大范围的读者队伍。狄奥斯科里迪斯是个响当当的名头，虽然有人对他提出过批评，而且其中有不少就是意大利医生和学者，如马尔切洛·维吉里奥·阿德里亚尼、安东尼奥·穆萨·布拉萨沃拉、尼科洛·列奥尼塞诺、乔瓦尼·马纳尔多（Giovanni Manardo）等人，但仍然有足够的分量。将这个被许多人奉为植物及其应用的最高代表的名字，挂靠在自己的著作上，无疑使他彼得·安德烈亚·马蒂奥利能分享到部分光焰。

再说此公又得以尽享天年，比大多数同代人都更高寿些。他与同自己打过不少笔墨官司的莱昂哈特·富克斯差不多同年，但寿数却长了一旬。卢卡·吉尼是在1556年去世的，而彼得·安德烈亚·马蒂奥利此时还有二十年阳寿未尽；不过两人从未起过龃龉——他太需要吉尼了。1551年，正在为新的一版《狄奥斯科里迪斯医学著作述评》进行增补的马蒂奥利，给吉尼送去一份名单，上面列有65种植物，都是狄奥斯科里迪斯曾提到过，但马蒂奥利自己无法确知的。其中有一种，狄奥斯科里迪斯本人称为*Medica*。吉尼此时仍在比萨大学工作，他写信回复说，自己也是不久前才知道这种植物的："卢多维科·贝卡戴洛（Ludovico Beccadello）大主教在作为教宗特使去威尼斯时，给我捎来了一种名叫紫花苜蓿的植物的种子。这是他从西班牙带回来的。我将种子播下，结果长了出来……生长情况与狄奥斯科里迪斯对*Medica*的描述十分相符。后来它们开花了，而这一点是狄奥斯科里迪斯根本没有提及的。这些花是紫色的，结出的种子像滨豆，但是更小一些，而豆荚也比滨豆更弯些。"[2]吉尼为人与莱昂哈特·富克斯不同；富克斯对自己所做的无论什么，都是拼命护着防着的，而吉尼放弃了自己著书立说的打算，将本人的研究成果全盘交给马蒂奥利使用。安德烈亚·切萨尔皮诺认为，吉尼给马蒂奥利的帮助甚巨，而马蒂奥利并没有给出应有的承认。这笔人情债，两个当事人都不曾公之于众，但马蒂奥利本人心里应当是清楚的。他在1558年写给乔治·马留斯——吉尼诸多弟子中的一位的信中承认："吉尼的逝去，对我是个重大打击。他的智慧是过人的，正直、真诚、忠实的品德也是有目共睹的。在他的身上，找不出一丝嫉妒的影子。"[3]在另一封写给乌利塞·阿尔德罗万迪的信中，他又说起吉尼的离去，将他自己的心也带走了一半。

莱昂哈特·富克斯有个可以推心置腹的朋友老约阿希姆·卡梅拉留斯。彼得·安德烈亚·马蒂奥利也有个能够开诚布公的知己，就是乌利塞·阿尔德罗万迪——

图98 补血草（学名 *Limonium latifolium*）的梨木雕版，由沃尔夫冈·迈耶派克和乔治·利贝拉莱为彼得·安德烈亚·马蒂奥利在1565年威尼斯印行的增补版《狄奥斯科里迪斯医学著作述评》所制

1550年在博洛尼亚建成意大利第一处，或许是全欧洲第一处自然博物馆的便是此公。这后一对人的通信从1550年起，一直进行到1572年，前后维系了二十二度春秋。可是路易吉·安圭拉拉就没有这个运气了。他也和阿尔德罗万迪一样，曾是卢卡·吉尼的学生，有过在黎凡特地区、爱琴海地区和克里特岛广泛游历、搜寻狄奥斯科里迪斯所述草木的体验，这使他与所去地方有限的马蒂奥利不同。1561年时，他发表了一本题为《浅谈草药》的小册子，很客气地纠正了马蒂奥利的几处失当的用语，并对狄奥斯科里迪斯所介绍的一些植物性质提出若干修改建议。这一来可弄得马蒂奥利怒不可遏，对安圭拉拉大行讨伐，并诉诸于文字，用十分激烈的言辞，将后者的学术水平说得不堪之至。安圭拉拉是位书生气很重的学者，应付不来这样的口诛笔伐，竟不得不辞去帕多瓦大学植物园的园长职务，退休回到了费拉拉，从此不再立言。其实他对马蒂奥利旨在树立自己植物学绝对权威地位的批评是有道理的。马蒂奥利的傲慢导致了本人的轻率。他把芭蕉，一种他从未亲眼得见，只是根据道听途说作出的图幅，印出来成了上下颠倒的。他还将一些得自他人压扁弄干的植物标本用水“泡回来”，然后让人作为实物的代表作画，致使画工们不得不发挥不少想象以完成任务，结果是未必能够真正对头。

身为奥地利大公神圣罗马帝国皇帝斐迪南一世（Ferdinand I）的朝臣，以及其儿子、继任奥地利大公并统治波希米亚的斐迪南二世的私人医生，彼得·安德烈亚·马蒂奥利须经常来往于布拉格、维也纳和因斯布鲁克（Innsbruck）等地，但他的许多作风一直顽强地没有改变，这就是他自己也承认的“我的托斯卡纳根”。他于1501年3月1日出生在托斯卡纳地区的锡耶纳市（Siena），而他的家族从15世纪初便已经在这里定居了。桑德罗·波提切利去世时，他是个10岁的孩子；达·芬奇的无所不能的大脑永远休息时，他是名19岁的青年。在他生活的那个时代，多数有名气的意大利学者都有教书的经历，但他却从不曾上过讲台。他的职业生涯是以在罗马行医开始的。1527年，这座城市被神圣罗马帝国皇帝查理五世（Charles V，Holy Roman Emperor）攻占[①]，马蒂奥利便跑到了意大利东北部的

① 查理五世虽然在1519年便成为神圣罗马帝国皇帝，但在1526年曾因法国国王弗朗索瓦一世的攻击和部分军队的哗变撤出罗马。正文中提到的攻占罗马，是指他重整旗鼓后于翌年以武力夺回这座城池。——译注

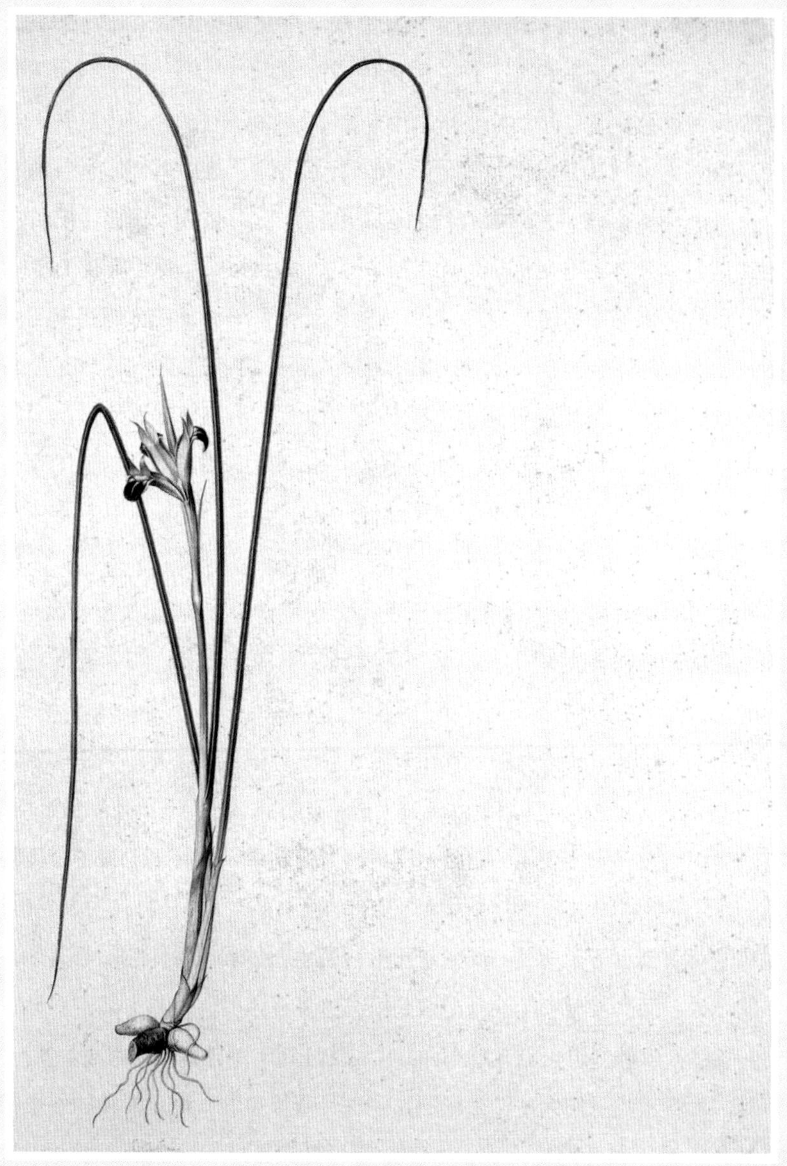

图 99 有寡妇鸢尾等多个俗名的蛇头鸢尾（学名 *Iris tuberosa*），可开出有天鹅绒视感的绿色和墨绿色花朵。这是意大利画家雅各伯·利戈齐在 1577—1587 年间为弗朗切斯科·德·美第奇一世所绘的一批植物图画中的一幅。画面的右半部是空着的，不知画家曾打算添上什么呢

戈里齐亚。1555年时，他在奥地利大公斐迪南一世"薪俸不菲"的诱惑下去了布拉格，转年，斐迪南一世当上了神圣罗马帝国皇帝，他死后，马蒂奥利又成为继承帝位的马克西米利安二世（斐迪南二世的兄长）的私人医生。由于这几重关系，他与斐迪南一世当年派驻君士坦丁堡的外交使节、佛兰德人奥吉耶·吉塞利·德比斯贝克有了密切交往，并因而得到了这个极有价值的联络人。德比斯贝克的私人医生威廉·夸开尔宾（Willem Quackelbeen）曾在1557年8月从君士坦丁堡寄给马蒂奥利的一封信中写道："无论我得到的药草知识是深是浅，使用草药治病的本领是高是低，都完全得自于你对狄奥斯科里迪斯的精辟述评。"[4]这正是马蒂奥利想要听到的赞歌。德比斯贝克在奥斯曼帝国的七年，正是欧洲从这个国家和通过这个国家引进诸多植物的重要时期。他为马蒂奥利提供了来自亲身体验的第一手植物信息。1562年他返回欧洲，回来后便在信中写道："我从土耳其带回来几种草木的图画，是为马蒂奥利准备的。不过没有带真草真树给他——因为还在好多年前，我便给过他菖蒲和别的不少样东西。"这位将《尤利亚娜公主手绘本》从君士坦丁堡弄到奥地利的功臣，也给马蒂奥利从土耳其弄来了两种狄奥斯科里迪斯著述的手抄本。

彼得·安德烈亚·马蒂奥利一直在起劲地收集、记录和编纂。只是他始终未能将脚步稍停一下，看看从自己搭起的事实大厦中能够推演出什么。他有集腋的本领，但没有成裘的能力。安德烈亚·切萨尔皮诺努力的结果，是提出了植物分类的革命性理论。而马蒂奥利则总是飞来飞去地寻找新的植物品种，好让自己的书越出越厚。切萨尔皮诺对菌类也下了功夫，研究它们奇特的生存方式，探知它们与其他多数植物的不同之处。而马蒂奥利呢，当他谈到松露这种真菌时，只是平铺直叙地写下了这样几句话："大家都知道松露这种东西。它们在托斯卡纳地区随处可见，分为两种，都有可观的大小；皮下的肉一种是白的，一种是灰黑色的，而这两种的外皮都很粗糙并且颜色发黑。在特伦托（Trent）教区还可见到另外一种，块头小一些，外皮光滑、颜色较浅，味道也差些。"[5]英国外交家、曾任伊登公学校长的亨利·沃顿（Henry Wotton）爵士在1637年所立的遗嘱中，指明将自己最珍贵的收藏遗赠英王查理一世（Charles Ⅰ of England）的妻子亨丽埃塔·玛丽亚（Henrietta Maria）王后，而这一收藏便是一部人工着色的豪华本《狄奥斯科里迪斯医学著作述评》："谨献此书，以向德行兼备，并亲临敝处查视微臣研究状况的王后回报感激情愫之万一。此奉赠中所绘植物系呈天然色彩，行文部分由马蒂奥利本人译成王后陛下出身之托斯卡纳的纯正方言焉。[①]”

① 这位英国王后是第二代托斯卡纳大公弗朗切斯科·德·美第奇一世的外孙女。——译注

第十六章

英格兰的织网人 威廉·特纳

（1500—1580）

这是一个硕果累累的美好时期。在这个时期里的一些人，深刻地认识到理解自然世界中丰富多彩的构成，并对其进行描述、分类和排序的重要性。如同无线电收音机出现后，形形色色的广播节目便充满空间那样，16 世纪初出现在意大利各大学中对植物学的探讨行动，也扩散到了整个欧洲。一个很有特色的联络网在意大利、法国、瑞士、德国与荷兰的植物学者中织就，参与的都是对草木有兴趣的学者。他们并没有固定的聚会场所，也没有可资交换看法和宣讲观点的学术刊物，又并未形成人以群分的学会。[1] 尽管条件不好，这张联络网仍做到了越织越大、越张越开，而且将医药界的从业人员、艺术家、神职人员、医生、人文学者、学校教员也都吸收进来，此外还加上了一批富贵闲人。神职人员中也是天主教和新教成员咸备。对植物的共同兴趣，压倒了以往铸成的种种成见与偏激，使他们走到了一起。一些人的职业界限也变得模糊起来。威尼斯人埃尔莫劳·巴尔巴罗在帕多瓦大学教过修辞与诗歌，又是威尼斯大议会的议员，任职期间还翻译和编辑了亚里士多德、狄奥斯科里迪斯和老普林尼的著述。奥托·布伦费尔斯在完成《真实草木图鉴》前，曾是加尔都西会修士，还当过一所学校的校长。给欧洲引进诸多美妙近东植物的奥吉耶·吉塞利·德比斯贝克，本人并非以专攻植物研究为业，而是神圣罗马帝国派驻奥斯曼帝国的大使。这些人可以是诗人与外交家，能够当政治家并兼神职，还会一边行医一边钻研史学，但他们又同时被另外一种强烈的力量吸引到一起，这就是对植物的喜好和对植物进行最合理的分类方式的追求。

大学是这张联络网的基线。一开始时努力的只是意大利几所大学的核心人物，从富有人格魅力、名声远扬到比萨大学之外的卢卡·吉尼，到他在博洛尼亚大学的传人、致力于使植物学课程一直在该大学得到重视的乌利塞·阿尔德罗万迪，再到费拉拉大学将年轻人成功地吸引来研修植物学的安东尼奥·穆萨·布拉萨沃拉。不过没多久，意大利之外的高等学府里也涌现出有号召力的植物学教师，特别有代表性的是在蒙彼利埃、苏黎世和巴塞尔的几处。蒙彼利埃大学的纪尧姆·龙德莱培养出了卡罗卢斯·克卢修斯和马蒂亚斯·德劳贝尔两位出色的植物学者。苏黎世的医生兼教师康拉德·格斯纳——就是那位与莱昂哈特·富克斯和彼得·安德烈亚·马蒂奥利都打过有理、有力、有节交道的年轻人，交上了蒙彼利埃大学的朋友，并同其中的让·鲍欣——也是纪尧姆·龙德莱的弟子——一起搜集植物。让·鲍欣的弟弟加斯帕尔·鲍欣是巴塞尔大学的第一位解剖学与药草学教授。在这两兄弟中，哥哥拜访过威尼斯、博洛尼亚、罗马、维罗纳和佛罗伦萨等地的学者，也非常认真地钻研过安德烈亚·切萨尔皮诺的《植物十六论》（他的一个学生从帕多瓦带给他的礼物），曾在 1568 年的一封写给朋友的信中提到，切萨尔皮诺的分类体系与他自己构想的有所不同，统一起来颇为不易；弟弟在去世的前一年出版了《插图植物大观》，书中列出了曾向他提供了种子与植株的 63 位学者，其中有教师、医生、学生、朋友，还有其他有通信联系的人。

这张联络网编织得十分精细，将欧洲大陆的学者组织到了一起。然而，在这张联络网形成的初期，并未包括英国在内。牛津大学和剑桥大学都迟迟没有设置药草学教授的职衔，也没有建立供研究之用的植物园。英国的第一处为此目的服务的牛津大学植物园直到 1621 年才成立，差不多比比萨和帕多瓦晚了八十年。不过此间也有英国人前来意大利的著名学府钻研药草学。英格兰国王亨利七世（Henry Ⅶ of England）在梵蒂冈设立了大使馆，使馆医生托马斯·利纳克尔（Thomas Linacre）因之得到了利用梵蒂冈宗座图书馆丰富藏书的机会。当时埃尔莫劳·巴尔巴罗正在重新编辑老普林尼的《博物志》，准备出一辑新版，利纳克尔征求了他的意见后，便来到帕多瓦大学读书，于 1496 年获得医学博士学位。他在 1499 年回到母校牛津大学，与恰从荷兰来到牛津攻读希腊文的著名人文主义思想家伊拉斯谟（Desiderius Erasmus Roterodamus）成为知己。四十年后，从英格兰前来比萨大学读书的约翰·福尔克纳向他的老师卢卡·吉尼学来了如何将植物的植株压平、脱水和收藏的技术。他将自己搞成的新植物标本收藏展示给阿马托·卢西塔诺见识，令后者大为叹服。这位葡萄牙名医认为，福尔克纳“有资格与最出色的草木学者比肩。他为研究植物奔走过许多地方，无论去哪里，他都随身带着一个本册，里面精心存放着种种植物标本”。[2]

只是有一样：在英国迄今还没有人写出一本像样的植物书来。德国有《精评草木图志》，意大利的《狄奥斯科里迪斯医学著作述评》也能上榜。英格兰倒是在1526年出了一种《草木大绘本》（参看图100），但它却是中世纪劳什子的还魂。法国曾出过一本很离谱的所谓植物书，名叫《草木大志》，而《草木大绘本》的文字部分就是将这本书从法文译成了英文，再加上从同时期的一本德文版的植物图谱中摘来的一堆同样无用的图画。此种形势直到直言无忌的牧师威廉·特纳在1564年将本人撰写的三卷集《植物新图谱》的最后一卷付梓，英国才算挣来了能形成像样植物著述的地位。

威廉·特纳约在1510年出生于英格兰诺森伯兰郡（Northumberland）的莫珀斯（Morpeth）。1526年，他进入剑桥大学彭布罗克学院学习，1533年获得硕士学位。与他同时代的一个熟人形容他“仪表英俊，性情诙谐，富有急智，又具出色的学识”，另外一个相识者则认为他“自诩有才，相当自负，急脾气，闲不住，对马丁·路德（Martin Luther）的宗教观十分折服”。在剑桥大学里，他与一批宗教改革派人士建立了密切交往。这伙人定期在一家叫作白马客栈的小店里聚会，忘我地讨论宗教问题，宛如一群新时代的十字军战士。曾教过特纳希腊文、网球和射箭的尼古拉斯·里德利（Nicholas Ridley，约1500—1555），以出色的布道口才使剑桥市（Cambridge, Cambridgeshire）成为全英格兰宗教改革中心的休·拉蒂默（Hugh Latimer，约1485—1555），都是这个圈子的成员。这群人表现出的对新教路德宗的坚定支持态度，使他们聚会的小店得到了“小德国”的绰号。拉蒂默坚定地相信公正和理性对社会的重要，并认定教会有保护受压迫民众的责任；特纳也有同样的想法。拉蒂默坚决反对天主教会散播的迷信教义和任人唯亲的腐败风气；特纳亦完全赞同。当马丁·路德在德国小镇维滕贝格（Wittenberg）① 的城堡教堂的大门上张

① 1938年起改名路德城维滕贝格（Lutherstadt Wittenberg），以纪念马丁·路德。——译注

The grete herball

whiche geueth parfyt knowlege and vnderstandyng of all maner of herbes & there gracyous vertues whiche god hath ordeyned for our prosperous welfare and helth/for they hele & cure all maner of dyseases and sekenesses that fall or mysfortune to all maner of creatoures of god created/practysed by many expert and wyse maysters/as Auicenna & other. &c. Also it geueth full parfyte vnderstandynge of the booke lately pryntyd by me (Peter treueris) named the noble experiens of the vertuous handwarke of surgery.

图 100 1526年在英格兰出版的《草木大绘本》。它并非原创性著述，而是由一本十分不堪的法文草药书《草木大志》转译而成，还加上了同一时期在德国出版的一堆于植物图谱无用的插图

贴出他那著名的《九十五条论纲》时，特纳还不满10岁。但这位德国神学博士指斥教会借贩卖所谓“赎罪券”敛财的严正立场影响着特纳，令他强烈痛恨天主教会的普遍贪腐。英格兰天主教会内的腐败行为也是十分严重的。以红衣主教托马斯·沃尔西（Cardinal Thomas Wolsey）为例，他为他的儿子①从教会中先后谋得四份教区执事、一份教区主理神甫、五份受俸神甫的报酬，再加两套教区长的住宅。此等行径直到此人又打起达勒姆（Durham）教区主教这一职位的算盘时才得到制止。

能提供威廉·特纳在诺森伯兰经历的资料很有限，不过他在集本人毕生精力完成的大作《植物新图谱》中，多多少少地提到了一些生长在那里的草木和当地人对它们的叫法。他在这本书中写道：“至于悬铃木，我在全英格兰只见到两株，一株在诺森伯兰郡的莫珀斯附近，另外一株在剑桥郡的巴恩威尔修道院外。”在论及风铃草时，他又说“英格兰人通常管它叫老鸹脚，再往北的人就叫它乌鸦爪子”。他还提到“诺森伯兰的男孩子们从这种草根中榨出黏汁来，粘他们的玩具弓箭”。[3]当《植物新图谱》第一卷出版时，特纳能提到的地方已经远远不止诺森伯兰郡和剑桥郡了。这是因为他知道若留在英格兰，可能会因本人的宗教信仰遭到迫害，便在1540年逃到法国的加来（Calais），直至英格兰国王亨利八世（Henry Ⅷ of England）死后才重归故国。此时已经是1547年了。

在漫长的流亡期间，威廉·特纳在法国和意大利过着漂泊的生活。靠着尼古拉斯·里德利的慷慨接济，他去博洛尼亚大学求学，成了卢卡·吉尼的学生。随后，他又到克雷莫纳、科莫（Como）、米兰和威尼斯等地游历。后来他将这一期间“在弗兰克里诺（Francolino）和威尼斯之间的一个小岛上”看到柽柳的体验写进了书中。离开威尼斯后，他又来到费拉拉大学，拜到安东尼奥·穆萨·布拉萨沃拉门下。过了一段时日，他又从意大利一路打工来到瑞士，见到了年轻的康拉德·格斯纳，认为后者“极富学识，极可信赖”。1543年，特纳来到崇尚宗教自由的巴塞尔。他在这里发表了几种在英格兰无从印行的宗教宣传小册子。彼得·安德烈亚·马蒂奥利的《狄奥斯科里迪斯医学著作述评》初版问世时，特纳正在德国城市

① 天主教教规中神职人员不得结婚的律条，在一段时期内未在英格兰得到严格遵守。这就是所谓的“非谨守婚姻”。——译注

科隆行医。过了一段时日，他又去荷兰和东弗西亚群岛（East Friesian Islands）生活了四年，还当上了一位埃姆登伯爵（Earl of Emden）的私人医生。他研究草药的功效，出色地发挥了拳参和短舌匹菊的疗效，只是在体验鸦片时吃了一番大大的苦头：“我在水里放进少量鸦片，用来冲洗一颗作痛的牙齿，无意中咽下了一点点。没过一小时，我的两个手腕都又肿又痒，呼吸也困难起来。我赶快就着葡萄酒吃下一段王草根。当时我觉得自己快要翘辫子了。”这段游历结束后，他又跑到比利时，在勒芬（Louvain）采集植物，在安特卫普参观著名药剂师彼得·古登伯格（Pieter Coudenberg）开设的药店。这位药剂师在写给格斯纳的信中提道：“我曾从我的一株罗马蒿上剪下一段赠予威廉·特纳。他还将此物的图画放进了他的植物图谱著作。只是我自己的这株蒿还没等结籽儿便死掉了，虽想尽办法也没能救活。”[4]在安特卫普，他还注意到这里的人将从纸莎草上剥下来的茎皮用来包盛压实的糖柱。离开这座城市后，特纳又去布拉班特（Brabant）看望伦敦的旧友约翰·里奇（John Rich）和休·摩根（Hugh Morgan）——两人都是药剂师，也都是大园艺迷。在去布拉班特的中途，他还特意绕道去了一趟梅赫伦，为的是看一看当时的著名景观塘鹅栖息地。最后他取道敦刻尔克（Dunkirk）返回英格兰。这时的特纳无疑成了有资格自许为英国人中见识过最多不同植物的人物（不过他并没有这样做）。他的种种优势——辨识并记住植物各构成细节的超强能力，对恰如其分地给草木命名这一艰难工作的浓厚兴趣，不倦地发展联系网络，使在不同地方、操不同语言，但有共同旨趣的学者们得以有效沟通的执着精神，使他成为那个时代的植物学者中的佼佼者。而在这个时期，又出过多少位翘楚：卢卡·吉尼、莱昂哈特·富克斯、纪尧姆·龙德莱、威廉·特纳、路易吉·安圭拉拉、瓦勒留斯·考尔杜斯（Valerius Cordus）、康拉德·格斯纳、皮埃尔·贝隆、伦贝特·多东斯、安德烈亚·切萨尔皮诺、乌利塞·阿尔德罗万迪、卡罗卢斯·克卢修斯、老约阿希姆·卡梅拉留斯、皮埃尔·佩纳、马蒂亚斯·德劳贝尔、让·鲍欣。这些人都是在16世纪的头四个年代出生的。诚然，他们的个人志趣并非冥冥前定。不过研究植物正是这些人所在时代的潮流。一个人如果有出色的大脑，就可能向这个方向努力，一如后世有科学禀赋的人纷纷去搞数学、核物理和DNA一样。

威廉·特纳曾抱怨过，说他在剑桥大学读书时，在课堂上竟然“学不到哪怕一种草、一株树的希腊文、拉丁文和英文名称。从医生那里也讨教不来。这便是那时英格兰对草木无知的写照”。[5] 当时唯一与植物有关的英文书（《草木大绘本》，1526）中“尽是些无知之徒的瞎掰，草木的名字也是胡乱起的”。在匆匆逃离英格兰的前两年即 1538 年，这位只在 30 岁上下的年轻人发表了一部不大的专业词语表，名为《新本草名录》（参看图 101），书中收进了 144 种植物的拉丁文、希腊文和英文名称及俗名。“读者们可能会觉得奇怪，甚至会近于惊讶，”他在序言中写道，“是什么原因，促使我这个虽对医药知识有些兴趣却嘴上无毛的年轻人，写出这样一本与本草有关的书来。”这是由于在当时的英格兰，似乎找不到别个想要这样做的人，因而“尽管勉为其难，总也胜过听任连植物名称也叫不准的一帮青年学子们自己瞎摸索”。这是特纳的唯一一本拉丁文著述，是个平实的开始，也是解开缠结在一起的植物同种不同名现状的牛刀小试。请看这本《新本草名录》中有关滨藜的一条：“*ATRIPLEX*（拉丁文）：希腊文为 atraphaxis；英文为 areche 或 red oreche。”此书是特纳下一本著述的演练。这下一本就是《草药名录》（参看图 102），于他返回英格兰后不久出版，书中收进的植物条目几乎是《新本草名录》的三倍。不过作者出版此书的主要目的，仍是将种种植物在不同欧洲国家的种种称法归总到一起。这一次，特纳将德文的和法文的名称也收了进来。不妨还是看滨藜这一条：“*ATRIPLEX*（拉丁文）：希腊文为 atraphaxis 或 chrysolachano；英文为 red oreche 或 orege；德文为 Milten；法文为 arroches。性喜潮湿（第二级），耐寒（第一级），常见于荒地中，也可栽于园内。”在这本《草药名录》中，特纳还收进了 38 种“以往的书中从不曾提到的”植物（其中包括羽衣草和毛地黄）。常见草木通常都会有俗名，只不过并不一致，而且不但会因国家而异，往往也会随地区而变；另外一种情况是同一俗名指代着不同的，而且是并不存在天然关联的不同植物物种。

说起辨识植物和给它们起出合适的名称，威廉·特纳可是既有禀赋又感兴趣的。他的兴趣即便不是天生的，至少也是卢卡·吉尼大力培养出来的。特纳在他的最后大作《植物新图谱》中，不止一次地表达了对这位恩师的感铭。他也在书中介绍了自己在意大利期间，赴亚平宁山区见识到的草木，如鱼鳔槐、仙客来和五倍子树——意大利人用五倍子树上生出的虫瘿鞣制皮革。他还沿着波河（Po River）上溯到米兰，沿途看到了“不少裸麦”；又在从切尔托萨（Chertosa）至帕维亚的路上见到

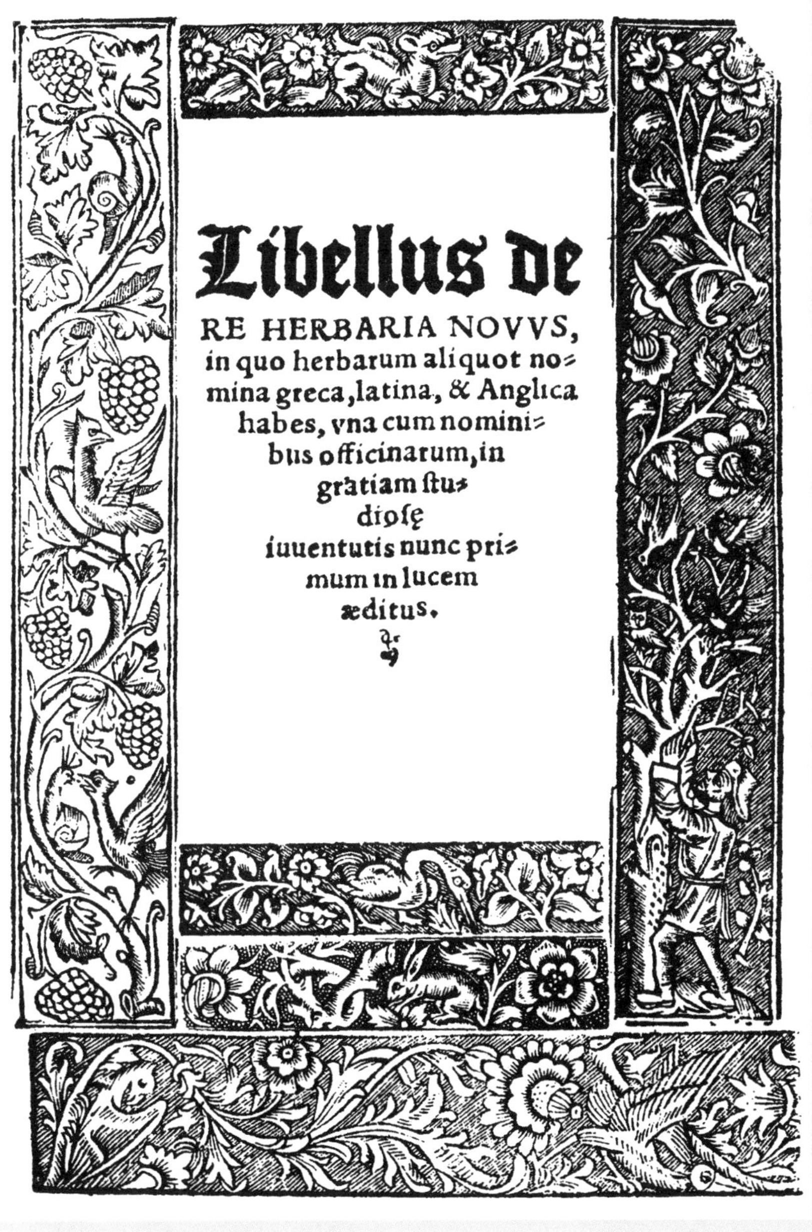

Libellus de
RE HERBARIA NOVVS,
in quo herbarum aliquot no-
mina greca, latina, & Anglica
habes, vna cum nomini-
bus officinarum, in
gratiam stu-
diosę
iuuentutis nunc pri-
mum in lucem
æditus.

图 101 威廉·特纳《新本草名录》一书的扉页。1538 年由约翰·比德尔（John Bydell）发行

The na
mes of herbes in
Greke, Latin, Englishe
Duche & Frenche wyth
the commune names
that Herbaries
and Apoteca-
ries vse.

Gathered by Wil-
liam Tur-
ner.

图 102　威廉·特纳《草药名录》一书的扉页。该书出版于 1548 年，收录了多种植物的希腊文、拉丁文、英文、德文和法文名称

“一条小溪边贴墙生长”的啤酒花，虽是野生，却也长得很好；此外还在基亚文纳（Chiavenna）一带发现了“阿尔卑斯山区大量生长”的乌头。结束了对基亚文纳的探查后，特纳便翻过阿尔卑斯山来到瑞士。他先走库尔（Chur）这条线，到苏黎世去拜访康拉德·格斯纳。这两位植物学者一直进行着认真的通信联系。特纳给格斯纳送去洋葱，又得到后者以芸香籽儿回赠。当时的植物学研究仍处于存在大量空白和疑问的阶段。此时的人们还相信存在着每五百年就会浴火重生的不死鸟，又认为蝙蝠也是鸟。虽说特纳精于观察，却也相信鹳鸟到了冬天会在水面下的河床处冬眠呢。在这一方面，欧洲人的知识自 13 世纪以来就没有什么增长。前文提到的那位英格兰修道院院长亚历山大·内柯罕，就在他那本洋洋洒洒的大作《论事物之本性》中说：“公鸡有稀粥状的脑子，上面盖着几块接搭得不甚紧凑的骨头，从这些骨头缝里会有一股潮湿的浊气从下面的粥样脑子里透过来，由于它是污浊的，便会滞留在鸡头的上部，由是成为鸡冠。”16 世纪的人还往往相信，蚊虫等会飞的小昆虫是叶子上的露水变成的，而毛虫也天然自菜叶化来。在这个不知授粉、不明蜕变、不晓迁徙的时代，生命的自然发生说是解释造物奥秘的适用台阶，是当时的人们使用演绎法顺理成章的结果。

可就是这位威廉·特纳，一面相信鸟儿会是树上结成的果实，裸麦可以眨眼间变成矢车菊，一面又写出了种种植物，包括若干从不曾有人描述过的植物的出色报告。在介绍一种叫列当的十分奇特的寄生植物时，他便指出它们“短短的茎，带些红色；通常约两拃高，有时还会再高些；表面粗糙、茎干柔软，不生叶片；花大体为白色，开放后会渐渐转黄……我还特别注意到，这种草总是生长于金雀花根附近，而且会用自己的细根从各个方向抱住前者的根，犹如叼住骨头的狗；不过我倒没见到金雀花被这种草缠死，倒是见识到一种叫作三叶草，也有人叫车轴草的植物，被这种草完全缠死，连水分都被吸干了。”[6] 就是找来 20 世纪的植物野外辅导员，也未必会介绍得更出色了。对这种植物，一本现代植物书中是这样介绍的：“短棵列当，学名 *Orobanche minor*，它既不结籽儿[①]，也不带一丝绿色，因为它的养分都来自被

① 此种寄生植物开花后也会结籽儿，但种子很小，为 0.2 毫米上下，且有附着性，通常会粘在寄主的种子上，因此看来没有被写这段引文的两位原作者——或者他们引用的其他作者注意到。——译注

它寄生的其他植物的根部。正因为这种带有豪夺意味的生存手段，有人管它叫‘霸草’，还有人叫它‘憋死根’。它们通常都很矮小，不过偶尔也能长得相当高，茎叶会部分带有紫色、红色或者黄色，寄生对象是豆类或菊类植物。它们的花期是从6月至9月，性喜多草之处。”[7]

威廉·特纳回英格兰前曾希望，以后能在故土过上稳定的日子，可以有更充裕的时间撰写已经开始的新著述《植物新图谱》（参看图103）。1548年的《草药名录》是在1538年《新本草名录》的基础上完成的，而《植物新图谱》又是以《草药名录》打底的。他受聘担任第一代萨默塞特公爵爱德华·西摩（Edward Seymour, 1st Duke of Somerset）的家庭医生，在伦敦基尤区（Kew）这位公爵的领地找到了住处。安顿下来后，他便频繁地往野外跑动。诸如春黄菊“生长在伦敦以北8英里的野外，里士满格林（Richmond Green）和布兰佛格林（Brantford Green）都有，而在豪恩斯洛野地（Hounslow Heath）最多”等知识，就是这样得来的。但家庭医生的工作比他原先设想的繁重。“在近来的这三年半里，”他抱怨说，“总共只有区区三个星期的时间属于我自己，可以用来搜寻草木和登记它们的生长地域。”他的这三周时间是在英格兰的西南部度过的。“大自然的奇妙创造在这里是如此丰富，我在英格兰的所有其他地方都不曾见识到。”这里的许多植物都是英国其他地方所没有的。他在多塞特郡（Dorset）的珀贝克半岛（Isle of Purbeck）①发现了野生的艳珠鸢尾这种“到处都在开放的娇艳花朵”，还在一些潮湿的篱笆和墙根处看到了开着深紫色花朵的蛇头鸢尾。他又在西南英格兰的其他地方确认出一种体小的新型野生长春花，并对生长在那里的多种形态不同的蕨类植物，进行了鉴别区分的艰难尝试。比如他便看出，乌毛蕨这种“在德国和英格兰这里的萨默塞特郡（Somerset）和多塞特郡常能见到的蕨草，要比最常见的几种铁角蕨高出不少，齿状叶片间的距离更大，每个叶片也都更细、更长”。特纳还在这里看到了芍药——“但我见过的最漂亮的，是在纽贝里（Newberri）一个富有布商的花园里”；在巴斯一带看到了秋水仙；又在查德（Chard）找到了绶草，这是一种开花植物，俗名秀发兰。

① 这个地方的英文名称中带个“岛”（Isle），但实际上是个半岛。——译注

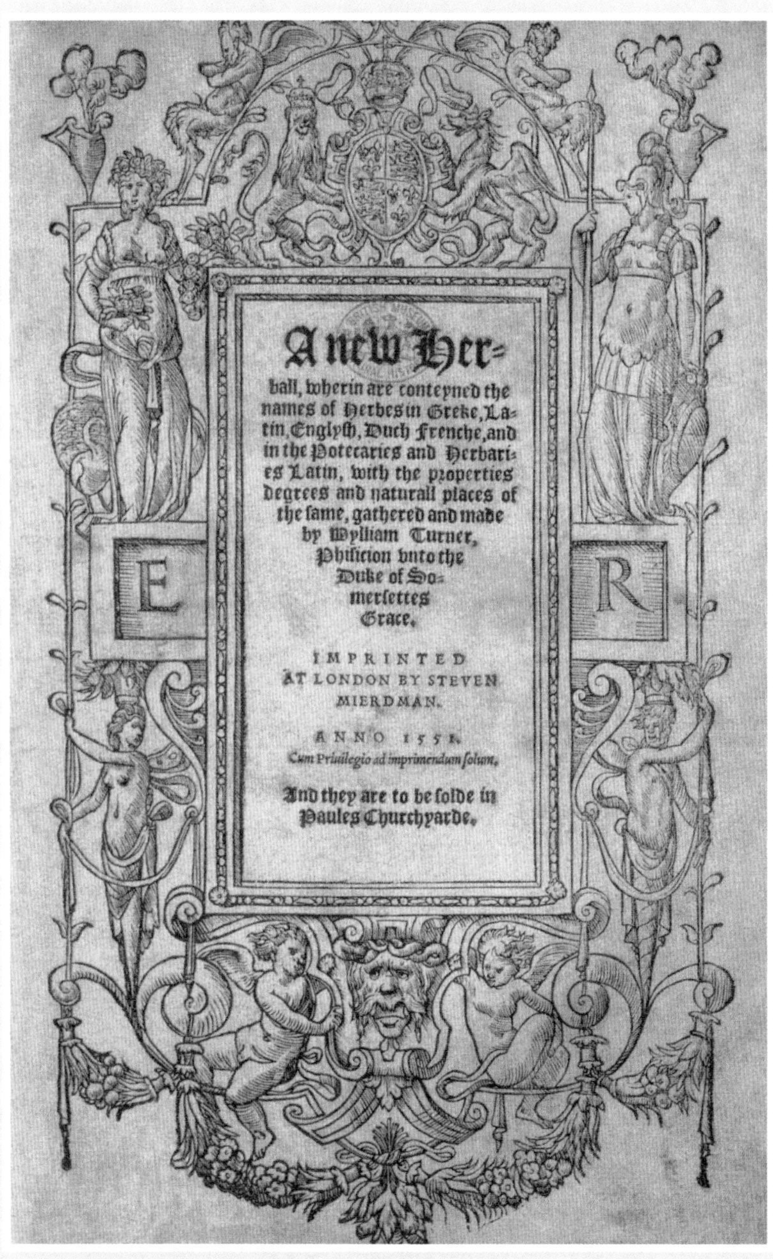

A new Her=
ball, wherin are conteyned the
names of Herbes in Greke, La=
tin, Englysh, Duch Frenche, and
in the Potecaries and Herbari=
es Latin, with the properties
degrees and naturall places of
the same, gathered and made
by Wylliam Turner,
Phisicion vnto the
Duke of So=
mersettes
Grace.

IMPRINTED
AT LONDON BY STEVEN
MIERDMAN.

ANNO 1551.
Cum Priuilegio ad imprimendum solum.

And they are to be solde in
Paules Churchyarde.

图 103 威廉·特纳《植物新图谱》一书第一卷初版的扉页，1551 年由佛兰德人斯特凡·米耶德曼在伦敦发行

威廉·特纳还急切地向英格兰国教教会要求给予自己应得的待遇①。1549年6月，他写信给伯夫利男爵威廉·塞西尔一世（William Cecil, 1st Baron Burghley），感谢他“为我获得证书付出的巨大努力”。他还提到自己的孩子们的状况：“只是喂给他们太多的空头许诺，到头来都成了皮包骨。我希望有条件让他们胖起来。”[8]这封诉求信给他带来了一份受俸牧师的任命，指任地离约克（York）不远。但特纳并不满足，于是又在1550年11月给这位伯夫利男爵上书，要求准许他“去德国住上一段时日，用当地出产的一种酒缓解我的结石病痛。如能带上年俸去那里，我将纠正英文版《新约全书》中的一些不妥之处，并另著文解释原因。如果上帝赐给我生命和健康，我还准备完成自己的大部头草木著述和另外几本有关鱼类、矿物和金属的著作”。[9]

威廉·特纳没能去成德国，倒是将原先的职司换成了萨默塞特郡韦尔斯（Wells）教区的牧师长。只是在走马上任之前，先得将正坐在这把交椅上的一个叫约翰·古德曼（John Goodman）的人请走。“我已经到了韦尔斯，”他抱怨说，“可却既无房可住，也无地可用。”[10]他的要求其实并不高，“只希望有地方能让我的几个可怜的孩子和我自己落脚，可我既没能领到分内的置装，也没分到喂马的草场”。他提到的“几”是三——儿子彼得、女儿威妮弗雷德和伊丽莎白。一年之后，他又在1551年5月诉说自己的一家人“糗在房东家的洗澡间里，与书和孩子们挤在一起，有如关在圈里的一群羊……孩子们在屋里又哭又吵，使我无法弄我的书”。[11]

虽然面临孩子们的吵闹和缺少放书的空间，威廉·特纳仍然在1551年完成了《植物新图谱》的第一卷，将书稿送交伦敦的出版商斯特凡·米耶德曼（Steven Mierdman）。米耶德曼是佛兰德人，有着同特纳一样强烈的新教信仰。当年他因出版被天主教会视为异端的书籍面临危险，便从安特卫普逃到英格兰。特纳的书中共收进169幅插图，大部分袭用了莱昂哈特·富克斯九年前出版的《精评草木图志》中的插图，想必是这两位出版商彼此相熟吧。他的这一部书没有按照时尚以拉丁文撰写，而是用了英文。他在题献部分说明了原因：“（有人）会认为，以英语介绍

---

① 威廉·特纳本是神职人员，但因其激进的宗教观点在1540年被捕，随后被取消布道资格和教会提供的物质待遇。他返回英格兰后便据理力争，最后得到部分恢复和补偿（后文中有所提及）。——译注

这样丰富的知识并不明智，且有损于我本人的职业形象，同时也无助于造福公众，因为（这些人说）有多少英国老百姓有研究物质世界的意愿呢？不要说那些妇道人家，就是男人中又有多少人有这份雄心呢？”接下来他便反诘这些人：在医生中和药剂师中，又有多少人能阅读狄奥斯科里迪斯的原作呢？他是用希腊文写作的，可那是写给希腊公众读的。“如果这个人没有做错，我也就没有什么不对。”在他的前两本书中，每个条目都以植物的拉丁文名称开始，所有的条目按拉丁字母排序。他的《植物新图谱》也按同样的思路安排，只是将所有条目中打头的拉丁文名称换成了英文的（参看图 104）。如果不知道英文名称，他就自己造将出来。具体做法通常就是按拉丁文的含义直译成英文。就以假升麻为例，它的拉丁名称是 *Barba hirci*，意思是山羊的胡子，得名的原因是它的花形与之有些相像。于是特纳就将相应的拉丁文直接对译成 goat's beard，英文名称就有了。他又缀上一笔，说这种植物“在伦敦周边的田野上大量生长着”。鹰爪草也是以同一方式，由拉丁文 *hieracium* 变成了英文 hawkweed——同样也找补一句“在德国的科隆一带可以见到”。其实这样翻译也并不像有人设想的那样轻易。当时英国最常用的拉丁语工具书是托马斯·库珀（Thomas Cooper）编纂的《拉英辞典》。而在这部辞书中，每个拉丁文词条后都给出了一大堆同义词语，这便有导致差之毫厘、谬以千里的可能性。如果根本不知道某种植物，就很有可能从一堆同义词中，选出某种根本不适合的对应结果来。至于遇到根本无法直译的名称时，他就自己给出英文名称，同时加上一些说明。他对大翅蓟就是这样做的。这种植物的拉丁文是 *acanthium*，由于找不到合适的英文对应词语，他便针对这种植物的形状给出英文来，并加上自己的解释：“我不曾得知它的英文称法，但认为可以称之为 oat thistle（燕麦蓟），因为它的种子很像燕麦（oat）的籽粒，不过称为 gum thistle（黏蓟）或 cotton thistle（棉毛蓟）也都可以，因为它会分泌出黏糊糊的东西来，也因为它的叶子上会长出些棉絮样的白色丝绵，叶子一被撕扯就会冒出来。”[①] 特纳决定用英文撰写此书，是希望能在英国尽可能地传播植物学知识。另外他还有一种用意，就是表明自己与罗马教会的切割，

① 这种学名为 *Onopordum acanthium* 的植物，后来得到流通的英文俗名是特纳所提到的第三种—— cotton thistle。——译注

Of cockoupynt.

the roote is whyte as dragones is, the whyche, beynge soden, is catẽ: because it is not so bytynge, as it was before.

The vertues.

The roote, sede, and leues of aron, haue the same proparties that dragon hath. The roote is layd vnto ỹ gowtye membres, with cowdunge: and it is laid vp ⁊ kept as dragones rootes are: and because the rootes are gentler, they are desyred of many to be eaten in those countreis, wheras the rootes of coccowpynt are not so bytynge hote, as they are in England and in Germany. Dioscorides semeth by hys wryting, to shew, that where as he was borne, Arõ, was not so sharpe, as it is with vs. Galene also writeth, that aron is hote in the fyrst degre, ⁊ drye in ỹ same. But it that groweth with vs is hote in ỹ thyrd degre at the leste. Wherfore some peraduenture wyll say, that thys our aron is not it, that Dioscorides ⁊ Galene wrote of. But Galene in these wordes folowyng: which are wryttẽ in ỹ second boke, *de elementorum facultatibus*: wytnesseth, ỹ ther are. 2. sortes of arõ: one gẽtle, ⁊ another, biting. *In quibusdam regionibus acrior, quodammodo prouenit, ut prope ad draconti ij radicem accerat. &c.* In certayne regyons after a maner, it groweth more bytyng, and sharpe: in so much, that it is allmost as hote, as dragon is: and that the fyrst water must be casten out, and the roote soden agayne in the second. Thys herbe growynge in Cyrene, is dyfferyng frõ it, of our countre. for it that is wyth vs in Asia for a great parte, is sharper then it, that growrth in Cyrene.

Of Mugwurt,

ugwurt is called both of the Grecians, and latines, artemisia: of the duche, byfus, or bifoit. The true artemisia, is as lytle knowen nowe adayes, as is ỹ true pontyke wormwode: ⁊ lesse, as I thynke. for this great mugwurt is suche an artemisia, as our wormwood is absinthiũ ponticum: that is bastard, and not the true herbe. Dioscorides wryteth: ỹ artemisia, for the most parte

E.i. gro-

图 104 斑叶疆南星，俗名野海芋（学名 *Arum maculatum*，上）和白蒿（学名 *Artemisia vulgaris*，下）的图片。摘自威廉·特纳的《植物新图谱》。野海芋的形态与莱昂哈特·富克斯《精评草木图志》中的一样（参看图 71），只不过是左右反转的——很可能是盗版的结果

宣示对多用拉丁文写成的天主教教义的不齿。他曾打过一个比方，说在英格兰不用英语布道，就如同一个在国境线瞭望塔上的卫兵在发现操不同语言的邻国军队入侵时，竟用对方的语言向本国民众示警一样，结果自然得不到自家人的理会。然而，他的这一旨在争取实现公正平等社会的举动，并没能达到预期的效果。当时的英国有 300 万人口，其中约有六分之一能够阅读，然而，这些有阅读能力的人，读起拉丁文来并不比英文吃力。而他这样一搞，反而使这部他最重要的、收纳了如此大量植物信息的著述，一直未能赢得欧洲大陆的读者——毕竟拉丁文是当时全欧洲的通用语言呢。

再说他也没能得到天时之利。还没等到威廉·特纳在韦尔斯安顿下来，专心致志地完成《植物新图谱》这一大作的后两卷，信奉新教的英格兰与爱尔兰国王爱德华六世（Edward Ⅵ，King of England and Ireland）便于 1553 年驾崩，仅在位六年。继位的是他信奉天主教的同父异母姐姐、被称为“血腥玛丽”的英格兰女王玛丽一世（Mary Ⅰ，Queen of England and Ireland）。如此一来，特纳便再一次成为对立阵营的一员，结果是二度匆匆出走英格兰，又一次去到德国这个接纳了许多英国新教徒难民的国家。他先居住在魏森堡（Weissenburg），并将该城的药店老板雅各布·德特（Jacob Detter）发展为联络网的重要成员。玛丽一世的登基，意味着特纳的所有著述在英格兰都成为禁书。这一来，他用英文写的东西就更难找到知音了。在上一次宗教迫害期间，亨利八世于 1546 年 7 月 8 日发布的第一道禁书令中，便规定“凡接受、拥有、携带和保存”明文宣布的十一名持异见者的所有著述，“无论印本还是手抄本”，皆在被禁之列。特纳就是被禁对象之一。[12] 这一次，玛丽一世不但在 1555 年 6 月 13 日发布了类似禁令，还扩大了受禁范围，更加强了惩罚力度。就是在这一年，她下令将尼古拉斯·里德利和休·拉蒂默这两位特纳在剑桥大学的知交烧死在火刑架上。不服从这一虎狼之令的后果自然严重，然而，在后来发现的亨利·斯塔福德（Henry Stafford，1501—1563）男爵 1556 年的一份开列有 302 种私人藏书的清单上，特纳 1548 年的《草药名录》和 1551 年的《植物新图谱》（第一卷）都仍然在内。与此同时，特纳一面继续在欧洲大陆不屈不挠地指斥“残酷怯懦的上层”收回公地、关闭慈善医院等恶行，一面努力完成自己的著述。他也仍然坚持应当为所有人提供良好教育，以及为基层教会人员创造适当生活条件的主张，并强烈呼吁纠正形同拍卖的指任教职人员的风气。

威廉·特纳发表的种种尖锐批评，使他直到1558年玛丽一世死后方得重返英格兰。回来后的第二年，他便于9月10日在圣保罗大教堂——是早先的一座，当时还不曾毁于伦敦大火——在轻松的气氛中向一大群新教教徒布道，开始再次直接为宗教事业尽力。经过好一番旷日持久的诉讼，他终于送走了那个恋栈的瘟神约翰·古德曼，真正当上了韦尔斯教区的牧师长。与此同时，他在伦敦安了家，又恢复了同约翰·里奇和休·摩根这两位药剂师老友的联系。对于来自西印度群岛的草木，在全伦敦要数摩根最内行。此人精明强干，在漂洋过海的大船来到英国国都时，停泊于伦敦港的机会都得以利用，与这些船长搭上了关系；又因注意到来自威尼斯的商人们知道诸多新奇事物，他也与这班人形成了定期来往。他与欧洲各个地方的许多药剂师、药店老板和药学家都有联络，在维罗纳有弗朗切斯科·卡尔左拉里（Francesco Calzolari）和安德烈亚·贝利考科（Andrea Bellicocco），在威尼斯有来自叙利亚的马丁内洛两兄弟——阿尔贝托（Alberto Martinello）和塞希诺（Cechino Martinello），在法国马赛（Marseilles）有雅克·雷瑙岱（Jacques Raynaudet），在蒙彼利埃有雅克·法尔热（Jacques Farges），在里尔（Lille）有佛兰德人瓦莱朗·杜莱兹（Valerand Dourez），在安特卫普有威廉·德里施（Wilhelm Driesch）和特纳的朋友彼得·古登伯格。他们彼此间的书信往来，经常利用的渠道是流动的书籍推销员；通信内容包括种种新发现、新名称、新疗法等，也互相馈赠植物的根与种子之类的本行家当。后来在欧美人气颇盛的植物槲寄生，特纳就是在摩根的药店里第一次见识到的，“数量不少，而且最正宗的一种，来自埃塞克斯郡（Essex）”。菠菜是另外一种新鲜的东西，“发现时间不长，不久前才找到用处”。在他看来，这种新植物是值得加进自己的著述的，不过也介绍说，它吃下去可能招致胃疼和胀气。

1562年，威廉·特纳完成了《植物新图谱》的第二卷，并题献给文特沃斯男爵托马斯二世（Thomas Wentworth, 2nd Baron Wentworth）——“承蒙令尊在我于剑桥读书期间，以一年一度的展览令我受益良多”。此时他已经是重返英格兰后的第四个年头了，只是这第二卷并没有在伦敦出版，他选择了德国的科隆。印行第一卷的出版商斯特凡·米耶德曼后来也同特纳一样，因“血腥玛丽”登基离开了英格兰，但后来并没有再回来，因此无法继续出版此书的后续部分。这对特纳又是一件糟心事，而且导致了无法挽回的后果。特纳不知道米耶德曼什么时候能回来，甚至不知道他会不会回来。结果到头来承担印行《植物新图谱》第二卷的，是一位名叫阿诺尔德·比尔克曼（Arnold Birckman）的出版商。此人可能是他二度流亡于德国期间，在离开魏森堡后度过后一半时日的科隆结识的。比尔克曼也同米耶德曼一样，有门路弄来莱昂哈特·富克斯的植物木刻，这使特纳仍能继续将它们放入自己的第二卷。书是上市了，只是出版于德国，语言却是英文，这便严重地阻碍了它发挥影响——欧洲大陆的人中懂英语者有限，而英国人又不容易见到此书。不过特纳并不气馁，仍不停歇地继续工作。他很清楚，所有有志于完成百科全书式植物著述的学者们也都清楚，要跟上新植物向欧洲源源不绝涌来的速度，时间是何等的紧迫。

虽说得到了教会的种种照顾，但威廉·特纳还是直言不讳，仍然敢越雷池，布道时也一如既往地言辞犀利。一位姓贝克莱（Berkely）的主教曾为此修书（1563），向伯夫利男爵威廉·塞西尔一世和时任坎特伯雷大主教的马修·帕克（Matthew Parker）汇报说："韦尔斯教区的牧师长特纳在布道时有失检点，对诸般事宜都妄加议论，口无遮拦，毫无顾忌。他对主教们全无敬重之心，竟讥之为'白袍黑带佬'①，还加上种种更不合宜的指责。"[13] 在"马尔普雷莱特论战"期间，②一篇由清教徒在地下出版的文章告诉人们，这位贝克莱主教有一次来到某地，就在准备用餐时，特纳将他训练好的一条狗唤了出来，"它冲着主教奔去，一口咬住了他的小瓜皮帽——想必是当成了一块蛋糕，叼着跑到主人那里去了"。[14] 尽管有人很想将特纳摆脱掉，可他居然保住了牧师长的职位，而且在韦尔斯完成了《植物新图谱》的最后一卷，完稿上注明"1564 年 6 月 4 日于韦尔斯"的字样，时值他于伦敦逝世的前四年。与第二卷一样，第三卷也由阿诺尔德·比尔克曼在科隆出版，其中收进了许多新草木，如豆蔻树"来自（东）印度（群岛）的班达（群岛）（Banda Islands）"，婆罗门皂荚树"来自新得名西印度群岛的伊斯帕尼奥拉岛（Hispaniola）"

① 英国国教牧师布道时的标准装束为长及腿肚处的白罩袍和绕过脖子从胸口直垂到双膝下的黑色宽布带。——译注

② 1588—1589 年间，英格兰和威尔士的新教徒与天主教徒之间，以文字形式展开了一场激烈的宗教论战，因新教徒一方散发的宣传品中的文章多以马尔普雷莱特（Marprelate）的笔名发表而得名。——译注

等。休·摩根会从伦敦将舶来品中的种种新异植物告知特纳，如1568年4月29日经由布吕赫抵达伦敦的“雄鸡号”商船带来了葛缕子、黄瓜、胡卢巴和线麻几种植物的种子。在此期间来自海外异域的植物还有橙子、柠檬、扁桃、茴芹等。[15]在特纳早些时的《草药名录》中提到的植物，都在《植物新图谱》里得到了增加篇幅的优待——但文字未必都更客气。比如，在谈到夹竹桃这种有毒的植物时，特纳在先前的《草药名录》是这样说的：“我只在意大利见过它。”而在《植物新图谱》中，他的叙述便详细些了：“我曾在意大利的一些地方见到过这种树。不过如果它们不在英格兰出现，我也不会在意。我敢说，如果英国这里没有，那实在是万幸；有了它可是如同进虎来狼呢。”对于野芝麻，他在《草药名录》中的处理很简单，就是给出了它的名字、几种俗称，再加上生长环境和其他不多的笔墨。到了《植物新图谱》里，他的介绍可就生动多了：“野芝麻的叶子很像荨麻，只是边缘处的锯齿口略小些，颜色也稍浅，叶面上也生有一如荨麻的毛刺，但不是螫毛；茎秆呈四棱形，花朵为白色，气味浓烈，形如光头上顶着一块大罩布；种子为黑色，抱茎间隔生长，与夏至草的结籽儿情况类似。”特纳仍然袭用了所谓“四质”的说法——又热又干为胆汁质，又冷又干为抑郁质，又冷又湿为黏液质，又热又湿为多血质。他也搜罗进种种植物的更多用途，虽说未必都得到他的赞同。他提到有些女子“将九轮草的花浸在白葡萄酒里，静置一段时间后用来洗脸，认为这样可以去除皱纹，让他人看上去入眼，却不想此等只重外貌、不修灵魂之举，却不入上帝之眼哩”。[16]忍冬草可止呃逆，但不能频繁使用，否则会造成阳痿。豆蔻能够催情，“可供性冷淡的丈夫解无后之虞”。睡莲可纠正“常有春梦和不洁行为的独身成年男女”的欲念，“连续饮用一些时日，便可使之有所减弱”。[17]

威廉·特纳在《植物新图谱》中也写进了238种英国本土特有的植物，描述得都很真确，这在英国还是第一次。[18]无论发表宗教见解，还是研究植物性状，他行文的精确程度都达到了法律文书的水平。在介绍植物与栖息地的关系方面，他也如狄奥斯科里迪斯一样出色。例如，他说睡莲“性喜不流动的水”，酢浆草最适合生长在“贴近树根处和灌木丛中”，蒿草“性喜生长在不时会有盐碱水灌入的沟渠内”，而最能看到开黄花的长荚海罂粟的地点在“海岸附近”。特纳以英语写作的初衷，是让自己的著述能被更多的同胞阅读。彼得·安德烈亚·马蒂奥利的《狄奥斯科里

Of Anagyris.

Nagyris groweth not in Englande that I wote of/but I haue sene it in Italye. It may be called in Englissh Beane trifolye/because the leaues growe thre together/and the sede is muche lyke a Beane. Anagyris is a bushe lyke vnto a tree with leues and twigges/like vnto Agnus castus of Italy. But the leaues are greater and shorter/and growe but thre together/where as Agnus hath euer fyue together/and excedinge stinkinge/wherevpon riseth the Prouerb/Præstat hanc Anagyrim nō attigisse. It hath the floures lyke vnto kole. It hath a fruyt in longe horned coddes/of the lykenes of a kidney/of diuerse coloures/firme and stronge/whiche when the grape is ripe wexeth harde.

The properties of Anagyris.

图105 三叶蝶花臭豆（学名*Anagyris foetida*）。威廉·特纳在他生前的最后一版《植物新图谱》（1568年阿诺尔德·比尔克曼在科隆发行）中更正说："先前我说过它只生长在英格兰，但后来在意大利也看到了"

迪斯医学著作述评》最早也是用他的母语意大利文写成的，不过很快地便被译成了数种外语，又在初版后的第二十一年出了拉丁文版。特纳放弃拉丁文而选用本国语言，还可能是出于爱国动机。他的确曾在早些时的《草药名录》一书的序言中，提到自己希望“光耀我们这片拥有许多特有的罕见草木的英格兰”。或许他更不无怀着将英语变成科学交流媒介语种的热望吧。很可能他相信，随着足够多有分量的英语著述问世，便将促使其他国家的学者认识到必须学习这种语言。这种形势最终的确出现了。威廉·特纳同杰出的学者安德烈亚·切萨尔皮诺一样，都可惜生不逢时，不过原因却有所不同。切萨尔皮诺的著述得不到读者是天时之故，在《植物十六论》中提出的植物分类观点大大超前于时代；特纳得不到读者是因为没能获得地利，在国外出版了对该国家而言是外语的书籍。他的《植物新图谱》始终未能译成其他语言，倒是后来另外一个名叫约翰·杰勒德的英国人写的一本标题有些相近的同类书籍《植物说文图谱》大大地出了名。其实后者无论智力、品性还是眼界都甚逊于特纳，唯在寻找机会的能力上远远超出。究其一生，特纳始终处于逆境之中。在《植物新图谱》的最后一卷的序言中，他便发出了“既为病痛所缠，又兼教职工作与研习之累，致使很难挤出时间用于我的植物书”的慨叹。

威廉·特纳没有留下肖像。没有任何植物以他的姓氏命名——而莱昂哈特·富克斯和彼得·安德烈亚·马蒂奥利却都有。[①] 不过当他于1568年7月去世后，他的寡妻珍妮（Jane）、剑桥市一位副市长的女儿，在他们住处所在教区的教堂里给他立了一块墓碑。这座教堂是伦敦的圣奥拉弗哈特街教堂。四百三十六年后的一个炎热的夏日，我手持一束鲜花，随着一群通勤乘客从芬丘奇街火车站下了火车，来到这座教堂。这束花的原产地是西南英格兰，即特纳当年专程去搜寻植物的地方，只可惜不是他曾在萨默塞特郡的萨默顿（Somerton）和马托克（Martock）发现并很喜欢的卷丹柴胡——这种野花当时在西南英格兰的田间地头很常见，如今却已无从寻觅了。圣奥拉弗哈特街教堂距特纳当年居住的十字修士街不远，步行一段路便可来到。此教堂始建于11世纪，如今的这座是1450年在原址上重建的第三座，1941

① 柳叶菜科下的倒挂金钟属（*Fuchsia*），就是以富克斯的姓氏命名的（第十二章中已经提到）；而十字花科下的紫罗兰属（*Matthiola*），则是为纪念马蒂奥利而以他的姓氏命名的。——译注

年 4 月曾在德国人的空袭中严重损毁。简直不可思议的是，教堂内的许多纪念物都未遭破坏，其中包括一块牌匾，是由教堂公立的，就竖在大门的入口处，上面记录着葬于此教堂的重要人士：著名日记作家塞缪尔·佩皮斯（Samuel Pepys），卒于1703 年；不列颠东印度公司的董事长安德鲁·里卡尔德（Andrew Riccard），卒于1672 年；富商与探险家詹姆斯·迪恩（James Deane），卒于 1608 年……威廉·特纳的姓名不在这上面。在教堂里面的墓葬区，我看到了佩皮斯和里卡尔德的墓碑，它们面对面地立在祭坛下面的过道两侧，都是打凿得很考究的石碑。南墙根上有一尊彩色胸像，是一个名叫彼得·卡波尼（Peter Capponi）的意大利人，纪念文字上说他“家世绵长”，由佛罗伦萨流亡至此，1582 年死于“黑死病”。祭坛前方有一架三角大钢琴，有人正在琴上弹奏一首舒伯特（Franz Schubert）的奏鸣曲，这可有些出乎我的意料。我尽量不出声地绕着祭坛走动，终于找到了特纳安息的地方。它就在那位富商与探险家詹姆斯·迪恩的墓葬旁边，相比之下很不起眼。迪恩的墓碑又大又考究，而对于一个曾对牧师的服饰发不敬之词，又让狗抢走来访主教头上小帽的人，似乎也只配立一方我看到的这块普通的小石板吧。看它那矩形的淡黄色石面，边上还围着一圈黑色，正像是一张当时流行的再普通不过的报丧帖呀。这块碑上用细密的拉丁文，写着特纳生前如何虔诚地“抗争教会和英格兰联邦的种种敌人，特别是打着基督旗号的假信徒”。至于《草药名录》和《植物新图谱》等由英国人最早撰写的真正原创的植物著述，碑文中却只字未提。

不走运的威廉·特纳！就在他终于在正确的时间摸索到正确的方向时，却从此撒手人寰。也和许多先驱人物一样，特纳未能活着看到自己的贡献得到认可。在那个植物只存在俗名的时代，他对一个个希腊文的、拉丁文的、英文的、法文的、德文的、意大利文的名目所进行的耐心细致的搜集与整理，廓清了前进道路上的障碍。他的广泛周游，使他得以将英格兰加进了欧洲智力活动的地图。16 世纪上半叶时，全英国几乎找不出像样植物学者的局面，到了下半叶便完全改观了。特纳之后的英格兰，变成了吸引所有有志于植物研究人士的磁石。1540 年时，特纳曾为躲避天主教会的迫害来到欧洲大陆。三十年后，也是在同样原因的逼迫下，佛兰德学者马蒂亚斯·德劳贝尔从相反的方向避到了英格兰。来到后他发现，此时不列颠这里研究植物的现状，已经和特纳不得不出走时大不相同，出现了包括约翰·古迪耶、约翰·帕金森（John Parkinson，1567—1650）和约翰·雷伊（John Ray，1627—1705）在内的几代卓越的植物学者。是特纳给他们开创了局面。特纳是先前象牙塔型植物研究者与后来脚踏实地型植物学者（他们多以伦敦为事业中心）之间重要的过渡桥梁。只是他死得太早，被遗忘得太快了——基础部分往往不如地上部分受到注意，乃是一种客观存在。他的大名其实应当也写到圣奥拉弗哈特街教堂的那块牌匾上的。实在太应当啦！

第十七章

辗转于新教艰难奋起之时

（1530—1580）

威廉·特纳在16世纪的两次流亡，典型地反映出僵硬的宗教观念必然导致动乱与分裂这一规律。在该世纪的上半叶，信奉新教的英格兰人特纳，逃到了相对比较安全的德国和荷兰。而后来流亡方向又掉转过来，是佛兰德地区的胡格诺派教徒受西班牙国王腓力二世的天主教大军驱赶，渡过英吉利海峡逃到新教东山再起的英格兰。当事过境迁，站在当今的立场上从容审视，自是不难在慨叹信仰不同造成许多人背井离乡、前途多舛的种种苦难后，也注意到由此引致的收益——新观念会因流亡传播开来，学者的联络网也从而扩展到新的城市。在瑞士，巴塞尔大学里的智力活动,便因大批意大利和法国逼走的信奉新教的难民学者的来到而大大丰富起来。暴力杀戮和悲惨殉教的结果，是使新教徒之间越发团结一致。原本在不同环境下面对不同植物各自为战的学者们如今走到了一起，遂使对植物的研究取得了明显的进展。这真不得不说是宗教改革的一个间接成果呢。宗教改革之前，大学里对自然世界并不很关注，可以说，就植物而论，农牧人家倒要比教授们知道的更多些。是马丁·路德告诫他的追随者们，要从哪怕是小如区区一枚桃核上，认知上帝所创造的美，领悟物质世界与上帝的关联。渐渐地，宗教改革将医学院系引到了密切关注植物研究的方向上。新教体系的蒂宾根大学就是这种情况。在莱昂哈特·富克斯的极力主张下，过时的教学内容得到了调整。在德国城市马堡（Marburg）新建不久，也归属于新教路德宗的马堡大学，当年曾教过富克斯的尤里修斯·考尔杜斯，有鉴于药店里瓶瓶罐罐中的草药成分往往因标签有误，导致对病人和伤者的救治无效，甚至是更糟糕的恶化，写出了富于改革精神的著作《植物研究章法谈》（1534），意在告知人们，狄奥斯科里迪斯这位希腊军医所说的植物，未必就能与在德国、法国和荷兰等较冷地带生长的草木等同看待。其实此话早就有人说过了，只是多年来，狄奥斯科里迪斯一直被尊崇着，甚至得到了与阿波罗并排站到巍峨柱台上的待遇（参看图60），想要请下来又谈何容易！不过在从15世纪末到16世纪初的这段时间里，风向慢慢有了转变。人们开始以清醒和质朴的目光看待自然世界，并以理性的方式寻找其秩序。尤里修斯·考尔杜斯的这一改革成果，也成为一个昭示着这种转变的标志。

在宗教改革的浪潮中，新教一派强调所有人在上帝的眼中是一律平等的，再微贱也有得到救赎的可能。一批置身于这一大潮中的植物学者，也对草木持有类似的看法，那就是它们中的每一种都有理由得到同样的注意。法国的卡罗卢斯·克卢修斯、德国的尤里修斯·考尔杜斯和他的儿子瓦勒留斯·考尔杜斯、瑞士的康拉德·格斯纳和让·鲍欣与加斯帕尔·鲍欣两兄弟，以及英国的威廉·特纳，都是其中的代表人物。在这种形势下，一向被冷落为“野草棵子”的许多植物，都得到了同有医药功用的本草一样的认真对待。幸运的是，宗教信仰的不同，非但没有影响学者间的交流，倒是对他们通过研究自然世界形成改革精神起到了促进作用，尽管他们未必会公开承认这一点。比萨大学的安德烈亚·切萨尔皮诺和在博洛尼亚大学筹建起植物园的乌利塞·阿尔德罗万迪，都被天主教会怀疑为异端人物。16世纪的帕多瓦大学里有许多阿威罗伊派，也就是伊本·鲁世德（Ibn Rushd，1126—1188）——拉丁化的名字为阿威罗伊（Averroes）的追随者。这位穆斯林哲学家兼医生一直致力于将亚里士多德的哲学与伊斯兰教教义协调为一体。他的学说在当时的医学院校学生中非常流行。

在法国，天主教和新教两派之间的对抗尤为公开和表面化。巴黎大学不肯招收新教徒学生，特别是拒绝收纳胡格诺派青年。这就使他们纷纷南下，来到法国南部朗格多克（Languedoc）地区的蒙彼利埃大学（参看图106）求知。巴黎的医学学生几乎完全从书本里获得有关学识，而蒙彼利埃大学的课程更多地着眼于实践。早在1220年，该大学的医学系便正式得到了颁发医学学位的授权，而实际授予还要早一些。[1]到了14世纪中期，该系的教学大纲更选定了20种必修课程，包括阿维森纳、

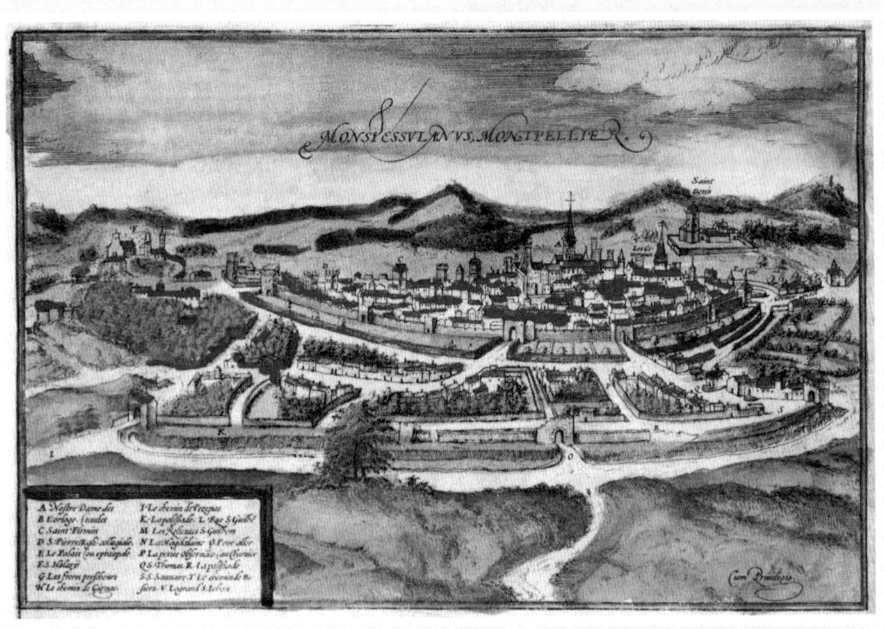

图 106 建于法国朗格多克地区蒙彼利埃市的蒙彼利埃大学。摘自一本出版于 1572—1618 年的《世界城市地图集》

盖伦和希波克拉底（Hippocrates）的著述。又过了一段时间，蒙彼利埃大学颁布了一项新规定，明令学生交纳的学费中的一半，须用于给本大学图书馆购置书籍。此外又宣布凡本人学业开始时，拟不参加按通例举办聚餐会的学生，须交付一笔不菲的罢餐费，而这笔钱也划归图书馆使用。[2]

1530年时，23岁的纪尧姆·龙德莱（参看图107）在这所大学里任总务助理。他是蒙彼利埃一个香料商的儿子——香料业当时正是这座城市的经济命脉所在。[3]在巴黎的大学里钻研了四年文科后，他又进入蒙彼利埃大学攻读医学。毕业后先在奥弗涅（Auvergne）地区行了几年医，然后又返回故里。他也同尤里修斯·考尔杜斯一样，为自己开具的药方很有可能因被药剂师弄混成分而给病人招致危害深感担忧。他发觉，即便如菊苣糖浆这样的常用药，也都可能是危险的。这是一种对症肠梗阻和肝区不适伴有冷战的药物，基本成分有岩参、苦苣、雀苣等，都是植物成分，药剂师也就按他们所知道的有这些名称的草木配制出这种药液来。只是这些名目十分纷杂：有人将苦苣也叫作雀苣，如若只是按这样的叫法，药方中就应当只开列一种；如果非要照方配药，那药剂师又用什么来凑数呢？再说岩参，如果是一名希腊药剂师看到了，就会相信这是他们那里的农夫们叫作“猪拱菜”的东西，可“猪拱菜”又有两种，一种硬，一种软……龙德莱的病人中，就有几个这样死在了将药配错的法国药剂师手里，而惹祸的药剂师却未必知道错在了哪里。

纪尧姆·龙德莱因为想知道自己襁褓中的儿子病死的原因，解剖了尸体，结果在全城引起一番轩然大波，加之为人又不善理财，致使他在蒙彼利埃的行医生涯并不成功。不过虽说解剖一事闹得沸沸扬扬，倒没能妨碍他于1539年成为蒙彼利埃大学医学系的教师。几年之后，当地暴发了一场瘟疫。到了1543年时，医学系里只剩下了三名学生，法律系学生更是走得精光。在此期间，龙德莱也暂时避离蒙彼利埃，当上了位高权重的法国红衣主教弗朗索瓦·德图尔农（François de Tournon）的私人医生。他利用随同红衣主教旅行的机会，访问了意大利的多所大学，在比萨大学同刚到这里不久的卢卡·吉尼进行了交流，又分别在费拉拉大学和帕多瓦大学会见了安东尼奥·穆萨·布拉萨沃拉和乌利塞·阿尔德罗万迪，还在博洛尼亚大学拜望了接替卢卡·吉尼任本草学讲师的塞萨雷·奥多（Cesare Odo）。

当纪尧姆·龙德莱再次回到蒙彼利埃大学时，便当上了一名校务委员——这一

图 107　纪尧姆·龙德莱的版画肖像，摘自他所撰写的《海洋鱼类》（1554）一书。他在蒙彼利埃大学教授医学时，培养出一批优秀子弟。肖像上的姓名是拉丁化写法

职务最初由法国国王路易十二（Louis Ⅻ）设立，在蒙彼利埃大学共设立四席，是有名、有权又有利的职位。以他丰富的阅历、广博的学识和深厚的人脉，龙德莱吸引来一批当时最出色的学子，就像卢卡·吉尼在比萨大学一样，师生一道积极投身于植物学研究。1540年，年轻的瑞士学者康拉德·格斯纳来这所大学待了一段时间，但由于找不到合适的住处，不久便退学去了巴塞尔。16世纪50年代初，卡罗卢斯·克卢修斯也成了龙德莱的弟子，还在后来被聘为莱顿大学新建植物园的第一任园长。让·鲍欣——鲍欣两兄弟中的哥哥，也在蒂宾根大学炮仗脾气的莱昂哈特·富克斯那里修习一番后，于1561年投到了龙德莱门下。

1552年，杰出的瑞士医生费利克斯·普拉特（Felix Platter，1536—1614，参看图108）——此时尚不满16岁，成为名医还是后事——骑着一匹小马，从巴塞尔一路来到蒙彼利埃，在纪尧姆·龙德莱门下开始了为期六年的大学生活。他前前后后给父亲写了不少信，信中生动地描绘了法国南方的日常生活场景。这些信后来还编成了一本书出版。[4]①普拉特也同龙德莱一样是新教徒，只不过他认为宗教信仰是自己的私事，与他人无涉，在这一点上又与他的这位老师不同。早在1528年时，蒙彼利埃大学的一位名叫斯台方诺·德滕波洛（Stephanus de Templo）的大学生，就因“犯有路德异端罪愆”，被朗格多克地区的宗教仲裁督监下令处以极刑。大学里校务委员的指派，蒙彼利埃主教纪尧姆·派利西埃（Guillaume Pellicier）也有权过问，这便往往使指任过程成为校内宗教纷争的焦点。对龙德莱本人来说幸运的是，这位派利西埃主教也深爱草木和园艺，因此两人在信仰上的不同便流于形式了。认识龙德莱的人普遍认为他是痛恨暴力的，这一点也在他的弟子洛朗·茹贝尔（Laurent Joubert）所撰写的《纪尧姆·龙德莱传》（1599）中得到了印证：“即便在外出旅行时，他也连一把只供防身用的匕首都不肯带。”[5]当他得知派利西埃这位天主教体系的主教朋友，因被认为对新教徒过于宽容而锒铛入狱后，竟绝望地将自己的所有神学藏书付之一炬。不过，当改革派在蒙彼利埃大学站稳脚跟后，校方制定的新章程便使教学质量有了提高。以往学生们经常抱怨教授会擅自离校，作为私人医生

① 本尾注4中给出了作者引用的原书英译本的书目（中译名《医学院学生费利克斯·普拉特的日记》）。本章后文的多处没有标明出处的引文均间接引自此书。——译注

图 108 费利克斯·普拉特的肖像。他在写给父亲的信函中，生动地记述了自己在蒙彼利埃大学学医期间的经历与体验。此画像为汉斯·博克（Hans Bock）作于 1584 年

去诊视有钱的富人。如今按照新规定，新学期必须在圣路加日[①]的聚餐会（9月末10月初）后立即开始，并一直不间断地进行到复活节。教员们不得在家里为私人授课并收取费用，也不得向作为实习陪同出诊和去药店见习的学生索要报酬。这些新规定强调了医学教学应当注重实用性。夏季来临后，本草实习辅导员中应当有人用这段时间在蒙彼利埃和周边地区进行植物调研，并使学生知晓调研成果。

1552年入学的费利克斯·普拉特立即得益于这些新规章。他的父亲是巴塞尔的一位教师和出版商，是借钱供儿子去蒙彼利埃求学的，驮他前去的那匹小马也是这样买来的。儿子10月10日离开巴塞尔，动身前这位老爸"用油布给我包上了两件衬衫和几块手帕"。到了弗里堡（Fribourg），"我就开始以法国人的方式吃饭和睡觉了"。走了十天后，他和一位同行者在离里昂不远的地方看到"有几个人吊在绞架上，还有几个人绑在磔轮上……进城后，我俩又看到一个基督徒被牵到城门外受火刑，他只穿着衬衫，背上背着一捆干草"。过摆渡越过正在涨水的罗讷河（Rhône）后，他来到皮埃尔拉特（Pierrelatte），平生第一次尝到了橄榄，觉得这种东西"又酸又涩"。当他进入奥朗日城（Orange）时，只觉得"孤苦无依……想回家想得要死，于是跑到马厩里，搂着那匹小马的脖子痛哭起来"。从巴塞尔到蒙彼利埃，他用了20天时间，行程估计为400英里，连人带马的花费为10个里弗有零，包括付小费和过摆渡在内。

在蒙彼利埃，费利克斯·普拉特住进了街名为塞维诺坪的一处房舍。房东是位药剂师，名叫洛朗·卡塔兰（Laurent Catalan）。[6]他写信向父亲报了平安，又加上消息说"咱们的好多《圣经》，还有别的许多宗教书——书是印出来的，书店里也都卖过，可如今都堆在大街上当众烧掉了"。他报名进了医学系，决心"发狠攻读一番"。他上课的地方今天仍在，不过已改归药学院所用。[7]11月6日，他与几位来自德国的同伴一道去了离蒙彼利埃不远的马格隆新城（Villeneuve-lès-Maguelone）。他在这里"大为吃惊地看到，迷迭香在此处遍地生长，普通得就像咱们那里的刺柏。此外还有墨角兰和百里香，也是到处都有，多得简直无人理会。

① 圣路加，又称圣徒路加，据传为耶稣门人圣保罗的追随者。他本人是医生，故长期被医学界奉为医务工作者和医院的主保圣人。无论平年闰年，圣路加日均定为一年的倒数第75天。——译注

这里的人用迷迭香烧火，大捆大捆地用毛驴驮回家里塞进炉膛”。

据费利克斯·普拉特后来回忆，他上大学时最中意的看书地方，是房东家里“屋顶上的一处平台，可以顺着一道石板楼梯登临。从这里可以俯瞰全城，更可远眺城尽头的大海。当风向对头时，还能听到海涛声。我在一只大罐子里种了一株梨果仙人掌，就摆放在平台上”。大斋期[①]到了，他得知在这里，此期间“不准吃肉，也不得吃蛋类，违者会处死刑”。不过他又告诉父亲说：“我们这些日耳曼人还是照吃不误。我悟出了一种将蛋弄熟的方法，就是将奶油放在一张纸上，再将纸放在热炭上，然后在纸上煎鸡蛋。我可是不敢动用任何炊具哟。”在整个大斋期，普拉特都将蛋壳藏起来，可它们越聚越多，终于被房东家的仆人发现了，便向女主人卡塔兰太太告发此事。她“非常生气”，好在只是到此为止。圣灵降临日到了，普拉特穿上一条新裤子过节，“颜色是大红的，还缝着塔夫绸的宽条，紧绷绷地箍在身上，裤裆那里兜得厉害，我要是坐下来，就会被针脚硌着。这条裤子实在是太紧了，我简直连腰都不能弯”。5 月 30 日，他出城摘了些石榴花，又看到五个人被处以火刑。而他在信中讲这两桩事情时，竟然仍使用同样平铺直叙的语气：“这几个人在洛桑（Lausanne）读书，回来时便被捕关进班房，然后被处以火刑。”

7 月 25 日，他和几个朋友离开蒙彼利埃去采集植物。来到了不远的格拉蒙镇（Grammont）。那里有一座很小的修道院，在它附近生长着冬青栎的野地上，他自认看到了最出色的一片野花。对于儿子下功夫搜寻草木，做父亲的很是高兴，不过也叮嘱儿子，有鉴于当时的危险局势，交友务须谨慎。8 月 24 日是圣巴托罗缪日，一个很大的洋葱集市在蒙彼利埃开放。“洋葱头都一串串地扎起来，”费利克斯·普拉特写给父亲看，“大堆小垛地码在一起，都有两英尺高，整个广场都堆满了，只留下窄窄的过道供人们行走。洋葱头有各式各样的，有的很大，有的又白又甜，但都没有咱们那儿的味儿冲。”

10 月 18 日是圣路加日，新学期开始了。费利克斯·普拉特告诉他父亲，在暑假期间，教授们都不教书了，“只有几位还在搞私人辅导挣外快”。1553 年 11 月 6 日，他将一些水果和种子寄给父亲，并告诉他，土耳其的海军舰队已经来到了法国的地

① 大斋期长达 40 天，故又称四旬斋。——译注

中海港镇艾格莫尔特（Aigues Mortes）："是从海上来的，我们都清清楚楚地看到了。"新的一年来到了。发生了更多处决"异端"的可怕事件。一名被教会除名的前神职人员纪尧姆·达朗松（Guillaume Dalençon）被处以火刑。一名拒绝改变信仰的织坯精整匠人也遭到了同样的命运。费利克斯·普拉特将这个匠人的遭遇告诉他的父亲说："行刑那天刚下过雨，火点不起来。那个人被烟呛得半死不活，真是受罪。后来附近一家修道院的几名修士拿来了一些干草，行刑的人收下后，又派人来我房东的药店里要走一些松节油，这才将火点起来。事后我责怪店伙不该给他们，可店里的人让我管住自己的舌头，免得被当成异端遭到同样下场。"

普拉特父子的通信就这样在巴塞尔和蒙彼利埃之间来往了六年时光。有时一封信会在路上走三个月。父亲的信中流露出担心，写进了规劝，叮嘱着勤学，并一再强调巴塞尔已经有了17位内科医生，要想也挤进去会何等不易……儿子的信中则既提饮酒又谈舞会，一派浪漫情调。他请父亲再寄些鲁特琴的琴弦给他（因为他正在教纪尧姆·龙德莱的女儿弹这种拨弦乐器），还随信附上一张药方，说是得自一位姓萨博塔（Saporta）的医生，据说有改进记忆力的功效云云。在这些家长里短的交流里，也夹进了对无休止的宗教迫害与恐怖气氛的记叙：1554年3月23日，"从首府图卢兹（Toulouse）来了个人物，带着一帮执达吏，在城里搜寻'路德分子'"——当时还没有出现加尔文教徒和胡格诺教徒的叫法，对改奉新教者就这样称法，"他们满世界又吹喇叭又喊话，下令要民众告发，知情不报者要受重罚"。

圣诞前，当儿子的给老爸送去了一盒子稀罕物件——

> 两只大龙虾，夹螯都卸下来了；一只巨无霸螃蟹，有盘子大小，不过干得只剩下空壳。还有一段梨果仙人掌的刺座，送给爸爸也种种看。这段刺座来自我自己种下的一株，就栽在屋顶平台上的一只大罐子里，结果长得很好，又分出好几个新茎片来。房东家的花园里也有几株，有一株长得很大，简直成了一棵树，有了不少分杈，还结了果实，可都是从意大利弄来的一片茎片长成的。我又放进了一堆贝壳，还有95个很大的石榴，有的是甜的，有的是酸的，都是我从市场买来的……此处还有63个漂亮的橙子、一小篮葡萄干，以及一些

无花果……末了我又搁进一大罐米特里达梯解毒药、一副小动物的骨骼，再放进一封信。

费利克斯·普拉特收集植物，并在弄到后“妥善地固定在纸上”，积累起一套标本。他父亲将这套收藏叫作“私人库存”。纪尧姆·龙德莱有制作标本的技术，而且可能是向比萨大学的卢卡·吉尼学来的，然后又传授给了自己的学生。普拉特有一套皮衣，是用两种皮革缝制的，还染成了绿色。皮子是他父亲给的。他回忆自己“穿着它在舞会上招摇，当时皮裤在这个国家还鲜有人知，因此引来所有人的称羡。裁缝制得的这身衣服有点嫌小，据他说是皮料不够。但我后来发现他昧了好大一块，给他妻子缝了一个皮包”。1556 年 11 月，普拉特和同学们向有司上书，反映教授们的授课时数不达标。“我们去了市议会。大家推选出一名发言人，代表我们全体向教授们不认真负责的行为开火，并要求恢复学生们的一项古老权利，即要求授权两名代理人将不尽职的教授的薪金冻结。”学生们的要求得到允准，医学系里又恢复了平静。

1557 年 2 月 27 日，费利克斯·普拉特离开蒙彼利埃，踏上了回家的路，从此再也没回来过。他一路上游历了纳博讷（Narbonne）、普瓦捷（Poitiers）和奥尔良（Orleans），然后来到巴黎。他在这个都城逗留了一个多月后，又相继参观了第戎（Dijon）和蒙贝利亚尔（Montbeliard），这才回到巴塞尔，看到了久违的双塔教堂（参看图 109）。他家所在的那条街上，邻里看到他归来都很高兴。普拉特成了一位十分成功的医生，又被聘为大学的实用药学教授——真是让父亲枉担了好多年的心。他盖起了一栋大房子，“法兰西化的阿拉伯风格，装饰十分华丽，颜色更是鲜艳之至”。他在花园里栽种了许多珍稀草木，包括当年在蒙彼利埃房东家屋顶的平台上种下的第一株植物——梨果仙人掌，是从一块刺座长起来的。他又在马厩里养起一些从国外弄来的动物，包括一头野驴和一只旱獭。住宅里也放进了不少珍奇物件，一时颇有名气。法国哲学家与著名散文作家米歇尔·蒙田（Michel Montaigne，1533—1592）于 1580 年参观了这些收藏后，在自己的日记中记下了如下的一段话：“他的工作之一，是准备撰写一部药草的著述……别的植物学者都是用插图……这些药草都是他自己搜集来的，自己粘贴到纸上、自己保管起来的。他的制作技术十

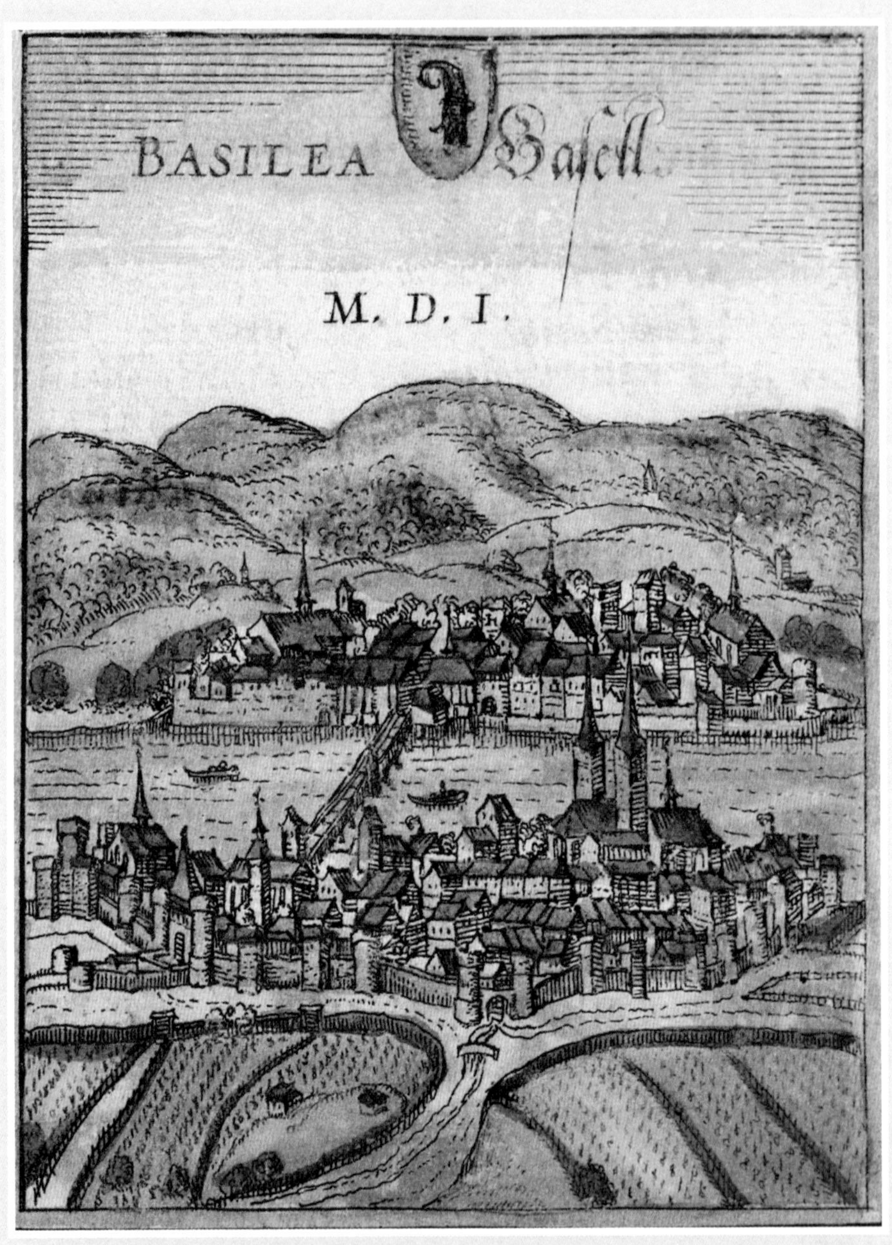

图109 巴塞尔城市图。这是费利克斯·普拉特从小生活的地方。摘自1550年前后格奥尔格·布劳恩（Georg Braun）和弗朗茨·霍根伯格（Franz Hogenberg）在科隆出版的《世界城市地图集》

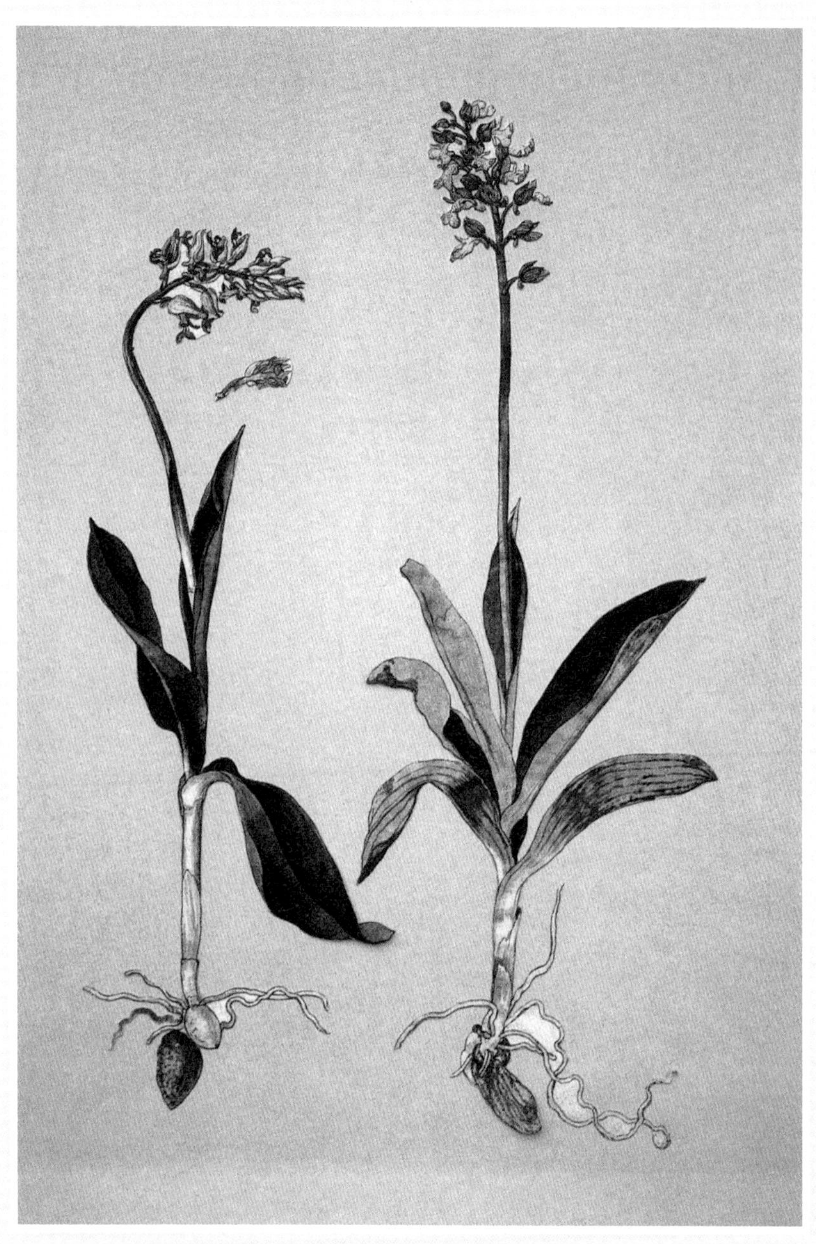

图 110 两株四裂红门兰（学名 *Orchis militaris*）选自费利克斯·普拉特的植物标本收藏，均为他从汉斯·魏迪茨为奥托·布伦费尔斯的《真实草木图鉴》所画的插图中剪下

分高超,就连最细小的叶片和纤丝都清晰可见,它和生长在大自然中时一模一样……在他展示给我看的标本中，有的还是二十多年前他自己制成的呢。”[8]

天晓得出于什么考虑，费利克斯·普拉特的宝贝标本里竟然放进了汉斯·魏迪茨当年为奥托·布伦费尔斯的《真实草木图鉴》所画的插图。这些创作于将近五百年前的作品一直受到看重，不仅因为其美丽，更因为它们是西部欧洲第一批完全写实的植物图片，但普拉特不管这一套。据米歇尔·蒙田所记，普拉特会将魏迪茨的插图如同对自己制得的干标本一样粘贴起来。只是有一样，这些插图是画在纸张的两面上的，当两面的图都要用到时，便不能完全兼顾。在这种情况下，普拉特会在将图剪下来转贴到自己的本册上之后（参看图 110），再将缺失的部分用实物补上。看着普拉特留下来的这些经历了大动干戈的收藏（如今保存在伯尔尼大学），我可是真的为此感到惋惜，当初他就不该这样做的。

第十八章

康拉德·格斯纳的绝唱

（1530—1580）

以在欧洲印刷出版的重要植物插图而论，汉斯·魏迪茨创作出了第一批。十二年后，阿尔布雷希特·迈尔为莱昂哈特·富克斯的《精评草木图志》创作出了第二批。第三批在意大利问世，系为彼得·安德烈亚·马蒂奥利的《狄奥斯科里迪斯医学著作述评》一书而作，出自乔治·利贝拉莱之手，画风大胆、装饰性强。如今第四批也形成了，是年轻的瑞士学者康拉德·格斯纳（参看图 111）为自己的著述准备的。他一共打理出将近 1500 幅植物图画，由他聘用的一位画家完成，也有一部分系他亲手绘制。这些画作上都有以草草的笔迹附加的信息，如来自何处、什么颜色、生态环境如何等，而且会不时地更新。这些图幅是他为自己的大部头著述《格氏植物志》[①] 备下的，准备使它成为本人另一部同样重要的著述《格氏动物志》[②] 的姐妹篇。《格氏动物志》一书已经在 1551—1558 年间分四卷出齐，其中加进了 1200 幅木刻插图。[1] 只是他未能完成《格氏植物志》便撒手人寰，致使此书未能出版。他遗留下的植物图幅辗转为多人所得，18 世纪时为纽伦堡的一位姓特鲁（Trew）的医生

① 他为自己的这一著述定下的书名是拉丁文的 *Historia plantarum*，与若干同类著述同名，包括本书中提及的泰奥弗拉斯托斯的开山著述。为区分起见，此著述在欧洲也被称为 *Conradi Gesneri Historia plantarum*，即冠以作者的拉丁化姓名。本译著也仿效此做法，将泰奥弗拉斯托斯的 *Historia plantarum* 译为《植物志》，而将康拉德·格斯纳的同名著述译为《格氏植物志》。本译著中凡属重名的重要著述，都在除最早作品之外的同名著述的标题前加上作者姓氏的简称。——译注

② 此著述的拉丁文原名为 *Historia animalium*，也与亚里士多德的重要著述《动物志》（有中译本）同名，故亦冠以“格氏”二字以资区分。——译注

图 111 康拉德·格斯纳的画像。他为《格氏植物志》这一重要著述付出了自己最后的十年光阴，但此书未能出版人便离世。此版画为瑞士画家与雕刻师康拉德·迈尔（Conrad Meyer）作于1662年，图上给出的姓名是拉丁化写法

得到，后来当埃朗根大学[①]于1743年建校后，他又将它们给了该校的一位植物学教授卡齐米尔·施米德尔（Casimir Schmiedel）。从此，这些图稿便一直悄无声息地躺在大学的图书馆里。直到进入20世纪，它们才在偶然情况下被从馆内的一处阁楼上发现，所幸保存完好，终于得以印行问世，此时已是格斯纳逝世后又四百多年的事情了。[②][2]

康拉德·格斯纳的这一计划若能实现，应当会成为最出色的植物学著述。它未能及时出版，委实要比卢卡·吉尼终身未有著述还要可惜，也比纪尧姆·龙德莱未能为植物学留下文字——他其实有一本很好的书传世，不过是讲述鱼类的——更值得遗憾。格斯纳倒是早早就在26岁时编过一本页数不多的《四语对照草木目录》，收入了若干植物在四种语言中的写法。当时，博洛尼亚大学、比萨大学、莱昂哈特·富克斯所在的蒂宾根大学，还有纪尧姆·龙德莱所在的蒙彼利埃大学，都设立了植物野外实习课程，这本小册子就是格斯纳为这些学生们提供的一本工具书。《四语对照草木目录》的条目比威廉·特纳1538年的《新本草名录》多些，但不及特纳在《新本草名录》问世之后又过十年推出的《草药名录》。这虽然是格斯纳的第一本出版物，但从他写进此书的序言便可看出，这位年轻人有高远的志向、投身研究的不懈激情，以及通过亲身观察进行比较与评论的禀赋。他在这篇文字中提到的"永远问考的精神"，也正是他本人具备的。格斯纳本是学医出身，不过要将他视为动物学家、植物学家、文字学家、文献学家和工具书编纂家都无不可，说他是位语言通也完全够格（他能阅读拉丁文、希腊文和希伯来文的书籍，除了本地的瑞士方言外，他还会讲法语和德语）。套用今天的说法，他简直就是一台会喘气的搜索引擎、一家16世纪的"谷歌"——并额外附加评估功能。其实这项额外功能更重要。他不仅积累事实，还掂量它们的重要性，然后形成评论，而且讲得头头是道，有理有据，读来十分令人信服。这是位天生就喜欢系统、编排、门类、等级、顺序、方法、格局和定位的妙人。他最爱干的事情就是分类、归档和梳理。从宗教信仰上说，格斯纳是新教徒，但他竭力不去触动有不同信仰者的宗教神经。当他请求帮助或希

① 现名埃朗根－纽伦堡 弗里德里希·亚历山大大学，简称埃尔根－纽伦堡大学，位于德国巴伐利亚州相距不远的埃朗根（Erlangen）和纽伦堡两地。——译注

② 格斯纳逝世于1565年，此书于1972年出版。——译注

望获得某种植物时，被要求的一方总是乐于援手。他为人厚道友善，却被富克斯和马蒂奥利都视为不可小觑的对头，又都想通过拉他入伙的方式抑制他的光焰。他是这样应对马蒂奥利的："我同意他的研究，也原谅他的短处。我知道，只要不去批评，他也就不生枝节了。"

《四语对照草木目录》问世三年后，康拉德·格斯纳又成功地搞出了一部《古今书目大全》。这是一部书籍列表，收纳了从古至今所有已知的用希腊文、拉丁文和希伯来文写成的著述的书名及有关作者的姓名，并按后者先姓后名的字母顺序排序。为此他去了不少国家，跑遍了大大小小的图书馆。比如在威尼斯，他挖掘出了西班牙学者兼外交家迭戈·乌尔塔多·德·门多萨（Diego Hurtado de Mendoza）任驻威尼斯共和国外交官期间的私人图书收藏名单。还是在威尼斯，他又从圣马可图书馆录下了红衣主教贝萨里翁（Cardinal Besarion，1403—1472）捐赠的一批国宝级古希腊手稿的书目。在佛罗伦萨，他了解了洛伦佐图书馆的馆藏目录。在梵蒂冈，他调研了那里的宗座图书馆。在博洛尼亚，他核对了圣萨尔瓦托雷教堂的藏书。在印刷书册方面，他请德国、瑞士、意大利和法国的大小出版商——如威尼斯的小阿尔杜斯·马努提乌斯（Aldus Manutius the Younger）、巴塞尔的安德烈埃·克拉唐德（Andreas Cratander）、巴黎的克里斯蒂安·韦彻尔（Christian Wechel）等——提供书目信息。他还请求书籍推销员给予帮助。在《古今书目大全》的题献篇中，他发出有力的指斥："托勒密王朝时图书馆里的70万卷书都到哪里去了？——都让占领亚历山大城的大兵毁掉了。"拜占庭那里也有12万册典籍因全城遭焚毁而没了踪影。不过格斯纳仍然从幸存的1264张残页中，查找出近3000名作者的约一万本著作的线索。[3]这本书并非区区一部清单。他还对这些书的形式和体裁加上评注。此外，他又将所有的书按照内容分为不同的大类，计有算术、占星术、天文学、辩证论、占卜学、地理学、几何学、语言与语法学、历史、音乐、自然哲学、诗歌、修辞法等。枯燥喔，单调嘞，烦人哟——有人大概会做出这样的反应。其实不然。此时的形势是人们极需要得到体系。在那个探寻的年代里，知识增长的速度令人目不暇给，又心驰神往。就在格斯纳编成这本《古今书目大全》的前两年，波兰天文学家哥白尼（Nicolaus Copernicus）公开了他的太阳系设想。佛兰德医生安德烈埃·维萨里（Andreas Vesalius）也在哥白尼发表这一革命性理论的同一年，印行了有关人体解剖的里程碑式著作。哥伦布来到美洲后，种种消息更是纷至沓来。种种新的信息，都需要以某种方式加工处理，找到类似的信息，从而放到最有可能派上用场的地方。而这样的结果，只有当体系形成后，才能通过学者对新信息进行分析和比较后得到。

如果康拉德·格斯纳当初能够优先撰写有关植物的著述，他所设想到的植物体系是应当能够极大地促成对诸多纷杂的欧洲植物的理解与分类的。而他先去弄那部《格氏动物志》，看来也是走了亚里士多德的路子。一千八百年前，亚里士多德就选择以动物作为自己的研究目标，而将植物部分留给了自己的学生泰奥弗拉斯托斯。格斯纳也只在他最后的十年里，才将精力倾注在《格氏植物志》一书上。只是新植物源源不绝而来，数目之巨即便能干如他也难以招架，实在无法单枪匹马地实现这一诠释植物世界的百科全书式巨作。1565 年 12 月 13 日，格斯纳在肆虐苏黎世的瘟疫流行期间逝去，享年 49 岁。“他得病后的第五天，请别人将他送到书房，还让人在那里放了一张睡榻。可他躺下没多久就咽了气。”[4] 这一植物学大作便没能完成。他被葬在苏黎世大教堂的回廊里，但没有立墓碑。教堂的纪念牌匾上也没有说明他安息于此。

康拉德·格斯纳这位不平凡的人，是以什么为自己的精神支柱呢？是新教信仰？是脱贫的愿望？或许两者多少都有一些。不过最大的支持力量，就是他写在第一本书的序言部分的那几个字：“永远问考的精神”。他的父亲是个穷人，以毛皮剪裁为业，16 世纪初时为捍卫新教信仰死于瑞士的新教徒与天主教徒间的内战。康拉德本人青少年时期的教育得自他的舅公约翰内斯·弗里奇（Johannes Frich）。这位长辈身就神职，在教会里也有些地位，家里还有一个小花园，种着些可爱的草木。再后来，苏黎世的一批教士将格斯纳送到巴黎开阔眼界。他在《古今书目大全》里提到，自己在国王图书馆（法兰西国立图书馆的前身）“狼吞虎咽地”看书，尤其是种种古代经典：柏拉图、亚里士多德、泰奥弗拉斯托斯、狄奥斯科里迪斯、盖伦、希波克拉底、索福克勒斯……1534 年 12 月 9 日，他为躲避天主教徒对新教徒新一轮的凶残迫害离开巴黎。回到苏黎世后，这名还不满 19 岁的年轻人开办了一所学校，又娶了一名也和自己一样穷苦的女孩子为妻。这后一行为使他失去了曾资助他的那些教士们的财政支持，不过倒也没有影响他两年后被洛桑大学聘为希腊文教授。这是他第一份有不错收入的工作，但也是他能够挣来此种待遇的唯一工作。他在这所大学教了三年书，随后便离开洛桑，去了蒙彼利埃大学和巴塞尔大学，在两处都学医科。1541年3月他学成毕业后，便回归故土苏黎世，以后基本上便再也没有离开。不过虽然人没有离开，却在世界范围内构筑起一个联系网，联系上的都是生物迷，有意大利的、法国的、英国的、德国的和荷兰的，自己就是这个网络的中心。他与这些联络人通信，接待他们的来访，收取寄来的各种骨骼、化石和脱水植物。“如果你有什么希望得到名称的稀有植物，”他写信告诉德累斯顿的肯特曼（Kentmann）博士说，“将它的花和叶子弄干后寄来就行了。”大量信息源源不绝地流向苏黎世，来到格斯纳这里，也从他这里流向四面八方。他将自己得到的有关彼得·安德烈亚·马蒂奥利在意大利正在做什么的信息转发给法国的让·鲍欣，又同英格兰医生托马斯·潘尼（Thomas Penny）探讨他得知的德国某些新植物品种的消息。

1561年，康拉德·格斯纳又以生长在瑞士、德国和北部意大利的主要植物为内容，编纂了一部《中欧西部的植物》。他本人指出，此书是以“自然哲学家”为目标读者的，不适合种种“寻找实用内容或者金钱价值者，以及漫无目的、只为满足好奇心而愿求索任何草木者。此书中收入的皆属同一个特殊的类别——不是放进果菜店的一类，不是摆插在花草廊里的一类，不是餍足饕餮者的一类，不是便利医护者的一类，也不是贩售给药店的一类。我收入的是凡有自由思想和科学追求的人会种在自己小园中的一类”。[5] 虽说当时的许多大学——比萨大学、帕多瓦大学、佛罗伦萨大学、费拉拉大学等——都建起了植物园，但格斯纳为自己准备出版的大作所搜集的植物，多数还是来自私人园林。利耶帕亚（Liepaja）的商人马蒂亚斯·库尔提乌斯（Matthias Curtius）和帕多瓦的贵族卡斯帕尔·德加布里埃利（Caspare de Gabrieli）就是此类人中的两位。他还注意到，对于开花植物，有些人特别注意收集在某种名称下有各种不同变化的植株。比如，意大利的园艺爱好者就特别注重搜罗银莲花：“无论何种形态、何种颜色都受欢迎，其他方面如有无香气、能否入药等都不重要。”这便给植物命名增加了一个新的复杂因素。对这样的植物该如何起名呢？是不是要给每一种小有不同的植株都专立一个名目呢？当园艺爱好者将这些中意植株结出的种子再度播下后，情况甚至就更为复杂了：新一代的植株中形成了一大套彼此略有不同的分布，有的接近某一种，有的更接近另外一种。当时的人们

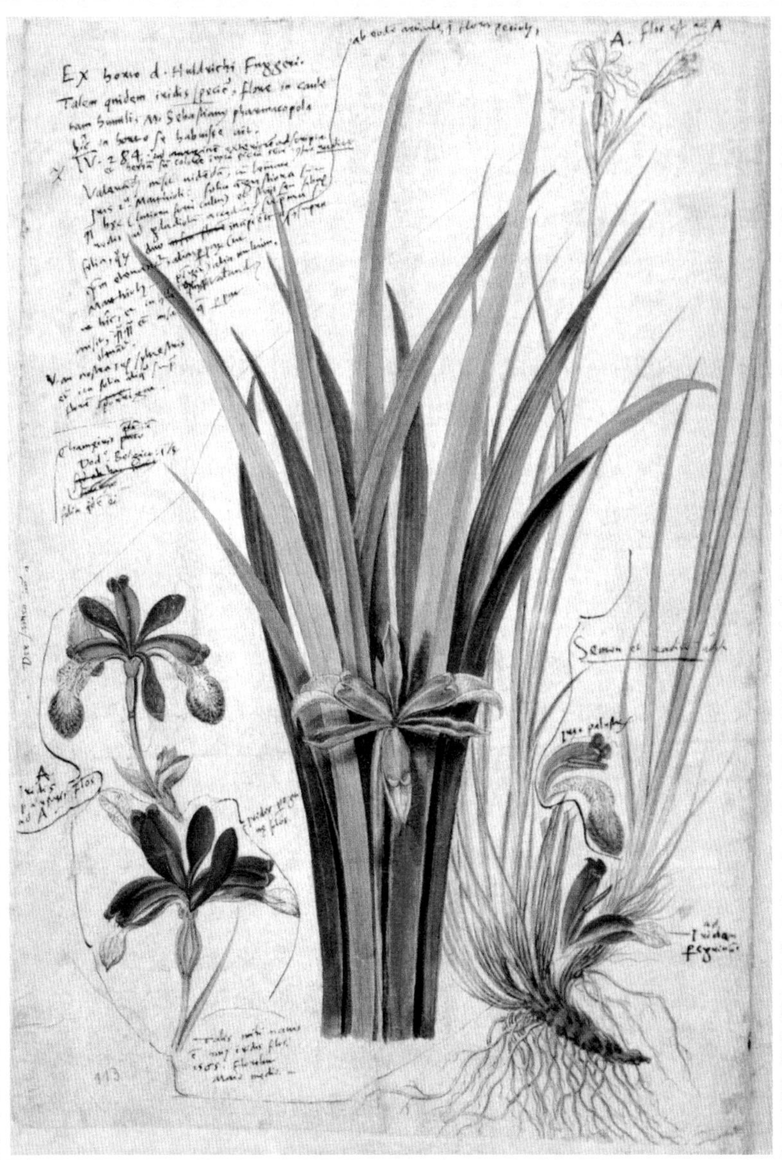

图 112 两株鸢尾［估计一株是狭叶鸢尾（学名 *Iris graminea*），一株是西伯利亚鸢尾（学名 *Iris sibirica*）］的图画，系康拉德·格斯纳在应聘去德国富有的富格尔银行家族任家庭教师期间，根据雇主家私人植物园中的草木所绘作品中的一幅，图上还有他写的评注。这些画本是为他的植物全书准备的，但未能如愿出版

都不知道种子是如何产生的,也不明白某种植物与其产生的后代之间的区别是什么。

康拉德·格斯纳也不知道答案，但他意识到此类现象的重要性。“我觉得可以认为，没有什么植物是不能分成两样或者更多样的，”他在写给让·鲍欣的信中这样说，[6]“古人说到苦胆草时，指的就是单单一样，而我看到的至少便有十样。”格斯纳还设想通过将植物种子播在不同的地方,以查知哪些成分属于确定不变的“必元”，哪些属于可能发生变化的“偶元”。他还注意到开复瓣花的植株是不会打籽的，而设想它会如此的原因——应当说在当时的知识背景下还是很合理的推断——是由于本来可供植株结籽儿的“吃食”被用来喂养出额外的花瓣了。对于今天我们所说的生态，格斯纳也有一种直觉性的认识，因此下结论说“草木会因地而异”：有的长在山巅，有的生在斜坡；有的喜欢开阔地块，有的中意犄角旮旯；有的砂石地里方能茂盛，有的于多阴处才会蓬勃；有的专找撂荒地生根，有的非耕地不兴旺；睡莲完全是水里生、水里长，铁线蕨则虽然爱水但只肯傍依。格斯纳还以他对上千种植物的叶片何时舒展、花朵何时绽放、种子何时结成的观察，堪称物候学——研究生命的周期性现象的学科，又是一个现代术语——的前驱人物。此外，他还不知疲倦地搜集从南亚、东南亚和中亚地区来到欧洲的植物信息，并是其中一些的命名教父，如美人蕉和贝母等，其中最有名的就是郁金香。

从康拉德·格斯纳在他生命的最后十年间精心整理成的 1500 张植物图画可以清楚地看出，无论在鉴别时还是在分类时，他最主要的依据是花朵、果实和种子，而很少考虑叶子（参看图 113）。比他小三岁的意大利植物学者安德烈亚·切萨尔皮诺也有同样的思路——1563 年他在比萨大学形成自己的植物标本集时，就是根据果实和种子的相似程度进行植物分类的。格斯纳在他的图片中画进了植物不同部分的单独图像,有花瓣、花粉囊和种荚等,其中一些肯定是在放大镜的帮助下完成的。这些既精准又美丽的微型图片，反映出一种全新的研究途径。格斯纳已经不再将植物图谱视为只供鉴别之用的工具，而是进而更好地理解植物形态的构造，特别是理解花朵与种荚部分的手段。丢勒在画鸢尾时，是将放在眼前的植株原封不动地模仿下来，而在格斯纳的一幅西伯利亚鸢尾的水彩画上，一株鸢尾被分为若干部分（参看图 112）：一束细而挺拔如剑的叶片，三朵处于开放的不同阶段，且从不同角度看视的花朵，垂着须根的粗大根茎，等等。[7]他在画花朵中的花药部分时，刻意找

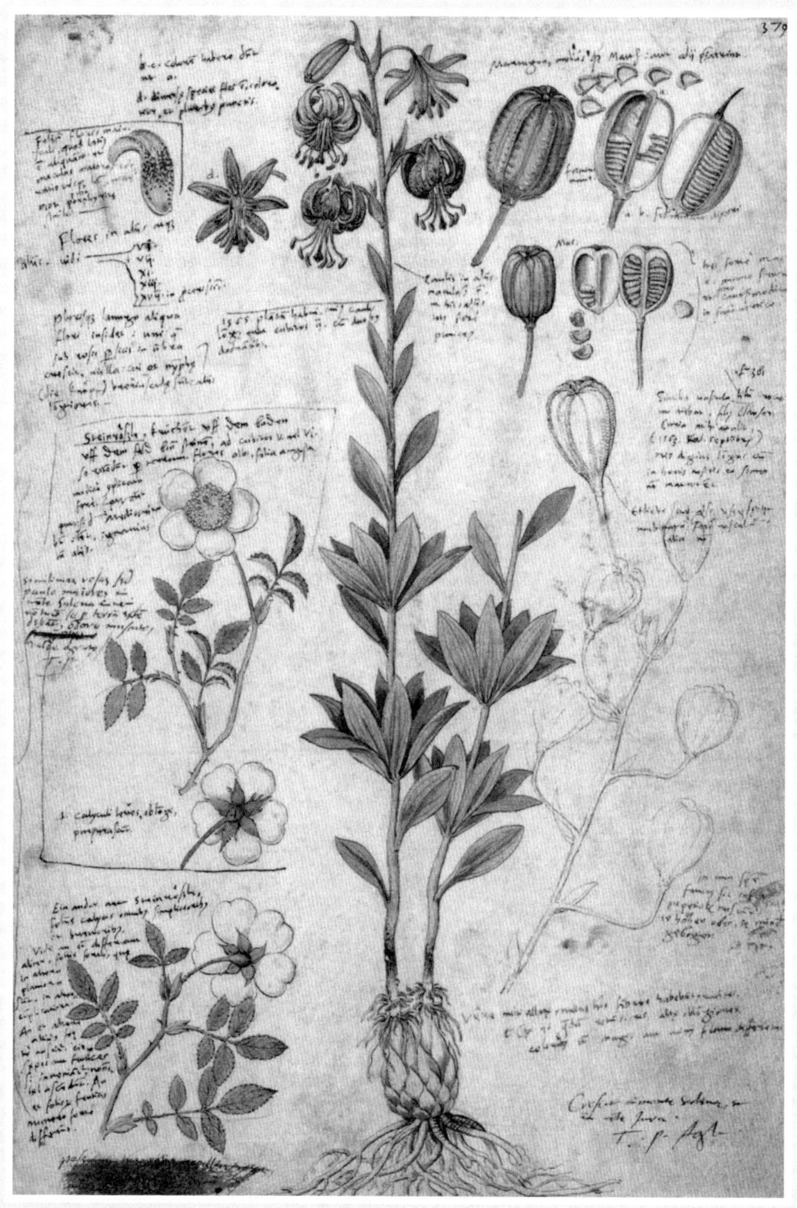

图 113 康拉德·格斯纳所收集的植物图幅中的一幅，画的是头巾百合（图中与图右）与白玫瑰（图左）。这些图画都不止一次地被加上附注文字，而且不仅由他一个人所加，还有他的英国友人托马斯·潘尼。此图上便有后者所加的附注和签名

的是能使给前来探花的昆虫背上沾上花粉的花粉囊表现出来的角度。他留下的图片都是过渡性的工作图，各个细部间以极细的线条分开，有时还加上些说明性的字块，比如，他就在本书收进的鸢尾图上，说明此图系根据奥格斯堡的富格尔（Fugger）银行家族的私人花园画成。（这一家人曾在1545年延请年轻的格斯纳任家庭教师。）在另一幅画着优美的头巾百合的图片上（参看图113，中部和右侧），这种植物特有的轮生叶簇和留在形如大型烛台架的茎秆上的种荚，都得到了准确的表现。（附带提一下，最早反映出此种植物的这些特性的是彼得·安德烈亚·马蒂奥利。）在这张图上（以及别的一些图上），还有格斯纳的朋友、蒙彼利埃大学校友、英国植物爱好者托马斯·潘尼所加的附注。

康拉德·格斯纳显然很希望通过对花朵和种子构造的密切观察与研究，找出给植物分类的方法，使表现出层出不穷多样性的植物世界容易理解些，也容易欣赏些。他没有旅行的财力，这使他越来越仰仗来自联络网的植物样品。在生命行将结束的最后几个月里，他拼命地工作。正如他有一次所说的那样，“尽快将让·鲍欣送来的如此多的干燥标本上好颜色，好再都送还它们的主人”。他的另一位校友费利克斯·普拉特也曾送来压平脱水的植物标本。格斯纳曾想得到银白杨的一根枝干，好据以绘出图画来，于是便向巴塞尔大学的校长泰奥多尔·茨温格（Theodore Zwinger）求助。这位校长是联络网最忠实的网友之一，记得若干年前曾在费利克斯·普拉特的父亲的花园中见过这种乔木，便派他的学生去折了几枝来。格斯纳在去世前的一个月复信给茨温格说：“如果你那里有任何稀有的外来植物，即便只有它们的部分植株也行，倘能尽早向我提供信息，至少是它们的名称，我将非常高兴。至于其他信息，我尤其希望了解连在茎干上的叶子，再就是花朵、果实和根部的情况，只提供一项或者两项也是可以的。这后三种是我在了解任何一种活植物时都要研究的，我认为它们比叶片部分更能清楚地反映出植物间天生的亲缘关系。”[8]

康拉德·格斯纳逝世后，他的朋友们和同事们都努力想让他的成就为世人所知晓。他的植物图片由老约阿希姆·卡梅拉留斯的儿子小约阿希姆·卡梅拉留斯（Joachim Camerarius the Younger，1534—1598）保管起来，其中的40幅登在了他自己的《药草园》（1588）一书中。让·鲍欣发表了他与格斯纳的大量通信。泰奥多尔·茨温格曾在一年一度的法兰克福书展上寻找格斯纳的《中欧西部的植物》，一连查了三年均告未果，后来才通过进一步的查询得知，原来这本书因为没有销路，图书推销员们早就都退给了斯特拉斯堡原来印行此书的印刷商，结果是被再生后用来造吸墨纸了。[9]

第十九章

新天地

（1550—1580）

康拉德·格斯纳1565年的逝去，以及一年后纪尧姆·龙德莱与莱昂哈特·富克斯的双双故世，标志着植物研究领域中一个特殊阶段的终结。16世纪上半叶前后，欧洲形成了四套重要的植物图谱，向人们介绍，供人们比较；意大利的大学里建起的四处重要的植物园，迅速得到了欧洲其他地方的仿效：莱比锡大学的植物园建于1580年，莱顿大学的植物园在1587年成立，巴塞尔大学于1588年也建成一处植物园，海德堡大学在1593年跟进。蒙彼利埃大学的植物园于1597年竣工（参看图114）。费利克斯·普拉特的弟弟托马斯·普拉特（Thomas Platter）在1595—1599年间也在蒙彼利埃大学攻读医学。他这样记叙了在纪尧姆·龙德莱的继任者皮埃尔·里歇·德贝勒瓦尔（Pierre Richer de Belleval）的领导下创建植物园的经过——

> 它位于蒙彼利埃的两道城门——一道是贝庐门，一道是圣莱莉门——之间，距城墙仅一箭之遥。皮埃尔·里歇·德贝勒瓦尔让人修了一个很大的蓄水池，又在池旁盖起了几间隔热性能良好的屋舍，夏天可在里面舒服地纳凉。园内栽种了种种水生植物，连它们需要的湿泥土都是他找人弄来的。其他植物也同样安排得妥善至极；园内还专门堆起一座假山，并分成高低不同的几层，每一层都有单独的进出口……如果不是国王陛下（亨利四世，Henry Ⅳ of France）给他出钱，他恐怕早就一文不名了。[1]

图114 1596年时的蒙彼利埃大学植物园。摘自夏尔·马丹（Charles Martin）的《草木之园》（1854）

1596年夏，托马斯·普拉特同几个朋友一起去蒙彼利埃城外的海滨搜集植物——他的同父异母兄长四十年前也曾在这所大学做过同样的事情。只是时光荏苒，当年他哥哥去过的格拉蒙镇那座建在镇外树林间的小修道院，现在已经只剩下些断壁残垣，周围也辟成了农田。当哥哥的曾作为一名青年学生，在50年代见证了法国新教徒在朗格多克地区遭受的迫害与杀戮。此地严酷的宗教对立一直持续到这一世纪之末。1562年时，胡格诺教徒正积极地在北美洲的佛罗里达（Florida）建立移民区。当康拉德·格斯纳去世时，从佛兰德地区逃亡到英格兰的第一批宗教难民已经定居。而蒙彼利埃大学的植物园、皮埃尔·里歇·德贝勒瓦尔苦心营造起来的这处园林，却只存在了三个年代，便由于登基的新国王路易十三（Louis XⅢ）不肯追随父亲亨利四世的宗教宽容方针而遭到噩运。1621年冬天，他的军队攻入蒙彼利埃，大兵们在植物园里驻营过冬，开拔时已将这里弄成“一片废墟、完全荒芜”。更可慨叹的是，纪尧姆·龙德莱虽是名新教成员，却一直与天主教朋友交好；而皮埃尔·里歇·德贝勒瓦尔本就信仰天主教，却也不得不眼睁睁地看着自己的心血，毁于本教教众组成的军队。

从智力层面看，意大利不肯进行宗教改革，结果导致这个自文艺复兴以来一直领先的地方，走向自我封闭的道路。这便给法国、德国和几个低地国家创造了机会，拱手送出了学术研究的先机。在宗教改革风潮的鼓舞下，新教学者们重新获得了感悟“上帝创世伟业”的欣喜，也再次肯定自然世界中存在着彼此间的密切关联。到了16世纪中期时，这一重心转移已经基本完成。意大利虽然出现过不少出色的植物学者，只是优势已然不存，而且到了下半叶时，主导地位更完全移到了低地国家那里。这一时期的重头植物学者是：出生于梅赫伦的伦贝特·多东斯（1517—1585）、出生于阿拉斯（Arras）的卡罗卢斯·克卢修斯（1526—1609），以及出生于里尔的马蒂亚斯·德劳贝尔（1538—1616）。梅赫伦、阿拉斯和里尔当时都属比利时。这三个人接连不断地撰写出不少植物著述，多数都由在比利时的安特卫普开业的出版商克里斯托夫·普朗坦（Christophe Plantin，约1520—1589）出版。他在1530—1590年间经营了一系列重要植物图谱的出版，算起来是欧洲形成的第五批。植物木刻在他那里可是难得消停，总是用了又用，出现在不同的书册上。他在1591年出版的《本地与外方草木图志》，创下了植物插图最多的纪录——2173幅。

植物园的出现，带动了追求稀有植物和奇特草木的时尚。富人们纷纷为纯粹休闲和娱乐的目的自辟园林，新异的贝母、郁金香、水仙和百合，开始经由君士坦丁堡来到欧洲。大大地促成这一风气的奥吉耶·吉塞利·德比斯贝克——又一位佛兰德人，同时也是旅行家、语言天才、学者、文物鉴赏师，还是从1554年起被两年后成为神圣罗马帝国皇帝、时任奥地利大公的斐迪南一世派往君士坦丁堡担任驻奥斯曼帝国大使至1562年的外交家。这位十分爱好植物学的人物，在与他的朋友尼古拉斯·米绍尔特（Nicholas Michault）[2]的通信中，讲述了自己带着一行随员前往就职路上的经历——

在哈德良堡（Adrianople）① 停留一日后，我们踏上了前去君士坦丁堡的最后一段路途，离目的地已经不远了。走在这段路上，沿途到处都是花草——水仙、风信子，还有当地人称为“包头巾花”的植物②。希腊固然也有不少水仙和风信子，但这里此时正值仲冬，并非什么好时节，却能看到如许花朵，委实令人称叹。这些花儿芳香至极，只是如果太多太盛，香气就会浓郁得让不习惯的人觉得头晕。[3]

一位法籍英国珠宝商约翰·夏尔丹（John Chardin）在17世纪60年代赴近东旅行时，也对那里遍布鲜花的景象同样地啧啧钦羡——

它们（当地的花朵）的色彩如此鲜活，多数都胜过了欧洲的和印度的……沿着里海（Caspian Sea）沿岸一带行走，可以看到一处处橙树林，还有成片的素馨花——单瓣和复瓣的都有。凡是欧洲那里会有的花，在这里都可看到，此外还有那里看不到的。在去米底地区和阿拉伯半岛南部的路上，沿途都可见到郁金香③、银莲花、颜色极纯正的红萼单瓣毛茛，还有皇冠贝母。在其他

① 今称埃迪尔内（Edirne），为土耳其的西北边境城市。——译注

② 即郁金香。——译注

③ 约翰·夏尔丹写此信时，此花已于一百多年前由前文所述的奥吉耶·吉塞利·德比斯贝克带入欧洲，并得到康拉德·格斯纳的命名。——译注

地方，比如在伊斯法罕一带，野地里随处开放着灯芯草水仙……若时节当令，光是水仙就能看到七八种呢。这里就连冬天都花开不断……开白花、开蓝花的风信子，高贵优雅的郁金香花和没药花……春天一到，罗兰花就开出红色和黄色的花朵，午时花更是五彩缤纷。还有一种很少见的花，一株上会开出二三十朵花来，名字叫作康乃馨。

这位约翰·夏尔丹还注意到——

白色的铃兰、各种颜色的百合和堇菜、既美丽又芬芳的素馨，都胜过了欧洲的同种……还有漂亮的药蜀葵。伊斯法罕那里还有迷人的矮株郁金香……这里的玫瑰真是太多太多了，除了最常见的粉色外，还有另外五种：白色的、黄色的、红色的、半边红半边白的，以及半边红半边黄的……我曾见识过一株很大的玫瑰，大得像株树，“树”上开着三种颜色的花朵，有些是黄的，有些黄中泛白，其余的是红黄双色的……[4]

商人们很快就注意到，凡是从鳞茎和球茎长出的植株——番红花、仙客来、贝母、风信子等（图 115 上画着几株风信子）、百合、郁金香等——都不难从东方带到欧洲去，因为它们在开过花后，地上部分便会死去，而鳞茎和球茎便进入休眠状态，一直会等到下一个适合生长的季节来临时再苏醒过来。特别积极的欧洲园艺爱好者们还发现，这些珍奇的植物在欧洲生长并不难，只要注意不要让这些球根被老鼠啃坏，再就是夏天时得使它们足够干燥。由于皇冠贝母等几种植物的罕见，再加上售价不菲，鼓励着园艺师密切注意它们，并积极凭借各自的经验和本领尝试种种养护手段，以让它们能在比原产地更潮湿、冬天更冷、夏天也不那么酷热的环境下存活。

这些背井离乡的球根植物，以其种种不同于本土草木的形、香、色、态，在欧洲西部掀起了第一波异邦植物热。在 16 世纪 60 年代之前，欧洲人的大小花园里栽植的花草大体上不外是若干种金盏花、不同花色的耧斗菜和堇菜，还有几样报春花，基本上要么是本地货，要么来自地中海沿岸。然而，1559 年 4 月时，在巴伐

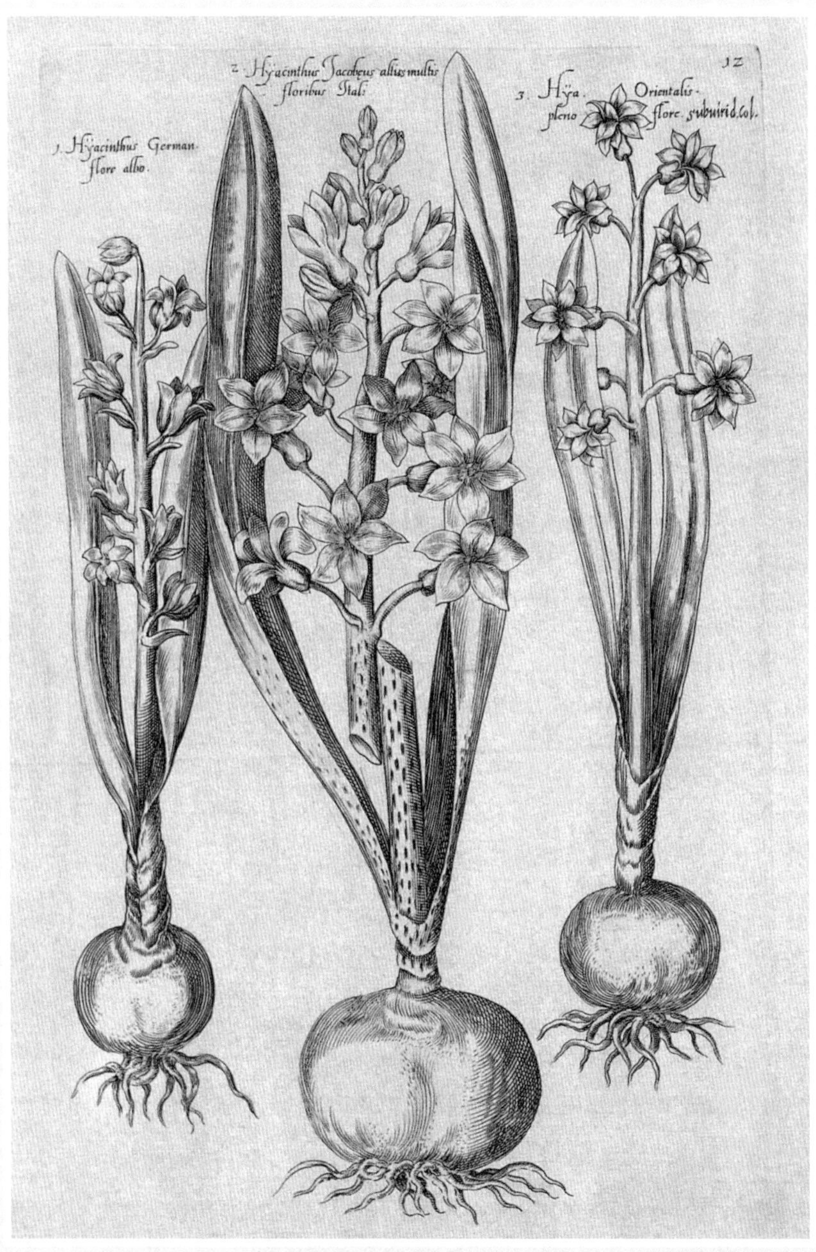

图115 单瓣的和复瓣的风信子。摘自埃马纽埃尔·斯威尔特(Emmanuel Sweert)的《群芳谱》(1612)

利亚灰秃秃的天空下，来自东方的郁金香突然在奥格斯堡一位富裕银匠的花园里绽放开红艳艳的花朵。又过了十几年，到了70年代时，又一桩同样轰动的事情发生了，这就是第一批皇冠贝母在欧洲开了花。在这种植物的从鳞茎钻出土来的肥厚茎干的顶部，一团橘红色的扣钟形鲜花对称地环立成完美的圆圈，肥厚的花瓣、形如打击乐器牙板的雄蕊从花心处垂出花外。这一切都招摇地向观者搔首弄姿（参看图116）。“在这些扣钟形的花朵内，”英国植物学者约翰·杰勒德注意到，“都各有六滴液珠，非常明澄，而且亮闪闪的，看上去像是上等的东方珍珠，尝一尝还有股甜甜的味道。如果将它们取走，每取走一滴，马上就会再冒出来一滴，如同本是花上的一部分，即便受到摇晃也不滴落，哪怕将花茎摇断了也摇不下来。”[5]在这些花的上面还有一小簇绿色的叶片，盘成发髻的形状——又是一种欧洲人从不曾见识过的形态。皇冠贝母正可谓独成一家，吸引眼球。欧洲人习惯在春天体验到的来自报春花和堇菜之类的种种柔和的、时显时隐的香气，如今也被持久的、简直可以说是逼人的风信子浓香压倒了。

奥吉耶·吉塞利·德比斯贝克所带动的，只是这场植物贸易大潮中的一股涌动。在奥斯曼帝国的两位苏丹——塞利姆一世（Selim Ⅰ）和苏莱曼大帝——的治下，这个帝国与奥地利和荷兰间建立了密切往来。在此期间，凡是来自土耳其的新植物，都会很快得到卡罗卢斯·克卢修斯（参看图117）的研究。这位植物学者对于鳞茎和球茎特别感兴趣。他曾就读于蒙彼利埃大学，是纪尧姆·龙德莱的弟子，后被神圣罗马帝国皇帝马克西米利安二世设法——大概路数也同当年托斯卡纳大公科西莫一世将卢卡·吉尼招揽到比萨差不多——吸引到了维也纳，负责管理皇家植物园。克卢修斯的同代人伦贝特·多东斯也被吸引来，当上了一名御医。由奥地利大公当上神圣罗马帝国皇帝的斐迪南一世、他的儿子马克西米利安二世和孙子鲁道夫二世（Rudolf Ⅱ, Holy Roman Emperor）都非常热衷搜集新奇物品。这在16世纪末和17世纪初的全欧洲蔚然成风。钱币、徽章、抄本、化石、奇石、头骨、贝壳、动物、植物、矿物，凡此种种，不一而足，都被搜罗进一处处珍宝室，摆放进一口口柜橱。西班牙国王腓力二世，波希米亚的统治者斐迪南二世，巴伐利亚公爵威廉五世（Duke William Ⅴ, Duke of Bavaria）和他的儿子、巴伐利亚选帝侯马克西米利安一世（Maximilian Ⅰ, Elector of Bavaria）等，都是这一“搜集文化”的积极参与

图 116 独具风姿的皇冠贝母（学名 *Fritillaria imperialis*），16 世纪下半叶从君士坦丁堡引进欧洲。此图为彼得·范·考恩霍恩（Pieter van Kouwenhoorn）作于 17 世纪 30 年代

图 117 16世纪植物学界联络网中的核心人物卡罗卢斯·克卢修斯的肖像。菲利波·帕拉迪尼作画

者与策动力。他们收藏的是缩微的自然界、部分的新异存在、集中起来的珍品。这样的收藏在欧洲形成了不少。那波里的弗兰特·因佩拉托（Ferrante Imperato）、博洛尼亚的乌利塞·阿尔德罗万迪、米兰为纪念本地12世纪时的著名神甫曼弗雷多·塞塔拉（Manfredo Settala）而冠以其名的天主教士团、哥本哈根的欧拉奥·沃姆斯（Olao Worms），还有伦敦的特拉德斯坎特父子（John Tradescant the Elder 和 John Tradescant the Younger），便是其中最有名的几个搜集大户。

当时的维也纳是神圣罗马帝国哈布斯堡王朝时代最重要和最富庶的城市，作为维也纳皇家植物园的负责人，卡罗卢斯·克卢修斯负有使这处园林内的珍稀植物品种至少不逊于欧洲其他植物园的重大使命。帝国所派驻外使节的重大职责之一，就是搜罗派驻地的新奇植物并送回维也纳。1576年，克卢修斯收到了奥吉耶·吉塞利·德比斯贝克的继任者、驻奥斯曼帝国大使大卫·封·乌格纳德（David von Ugnad）送达的一大批稀有乔木和灌木。可惜的是，当他收到时，大部分都已死掉，只有一株名叫七叶树的乔木和一株乌格纳德称为“特拉布宗库玛希”的结小浆果的灌木——如今比较普遍的叫法是桂樱，学名 *Prunus laurocerasus*，经受住了长途运送幸存下来。鳞茎和球茎都不很大，如果处在休眠时期，只要封装合宜，运送它们并不十分困难；而大株植物的运输自然要困难得多。不过这两株成功来到维也纳的七叶树和“特拉布宗库玛希”，倒是在欧洲很好地存活了下来，简直不输于其在原生地时。不仅如此，它们还在园艺迷那里迅速繁衍开来。1629年，英格兰植物学者约翰·帕金森在谈到一个名叫詹姆斯·科尔（James Cole）的人在他辟于伦敦海格特（Highgate）的私人花园中栽植的“特拉布宗库玛希”时，说他“每年冬天都要在它的顶端罩上毯子，为的是帮助它御寒”。[6] 足见一些种植异域植物的人并不明白，这些外来户原来所生存的环境，通常要比这里的新家来得严酷。

卡罗卢斯·克卢修斯本人也到处周游。单在游历西班牙和葡萄牙时，就从这两地搜罗来至少200种新异植物。他还将这些草木一一在《在伊比利亚半岛见识到的若干珍稀草木》一书中做了介绍。此书是他的第一部著述，视角很独特，由克里斯托夫·普朗坦在1576年出版。该书收进了一份重要的附录，不过内容与西班牙和葡萄牙都无关，而是一份详细开列了他曾收到的“来自色雷斯”的植物清单。他所说的“色雷斯”，其实是指更大范围上的巴尔干半岛（Balkan Peninsula）。普朗坦曾为这本《在伊比利亚半岛见识到的若干珍稀草木》准备好了有关的植物木刻，只不过到头来没用到这本书上，而是给了先走一步的伦贝特·多东斯。要是这种事情让莱昂哈特·富克斯碰到，一准儿会弄得鸡犬不宁，但克卢修斯摊上后，却表示说他和多东斯之间“有旧时友情的维系”，而“朋友之间共享本就没得说”。1571 年，克卢修斯第一次去英格兰旅行时，曾与当时正在伦敦工作的马蒂亚斯·德劳贝尔结伴，二人共赴布里斯托尔（Bristol）一带探查草木。布里斯托尔地处被威廉·特纳封为植物爱好者圣地的西南英格兰。克卢修斯在这里找到了不少特有物种：有秋水仙、岩荠、金丝桃、贯叶黄旱莲、一种罕见的琉璃繁缕、一种俗名为娘娘斗篷的软羽衣草，还有一种相当特殊的地核桃。到了伦敦后，克卢修斯会见了诗人菲利普·锡德尼（Philip Sidney），还听了第二位完成环球航海的探险家弗朗西斯·德雷克（Francis Drake）[①] 介绍美洲经历的报告。

还是在伦敦，他又偶然接触到西班牙医生尼古拉斯·莫纳德斯不久前在塞维利亚出版的一部著述，标题是《从医学角度研究西班牙属西印度群岛的风物》（参看图 118）。这是第一次向欧洲人介绍美洲的种种新异植物和不同于欧洲的风土人情。这位西班牙医生有一个儿子在秘鲁安了家。西班牙人在南美洲一带大肆劫掠，将得来的好东西从这片一向没有出现在欧洲人地图上的地方运送到加的斯（Cadiz）等西班牙南部港城。“每当我们西班牙人发现新的地方、新的王国，”莫纳德斯在他的这本书中写道，“都会得到新的药物与新的处方。”通过君士坦丁堡从近东来到欧洲的植物，引起植物学者和园艺爱好者注意的是它们的美丽和稀有。而不久之后从新大陆源源而来的，则主要以其医药用途引起重视。被哥伦布的船员们携带到欧洲的梅毒——最初发现时被称为“大疮”，已然在“旧大陆”上蔓延开来，其迅猛程度更超过了“黑死病”。从来自南美洲的植物中提取出的药物，医治梅毒的效果远胜于源自欧洲本土的任何成分。克卢修斯对《从医学角度研究西班牙属西印度群岛的风物》一书印象深刻，又考虑到此书作者所介绍的植物多不曾为欧洲人见识到，便将它译成了拉丁文，交由克里斯托夫·普朗坦出版，于 1574 年问世。又过了三年，

① 完成首次环航地球（1519—1521）的是葡萄牙航海家麦哲伦（Fernão de Magalhães），但他本人在菲律宾群岛（The Philippines）死于与当地部族的冲突，遂使德雷克成为第一位经历环航地球全程的船长。——译注

DOS LIBROS, EL V-
NO QVE TRATA DE TODAS LAS COSAS
que traen de nueſtras Indias Occidentales, que ſiruen
al vſo de la Medicina, y el otro que trata de la
Piedra Bezaar, y de la Yerua Eſcuerçonera.
Cõpueſtos por el doctor Nicoloſo de Monardes Medico de Seuilla.

IMPRESSOS EN SEVILLA EN CASA DE
Hernando Diaz, en la calle de la Sierpe.
Con Licencia y Priuilegio de ſu Mageſtad.
Año de 1569.

图 118 《从医学角度研究西班牙属西印度群岛的风物》一书的扉页。在这本 1569 年出版于塞维利亚的书中，西班牙医生尼古拉斯·莫纳德斯率先向欧洲人介绍了美洲的植物

它的英文译本也出现了，标题也改为吸引力较大的《来自新大陆的好消息》。此书的译者是约翰·弗兰普顿（John Frampton），本是名商人，开始经商后的大部分时间都在西班牙度过。他告诉读者说，这本书“介绍了种种草株、树木、油液、灌木和矿物的罕见的与独特的禀性，以及它们的种种效用，既有内科的，也有外科的，可用于诸般病痛，疗效高得简直难以置信……”此书一出便大受欢迎，有了多种版本和译本，让欧洲的广大读者对书中所介绍的地方和事物产生了浓厚兴趣——

> 在这个叫作“新西班牙”① 的地方，以及另外一个叫作秘鲁的地方，存在着许多王国、独立地带和城镇，生活着种种习俗不同乃至对立的人，蕴藏着世界其他地方的人所从不知晓甚至在本地也未必为所有原住民了解的宝藏。而如今，这一切都涌现到我们面前了：黄金、白银、珍珠、翡翠、松玉，以及别的宝石……除了这些宝物,这里的原住民还提供给我们许多极富医用价值的大树、灌木、草株、根须、榨汁、割液、树胶、果实和种子……面对凡此种种，我们也无须惊讶，先哲们早已教导我们，各地的植株不会都是一律的，生于此处的草木，未必也会长于彼处。[7]

西班牙和英格兰之间有密切的贸易往来,这意味着西班牙商旅带来的美洲货物,都会很快找到渠道,“作为日复一日川流不息的经商活动的一部分来到英国”。

尼古拉斯·莫纳德斯还在书中谈到了“一个叫作古巴的岛屿”，说那里的“海边有些洞眼……里面会冒出一种黑黑的稠油”，西班牙的船员们就在这种油里加进牛油，涂在船底以行加护。他又描述了原住民采集树脂的方式：“在树上切开些口子，就会有割液流出”，而得到的树脂，原住民“叫它‘卡拉纳’”，经由哥伦比亚的卡塔赫纳（Cartagena）和巴拿马的农布雷德迪奥斯（Nombre de Dios）两地海运到西班牙，它们的当地名称也被西班牙人沿用下来。这里还出产一种妥鲁树胶，是一种效能相当全面的医药，堪称文艺复兴时期的阿司匹林。欧洲最早一直是

① 这是一个欧洲殖民者造出的历史名称，指16世纪初到19世纪末西班牙帝国在美洲的殖民地总督辖区的总称，极盛时包括现今的美国西南部和佛罗里达、墨西哥、巴拿马以北的中美洲、部分西印度群岛和委内瑞拉。菲律宾群岛也包括在内。它的行政中心为墨西哥城。——译注

从埃及进口这种树胶的。但据莫纳德斯说，“只是已经好多年弄不到了，因为在原产地那里已经绝了种”。美洲的妥鲁树胶刚出现在西班牙时，售价相当可观，“一盎司要卖到十个杜加甚至更高”。不过随着商人们“大量运进，现在已经卖不出大价钱了”。从美洲进口的种种植物中，有三种是最重要的，一是愈创木，一是金刚藤，再一种是铁菱角。愈创木是巴哈马群岛（The Bahamas）一带的出产，所需为树皮部分；金刚藤要的是其形如姜的根部；铁菱角则“在金刚藤之后来到，其后又过了二十年才找到用处”。这三种东西据信都对治疗梅毒极为有效，[8]“但对治疗后又与原来的病人有染者便不复如是”。

美洲那里还出产大名鼎鼎的烟草。在尼古拉斯·莫纳德斯大作的第二部分标题页上，便印着此物的形象。他还用了16页的篇幅大谈了一番此种植物的“种种好处”，不过欧洲人的吸烟习惯还是稍后一段时间才开始养成的。一开始时，烟草只是“用于装点花园，增加一样悦目的景致”。莫纳德斯还告诉欧洲人，西班牙人将烟草叫作“塔巴可”（tabaco），其实这只是当初西班牙人最早见到生长这种植物的岛屿的名称，原住民可是将它们叫作“配吸尔”的。[①]烟草有什么用呢，原来——

> 是用来解闷儿的。吸进这种东西的烟气会带来一种醉酒似的美滋滋的感觉，眼前还能出现幻象……
>
> 从这些地方去原住民那里的黑人，也学来了同样的方法。当他们觉得疲顿时，便用鼻子或嘴吸上一些，然后也就会跟原住民一样，躺在地上睡去，就和死了一样。睡上三四个钟点后，就会很精神地爬起来，一点劳累的样子都没了。再去干活时，他们会干得很起劲儿。不过他们在并不疲劳时也会想吸这种东西，而且想得不亦乐乎。这样一来，他们的主人便会责罚他们，不准他们再吸，还会把他们的烟草烧掉。只是禁不住，他们会偷偷溜号，躲到没人知道的地方吸，还一边吸一边喝酒……
>
> 当这些人步行走路时，如果赶上没吃没喝的当口，就会将这种东西团成小

① 这里所述与第十二章的内容不一致，应当是《从医学角度研究西班牙属西印度群岛的风物》一书的作者未能反映真实的史实。——译注

> 球放进嘴里，就放在下嘴唇和牙齿之间的地方，一边走路一边嚼，嚼过一阵子再咽下去，这样的话，就是不吃不喝，也能支撑两三天。[9]

约翰·弗兰普顿在翻译尼古拉斯·莫纳德斯的这本书时，又加上了一些额外的文字，告诉读者说，法国人管这种东西叫作“尼古丹”，并说它是“一位法国国王的朝臣、被派到葡萄牙任大使的让·尼古先生，在基督教纪元的1559年去那里的一座监狱参观时，那里的一个管事的官员给了他这种东西，还告诉他是从佛罗里达来的稀罕物品。尼古先生便将它种在了自己的花园里……”到了1570年，马蒂亚斯·德劳贝尔和皮埃尔·佩纳便在他们合著的《新草木本册》中写到了这种植物，只是拿不准是该给出它的法文名称还是西班牙叫法。他还在书中插进了一张图片（参看图119），与莫纳德斯给出的差不多，只是在植株的旁边又加进了一个怪里怪气的图像，画的是一个美洲原住民的人头，还有一只形如号角的大家伙，一头直立着衔在此人的嘴里，另一头冒出一股怪吓人的烟与火。不难想见，这样的“解闷儿”方式，欧洲人一时半会儿还是接受不了的。

尼古拉斯·莫纳德斯也在书中提到了古柯树，说这种植物“原住民都认识”，可以当作货币使用，换来“衣服、牲畜、食盐，还有别的东西，就像我们的钱币一样流通”。他告诉读者，古柯树可以通过播种方式实现人工栽植，“就如同种瓜种豆一样，先将土地犁松耙匀，然后将种子播下去”。古柯叶是美洲原住民“经常用到之物”，莫纳德斯提到了原住民是如何使用它们的——

> 他们将古柯树的叶子放进贝壳里，先放在火上焙烧，过后得到的是些白色小块，碾碎后有些像石灰。他们将摘下的古柯叶放在嘴里嚼，一面嚼，一面再加进些烧过的白粉，白粉不多，主要还是叶子，将它们嚼成糊糊后，再团成一个个小球晾干。想要时，他们就嚼上一粒……有了这种小球，想什么时候用，或在什么地方用都行。他们在步行走长路时，特别是在没吃没喝时，就用这种小球解渴搪饥。这些人说，嚼了这个，就觉得像是吃了喝了一样。如果这些人打算什么都不想地美上一阵子，就会把古柯叶子和烟草一起咀嚼，这样一来，就会觉得飘飘悠悠地，跟喝了酒似的，感到非常舒服。[10]

图 119 红花烟草（学名 *Nicotiana tabacum*）。摘自马蒂亚斯·德劳贝尔和皮埃尔·佩纳所著的《新草木本册》（1570）。此插图上还绘出了南美洲原住民吸烟的情景，不过未必属实

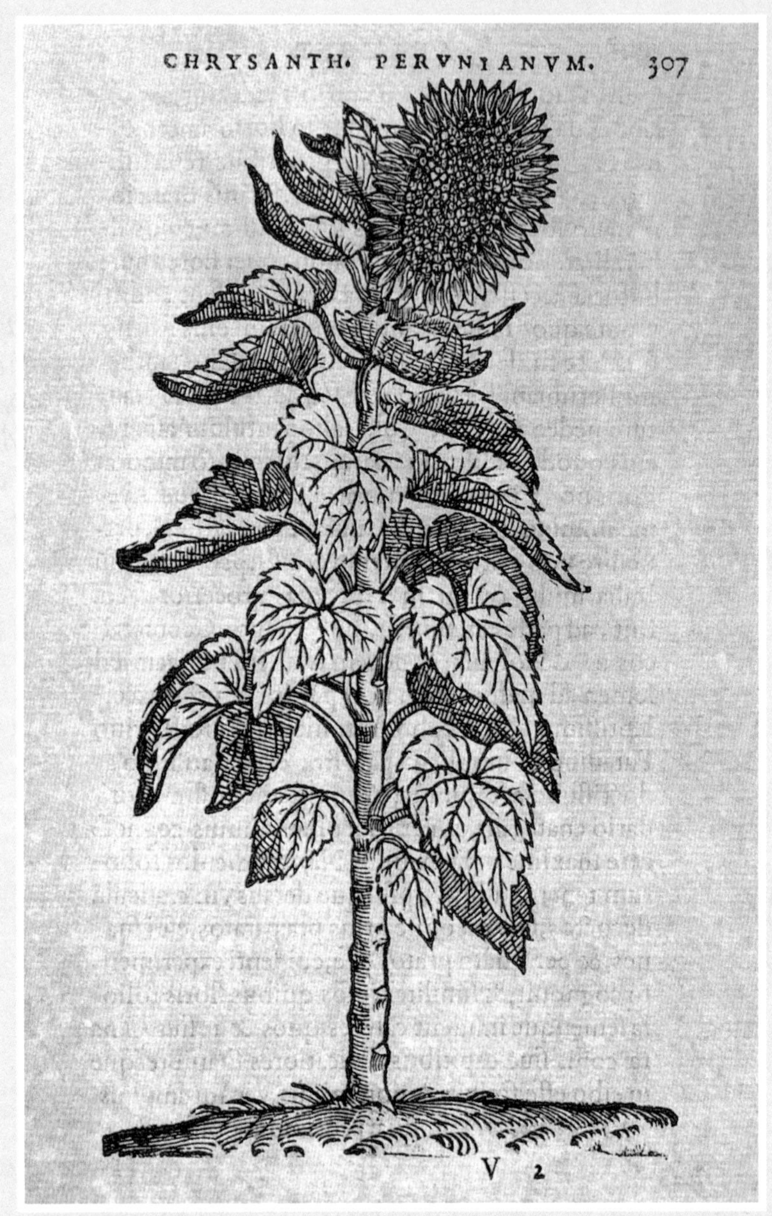

图 120 向日葵（学名 *Helianthus annuus*）。此种植物刚从南美洲来到欧洲时，很是引起了一阵轰动。摘自伦贝特·多东斯的《观赏花木与芳香草木》，1568 年在安特卫普出版

《从医学角度研究西班牙属西印度群岛的风物》一书中只提到烟草，没有说起古柯树。16 世纪下半叶出版的大批书籍中，也没有一本提到这种植物。古柯树是南美洲半热带地区的一种灌木。它们始终未能在欧洲安家，结果是在欧洲人的印象中，古柯只是一种成分，就同说起肉桂树来只会想到桂皮；提到丁香时，浮现的形象也只是调料瓶里像是些黑色小钉子的蒲桃丁香的干花蕾那样。

不过尼古拉斯·莫纳德斯提到的"太阳花"——向日葵（参看图 120），欧洲的园艺爱好者们倒是很快便种上了。莫纳德斯也在他的书中提到，西班牙人栽种这种植物已经有一段时日了。"这种植物开出的花是最大的，比大号盘子还大，样子也最奇特，还有不同的颜色，它们长成后，需要靠在别的什么东西上，否则往往就会倒伏。它们结出的种子像是些香瓜籽儿，不过更大些。'太阳花'的得名，是因为它们的花盘的确总是朝向太阳。这种植物在花园里会非常与众不同。"[11] 约翰·杰勒德也同样喜欢它们，特别是花盘部分："看上去像是割绒前的天鹅绒坯布，又好似用特别针法得到的绣品"。当向日葵成熟后，一粒粒种子"就如同被能工巧匠刻意排布了一番似的，颇有蜂房的格局"，每个花盘上又可结出极多（有时可在 2000 粒以上）的籽粒。只是由于它们容易种，容易养，进入 17 世纪后便成了常见之物，也就失去了花园宠儿的地位，从此成为英格兰苗圃师与作家约翰·雷亚（John Rea）在 1665 年时以不屑的口气所说的"再也得不到理会"的俗物。然而倒退到 1606 年，德国的一位采邑主教约翰·康拉德·封·格明根（Johann Conrad von Gemmingen），可是很为自己在纽伦堡以南的艾希施泰特（Eichstatt）种植着种种奇花异草的大花园里栽有这种植物而扬扬自得哩。有一本名为《艾希施泰特的植物园》的书，就是介绍这位采邑主教所拥有的超过 1000 种草木的大花园的，书中刊出的 367 幅植物插图中，就有一幅标明为"大向阳花"的向日葵。

向日葵被中美洲的阿兹特克人视为圣物，也被南美洲西部的印加人作为象征雕刻在他们的寺庙里。对于这一植物，这些人一向都有自己的叫法，就同烟草在美洲的情况一样。当向日葵被引进欧洲时，这些本地名称也可能连同传了过去，但没能得到沿用，也没有被多少欧洲化一下后再行采用，只是有时会在植物园的标签上注明一下原产地，如此而已。约翰·弗兰普顿在 1577 年翻译尼古拉斯·莫纳德斯的著述时，将向日葵译成了"望日花"。伦贝特·多东斯的《观赏花木与芳香草木》

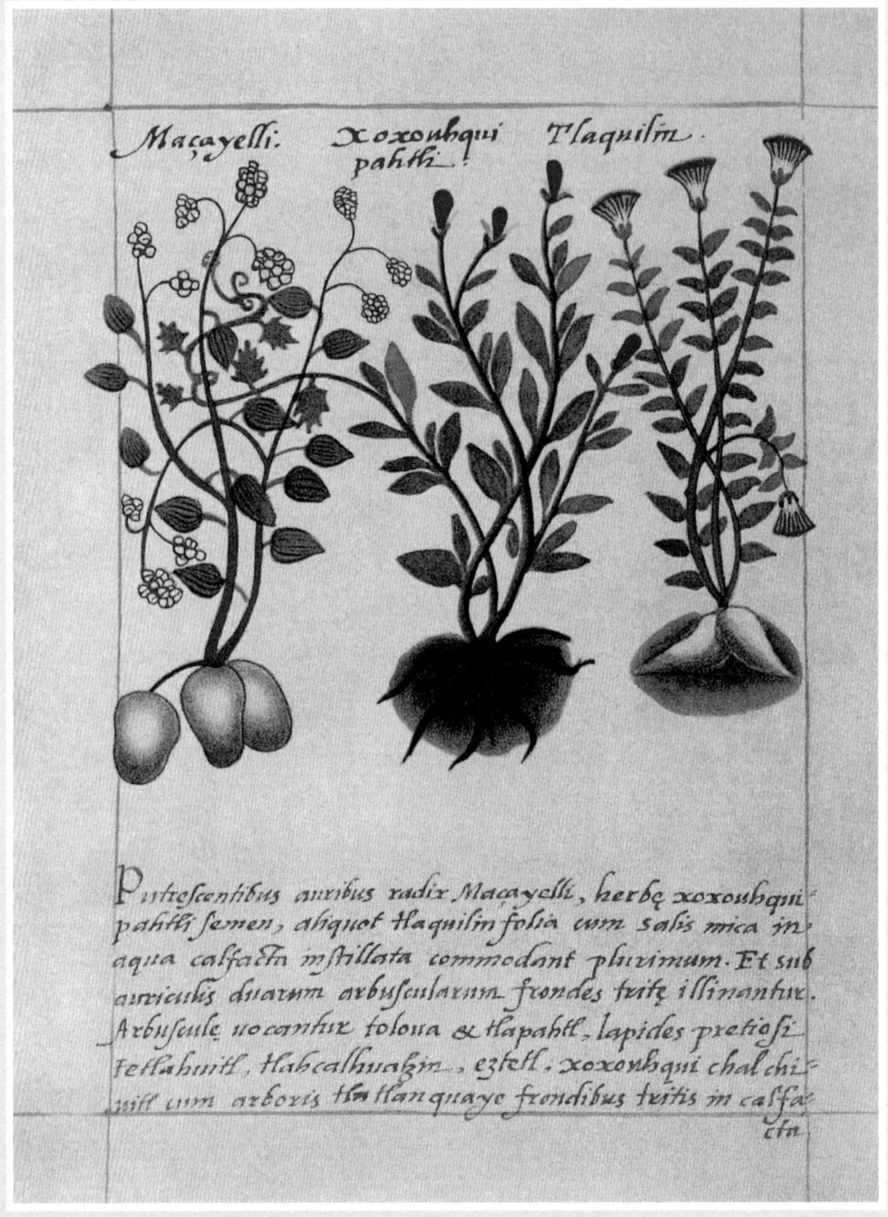

图 121 草茉莉（学名 *Mirabilis jalapa*，图右）和另外两种植物。此图源自 1552 年的一部介绍阿兹特克医药的手抄本《美洲原住民草药图本》（又称《巴迪亚努斯图谱》）

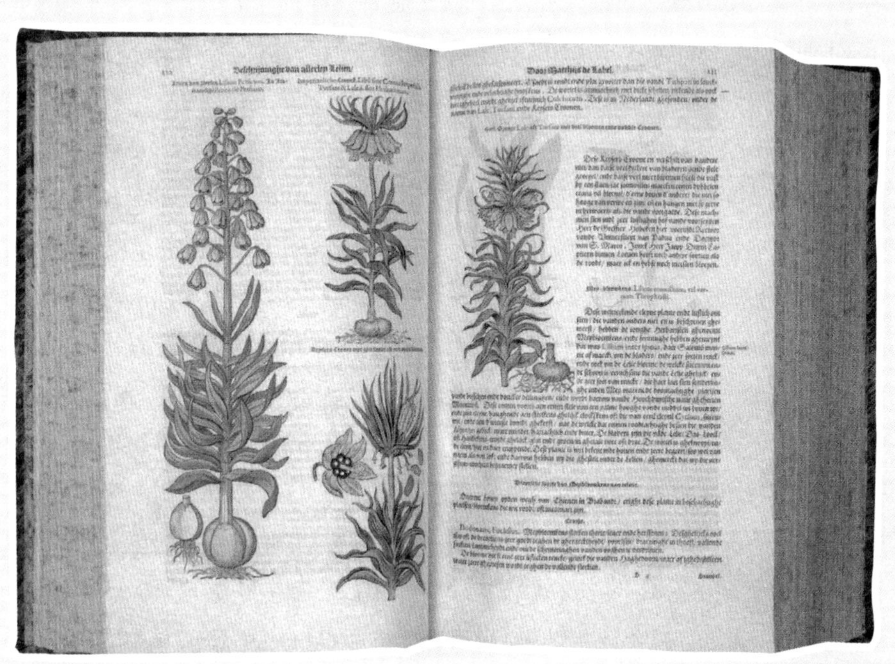

图 122 马蒂亚斯·德劳贝尔所著的《草木图谱》（1581）。打开的书页上可看到两种贝母［一为波斯贝母（学名 *Fritillaria persica*），一为前文提到的皇冠贝母］。安特卫普的克里斯托夫·普朗坦承印。插图上的色彩是手工添加的

在1569年再版时，也将向日葵收了进来，并称之为“秘鲁菊”。当时这种植物在欧洲还是相当罕见的，据多东斯介绍，在马德里的御花园和帕多瓦大学的植物园里都有栽种。比利时的业余园艺迷菲利普·布朗雄也在地理位置较北的梅赫伦试种过，但还没等长成，一下霜便都死掉了。不过向日葵来到欧洲没多久，就得到了一大堆名字。单是马蒂亚斯·德劳贝尔自己，就在他1576年的《草木史料》一书中给出了三种叫法：一是“秘鲁朝阳花”，一是“印第安转日莲”，再加上引用了多东斯的“秘鲁菊”。随着时间的推移，这一大堆叫法经过筛选后得到了一个被普遍接受的名称：向日葵，其拉丁文名称为*Helianthus*①。

在欧洲，只有西班牙人在称呼来自新大陆的植物时，有时还会用到当初将它从中美洲带来时所用的称呼。当年的西班牙人在美洲对原住民凶残得很，然而对他们的植物知识似乎表现出了些许敬意。西班牙国王腓力二世的御医弗朗西斯科·埃尔南德斯（Francisco Hernandez，约1514—1587）在他呈献给腓力二世的大部头手抄本《新西班牙医药辞书》中，原封不动地袭用了许多墨西哥人的植物叫法。（此书中也做出了对大丽花的最早介绍。）另一部形成于1552年的有关阿兹特克医药的手抄本也都保留了植物在当地的名目。此手抄本为于“圣十字架天主教学院”接受过欧洲式教育的两名中美洲原住民所作：一位负责撰文，有一个欧洲化的名字，马丁·德·拉克鲁兹（Martin de la Cruz），系“原住民医生……理论未必很强，但经验丰富”；另一位负责将前者用原住民语言写成的文字译成拉丁文，有一个西班牙式的名字，为胡安尼斯·巴迪亚努斯（Juannes Badianus）。书中的一幅图上画着一株很漂亮的草茉莉②（参看图121），传入欧洲后很快便成为欧洲花园中的新宠。这一手抄本中还介绍了若干从植物提取的药物，据信它们对“政府部门人员的工作辛劳症”有很好的疗效云云。[12]

---

① 在采用双名方式即双名制后，*Helianthus*便升格为向日葵属的学名，而最初得到这一名称的物种，便改称为*Helianthus annuus*，意为一年生向日葵。——译注

② 《中国植物志》上称此物种为紫茉莉，但它的花朵有多种颜色，故以其俗名之一代之。此种一年生草本植物常栽种于庭院内外，故有多种俗名，如胭脂花、粉豆花、状元花、地雷花（因种子形状得名）等。此花与俗称茉莉的素方花并非同类植物。——译注

第二十章

克里斯托夫·普朗坦的出版事业

（1560—1620）

从 16 世纪 70 年代起，克里斯托夫·普朗坦实际上便垄断了低地国家的植物书籍出版业务。然而这样一来，他便将三位植物大家——富有人格魅力的卡罗卢斯·克卢修斯、长他几年的伦贝特·多东斯与小他几岁的马蒂亚斯·德劳贝尔揽到了一起。普朗坦祖籍法国图赖讷（Touraine）行省①，在卡昂（Caen）学会了印刷与装订技术。为躲避法国国王亨利二世（Henri Ⅱ of France）统治对非天主教徒的无情迫害，他来到了比利时的新兴城市安特卫普。当时，位于该国西北部的近海城市布吕赫，由于一向对该城起着命脉作用的茨温河（River Zwyn）严重淤塞，已经丧失了保持多年的地区经济中心的地位，而安特卫普则日见兴盛，原因之一便是与新大陆的贸易往来。据估计，该城市的年资金流通量达到了四千万杜加。佛罗伦萨商人卢多维科·圭恰迪尼（Ludovico Guicciardini）对 16 世纪 60 年代的安特卫普的印象是，“这里的人奢华地过活，但挥霍程度很可能到了头脑发热的地步”。[1]普朗坦来到这里时，全城已经有了 40 家印刷作坊。在 16 世纪前四十年间各低地国家总共印行了四千种书籍，而出自安特卫普的便占了一半以上。

克里斯托夫·普朗坦一开始时干的是装订。有个客户定做了一只皮匣，是为装盛送呈西班牙王后的珠宝用的。他去送货时，路上遭到一帮醉汉行凶，被其中一人

① 行省为法国的旧行政单位，18 世纪时取消，图赖讷行省分为三个省，“图赖讷”一名现已不复使用。——译注

用剑刺成贯通伤，从此不能再操这一行当。1555年时，他已经干上了印刷。他承印的第一批书，是一种有关训育上等人家青少年女子的意－法双语著述，作者是意大利人文学家乔瓦尼·布鲁托（Giovanni Bruto）。到了1557年，他已经为自己的出版业务选定了专用标识，就是后来广为人知的圆规图符。（在安特卫普的普朗坦－莫莱托斯印刷博物馆①，有一张他的肖像，画面上的普朗坦手中便握着一只圆规，参看图123。）他的座右铭是“努力苦干，持之以恒”。而这只圆规便是这句话的写照——一只定在一点上的脚表示“恒”，而另外一只转动的脚则表示“干”。

克里斯托夫·普朗坦的母语是法语，离开法国后又掌握了荷兰语。不过在印刷业务中，他用到的语种是拉丁文、希腊文、意大利文、西班牙文、德文和英文。印刷这些文字需要大量不同的字体。他在1567年时拥有42种，到了1585年就增加到90种。他的作坊在最兴旺时用了150个人，包括32名印刷工和20名排字工，工资为每年165弗罗林上下。他有好几个女儿，都按照五岁后便可熟练校对若干种语言的标准加以培养。厂房位于安特卫普一处名为“星期五大市场”的集市附近，共安有16台大型手动印刷机。[2]这些印刷机，他是以每台60弗罗林的价格买进的——与当时他印行的多国语言对译的《圣经》（其中有一种单价为70弗罗林）相比并不算贵。在“圆规精神”的指引下，普朗坦的事业搞得风生水起。在三十四年的印刷生涯中，他平均每年都会推出72种书籍来，每一种通常都会有一千本的销路。普朗坦可以说是欧洲文艺复兴时期的一位先锋企业家，将印刷这一一向繁重的手工劳作，改造成为近于流水线水平的运作。他每年都会两次携带大批书籍，搭乘莱茵河（Rhine）上穿梭往来的平底船去参加重要的法兰克福书展。印刷业存在着不择手段的激烈竞争。印刷商们往往会向书刊检查官员定期纳贡，以阻挠对手及时获得发行准许证，让自己的货色抢得先机。普朗坦曾在1565年3月1日写下这样的话：“去布鲁塞尔（Brussels）处理与本人印刷业务的有关事宜，连同加固与审查员和其他可能有用之人的关系。”——“加固”成本为四大坨奥弗涅乳酪，共三个弗罗林，再加上花费其半的八篮李子和梨。它们都分别送给了那里的教会人士和其他若

① 莫莱托斯的全名为扬·莫莱托斯（Jan Moretus），是普朗坦的女婿，也从事印刷业务，并继承了普朗坦的事业。文中提到的印刷博物馆就是在普朗坦住宅和作坊的旧址上扩建而成的。——译注

图 123 克里斯托夫·普朗坦像，佚名画家所绘。他于 16 世纪中叶在安特卫普创建起一番印刷事业。握在他手中的圆规是其著名的兴业标志

干一旦失于打点就能制造麻烦的主儿。

宗教一直是克里斯托夫·普朗坦面前的坎儿。他是为了躲避宗教迫害离开法国的。但来到安特卫普后，他看到这里的审查几乎同样严苛。在勒芬大学为天主教会草拟的禁书名单上，1546 年时将近 300 种，到了 1551 年便多了 69 种。1559 年，梵蒂冈公布了《罗马教廷禁书目录》，上面开列的禁书共计 650 种。1545 年，安特卫普的出版商雅各布·范·李斯维尔特（Jacob van Liesvelt）因为印行了《圣经》的马丁·路德译本而被砍了头。当西班牙国王腓力二世派驻低地国家的全权代表、第三代阿尔瓦公爵费尔南多·阿尔瓦雷斯·德·托莱多（Fernando Álvarez de Toledo, 3rd Duke of Alba）来到佛兰德地区时，将一名安特卫普的印刷商绞死，另一名被送上苦役船，之后又放逐了四名。这使普朗坦不得不格外谨慎行事。在他的经营项目中，超过三成是《圣经》，以及种种日课经、弥撒颂经、祈祷书等诸如此类与天主教会有关的印刷品，但在他的内心里，却一直是倾向于再洗礼教派中的友爱大家庭支派的——颇带 20 世纪 60 年代的“嬉皮士”色彩。①

1562 年 3 月 1 日，安特卫普的地方长官接到了一封棘手的信。此信来自西班牙国王腓力二世的同父异母姐姐、帕尔马公爵夫人玛格丽特（Margaret, Duchess of Parma），信中有这样的话——

> 附上一本小册子，是我们在这里看到的。据信此书由安特卫普的出版业主克里斯托夫·普朗坦承印，只是上面既没有给出名称，也没有印出地址。将该书册同普朗坦印行的其他书册对照一下，可以看出字体是相近的。鉴于此书违反了国王陛下制定的律法与条令，举报此书者又揭发普朗坦及周围人等，除了一名校对员和一名仆人外，均为蛊惑人心的宗教异端分子。此书送达后，你等应去此普朗坦处，查验那里有无字体相同的活字及同一内容的书册。据信本月

① 再洗礼教派，又称重浸派，是新教中一个相当激进的分支，但由于其激进，不但不容于天主教，也和多数新教的各个教派（如圣公宗）有严重分歧。友爱大家庭支派从 16 世纪中期到 18 世纪初期在英国和低地国家流行过，是再洗礼教派中相对比较温和的一派，主张回归自然、反对武力、不主张立誓，再加上该支派的名称，容易使人联想到 20 世纪 60 年代以“寻找友谊”为口号、在欧美兴盛过一个时期的“嬉皮士”风尚。——译注

> 23日时相关物证仍在该处。一俟查实，你等须遵照陛下颁布之律法与条令行事，并将所见与所行悉行呈报。[3]

克里斯托夫·普朗坦闻讯悄悄逃到巴黎，并在那里躲了一年，等待这一讨厌的调查事件风平浪静。作坊里的两名工人被定了罪，不过印刷业务并未被勒令停止——八成是由于“加固”了更多的乳酪之类吧。

有关植物的书籍从不曾惹来乱子，而这一类书也成了克里斯托夫·普朗坦的拳头产品。由于画师彼得·范·德·鲍希特（Pieter van der Borcht，约1540—1608）和雕版师阿瑙德·尼古拉（Arnaud Nicolai，约1525—约1590）的努力，普朗坦逐渐积累起很大一批木刻雕版。当他在安特卫普的主要竞争对手扬·范·德洛（Jan van der Loe）死后，普朗坦又从此人的遗孀那里盘下了715块植物雕版，都是范·德洛生前为伦贝特·多东斯出版于1554年——此时普朗坦尚未来到安特卫普——的荷兰文《草木图本》所制。当时的印刷机印出的插图都是黑白的，不过普朗坦将其一部分定为豪华本，并雇用了三名全职女工，专门为这一部分手工着色。对于手里的诸多植物雕版，他用起来有如“拉郎配”：凡遇到需要插图的地方，手头有什么差不多的，就拿出来对付上去。这样一来，同一幅插图，便会出现在不同的书上，而且会出现在不同作者的书上。为书籍加插图是需要大量资金投入的，而普朗坦也明白如今的读者需要插图，因此特别注意争取投资的最大回报。这样一来，他就将同样的图幅一再用到不同书籍中全然不同的植物上，而且几乎不间断地使用。这便造成了混乱，弄得简直难以区别都是谁写的什么书——字体是相同的，插图也是一致的。

伦贝特·多东斯、卡罗卢斯·克卢修斯和马蒂亚斯·德劳贝尔的著述，都是由克里斯托夫·普朗坦承印的。而他们都因为要跟上大量植物不断地涌入欧洲的步伐，不断地再版自己著述的增补本。马蒂亚斯·德劳贝尔于1576年再版的《草木史料》，就比六年前他与皮埃尔·佩纳合著的初版《新草木本册》增添了40多种新的鳞茎与球茎植物——水仙、番红花、绣球葱、百合、秋水仙和猪牙花等。要是说起这三位植物学者来，彼此间还是有重要不同的。多东斯对低地国家的植物特别了解；克卢修斯的强项是西班牙、奥地利和匈牙利的草木，而德劳贝尔在蒙彼利埃大学毕业

Cruydeboeck.

In den welcken die gheheele historie/dat es Tgheslacht/tfatsoen/naem/natuere/cracht ende werckinghe/ van den Cruyden/ niet alleen hier te lande wassende / maer oock van den anderen vremden in der Medecijnen oorboorlijck/met grooter neersticheyt begrepen ende verclaert es/met der seluer Cruyden natuerlick naer dat leuen conterfeytsel daer by ghestelt.

DEr hoochgheborene ende alder doorluchtichste Coninghinne ende Vrouwe/Vrouw Marien Coninghinne Douaigiere van Hungheren/ ende Bohemen &c. Regente ende Gouuernante van des K. M. Neerlanden/toeghescreuen.

Duer D. Rembert Dodoens/Medecijn van der stadt van Mechelen.

图 124 伦贝特·多东斯所著《草木图本》荷兰文版本（1554）的扉页，上面印着希腊神话人物赫拉克勒斯勇斗拉冬的故事。拉冬是一条百头巨龙，负责守护仙女赫斯珀里得斯姐妹看管的金苹果树

图125 黑胡椒。原图刊自克里斯托瓦尔·阿科斯塔（Christoval Acosta）的《东印度群岛的毒药和医药》（1578）一书。此图转载于九年后出版的雅克·达朗尚（Jacques d'Alechamps）的《草木概说》第二卷（1587）

后，又在朗格多克地区生活了数年，从而对法国南部的花草树木有切实的认知。他和皮埃尔·佩纳是纪尧姆·龙德莱门下的最后一批高足。[4] 德劳贝尔后来长期居住在伦敦，这使他除了掌握法兰西植物的广博知识之外，又增添了对英格兰草木知识的渊深了解。多东斯比克卢修斯年长九岁，与后者一样曾供职于神圣罗马帝国哈布斯堡王朝的维也纳朝堂，但医生的经历使他的眼光一直聚焦于医药，致使其著述始终未能脱离药草本册和本草图谱的格局。就对植物的分类而论，他一直以药典为出发点，以药效为衡量尺度，只是在他本人的最后一部重要著述《草木六讲》（1583）中，才将一些形态相类的植物归结到了一起，其中包括了几种百合、若干鸢尾、一些兰花、数样雏菊，还有伞形科的部分草本植物。

卡罗卢斯·克卢修斯是位风度翩翩的英俊人物，生有一双好探寻的眼睛。这可以从意大利画家菲利波·帕拉迪尼（Filippo Paladini）在1606年为他所绘的肖像上看出来（参看图117）。他在许多方面都堪称上述三位植物学者中的佼佼者。只是他太看重领先，一心要在学识、见闻和收藏上都稳坐全欧洲的金交椅，致使很少有时间（其实也应当说意愿）从哲学角度探究自己所掌握到的一切。他喜欢过问本人著述的出版事宜，曾向克里斯托夫·普朗坦荐举自己在法兰克福见到的一位木工雕师，说此人“能刻出很不错的梨木板活计，每件收费十芬尼”。为了弄清画家彼得·范·德·鲍希特所作插图是否逼真，克卢修斯竟会在一旁目不转睛地盯着观看。

克里斯托夫·普朗坦共出版过卡罗卢斯·克卢修斯撰写的三本著述和八种译作。克卢修斯本人能读荷兰文、法文、德文、希腊文、意大利文、拉丁文和西班牙文。他还自学了葡萄牙文，并达到了能够翻译葡萄牙旅行家加西亚·德奥尔塔讲述他的印度果阿（Goa）之行的水平。[5] 加西亚·德奥尔塔以医生为职，出生在葡萄牙的边境小镇埃尔瓦什（Elvas），越过国境线便是西班牙的巴达霍斯市（Badajoz）。1534年，他开始了一段漫漫之旅，从本土伊比利亚半岛的塔古斯河（Tagus）① 出发，用了六个月的时间到达葡属印度。来到后，他在当时的首府果阿住下，被当地一名葡萄牙海军军官阿方索·德索萨（Alfonso de Sousa）聘为私人医生，而且一住就是三十多年，对当地的植物和医药都有了相当的了解。1563年，他写了一本《有关

① 这条伊比利亚半岛上的最长河流已改名为塔霍河（Tajo）。——译注

印度本草、成药和药料的对话》，由在果阿的欧洲人约安内斯·德恩代姆（Joannes de Endem）印行。这是欧洲人在印度出版的最早书籍之一，又是第一部向欧洲人介绍这块次大陆上植物的著述。此书采用的是对话体裁，一个就是作者德奥尔塔本人，另一个是虚构人物汝阿诺医生。书中讲到了槟榔、蒲桃丁香、豆蔻、姜、樟脑和桂皮等东西方贸易的大宗物品。书中还提到了一种当地人叫作“泼沆”的东西，这是一种用大麻叶和大麻花为主要成分制成的调味酱，也可加水成为饮料；据说服之可宁神、助眠，忘却人世间的烦扰，更是供女子激起春情的妙品。古吉拉特苏丹国（Gujarat Sultanate）[①]的统治者巴哈杜尔·沙阿（Bahadur Shah）“拟在夜间外出巡行前”便会服用。《有关印度本草、成药和药料的对话》是个大拼盘，既介绍如何配药，也谈怎样驯象，兴之所至时，也提及一些植物知识，虽然失于凌乱散碎，但总是率先地让欧洲人得知，先前通过亚历山大城、君士坦丁堡和叙利亚等地进入欧洲的药材，究竟都来自何处。果阿给德奥尔塔带来了财富，同时也赋予他智力上的自由。“以前在西班牙时，即便是我，也不敢发表任何反对盖伦或者其他古希腊人的见解。”他这样写道。他还搜集了多种植物在波斯语、印地语、马来语等不同东方语言中的名称，并记载下它们的产地和加工过程，此外也介绍了他的这个第二故乡的风土人情。由克卢修斯翻译成拉丁文的此书于 1582 年出版时，加上了更多的插图，也都是普朗坦急煎煎地凑成的。

在维也纳的朝堂度过了十四年时光后，卡罗卢斯·克卢修斯接受了莱顿大学的邀请，前去就任该大学植物园园长一职。此时他已 67 岁，但仍以旺盛的精力打造这处新天地。他将他的联络网中心移到此处，源源不绝地得到新植物的供应——有实物，也有资料和图片。佛罗伦萨的马泰奥·卡奇尼（Matteo Caccini）送去了萱草、毛茛，当时在欧洲还很稀罕的美洲植物草茉莉，还有来自君士坦丁堡的花姿优美的康乃馨和白色的郁金香——这一品种后来还挂上了克卢修斯的姓氏，得到了 *Tulipa clusiana* 的学名[②]。克卢修斯也给卡奇尼送去风信子、百合和秋水仙。比萨大学植

---

① 一个在历史上曾独立存在的穆斯林王国，它地处印度西部沿海一带，与目前的古吉拉特邦大部分相合。——译注

② 此物种未收入《中国植物志》。它的俗名为“贵妇郁金香”，目前已由人工培育出多个变种，并非只是白色一品了。它们的共同特点是花苞纤长、花瓣尖细，颜色虽然不再只是白色，但仍然偏于淡雅。——译注

物园时任园长的佛兰德人约瑟夫·戈登惠兹（Joseph Godenhuize）给克卢修斯送来了克里特岛上多种植物的种子、鳞茎和球茎，此外还有刺檗、染料木、百里香、鼠尾草、多种水仙等整株植物，以及这座岛上特有的一种白芍药。戈登惠兹不久前刚结束了一场克里特岛之行，并为终于见识到了“艾搭山上的无花果树，还有泰奥弗拉斯托斯当年提及的乌头草”而雀跃不已。他在这次旅行时，还一直拖着一位不情愿的德国士兵在岛上四处跑动，将不少植物画成了图画，其中的一些也送给了克卢修斯。[6]

干劲冲天的卡罗卢斯·克卢修斯又弄来了雅克·勒莫因·德莫尔格（Jacques le Moyne de Morgues，约 1533—1588）的若干速写。这位德莫尔格是佛兰德画家，1564 年以制图师、画师和记录员的三重职衔，登上了法国军官勒内·古莱纳·德洛多尼埃（Rene Goulaine de Laudonnière）率领的探险船，从法国海港勒阿弗尔（Le Havre）前往北美洲的佛罗里达。[7] 翌年 9 月，胡格诺教徒在佛罗里达建成的移民区被西班牙人攻占，德莫尔格侥幸逃生后返回法国，带回了部分画稿。他在伦敦安身后，克卢修斯便与他及另外一批移民到伦敦的园艺爱好者和植物学者建立了联系。其中有一位胡格诺教徒詹姆斯·加勒特（James Garrett），本人原是位药剂师，克卢修斯对他的评价是“我的好友、诚实可信、酷爱草木”。1599 年 10 月，克卢修斯从加勒特那里得到了一株脱水标本，是金合欢中的一种，由英国贵族坎伯兰伯爵三世（3rd Earl of Cumberland）从波多黎各的圣胡安（San Juan de Puerto Rico）带来。在访问伦敦时，克卢修斯参观了托马斯·潘尼——就是那位在康拉德·格斯纳未能出版的植物全书的许多插图上加过评注的植物爱好者——制作的植物标本。“既博学又仁厚的”伦敦法院首席书办理查德·加思（Richard Garth）送给他一些叶片上覆有细粉的报春花，是他从未见识过的一种，产于英格兰西约克郡的哈利法克斯（Halifax, West Yorkshire）。这些赠品，他都打包递交给在安特卫普的朋友们。此外，克卢修斯还与为英国王室直接服务的药剂师休·摩根和约翰·里奇有书信往来，又将法国苗圃专家兼旅行家皮埃尔·贝隆 1546 年的黎凡特游记译成了拉丁文。此书题为《对若干种罕有草木的观察》，在巴黎出版后立即大获成功，后来便被善于捕捉商机的克里斯托夫·普朗坦以另外一种语言在自己的出版公司发行。

图 126 一幅马铃薯的早期图片。此种植物原产南美洲。1589 年时，卡罗卢斯·克卢修斯在维也纳得到了西班牙派驻南尼德兰（Southern Netherlands）总督斐利普·德希尔维（Philippe de Sivry）的这一馈赠，随后便在其著述《珍稀植物志》（1601）中做了介绍

******

卡罗卢斯·克卢修斯虽说是一位学者（还是第一个描述多种真菌并为其作画的人），但对给植物分类并无兴趣。他擅长的是描述、传播和收集。当他于1609年去世时，已经给植物库中添加进了600种植物，只不过面对先前闻所未闻的新植物更加迅猛地涌入欧洲的局面，他并未对确立给植物分门别类的新方式建立寸功。比他年轻12岁的马蒂亚斯·德劳贝尔则不然。他一生都在摸索着新方式，希望以此种方式实现对植物的既合乎理性、又容易根据实际观察实施的分类。他在自己的第一本著述《新草木本册》中——与朋友皮埃尔·佩纳合著，1570年出版，便提出一种根据植株叶子的形态进行分类的模式。那时他是否知道安德烈亚·切萨尔皮诺在意大利发表的见解呢？切萨尔皮诺对自己于1563年搞起的植物标本收藏，是按照果实和种子的情况分类的。德劳贝尔和佩纳都造访过比萨大学植物园，应当说不会不去参观那里的植物标本室，并讨论这样一个双方都深感兴趣和密切关注的问题。虽说切萨尔皮诺的分类方法后来被看出比德劳贝尔的更合理些，但后者在《新草木本册》中提出的根据某种构造方面的不同为观察植物的指导原则，可以说是带有根本性的、具有历史意义的成果。德劳贝尔和佩纳注意到，各种禾草——包括灯芯草和鸢尾之类生有根状茎的植物在内，叶片上都生有一条条从根到梢的长而直的叶脉，而其他植物——它们占大多数，叶片上的叶脉都有如织好的网，从长在中心的一条粗脉扩展到边缘。德劳贝尔所追寻的这一不同，正是令今天的除草剂制造厂商谋得巨大利润的根本：温带地区的人们每年喷洒到草坪上的除莠剂，作用原理完全就建立在其成分能够对生有平行长叶脉的狭叶青草和杂生其间的生有网状叶脉的阔叶杂草——车前、蒲公英、雏菊等——所起不同的作用上。其实，德劳贝尔所注意到的是在叶脉分布形态上的不同，因为它们本来就是发芽状况不同的两类植物。对此，今天的植物学家们是有专门词语的，即单子叶植物和双子叶植物，只是在德劳贝尔苦苦观察时，这样的概念还没有形成。他所提到的生有平行长叶脉的植物，按今天的说法都属于单子叶植物，这样的叫法源于它们在萌发时，最先只从种子中钻出一片叶子来。而叶片宽阔的植物则是如今所说的双子叶植物，因为它们在最初发芽时，

图 127 《新草木本册》的扉页，马蒂亚斯·德劳贝尔与皮埃尔·佩纳合著，1570 年于伦敦出版

最早形成的是一对小叶片。

马蒂亚斯·德劳贝尔和皮埃尔·佩纳合著的《草木史料》是1576年出版的。克里斯托夫·普朗坦在扉页上印出了神气非凡的立柱式门廊，透过门廊可以看到原野的风光，合起来象征着书中内容将使读者领受到“名称与认识的和谐与一致”——只不过和谐也好，一致也罢，无论在名称方面还是认识领域上，其实都还有很长的路要走。不妨以两种最简单的植物为例，看一看当时的现状。有这样一种耕地里常见的杂草，会开漂亮的紫花，它们在植物书里可是有一大堆名称的：德劳贝尔管它叫 *Pseudomelanthium*，又给它加上了不少先前的一些植物学者认定的属性；伦贝特·多东斯说它是 *Nigellastrum*；莱昂哈特·富克斯认为叫 *Lolium perperam* 最合适；一位姓莫罗尼（Moroni）的意大利学者选译的是 *Lichnioides segetum*；而一位姓特拉古斯（Tragus）的德国学者用的是 *Gitago*；西班牙学界则提出了两种，分别是 *Neguillia* 和 *Allipiure*[①]。这些名称还都只是拉丁文这一种语言中的呢。认真论起来，插图的出现，本是应当使确定这些名称所代表植物是否为同一个物种比较容易些的呢！再一种是麦子。这本是欧洲最基本的植物，但对它的叫法也仍然有多种：德劳贝尔在书中给出了他本人的称法 *Siligo spica mutica* 后，又续上了德国人说的 Weyssen，[8] 英格兰人说的 weet，比利时人说的 Terwe，法国人说的 Froument 与 Bled 两种，意大利人说的 Fourmento、Grano 和 Solina 三种，以及西班牙人说的 Trigo。

《草木史料》是以草株开篇的。在介绍过第一部分后，两位作者便谈起鸢尾来。他们给这一类植物起了些非常复杂的拉丁文名称，如将其中的一种称为 *Iris perpusilla saxatilis ferme acaulis*——意思是“岩间短茎小株鸢尾”，其用意自是通过名称体现出植物的特点来。在先前的百年间，以两个名词构成植物名称的方式已经相当流行了。还是以鸢尾为例，有一种的拉丁文名称就是 *Iris latifolia*，其中的 *Iris* 表示有一批植物都属于此类，而 *latifolia*——意为“宽大的叶片”，则是指此类中的特定一样。这样的命名方法既实用，通常也会提供一些言简意赅的说明。但当马蒂亚斯·德劳贝尔和皮埃尔·佩纳的做法出现后，便造成了一种以冗长的描述

① 如今这种草本植物的学名为 *Agrostemma githago*，中文译名为麦仙翁。——译注

代替简洁名称的危害。这种不利影响又持续了一段时日，在克里斯托夫·普朗坦于1591年印行的一本名为《本地与外方草木图志》的以图画为主的书册中，一株喇叭水仙，即花上生出一个类似裙撑的水仙花的插图下方，便出现了这样的名称：*Narcissus montanus iuncifolius minimus alter flore luteo*，将含义说全了就是“山地矮株狭叶黄花水仙”！

这本《本地与外方草木图志》，是克里斯托夫·普朗坦将伦贝特·多东斯、卡罗卢斯·克卢修斯和马蒂亚斯·德劳贝尔以往著述中的所有图片凑到一起弄成的一本画册，出版于德劳贝尔和佩纳的《草木史料》问世后的第五年。短短五年间，欧洲花卉爱好者对球根植物的喜爱程度大有增强。《草木史料》中的鸢尾插图有8幅，《本地与外方草木图志》里则出现了15张，几乎翻了一番；水仙也从前者中的8幅增加为20张。至于郁金香更是从6幅暴涨到26张。《本地与外方草木图志》中的百合插图也是《草木史料》中的两倍。此外，普朗坦更是加上了种种以壮行色的皇冠贝母，还有不久前刚从波斯引进的开紫黑色花朵的稀罕物种波斯贝母。[9]普朗坦聘来的画师彼得·范·德·鲍希特作出的插图很写实，然而缺少汉斯·魏迪茨画在奥托·布伦费尔斯的书中表现出的那种跃然纸上的灵动，也不似乔治·利贝拉莱为彼得·安德烈亚·马蒂奥利所作的图幅那样优美。从普朗坦的作坊里印出来的图画只能说是工匠级的，不具备为《卡拉拉本草图谱》作画的艺术家所表现出的与时尚和习俗相契合的特色。不过这位鲍希特袭用了康拉德·格斯纳开创的有用的改革手段，即除了给出完整的植株图像外，又附加了该植物的若干细部：花朵的构造、鳞茎的剖面、放大的种子形态等。扎哈里亚斯·扬森（Zacharias Jansen）在1590年发明的复合显微镜，经过伽利略的改进后，更为17世纪描绘植物细部构造的工作提供了进一步精确化的工具。1665年英国学者罗伯特·胡克（Robert Hooke）发表他的《显微图》一书时，这一发明已经能够揭示出先前一直含而不露的自然世界，从而永远地改变了人们的问考能力。

马蒂亚斯·德劳贝尔在《草木史料》一书中给出的拉丁文植物名称中，有一些是今天仍在沿用的：*Leucojum*（雪片莲）、*Campanula*（风铃草）、*Aster*（紫菀）、*Papaver corniculatum*（长荚海罂粟）、*Papaver rhoeas*（虞美人）、*Pulsatilla vulgaris*（白头翁草）等。*Cyclamen*（仙客来）的叫法更是从6世纪的《尤利亚娜公主手绘本》起就不曾变动过。[①] 克里斯托夫·普朗坦放入书中的大量插图（有时会在一页纸上印出四幅）本是应当有助于对植物的鉴别的，然而，由于插图与文字的位置没能很好地对应一致，时常导致书籍发行后不得不进行调整。作者本人在剑桥大学图书馆的珍本阅览室所翻阅的一本普朗坦承印的书上，就看到一些原来的插图上覆盖着调整后的新插图，这才做到了一致对应。“恐怕也是给他的那几位从五岁起就干活的女儿们指派的活计吧。”我一面翻动着这本皮面装订，但已经残破的书页，一面这样想。

******

16世纪的人们是抱着不同的动机研究植物的：有的出于虔敬之心，有的想借机游历异域，有的希望免遭大量无知药剂师的伤害，也有的是占有的贪欲作祟，还有的属意于光大玄学教义，另有一批人是为了更深入地体验自然世界的美妙，还有一些人特别出自欣赏画家描绘草木的艺术表现。至于马蒂亚斯·德劳贝尔，大概应当认为他的最大动力来自民族自豪感。他出生在里尔，属于佛兰德地区。[②] 他认为佛兰德人的植物知识是其他民族所不及的。他告诉人们，最早将近东的植物通过君士坦丁堡引入欧洲的就是佛兰德人；栽植在佛兰德地区大大小小的花园里的稀有草木，超过了欧洲其他所有地方。尽管16世纪里发生在这一地区的不止一次战事，使部分花园遭到夷毁，但佛兰德的植物爱好者仍被录入《草木史料》中继续为后人所知。希迈亲王卡罗鲁斯·德克洛伊（Carolus de Croy, Prince of Chimay）、慈善家约安内斯·德布兰雄（Joannes de Brancion）、女伯爵玛丽·德布里默（Maria de Brimeu）、名医孔拉第·塞茨（Conrardi Scetz）的夫人等，都是植物收藏家的著名代表。不过大批收藏人士的出现，却影响了野生植物的生长。早在1570年时，马

① 当然，在双名法正式得到确立后，只有一个单词的植物名称都升级为属名，原来的种名都各在相应的属名后加上了一个种加词。——译注

② 里尔目前是法国第五大城市，在历史上曾在不同时期分别属于比利时和法国，但居民中佛兰德人一直占很大比重，语言和文化也与法国其他部分有很大的不同。——译注

图 128 一株 1613 年时开放在法兰克福某花园中的头巾百合。摘自约翰·泰奥多尔·德布里（Johann Theodor de Bry，1561—1623）的《新花卉图样集》。此书于 1612 年初版，后又数次再版

蒂亚斯·德劳贝尔和皮埃尔·佩纳便已经注意到，有一种参类草本植物，以往“会在从蒙彼利埃去弗龙蒂尼昂（Frontignan）的山路上看到，就在道路左侧萨塞隆遗迹的后面。当年蒙彼利埃大学对这一遗址进行不懈研究的阿萨提乌斯（Assatius）教授就曾指给我们看过。可是后来由于学生们接连前来采集，现在已经几乎见不到了”。[10]

虽说马蒂亚斯·德劳贝尔很以自己为佛兰德人自豪，但同时也觉得在家乡有些待不下去了。一是地理位置上频发的近岸暴风雨，一是社会环境中搅扰和平与安宁研究氛围的战事。1569 年，他和友人皮埃尔·佩纳开始了一番在英国的游历，后来就索性留了下来，并基本上定居伦敦。他被聘为祖赫男爵爱德华十一世（Edward la Zouche, 11th Baron Zouche of Harringworth）在伦敦市哈克尼区（Hackney）私人园林的管事，从此成为沟通欧洲大陆与英伦，特别是伦敦的植物学者——更重实用、更重实验的一代新人——的桥梁。长期以来，英国都没有堪与帕多瓦、维也纳或莱顿比肩的向公众开放的植物园，直到 1621 年，此种局面才因牛津大学植物园的建立而改观。在此之前，植物多是富有贵族的私人收藏。聘用德劳贝尔的祖赫男爵就是其中最突出的一个。他在伦敦的私人园林向所有的顶尖植物学者开放，包括“因宗教原因”（这是当时见诸某些记载的原文记录）来到英国，并也同德劳贝尔一样在伦敦定居的一批佛兰德植物学者在内。1607 年，借了祖赫男爵的光，德劳贝尔当上了英格兰及爱尔兰国王詹姆士一世暨苏格兰国王詹姆士六世（James Ⅵ, King of Scotland and James I, King of England and Ireland）① 的皇家本草学家。他给让·鲍欣送去若干植物，包括一些海藻，并在得到后者的弟弟加斯帕尔·鲍欣回赠的植物种子后，将它们播种到祖赫男爵的园林。他也与法国植物学者让·罗班（Jean Robin）保持着联系，还在 1602 年接受了这位法国宫廷园艺设计师赠送的来自比利牛斯山脉（Pyrenees）的仙客来。他又与卡罗卢斯·克卢修斯以通信方式，讨论了他在英格兰埃塞克斯郡的科尔切斯特（Colchester）发现的补血草。特别值

① 这是一个人而不是两个。此人先于 1567 年成为苏格兰的统治者，又在 1603 年成为已经于 1555 年形成邦联制的英格兰与爱尔兰的国王，当时苏格兰有自己的议会，并未成为不列颠帝国的一部分，故他没有统一的封号，分别按各自有同名统治者的先后顺序定称号，在苏格兰称六世，在英格兰和爱尔兰称一世。此人在本书中多次出现，以后各处均以英王詹姆士一世简称之。——译注

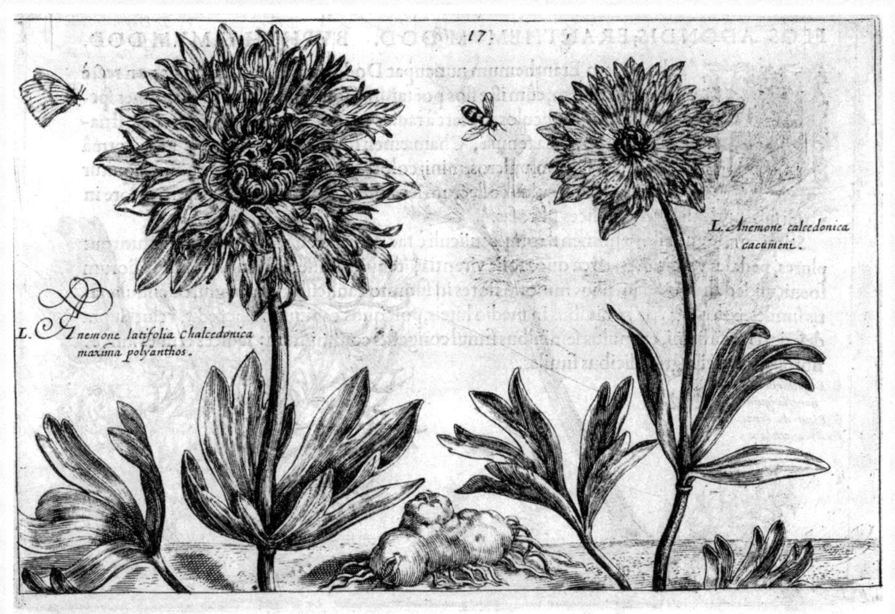

图 129 16 世纪末的欧洲兴起了种植银莲花的时尚。据传意大利的塞尔莫内塔大公弗朗切斯科·卡埃塔尼八世（Francesco Caetani, the 8th Duke of Sermoneta）在意大利中部奇斯泰纳（Cisterna）的私人园林里种植了各色银莲花共 29000 株。图中所示的绘有两株这种植物的图画摘自荷兰出版商克里斯平·德·帕斯（Crispin de Passe）出版的《碧园》（1614）

得一提的是，德劳贝尔去威尔士大大地见识了一番，尽情欣赏了那里遍布的俗称威尔士罂粟的西欧绿绒蒿——有的开黄色花，有的开橙色花。他还将当地植物的威尔士名称记录下来，补充到自己著述的索引上。在汉普郡（Hampshire）距朴次茅斯（Portsmouth）不远的德雷顿（Drayton），他拜访了当年曾以叶片上覆有细粉的报春花相赠的理查德·加思的寡妻珍妮（Jane），接受了她加料醇蜜酒的款待。在从法国逃亡到英格兰的一名胡格诺教徒的后裔约翰·德·弗朗克维尔（John de Franqueville）那里，他第一次亲眼得见甘蔗。比利时商人威廉·博埃尔（Wilhelm Boel）会定期送来自己赴北美洲、法国南部、西班牙和葡萄牙经商时弄到的种子和植株。佛兰德地区的一名有中等职司的神职人员耶罗尼米斯·翁何（Hieronymus Winghe）也曾给过他香瓜子。毕生的研究使他对不同植物的叶子有透彻的了解，并在此基础上提出了一种植物的分类方法。只是这种方法到头来使自己走进了死胡同，还下了若干轻率的结论。比如，他将各种梨树都纳入苹果树一族，还说什么“任何想找出梨树与苹果树区别的尝试都会是徒劳”——恐怕随便找个水果商贩出来，都能结结实实地给他训上一课吧。不过话说回来，他在1581年出版的《草木图谱》中列出的50个表格和由此归纳出的一套“新规则”，至少的确是对植物学者所面临的严重挑战做出回应的一种尝试，绝对称得上是为找到给看来纷纭杂沓的植物进行合理分类所进行的努力。他的方法存在着若干涉及根本的问题，而看到这些问题，或许正能起到防止后人重蹈覆辙的作用呢。德劳贝尔于1616年逝世，葬于海格特的圣丹尼教堂。这座教堂位于一面小山坡上，或许他能从这里俯瞰后代植物学家们在17世纪初取得的新成就吧。

第二十一章

最后一批植物图谱

（1560—1640）

在英国，植物学所需要的好几样重要的“硬件”：大学的附属植物园、医学专业新分设的药草学专业、质量可靠的植物书籍印刷作坊，以及循循善诱的教师，直到 16 世纪结束时都还不曾出现。当马蒂亚斯·德劳贝尔作为一名流亡者来到伦敦时，全英国竟还不曾有一所开设植物专业的大学，植物园也都是私人性质的，如聘用他的祖赫男爵爱德华十一世拥有的园林。另外还有几处类似的植物园，也都是喜欢植物的业余爱好者自己建立的。伯夫利男爵威廉·塞西尔一世在伦敦河岸街和赫特福德郡（Hertfordshire）的西奥博尔德庄园里，各有一处很不错的植物园，两处都聘用约翰·杰勒德管理。此时英格兰的植物学者们也还没有自己的正式学术组织，只在伦敦医药界从业人员会社、伦敦内科医学会和颇具影响力的伦敦外伤救治者行会[1]内各有一些研究植物的学者成员。本书楔子部分提到的在英格兰进行第一次植物考察行的托马斯·约翰逊和一批志同道合者，就都是伦敦医药界从业人员会社的成员。加入不同机构的植物学者固然都热衷于获取有关草木的知识，但又流于只偏重某些部分。像祖赫男爵和伯夫利男爵这样的植物爱好者，反倒比较不偏不倚，不拘泥于医药的角度，只关注稀缺程度。

① 英国外科医师学会的前身。这一组织最早的成员多为救治外伤，并辅以草药治疗的“跌打郎中”，包括兼职给人放血（当时流行的一种以期达到人体内“四素”“四质”平衡的操作）的理发师在内（正因为这一兼职，理发店的门口才会装上表示“内可放血”的红、蓝、白三色条纹的旋转灯——红代表动脉，蓝代表静脉）。——译注

图130 约翰·杰勒德《植物说文图谱》一书的扉页，1597年由伦敦出版商约翰·诺顿承印。围绕标题的花环上展现出多种异域植物，如来自君士坦丁堡的皇冠贝母和新近来自北美洲的玉米

图 131 约翰·杰勒德像。此像绘于他 53 岁时，摘自 1597 年出版的《植物说文图谱》

约翰·杰勒德（参看图 131）16 岁起给剃头兼放血的匠人——社会上给操此种职业的人起了“操刀手”的绰号——亚历山大·梅森（Alexander Mason）当学徒，也将这两样都学将起来。他加入了伦敦外伤救治者行会，而且在会内的位置逐渐上升，1569 年时便独立开业，时年 24 岁。与此同时，他也有了植物搜集家的名气。1596 年，他出版了标题为《约翰·杰勒德的植物园所栽植的物种目录》的小册子，上面共开列出 1039 种草木，都是他在伦敦霍本区（Holborn）的私人花园中种植的。他在这片园林里栽种了“各种各样的奇花、异草、珍木，以及别的新鲜玩意儿。这很让人们吃惊，想不明白以他这样的身份，又没有鼓胀的钱包，如何能达到这般程度”。[1]杰勒德是率先发表稀奇植物目录的第一人。他有一大批有影响的朋友，其中包括英格兰女王伊丽莎白一世（Elizabeth Ⅰ of England）的御医兰斯洛特·布朗（Lancelot Browne），以及伦敦外伤救治者行会会长乔治·贝克（George Baker）等人。他和詹姆斯·加勒特、休·摩根和理查德·加思等一大批在伦敦有出色私人花园的人物相熟，并与他们有互换植物的沟通。以杰勒德之见，加思是一位“可敬的绅士，对奇异草木有异乎寻常的挚爱”，与南美洲有广泛联系，曾从巴西弄来珍奇植物。这位加思还与卡罗卢斯·克卢修斯交情甚笃，曾以一些南美洲草木换来他的黄精根，弄来后又转给杰勒德，用以发展其他联络人，如土耳其公司①雇用的尼古拉斯·利特（Nicholas Leet）船长（他从叙利亚和土耳其进口植物，是杰勒德最早建立起联系的重头人物之一）。离伦敦不远的特威克纳姆（Twickenham）有一位理查德·波因特（Richard Pointer），拥有以树木见长的花园和苗圃。杰勒德也跑去与他交流，这位波因特在果园里养了些兔子，但不是为了吃肉，“只是用来不让草长得太盛”。[2]杰勒德还认识王室的两位管家，一位负责詹姆士宫，是种甜瓜的高手；另一位管理汉普顿宫。他们经常有往来。杰勒德还派自己的一名仆人远赴地中海一带。这名仆人在那里看到了悬铃木和梨果仙人掌，“就在一个名叫臧特（Zante）②的岛上，乘帆船从帕特雷（Petrasse）海港出发，如果不是逆风，一天一夜便可抵达”。法国植物学者让·罗班还从巴黎向他赠送了自己的花园里豆瓣菜结出的种子。

---

① 英格兰一家有政府背景的综合性企业，其运营性质颇类于不列颠东印度公司与荷兰东印度公司。——译注

② 即本书第一章中提到的扎金索斯岛，地处伯罗奔尼撒半岛以西。——译注

在这种形势下，当英国出版商约翰·诺顿（John Norton）决定要将伦贝特·多东斯1583年的重要著述《草木六讲》翻译为英文出版时，想到找约翰·杰勒德动笔，应当说还是比较自然的。还是在1578年时，一位名叫亨利·莱特（Henry Lyte，1529—1607）的人便将这位多东斯的《草木图本》译成了英文（译名改为《草木图谱新志》），结果相当成功。诺顿无疑相信，自己的这一设想也有胜算把握。（16世纪中期的英国人口为300万，到了1651年时已达500万。在这500万人中，至少有50万人是有阅读能力的。书籍已经越来越成为传播理念的途径。在英格兰，印刷业正在促成思想的转变，虽说步伐算不得很大。）莱特本人并非专业植物学者，只是一位植物爱好者，不过为人非常诚实。他在译文中补充了本人加写的若干内容，而在最后印行时，哪些是他翻译多东斯的，哪些又是他自己加的，都认真地给出了标示。然而，诺顿于1597年在伦敦出版的《植物说文图谱》（参看图130）里，却坐实了标明为作者的杰勒德其实是个剽窃者和大忽悠。他本来并不是诺顿为《草木六讲》寻找译者的首选，伦敦内科医学会的一位罗伯特·普里斯特（Robert Priest）医生已经承担了此书的翻译工作，但未等完成便去世了。在杰勒德的一大堆头衔中，有一个是该学会下属药草园的主任，自然不会不认识这位医生，也不会不知道他在翻译什么。然而，杰勒德却在《植物说文图谱》一书中致读者的前言里做了这样的表述："我听说，伦敦内科医学会的普里斯特医生已经接下了多东斯最后一部著述的翻译工作，但他的去世使此工作中道而废。"其实，真相是杰勒德弄到了普里斯特的译稿，然后重新组织了一番，使之更接近德劳贝尔提出的安排设想，然后便以作者的身份交付给出版商，还自许这是他"本人劳作收获的第一批果实"。

约翰·杰勒德在此书的前言中承认，"有些失当之处……没能得到注意——有些是出版方的忽视，有些是作者本人在从事这样一项工作量巨大的任务时出现的偏差，也有一些是工作本身的浩繁所致"。在前言结束前，他又表示真诚希望自己的"良好意愿能够得到真心接纳，相信我已经尽力而为。我还知道，以自己微薄之力完成的发轫之作，将会被具大能为者雕琢成器。特别是我已经打破了坚冰，使水下的沙金得到显现"。

说是沙金，自然就混有沙子。而且与他同时代的一些人还认为沙子部分相当可观。詹姆斯·加勒特便是持这种看法的一位。这位聪明能干的药剂师在一处靠近伦敦城墙的地方辟有一处小花园。约翰·杰勒德就是在那里第一次见识到在英格兰开放的郁金香的。杰勒德还在搞他这本《植物说文图谱》时，加勒特便私下里提醒过约翰·诺顿，告诉他这本书里错误极多。[3]杰勒德是一名植物收集狂，养花种草兢兢业业，发展人脉也干劲十足，只不过他缺乏学者的素养。为了修正《植物说文图谱》书稿中的失误之处，诺顿在加工此书的初版时，请来了马蒂亚斯·德劳贝尔任编辑。他们两人本是好朋友，时常一起到野外“本草行”。一种开红花的蓟罂粟，就是他俩在肯特郡的南弗利特（Southfleet）共同发现的。不久前杰勒德写成的《约翰·杰勒德的植物园所栽植的物种目录》（1596），出版时还同时登上了德劳贝尔写的一篇很有正能量的导言呢。[4]德劳贝尔在《植物说文图谱》的手稿中发现了1000多处错误，然而都被杰勒德气鼓鼓地否定了，理由是德劳贝尔是佛兰德人，对英文中的用语了解有限。而究其真正的原因，其实是由于杰勒德远不及德劳贝尔博学，因此面对后者指出的错误无法反驳，对指责他擅用《新草木本册》（后者与皮埃尔·佩纳合著，1570年由克里斯托夫·普朗坦出版）中的大段内容也无言以对，只好找歪理做挡箭牌了。虽然错误很多，但诺顿还是决定出版这部经历了一波三折的书。不过当考虑到插图部分时，又出现了新的问题。这就是在英格兰还找不出能搞出水平与欧洲大陆于1530—1590年间形成的那五套植物插图相当的人。诺顿倒不是不可以盗用莱昂哈特·富克斯书中的插图——三十多年前威廉·特纳在自己的书中就来过这一手。只是光有这些图还不够。在杰勒德的书中，有许多是特纳所在的时代还不曾为人所知的。使用普朗坦雇人为伦贝特·多东斯的《草木六讲》所制得的图幅自然比较顺理成章，只是多东斯据此提出自己才是作者的可能性便会大大增加。结果是诺顿向法兰克福的印刷商尼古劳斯·巴塞乌斯（Nicolaus Bassaeus）租用了一批木器雕刻师。最后雕成的木刻有两千多幅，其中大约有1800幅用到了《植物说文图谱》上。只是又一种错误出现了：杰勒德分辨不准木刻上的形象，结果往往配到了不当的文字处。

在这本《植物说文图谱》上，只有16幅插图是从不曾有人用过的新图画，包括第一次出现在画面上的马铃薯（参看图132）。对此约翰·杰勒德有这样的描述：“马铃薯天然的生长地是在美洲，它在那里被第一次见识到……我收到的是这种植物的根。此种植物产自美洲的弗吉尼亚［又名诺兰贝伽（Norembega）］，它在我

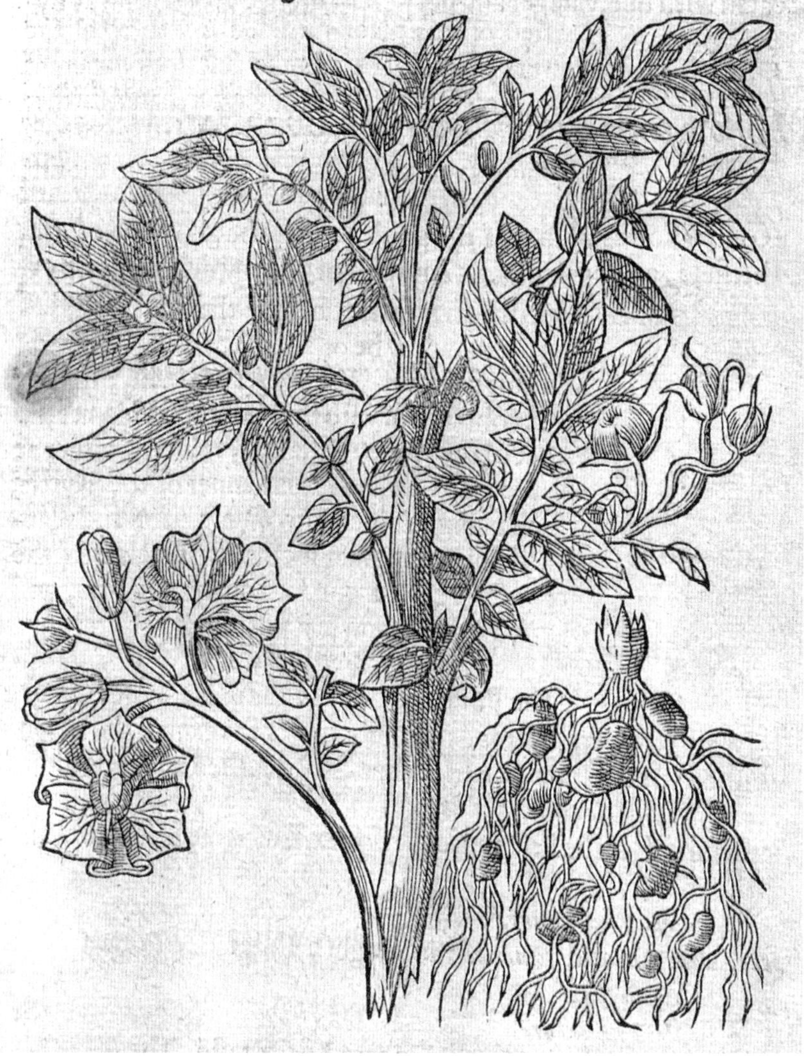

图 132 马铃薯图。这种植物并非如约翰·杰勒德所说来自北美洲的弗吉尼亚，而可能是 1586 年由弗朗西斯·德雷克从南美洲哥伦比亚的卡塔赫纳带回英格兰的。杰勒德在《植物说文图谱》（1597）中特别推荐的食用方法为“煮熟后拌油、醋和胡椒粉同食，亦可请高明厨师加入其他作料烹调”

的园子里长得很好，就如同在原产地一样。”不过他在此书的最后部分加上了另一种植物的插图和叙述，可就说不上明智了。他所加的这种植物就是所谓的“雁崽树”（参看图 133）。按照他的介绍，从这种奇妙的“植物”上长出来的不是叶子而是大雁。他告诉人们说，此树乃“此地”——换成“全世界”亦同样当之无愧哉——“的一种神奇之物”。它们长在北苏格兰的奥克尼群岛（Orkney Islands）一带，“树上会长出一些蚌壳样的东西来，是白色的，到后来就成了棕色的，里面包着小小的活物。到它们长成时，像是蚌壳的东西便会张开，里面的小活物便会出来，落入水中便成为幼雁，我们称之为树雁，而北英格兰那里管它们叫蚌壳雁，兰开夏郡（Lancashire）那里的叫法是树野鹅。只不过它们如果不能落入水中，落到地上就会死掉，便什么都不是了”。

约翰·杰勒德自己也承认这只是听来的。然而另外一种类似的东西，他却说是“亲眼见到，亲手触过”的。据他讲，在兰开夏郡的一个名叫富尔德斯石堆（Pile of Foulders）的岛屿，岛上毁弃的船骸滋生出一些泡沫状的东西，日久天长，泡沫就变成了贝壳——

> 它看上去外表很像蚌，只是两头更尖些，壳色也发白。壳里有一条像是蕾丝花边样的东西，颜色是白的，样子很精致；它的一端如同蚌或者牡蛎那样连到壳体内里，另一端紧紧地附着在外面的无论什么东西上。壳里面会慢慢长成一个鸟形。等到鸟形长全了，蚌壳便会张开，从壳里出来的先是那条蕾丝花边样的东西，然后就会伸出两条鸟腿，鸟儿不断地长大，蚌壳也越张越开，到了后来，除了鸟喙还留在壳内，其他部位都到了外面。再过一小会儿，鸟喙也会出来，这只鸟就完全独立了。它会留在海上，长出羽毛来，就是一只完全的鸟儿了，个头比野鸭大，比大雁小，腿和喙都是黑的。[5]

早在 13 世纪时，大阿尔伯特便曾肯定地下结论说，所有的鸟都无一例外是由蛋孵化的。约翰·杰勒德却轻信传闻，在理性上反而不及前人。不过他其实也是想对观察到但不了解的自然现象做出解释。当时的人们还不知道有些鸟类是年年都要迁徙的，因此对突然“凭空”出现的大雁群惶惑不解。要解释此种观察结果，以当

图133 刊登在约翰·杰勒德的《植物说文图谱》(1597)中的一幅“雁崽树”，还加上了一个拉丁文名称*Britannica concha anatifera*以壮行色

时的认识而论，“雁崽树”的说法倒也未必比别的解释更不靠谱。

约翰·杰勒德功利心很强，还是一个实用派人士。从他在伦敦外伤救治者行会中地位上升的速度——他在1608年被选为该会会长，坐上了头把交椅——可以看出他是个善于交际的人物。不过要是同马蒂亚斯·德劳贝尔和威廉·特纳相比，他的眼界便有些褊狭，基本上限于伦敦这个范围。他30岁前后曾出过远门，但一生只有这一次，据信是在一艘商船上任随船医生，而该船走的是俄国、丹麦、瑞典和波兰一线，因此不可能像特纳那样，有着对欧洲各国情况与植物的扎实了解，更不具备德劳贝尔那种语言天赋和攻读精神。特纳毕业于剑桥大学，德劳贝尔在蒙彼利埃大学深造过，而杰勒德的青年时代并非在这样的学术氛围内度过。他的正规教育只是在出生地小镇楠特威奇（Nantwich）接受了几年基础教育，17岁便成为一名学徒，接受过“操刀手”的训练。他的专长是“干”而不是“想”。他将《植物说文图谱》一书题献给对他有提携之恩的伯夫利男爵威廉·塞西尔一世。他在这篇恭维气味很重的题献词中，这样提到了自己的成就——

> 在此崇高的事业之岛上，我为一个宏大而单一的目的工作着，为之添加上我以种种方法得到的来自异域他方的各色植株。为使这些草木能够在这里的土地上生长，适应这里的气候，不但得以存活，而且能如在本土一样繁茂，我是付出了心力的。至于我得到的成功，以及我的目的是什么，都体现在这本书中，也都在阁下的园林中和我本人的一小块供我满足特别爱好的园艺天地里得到了实现。[6]

这番话并非学者的立言，而是园艺师的自述。约翰·杰勒德的《植物说文图谱》是一部草木大拼盘，突出的是品种之繁，强调的是外观之美，几乎没有涉及研究植物的内在理论。全书正文分成三个部分。第一部分是按照马蒂亚斯·德劳贝尔提出的以叶子为分类依据和排序方法，将资料进行了大致的重新编排。只是与此同时，他又加上了自己的看法，说倘若介绍“任何谈论植物大致分类的古怪内容”，或者罗列“草草木木在这里或那里的不同名目——而且多数还是我们这些凡夫俗子的舌头绕起来费劲的拉丁文”，都未免会显得冗长枯燥。其实，寻找植物世界中存在的秩序，发现其可以用于清楚划分的特性，本是重要而有趣的，只是杰勒德天生不是干此种事情的材料。这一部分的内容有“饲草、杂草、芦苇、禾谷、菖蒲”，以及“种种鳞茎即根部有如葱头的植物……它们都以优美奔放的花朵点缀着人们的花园，满足的是眼目而非口腹”。在第二部分，他收入的是“多种可用于食物、医药，以及有甜美香气的草类”。第三部分更是个大杂烩，有乔木、灌木、果实、“树脂、玫瑰、石楠、苔藓、蘑菇、珊瑚[①]，而且每样都不止一种”。

这本书中没有任何有创见的突破。可为什么约翰·杰勒德成了重要人物呢?《植物说文图谱》的通俗易懂是不可忽视的原因之一。他的行文生动活泼。比如，在介绍他所说的“白噎根草”——其实是藜芦的一种时，他就形容它的叶片上“生有褶皱，就像胸口部位打了褶子的衣服”；提到银扇草的种荚时，便说它的最内里的一层“薄得透亮，有如刚裁剪下来的一片白缎子”。他特别中意适于商业化的花卉，如银莲花和石竹之类，都是16世纪末时在园艺爱好者圈子里大行其道的植物。很宽的人脉使他能够详细掌握种种来自美洲的新植物的情况，而这些草木——玉米（参看图134）、马铃薯、草茉莉、烟草、向日葵，还有仍被视为有催情作用、因此得名“春果”的西红柿，都是英格兰的植物学者、园艺爱好者和苗圃师们极感兴趣的。对于西红柿，杰勒德说它——

> 生有长长的茎或者说枝，切口是圆的。叶片很大，边缘有很深的锯齿口……开黄色花朵，花茎短小，密集成簇地长在叶丛中。花谢后便长成形如苹果的果实，果实漂亮，但长得不很均匀齐整，往往成团地聚在一处。果皮又红又亮，大小有如鹅卵。果肉呈红色，柔软，含大量浆液，还有大小有如麦仁的颗粒。[7]

约翰·杰勒德给出的种种植物的生长地点相当具体，这便为后来形成英格兰的植物区系地图以及理解其形成如许分布的原因打下了基础（尽管他本人当时并无此意）。他提到次数最多的地方是伦敦及周边地区，如马盖特（Margate）、拉伊（Rye）、哈里奇（Harwich）等地。举例来说，他告诉人们，一种俗名为跌打绒毛花的草，

① 珊瑚曾长期被认为是植物，18世纪才被最终定为动物。——译注

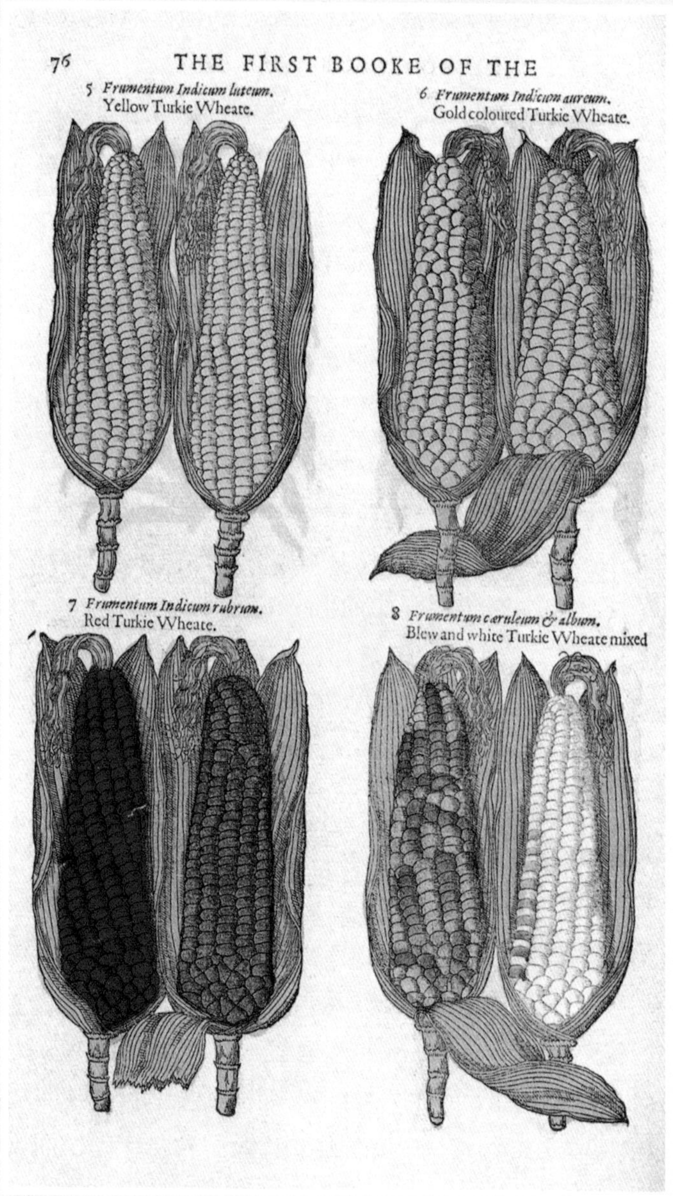

图 134 曾被欧洲人称作“土耳其麦”的植物，其实既不是麦子，也并非来自土耳其。它们是从南美洲传来的玉米，学名*Zea mays*。摘自约翰·杰勒德的《植物说文图谱》（1597）

他是在伦敦北郊的汉普斯特德丘地找到的。“如果从伦敦市区前去，向烽火台的方向走，它们就在离该台不远的右手一侧，附近有个大坑，里面都是石头。布莱克希斯镇（Blackheath）那里也有，从伦敦沿着去往格林尼治的大道走便可到达，地点在距离小镇半英里处”。他又说，补血草在“格雷夫森德要塞的石墙上大量生长”，还见于肯特郡查塔姆为国王专建的私人库房附近，以及“谢佩岛上名叫国王渡的摆渡口一带”。他还提到：在“南安普敦伯爵领地的砖墙上”，看到的草甸虎耳花；“在河岸街时任财政大臣的宅邸内”，有漂亮的悬铃木；“从兰贝斯宫到老伦敦城外巴特西（Battersey）的沿路草地上”，有亮黄色的毛黄连；“在汉普斯特德丘地的湿地上”，有盛开粉色花朵的黄芩。而这片湿地，是“1590年时伦敦市长约翰·哈特（John Harte）爵士这位有心人开地掘泉形成的。当时我曾与爵士一道工作，并为在泉水处发现这种先前无人知晓的花草而欣喜”。除了伦敦，往北他最远大概只到过剑桥郡。他说曾在那里见识到非常漂亮的开紫花的白头翁草，“有好大一片，开放在离剑桥市六英里的一个名叫辛德珊村（Hildersham）的一片牧场上，牧场是属于教区牧师的”。[8] 他的出生地柴郡（Cheshire）是他到过的最西北之地。他记得，在此郡的一个叫作比斯顿城堡的高墙上，看到过岩生脐景天。

《植物说文图谱》取得成功的另一个重要原因，是此书的出版，没有采用印行威廉·特纳的著述所用的当时通用于印刷业的夸张华丽而难以辨认的哥特体，而是用了简单明快的字体。此类易于阅读的字体在英国得到普遍采用，与约翰·杰勒德建立起来的广泛联系有关，也是英国的读书人日见其多的结果。登比郡（Denbighshire）出身的政治家与诗人约翰·索尔兹伯里（John Salusbury，1567—1612）就在他自己的一本《植物说文图谱》上，以加注方式写下了该郡的植物信息，还补充了书上所列物种在这一地区的生长地点，以及与书中所述有所不同的开花时令。别的一些人也有类似的做法。索尔兹伯里还在《植物说文图谱》的向日葵插图上，添上了一句表示满意的话说：“这种漂亮的硕大向日葵，1607年在我的花园里也长得同此图一样完美。”诸如此类的知识交流、信息补充和意见反映，虽然不无琐碎，但归根结底都起到了促进植物辨识和统一名称的作用。约翰·杰勒德的这本书虽然颇多瑕疵，但仍然对此做出了贡献。

约翰·杰勒德也试着种植过丝兰，但直到他去世，也没能看到它开花。丝兰是

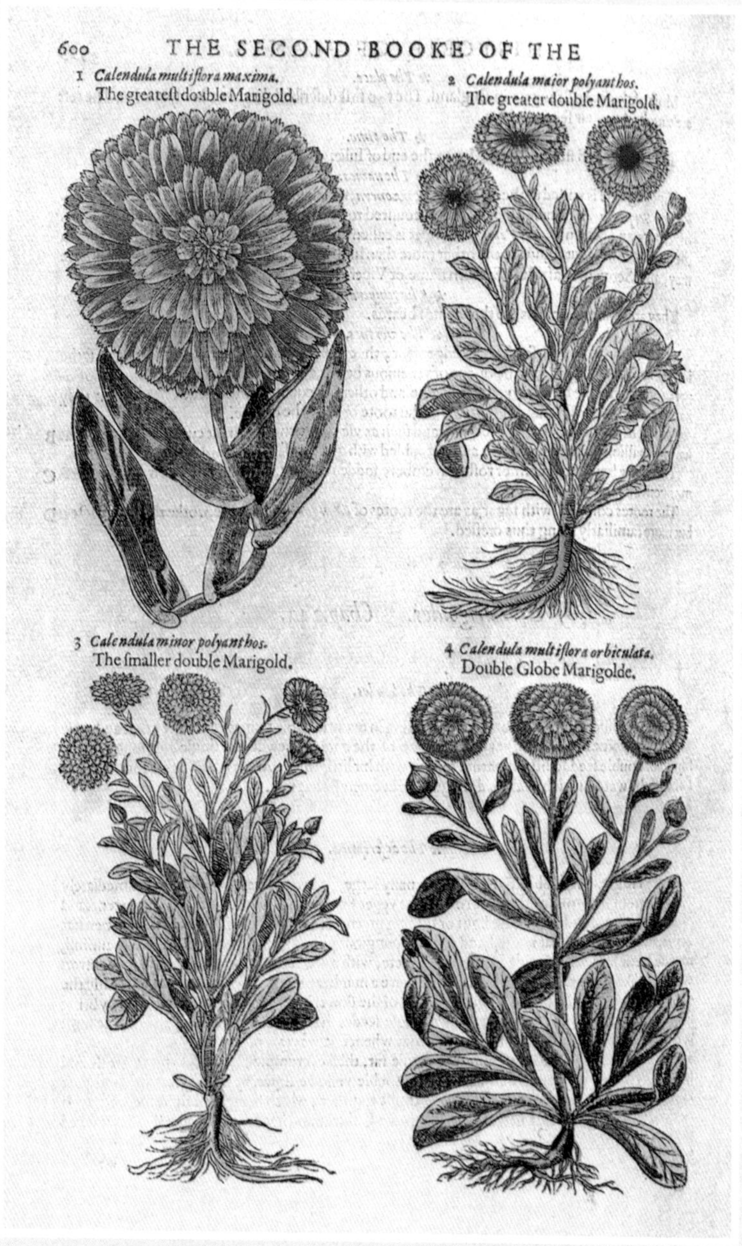
600 THE SECOND BOOKE OF THE

1 *Calendula multiflora maxima.*
The greatest double Marigold.

2 *Calendula maior polyanthos.*
The greater double Marigold.

3 *Calendula minor polyanthos.*
The smaller double Marigold.

4 *Calendula multiflora orbiculata.*
Double Globe Marigolde.

图 135 几种在英国生长的金盏花（学名 *Calendula officinalis*）的亚种。摘自约翰·杰勒德的《植物说文图谱》（1597）

最早从美洲引入欧洲的物种之一，其拉丁文和英文名称都是 yucca。其实这只是讹传的结果，因为他误以为北美洲原住民就用这种植物的块根制取一种可食用的淀粉，其实那是另外一种名叫木薯的植物，而这种植物在一些地区被叫作 yuca，读音与 yucca 是相近的。杰勒德 1593 年得到了丝兰，是“埃克塞特（Excester）一位博学能干的药剂师托马斯·爱德华兹（Thomas Edwards）让一名仆人送来的”。他很以拥有这一稀有植物骄傲，但使它在欧洲开花的荣耀没能属于他，而是最终落到了埃塞克斯郡北奥肯登（North Ockendon）的植物学者威廉·考伊斯（William Coys）头上。《植物说文图谱》里说，丝兰的叶片“像是一只只小舢板”，四季常青，“难以抵御我们这里的寒冷气候，因此需要有所遮盖”。杰勒德栽下的丝兰没能成活。不过他生前曾将一小段叶片切下[①]送给巴黎的让·罗班，后者的儿子韦斯巴西昂·罗班（Vespasien Robin）又从种下成活的叶片上，取下一块赠予杰勒德的另外一位联络人约翰·德·弗朗克维尔（也是马蒂亚斯·德劳贝尔的相知）。弗朗克维尔在伦敦的花园里，栽种了甘蔗和菊芋等不少稀罕草木。他得到这段丝兰后，又分出一些来，给了英王詹姆士一世的特供药剂师约翰·帕金森。这位帕金森想给丝兰另起一个名字，以厘清它与木薯的区别，不过为时已晚，丝兰的英文名称 yucca，就这样甩也甩不掉地定了下来。

约翰·帕金森也写过一本题为《阳光下的天堂——地上的天堂》的书，出版于 1629 年（参看图 136），是继约翰·杰勒德的《植物说文图谱》之后在英国出的下一本植物书[②]。作者在此书的引言中表示，如果这本书受到欢迎，他还准备再写一本水平超过《植物说文图谱》的著述，题目都拟好了，就叫《百草之园》。消息一出，亚当·伊斯利普（Adam Islip）、乔伊斯·诺顿（Joice Norton）和理查德·惠特克（Richard Whitaker）——这三个人是约翰·诺顿印刷事业的接班人，不想让帕金森出这个头，遂决定将杰勒德的原书修订后再版，以弥补帕金森指出的此书的种种不足之处。这三人立即着手寻找同意在一年期限内完成修订工作的人选。此事

① 这是为了供繁殖用。除了有性繁殖方式，丝兰也可以以分株和扦插的方法进行无性繁殖，而此种植物的有性繁殖需要由特殊的昆虫授粉，故后两种方法在非原产地成功的可能更大些。——译注

② 严格说来并非下一本，杰勒德在出版了《植物说文图谱》一书后，过了两年又出版了一本《珍奇植物目录》，但与《植物说文图谱》在性质与目标读者上均有较大不同。——译注

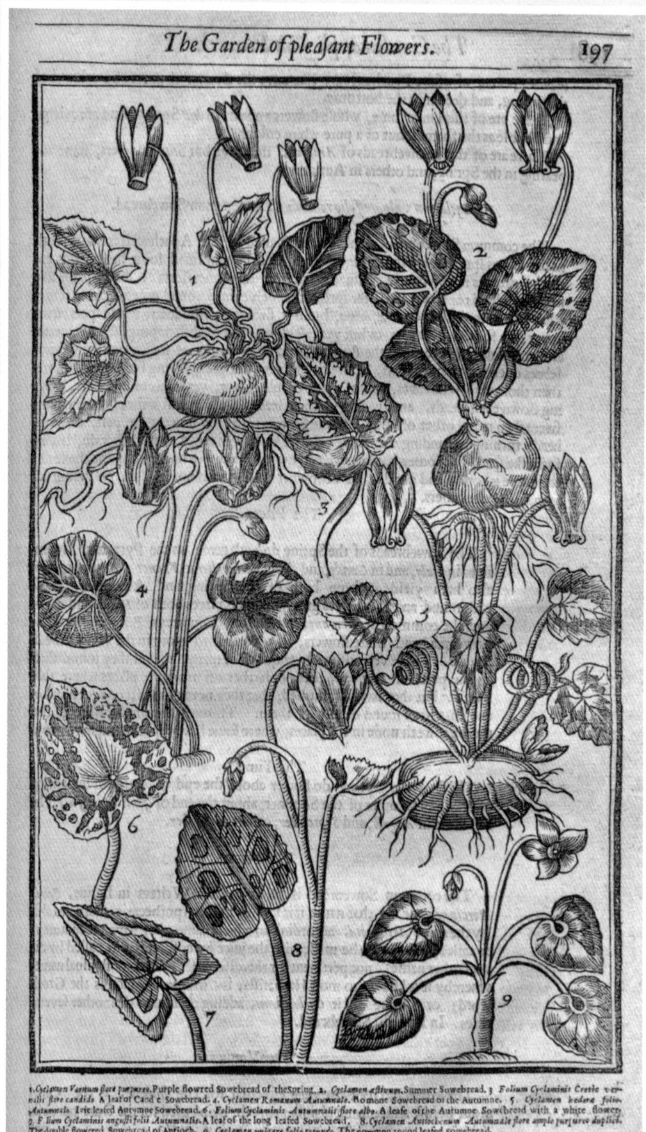

图 136　春秋两季都会开花的仙客来［看上去似乎给出了两种：一种可能为小花仙客来（学名 *Cyclamen coum*）；另一种估计是常春藤叶仙客来（学名 *Cyclamen hederifolium*）］。摘自约翰·帕金森的《阳光下的天堂——地上的天堂》（1629）

相当困难，但到头来还是做到了。1633 年时，修订版的《植物说文图谱》以《全面修订版植物说文图谱》的新标题[①]问世，售价分两种，散页 42 先令 6 便士，装订本 48 先令。新版的文字部分只有原书的一半，插图共 2765 幅，都是从克里斯托夫·普朗坦那里拆借来的“拉郎配”。插图之多，实为所有植物图谱之最。而接下修订任务的不是别人，正是前文提到的那位曾于 1629 年牵头，与伦敦医药界从业人员会社的一批同人进行了肯特郡植物搜寻之旅的托马斯·约翰逊。

这位托马斯·约翰逊在进行创造历史的植物搜寻之旅时，年龄为 28 岁上下，刚在药店老板威廉·贝尔（William Bell）那里学徒八年满师自立。1628 年 11 月 28 日，他“通过资格考试，得到了药剂师执照”。约翰逊与约翰·帕金森交好，对后者的《阳光下的天堂——地上的天堂》也有很不错的评价。不过，他本人更感兴趣的并不是帕金森和杰勒德情有独钟的园林草木。他有一个长远目标，就是在各地通信联络人的帮助下，完成对不列颠全岛植物的调查编目。单是在肯特郡一地进行的第一次旅行，就发现了约 150 种原先不曾记录在本岛任何资料上的植物。年轻的意大利植物学者乌利塞·阿尔德罗万迪曾在 1557 年进行了欧洲的第一次植物调查之旅，赴意大利境内的锡比利尼山脉跋涉一番。约翰逊就以他为榜样，在不长的人生历程中，发表了四篇在不同地区进行的植物调查报告。1629 年对肯特郡的调研报告，以《对肯特地区植物的十人考察报告》这一标题发表，其中也包括了随后对汉普斯特德丘地的考察内容。第二轮去的地方仍然是肯特郡，前后共去了数次，调研结果发表为《数次植物考察记》（1632）。第三篇和第四篇其实是一份报告分为两个部分，以《再记数次短期植物调研》的同一标题，分别在 1634 年和 1641 年发表，记叙了他在西南英格兰、威尔士和英格兰最南端威特岛郡（Isle of Wight）的旅行调查。他的西南英格兰和威尔士之行是在他对《植物说文图谱》的修订工作结束后进行的。这四篇报告，都是在全英格兰发表的最早的植物调查资料。

---

① 这一工作是将约翰·杰勒德出版于 1597 年的《植物说文图谱》（*Herball, or General Historie of Plants*）进行全面与彻底的大力修订后出版，并在原书名后附加了一个“尾巴”——“约翰·杰勒德原作，并经伦敦药剂师托马斯·约翰逊大力修改订正之植物说文图谱”（全名为 *The herball, or generall historie of plantes, gathered by John Gerarde of London, very much enlarged and amended by Thomas Johnson citizen and apothecarye of London*）。此中译本中将该修订版的书名译为《全面修订版植物说文图谱》。——译注

图 137 香蕉（学名 *Musa nana*）。托马斯·约翰逊曾将这种植物挂在自己的药店门外展览，给了伦敦人第一次见识的机会。这幅插图就是他给《全面修订版植物说文图谱》（1633）提供的

从 1597 年约翰·杰勒德出版的《植物说文图谱》，到 1633 年经托马斯·约翰逊大加改动后问世的《全面修订版植物说文图谱》，其间相隔了三十六年。在这段时日里，正确鉴别植物的工作取得了长足进步。约翰逊在《全面修订版植物说文图谱》中写了一篇致读者的附文，文中提道："关于约翰·杰勒德先生，我说不出什么来。他的主要贡献是出于良好的意愿写了一本书，却未能很好地完成，部分原因是学识上的欠缺。"[9] 在《植物说文图谱》的扉页上印上了四个带有古典色彩的人物，手里持握着银莲花、皇冠贝母和并不很像的玉米等植株。而在《全面修订版植物说文图谱》这一"经伦敦药剂师托马斯·约翰逊大力修改订正"的版本上出现的人物，一位是神情严肃的泰奥弗拉斯托斯，穿着人字带拖鞋站立；另一位是当过军医，因此一身戎装的狄奥斯科里迪斯。这一新版书中写进了对 2850 种植物的描述，其中至少有 800 种是约翰逊新增添的。他还加进了 700 张新插图，包括一张他自己画的一大丛香蕉（参看图 137）。这是这种植物第一次出现在书册上。这串香蕉是伦敦内科医学会会长约翰·阿金特（John Argent）得自百慕大（Bermuda）的关系户，得到后又在 1633 年 4 月 10 日转送给了约翰逊。约翰逊得到后，便挂在了他在伦敦的药店门前，造成了好一阵轰动。自从有了这幅香蕉图，英国人才知道香蕉的种子是沿着果实的中脉一路排开的，以及香蕉蒂生有与众不同的截面。香蕉成了大名鼎鼎之物，甚至出现在《全面修订版植物说文图谱》的扉页上，而且被摆在杰勒德画像左边花瓶最顶端的神气位置上。约翰逊是这样介绍香蕉的："在 5 月初前后成熟，并可维持到 6 月。果肉绵软，味道有些类似于香瓜。"[10]

第二十二章

接棒的英国人

（1629—1664）

威廉·特纳是用英语写出第一部植物著述的人。只是他生不逢时，终其一生，总是既不得天时，也不占地利。写出的书不止一本，却难得觅到知音。倒是托马斯·约翰逊得到了发扬时代精神的大好机会。到了他生活的年代，与植物打交道的一代新人已经不再满足于旧有的观念了。他们一步步地前进，将种种有关植物的无稽传言和虚妄迷信丢到脑后。约翰·杰勒德放进《植物说文图谱》中的“雁崽树”，被约翰逊剔出了《全面修订版植物说文图谱》。取得知识的途径不再是一味继承传统，而是建立在扎实观察的基础之上。研究植物成了领悟文化、提高修养的必经之路。彻伯里男爵爱德华·赫伯特一世（Edward Herbert, 1st Baron of Chirbury）的一席话很能代表新一代业余植物迷的观念——

窃以为植物之学确为良益之识，应为上等人熟知，以了解诸般草木本性。彼等与人共存，供众驱用，故当有优良书籍问世，备有图像及解述文字，并包纳诸种吾英格兰之所产，继以按频生之地列之：常生道旁者、杂处草丛者、聚于河湖者、丛生泥沼者、见于田亩者、高栖山地者、依石傍砖者、喜有荫庇者、不惧盐碱者……俟得此等图册，便或可自携，或由仆负，行近赴远，按图索骥焉。若图像所示花朵着色得宜，则查找笃利。凡经此历练者，若再逢种种草木，无论其为本地所产、舶来之种，或为移栽之品，自不难一一区分也。[1]

图 138 多姿的雏菊（学名 *Bellis perennis*）。摘自约翰·泰奥多尔·德布里《新花卉图样集》的 1641 年更新与增补版

《全面修订版植物说文图谱》迅速受到一些读者的欢迎。1637 年 7 月 2 日外交家、时任伊登公学校长的亨利·沃顿爵士致函托马斯·约翰逊，表示“谨命我的仆人转致两点——或说三点请求。一是请告诉他哪里可购得你修订过的杰勒德的著作，要装订好的本册；再是知会他可从何处买来各种颜色的石竹。我打算在自己的花园里栽种。指点一下其他能够吐芳释香的花卉也可以”。[2]

若干年前，托马斯·约翰逊伙同伦敦医药界从业人员会社一批同人所进行的那番夏季“本草之旅”，便正是受到这一理性问考精神激励的结果。这支浪漫精神十足的队伍中包括了为约翰·帕金森的《阳光下的天堂——地上的天堂》大唱赞歌的威廉·布罗德（William Broad），以及前文提到的那位因无行医执照入狱的约翰·巴格斯［后来便与医药绝缘，投身戏剧，并一度成为得到英王詹姆士一世的长女、流亡的前波希米亚王后伊丽莎白·斯图亚特（Elizabeth Stuart）资助的“波希米亚王后剧团”的成员］。他们的第一次肯特郡之旅（1629 年 7 月 13 日开始）记录下约 270 种植物，其中并不包括乔木和灌木，只调查了罗切斯特和格雷夫森德一带的原野、耕地和海滩处的小型植物（参看本书 6—13 页部分）。约翰逊有关这次旅行调查的报告［《对肯特地区植物的十人考察报告》（1629）］没有用英文发表，用的是拉丁文——有可能是为了强调一下本人的文化水平，也可能是考虑到此报告的目标读者为以拉丁文为行业用语的药业同人，还可能是当时的普遍观念认为拉丁文比英文来得“科学”，因而以此突出该报告严肃的学术性。以促进自然知识为其宗旨的英国皇家学会当时尚未成立。不过他们的行动也得到了支持。支持之一来自伦敦医药界从业人员会社的监理托马斯·希克斯（Thomas Hicks）。他在“得知我们在过去的几年间一直坚持不时地拿出三四天时间赴野外了解植物的自然状况后”，便在 1632 年“不仅一如既往地表态支持，还答应亲身参与部分环节，更支付了超出本人参加份额的费用”。对此，约翰逊和他的小队“同意他参加，并因其认为此等事宜值得行动而感到鼓舞”。就在这种支持下，一批志同道合者——约翰逊和他的几位朋友：威廉·布罗德、伦纳德·巴克纳、罗伯特·拉金，还有詹姆斯·克拉克（James Clarke），便在这一年的 8 月 1 日一早在希克斯家聚齐，共进了一顿预祝成功的早餐，随后便出发，进行下一轮野外调查——

> 登上一只平底船，升起船帆，被风儿送离伦敦。我们一行人在天黑前走了 10 小时，行程 60 英里。大家在萨尼特角（Thanet）的一堵白垩石峭壁下靠岸，准备在这里过第一夜。此地名叫马盖特湾（Bay of Margate），有不少浮木堆积在海边，人们将它们捆扎在一起，再加上石块，便形成了一处泊船的好地方。将船系停在这里后，我们便前去一家小店投宿。这里的条件很不错，既方便又舒适，店主理查德·波拉德（Richard Pollard）更是关心体贴。我们在此逗留期间，他一直陪着我们，我们离开时，他也没有像有的店家那样多方揩油。[3①]

托马斯·约翰逊第二轮旅行调查仍在肯特郡进行，去的是比第一次更远的东部地区。他们离开马盖特湾后，便取道魁克斯园（Quex Park）前往桑威奇（Sandwich）。魁克斯园是经营羊毛业的魁克斯（Quekes）家族的私人园林，是约翰·杰勒德熟知的植物园。到达桑威奇后，约翰逊一个人去海边见识了一下英格兰国王亨利八世建于 1539 年的桑当堡（Sandown Castle）要塞，其他人则在当地一位教师的带领下，看了看桑威奇周边的棱堡和城墙——“年代久远，半数倾圮”。全体聚齐后，他们一道去参观了在此定居的佛兰德人卡斯帕·尼伦（Caspar Niren）的花园，对园里栽植的甜没药、光果甘草、拳参和一种开粉色花的荚蒾大为赞赏。这一行人又拜望了当地的药店老板查尔斯·达克（Charles Duck），在他那里见识到“一件难忘的物什”——

> 这件“爱巴物儿”——不妨就这样称呼它吧，是一条大蟒，长 15 英尺，比人的手臂还粗。我揣测这是一条海蟒，不过不大有把握。这条大蟒是两个人在海边的一处沙丘上看到它后，用鸟枪击中头部打死的。这里野兔很多，当时它正在捕食，从它肚子里剖出的死兔子便证明了这一点。这两个打死大蟒的人又将它弄到我们的好朋友查尔斯·达克这里，用它换来了可观的报酬。将这条蟒的肉取出来后，在皮里楦上干草，便成了他的一件有意义的收藏品。

① 本段引文的来源在尾注 3 中给出。本章后面的几段没有标出出处的引文均为同一来源。——译注

离开桑威奇后，这一行人又去到坎特伯雷，在那里参观了大教堂——“一度因托马斯·贝克特（Thomas Becket）① 的圣龛声名大噪。而在这座圣龛上，黄金乃是价值最低的部分”。[4] 在返回伦敦的路上，他们又顺着以前曾走过的道路来到法弗舍姆（Faversham），拜访了另一位当地药店老板尼古拉斯·斯韦顿（Nicholas Swayton）。这位店主的花园里种了不少既能创收又可赏心悦目的草木，有来自美洲的紫菀、越冬罗兰、耧斗菜、珊瑚叶薰衣草、罂粟、仙客来、短舌匹菊，还有虽为草本但高可过人、大量用于外敷的草木樨。“在格雷夫森德等了一阵子后，正当河水因涨潮而开始向上游涌动时，我们恰好赶上了一艘要回伦敦的八桨大船。大家衷心感谢上帝恩赐我等的诸多恩惠，并立志为公众福祉尽力。阿门！”

公众福祉——这正是托马斯·约翰逊这位朝气蓬勃的青年药剂师的原动力。他很为自己的职业自豪，同时也看到了本业界对药用植物的了解严重不足，与草药贩子打交道时极容易弄错或上当。他们的这第二轮旅行调查，最直接的目的就是“通过发现植物之举”了解草木的真实形态。在英格兰药剂师们的药典里，本地植物仍然是大宗，因此本土调查行更为意义重大。不过从约翰逊写进第二次肯特郡之行报告（1632 年发表的《数次植物考察记》）的引言中便可以清楚地看出，在他加入的医药界从业人员会社里，并非所有人都有这种认识。他在报告中抱怨说：“有些人不但嘲讽我们是在白搭功夫、做表面文章，还讥笑说弄得再准也没有什么用，知道名称、能从货架上找出来就已经足够了。”这番话大概针对的是习惯了传统做法的老一辈药剂师吧。不过他也指出，“当年建立起这一行当的前辈们可并非这样无知、如此怠惰的”。约翰逊不惮利用一切机会——在他的四篇旅行调查报告里，在他编校的《全面修订版植物说文图谱》里，指出药剂师极可能因知识不足而损己害人的可能性。他在此书中是这样介绍毒参的：“离兰贝斯区（Lambeth）的马拉绞车轮渡下游不远处有一个约克公馆，公馆对面的湿地上就长着这种东西……都到了现在，还有人将这种害人之物的根买来当欧当归根用（结果大概不难想见）。这种无知是不能原谅的。我知道，在伦敦的市场上，每天都有些缺少知识的人，将这种

① 此人为英格兰国王亨利二世（Henry Ⅱ of England）在位时的大法官，后任坎特伯雷主教，因反对亨利二世对教会的干涉，请求教宗亚历山大三世（Pope Alexander Ⅲ）干预而触怒王室，于 1170 年被四名男爵刺杀而殉道，故被教宗于 1173 年封圣，在坎特伯雷大教堂立龛供奉。——译注

东西说成是什么‘水生欧当归’，兜售给更不懂行的人。”英格兰南部和西部都有毒参，多生长在沟渠和湿地，比欧当归容易采到。然而毒参的所有部分，无论是根、茎还是花，都有很强的毒性。约翰逊意识到，这是必须让药剂师们和药店老板们认识到的紧迫问题。

从托马斯·约翰逊的著述中列出的参考文献不难看出，他是读过很多书的。狄奥斯科里迪斯等古人的著述，意大利植物学者乔瓦尼·波纳（Giovanni Pona）有关巴尔道山脉（Monte Baldo）的植物目录，另一位意大利人普罗斯佩罗·阿尔皮诺（Prospero Alpino）1592 年对埃及草木的介绍，法国企业家、学者、旅行家与苗圃专家皮埃尔·贝隆撰写的书籍，法国植物学者让·罗班的《巴黎地区植物名录》（1597），威廉·特纳和约翰·帕金森这两位英国植物学者的著述，都是他攻读过的。至于卡罗卢斯·克卢修斯、伦贝特·多东斯和马蒂亚斯·德劳贝尔这三位同是佛兰德人，又处于同一时代的俊杰所写的东西，认真拜读就更是自不待言。英格兰的植物学研究在 17 世纪上半叶逐渐有了起色，究其原因，人们的普遍看法为，一是有关著述的出现，二是诸多热心的植物爱好者的普遍关注。约翰逊在结束第二轮肯特郡的旅行调查后，便马上投入到《全面修订版植物说文图谱》的工作中。他在此书中特别彰明了后一种贡献的作用，如一位约翰·腾斯托尔（John Tunstall）爵士让他注意其花园中的一种特别的秋水仙。又有一位绅士托马斯·格林（Thomas Glynn）也从自己在格兰尼封郡（Caernarvonshire）[①] 的花园送来一株开红花的仙女木[②]。一位爱德华·赫伯特（Edward Herbert）勋爵的家族牧师威廉·库特（William Coote）让他知悉一种鹰爪草的存在。同他一起进行了前两次肯特郡之旅的伦纳德·巴克纳，向他提供了一种杉叶藻的若干细节。约翰逊本人也同纳撒尼尔·赖特（Nathaniel Wright）一道，在埃塞克斯郡发现了琉璃繁缕属中的一个新物种。由于当时没有地图可资参照，判明种种植物的准确生长地域是件很犯难的事。这便使他只好将发现此新物种的地点记录为“在纳撒尼尔·赖特的兄弟约翰·赖特（John Wright）住家附近以他家的姓氏定名的赖特桥的桥脚处”。

① 威尔士的旧郡之一，现已分别划归其东面和西面的两个郡。——译注

② 仙女木这种蔷薇科亚灌木通常开白花。——译注

图 139 法国艺术家达尼埃尔·拉贝尔（Daniel Rabel）在《花草荟萃》（1633）一书中给出的 17 世纪园林的设计模式

托马斯·约翰逊的职业是药剂师，其实说他是一名植物学家才更准确些。1641年，他进行了一次威尔士之旅，在英格兰和威尔士两地先后共对25个郡做了考察，并将有关见闻都写进了《再记数次短期植物调研》，包括他与同伴们在第四次旅行时，在斯诺丹山（Snowdon）饱览百里香、景天、草甸虎耳花和堇菜的体验。[5]搜集和分类本是约翰逊的强项，而且到了这个时候，这些工作对于起步晚于欧洲大陆的英国的植物研究已经成了必须做的工作了。只是全面修订约翰·杰勒德的《植物说文图谱》一书，让他无暇考虑这一迫切需要。也许他也未必特别属意于进一步推广马蒂亚斯·德劳贝尔针对植物中的若干特定组群予以分类的做法。但对后者所做的工作，他无疑是十分赞赏的，因为在他引用的参考文献中，要数这位德劳贝尔的最多，不但在《全面修订版植物说文图谱》上，也在自己的旅行调查报告中。但在事关分类上，他还是显得并不是很积极。比如在他提到有关灯芯草的一章中，他就只是草草地说了这样的话："我无意于在此一一列举种种灯芯草并加以明确区分。因为这样做只会既耽误读者诸君的时间，也浪费我的精力，结果对所有人都无裨益。"

《全面修订版植物说文图谱》于1636年再版发行。托马斯·约翰逊认为有必要在最后一页附上一条说明，对再版中并未能增补多少新内容表示歉意。他解释的原因是他更愿意"调查本王国的大部分地域……我认为有必要努力了解这个岛屿上生长着的，并将一直生长下去的草草木木。我深信上苍的意旨，乃是给这个世界的每个地方创造出该处生灵所需要的一切；一旦我们彻底了解了自己这里的东西，印度的药物也罢，美洲的药物也罢，就都是毋庸需要的了"。此时的约翰逊已经有了一个明确的目标，就是在朋友们的协助下，编纂出一部全英国的内容全面的植物志来。他所发表的一系列旅行调查报告，就是一种分部植物志。在此基础上，他可以通过通信增添进他不曾去过的其他区域的信息。然而很不幸，英国内战在1642年爆发，使他的旅行调查事业戛然而止。他离开了自己在伦敦斯诺墩的药店，前往牛津郡（Oxfordshire），加入了保王党军，驻防在温切斯特侯爵（Marquis of Winchester）家族的宅邸贝辛宫①。据也在同一部队里的托马斯·富勒（Thomas

① 贝辛宫是英格兰汉普郡的一处贵族庄园，英国第一次内战期间为保王党一支部队的司令部。1643年11月在此庄园附近发生过三次激战，史称贝辛宫战役。最后保王党落败，此宫也被议会派拆毁以示胜利。——译注

Fuller）在《英格兰要事记》（1662）中所记，约翰逊“是我们大英帝国的著名学者和医生，而他打起仗来，勇敢精神和军人气质也毫不逊色”。1644 年 9 月，他在一场出击战中肩部受伤，“随后罹患热病，半个月后死去”。

在英格兰有个能接续托马斯・约翰逊的遗愿、完成编纂英国植物志的人，就是约翰・古迪耶。他比约翰逊年长 8 岁，两人曾有过合作经历，《全面修订版植物说文图谱》中就有古迪耶的不少输入。对此，约翰逊也完全认可，并在该书序言中赞扬了古迪耶的工作，明言他是“这一工作上唯一帮助过我的人”，并要在排版时将他提供的资料一一标明（共有一百多处）。古迪耶并非专业植物学者，只是有这方面的业余爱好。他是汉普郡乡绅，生于斯长于斯，一向深居简出，很少迈出住家方圆几英里的范围，还是位做事极其彻底、有板有眼的人。喜欢记事并巨细无遗，编起索引来无人能及，核对事实一丝不苟，自学能力极强，观察力十分敏锐，兴趣广泛、性格稳健，还带着些书呆子气。只是有一点不足，那就是没有约翰逊那样的干劲和人际交往意识。他们二人合作搞编辑，可称得上是珠联璧合。他可以一个人关在汉普郡的安静书斋里，收集资料、书写信函、开列名单，样样都干得十分起劲，流水账更是记得滴水不漏（去伦敦途中住店过夜：13 先令 8 便士；喂马的草料和燕麦以及给车轴上油：6 便士；付店伙的小费：1 便士；在兰贝斯宫过摆渡……），字固然真没少写，只是一向不曾为自己写书费过笔墨。[6]

约翰・古迪耶也和托马斯・约翰逊一样，会在夏季定期出门搜寻新植物品种［租马：1 先令；在韦茅斯（Weymouth）的花费：3 先令］。约翰逊的旅行调查是得到医药界同人资助的，古迪耶则比较自由些。他俩都认识到，如若不考虑时间和地点，只是将英国的所有植物统统堆到一起，是难以得到满意结果的。作为前驱人物的威廉・特纳当年最关心的是，将英格兰的植物与狄奥斯科里迪斯和其他古典时期作者所描述的草木对上号，这就使他本人的著述未能对欧洲大陆古代学者所不知悉的英格兰草木有所贡献，尽管仍能视为英国植物学研究的一座重要的里程碑。约翰・杰勒德的《植物说文图谱》脱胎于欧洲大陆学者伦贝特・多东斯 1583 年的《草木六讲》，其中的插图也源自那里。此书经约翰逊修订后于 1633 年出版了修订本，加上了更多的英国草木及其生长地域的信息，但仍在很大程度上受到原书格局的掣肘。古迪耶在 20 多岁时，似乎打算填补上这个空白，为此勤奋地搜集英格兰植物

图 140 一株单瓣的格纹秋水仙（学名 *Colchicum agrippinum*）。摘自 17 世纪上半叶一位荷兰画家绘制的花卉图册

的信息，记下了大量笔记，一直辛苦了足足五年。积累下的资料包括：汉普郡东部桥登村（Chawton）的四叶重楼草，汉普郡南部村镇梯契菲尔德（Tichfield）一带的海冬青草，威尔特郡（Wiltshire）沃明斯特（Warminster）一带不同花色的秋水仙，英格兰南部新森林（New Forest）地带的一种叶片细狭的肺草，汉普郡近岸黑琳岛（Hayling Island）的海滨石楠等。他搜集到的栎树、胡桃树和栗树等乔木的信息，后来被约翰逊收进了《全面修订版植物说文图谱》。这样奔忙了一段时日后，他又回到书房潜心做学问，从1622年开始翻译泰奥弗拉斯托斯的希腊文本的《植物志》。这本书他很早就买下了，是1497年的印刷本，为他最早的藏书之一。他将此书逐句对译下来，英国这才有了英译本。[7]

1631年，约翰·古迪耶去往伦敦（同约翰逊小酌，花费6便士），此行的目的似为讨论有关《全面修订版植物说文图谱》事宜。他住在离河岸街不远的一家旅店，拜望了一直向他推荐书籍的一位戴尔（Dale）博士，逛了书店，写信给国外的植物学者和园艺爱好者，了解是否能够交换各自所在地的种子，以自己亲养些从未种过的草木。“敬启者，附上一份简短名单，均系法国大部分地区都生长的野生植物，请帮忙从贵处打理草药的人处获得种子。不在名单上的亦可。”列入名单上的植物都加附了它们在马蒂亚斯·德劳贝尔和皮埃尔·佩纳合著的《新草木本册》（1570）上所提之处的页码，“以不致搞错”。古迪耶在40岁时娶了米德尔塞克斯郡（Middlesex）[①]原野圣吉尔教区的老姑娘培欣丝·克伦佩（Patience Crumpe）为妻，给新上任的太太送了一件挑花饰品（10便士）。他自然是持保王党立场的，不过在内战期间并未从军，而且还得到保王党军队驻彼得斯菲尔德（Petersfield）长官于1643年12月9日签发的禁制令，晓谕驻军官兵“须着意保护本彼得斯菲尔德辖区内约翰·古迪耶的房屋、马匹、仆从、家产、田地等所有产业不受任何侵犯、搅扰和破坏”。内战结束后，古迪耶又开始翻译起狄奥斯科里迪斯的《药物论》来，他的译稿足足有4540页，以六卷集的四开本尺寸出版（售价3先令）。1661年9月26日，他把近四十年前翻译的泰奥弗拉斯托斯的《植物志》送去清整（整理与装订：4先令）。约翰·古迪耶于1664年逝世，比托马斯·约翰逊晚二十年，逝

① 此郡靠近伦敦，因不断向发展的首都让地而最终于1965年被取消。——译注

世前表示要将“自己的全部书籍赠予牛津大学莫德林学院，并由该学院的图书馆保管”。他对自己的书非常爱护，每一本上都注明了购买日期和付款数额，他的藏书涵盖了植物学研究的整个时期，从古代的泰奥弗拉斯托斯起，一直到现时的约翰·雷伊。在汉普郡当年他的宅邸的静谧书房里，种种与植物有关的重要著述——亚里士多德的，狄奥斯科里迪斯的（1631年11月10日购得，1先令6便士），奥托·布伦费尔斯的，莱昂哈特·富克斯的，彼得·安德烈亚·马蒂奥利共六种不同版本的《狄奥斯科里迪斯医学著作述评》，曾为兰斯洛特·布朗所有、后为他购得的安德烈亚·切萨尔皮诺的《植物十六论》（1627年11月17日购得，4先令），威廉·特纳的几种著述，康拉德·格斯纳得到出版的著作，加斯帕尔·鲍欣1596年出版的《草木录》，卡罗卢斯·克卢修斯的六部著述，伦贝特·多东斯的七种作品，马蒂亚斯·德劳贝尔的六本书，托马斯·约翰逊的全部四篇旅行调查报告——如今都仍排立在他的书架上。内战期间，他的购书活动休眠了十年，战事结束后又接着进行：“1651年3月22日，给戴尔博士送去3镑2先令6便士，以购得让·鲍欣的三卷集著述，另付1先令为戴尔订购该书的往返邮资，付约翰·西蒙兹（John Symonds）1先令代我送款，再付1先令4便士让威廉·梅奇尔（William Mychell）将书送至我家。”[8] 弗朗西斯科·埃尔南德斯介绍墨西哥植物的书刚一出版，约翰·雷伊的《剑桥植物目录》1660年一问世，他便都买了来。有关植物的所有重要著述，他没有不收藏的。只是这些知识堆积在一起，有如河中乱挤在一起的一堆浮木。时候到了，该将它们好好清理一下，使之不再是一个大而无当的烂摊子，而是以更紧密的方式连接到一起的体系了。

第二十三章

欧美密切沟通

（1620—1675）

泰奥弗拉斯托斯两千年前在雅典学园提出的第一个问题是“世界上都有哪些植物”，并在自己的大作《植物志》中，收入并描述了古希腊人知道的约500种植物。到了1623年，加斯帕尔·鲍欣在《插图植物大观》中所给出的达到了6000种左右。而当约翰·古迪耶1664年辞世时，便更为可观了。至于泰奥弗拉斯托斯的第二个问题——“如何最有效地区分不同的植物”，解答起来就不那么容易了。自然界必定是一个和谐而有序的宏大体系。对此，泰奥弗拉斯托斯是深信不疑的，关键是得找到打开这个体系大门的钥匙，试出解码的密钥，洞察混乱中的规律。他也曾针对其给出的500种植物设想过若干种排布方式。其一是分成乔木、灌木、亚灌木和草株这几挡；其二为按照栽植或野生分属；其三根据开花与否划界；其四凭落叶或常青归类。此外，他还设想过根据特定的生长环境区分：有的属于偏爱高冷之地，有的喜欢傍石生长，有的常见于沟渠溪涧，等等。不过他也看出，自己设想的所有分类门路，实施起来都会遇到拦路虎。根据他提出的标准，乔木只有一根主干且不易拔离土地，而灌木则从地下直接长出多根茎条。然而石榴在天然生长时只有一根主干，但在人工栽植时又往往会形成多条，那么它究竟应当算是灌木还是乔木呢？再就是看秋天落叶与否，若只看一株倒很容易，但他一方面知道无花果和葡萄在雅典都会落叶，另一方面又听说它们在有些地方却一冬都长着叶子。

泰奥弗拉斯托斯将乔木放在植物世界的重头位置上，理由是它们反映出大自然最本质的特点。老普林尼在谈及植物时，最先提到的也是乔木，根据是认为它们对

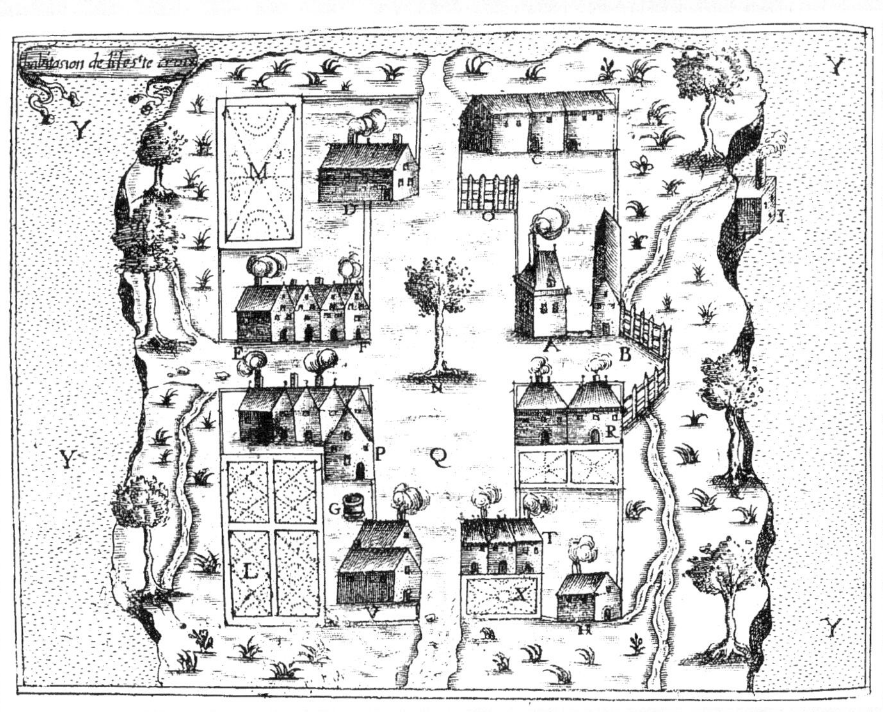

图 141 法国探险家与地理学家萨米埃尔·德·尚普兰（Samuel de Champlain）草绘的北美洲缅因（Maine）地区的拉克鲁瓦（La Croix）法国移民区。摘自他撰写的《旅行》一书的初版（1613）

人们最有利用价值。摸索植物世界中存在的秩序，从泰奥弗拉斯托斯时便已经开始了。不过认为植物有主次、高低、轻重之分的观念，对探寻秩序造成了严重影响。以植物的功用作为衡量人与植物之间关系的尺度，结果便是形成以将植物用于种种医学用途为目的的大量药草本册和本草图谱，并以此主宰着自老普林尼以来一千五百多年间人们对植物的兴趣。一叶障目之下，泰奥弗拉斯托斯所怀的更高远的目的便遭到了掩盖。进入16世纪后，以莱昂哈特·富克斯1542年的《精评草木图志》为代表的几套精细、真确而又美丽的植物图片的出现，提供了识别与区分种种植物的无比重要的工具。与此同时，欧洲的植物学者们也开始了一系列漫长努力：比较同义名称、剔除误判品性、达成鉴别共识。这些工作是从意大利开始的，渐渐吸引来德国、佛兰德、法国、荷兰和瑞士的植物学者参加，形成了合作的网络，而后又有了英格兰的加盟。

有些人认为，按名称的字母顺序排列就很符合逻辑。2世纪时的盖伦就是率先这样做的人。不过到了16世纪中期时，德国植物学者希罗尼穆斯·博克（Hieronymus Bock，1498—1554）又改回为古典时期按乔木、灌木和草株处理的方式："我将各个彼此相关的、有联系的、具有相似性和可比度的放在一起，同时又不混为一谈。这样，我就不再沿用先前的种种药草书中按ABC排布的老套路，因为按字母顺序定先后的做法，无视了植物本身的异同之处，错误会严重得多。"[1]按字母表排序确实存在如他所说的问题，只是由于找不到能够得到普遍接受的更好方式，致使这一做法直到16世纪末约翰·杰勒德的《植物说文图谱》出版之时仍在沿用。其实泰奥弗拉斯托斯本人也很清楚，栎树和柳树固然可以因其都具有某些共同点而放在一起，但同时也有理由根据另外足够充分的不同点而分开——而且就连栎树与栎树之间也存在可以彼此分开的差异，柳树与柳树之间亦同样如此。康拉德·格斯纳和其他几位学者曾提出用两个拉丁词*genus*和*species*——前者的意思是"群"、后者的意思是"组"，分别代表先在较大范围内的定位，也就是所属的"群"，然后再顺次下分到更细的所属即"组"。格斯纳在写给让·鲍欣的信中便指出："我相信可以这样认为，在所有植物形成的'群'中，没有哪一个不能再细分为两个或更多的'组'。"[2]当时有些人还隐隐觉得，就是在一个个"群"之上，也还存在着更大的构体，亦即由若干"群"形成的"族"——比如，毒参是一个"群"，阿米芹是另一个“群”，但这两个“群”又都会在茎秆的顶端，开出由很多小花共同组成的又大又平的花盘来，一如一柄撑开的伞。植物的形态决定着特定的具体分类结果。不过再往高端的分类，对当时的学者来说实在是太艰难了，以至于这些更重要的总体构造长期得不到确立。睿智的安德烈亚·切萨尔皮诺向这个方向看得最远。他在1563年指出，能够确立的体系取决于造就根本性质的“必元”，而并非诸如气味、味道或用处之类的“偶元”。他将植物分成15个不同的大类，第一类很清楚，是会结出果实，且果实中仅含一枚种子的乔木（如栎树、山毛榉和月桂）。第二类也很明白，是会结出果实，而果实中含有不止一枚种子的乔木（如无花果、桑树和葡萄）。不过这样分下去，到了草本植物那里就有些不甚了然了。对于这些草株，他又下分为13个小类，其中有的只能说是一堆杂拌儿。问题就出在这里——无论如何分类，总会冒出些“滚刀肉”来。

对于以医用或者巫术为目的，按其功能对植物进行编排的种种书刊，医生和药剂师这两个群体都是满意的。但对于其他学界中人来说，则认为这种方式固然也遵循了某种逻辑，但无论以哪一种功能为出发点，这样的编排都失之于将人类放在高于大自然的位置上，因此视角并不可取。卡罗卢斯·克卢修斯明白这一点，只不过他长于描述，分类并非其强项。马蒂亚斯·德劳贝尔和皮埃尔·佩纳也在《新草木本册》中指出，“秩序是天界最美的存在，也是智者头脑中最美的向往”，又很有独创性地提出了一种按照叶子形态对植物分类的体系。他们的设想是建立在明确的指导原则上的，只是未能成功地施之于已知的所有植物。其他也属意于此的人，多数都将分类标准建立在不止一个方面上，而这些方面却往往是冲突的。就以法国植物学者雅克·达莱商（Jacques d’Aléchamps）为例。他在1586年写了一本《里昂地区植物志》，书中提出了一种含三个参数的分类体系，即环境、用途和构造，并据以将植物划归为18个不同的类别。环境决定着其中的九个：林木成片是一个，湿地泽国是一个，滨海地带是一个，海中生存是一个，如此等等。医药价值又决定了三个：有利泻作用的是一个（他的第十六类），有毒性的是一个（第十七类）等。余下的几个都由总体形态决定：开放美丽花朵的，散发美妙芳香的，具备攀缘能力的，以及长钩带刺的等。还有一类是“来自异域他乡的”——真是一个大拼盘。（原文如此，疑误。）约翰·帕金森也在他1640年的《植物世界大观》中将植物划归

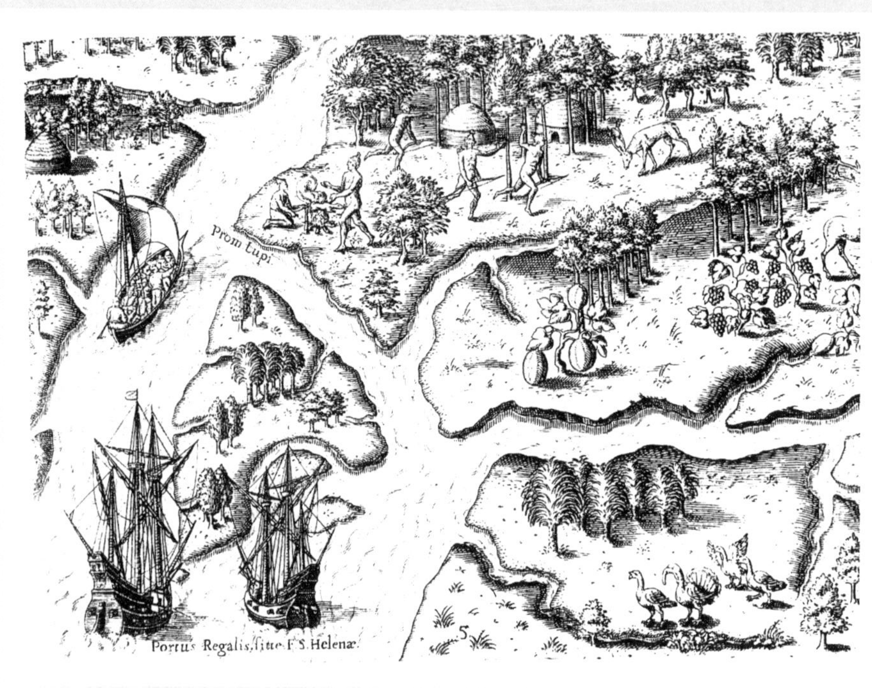

图 142 泰奥多尔·德布里（Theodor de Bry，1528—1598）雕刀下表现出的北美洲佛罗里达海岸风物，可以看到岸上有新奇的动植物。摘自《佛罗里达风物简述》（1591）

为 17 样，第三样“有毒、致睡、伤身”；第十七样“新奇、另类”——与达莱商的可谓彼此彼此。

随着商贸活动进入新的地域，多种“新奇、另类”的植物也越来越多地涌入欧洲。要想一种种地分别介绍，简直就不可能做到。解决办法就是打组合拳，亦即将植物按照一定的标准归入若干大类后一并处理。这一方式得到了植物学者的普遍同意并予以具体实施。第一批进入欧洲的为数可观的植物来自奥斯曼帝国，以番红花、仙客来、猪牙花、贝母、风信子、百合、毛茛、郁金香等豪放、艳丽的球根植物为主。它们是在 16 世纪中期来到的，此时已经在新家园里大行其道了。向日葵和丝兰等美洲新大陆的第一批植物，也是在同一个世纪里作为稀罕的观赏物来到欧洲的。而从 17 世纪 20 年代开始，以往的涓涓细流便成了滔滔江河，不停地奔流了百年之久。这里仅举在此期间来到欧洲的众多草木中的几个例子：紫菀——1632 年托马斯·约翰逊在第二度肯特郡的旅行调查期间，在法弗舍姆药店老板尼古拉斯·斯韦顿家的花园里看到并大加赞赏的；五叶地锦和小果柿——威廉·考伊斯种在埃塞克斯郡、约翰·古迪耶前去拜望时因得到了它们的种子和剪枝而大为高兴，携回后也种在汉普郡自家花园里的；烟草——也是古迪耶栽种下的，而且是两种，还做出总结说“倘若不种在花盆或者其他合适的容器内，以便可适时移入较暖之处，则冬天一到整株都会死掉”。古迪耶还从考伊斯那里弄来了兔脸花——如今它已经沦为杂草一流，可当年却是来自新大陆的奇花异草哩。“这种植物，我只在我的好友威廉·考伊斯先生在埃塞克斯郡北奥肯登的花园里见识过。”古迪耶这样说。他又补充告诉人们，这位好友在 1618 年给他送来了这种植物的种子，如今已在德洛克斯福德村（Droxford）他本人自家的花园里开花了。这位考伊斯自己在埃塞克斯郡斯塔博思（Stubbers）的家里也有一处花园，园中来自美洲的草木堪称蔚为大观，而且据他说都来自弗吉尼亚一地：盐肤木、金棒草、马铃薯等。约翰·帕金森曾开列出一份“1636 年 3 月 18 日得自莫里斯（Morrice）先生的弗吉尼亚植物种子”，共有 24 种，其中包括——

> 一种据说性喜湿润土壤、会开猩红色花朵的植物种子……一种有毒的黑色浆果，果实圆形，外表粗糙，种子色黑并有条纹，有些像是虱子……一种黑色

> 浆果，果实起皱，个头儿有如大粒胡椒，内结三颗又黑又亮的方形种子……一种像是山楂核的种子，说是原住民大量食用的……马利筋的种子，藏在又长又粗、颜色发白的荚壳内……一种水蓼的种子，与这里的水蓼籽儿很接近，但据说植株要高大得多……一种汁液有如红墨水的浆果……一种名叫“卡拉勒”的草籽儿——这个名字是一位船长告诉我的，他说这种东西东印度群岛也有，不少人会在青黄不接的时候食用……还有一种黑亮的小种子，很像繁穗苋籽儿，不过并不是黑粟草的……一种深灰色的扁平西瓜籽儿……与这里的西瓜籽儿相同，只是长些，而且两头都是尖的。[3]

约翰·帕金森的这段话，看上去似乎照抄了随种子附上的清单——一些他不认识也不知道名目的东西，没有对长成植物的描述或者图片。在这些种子的来源地生活的原住民，自然都是给这些植物起了名字的，对它们的习性和用途也肯定最了解。只是这些重要的信息极少能传到英格兰去。不过倒也不是根本没有。1643 年，来自英格兰的清教徒牧师罗杰·威廉姆斯（Roger Williams）便写了一本《打开美洲原住民语言之门的钥匙》，向英国的园艺爱好者们大致介绍了一些美洲原住民利用本地植物的零星知识。从欧洲前来的第一批移民在这片“应许之地”上熬过的第一个冬季，就是靠吃原住民叫作“玉瓦契尼什”——玉米——的谷物才没有成为饿殍。原住民种植这种植物的方法，是将田土堆成一个个小鼓包，每个包里放进四粒种子，再以死鱼当作肥料。威廉姆斯在书中说：“如果当初在英格兰也知道并种植这种东西，就能在小麦歉收时救许多人活命。原住民食用它们以保持肠道的通畅。”他对弗吉尼亚野草莓①也有很高的评价，认为它们是“在这里生长的所有果品中最妙的一种——其妙之处在于使来到这里的一位很高明的英格兰医生认为，无论上帝能创造出多少种果品，肯定不曾造出过比此更绝佳的。我见过当地人在许多地方种植这种东西，多得不出方圆几英里内的出产，就能装满一艘大船。原住民们将这种果子舂捣成糊，再与谷物一起制成面食”。[4]

① 市场上最常见的栽培草莓都是杂交品种（近年又出现了转基因变种），原产北美洲的弗吉尼亚野草莓即为亲本之一。——译注

图 143 向日葵（学名 *Helianthus annuus*），摘自《艾希施泰特的植物园》（1613）。此书记载着栽植在艾希施泰特采邑主教花园里的多种植物

约翰·帕金森还极其简略地提及这些新植物的若干信息:“在小树林里的矮小树木上找到了……花苞可做成极好的凉拌菜……汁液比芦荟要苦……在低矮缠绕的细藤上发现……”谈及的内容很有限,不过也是应当予以记录、分类和汇总的,而且有些在打交道时还是应当特别小心的。1640年时,帕金森便在自己的花园中栽植了来自美洲的毒漆藤,可是都过了将近三个年代,一个叫理查德·斯塔福德(Richard Stafford)的人还告诫英国的园艺爱好者须谨防这种危险的植物。他于1668年从百慕大发出警告说:“这里我要提请大家注意。你们问到的这种长叶结果的爬蔓藤,在这里叫作三叶毒,样子像是常春藤。我曾见到一个人,被这种藤子毒得可厉害了,连脸上的皮都脱了下来。其实这个人连碰都没有碰一下,只是路过时看了一眼。这种东西的情况,大家可以从负责指挥弹药押运船的托马斯·毛雷(Thomas Morly)船长那里做进一步了解。”[5]清教徒牧师弗朗西斯·希金森(Francis Higginson)1629年从英格兰来到北美洲,担任塞缪尔·斯凯尔顿(Samuel Skelton)牧师的“诵读人”——后者的布道助手、兼平时读书给后者听。他来到如今为美国马萨诸塞州(Massachusetts)的塞勒姆镇(Salem)这个地方后,很快就辨识出这里的一些植物在英格兰也有,如酸模、水苦荬、豆瓣菜等。希金森是通过新英格兰移民事务公司办理的移民手续,因此算是该公司的雇员,具体职责包括“传播我主基督的福音、归化当地原住民为基督教徒、扩大英王辖治下的美洲地域……”不过要让这片新殖民地得以维持和发展,让商人的腰包鼓起来也是必不可少的服务项目。因此从殖民时代刚刚开始时,船主和移民便在种种鼓励下,将这片新土上的草草木木运回英格兰,以期在那里创造商业价值。希金森在来后的第二年,便将一份报告送达英格兰,其中提到“种种说不出名称的芳香花草,大量生长的突厥蔷薇,香气极为优雅”,此外也没有忘记提到有另外用途的植物:“有两种不同的草,开的花都有甜美香气,据说它们的植株都可以用来编绳织布,就和我们那里的线麻和亚麻一样。”[6]

在将约翰·杰勒德的《植物说文图谱》改版为《全面修订版植物说文图谱》时,托马斯·约翰逊加上了300种来自北美洲新英格兰地区的草木。从英格兰来到新英格兰的旅行家约翰·乔斯林(John Josselyn)认为:“如果他们(杰勒德和约翰逊)能够亲自到新英格兰这里来,应当会发现至少上千种英国人从不曾见到过的草木。

诚然，这片土地上没有长出羔羊的树木，没有五颜六色的郁金香，但是有可比肩于金盏花的万寿菊，有开放着气派花朵的地豆子（这是指一种叫作土圞儿的豆科植物，学名为 *Apios americana*），还有叶片悦目的鹿蹄草。这里的草木通常会比英格兰的同类们更高大威猛，不过并没有达到不兼容或者效力不同的地步。”[7] 新移民们也曾想到将这里的野生药草弄回英格兰卖钱，却看到去加拿大那里的法国移民已经先行一步，占领了欧洲市场。新英格兰这里的许多草木也在加拿大生长，于是没过多久便纷纷在巴黎皇家植物园出现。这位乔斯林在 1672 年写了一本《在新英格兰地区发现的罕有之物》（参看图 144），书中也对自己所见到的植物分了一下类别。他一共设了五个大类：第一类是诸如美洲琉璃繁缕、美洲酸模和美洲鱼腥草等，英格兰也有，尽管有所不同，但其又明显十分相似。第二类是“这片土地上的特有之物”：玉米是一种，掌叶铁线蕨（参看图 145）是又一种——乔斯林发表感想说，此物在美洲四处遍布，因此药剂师们大可不必还像在英格兰时那样，用卵叶铁角蕨来冒名顶替。第三类为毛蕊花、蓝莓——“熬成糖浆或制成蜜饯，对缓解发烧和疟疾的热度都很有效果”，以及红檫和小红莓等，这一类中的大多数是可供食用或药用的。这里还有许许多多野生植物，都是没有英文叫法的，他便将这些归为“此地特有但不知名称”的第四类，而没有从原住民那里做进一步了解。不过倒也有几种原住民对植物的称法，因为已经被西班牙人袭用而得到了新移民的接受，红檫和铁菱角就是其中两种。乔斯林的第五类属于“英格兰人和牲畜来到此地后繁衍开来的植物”。移民来到后，镇咳草、欧洲千里光、蒲公英、异株荨麻和车前草等就大量出现了。原住民还给车前草起了个非常生动的名字：“白人足”，原因正如乔斯林解释的，它是“车碾人踩所致”。再有就是为数不少的“（欧洲那里）种植的植物，包括在这里长得好的和长得不如人意的”，这一类中有卷心菜、生菜、酸模、香芹、金盏花、车窝草、百里香、鼠尾草、萝卜和蔓菁等。他告诉读者说，芸香“很难在这里生长”，而防风草却“长成了巨无霸”，豆子也非常适应，“不论哪一种豆子，在这里都长得好过其他任何地方；我来这里八年了，从不曾听说或者见到豆子遭受虫灾”——危害这些新来者的害虫还没有繁殖成气候哩。碱蒿、迷迭香、月桂、薰衣草，都在美洲这里竞相生长，唯有南欧丹参这种两年生的植物只活了一个夏天，“刚一下霜，根子就烂掉了”。[8]

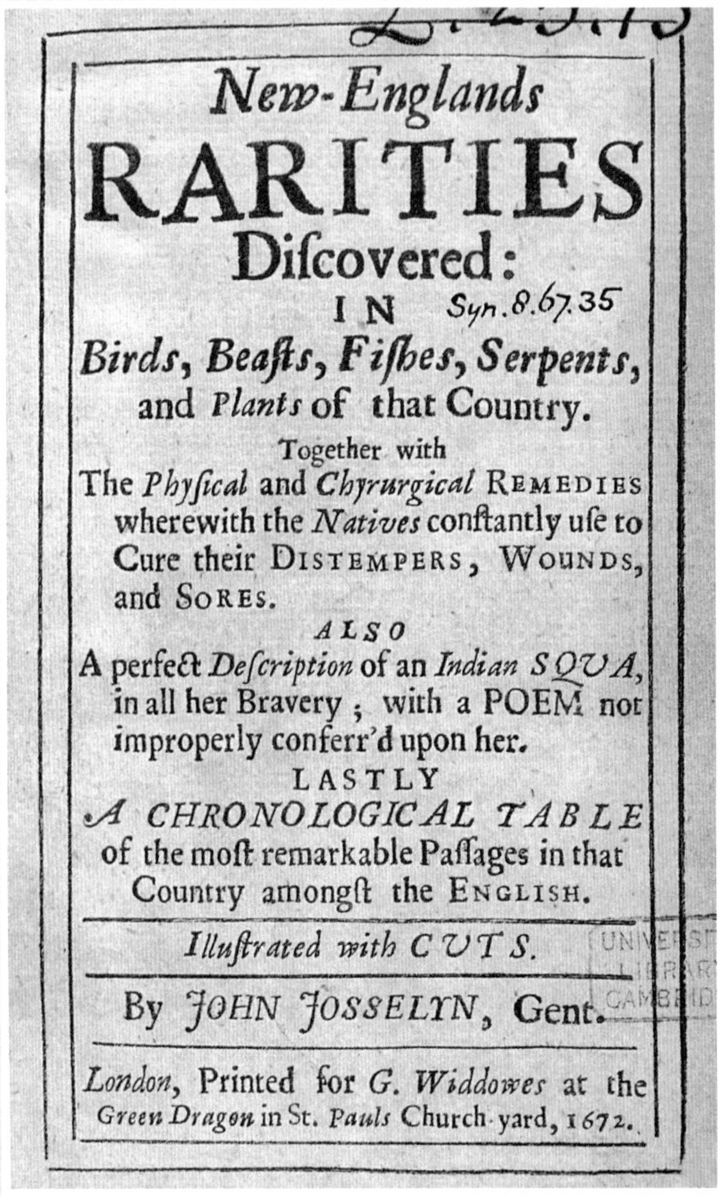

New-Englands RARITIES Discovered:

IN

Birds, Beasts, Fishes, Serpents, and *Plants* of that Country.

Together with

The *Physical* and *Chyrurgical* REMEDIES wherewith the *Natives* constantly use to Cure their DISTEMPERS, WOUNDS, and SORES.

ALSO

A perfect *Description* of an *Indian SQUA,* in all her Bravery; with a POEM not improperly conferr'd upon her.

LASTLY

A CHRONOLOGICAL TABLE of the most remarkable Passages in that Country amongst the ENGLISH.

Illustrated with CUTS.

By *JOHN JOSSELYN*, Gent.

London, Printed for *G. Widdowes* at the *Green Dragon* in St. *Pauls* Church-yard, 1672.

图 144 《在新英格兰地区发现的罕有之物》一书的扉页，上面所印的介绍文字为“美洲堪比佳人，虽可用普通行文赞美，但以诗歌讴咏会更显得合宜”。此书作者为约翰·乔斯林，1672 年于伦敦出版

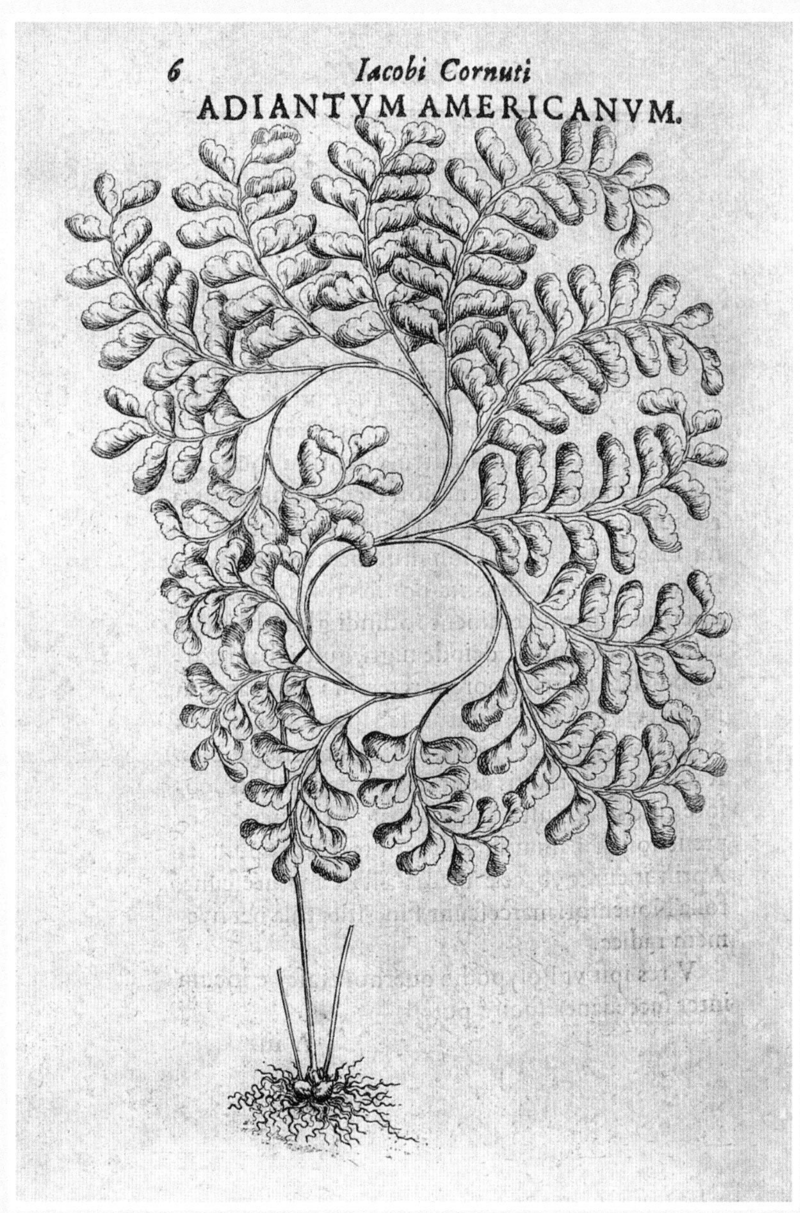

图 145 掌叶铁线蕨（学名 *Adiantum americanum*），摘自雅克·科尔尼（Jacques Cornut）的《鲜为人知的加拿大植物》（1635）。此种蕨草在美洲随处可见，因此药剂师们大可不必像英格兰同行们那样弄虚作假

1631年3月，曾在头年夏天率领一批清教徒乘“阿拉贝拉号”海船前往新大陆，在马萨诸塞湾（Massachusetts Bay）塞勒姆上岸，建立移民区的原英格兰贵族约翰·温斯罗普（John Winthrop），知会正准备从英格兰前来的儿子，让他带来“面粉和豆子，以及燕麦、食糖、干果、胡椒，再就是大量的火硝”。[9]是年夏季，他的儿子乘“里昂号”来到，带来了大桶大桶的油和醋，还有书籍、布匹、火药、奶油、皮革、绳索和炼金装备，以及多种药草籽儿和菜籽儿——当归、卷心菜、小茴香、卫足葵、韭葱、糖芥、墨角兰、罂粟、芝麻菜、菠菜等，都以每盎司2便士的单价购来，此外还带来了堇菜。[10]

欧洲此时的形势正如约翰·雷伊这位英国学者与植物学家在其《英国植物分类概况》（1690）一书的序言中所说的，正处于——

> 一个做出至伟发现的时代：发现了空气有重量和弹性，发现了可以实现望远与显微，发现了血液在大小血管中无休止的循环往复流动，发现了乳腺和胆管的存在，发现了生殖器官的结构……还有更多的种种发现，无法在此一一列举。大自然的种种奥秘被揭开了，被探查了；一种研究生物体及其各组成部分的生命功能的新学科——生理学出现了。这是一个各个学科每天都在取得进展的时代。在草木研究方面尤为如此。不但直接与草木打交道者尽心竭力，就连王公贵族、富商豪贾也热衷于此，意在用新异花草装点宅院、怡情健身。于是出现了人们翻山越岭、入林涉川、跨洋过海，上下求索的局面，不惮去到世界的尽头，将深藏的草木引领到人们面前。[11]

血液循环是英格兰医生威廉·哈维（William Harvey）在1619年宣布发现的；牛津大学植物园创建于1621年；巴黎皇家植物园于1626年落成；伽利略在1632年发表《关于托勒密和哥白尼两大世界体系的对话》；法兰西学术院于1635年在巴黎成立；伦敦皇家自然知识促进学会（英国皇家学会）在1662年得到英国王室的特许文书；荷兰人阿贝尔·塔斯曼（Abel Tasman）应荷属东印度总督安东

图 146 荷兰画家阿尔贝特·埃库特（Albert Eckhout）的作品《手托花篮的混血女郎》（1641）。画面人物周围是新大陆的种种新奇植物物种

尼·范·迪门（Anthony van Diemen）之命，于1642年离开巴达维亚（Batavia）[①]远航，由是发现了塔斯马尼亚（Tasmania）和新西兰；罗伯特·胡克在1665年出版的《显微图》中，介绍了用显微镜进行的一系列实验；牛顿（Isaac Newton）在1668年造出了第一具反射望远镜，继而又在1687年发表《自然哲学的数学原理》，给出运动三定律和万有引力定律；英国的格林尼治皇家天文台在1675年奠基修建；英国植物解剖学家尼赫迈亚·格鲁（Nehemiah Grew）在1676年发现了雄蕊和雌蕊的功能（不过直到1682年才对外发表）；英国航海家威廉·丹皮尔（William Dampier）于1683年开始三次环球航行中的第一次……英国近代历史学家乔治·麦考莱·特里维廉（George Macaulay Trevelyan，1876—1962）在他的《英国史》一书中回顾了此类种种骄人的成就后指出，正是发生在这同一时代的种种社会变故，“激励起知识阶层，导致不断的行动与无尽的探奇……一个出口被堵住了，就找到另外的出口宣泄”。

① 即如今的印度尼西亚首都雅加达（Jakarta）。——译注

第二十四章

冲刺人

（1650—1705）

本书的最后一位主角是约翰·雷伊（参看图 147）。他是农村铁匠的儿子。托马斯·约翰逊将约翰·杰勒德的《植物说文图谱》改为《全面修订版植物说文图谱》出版时，他只有五岁；约翰·帕金森的《植物世界大观》问世时，他年届十二；约翰逊在贝辛宫战役中受伤身亡时，他还不满十七。这是一位将一生都用于研究和观察的学者。他孤独、谦和，讲原则、有恒心。是他摸索到了解答泰奥弗拉斯托斯第二个问题的方向[1]——此功毕于他 1705 年去世的前两年。他归纳出的“分类六准则”，最终给后世的植物学家指明了在日益复杂的环境下进行研究的方向。[①][2]在经过二十多年的反复推敲后，他以拟议的形式，提出了这几条植物的分类准则，不但可涵盖欧洲所有的已知植物，更可适用于大量从热带地区和美洲来到英格兰的草木。荒诞不经的占星术将科学研究搅得乌烟瘴气这一前车之鉴，使雷伊清楚地认识到，在植物学研究中必须与巫术之类的迷信脱钩，才能使之成为包含深刻哲理的学科。1656 年时，英格兰植物学者威廉·科尔斯（William Coles）还将植物学研究比作“医学的听差”，但不久之后，这一学科便挣脱了此等从属地位。泰奥弗拉斯托斯认为，植物学的研究方法不能人为地强加，只有当其来自植物世界本身时，才能行之有效；而且要形成体系，先得找到方法。雷伊十分明白这一点。泰奥弗拉斯托

① “分类六准则”，指对植物进行分类时应遵循的标准，在本章后文中对雷伊的《对植物命名法的修正》部分做了扼要介绍。在进入 DNA 时代后，植物学界有的学者认为，部分标准应当有所改变，至少是应当有所扩展。——译注

图 147 英格兰植物学家约翰·雷伊。他在《英国植物分类概况》（1690）一书中提出了有关植物分类的六条符合现代观念的准则

斯注重在自己研究的种种植物中，寻找它们彼此之间固有的相似之处和明显的不同表观，并据以判定植物的重要特性。雷伊也是力行这一点的，不过，他虽然充分承认安德烈亚·切萨尔皮诺和马蒂亚斯·德劳贝尔对植物分类所做的贡献，但也看出他们的分类体系并不成功，而原因就在于他们都将自己的体系建立在单一特性的基础之上。这就是说，他们都强行要将所有的植物纳入只服从某个唯一准则的构体，这便背离了植物世界本身的实情。德劳贝尔的准则是叶子。切萨尔皮诺的更接近实际些，是包括种子在内的果实。1623 年，巴塞尔大学的医学教授加斯帕尔·鲍欣在《插图植物大观》一书中，针对当时流行的给植物起长长的拉丁名称的方式——如 *Lilium montanum rubrum praecox*——“山地早萌红百合”，*Jasminum indicum flore rubro et variegato*——“橙色花朵中带有深红条纹的印度素馨”发表见解，认为此种方式并不可取，应代之以简洁的名称，可以描述但并不强求精确定位。他采取了一种使用两个拉丁词的命名方式，每个词都可分别施之于多种植物。这就是说，有一个标明所属的称呼（类似于人们的姓），再跟上一个与自身有关的说法（类似于人们的名），而这个与自身有关的说法道出了它与其他有同一从属称呼的植物的不同之处。这实为一大进展，初步廓清了雷伊等继往开来的学者们前进道路上的一大障碍。不过雷伊也好，他的植物学界的前辈们也好，都面临着另外一个共同的关隘——缺乏描述与品评植物的专用词语。比如，长期以来，植物学中就连“花瓣”这样代表着一个基本概念的名词都不存在。直到雷伊这里，才根据意大利博物学家法比奥·科隆纳（Fabio Colonna）在弗朗西斯科·埃尔南德斯的《新西班牙医药辞书》（1628）中的一条批注，建议不再用以前一直沿用的“托叶”的叫法，代之以一个根本不带“叶”字的称呼，以表明这二者根本不是一回事，这才有了来源于希腊文 *πέταλα*——意思是“小片”的新词，花瓣这个专用名词才从此问世。过了一段时间，到了 1682 年，亦即雷伊发表《植物研究的新方式》一书，提出本人有关植物分类方式最初设想的一年，[3] 与他同时代的尼赫迈亚·格鲁在植物学研究领域跨出了一大步，指出花朵上一向被称为 stamen，原意是“线头”的微小构造，竟然是主理繁殖的雄性器官。这才使这个词语多了一个与性有关的指代：雄蕊。这是个惊人的观念。切萨尔皮诺曾叫它们为“丛毛”，并认为它们是植物呼吸的器官。后来研究植物的人也常常提到这个东西，还往往提到花心正中的一个小柱——如今的名称叫花柱，是雌蕊的上部。例如，约翰·杰勒德就注意到，在马铃薯花的中心处有“一束金黄色的小条，围着一根刺样的东西，顶上是绿色的”。不过在格鲁参详出它们的作用之前，一直无人给它们起正式名称。格鲁的这一发现，有如一枚骤然怒放的烟花，迸溅出点点火星——明亮但无关联，深刻却又随机。相比之下，雷伊的智力成果却有如静静燃烧的火把，不显眼，然而扎扎实实，到头来更见成效。

约翰·雷伊成为植物学者的道路与众不同，并非沿着行医或者配药这两个职业方向的顺势过渡，而是出自对自然植物世界之美的深沉挚爱。1644 年，他得到资助进入剑桥大学，攻读神学专业。他在大学里掌握了用希伯来文和拉丁文写作的本领。他也同多年前的剑桥校友威廉·特纳一样，希望找到能够传授植物学知识的老师，却也和他一样未能如愿。他俩还有一个共同之处，就是基本上都是自学成为植物学家的。正如雷伊在他的第一本著述《剑桥植物目录》（1660）的序言中说的：“我一直不很健康，而且在肉体和精神上双料欠佳。因此我逼着自己退出辛苦的钻研，将时间花在骑马和步行上。这便使我有了机会，在悠闲的野外活动中欣赏植物那千姿百态的美丽，不断地领略大自然的鬼斧神工。它往往近在眼前，却时时遭到无心的践踏。先是草地的旖旎春色让我流连忘返，继之是不同植株的美妙形态、万千色彩和精巧构造令我惊喜万分。双目饱览之余，我的头脑也得到振作。从此与植物结下了不解之缘。”[4]

约翰·雷伊以他的《剑桥植物目录》，终于接续上了二十年前托马斯·约翰逊所立的目标——形成了一整套记叙与介绍英格兰各个地区植物的资料。约翰逊牵头进行的 1629 年肯特郡旅行调查，是他为实现这一目的迈出的第一步，也是英格兰历史上的第一步。英国内战使他过早离世，留下了一段空缺，而且是长期的。不过多年以后，终于等到了雷伊前来接班，而这个接班人又真是最理想不过。他先用六年时间对剑桥郡内各处的干湿地块一一探查，然后又花了三年光阴将探查的结果进行梳理排序，这才以《剑桥植物目录》的标题发表。他希望以这本“小册子”抛砖引玉，调动人们对各自所在的地区做同样的工作，以将大家的结果归结到一起，由是形成全英国植物区系的完整资料。“我在此向大学里的人们提出一点吁求，”他在书中写道，“上帝给了你们闲暇、教育和智力，不妨在从事其他求索之余，在不会给有关工作造成贻误的前提下，抽出些许闲空，用以养成考察大自然的习惯，学会看懂叶片，解读出花、果和种子的特点，并形成种种植物的全面记录，以此获得不同于源自他人头脑的切身真知。”[5]

约翰·雷伊编成这本《剑桥植物目录》，目的在于鉴定和描述植物，并不涉及对分类和排序的新考虑。书中所用的编排方式还是字母顺序，倒不是他认为这样做最好，而是还没有酝酿出更理想的门道。在一一列出所有的植物后（最后一条是以X打头的*Xyris*——这是他给出的名称，如今的学名是*Iris foetidissima*，即艳珠鸢尾，又称臭叶鸢尾），他附上了一节文字，小标题是《分类大纲》，其具体的设想与——加斯帕尔·鲍欣的哥哥让·鲍欣早就写成、但他逝去很久——1650年才出版的《大植物志》中的提法几乎完全一样。让·鲍欣的大学教育是在蒂宾根大学开始的，就教于莱昂哈特·富克斯，后来又投到蒙彼利埃大学纪尧姆·龙德莱门下。尽管他归纳出的分类设想，也遇到了沟沟坎坎，但这并不妨碍雷伊将他推崇为“草木学界的王子”。其他不少人也有同感。雷伊和鲍欣所采用的最基本的分类方式是，自泰奥弗拉斯托斯起就不曾变过的，即将所有的草木分为乔木、灌木、亚灌木和草株四大类。在介绍过乔木可以落叶，也可以常青之后，雷伊便将所有的这一大类再进一步分为八个群，分群依据是果实的特点（安德烈亚·切萨尔皮诺也曾这样尝试过）。这八个群分别是：苹果群，果实中不含石质硬核（他将苹果、柠檬、无花果、石榴等归入此群）；李子群，果实中各含有一枚石质硬核（他将李树、桃树、枣椰树和橄榄树等归入此群）；硬壳群，果实被包在一层硬壳内（他将胡桃、栗子、果榛①、豆蔻、阿月浑子等都归入此群）；软果群，果实是软软的浆果（他将月桂、桑树、刺柏、黄杨、香桃木、接骨木等都归入此群）；壳斗群，果实有硬壳，并半嵌在形如小碗的果托里（他将栎树、冬青、山毛榉等都归入此群）；聚塔群，果实是聚在一起的种子（他将松树、枞树、落叶松、柏树、雪松等都归入此群）；荚籽儿群，果实包在薄皮内里（他将金链花树、南欧紫荆、婆罗门皂荚等都归入此群）；最后还留下一个群，专门用来收纳难于放入前述任何一个群的植物，因此是个拼盘（他将桦树、柳树、梣树、榆树和椴树都归入此群）。对于灌木这一大类，雷伊处理得快刀斩乱麻，只是分成两群：有刺者为一群，无刺者为一群；刺檗、药鼠李、醋栗等属于前者，

① 果榛可以是灌木，也可以是乔木，同一段中提到的黄杨、香桃木、南欧紫荆等也是如此。——译注

染料木、素馨、女贞等均为后者。雷伊自己很清楚，这样的分群并不理想，并约略地设想了其他的可能方式，如是否开花、结果、攀缘等。他从未将香气和味道等被归类为“偶元”的因素视为分群依据。至于亚灌木，雷伊考虑到它们多为气味芬芳的种植植物，如薰衣草[①]、罗马蒿、柳薄荷、冬香薄荷和撒尔维亚等，于是便点到为止，不再分群。草株这一大类包括的种类极多，细分是最困难的。雷伊自己也承认，要想细分到“不出现同时属于不止一群或者无论哪一群都似乎不靠”的程度，即便不是根本不可能，也会十分困难。具体的分群做法有多种，雷伊当前所进行的是遵照鲍欣的思路，具体分成22个群，有的按根，有的看叶，有的视花，有的凭用，再就是根据生长环境而定。

《剑桥植物目录》一书出版时，约翰·雷伊已经在剑桥大学打下了不错的根基。1653年，他被聘为三一学院讲师，教授若干人文学课程以及希腊语和数学。此时他也开始了一次次的夏季长期植物调查之旅。有些志同道合的朋友也同他一起出行，其中有一位弗朗西斯·维鲁夫比（Francis Willughby，1635—1672），比他小几岁，是个贵族，继承了中部英格兰地区的多处房产，给了雷伊不少资助。1660年12月23日，雷伊接受了教会的圣封，从而在三一学院的地位有了进一步的保障：稳定的工作，可观的收入，福利性住房，出色的图书馆，受尊敬的社会地位，开创性的研究工作，再加上有共同志趣的同道。看来他的面前真是一片坦途。然而，到了1662年，英王查理二世（Charles Ⅱ of England, Scotland and Ireland）治下的议会通过了旨在强化宗教影响的《庄严盟约和圣约》，并要求每个有教职和公职的人宣誓表示服从。如果拿到今天，人们未必会把宣誓当一回事，但在那时却不然。雷伊更是一位高洁、自律、守德和重誓的君子。因此，他在1662年8月24日宣布离开剑桥，放弃已经得到的所有一切。无论从信仰角度还是理性认识，雷伊都是认同共和的，为此不肯口不应心地发假誓，表示遵守一个他不赞同的法案，宁可辞职走人，离开他生活了十八个年头的剑桥。此后，他基本上便一直过着飘飘无所依的日子，靠着维鲁夫比等朋友的接济过活，住处也是沃里克郡（Warwickshire）西米德兰兹区（West

① 薰衣草属目前已知有28个种，虽然中文名带个“草”字，其实多数为亚灌木，也有少数草本和灌木。——译注

图148 康乃馨（左页）、葡萄串铃花（学名*Muscari botryoides*，右页右上角）、黑种草（学名*Nigella damascena*，右页右中上，在葡萄串铃花下方）、翻瓣老鹳草（学名*Geranium phaeum*，右页左下）和山地矢车菊（学名*Centaurea montana*，右页左上）。书页的边缘围着装饰性的植物。这是一本打开的1608年的花卉图样册

Midlands）米德尔顿村（Middleton）属于维鲁夫比的一处房产。就这样挨过了十七年，直至1679年他母亲去世，才回到当年的出生地埃塞克斯郡布莱克诺特利村（Black Notley），搬到他当年为母亲盖起的一所离村子主街不远的小屋舍定居。如今此房屋已然不存，原址上是一片后来盖起的砖石建筑。在村民公所不远处，有一片为纪念雷伊而设的公共绿地。公告牌上雷伊的画像已经褪了色，但绿地上的栎树、鹅耳枥、杨树、椤树、白花蝇子草、匍枝毛茛、多花野豌豆和老鹳草都长得欣欣向荣。他出生时住的房子在村子的北边，紧挨着他父亲当年的铁匠铺。隔着几块耕地与一座教堂相望。教堂不大，是用燧石砌成的，钟楼上覆着木瓦。

离开剑桥的约翰·雷伊表示将要"上凭天意、下靠朋友"活下去。[6]这一双重倚仗，很快便体现为好友弗朗西斯·维鲁夫比的资助，给了他去欧洲大陆旅行考察的机会。他用了三年时间，周游了几个低地国家及德国、意大利和法国。他与维鲁夫比同行，于1663年4月18日离开滨海城市多佛尔（Dover）。到达法国城市加来后，他们先途经敦刻尔克来到比利时的奥斯坦德（Ostend），然后又一路走过鹿特丹（Rotterdam）、代尔夫特（Delft）、哈勒姆（Haarlem）和阿姆斯特丹（Amsterdam）。来到德国后，他们体验了"床板上不铺毯子而是羽绒垫子的眠床"，又乘船领略了一番"靠人力"在莱茵河上溯的感觉。在游历过海德堡、斯特拉斯堡、巴塞尔、苏黎世、慕尼黑和奥格斯堡等地后，他们乘船来到维也纳，然后又坐车去威尼斯。他们坐的是牛车，车夫赶着"十头公牛将车拉到山巅"。在威尼斯盘桓一番后，他们又打道帕多瓦，雷伊还在大学里听了解剖学课程。离开帕多瓦，他们又去了费拉拉和博洛尼亚，参观了乌利塞·阿尔德罗万迪筹建的著名的自然博物馆。只是他们未能与时任博洛尼亚大学讲师的马尔切洛·马尔皮吉（Marcello Malpighi）晤面。这位杰出的学者撰写与绘制的植物解剖图谱，是在雷伊返回英格兰后又过了五年才发表的。正是他的图谱，揭示出人们前所不知的植物的精细构造（参看图149与图157）。离开博洛尼亚，他们途经帕尔马去到米兰、都灵（Turin）和热那亚（Genoa），然后南下到了鲁卡和比萨，继而又去了那波里，登上公元79年时老普林尼殒命于斯的维苏威火山。在此之后，维鲁夫比便先行返回英格兰，并在1665年1月4日向英国皇家学会提交了此番旅行考察的书面报告，雷伊则只身继续旅行，先后去了西西里岛、马耳他岛（Malta）和当年著名医学院的所在地萨莱诺城。他在佛罗伦萨发起烧来，一位来自英国的约翰·柯顿（John Kirton）医生用捣成糊的黄瓜给他退烧。9月1日，雷伊动身去到罗马，并在那里逗留到次年1月，然后翻越亚平宁山脉，经由博洛尼亚再次来到威尼斯。在此之后，他又先后去了特伦托（Trent）、卢塞恩（Lucerne）、伯尔尼和洛桑，然后于1665年4月20日抵达日内瓦。7月末时，他已经到了法国，那里的里昂、阿维尼翁（Avignon）和蒙彼利埃都是他选择的访问目标。此时的蒙彼利埃大学仍然是一处学术中心，是英国学者一直向往的地方。纪尧姆·龙德莱的接班人、植物学者皮埃尔·马格诺尔（Pierre Magnol）给雷伊留下了深刻的印象。他本想在这所大学里多盘桓一段时日，怎奈时逢英法再度交恶，法国国王路易十四（Louis XIV）勒令在法国的所有英国人必须在三个月内离开。1666年2月26日，雷伊离开蒙彼利埃前往巴黎，继而又在巴黎搭上了一辆运送鱼虾的大车。一番艰难后，总算来到了大陆之行的终点站——与英国隔海相望的法国边境城市加来。

以促进自然科学发展为宗旨的英国皇家学会的成立，在一定程度上给约翰·雷伊的研究提供了一个新的支点。该学会于1660年正式成立，前身是牛津哲学社，核心成员为一批富有问考精神的学者，自1645年起便定期在伦敦晤面。英国皇家学会给会员们提供了聚会的场所，会员们从此得到了开展定期讨论的机会，又有了交流研究成果的媒介——每月的第一个星期一出版的期刊《英国皇家学会自然科学汇刊》。作家、园艺爱好者约翰·伊夫林（John Evelyn）和雷伊的好友弗朗西斯·维鲁夫比是其中的两位创建人。皇家学会提倡以直接的方式与各门自然科学打交道，坚持进行实地研究，包括天文学、化学、工程建筑、数学、物理学、生理学，也对动物和植物进行了解。学会当时有200名会员，多数是有身份的人，但干实事者并不多，其中能开拓有价值新领域的更是挑不出几个，因此很需要像约翰·雷伊这样的干将。就这样，他在1667年11月7日被选为会员。根据学会的章程，会员需“每年提交一份基于实验的报告”。雷伊1674年11月30日提交了两篇文章，标题分别为《论植物种子》和《论植物间的特定差异》，并对前一篇所写的“刚刚起步、尚不完整”的文字表示歉意，又说明希望能在下一年将这一“根据种子区分植物的工作告一段落，使之趋于完整”。[7] 尼赫迈亚·格鲁从1664年也开始进行对植物结构的研究，并在1671年5月向学会提交了题为《植物解剖学之肇始》的论文。

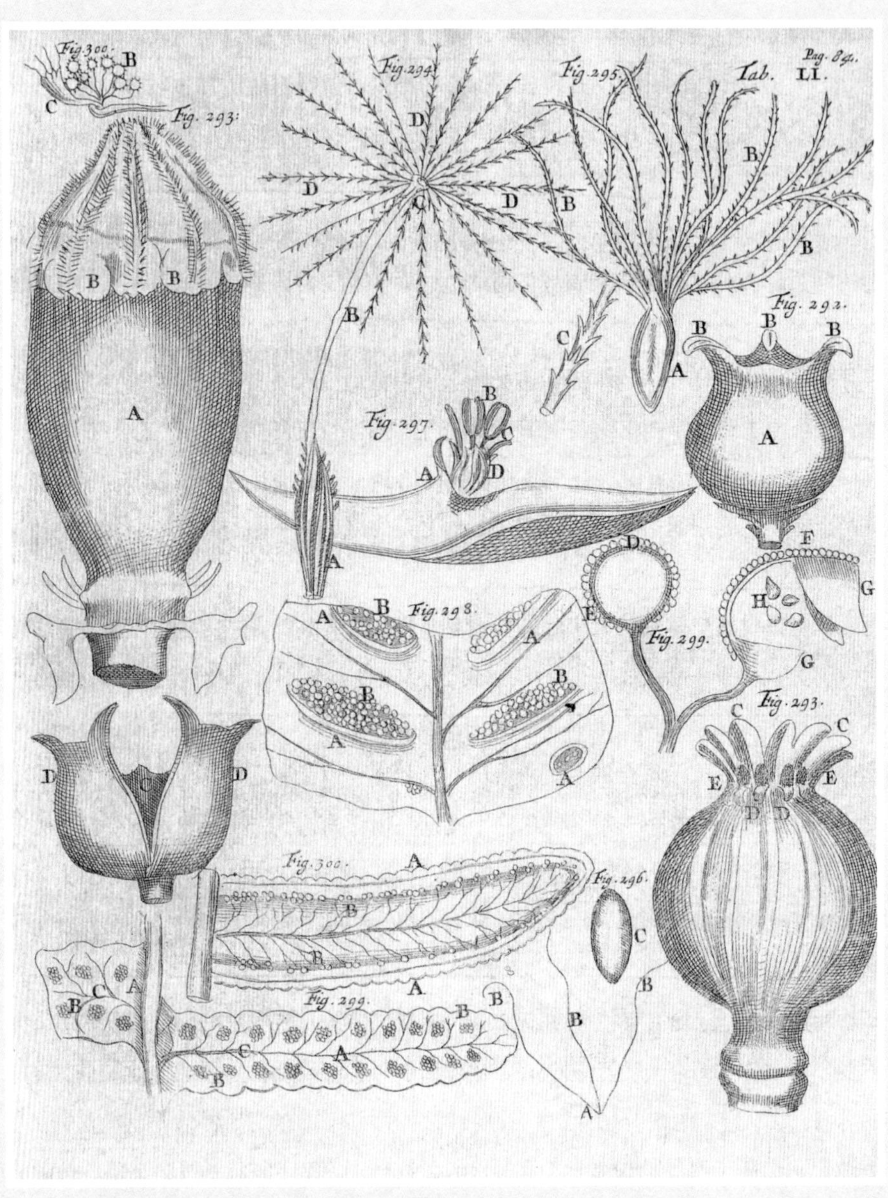

图 149 各种形态的蕨类孢子和孢子囊。摘自意大利生物学家马尔切洛·马尔皮吉的《植物解剖学》第一卷（1675）

约翰·雷伊有关植物物种及其差异的起步性考虑，是在更早些时形成文字的，并作为他在1673年出版的《对外域植物的考察与编目》一书的序言发表。此书是对他本人十年前开始的欧洲之行的植物考察总结。“读者诸君是否乐于过目这些干巴巴的名称，我无从得知，”他这样写道，“但在我而言，看到代表这些名称的实物在大地母亲的怀抱中自由自在地蓬勃生长，便是我无涯的乐趣。我也会重复一遍卡罗卢斯·克卢修斯的话：发现一种新植物，就如同得到了一笔财产般的快乐；每天发现许多我和其他不列颠人未知的草木，就是对旅行辛劳的慷慨补偿。”[8]阿尔卑斯山之行尤为美满。不过，他在翌年提交给皇家学会的那篇《论植物间的特定差异》中，更是将这一总结浓缩为越发强力的结论，那就是植物种数是确定不变的。他在这篇报告中说：“我注意到，大多数研究草木的人，会将许多偶然现象当成特定差异加以特别关注。这是错误的。它们并非特定差异，并不符合众所周知的哲学标准，只是被不必要地放大了。我倒并不认为这些偶然出现的非特定差异没有用处。为了更好地和令人信服地确定自然界植物的种数，不妨将这些偶然都归纳到一起，然后由我来一一说明它们并不足以成为特定差异的理由。”于是，这里又出现了区分“必元”和“偶元”这一重要的，且安德烈亚·切萨尔皮诺早就详细解释过的问题。园艺爱好者们大力栽植种种新花卉，如银莲花、毛茛、耳叶报春花等，结果是给现存的植物体系带来崩溃的危险：有些研究者倾向于将每一种有所不同的植物定义为一个新物种，无论是一种更奔放的郁金香，还是花色与上一代有所不同的毛茛。倘若接受了，加斯帕尔·鲍欣在1623年列入《插图植物大观》的6000样植物，好大一部分就都应当算是物种了。其实它们往往只是特定物种的变种——说起变种，此时还只是刚刚被人们解悟的新概念呢。有些植物学者倾向于将每一种稍有变化的灯芯草都定为一个新物种并冠以某个新名称。雷伊认为，诸如此类的做法必须停止。植株大小、香味浓淡，味道轻重、颜色深浅、花瓣单复、叶片圆尖，单就这些变化而论，都不足以成为确定物种的特性。“上帝已结束了创世之举”，这是当时基督徒信奉的名言，也是雷伊相信的定论。他认定物种的种数“在全自然界内是确定的与不变的”。诚然，有些物种可能尚不知生长于何处，但总归是应当能够被发现的。在当前的时代里，人们不是正在做出空前丰富的发现嘛！能否发现是一回事，而能否创造出来又是另外一回事，而他认为这后一种“是极不可能的”。

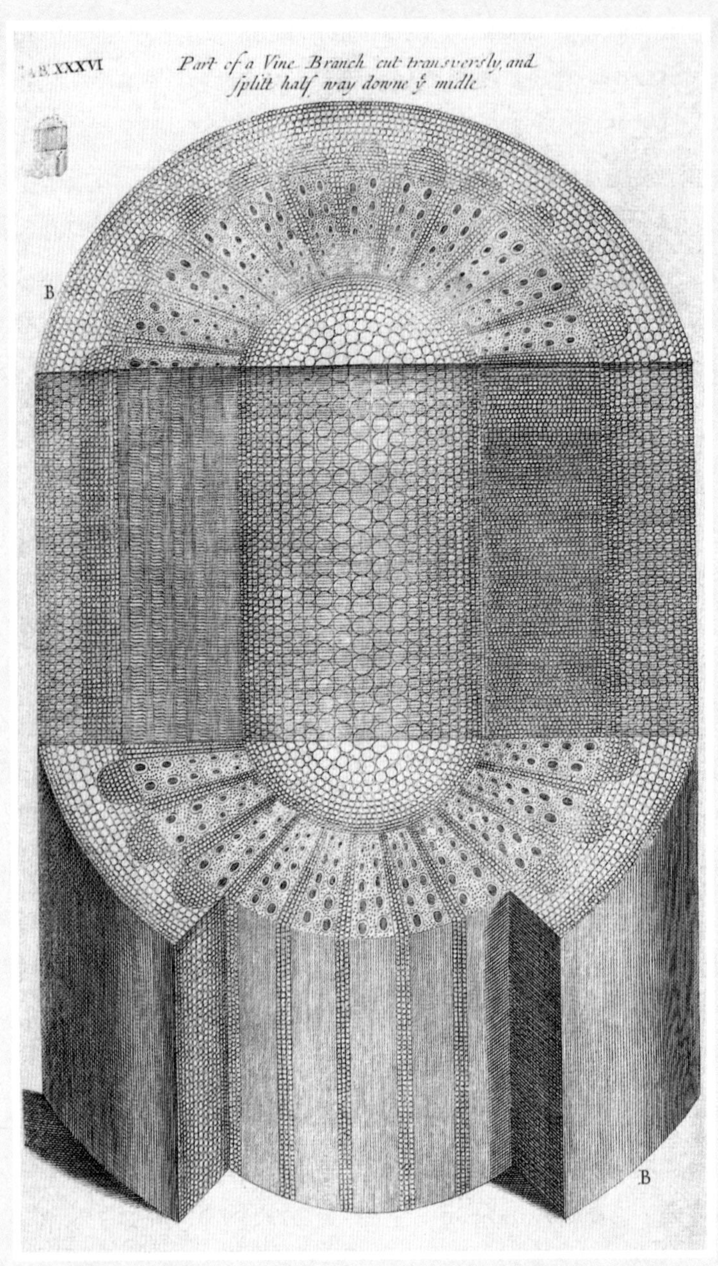

图150 “葡萄藤的横切面与纵剖面”。摘自尼赫迈亚·格鲁的《解剖植物》（1682）

在那次长时间的欧洲大陆之旅中，约翰·雷伊看到和记载下的野生植物种类，要居英格兰植物学家中的首位。他在此行程中采集到的标本，脱水后形成了整整20大册。[9] 大概可以说，要论找到将植物组织成一个体系的合理方法，他比任何人都更有资格。这个合理方法是研究植物学的关键。对于这个关键，雷伊并不急于匆匆形成文字发表。他早些时曾写信告诉在蒙彼利埃结识的朋友、英国医生与博物学家马丁·利斯特（Martin Lister）说，他已经拿定主意，"绝不在尽我最大努力使之完善前公之于众"。[10] 在他那篇《对外域植物的考察与编目》一书的序言中介绍了有关的初步摸索后，又九年的时间过去了。1682年，已在布莱克诺特利村定居下来的雷伊出版了他的新作《植物研究的新方式》。他在此书的序言中写道："要实现准确理解、迅速识别和可靠记忆，最重要的莫过于形成一种含有两个类别的结构，一个是主类，一个是从类。"接下来，他又在该序言中这样告诉人们——

> 不过请读者注意，不要以为这里介绍的内容是全面的和完美的，不要相信以此便可将所有植物一一准确地分类而不会留下任何无法判断的特殊个体，不要觉得一旦根据特性定义出各个主类来，就不会再有任何遗留——通俗地说，就是不要看到盖成了几间房子，就认定不会再有无家可归的浪迹客。大自然从来就不允许这样简单地行事。正如俗话所说的：上苍变动有章法，一步一步渐点化。造物永远会弄出些上下不靠的物种，让它们呈现出既有此类特点，又具彼类特性的搭靠表现，使得分类受到质疑……总而言之，我不敢担保这里提供的内容就符合造物行事的完美方式，因为领悟他的方式，绝非一人之能或一代人之力所能逮。我所能在这里介绍的，只是我在目前条件下所能做到的，而且就连这些所做到的也未必能够令人满意。[11]

从这段话可以看出，约翰·雷伊参悟出了物种进化的概念，而且要比达尔文早得多。他指出给植物分类可以取三种方式，即按照生长环境、根据用途，以及判断"主要构造的相似和一致程度"。若站在21世纪的现代立场上分析，按照生长环境分类应当是个值得注意的方式。不过17世纪末与21世纪是两个大不相同的时代，这便导致雷伊放弃了前两种，根据是它们既将明显相类的植物分开，又把无疑不一样的划归到一起。他高度评价安德烈亚·切萨尔皮诺，说他“提出了根据种子和由花朵发育形成的包纳种子在内的构体对植物进行分类的做法，而且据我所知，他是最早采用这一做法的”。与此同时，他也表明自己并不完全赞同切萨尔皮诺的具体依据，并以令人信服的论述，指出花冠和花萼也是分类所应当考虑的因素。他并不认为自己的这一新方式就已经很全面了，因为他知道，当前等待发现和描述的植物还有成千上万种。《植物研究的新方式》一书的第三部分是关乎种子和种胚构造的。他在这篇文字中提出了植物之间的一个极为重要的不同之处，就是萌发时叶片的个数。比如百合发芽时只有一片小叶子，而芹菜的则有两片。两个新名词就这样出现了，并且一直沿用下来，就是单子叶植物和双子叶植物。在雷伊之前，马蒂亚斯·德劳贝尔也提出过类似的不同，即在有些植物，比如禾谷的叶片上，叶脉呈走向一致的细长纹路，而另外一些的叶脉则形成始自叶片沿中央一条粗络四下张开的网状结构。雷伊认为，他所寻求的方法，并不能建立在叶片所呈现出的外在形态之类的内容上，因为它们都还不够有力；而他指出的两类不同的种胚，则使区分植物间的不同得到了更为根本的立足点。就是到了今天，这一立足点也同1682年他最初提出时一样坚牢。他认为，将植物分为乔木、灌木、亚灌木和草株的传统方式，是“世俗的和偶然的，不是精确的和科学的”；虽然如此，他也并没有否定这种约定俗成的做法，只是不再将亚灌木视为单独的一类。他又将乔木分为八个群，将灌木分为六个群（比他自己原先暂定的只分为有刺群和无刺群两类有了改进），草株类永远不是省油的灯。这一次，雷伊将原先写进《剑桥植物目录》里的22个群扩展为颇有些臃肿的47个群。雷伊的新分类方式，就其分类的统一而论，只有从1677年起，任英国皇家学会常务负责人的尼赫迈亚·格鲁可与之相比，只是格鲁仍然袭用了以花朵的颜色和花瓣数目为分类的基本依据，而这两点在雷伊看来，却只是不应考虑在内的“偶元”。与格鲁不同的是，雷伊是一位孤军奋战者，既利用不到大学里的丰富图书资料，也没有植物园的方便借鉴。这样的处境，连他本人也承认“不能说是有利”。他总是过度辛劳，经常生病。给他看病的一位名叫本杰明·艾伦（Benjamin Allen）的年轻医生，又往往会开出些适得其反的处方（如土鳖虫碾碎治疗疝痛，煮孔雀屎对症羊角风等）。他每周要去一趟伦敦，虽然此时已经可以从布伦特里（Braintree）乘马车到达目的地，但他的住处和布伦特里之间还有很长的路得步行，而且马车也

图 151 东印度群岛某处的一个水果摊。摊上摆放着种种热带水果：香蕉、菠萝和椰子等。阿尔贝特·埃库特绘于 17 世纪中期

并不舒适，乘车时间又很长。[12]他在邻人中也找不到知音，用他在与同为皇家学会会员的约翰·奥布里（John Aubrey）的通信中的话来说，这是一帮"没脑子的人，无论乡绅还是牧师，都没有一点像样的思想"。[13]

虽说约翰·雷伊在自己的家宅附近找不到可进行智力交流的朋友，但在生命的最后二十五年里，一直保持着与资助人和支持者们的频繁通信联系。在这些人中，有1693年成为皇家学会常务负责人的爱尔兰博物学家汉斯·斯隆（Hans Sloane）、英格兰医生坦刻雷德·鲁滨逊（Tancred Robinson）——这位曾在巴黎就教于法国植物学家约瑟夫·皮顿·德图内福尔（Joseph Pitton de Tournefort，1656—1708），又在蒙彼利埃大学师从皮埃尔·马格诺尔的业余博物学家，成了他越来越重要的联系人，而且还上升为挚友①，时时给他以鼓励和帮助；爱尔兰博物学家汉斯·斯隆也是如此。年届五十的雷伊此时已经开始撰写他最重要的著述《植物志》——为与其他同名著述有所区别，人们通常称为《雷氏植物志》，最终分为三卷出版，虽然用的是小号铅字，也足有两千多页。"你的支持和期待，再加上其他一些人的鼓励，给了我足够的力量与勇气，使我不至于因自己的能力不足而绝望，"雷伊在一封信中向鲁滨逊医生这样倾诉道，"更让我敢于蔑视一切困难，甚至还令我达到了自我超越。"他很清楚，其他国家的植物学家们也在积极探讨分类问题，他希望证明一下"英国人也没有偷懒，没有睡大觉，至少也在尽力有所为"。[14]他希望使自己的这一著述达到百科全书的档次，收罗进当时人们知道的每一个植物物种。为此，荷兰医生威廉·皮索（Willem Piso）于1658年在阿姆斯特丹出版的《东印度群岛与西印度群岛自然志与药草谱》、另一位荷兰医生雅各布·德朋德特（Jakob de Bondt）以17世纪20年代在巴达维亚行医六载的经历写成的六卷集《东印度群岛自然志》、德国博物学家与天文学家格奥尔格·马克格拉夫（Georg Marcgraf）于1648年在阿姆斯特丹问世的八大卷《巴西自然志》，都得到了他的认真参详。[15]就连比较老旧的资料，如弗朗西斯科·埃尔南德斯1615年在墨西哥写成的《新西班牙的动植物》，他也没有漏掉。意大利作家保罗·博科内（Paolo Boccone）的《珍

① 他在剑桥大学教过的学生、多年好友、欧洲之行的旅伴和资助人贵族弗朗西斯·维鲁夫比已于1672年去世。——译注

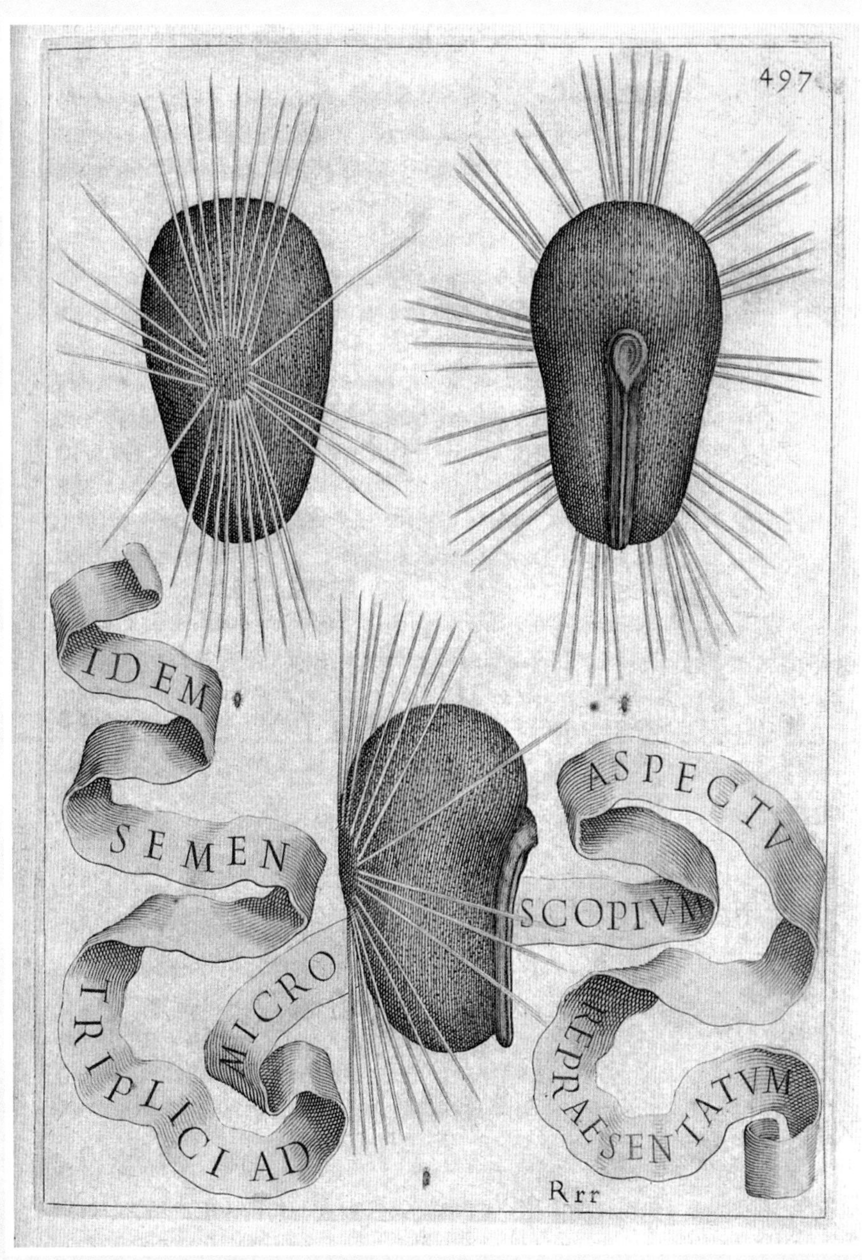

图 152 用显微镜从三个不同角度下看到的木槿种子。摘自乔瓦尼·巴蒂斯塔·费拉里(Giovanni Battista Ferrari)1638 年出版于罗马的《植物》一书

稀植物的图与文》(1674),他在访问蒙彼利埃大学时赞赏有加的年轻学者皮埃尔·马格诺尔所写的《蒙彼利埃地区的植物》(1676),都得到了他的引用。

其实,约翰·雷伊在动手之前,本是寄希望于苏格兰植物学者罗伯特·莫里森(Robert Morison,1620—1683)来完成这一百科全书式的著述的。(应当说,当时所有关注这一领域的人都曾这样期待过。)1669年,这位莫里森成为牛津大学的药草学教授,从职称角度看,确实应当是承担这一任务的理想人选。他是持保王立场的,并曾参与英国内战,故在克伦威尔(Oliver Cromwell)得势后离开英格兰前往巴黎,师从巴黎皇家植物园园长让·罗班研习。回到英国后,他当上了英王查理二世的御医。1672年,牛津大学出版社推出了他的《开伞形花植物的新分类方式》一书,开创了以单一族类植物为特定内容的专题写作方式,得到了后人的仿效,走出了最终完成对整个植物世界分类介绍的第一步。《开伞形花植物的新分类方式》(参看图153)是一部大开本的精美印刷品,有质量很高的铜版插图,印着各种开伞形花的植物,其中一些是花朵与种子的细部图片。[16] 在印成的每册书上,都附加了一篇作者的吁请,希望"诸般贵介"踊跃认购他的"以从未有人提到过的真正新方法进行排序分类的新本植物大全"。他解释说,"现有的博物著述中有关植物的内容都冗长单调,令学子们望而却步",尽快出版他所计划的全书,就是"希望有助于这一门类的发展进步",只可惜"设计、雕版和印刷都所费不赀",这便意味着"若无诸般贵介援手,此宏愿势必难以实现。故吁请有心襄赞者,认购每幅雕版5英镑的资助。所资助之图版将附刻资助者之纹章"。按照莫里森的设想,他的植物大全最终将包括2450幅高质量的凹版印刷的植物插图。一俟每幅5英镑的赞助都有了着落,印刷之事便可进行;"宏愿"实现后,每位赞助者还可得到一整套赠书。只是在发出这一吁请过了一段时间后,他又发表了一份很不乐观的文字,告诉人们在过去的三年里,雕版只完成了108块。他还解释说,前两年的进展极为缓慢。"部分原因是需要找到合格的,或者应当说是优秀的,而且恪尽职守的雕刻师。到了第三年,总算又找到了几位既能干又肯干的新人,加入原有的人马。目前再需要的,就只是来自认购者的支持,以支付画家与雕刻师的劳务,争取尽快地完成全部工作。"然而,尽管这样吁请,也没能激起有财力者的热情乃至虚荣心。莫里森的宏愿最后成了镜花水月,人也在雷伊的《植物研究的新方式》出版后的第二年抱憾离世。

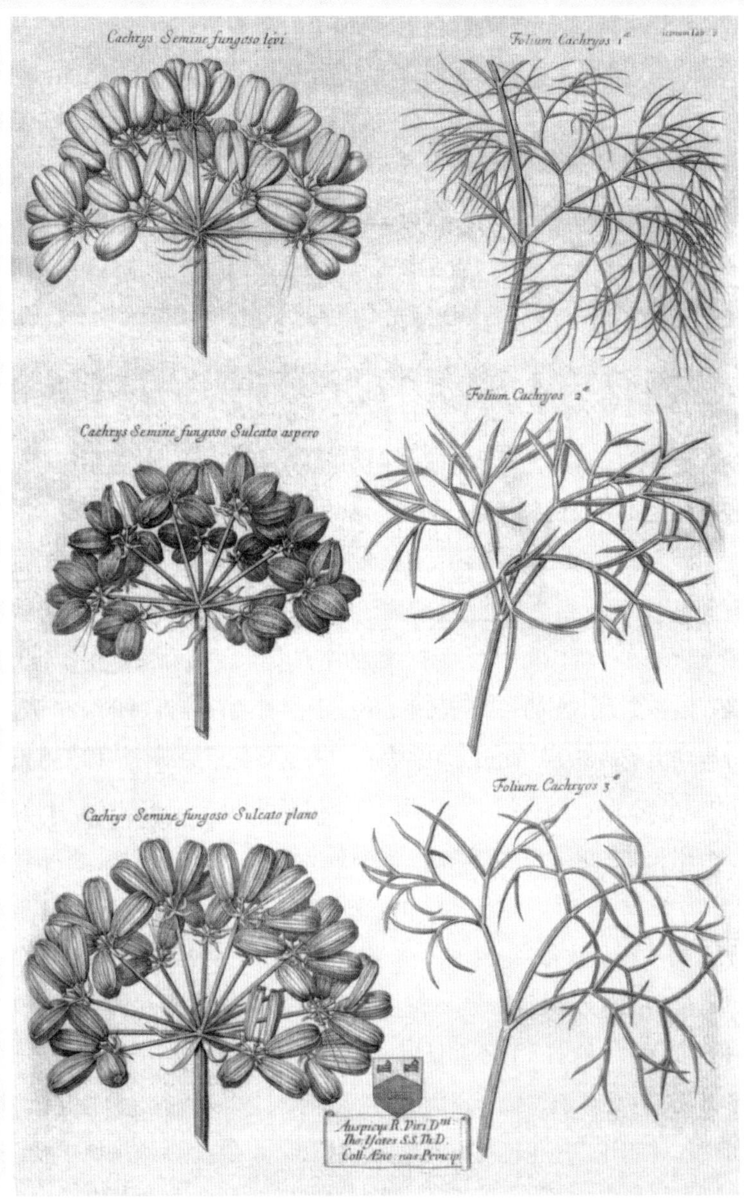

图 153 雕工精美的几种伞形科植物的版画。摘自罗伯特·莫里森的《开伞形花植物的新分类方式》。此书于 1672 年由牛津大学出版社出版，只是作者的良苦用心，未能得到预期的回应

约翰·雷伊也曾希望自己的《雷氏植物志》伴有插图。他知道图片有很大的辅助作用，明白有了它们，了解植物的各部分构造便容易得多。在他看来，植物书若没有插图，就如同地理书没有地图。然而，他一是看到罗伯特·莫里森为了给他的伞形科著述加上铜版插图，已经弄得破了产，二是得悉从英国皇家学会那里也得不到像样的帮助，因此在1685年5月12日写信告诉坦刻雷德·鲁滨逊说："为书加版画插图一事弄得我一筹莫展。所有的朋友都说木刻雕版要不得，不如干脆不要插图。"[17]在一些人的劝说下，雷伊决定先不加插图，但一直希望有朝一日还能补上。同年9月15日，时任英国皇家学会第六任会长的塞缪尔·佩皮斯发文，指示学会负责印刷业务的亨利·费尔桑恩（Henry Fairthorne）准备开印《雷氏植物志》。于是，在此后的六个月内，雷伊每周都将部分手稿托马车从布伦特里送达承印的伦敦印刷厂，再接回新近排好版的校样以行核对。《雷氏植物志》的第一卷于1686年6月出版。正文后附有一篇征求预订的文字，以获得足够的资金，支持以植物的科别为单元逐科制出图版来。做法与莫里森相同，而到头来也遭遇了与莫里森一样的结局。

约翰·雷伊在《雷氏植物志》第一版的序言中说："我知道，在各个大学的植物园以及在诸多大大小小的私人花园里，还有许多植物没能得到介绍。不过，它们早晚都能得到出版的机会。此书主要涉及已经有文字记录的部分。即便如此，我也承认，书中会出现因调查不够全面、整理时发生遗漏，以及忘记和匆忙等导致的疏漏。读者诸君会比我更多地发现此类缺憾。此书只由作者一人独自完成，事无巨细均必躬亲，连助手也没有一个。诸多纰漏自是在所难免。"[18]他倒是自己种了些来自美洲弗吉尼亚的水蓼和珠蓍[19]，还种了些当时很稀罕，而如今已经无处不在的金棒草。[20]只是在雅各布·博巴特（Jacob Bobart）当上园长后，在牛津大学植物园里栽种的种种热带草木，他还一直不曾见识过。[21]他还表示在对植物的描述方面大大得益于鲍欣两兄弟、意大利博物学家法比奥·科隆纳，以及勤奋治学的卡罗卢斯·克卢修斯的工作。此外，他也再次扼要说明了书中继续采用他本人于四年前归纳发表的植物分类方法的原因。《雷氏植物志》的第一卷中先以四类他称之为"非完全植物"的生物（珊瑚、海藻、蘑菇和苔藓）开篇，然后是有关蕨类的内容。这一部分结束后，便是介绍大量的开花植物，最后以豆类——现在应当称为豆科——植物收束本部分及全卷。《雷氏植物志》的第二卷于1688年出版，他在该卷中介绍的内容是乔木；

先是单子叶类的，继而是双子叶类的。在谈到单子叶类的棕榈树时，他先提到当年泰奥弗拉斯托斯所提及的，将阳株上所开的花带到阴株上所开的花附近抖摇以促成结果的做法，由此发表自己的结论说，“阳株的花上生有雄蕊的部分，造成了阴株花的受精”。就这样，雷伊率先大胆地发表了有关植物性行为的文字。[22] 虽说当时在英国，奎宁、西米、巧克力、咖啡和茶等都已经不再是陌生概念——塞缪尔·佩皮斯在 1660 年便提起他初次品茶的体验，雷伊也介绍了如何用茶叶沏茶水（只是断言饮茶不利于健康），不过对于提供这些物品的树木，英国人并不熟悉。这些树木，有的没有得到介绍，就是有介绍也不可靠。这让雷伊得不到有效的依托。对于种种热带的奇花异木，他尽管得不到第一手知识，但他对于那里迥异于温带的植物充满了憧憬。他曾说过：“如果将人在睡觉时带到那里，他醒来后会不相信自己眼睛的！”此话让作者回想起自己走在密林中通往奥林杜伊克瀑布的小道时的感觉：如梦、如幻，奇特难忘。正如他说过的另一句话：“如果某个欧洲人走在林间，看到了有些树会在夜里发光，而且明亮得能够照明阅读，他会不会奇怪得发呆呢？”[23] 不过他又一次重复了自己的信念，那就是整个世界上的植物种类的总数是有限的和不变的——“从创世之初直到今日，一直保持不变”。

约翰·雷伊在将这一皇皇巨著的第二卷全部脱稿后，便于 1687 年 9 月来到伦敦，参观了英国富商威廉·库尔坦（William Courten）位于中殿区段（Middle Temple）他的私人博物馆内的海外植物种子与坚果收藏。[24] 亨利·康普顿（Henry Compton）主教的官方住宅富勒姆宫里有个树木园，是全英格兰最出色的，那里新近种植的异域树木让雷伊赏心悦目。坦刻雷德·鲁滨逊写信给正在牙买加的汉斯·斯隆，答应若有去他那里的航船，一定会捎去雷伊的这本书。只是这番旷日持久的奋战——第三卷直到 1704 年，即雷伊逝世的前一年才问世，它并未能产生雷伊本人企盼的广泛影响。而这种影响却是他在单枪匹马的漫长辛劳中一直希望得到的。这套书也同他先前的著述一样，是用拉丁文写成的，而这一语言如今已经失去了先前在科学交流中独占鳌头的地位。一百多年前的威廉·特纳在 16 世纪中期，也遇到了既同样又反向的问题——他花费了不少精力写了一本书，但用的是英文，结果除了在本土再也无人能读。[25] 而到了 17 世纪末时，雷伊抱怨的却是在伦敦竟然很难找到拉丁文排版且质量可靠的印刷厂。雷伊的这套书篇幅极大，排版用的又是小号字体，也没有起润饰作用的插图。于是，他的这套书也同先前的著述一样，看来仍旧是没能赶上问世的恰当时机。本有可能对他的这一巨著感兴趣的不少英格兰人，此时的注意力却都集中到了时局上。［《雷氏植物志》的第一卷发行时，正逢蒙默斯公爵詹姆斯·斯科特一世的叛乱被镇压后的余波；① 第二卷问世时，又赶上辉格党权贵联合托利党元老拥戴奥兰治亲王威廉（William of Orange）戴上王冠②。］英国皇家学会在成立的初期干得风生水起，此时却遇到不少困难。雷伊的友人鲁滨逊辞去了常务负责人的职务，塞缪尔·佩皮斯也在批准印行《雷氏植物志》之后不久，不再担任会长一职，新上任的是被佩皮斯称为"当代最污之徒"的卡伯里三世伯爵约翰·沃恩（John Vaughan）。这位新会长竟弄得学会没有资金资助研究项目，《英国皇家学会自然科学汇刊》上也不再发表论文。这一局面直到斯隆从牙买加回来，负责起学会的常务工作后才得到扭转。雷伊在 1689 年 8 月 2 日写给友人、威尔士博物学家爱德华·吕德（Edward Lhwyd）的信中说，"由于经费的缩减，看来我的《植物志》是指望不上什么资助了。这两卷书的销路不好，经销人方面未必会有多少热情。这段时间一直对图书业很不吉利。"[26] 到头来，雷伊得到了 20 套赠书，又前二卷每卷各收入 30 英镑的稿酬。

约翰·雷伊有关植物分类的最后一本重要论述（《对植物命名法的修正》，1703 年在阿姆斯特丹出版），是在经过与法国植物学家约瑟夫·皮顿·德图内福尔（参看图 155）的一番激烈切磋与交锋后写出的。德图内福尔的《草木学概要》不久前在 1695 年夏出版，尽管是用法文写的，雷伊还是读过，并给出了"半瓶子醋"的评价。德图内福尔是位重量级对手——法国的大学教授，还是巴黎皇家植物园园长。他认真读过《雷氏植物志》，但不赞同书中的分类方法，并提出了自己的一套。对于此人的方法，雷伊也同样不认同，[27] 非但如此，还看出如果这一方法被人们接受，自己多年奋战形成的体系便将受到重创。因此，他必须针对对方对自己体系的重点批

① 蒙默斯公爵（1649—1685）是英王查理二世的私生子，查理二世没有婚生子，死后王位便由其弟继承，是为詹姆斯二世（James Ⅱ）。蒙默斯公爵未能继承王位，便于 1685 年欲以武力推翻继位的叔叔，但未能成事，兵败被判犯叛国罪处死。——译注

② 奥兰治亲王（1650—1702）是英王詹姆斯二世的女婿，但翁婿二人宗教信仰不同。詹姆斯二世信奉天主教并镇压新教徒，结果于 1688 年在名为"光荣革命"的军事与政治行动中被推翻，信奉新教的奥兰治亲王被当时的两大政党共同推举为新王，即威廉三世（William Ⅲ）。——译注

图 154 万寿菊，摘自 1676 年荷兰的一篇论著《顶级园艺》

图155 约瑟夫·皮顿·德图内福尔的肖像。他不赞同约翰·雷伊的植物分类方式，并在《草木学概要》中提出应以花的形态分类

评内容做出回复。这一批评是认为雷伊用了过多的特性来确定植物的分类。德图内福尔自己的分类依据只有一个，就是花冠的形态，即花瓣的数目与相对对称性。对此雷伊答云不可能，若以这一标准行之，势必导致太多太多不自然的分类：水仙会与芦苇分到一起，玫瑰也会同罂粟走成一路。德图内福尔不能无视植物的结构有更多歧的分布，不能置它们的天然关联于不顾。此时的雷伊身体状况堪虞，腿上生满脓疮，得用酸模草根加白垩土的浴液浸洗；足底也出现了越来越多的坏疽。就在此种健康状态下，他还独自生活在埃塞克斯郡的农家小屋里，写出了《对植物命名法的修正》。这是他对植物分类的最后一部著述，也是对近三十多年来一直萦绕在他头脑里的思绪的归纳。他在这本书中总结出了根据植物间天然存在的亲缘关系进行分类的几点应当遵循的守则：植物的命名必须尽量避免大的变动，以不至于造成混乱和错误；植物群的特性应有明确的界定，不能建立在相对的比较上（后者在先前不存在约定标准的时期是经常采用这种做法的，如叶片“比黄杨大”，“叶边的锯齿口不似常春藤深”）；选定的特性必须明显而容易掌握；经多数植物学者同意确立的植物群应当保持不动；彼此有关联的植物不应分开；确定植物分类标准的特性不得轻易增加。这便是雷伊提出的“分类六准则”。它们成了后来出现的一门新学科的重要基石，这门新学科就是植物分类法。

就是这几条吗？有人可能要问。然也。就是这几句看似平常的话，没有霹雳闪电，没有十番锣鼓，结论也似乎并不石破天惊。它们是沉静的、孤独的、顽强的归纳，并以同样的精神，坚持着方法须产生于体系之先的理念——一个成为后世植物研究的指导方针和理念，也是他苦苦坚持了一生的理念。他逝世以后，约瑟夫·皮顿·德图内福尔的那一套理念风行了一阵子。瑞典分类学家卡尔·林奈的著述也很热门了一阵。不过，真正动脑筋思考的人到头来总会回到雷伊的体系。我们当前所处的位置与17世纪时他的站位实在相差太大，致使我们难以设想他的成就有多么辉煌。不过雷伊本人对这一前景也是预见到了的。

说到这里，作者本人得动身出发了。这一次当然是去布莱克诺特利。这个村庄如今已经被并不可爱的布伦特里吞并掉了。约翰·雷伊的墓就在离教堂大门不远的地方。他的墓碑很漂亮，是亨利·康普顿主教和其他几位有财力的朋友出资立起来的。我走近这块顶尖凿成方尖塔形的石碑，分辨着下面镌刻的细密的拉丁文。字迹已经不大容易读出了。不过这并不很要紧。他的姓氏将永远存在于当年英格兰大地上唤起他对植物终生不渝之爱的植物中——夏至草、疗伤草、山罗花、天仙子、大麻叶泽兰……这个姓氏还将永远存在于他率先用到的一个名词上——一个他一生为之奋战的领域：植物学。

1691 年的《英国皇家学会自然科学汇刊》称约翰·雷伊是“无人能及的植物学家”。[28]“植物学家”的英文 botanist 一词是 17 世纪末才在英格兰流行起来的。而植物学 botany 一词也是雷伊于 1696 年最早使用的。[29] 这一源自希腊文 *βοτάνη* 的名词的出现，将近两千年来人们对草类、树木、草药、园艺的探索归结到了一起，也将多少代与植物打交道的学者和匠人们的努力凝聚到了同一个阵营内。泰奥弗拉斯托斯、卢卡·吉尼、安德烈亚·切萨尔皮诺、威廉·特纳、康拉德·格斯纳和托马斯·约翰逊——都是作者心目中的英雄——为将植物世界组织起来，并使植物的命名走向统一而进行的长期、耐心和谨慎的工作，如今有了一个共同的指代。在这个名称的统领下，植物研究进入了一个与以往不同的世界。哲学家们不再是这个领域的思想先导，代之而来的是一批通过研究带来深刻启迪的新人。雷伊最终归纳出的准则行将澄清造物的行事规则。他为后世学者打下了比所有前人更坚实的基础。植物学研究还有很长的路要走。对此雷伊是很清楚的。他也相信，再过几百年后，人们再度回顾他所取得的成果时，“后人们在科学领域上将要达到的高度，会使当前最值得骄傲的发现显得不足道，看来简单不过甚至无甚价值。后人会怜悯我们的无知，会诧异我们居然会对种种显而易见的东西久悟不得并虔敬有加。但愿他们能够有所体谅，意识到是我们为他们打开了坚冰，铺就了通往高峰的第一道阶石”。[30]

收束语

当然，这篇故事到约翰·雷伊这里并没有讲完。他为后人提炼出在错综复杂的术语的迷宫中成功穿行的规则。他将植物研究确立为一门科学事业。他还给这一事业起了个新名称——植物学。[1] 在使植物研究渐渐摆脱迷信成为科学的长期奋战中，雷伊是一长串英雄中的最后一位。这是一个与众不同的故事，它讲的是看到变化的故事，是发现新事物的故事，因此是讲不完的。在植物学研究中，新的关系不断地得到揭示，种种新分类方法不断地成为可能，甚至成为必然。眼镜的出现给了莱昂哈特·富克斯很大的帮助，阿尔布雷希特·迈尔在为 1542 年的《精评草木图志》创作富克斯的肖像时，就将眼镜也画了上去（参看图 64）。显微镜在 16 世纪末一出现，便向雷伊和与他同时代的尼赫迈亚·格鲁揭示出以往的植物学者们做梦也想象不出的复杂结构。而在雷伊之后，植物学中更进一步出现了詹姆斯·沃森（James Watson）与弗朗西斯·克里克（Francis Crick）在 X 射线衍射技术的帮助下，发现 DNA 这一双螺旋结构的飞跃。这便使对自然世界的定义和分类的工作，从原来一直只有哲学家和博物学家参与的领域，在 21 世纪里变成了由物理学家、植物化学家和分子系统发生学家接管的战场。这三类科学家如今也同当年的安德烈亚·切萨尔皮诺一样，为实现对植物的分类和排序，为找到完美的鉴别方法与层次体系而努力着。

卡尔·林奈是瑞典植物学家、乌普萨拉大学的药学教授。人们可能会不喜欢他的为人，对他将其出版于 1753 年的《植物种志》自许为“科学界的最重大成就”的说法嗤之以鼻，讨厌他将自己的学生称为“信徒”，不过，对于他的一些成绩，我们还是应当首肯的。他也同彼得·安德烈亚·马蒂奥利一样走运，在需要的时间写出了需要的著作——这大概就是所谓的把握住了时代精神吧。他能意识到时代之需要，又能以计算机式的无情效率运转，结果是对近 6000 种植物一律给出了由两个拉丁词组成，又都是独一无二的学名。自 1725 年以来，英国园艺学会便定期在伦敦开会，审视种种植物，尤其是从好望角和东印度群岛大量涌入欧洲的草木，目的就是按照这一规律给它们一一定出学名。由于物以稀为贵，各家苗圃和花房便不择手段地竞相弄来稀有的新异植物，随心所欲地冠以种种美妙的名称，推销给有钱的买主。有一种花形奇丽的热带花卉引入欧洲后，一时颇为轰动，商家们便纷纷在它的名称上打起了主意，视其花朵漂亮称之为“美多妮”者有之，根据传来地点和形状称之为“锡兰百合”者有之，因其攀缘性称之为“蔓多纳”者亦有之。林奈决定给它以 *Gloriosa superba* 的学名。① 说来也怪，居然大家不久便都接受了。看来大概是时机合适，使得秩序得以从混乱中脱颖而出之故吧。须知在 1730—1760 年的三十年里，英格兰的植物种类便增长了四倍呢。

说起双名法来，往往就会联想到林奈。其实它并非此人的首创。此种命名方式早已有之，只不过并没有形成必定之规。泰奥弗拉斯托斯在谈及三种不同的罂粟时，就分别称之为 *Mekon e melaina*、*Mekon e keratitis* 和 *Mekon e rhoias*。奥托·布伦费尔斯和莱昂哈特·富克斯也使用过以两个词共同指代一种植物的方法，只不过相当随意，并没有形成必须这样做的明确意识。安德烈亚·切萨尔皮诺和加斯帕尔·鲍欣[2] 都各自看出，这种已经用于人类群体的姓 + 名的命名方式相当简单实用，可以出于同一逻辑原理施之于植物，即先用一个词定出所属的群，再用第二个词给出物种在所属群中的定位。林奈的贡献，是比这些前人都更清楚地悟出应当将所有的植物都以此种方式一一对号入座，而不是用描述代替“姓名”。林奈之前——17 世纪的，以及 18 世纪早期的植物学家们所走的路，偏离了这一简洁扼要的方向，去追求给出准确性质描述的目标，结果是走向了长串名目的歧路。这种方式固然也有其用处；比如说，看到这样一个名称：*Plantago foliis ovato-lanceolatis*

① 按照双名法的规定，前一个词为属名，是名词；中译为嘉兰属。后一词（种加词）为与种有关的某种特性，是形容词，可直译为“顶尖级的”。《中国植物志》中将此物种的中译名也定为嘉兰。——译注

pubescentibus, spica cylindrica, scapo tereti，就能知道这是车前草的一种，叶片呈卵圆形且顶部有尖、生有软毛、茎秆光滑、顶端呈圆柱形。只是这样一长串名目，哪里有它后来按双名法得到的学名 *Plantago media*——北车前或者它的俗名白毛车前顺口呢？再说又多么难记哟！

双名法还有一个优点，就是能反映出与俗名的联系。白毛车前的英文名 hoary plantain 其实也是一个双名，plantain——车前是群名，再加上一个表示“有白毛的”的 hoary，就足以同其他都为车前但在某些小的方面有所不同的品种区分开来了。*Plantago lanceolata*（披针叶车前）、*Plantago major*（宽叶车前）、*Plantago maritima*（沿海车前）都是和白毛车前一样反映出与俗名有关联的具体例子。只不过在英文里，形容描述的词语放在代表群类的名词之前，而拉丁文则是调了顺序而已。俗名还是受欢迎的，因为它们既生动又容易记住，但缺点是不唯一也不统一。1892 年，爱尔兰博物学家纳撒尼尔·科尔根（Nathaniel Colgan）曾想确知被立为爱尔兰国家象征的植物三叶草究竟是哪一种植物，爱国心很强的爱尔兰人积极响应，从全国 20 个郡送来了他们心目中的这一植株，但结果却很不一致：有的是白三叶草，有的是红菽草，有的是钝叶车轴草，有的是紫花苜蓿。根本没人送来白花酢浆草，但在英格兰的某些地方，却是将它叫成三叶草的呢。[3] 有一种生长范围很广的草，学名叫作 *Caltha palustris*，在法国就大约有水边见等 60 个不同的俗名，在英国则有沼泽金盏花等 80 个左右的民间叫法，而在德国、奥地利和瑞士更有湿地黄等大众化名目，而且不少于 140 个！[①][4]

而分类法是以系统化的方式创造名称，或者不如说，是将多样化的生物用统一的一种语言逐一登记在案。多少个世纪以来，学者们都是以拉丁文为共同交流工具的。情况正如《英国皇家园艺学会新编园林植物索引》的编辑马克·格里菲思（Mark Griffiths）所指出的：“没有这个用于生物领域的单一语言通道，没有在统一的规则下进行交流的通用语言，就势必会形成方言、行话、俚语满天飞的局面，生物多样性便会成为《圣经》中提到的巴别塔，起于千口千舌的喧闹，而最终归为无声的沉寂。”[5] 寻求统一的植物命名法，一直是植物学家们极力寻求的，林奈的贡献，就

① 《中国植物志》中给出的中文名为驴蹄草。——译注

是使它实现了标准化。

约翰·雷伊去世后两年，卡尔·林奈在瑞典南部的斯莫兰省（Småland）出生。他在乌普萨拉大学学医，老师奥洛夫·鲁德贝克（Olof Rudbeck）教授还资助过他。林奈后来将菊科下的一个属以恩师的姓氏命名以志感激，即 *Rudbeckia*（金光菊属），同时又将一种俗名叫黏糊菜的长有白毛的杂草起名为 *Siegesbeckia orientalis*，而作为属名打头的词就是一个曾批评过他的德国学者约翰·西格斯贝克（Johann Siegesbeck）的姓氏。1732 年，他在瑞典最北端的拉普兰（Lapland）地区进行了一次跋涉 3000 英里的旅行调查，随后将此行中发现的植物发表在题为《拉普兰地区植物志》（1737）的报告中。他又访问了汉堡（Hamburg）、阿姆斯特丹和伦敦，并在伦敦会见了时任英国皇家学会会长的汉斯·斯隆。富有的荷兰银行家乔治·克利福德三世（George Clifford Ⅲ）在哈勒姆郊外有一处名为哈特营的大庄园，园内附设一个大花园和一个颇具规模的植物标本室。克利福德聘他将园内和标本室内的植物一一分类和记述。他还利用空闲时间为这家人的藏书做了分类整理：以国名为大类——希腊、罗马等，继之以作者名为小类——泰奥弗拉斯托斯、狄奥斯科里迪斯等。他返回瑞典后开业行医，主治淋病专科。1741 年，林奈被聘为乌普萨拉大学教授，随后开始专心撰写《植物种志》。在此之前，他已于 1737 年在莱顿出版了一部《植物属志》。《植物种志》就是在此著述的基础上再接再厉的成果。在这部书中，林奈除了给种种植物起了标准的学名，不再使用一直令威廉·特纳和托马斯·约翰逊等诸多学者头痛不已的同种异名外，更重要的是建立了从属概念。在选定物种的学名时，他优先从前人使用的合乎双名法规定的名称中，采用了若干最早形成的部分。比如，他就从奥托·布伦费尔斯的《真实草木图鉴》（1530—1536）中挑出了 60 个，又选取了莱昂哈特·富克斯《精评草木图志》（1542）中的 80 个。虽然这一命名方式遭到一些人的批评，说它的发明人“看来有些不自量，竟认为自己能够将整个世界都放入他定下的框框里”，但到头来还是一致接受了。在当前得到采用的给植物命名的现行体系中，《植物种志》便处于始发点的位置。

卡尔·林奈的双名体系即双名命名法是成功的（比如，被誉为“世界苗圃之冠”的伦敦李氏 – 甘氏联营苗木行，自 1760 年以来便一直使用双名法），不过其分类法却不尽然。林奈提出了一种根据花朵中雄蕊的数目和排布，以及雌蕊的情况进行植物分类的新方式。“花朵的花瓣部分对繁殖不起任何作用，”他这样写道，“它们只是至伟造物备下的挂着漂亮床帷、熏上大量香料的婚床，为的是让新郎和新娘在美好的环境中度过新婚之夜。”这便将约瑟夫·皮顿·德图内福尔提出的根据花瓣的情况给植物分类的体系彻底否定了。如今，林奈要用自己从18世纪30年代起便一直构想的分类体系，取代自己曾在中学里学过的内容。他称自己的这个体系为“性繁殖系统”。此名称一经提出，便引起一片反对的声浪。英国圣公会卡莱尔（Carlisle）教区的主教指斥林奈是满脑子的“肮脏色欲”，担心“女性的贞淑”会因此受到破坏，又认为“守德敬道的学子”不会相信此种类比。在俄国首都圣彼得堡（St Petersburg），约翰·西格斯贝克——就是那位后来被林奈拉去与杂草扯上关系的德国植物学家——批评林奈是在“无耻宣淫”，并表示说：“有谁会相信，串铃花啦，百合啦，还有葱头啦什么的，竟然会有这样不道德的行为！”牛津大学一位有“植物学专衔教授”职称的约翰·雅各布·蒂伦尼乌斯（Johann Jacob Dillenius）也写信给另一位植物学家理查德·理查森（Richard Richardson），表示林奈虽然“在植物学领域有透彻的见解和丰富的学识”，但这套方法是行不通的。他说对了。林奈去世后，“性繁殖系统”的说法很快便再无人提及。

从1867年起，所有植物的学名都是根据《国际植物命名法规》①确立的。[6]根据这套法规，整个植物世界建立在一个包括若干层次的基本框架上。

位于这一框架最下面的一层是“种”②，其拉丁文为*species*，指代若干样十分相近，但又有一定不同的一组组植物。［举例来说，*Ranunculus repens*（匍枝毛茛）和*Ranunculus acris*（高株毛茛）就是十分相近，但又有所差异的两个种。］种的学名由两部分构成，前一部分在下段提及，后一部分叫种加词，起形容作用。种加词可以是描述形态的，如前述第一个例子*Ranunculus repens*中的*repens*，表示“爬行的”；也可以是表示来源的，如*sinensis*（中国的）；还可以是涉及历史的，如*officinalis*（曾在药店里的——附带一提，此词的拉丁文有所变化，原来药店的拉丁文是*opificina*，后来与其他表示非住宅的室内空间搞混了，就成了*officina*）等。

① 2011年改名为《国际藻类、真菌、植物命名法规》（第七章中曾提及）。——译注

② 请注意，这里介绍的分类系统只是林奈时代的格局。——译注

种的上面一层是“属”，其拉丁文为*genus*。属将种中有密切关联的成员联系到一起。比如*Ranunculus*（毛茛属）就将凡是草本、花萼、花瓣各为分离的5片，花瓣黄色，有多个离生且螺旋状排列的雄蕊，果实集合成头状的植物都算在内，而其他方面——一年或多年生也好，陆生水生也好，趴伏直立也好，花朵是否像缠头布也好，花萼为绿为红也好，茎干高些低些也好，都不影响这一归属。其他如*Myosotis*（勿忘草属）、*Plantago*（车前属）等，也都是将若干有重要共同点的植物放入一个共同群体中的结果。植物的属有大有小，重要的共同点也有多有少。*Ginkgo*（银杏属）就只有一个古代孑遗的种*Ginkgo biloba*，而像*Euphorbia*（大戟属），下面就有约两千个成员，而且有的是一年生的，有的是多年生的；有的是肉质草本，有的是灌木，还有的是乔木。当年泰奥弗拉斯托斯就曾提到，他自己将植物分成四大类——草株、亚灌木、灌木和乔木的做法，到头来未必能站住脚。结果当真就是这样。

在属之上是*familia*——“科”。科将有关联的属合到了一起。*Aquilegia*（耧斗菜属）、*Aconitum*（乌头属）、*Helleborus*（嚏根草属）、*Thalictrum*（唐松草属），都同*Ranunculus*（毛茛属）一起进入*Ranunculaceae*（毛茛科）；*Tulipa*（郁金香属）、*Fritillaria*（贝母属）、*Erythronium*（猪牙花属），都和*Lilium*（百合属）一起归为*Liliaceae*（百合科）。科也和属一样有大有小。*Orchidaceae*（兰科）就包含着约800个属，至少20000个种。不过随着每一代植物学家对各个科的定义属性提出不同的增减，科的大小和具体成员也会随之改变。

科的上面是*ordo*，也就是“目”。植物学家找出不同科间种种隐蔽的相近之处，分别归于不同的目。*Ranales*（毛茛目）便是其中的一个目，为*Ranunculaceae*（毛茛科）、*Berberidaceae*（小檗科）和*Lardizabalaceae*（木通科）形成的组合。

再往上就是*classis*，也就是“纲”。这是林奈在他的分类系统中给出的最高一层构造。开花植物与蕨类和苔藓等便分属不同的纲。

约翰·雷伊的“分类六准则”为后世的植物分类体系打下了概念基础。植物中存在等级的观点也和林奈的双名命名法一样，得到了普遍接受。只不过具体的植物分类操作却仍然一如既往地不得停当。这是因为，判别植物间异同点的指标仍然得不到一致认同。有些植物学家又回到了马蒂亚斯·德劳贝尔根据叶子形状分类的套

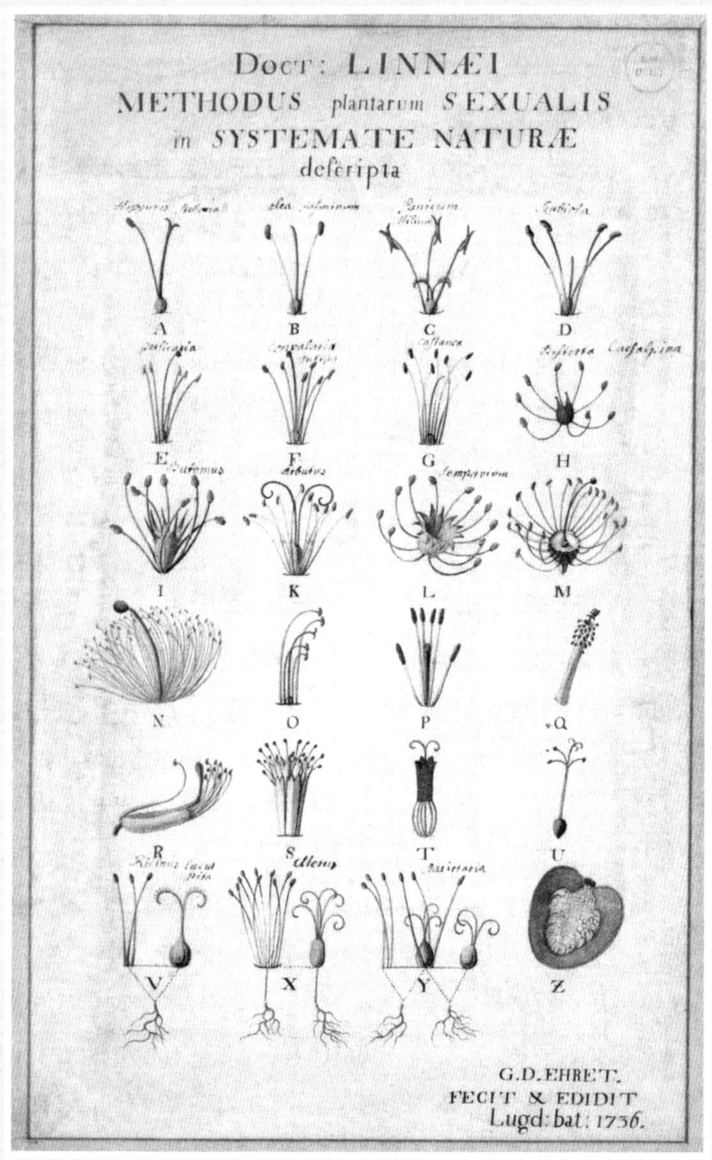

图 156 德国－英国植物学家与分类学家格奥尔格·迪奥尼修斯·埃雷特（Georg Dionysius Ehret）为《克利福德园》一书所作的插图。就是在这处园林，瑞典植物学家卡尔·林奈开始钻研其“性繁殖系统”，即根据雄蕊的丝数和排布方式等方面进行植物分类的体系

路。另外一些人还是以花为判别依据。只是有一点，叶子也好，花朵也罢，它们的形状和构造——也就是植物的总体形态，会受到生长环境的影响而发生改变，而且可能改变到导致难以分类的程度。泰奥弗拉斯托斯早就对此有所认识。他注意到雅典学园里的一些生长在溪流畔的悬铃木，“因为养分充足，空间也宽裕，树根能伸延得长过 33 腕尺”。位于阿卡迪亚地区陡峭山谷内的银冷杉，“会长得极高，木质也极致密”。既然如此，那么其他特性是否就能比较稳定呢？当电子显微镜揭示出花粉粒具有精细复杂的结构后,就有人设想是否它们可以成为判别异同的可靠指标。再到后来，又有以植物化学性质为主要分类依据的设想出现，比如将都含有芥子油的豆瓣菜和欧洲油菜归为同属——似乎是回到了刚刚出现药草本册的时代，又按植物的用途行事了。指标的不断变化，造成物种的不断搬家，在不同属间转来转去。属与属也有分有合，视不同植物学家采用的不同划分标准而变。有些植物学家属于“堆派”，倾向于建立大型的、包含多个成员而关联度较轻的属，另外一些则属于“劈派”，乐于将形态上的小小不同视为建立新成员的依据。

有一些科确实很大，百合科即为一例。应当算是“堆派”的美国植物分类学家阿瑟·克朗奎斯特（Arthur Cronquist，1919—1992），总愿意找出理由来将科做得可以容纳大批的属，而瑞典–丹麦植物学家罗尔夫·达尔格伦（Rolf Dahlgren，1932—1987）则一向喜欢使科变多变小，从而科内的各属在性质上相对更接近一致些。英国皇家植物园内有一个“植物科属分划委员会”①，它的任务就是探讨种种“堆”和“劈”的理由。说实在的，既然植物分类学家们自己都时常不能统一意见，旁人就更难念懂这本经了。仅在从 19 世纪中期的英国植物学家乔治·边沁（George Bentham）和约瑟夫·多尔顿·胡克（Joseph Dalton Hooker）到 20 世纪后期的克朗奎斯特这一百多年的时间里，前后就一共出现了八个彼此有相当不同的植物分类体系。[7] 那么，时至如今，能不能说我们最终已经归纳出了无懈可击、四海归心的结果呢？存在于自然世界中的错综复杂的种种内部关联是否得到了彻底揭示，一应脉络也都一清二楚了呢？被亚里士多德和泰奥弗拉斯托斯视为非常重要并一直孜孜以求的“灵气”，是不是也有了着落呢？

---

① 此机构现已并入该植物园的 APG 部（被子植物种系发生学组研究部）。——译注

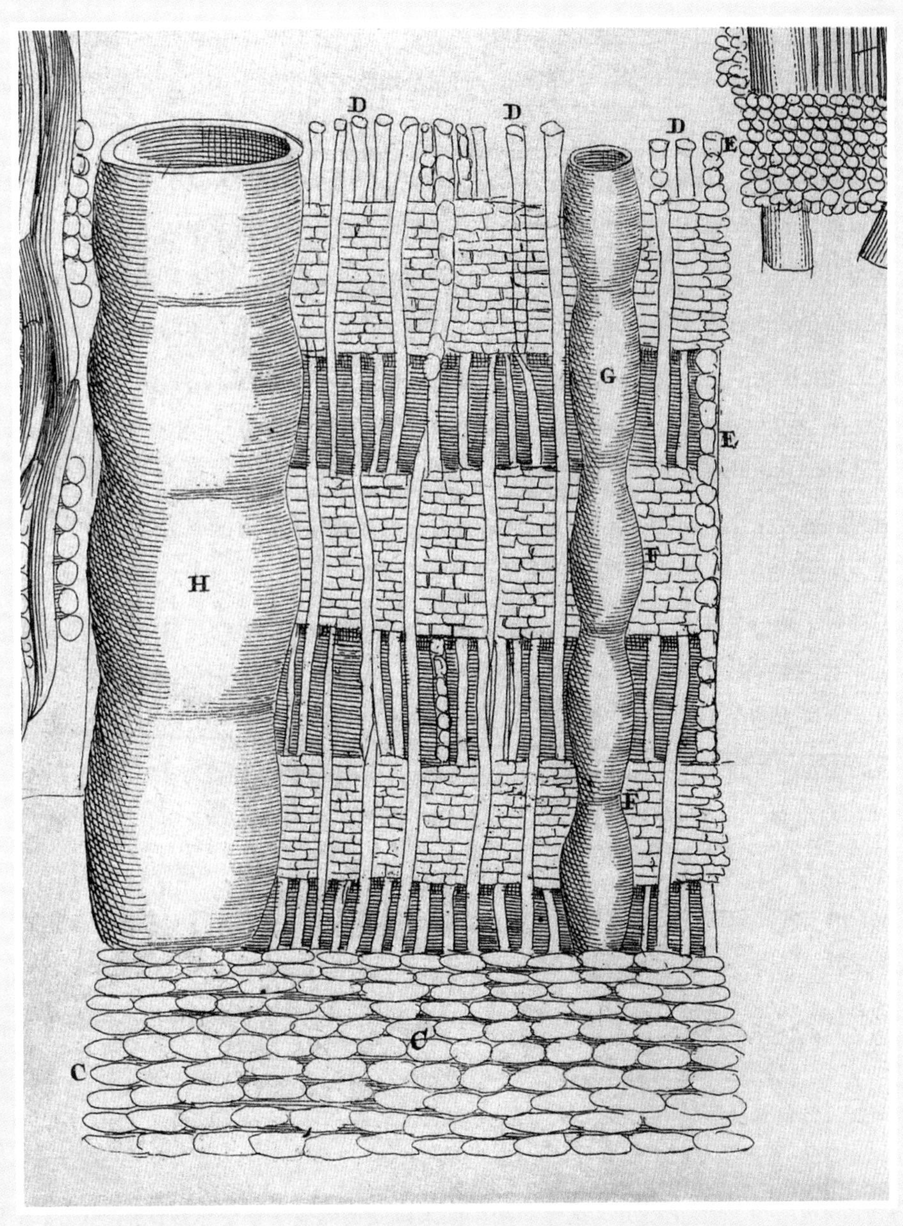

图 157 在新发明的显微镜下观察到栎树被放大的木质部（植物体内负责将水分从根部输运到其他部分的组织）。此图为意大利生物学家马尔切洛·马尔皮吉为其《植物解剖学》第二卷（1679）所作

2005年5月里的一个美好的早晨，七叶树——佛兰德人奥吉耶·吉塞利·德比斯贝克当年作为驻外使节带回欧洲，而如今的欧洲人已经不大记得它们曾经是异乡客——正怒放着花序为宝塔形的花朵。作为本书的最后一站，作者来到英国皇家植物园，拜望分子系统发生学组的负责人马克·蔡斯（Mark Chase）教授。在执行巨资打造的人类基因组计划过程中发展起来的种种技术，也迅速融入了其他领域。通过分析植物的DNA，科学家们已经能够构建起植物界的进化树，并且找出种种并不通过外在特点表现出的关系来。开花植物至少在一亿五千万年前便开始出现了（想到这里，我的脑海里便无端冒出了这样一幅图景：一头硕大的雷龙——恐龙中最大的一种——正用它的巨足踹烂一株杉叶藻，就如同我在天山时，所骑的那匹马踏碎郁金香和开蓝花的鸢尾一样）。在随后的漫长岁月中，原本密切关联的植物便可能走过完全不同的进化途径，发展成大相径庭的品种，有的成为美丽芳香的玫瑰，有的成为令人一接触即会过敏的毒漆藤。不过对这二者的DNA分析表明，它们都属于同一个纲之下、不同目之上的亚纲——蔷薇亚纲，也称原始花被亚纲（这个亚纲到头来将大麻、黄瓜、梨、草莓等许许多多看似无关的植物种都包括了进来）。从20世纪80年代开始，蔡斯教授便和同事们集中分析一个基因中的500个编码序列。他们的计算机应付不了这样庞大的计算量，导致一次又一次的死机。到了1993年时，他们解开了这个死结，并在新组建的被子植物种系发生学组研究部（写为APG）内继续攻坚这一项目。经过两年努力，这个研究部得到了第二套数据。前后两套数据是一致的，也都揭示出若干令人惊异的情况。这些数据告诉植物学家们，以往由于形态相近而一直被认为是睡莲近亲、俗称荷花的莲，其实倒与悬铃木和海神花的关系更密切些呢。根据这些新数据，该研究部勇敢地开始采取重大行动——进行植物总体框架的重新构筑。于是，安德烈亚·切萨尔皮诺所定下的*Umbelliferae*（伞形科）便换了个学名*Apiaceae*[①]，*Leguminosae*（豆科）则被分开，这一分就成了三个科，即*Mimosaceae*（含羞草科）、*Caesalpiniaceae*（云实科）和*Papilionaceae*（蝶形花科）。这样一来，原来以安德烈亚·切萨尔皮诺的姓氏命名

① 中译名未变，仍为伞形科。不过在《中国植物志》中，这一科的拉丁文学名仍为原来的*Umbelliferae*。——译注

图 158 《花的特征》，德国画家格奥尔格·迪奥尼修斯·埃雷特为其《稀有植物与罕见蝴蝶》（1748）一书所作

的云实属 *Caesalpinia* 又多了一个纪念他的云实科，词根是相同的，只是表示“辈分”的词尾有所不同。[①] 狄奥斯科里迪斯的地位也有所提升，除了原有的 *Dioscorea*（薯蓣属）和 *Dioscoreaceae*（薯蓣科），更多了个高一阶的 *Dioscoreales*（薯蓣目）[②]。泰奥弗拉斯托斯仍然飘飘无所依。

这是一个有里程碑意义的重构。马克·蔡斯教授指出，这一行动是以毋庸置疑的证据为基础的，不能因为与预想不同便不愿接受。当年正是出现了新的证据，才导致卡罗卢斯·克卢修斯于1593年将莱顿大学植物园里栽植的草木大大搬家一番，以反映新的分类方式。在今天的牛津大学，攻读系统分类学和植物分类法的学子们也正在新体系的框架内学习。1621年时以“促进知识”为宗旨创建的牛津大学植物园，园内的草木布置曾在1884年按照乔治·边沁和约瑟夫·多尔顿·胡克确定的植物分类依据而按新的门类重新安排。如今这样的动土搬迁又处在新的一轮进行中。新的秩序已然开始出现。

---

① 后来这一分类又有所回归。在《中国植物志》中，豆科仍然得到保留，但下面分了三个亚科，即含羞草亚科、云实亚科和蝶形花亚科，相应的拉丁文学名也分别为 *Mimosoideae*、*Caesalpinioideae* 和 *Papilionoideae*，云实亚科的学名仍与安德烈亚·切萨尔皮诺的姓氏联系在一起。——译注

② 在《中国植物志》中，这个新升级的薯蓣目未被采用，但其下属的薯蓣科和薯蓣属仍得到保留，都还在原来的 *Liliflorae*（百合目）下。——译注

要事编年简记

（BC 表示公元前，置于年份数字之后；AD 表示公元，置于 0—999 年间的年份数字之前；估计年份排在相同的确定年份之后）

387 BC	柏拉图创办柏拉图学所
384 BC	亚里士多德出生
约 372 BC	泰奥弗拉斯托斯出生
368 BC	柏拉图完成著述《理想国》
347 BC	柏拉图去世；斯珀西波斯（Speusippus）领导柏拉图学所；亚里士多德离开雅典，游历阿塔纽斯（Atarneus）、俄索斯（Assos）和莱斯沃斯
343 BC	亚里士多德赴马其顿国任太子师，辅导尚未登基的亚历山大大帝
336 BC	亚历山大大帝继任马其顿国王
335 BC	亚里士多德回到雅典，开办雅典学园并创建逍遥学派
331 BC	亚历山大大帝远征埃及
330 BC	亚历山大大帝夷毁大流士三世阿塔沙塔的都城波斯波利斯（Persepolis），将希腊文化传入西亚地区，又将亚洲的植物带回本土
327 BC	亚历山大大帝开始远征印度之行
322 BC	亚里士多德逝世。泰奥弗拉斯托斯领导逍遥学派
约 307 BC	托勒密一世下令在亚历山大城修建博物馆和图书馆
287 BC	泰奥弗拉斯托斯逝世。斯特拉托接手领导逍遥学派
285 BC	托勒密二世继任埃及国王
280 BC	高 105 英尺的巨大太阳神像在希腊罗得岛落成
246 BC	托勒密二世去世
218 BC	迦太基大将汉尼拔（Hannibal）率领 10 万大军和 50 头战象翻越阿尔卑斯山攻打意大利

147 BC	罗马人开始统治希腊
47 BC	恺撒大帝攻占亚历山大城，亚历山大图书馆遭火焚
46 BC	恺撒大帝下令采用儒略历，即连续三年每年 365 天，第四年为 366 天，使罗马历中存在的累计误差问题大为减轻
AD 23	老普林尼在维罗纳出生
约 AD 40	狄奥斯科里迪斯出生
AD 43	罗马帝国入侵不列颠
AD 70	耶路撒冷陷落，犹太人流散四方
AD 77	老普林尼完成《博物志》
约 AD 77	狄奥斯科里迪斯写成《药物论》
AD 79	老普林尼死于维苏威火山喷发
AD 80	可容纳 87000 人的罗马大角斗场建成
AD 90	狄奥斯科里迪斯逝世
约 AD 100	纸莎草产品改型，使文字资料的记载形式从卷变为册
约 AD 105	中国发明用树皮、旧渔网、破布、麻头等物制成的纸张
AD 127	占领英格兰的罗马帝国皇帝哈德良（Publius Aelius Hadrianus）下令建造的隔开英格兰和苏格兰的哈德良长墙基本建成
约 AD 130	盖伦出生
约 AD 200	盖伦逝世
AD 330	君士坦丁大帝治下的罗马帝国迁都，新都城以他的名字命名——君士坦丁堡
约 AD 391	亚历山大城的塞拉比斯神庙横遭夷毁
AD 406	汪达尔人[①]占领大部分高卢地区
AD 410	西哥特人首领亚拉里克（Alaric the Visigoth）攻陷罗马[②]
AD 425	君士坦丁帝国大学在君士坦丁堡建成
AD 452	匈奴人在阿提拉王（Attila the Hun）率领下入侵意大利北部地区
约 AD 512	《尤利亚娜公主手绘本》问世
AD 529	查士丁尼大帝下令关闭雅典学园；圣本笃在卡西诺山建立第一座基督教修道院
AD 622	被穆斯林奉为先知的穆罕默德（Muhammad ibn 'Abdullah）逃亡至麦地那，始创伊斯兰教

① 汪达尔人是古代一个东日耳曼部族，以洗劫为主要生存方式，一度强盛并建立汪达尔王国。533 年被东罗马帝国灭国。——译注

② 西哥特人是日耳曼部落中的一支，亚拉里克（约 370—410）为他们的首领，年轻时受命率领本族人镇守罗马帝国边境，并借机扩张，建立起西哥特王国，是为亚拉里克一世。后以罗马帝国新统治者登基后背弃对亚拉里克的承诺为由入侵意大利，攻陷罗马并大举劫掠。成为第一支能够攻克这一号称“永恒之城”的蛮族武力。——译注

AD 711	穆斯林大军入侵西班牙
AD 785	盎格鲁－撒克逊人在英格兰和威尔士边界修建线状军事工事奥法堤以防范威尔士人
约 AD 800	阿拉伯医生塞拉蓬写成一部药用生物学著述
AD 832	巴格达建成重要的文化设施智慧堂
约 AD 854	狄奥斯科里迪斯的著述首次被译成阿拉伯文
AD 865	北欧海盗发起对不列颠岛的第一次大规模入袭
AD 978	巴格达的阿杜德·道莱教学医院成立由 24 名医生组成的教学体系
AD 980	伊本·西那（阿维森纳）出生
AD 985	欧洲第一所医学院在意大利的萨莱诺建成
AD 995	英格兰的阿尔弗里克（Aelfric）主教所编的《拉丁－古英语词语与语法辞典》中收入英格兰生长的 200 种植物条目
1037	伊本·西那（阿维森纳）逝世。他编纂的医学巨著《医典》被后人沿用到 17 世纪
约 1065[①]	迦太基人康斯坦丁开始将若干阿拉伯文医学著述译为拉丁文
1066	英格兰国王哈罗德二世（Harold Ⅱ）在与“征服者威廉”（威廉一世）决战的黑斯廷斯战役中战败身死
1080	巴约挂毯织成
约 1080	英格兰自然哲学家阿德拉德出生
1085	被尊称为“熙德”（大先生）的罗德里戈·迪亚兹·德·维瓦尔发动托莱多攻城战
1085	来自欧洲大陆的英格兰新统治者形成名为《末日审判书》的统计资料
约 1130	阿德拉德开始撰写《探天察地》
1140	从意大利经由圣哥达山口到达瑞士的道路建成开放
1145	阿德拉德逝世
约 1150	马特豪乌斯·普拉提厄里乌斯写成《便捷药物》
1163	开始建造巴黎圣母院
1170	托马斯·贝克特主教在坎特伯雷教堂遇刺身亡
约 1200	大阿尔伯特出生
约 1200	印加文明昌盛于秘鲁的库斯科谷地（Cuzco Valley）
1219	成吉思汗进犯中亚的波斯与河中地区（Transoxiana）
1222	成吉思汗征服阿富汗
1224	神圣罗马帝国皇帝腓特烈二世创建那波里大学

① 原文为 1087 年，书中第七章提及其生卒年为 1087 年，故疑此处可能有误；正文又提到他 1065 年前后来到意大利并进行翻译。从其他资料得知他有多部译作，故此处改为约 1065 年。——译注

1227	成吉思汗在率领 13 万大军出征时死亡
1231	神圣罗马帝国皇帝腓特烈二世下令萨莱诺医学院的所有医生与医科教员接受甄别考试
1250	欧洲出现第一张手推车的图画
1254	马可・波罗出生
约 1256	大阿尔伯特的《草木论考》问世
1258	蒙古大军攻陷巴格达
1270	马可・波罗开始从欧洲通过陆路到达中国的著名旅行
1272	造纸技术传入意大利，具体途径可能是通过西班牙或西西里的穆斯林
1280	大阿尔伯特逝世
约 1280	《萨莱诺手绘本》问世
1284	比萨共和国的舰队在梅洛里亚岛（Meloria）附近被热那亚共和国的海上军事力量摧毁①
1302	意大利博洛尼亚的医生巴尔托洛梅奥・德・瓦里尼亚尼（Bartolomeo de Varignana）打破天主教禁令进行第一例人体尸体解剖
1306	乔托为帕多瓦的竞技场礼拜堂创作壁画
1313	欧洲人开始使用眼镜
1324	马可・波罗逝世
1340	欧洲第一家造纸作坊在意大利的法布里亚诺开业
1341	弗朗切斯科・彼特拉克在罗马城的卡皮托利诺山（Capitoline Hill）② 得到桂冠诗人荣称
1347	始发于 1346 年的“黑死病”瘟疫在君士坦丁堡、那波里、热那亚和南部法国大面积暴发，并在其后几年内肆虐于欧洲大部分地区
1377	英格兰年满 14 岁的人丁数为 1361478
1380	英格兰神学家约翰・威克利夫（John Wycliffe）将《圣经》由拉丁文译为英文
1387	乔叟（Geoffrey Chaucer）开始撰写《坎特伯雷故事集》
14 世纪 90 年代	《卡拉拉本草图谱》问世
约 1398	特奥多罗・伽札出生
1403	洛伦佐・吉贝尔蒂在为佛罗伦萨施洗者约翰洗礼堂铸造的多扇青铜大门上表现出大量花朵
1425	马萨乔为佛罗伦萨新圣母大殿内的布兰卡契礼拜堂创作壁画

① 梅洛里亚岛是意大利西面的一个近海小岛，此处所涉及的是发生在附近海域的著名梅洛里亚海战（1284 年 8 月 4 日）。战事在比萨共和国与热那亚共和国之间进行，是典型的中世纪海战，结果热那亚共和国取胜，夺得对萨丁岛和科西嘉岛的主权。——译注

② 这是罗马城内的一个小山丘，从古代起便陆续建起不少大型文化建筑，故有重要的文化象征意义。——译注

1426	胡贝特·范·艾克（Hubert van Eyck）和扬·范·艾克（Jan van Eyck）两兄弟创作根特祭坛画
1428	尼科洛·列奥尼塞诺出生
1438—1440	安东尼奥·皮萨内洛创作《侯爵夫人像》
约 1445	《本草画本》在威尼托问世
1452	达·芬奇出生
1453	君士坦丁堡在奥斯曼帝国苏丹穆罕默德二世（Mohammed Ⅱ of Ottoman Empire）大军的进攻下陷落
1454	埃尔莫劳·巴尔巴罗出生
1454	约翰内斯·古腾堡在美因茨用他发明的印刷机印制出第一批活字印刷出版物（为教会承印“赎罪券”）
约 1460	石竹在西班牙成为栽种植物
1462	美因茨陷落
1469	老普林尼的《博物志》第一次以印刷物形式在威尼斯问世
1471	阿尔布雷希特·丢勒出生
1475	休·范·德·胡斯开始创作波尔蒂纳里祭坛画
1475	康拉德·封·梅根伯格的《自然之书》问世
1476	威廉·卡克斯顿（William Caxton）在威斯敏斯特（Westminster）开设了英格兰第一处印刷作坊
1477	马可·波罗的游记开始以印刷物形式流传
1477	桑德罗·波提切利创作名画《春》
约 1478	特奥多罗·伽札逝世
约 1481	约翰内斯·菲利普斯·德·黎纳米尼（Johannes Philippus de Lignamine）在罗马印刷出版《柏拉图信徒阿里普列尤斯植物图谱》
1483	特奥多罗·伽札翻译的泰奥弗拉斯托斯著述在特雷维索出版
1485	《保健之园》一书在美因茨问世
1486	尤里修斯·考尔杜斯出生
1488	奥托·布伦费尔斯出生
1490	意大利出版商老阿尔杜斯·马努提乌斯（Aldus Manutius the Elder）在威尼斯成立以出版古典名著著称的阿尔丁出版社
1490	卢卡·吉尼出生
1492	哥伦布远航到达美洲
1492	尼科洛·列奥尼塞诺发表《老普林尼等人有关本草著述的失误》
1492	西班牙军队从阿拉伯人手中夺回安达卢西亚地区的所有权
1492—1493	埃尔莫劳·巴尔巴罗撰写《普林尼氏著述匡正》
1493	埃尔莫劳·巴尔巴罗逝世

1493	在教宗亚历山大六世（Pope Alexander Ⅵ）的调解下，西班牙和葡萄牙两国划分在新大陆的势力范围
1497	瓦斯科·达·伽马参加远航离开里斯本（Lisbon），最后来到印度
1498	瓦斯科·达·伽马到达位于印度马拉巴尔海岸（Malabar Coast）的卡利卡特（Calicut），即如今的科泽科德（Kozhikode）
约 1498	欧洲发现第一例梅毒病
1501	彼得·安德烈亚·马蒂奥利出生
1501	莱昂哈特·富克斯出生
1501	米开朗基罗开始在佛罗伦萨创作雕像《大卫》
1502	瓦斯科·达·伽马在印度的科钦（Cochin）建立葡萄牙殖民地
1503	欧洲与西印度群岛建立贸易联系
约 1503	阿尔布雷希特·丢勒创作名画《野草地》
1505	布鲁塞尔和维也纳之间形成正规邮政业务
1507	纪尧姆·龙德莱出生
1508—1512	米开朗基罗为梵蒂冈的西斯廷教堂创作天顶画
1510	葡萄牙得到印度的果阿地区
约 1510	威廉·特纳出生
1515	瓦勒留斯·考尔杜斯出生
1516	埃尔莫劳·巴尔巴罗的遗作《狄奥斯科里迪斯著述补遗》出版
1517	皮埃尔·贝隆出生
1517	马丁·路德指斥天主教会出售“赎罪券”的行为
1517	伦贝特·多东斯出生
1519	达·芬奇逝世
1524	尼科洛·列奥尼塞诺逝世
1526	卡罗卢斯·克卢修斯出生
1526	葡萄牙船队抵达新几内亚（New Guinea）
1526	《草木大绘本》出版
1528	阿尔布雷希特·丢勒逝世
1530	奥托·布伦费尔斯的《真实草木图鉴》第一卷问世
1532	奥斯曼帝国苏丹苏莱曼大帝侵占匈牙利并进逼维也纳
1533	帕多瓦大学的弗朗切斯科·博纳费德被聘任为第一位本草学教授
1534	奥托·布伦费尔斯逝世
1535	莱昂哈特·富克斯开始在蒂宾根大学教书
1535	尤里修斯·考尔杜斯逝世

1535	英格兰大法官托马斯·莫尔（Thomas More）因拒绝发“从至尊誓”[①]被处死
1535	皮埃尔·佩纳出生
1536	新教重要派别改革宗（加尔文派）创始人约翰·加尔文（John Calvin）落脚日内瓦，同年发表《基督教要义》
1538	威廉·特纳的《新本草名录》问世
1538	马蒂亚斯·德劳贝尔出生
1540	威廉·特纳为躲避发生在英格兰的宗教迫害逃到法国
1541	西班牙探险家埃尔南多·德·索托（Hernando de Soto）深入北美洲东南部的阿肯色（Akransas）和俄克拉荷马（Oklahoma）地区
1542	欧洲海船到达日本
1542	莱昂哈特·富克斯的《精评草木图志》出版
1543	西班牙发生第一例将新教徒处以火刑的宗教迫害行为
1544	比萨大学开辟欧洲第一处植物园
1544	瓦勒留斯·考尔杜斯去世
1544	彼得·安德烈亚·马蒂奥利的《狄奥斯科里迪斯医学著作述评》以意大利文发行初版
1545	帕多瓦大学建成植物园
1545	约翰·杰勒德出生
1545	英国军舰“玛丽·罗丝号”在朴次茅斯港被法国人击沉
1546	皮埃尔·贝隆开始在黎凡特地区的两年之旅
1546	威廉·特纳的所有著述均被英格兰国王亨利八世定为禁书
1548	威廉·特纳在亨利八世死后翌年出版《草药名录》
1550	佛罗伦萨大学营建植物园
1550	西红柿开始在欧洲成为栽种植物
约 1550	英国人口达到 300 万左右
1552	费利克斯·普拉特赴蒙彼利埃大学求学
1553	皮埃尔·贝隆的《对若干种罕有草木的观察》一书问世
1554	卢卡·吉尼从比萨大学退休
1554	伦贝特·多东斯发表《草木图本》
1554	彼得·安德烈亚·马蒂奥利的《狄奥斯科里迪斯医学著作述评》拉丁文本在威尼斯出版
1555	烟草从美洲传入西班牙
1555	克里斯托夫·普朗坦在安特卫普建立印刷业务

① “从至尊誓”是按《从至尊法》要求，强令所有在英格兰任公职和教会职务的人员宣誓承认英格兰国王同时也是教会的最高领袖。不发誓者将被视为犯叛国罪。此法在英格兰历史上颁布过两次（1534 年和 1558 年）。——译注

1555	在英格兰女王玛丽一世治下，威廉·特纳的所有著述再次被定为禁书
1555	休·拉蒂默、尼古拉斯·里德利和托马斯·克兰麦（Thomas Cranmer）三位英格兰主教被处火刑
1556	卢卡·吉尼逝世
1557	乌利塞·阿尔德罗万迪赴锡比利尼山脉进行植物考察
1558	葡萄牙人开始用北美洲原住民的方式点燃烟叶吸嗅烟气
1559	让·尼古将烟草种子献给法国国王弗朗索瓦二世和其他法国朝臣
约 1560	欧洲迎来第一轮来自奥斯曼帝国的植物
1561	瓦勒留斯·考尔杜斯的遗作《狄奥斯科里迪斯医学著述解读》由康拉德·格斯纳编辑后出版
1561	逃离佛兰德的第一批加尔文教徒开始定居英格兰
1563	安德烈亚·切萨尔皮诺形成可观的植物标本收藏
1563	欧洲暴发又一轮瘟疫
1564	威廉·特纳的《植物新图谱》三卷出齐
1564	皮埃尔·贝隆逝世
1565	马蒂亚斯·德劳贝尔开始在蒙彼利埃大学就读于纪尧姆·龙德莱门下
1566	莱昂哈特·富克斯去世
1566	纪尧姆·龙德莱逝世
1567	博洛尼亚大学建成植物园
1567	第三代阿尔瓦公爵费尔南多·阿尔瓦雷斯·德·托莱多率西班牙王国万名官兵来到荷兰，实施恐怖统治
1568	威廉·特纳逝世
1568	伦贝特·多东斯发表《观赏花木与芳香草木》，内有 7 幅彼得·范·德·鲍希特的木刻
1569	伦贝特·多东斯的《观赏花木与芳香草木》再版发行
1569①	马蒂亚斯·德劳贝尔来到英格兰，并居住到 1572 年
1570	欧洲第一次印刷发行烟草的图片
1570	英格兰著名泥金师尼古拉斯·希利亚德（Nicholas Hilliard）为英格兰女王伊丽莎白一世画像
1570②	马蒂亚斯·德劳贝尔撰写《新草木本册》（与皮埃尔·佩纳合著）
16 世纪 70 年代	皇冠贝母从土耳其引入维也纳
1572	马蒂亚斯·德劳贝尔开始在荷兰生活，1584 年离开

① 此处原文为1566年。第二十章提及德劳贝尔与佩纳在1569年一起赴英格兰，故疑有误，更为与正文统一。——译注

② 此处原文为 1571 年。而正文多处为 1570 年，故疑有误，与正文统一。——译注

1574 伦贝特·多东斯在《论泻药》中首次提到贝母有医用价值
1575 西班牙国王腓力二世遭遇财政危机
1576 卡罗卢斯·克卢修斯出版《在伊比利亚半岛见识到的若干珍稀草木》
1576 马蒂亚斯·德劳贝尔出版《草木史料》
1576 西班牙军队攻占安特卫普
1577 彼得·安德烈亚·马蒂奥利逝世
1577 弗朗西斯·德雷克开始本人的第一次环球航行，成为第一位全程指挥环球航行的船长
1577 约翰·弗兰普顿将尼古拉斯·莫纳德斯的《从医学角度研究西班牙属西印度群岛的风物》译成英文，并改标题为《来自新大陆的好消息》
1578 伦贝特·多东斯的《草木图本》被亨利·莱特译成英文，并改标题为《草木图谱新志》
1581 马蒂亚斯·德劳贝尔的《草木图谱》问世
1581 伽利略发现摆的等时性原理
1583 卡罗卢斯·克卢修斯发表《在中欧中心地带发现的若干珍稀草木》
1583 卡罗卢斯·克卢修斯出版《草木的命名》
1583 伦贝特·多东斯的《草木六讲》问世
1583 安德烈亚·切萨尔皮诺发表《植物十六论》
1583 美洲龙舌兰在比萨大学植物园开花
1585 来自美洲的辣椒在意大利、西班牙和中欧的摩拉维亚地区得到栽种
1585 伦贝特·多东斯逝世
1585 英格兰女王伊丽莎白一世派遣 7000 名官兵去荷兰，帮助佛兰德人推翻哈布斯堡王朝的统治
1585 英国探险队在美洲弗吉尼亚地区的罗阿诺克（Roanoke, Virginia）上岸
1586 威廉·卡姆登写成《不列颠》一书
1586 来自美洲的芦荟在第二代托斯卡纳大公弗朗切斯科·德·美第奇一世的花园里绽放花朵
1588 西班牙国王腓力二世组织号称“无敌舰队”的海上军事力量，试图以此征服英格兰这一“异端国度”
1590 英格兰作家理查德·哈克卢特（Richard Hakluyt）发表《英国的重大航海、航行、交通成就和重要地理发现》一书
1590 英国桂冠诗人埃德蒙·斯宾塞（Edmund Spenser）完成歌颂英格兰女王伊丽莎白一世的著名长诗《仙后》
1592 卡罗卢斯·克卢修斯被聘为新建成的莱顿大学植物园的第一任园长
1592 法比奥·科隆纳的《难啃的草木经》一书出版，第一次刊出铜版插图
1592 15000 余人死于伦敦流行的瘟疫

1596	菲利普·塞蒙森发行第一份英格兰肯特郡沿海地区的地图
1597	约翰·杰勒德的《植物说文图谱》出版
1597	莎士比亚的名剧《罗密欧与朱丽叶》剧本出版
1599	约翰·杰勒德的《珍奇植物目录》出版
1599	以上演莎士比亚戏剧为主，且莎士比亚为股东之一的“环球剧场”在伦敦市中心落成
1600	皮埃尔·佩纳逝世
1600	法国人口约达 1600 万，葡萄牙约 200 万
1601	卡罗卢斯·克卢修斯发表《珍稀植物志》
1602	荷兰东印度公司成立
1603	欧洲第一处科学团体在意大利成立，得名“猞猁之眼研究院”，取这种动物目光锐利之意
1605	英格兰天主教极端分子预谋用大量炸药炸掉英国国会大厦，并一举杀死正在其中进行国会开幕典礼的英王詹姆士一世和大批新教贵族。这一史称“火药阴谋”的策划未能成功，主要参与者之一盖伊·福克斯（Guy Fawkes）成为代表人物
1607	马蒂亚斯·德劳贝尔被英王詹姆士一世敕封为皇家本草学家
1608	约翰·杰勒德当选伦敦外伤救治者行会会长
1608	伽利略改进了扎哈里亚斯·扬森 1590 年发明的显微镜
1609	卡罗卢斯·克卢修斯逝世
1609	荷兰东印度公司将中国的茶叶运至欧洲
1612	约翰·杰勒德逝世
1613	让·鲍欣写成《大植物志》，书中介绍了约 4000 种植物，但迟迟未得出版，直至他逝世多年后才于 1650—1651 年间分三卷问世
1616	马蒂亚斯·德劳贝尔逝世
1619	威廉·哈维发现血液循环
1620	分离派清教徒在英格兰海港普利茅斯（Plymouth）乘“五月花号”海轮移民北美洲
17 世纪 20 年代	来自新大陆的植物大量落脚欧洲
1621	牛津大学植物园建立，是英格兰的第一处非私人园林
1623	加斯帕尔·鲍欣的《插图植物大观》出版。书中介绍了约 6000 种植物
1624	荷兰移民在北美洲建立名为新阿姆斯特丹（New Amsterdam）的移民区，即纽约市（New York City）的前身
1626	巴黎皇家植物园建成
1627	约翰·雷伊出生
1629	托马斯·约翰逊进行第一次肯特郡植物调查之旅

1629	约翰·帕金森写成《阳光下的天堂——地上的天堂》
1630	约翰·温斯罗普与普利茅斯移民事务公司同船来到北美洲，在马萨诸塞湾建立移民区
1632	伽利略的《关于托勒密和哥白尼两大世界体系的对话》问世
1633	托马斯·约翰逊大力改写约翰·杰勒德的《植物说文图谱》后，以《全面修订版植物说文图谱》的书名出版，全书介绍了大约 2850 种植物
1633	托马斯·约翰逊的药店门前挂起一大丛香蕉，让英国人第一次见识到这种植物
1635	法兰西学术院成立
1636	哈佛学院——哈佛大学的前身在北美洲马萨诸塞成立
1638	美洲第一家印刷作坊在马萨诸塞的剑桥镇（Cambridge, Massachusetts）开始营业
1640	约翰·帕金森的《植物世界大观》一书介绍了约 3800 种植物
约 1641	雅各布·博巴特就任牛津大学植物园园长
1642	英格兰内战爆发
1644	托马斯·约翰逊在贝辛宫战役中受伤后不治身亡
1648	英格兰反国教派人士乔治·福克斯（George Fox）创建英格兰贵格会的前身——公谊会
1651	英国人口数达 500 万上下
1652	荷兰东印度公司在好望角建立殖民点
1652	伦敦的第一家咖啡馆开业。此类小店迅速增加，并很快成为公众社会活动的重要场所
1654	葡萄牙取代荷兰在巴西的殖民统治地位
1655	园艺作家修·普莱特（Hugh Plat）生前所著畅销书《植物天堂》在他逝世后以《伊甸园》的新标题在伦敦出了第四版
1660	塞缪尔·佩皮斯开始记录为期九年的见证英国社会现实和重大历史事件的日记
1660	英国皇家学会成立（11 月 28 日），1662 年得到皇家特许文书
1665	罗伯特·胡克发表《显微图》，介绍了早期用显微镜进行的若干实验
1666	伦敦流行鼠疫，继而又发生大火灾
1668	牛顿制出第一架反射望远镜
1669	罗伯特·莫里森受聘为牛津大学药草学教授
1670	约翰·雷伊的《英国植物目录》一书出版
1675	英国建立格林尼治天文台
1678	英格兰作家约翰·班扬（John Bunyan）的名著《天路历程》一书出版
1682	尼赫迈亚·格鲁在《解剖植物》中发表了他于 1676 年发现的雄蕊功能
1683	北美洲宾夕法尼亚英属殖民地的创始人、费城的规划者与建设者威廉·潘恩（William Penn）发表《宾夕法尼亚的政府体制架构》

1683	威廉·丹皮尔开始三次环球航行中的首次
1687	牛顿发表《自然哲学的数学原理》
1688	伦敦的劳埃德咖啡馆成为海员常来的场所，由是发挥了海外植物信息交流热点的作用
1690	约翰·雷伊的《英国植物分类概况》出版
1692	北美洲马萨诸塞地区塞勒姆镇发生“审巫案”
1698	俄国沙皇彼得大帝（Peter the Great）以对蓄大胡子征税等方式推行改革
1700	法国人口约达1900万，英国和爱尔兰共约750万
1703	约翰·雷伊完成《对植物命名法的修正》一书
1705	约翰·雷伊逝世
1707	瑞典植物学家与医生卡尔·林奈出生
1735	林奈的《自然系统》问世
1737	林奈的《植物属志》出版
1753	林奈的《植物种志》出版

重要人物简表

（按人名的汉语拼音顺序排序）

阿尔德罗万迪，乌利塞（1522—1605） 意大利植物学家，卢卡·吉尼的弟子。1550年在博洛尼亚筹建成一座自然博物馆。1557年做出了植物学史上具有重大意义的行动——为搜集和记录特定地区植物状况首次考察锡比利尼山脉之行。曾任博洛尼亚大学植物园园长，植物学界联络网的核心人物，将教宗派驻马德里的特使罗萨诺主教也吸收到这一联络网内。他与同代人彼得·安德烈亚·马蒂奥利的通信联系保持了二十二年之久。

阿尔皮诺，普罗斯佩罗（1553—1617） 意大利医生，曾陪同威尼斯共和国公使前去埃及。他在开罗见识到咖啡树，并率先向欧洲人介绍了这种植物。他所撰写的《埃及的植物》一书，于1592年出版。后来他成为帕多瓦大学的植物学教授，还将丛榈（学名 *Chamaerops humilis*）这种能短期抗寒的棕榈科植物成功地引种到帕多瓦。

阿维森纳（980—1037） 全名阿布·阿里·侯赛因·伊本·阿卜杜拉·伊本·西那，通常称伊本·西那；阿维森纳是他在西方通用的称呼。他曾任西亚和中亚多名统治者的御医。他所著的《医典》长期被奉为医学经典，并在12世纪被克雷莫纳的杰拉尔德译成拉丁文。此书对约650种植物做了详细的介绍。

安圭拉拉，路易吉（约1512—1570） 卢卡·吉尼的学生，曾在黎凡特地区、爱琴海地区和克里特岛广泛游历，并一度任帕多瓦大学植物园园长。由于对同为意大利人的彼得·安德烈亚·马蒂奥利的著述有所质疑而遭到后者的猛烈攻击，竟不得不辞去帕多瓦大学的职务而退休回到费拉拉。

巴尔巴罗，埃尔莫劳（1454—1493） 他曾在帕多瓦和威尼斯两地任文科教师，后任威尼斯共和国驻罗马教廷代表。1492—1493年间发表《普林尼氏著述匡正》，又有遗作《狄奥斯科里迪斯著述补遗》于1516年发表，对老普林尼和狄奥斯科里迪斯等古典著述的权威性提出了最早的质疑。

鲍欣，加斯帕尔（1560—1624） 瑞士人，在鲍欣两兄弟中居幼。他的植物学著述是对16世纪欧洲植物概况的全面阐述，并有对准确鉴别植物方法的归纳。他曾在巴塞尔和帕多瓦两地学医，后成为巴塞尔大学的医学教授。他在《插图植物大观》（1623）一书中介绍了约6000种植物。

鲍欣，让（1541—1613） 加斯帕尔的长兄，先后师从蒂宾根大学的莱昂哈特·富克斯和蒙彼利埃大学的纪尧姆·龙德莱修业，后赴蒙贝利亚尔任符腾堡大公腓特烈一世（Frederick I, Duke of Württemberg）的私人医生。著有《大植物志》一书，介绍了约4000种植物，但因去世直至1650—1651年间才得以分卷出版。此书与安德烈亚·切萨尔皮诺有关分类的深刻理念不甚相符。

贝隆，皮埃尔（1517—1564） 法国苗圃专家与旅行家。他在勒芒（Le Mans）附近所辟的园林，是一处重要的异域树木园地，栽植有黎巴嫩雪松和烟草等最早在法国落户的异域植物。从1546年起，他在黎凡特地区进行了为期三年的长期植物考察，所撰《对若干种罕有草木的观察》（1553）一书生动地提供了第一手植物资料。

博巴特，雅各布（约1599—1680） 自1621年牛津大学植物园建成起就在园内工作，后升任为园长。他以法国植物学者让·罗班为法国国王路易十三编纂的《御花园目录》（1623）为蓝本，于1648年主持编纂了重要的工具书《牛津大学植物园目录》，收录了该园栽植的种种植物。

布拉萨沃拉，安东尼奥·穆萨（1500—1555） 最早研究植物的意大利学者之一，与威廉·特纳有师生之谊。他是费拉拉公爵埃尔科莱二世的私人医生。著有《草木考量》（1536）一书，探讨狄奥斯科里迪斯著述中所涉植物的准确所指。此书根据作者同另外两人之间的对话整理而成，是当时最畅销的读物之一。

布伦费尔斯，奥托（1488—1534） 加尔都西会修士，后皈依新教路德宗。在巴塞尔大学求学后赴斯特拉斯堡行医。三卷集著述《真实草木图鉴》（1530—1536）文字部分的作者，但插图作者汉斯·魏迪茨（另有条目）的贡献更大。

达·芬奇（1452—1519） 意大利人，画家、雕刻家、工程师和建筑师。20岁时加入佛罗伦萨画家行会。他将燃着的蜡烛置于叶片下方，使不完全燃烧产生的烟炱附着在叶面上，再将叶片放在纸上按压，便得到最早的植物表面形态图像，复杂叶脉的主络和网纹均清晰可见。

大阿尔伯特（约1200—1280） 天主教多明我会主教。他于1256年前后写出《草木论考》一书，和亚里士多德一样，对生物体内存在“神能”或说“灵气”的设想十分重视。他还是继泰奥弗拉斯托斯之后第一位认真研究植物本性的哲学家。

德奥尔塔，加西亚（约1490—1570） 葡萄牙医生。1534年乘船来到印度的果阿地区，继而在那里生活了三十多年。著有《有关印度本草、成药和药料的对话》（1563）一书，介绍了当地的植物和他发现的药物，后由卡罗卢斯·克卢修斯从葡萄牙文译成拉丁文（1567）。

德比斯贝克，奥吉耶·吉塞利（1521—1592） 神圣罗马帝国派驻奥斯曼帝国大使，热衷于搜集珍奇制品和珍稀植物，并将罗致之物送回欧洲，奥地利国家图书馆珍藏的《尤利亚娜公主手绘本》很可能就是他当年设法弄到手的。郁金香传入欧洲也是他的功劳。

德劳贝尔，马蒂亚斯（1538—1616） 佛兰德学者与植物学家。求学于蒙彼利埃大学的纪尧姆·龙德莱门下，后在英格兰长期居住。在与友人皮埃尔·佩纳赴欧洲大陆游历一番后，两人共同撰写《新草木本册》，于1570年出版，并将此书题献给英格兰女王伊丽莎白一世。后负责督管祖赫男爵爱德华十一世的园林，1607年起成为英王詹姆士一世的皇家本草学家。他有个拉丁化的姓名马塔尤斯·洛贝里乌斯（Matthaeus Lobelius）。

德莫尔格，雅克·勒莫因（约 1533—1588） 佛兰德人，胡格诺教徒，对植物情有独钟的画家。他于 1564 年作为制图师、画师和记录员参加了赴北美洲的探险，一路来到佛罗里达。他逃脱了西班牙暴徒对佛罗里达移民区胡格诺教徒进行的杀戮后回到欧洲；先去到法国，后又在胡格诺教徒大逃亡的浪潮中躲避到英国并定居伦敦。

德图内福尔，约瑟夫·皮顿（1656—1708） 蒙彼利埃大学皮埃尔·马格诺尔的弟子，曾在西班牙和法国－西班牙共同国界的比利牛斯山区进行周详的植物考察。1683 年成为巴黎的药草学教授，所著《草木学概要》（1694）以花冠的形态为分类依据。此分类方法一度被视为权威，但很快便不再流行。

狄奥斯科里迪斯（约 40—90） 古希腊医生与作家。曾在亚历山大城学医，后加入罗马帝国的军队任军医。77 年前后写成《药物论》，广泛收入传统医学和各地的医疗知识，因之被尊为药草学的最高权威，并保持此地位凡一千五百年之久（老普林尼也享有同一尊荣）。

丢勒，阿尔布雷希特（1471—1528） 德国文艺复兴时期的杰出画家与雕版大师。他曾叮嘱人们说：“听从大自然的引导，而且不要离开它。自认能够比大自然做得更好，实在是误入歧途。”他在 1503 年前后完成的画作《野草地》，是对自然世界空前真确的写照。

多东斯，伦贝特（1517—1585） 法国医生与作家。在勒芬大学攻读医学后，赴意大利和德国的多所大学访问。他被聘为神圣罗马帝国皇帝马克西米利安二世的御医，在维也纳供职；后去莱顿大学任医学教授（1582）。1554 年出版《草木图本》，内含 715 幅插图，由安特卫普的佛兰德人扬·范·德洛承印。

富克斯，莱昂哈特（1501—1566） 德国蒂宾根大学医学教授。《精评草木图志》（1542）一书作者。文字内容优于十二年前奥托·布伦费尔斯的《真实草木图鉴》，但插图有所不如。为人脾气暴躁，性格褊狭。将一生的后二十四年用于编写一部植物学巨著，可惜未竟而逝。

伽札，特奥多罗（约 1398—约 1478） 希腊北部城市塞萨洛尼基人。他于 1422 年前后在君士坦丁堡办起一所学校。奥斯曼帝国苏丹穆拉德二世攻陷这座城池后，他逃到意大利，随后应召去了罗马，参与将梵蒂冈宗座图书馆收藏的古代著述翻译为拉丁文的工作。他用五年时间将亚里士多德关于动物的著述和泰奥弗拉斯托斯有关植物的著作翻译成功，于 1483 年在特雷维索出版。

盖伦（约 130—约 200） 希腊作家与医生，曾在亚历山大城学医，赴安纳托利亚半岛旅行后，成为罗马帝国皇帝马库斯·奥勒留斯的御医。他采用的将写作内容按字母表顺序安排位置先后的做法被后人长期沿用。只是他写作的着眼点是草药而非药草，致使排序是按照制得的药物进行的，而非作为药物来源的植物。

格鲁，尼赫迈亚（1641—1712） 解剖植物学的先驱人物，1677—1679 年英国皇家学会的常务负责人。他比约翰·雷伊年轻，但同样不懈地致力于使植物研究走向科学化，于 1682 年出版了开山性著述《解剖植物》。

格斯纳，康拉德（1516—1565） 杰出的青年学者。他是瑞士人，不过对德国、法国和意大利都同样熟悉。有志于完成一部植物百科全书式的著述，为此辛劳十年，积累起约 1500 幅植物图样，其中有些是他本人亲绘，文字部分也给出了生长环境、各地俗名和植物本身的详细介绍，如能及时出版应会成为当代最出色的植物学科普书。

古迪耶，约翰（1592—1664） 与牛津大学莫德林学院颇有渊源的植物爱好者。家住汉普郡，自辟花园种植多种稀奇草木。曾帮助托马斯·约翰逊完成《全面修订版植物说文图谱》，还花大气力对译成狄奥斯科里迪斯的《药物论》，是最早的英译本。

吉尼，卢卡（1490—1556） 有教学天赋的老师，培养出一代醉心研究植物的青年学者。1544 年从博洛尼亚大学转入比萨大学工作后，建立起为托斯卡纳地区的医学学生服务的植物园。他还是制作与利用植物标本、使之成为研究植物的良好工具的前驱人物。他是受到整个植物学界一致好评的人物，委实极难得。

加勒特，詹姆斯（16 世纪 90 年代至 1610 年为其事业巅峰期） 药剂师和园艺爱好者，佛兰德人，胡格诺派教徒，为宗教信仰之故避至英格兰，于伦敦定居。他在伦敦老城的一处城墙根附近辟了一处花园，栽种了英格兰的第一批郁金香。曾向出版商约翰·诺顿指出约翰·杰勒德《植物说文图谱》一书中的多处谬误。

杰勒德，约翰（1545—1612） 自称“操刀大师傅”，自 1597 年起任伦敦外伤救治者行会常务管理人，1608 年当选为会长。他在伦敦霍本区有一处私人花园，他称之为“一小块供我满足特别爱好的园艺天地”。他是伯夫利男爵威廉·塞西尔一世在伦敦河岸街和赫特福德郡西奥博尔德庄园两处植物园的监管人，又兼伦敦内科医学会附设植物园的主任，还写出很著名但有重大瑕疵的《植物说文图谱》（1597）。

卡梅拉留斯，约阿希姆（参阅老卡梅拉留斯词条）

考尔杜斯，瓦勒留斯（1515—1544） 尤里修斯·考尔杜斯之子，“还裹在襁褓中时，摇篮便被放在花草之间”。先在帕多瓦大学和费拉拉大学读书，后又进入博洛尼亚大学卢卡·吉尼的门墙。“还是个小青年时，便向成年人们讲解大自然的行事方式和植物的伟力了。”他得到同代人的高度评价，可惜未及充分展示才具，便被自己的坐骑踢伤，随后发烧不治，卒于罗马。他的遗作《狄奥斯科里迪斯医学著述解读》（1561）介绍了约 500 种植物。

考尔杜斯，尤里修斯（1486—1535） 生于德国黑森州（Hesse）希莫绍森（Siemershausen）的一个农户家庭，是家中的第 13 个孩子。1521 年进入意大利的费拉拉大学读书。在成立不久的德国马堡大学（新教体系）任教，发表了富有改革精神的《植物研究章法谈》（1534），提醒医药界从业人员制备草药的原材料往往会被错认错用，值得注意。

考伊斯，威廉（约 1560—1627） 这位植物学家在埃塞克斯郡北奥肯登的斯塔博思辟有一处颇有名气的花园，植有 342 种不同的草木。1604 年时，园里种植的丝兰开放出在英格兰最早的花朵。与大批热爱植物的人士共同形成 16 世纪的联系网络，与约翰·古迪耶和马蒂亚斯·德劳贝尔长期通信，又多次得到有深交的植物商人威廉·博埃尔提供的来自西班牙等地的草木。

克卢修斯，卡罗卢斯（1526—1609） 曾短期在蒙彼利埃大学师从纪尧姆·龙德莱修业。在西班牙和葡萄牙进行广泛的旅行调查后，将所见植物写入《在伊比利亚半岛见识到的若干珍稀草木》（1576）发表。后又赴德国、奥地利和匈牙利考察（1580）。1593 年赴莱顿大学任教授时，将本人出名的植物收藏带去，又在该大学新建成的植物园任首任园长。

拉蒂默，休（约 1485—1555） 英格兰主教，宗教改革人士。他的布道对使剑桥成为英格兰宗教改革运动的激进中心起了重要作用。英王亨利八世统治期间曾两度被关押在伦敦塔，不过不久都被开释。女王玛丽一世即位后被判为异端处以火刑。同时被烧死的还有尼古拉斯·里德利（另有条目）和托马斯·克兰麦两名主教[①]。

莱特，亨利（1529—1607） 英格兰乡绅、花木爱好者，英国众多植物爱好者中的一员。曾赴欧洲大陆进行旅行植物考察，并将伦贝特·多东斯的《草木图本》从法文译本转译为英文，以《草木图谱新志》的书名于 1578 年出版。

老卡梅拉留斯，约阿希姆（1500—1574） 莱比锡大学教师，是莱昂哈特·富克斯佩服并信任的为数不多的学者之一，曾得到后者在 1541 年前后写信表示"真希望有更多像你一样的对手，能站在朋友和兄弟的立场上与我进行探讨真理的争辩"。

老普林尼（23—79） 古罗马军人、骑兵指挥官，《博物志》（77 年完成）的作者。此书为一部兼收并蓄的杂学著述；科学、艺术、植物、动物都有涉及，并时有离题侈谈人类发明与社会组织的议论，是整个中世纪期间得到过誉评价的重要读物。他在调查维苏威火山喷发情况时殒命。

雷伊，约翰（1627—1705） 调查汇总了不列颠的植物分布，并最终将结果编成《英国植物目录》于 1670 年发表。他的研究得到了成立于 1660 年的英国皇家学会的支持。曾与好友弗朗西斯·维鲁夫比在欧洲大陆进行数次长期旅行调查。通过与持不同看法的法国人约瑟夫·皮顿·德图内福尔的争论，提出了植物分类的严谨体系。1690 年出版的《英国植物分类概况》，是他积一生努力研究植物世界中所存在秩序的成果。

里德利，尼古拉斯（约 1500—1555） 伦敦地区主教与宗教殉道者，定期在英格兰剑桥市白马客栈讨论宗教问题，是剑桥地区宗教改革运动的重要成员。他还教过威廉·特纳学希腊语、打网球和习箭术。坚决主张教会负有主持公道、讲求理性和扶贫济难的道义重任。严厉指斥天主教会中盛行的迷信风气和任人唯亲的作风。被女王玛丽一世下令处以火刑。

列奥尼塞诺，尼科洛（1428—1524） 费拉拉大学医学教授。1492 年以《老普林尼等人有关本草著述的失误》一书率先向盲目崇拜古典时期的风气发出挑战。

林奈，卡尔（1707—1778） 瑞典博物学家与生物分类学家。他成功地使属名后加上种加词构成种名的双名法得到一致接受。

龙德莱，纪尧姆（1507—1566） 曾在法国奥弗涅地区行医，后被聘为蒙彼利埃大学医学教授。他也是与卢卡·吉尼一样富有人格魅力的老师，吸引来一批出众的弟子，其中不乏因信仰问题不能进入巴黎或其他受天主教会控制的大学学习的新教徒。

罗班，让（1550—1629） 法国植物学者，法国国王亨利三世（Henry Ⅲ）的园艺设计师。曾主管卢浮宫的庭园设计。他建立起一个联系英格兰、意大利、荷兰和瑞士植物爱好者的网络。

---

① 这两名主教都是锐意改革的圣公会高层教士。尼古拉斯·里德利是伦敦主教，托马斯·克兰麦是坎特伯雷主教。玛丽一世女王登基后便逼迫他们改宗信奉天主教，遭到他们的拒绝，于是他们遭革职，于 1555 年 10 月 16 日被处以火刑。——译注

他在巴黎塞纳河（Seine）河心的西岱岛（Île de la Cité）上拥有一处颇有名气的私人园林。

马蒂奥利，彼得·安德烈亚（1501—1577） 这位意大利学者从不曾教过书，这使他与当时的大多数植物学家同胞不同。另一方面，他又为自己挣来了罗马帝国皇帝斐迪南一世御医的显赫头衔。从个人禀赋来看，他颇具收集和编纂资料的能力，但并非很有创见。虽然如此，他的《狄奥斯科里迪斯医学著作述评》却大受欢迎，成了一本名著，前后共印行了61种不同的版本。

摩根，休（约1530—1613） 英格兰女王伊丽莎白一世的御前药剂师。曾在伦敦老城内有一处闻名的私人花园。同代人约翰·杰勒德认为他"保存本草的方法很奇特"。他和往来伦敦与遥远异域之间的远洋航船船长保持着密切联系，通过这一渠道成为全英国最了解西印度群岛植物的人物。威廉·特纳是他的朋友，在他的药店里见识到了槲寄生。

莫里森，罗伯特（1620—1683） 1650—1660在法国布卢瓦（Blois）为奥尔良公爵加斯东亲王（Gaston, Duke of Orléans）督管园林。1669年成为牛津大学第一位药草学教授。著有《开伞形花植物的新分类方式》（1672）一书，并希望以此为实现一系列单一族类植物的专题著述的契机，但因无法吸引足够的订户而未能实现，又在伦敦河岸街被马车撞伤后去世。

莫纳德斯，尼古拉斯（1493—1588） 西班牙医生。在《从医学角度研究西班牙属西印度群岛的风物》（1569）一书中，最早向欧洲人提供了包括烟草和古柯树在内的新大陆植物的详细信息。此书于1577年被约翰·弗兰普顿译成英文，以"来自新大陆的好消息"这一标题印行。

帕金森，约翰（1567—1650） 英王詹姆士一世的御前药剂师，在伦敦辟有花园。先后著有《阳光下的天堂——地上的天堂》（1629）和《植物世界大观》（1640），后者介绍了3800种植物，是约翰·杰勒德收进其《植物说文图谱》中数量的两倍。《植物世界大观》一书之后，植物图谱一类书籍便不复为热门读物。

普拉特，费利克斯（1536—1614） 他在蒙彼利埃大学学医时，形成了一份宗教激烈动荡时期法国南部情况的生动记录。在纪尧姆·龙德莱门下研习后，他返回故乡巴塞尔行医并甚有佳绩。他后来得到了汉斯·魏迪茨当年为奥托·布伦费尔斯的《真实草木图鉴》所绘的插图。

普朗坦，克里斯托夫（约1520—1589） 他从法国的图赖讷行省移居比利时的安特卫普后，发展成16世纪下半叶最成功的印刷商。他积累起大量的植物木刻雕版，发行了许多重要的植物书籍。伦贝特·多东斯、卡罗卢斯·克卢修斯和马蒂亚斯·德劳贝尔等人的著述多由他出版印制。

普林尼（参阅老普林尼词条）

乔斯林，约翰（17世纪30年代至70年代为其事业巅峰期） 1638年7月从英格兰来到北美洲马萨诸塞的早期移民。著有《在新英格兰地区发现的罕有之物》（1672），向英国读者介绍了新大陆的种种新奇草木。

切萨尔皮诺，安德烈亚（1519—1603） 杰出的意大利植物学家。曾在博洛尼亚师从卢卡·吉尼攻读，后又接替老师继任比萨大学植物园园长。完成了一套根据果实与种子相似程度安排的出色植物标本收藏（1563）。写有《植物十六论》（1583）一书，是自泰奥弗拉斯托斯以来的第一部力图实现以合理方式进行植物分类排序的著述。

泰奥弗拉斯托斯（约公元前372—前287） 希腊先哲。亚里士多德的弟子和雅典学园逍遥学派的第二任掌门人。第一位着眼于根据相似处与不同点论述植物的人。他的《植物志》与《论草木本源》在1916年被阿瑟·霍特（Arthur Hort）合译为英文版的《植物问考》。

特纳，威廉（约1510—1568） 英国牧师与植物学家，因在英国人中最早撰写植物著述、先后均用英文写成《草药名录》（1548）和三卷集《植物新图谱》（1551—1564），而被誉为“英国植物学之父”。他虔诚信奉新教，并不惮严词指斥天主教会，故两次被迫逃离英格兰。

魏迪茨，汉斯（约1500—约1536） 画匠与雕版师，阿尔布雷希特·丢勒的弟子。他为奥托·布伦费尔斯的《真实草木图鉴》所画的植物插图，是出现在印刷读物上最早的逼真写照。

亚里士多德（公元前384—前322） 希腊先哲，柏拉图的学生。公元前343年应召来到马其顿国，就任王储亚历山大的太子师。柏拉图逝世后创建雅典学园。所著《动物志》成为激励弟子泰奥弗拉斯托斯撰写植物著述的样板。

伊本·西那（参阅阿维森纳词条）

约翰逊，托马斯（约1600—1644） 药剂师出身，调查研究植物的前驱人物。在伦敦开设药店。组织进行了英格兰最早的植物调查之旅，迈出了编纂全英植物志的第一步。将约翰·杰勒德的颇多瑕疵的《植物说文图谱》重新编辑后以《全面修订版植物说文图谱》的书名再次出版。英国内战期间参加保王党军参战，受伤不治而亡。

注释

楔子

1 From the Introduction to 'A Description of a Journey Undertaken for the Discovery of Plants into the County of Kent' (1632) in *Thomas Johnson: Journeys in Kent and Hampstead,* edited by J. S. L. Gilmour (Pittsburgh, PA, 1972). All the quotations in this chapter are taken from this translation (pp. 101-126) of Johnson's *Descriptio itineris plantarum* of 1632.

2 On the matter of the cannon at least, Johnson exaggerated. The *Prince Royal* carried fifty-five not sixty-six.

3 Cannabis was widely cultivated for its fibres, which were made into hemp. An Act of Henry VIII's required all landowners with more than sixty acres of arable land to grow cannabis to make ropes for his navy. See H. Godwin, 'The Ancient Cultivation of Hemp', *Antiquity*, 41, 1967, pp. 42-50.

第一章

1 R. D. Hicks (ed.), *Diogenes Laertius Lives of Eminent Philosophers* (London, 1925), vol. I, Book 5, ch. 2. Diogenes was probably writing in the third century BC.

2 Professor Bob Sharples notes that Theophrastus often uses 'male' and 'female' of what are not in fact different sexes of the same plant, but of different species that seemed to him as it were more or less 'manly'.

3 Arthur Hort, *Enquiry into Plants*, Book I, iii, 5, p. 191. All quotations from Theophrastus's *Historia plantarum* are taken from Sir Arthur Hort's translation for the Loeb Classical Library series, published by William Heinemann in 1916. References have been given for the longer quotations only.

4 Hort, *Enquiry into Plants*, Book III, x, 3-4, p. 225.

5 The difference between the two was not resolved until the late eighteenth century, much of the work being done by Johann Heinrich Troll (1756-1824).

6 Hort, *Enquiry into Plants*, Book IV, vii, 3-5, p. 341.

7 The word was introduced by the German biologist Ernst Haeckel in 1866.

8 Hort, *Enquiry into Plants*, Book IV, i, 1-2, p. 287.

9 *Ibid.*, Book VIII, iv, 4-6, p. 171.

10 *Ibid.*, Book IX, v, 1-3, p. 243.

11 *Ibid.*, Book IX, viii, 7-8, p. 259.

12 *Ibid*., Book IX, xvi, 6-8, p. 303.

13 *Ibid*., Book IX, xvi, 9, p. 305.

14 *Ibid*., Book IX, xvi, 3-5, p. 299.

15 *Ibid*., Book IV, viii, 1-3, p. 347.

16 *Ibid*., Book IV, iii, 1-3, p. 305.

17 *Ibid*., Book VI, vi, 3-5, p. 39.

18 *Ibid*., Book I, xix, 3-5, p. 101.

19 Cato the Elder, *De re rustica*, Book LVI. Quoted from *On Agriculture*, W. D. Hooper's translation for the Loeb Classical Library series, revised by H. B. Ash (London, 1934).

20 Hort, *Enquiry into Plants*, Book II, ii, 9-11, p. 117.

21 A. L. Peck (ed.), *Aristotle's Parts of Animals* (London, 1937) I, 5, 645a, 10.

22 It was normal in ancient Greece to call slaves of any age 'boys'; the point was that they did not have the legal rights of adults.

23 Hicks, *Diogenes Laertius Lives*, vol. I, Book 5, ch. 2.

第二章

1 See B. Ebell, *The Papyrus Ebers* (Copenhagen and London, 1937).

2 Akkadian was the language spoken in Babylonia and Assyria. See R. Campbell-Thompson, *The Assyrian Herbal* (London, 1924).

3 Hort, *Enquiry into Plants*, Book IX, viii, 7-8, p. 259.

4 Aristotle, *Historia animalium*, I, 491a, 9. All quotations are taken from *Aristotle's Parts of Animals*, A. L. Peck's translation for the Loeb Classical Library series, published by William Heinemann in 1937.

5 *Ibid*., I, 409a, 5-8.

6 For a full analysis of Aristotle's method, see James G. Lennox, *Aristotle's Philosophy of Biology* (Cambridge, 2001), and D. W. Thompson, *On Growth and Form* (abridged edn, Cambridge 1971).

7 Aristotle, *De generatione animalium*, IV, 12, 694b, 12-15.

8 For a full account, see John Patrick Lynch, *Aristotle's School* (Berkeley, CA, 1972).

9 Hicks (ed.), *Diogenes*, vol. V, Book 1.

10 Cicero, *Academia*, I, 9.34, quoted in Lynch, *Aristotle's School*.

11 R. W. Sharples in D. J. Furley (ed.), *From Aristotle to Augustine: Routledge History of Philosophy*, vol. I (London, 1999).

12 Bob Sharples questions whether either the Lyceum or the Academy survived Sulla's sack of Athens in 86 BC. There were certainly state-funded teachers of these philosophies in Athens at the end of the second century AD and there was a neo-Platonic school until AD 529, but it's not clear whether the same specific titles were used.

13 Strabo XIII, 1.54, quoted in Lynch, *Aristotle's School*.

14 Athenacus I, 3a-b.

第三章

1 Quoted in Edward Alexander Parsons, *The Alexandrian Library* (New York, 1952).

2 For the hieroglyphics for these plants and many others, see Victor Loret, *La Flore pharaonique* (Paris, 1887).

3 Hort, *Enquiry into Plants*, Book IV, viii, 3-4, p. 345.

4 For a full account, see Sharples in Furley (ed.), *From Aristotle to Augustine*, vol. I.

5 See Edward Gibbon, *The History of the Decline and Fall of the Roman Empire* (London, 1776-1788), Ch. LI.

6 The full story is told in M. Casanova, *L'incendie de la Bibliothèque d'Alexandrie par les Arabes* (Paris, 1923).

第四章

1 Though he is not in any way pushing forward the debate on plants, there is a view that Pliny used his *Natural History* to celebrate the Roman Empire and its resources.

2 See Pliny the Younger, *Letters* (London, 1915), III, epistle 5.

3 Pliny, *Natural History* (London, 1952), XXIII, 112. Translated by H. Rackham for the Loeb Classical Library series (London, 1952).

4 See Pliny the Younger, *Letters*, V, epistle 6, p. 32ff.

5 Pliny, *Natural History*, XVI, 60, 140. He says the art of topiary was introduced by Gaius Matius.

6 M. Launey, 'Le verger d'Heracles à Thasos', *Bulletin de correspondance hellenique*, 61, 1937, pp. 380-409.

7 Pliny, *Natural History*, XXI, 8.

8 *Ibid*., XXV, 16.

9 For the full account, see Pliny the Younger, *Letters*, VI, epistle 16.

第五章

1 From the Preface of Dioscorides's *De materia medica*. See R. T. Gunther (ed.), *Dioscorides de Materia Medica: The Greek Herbal of Dioscorides* (Oxford, 1934).

2 From Goodyer's interlinear translation of Dioscorides, quoted in Gunther, *Dioscorides*.

3 Pliny, *Natural History*, XXV, 4.

4 Biblioteca Nazionale, Naples, MS gr.l, fol. 148.

5 Wellcome Institute Library, London, MS 5753.

6 Claudius Galenus, *Opera omnia* (Leipzig, 1821-1833), vol. 14, pp. 30-31.

7 See Charles Singer, 'The herbal in Antiquity and its transmission to Later Ages', *Journal of Hellenic Studies*, vol. 47 (1927), pp. 1-52.

第六章

1 For a full description, see *Medieval Herbals: The Illustrative Traditions* (London, 2000) by Minta Collins, whose lucid text first introduced me to Juliana. Her book has been an important source and I am grateful for her generosity in allowing me to quote from it.

2 Osterreichische Nationalbibliothek, Vienna, MS med. gr. 1. A colour facsimile with commentary by H. Gerstinger was published in Graz in 1970.

3 See Collins, *Medieval Herbals*, p. 44.

4 Bibliothèque Nationale, Paris, MS gr. 2286.

5 See Collins, *Medieval Herbals*, p. 42.

6 See Edward Seymour Forster (trs.), *The Turkish Letters of Ogier Ghiselin de Busbecq* (Oxford, 1927).

7 The manuscript is now in the library of Magdalen College, Oxford.

8 Biblioteca Nazionale, Naples, MS Ex Vindob. Gr 1.

第七章

1 Syriac was a dialect of Aramaic, the ancient language of the Middle East, still spoken in parts of Syria and the Lebanon. It originated in Aram and by the fifth century BC had spread to become the *lingua franca* of the whole Persian Empire. It is the language of the later Books of the Old Testament. Syriac was spoken in Syria until the thirteenth century and is still used in the liturgies of some Eastern churches.

2 Son of and co-ruler with Constantine VII Porphyrogenitus.

3 Cordoba was the centre of Moorish Spain between 711 and 1236.

4 See Minta Collins, *Medieval Herbals*, for a detailed analysis of this often quoted account.

5 Dioscorides, *De materia medica*, Book II, ch 167. See Gunther (ed.), *Dioscorides*

6 Bibliotheek der Rijksuniversiteit, Leiden, MS.or.289.

7 For a full description see Collins, *Medieval Herbals*, pp. 118-124.

8 Süleymaniye Mosque Library, Istanbul, MS Ayasofia 3703, reproduced in facsimile as *Farmacopea Araba Medievale*, edited by Alain Touwaide (Milan, 1992-1993).

9 It was given to the library by Sir Thomas Adams, 'Militis & Baronetti' as the handwritten frontispiece describes him.

10 See Charles Raven, *English Naturalists from Neckham to Ray* (Cambridge, 1947).

第八章

1 Süleymaniye Mosque Library, Istanbul, MS Ayasofia 3703, reproduced in facsimile as *Farmacopea*.

2 MS Ayasofia 3703, *Rubus fruticosus*, fol. 17v.

3 MS Ayasofia 3703, *Physalis alkekengi*, fol. 35v.

4 *Tractatus de herbis*, British Library, London, MS Egerton 747.

5 Otto Pächt, 'Early Italian Nature Studies and the Early Calendar Landscape', *Journal of the Warburg and Courtauld Institutes*, XIII (1950), pp. 13-47.

6 *Ibid.*

7 Bartholomew of England, *De proprietatibus rerum*, ch. 196. See *Bateman, Batman uppon Bartholome his Booke De proprietatibus rerum* (London, 1582).

8 *The Lay of the Nine Healing Herbs*, British Library, London, MS Harley 585, fol. 174v.

9 Bibliotheek der Rijksuniversiteit, Leiden, MS Voss.lat.Q.9.

10 O. Cockagne in *Leechdoms, Wort-Cunning and Starcraft of Early England* (London, 1864-1866), a translation of MS Cotton Vitellius C III in the British Library, London.

11 *Ibid.*

12 The first manuscript once belonged to William Harvey (1578-1657), the physician who published the treatise on the circulation of blood.

13 See Charles Singer, *From Magic to Science: Essays on the Scientific Twilight* (London, 1928).

14 Spare pages at the back of the manuscript are scribbled over with prescriptions of the late sixteenth and early seventeenth century: pains in the head caused by 'fumes from the stomach' can be cured by a concoction of coriander, cinnamon, cloves, mace, nutmeg and leaves of red rose. The English practitioner who wrote these notes made much use of guaiacum, newly arrived as a wonder drug of the tropics and thought to be especially effective against syphilis.

15 See, for instance, MS Ashmole 1462 in the Bodleian Library, Oxford, which was made c.1190-

1200.

16 British Library, London, MS Sloane 1975.

第九章

1 Francesco Petrarch, *De rebus memorandis* (Book of Memorable Things) (Basel, 1563).

2 Printing with moveable metal type was invented by the Chinese in the eleventh century and had been used in Korea since the fourteenth century.

3 Bibliothèque Nationale, Paris, MS Lat. 6823.

4 Bibliothèque de l'École des Beaux Arts, Paris, MS Masson 116.

5 Carrara Herbal, British Library, London, Sloane MS 2020.

6 Pächt, 'Early Italian Nature Studies', *Journal of the Warburg*, vol. XIII (1950), pp. 13-47.

7 *Liber de simplicibus*, Biblioteca Marciana, Venice, MS Lat. VI 59.

8 The English art critic John Ruskin (1819-1900), mad about Venice, champion of all things Venetian, employed an artist, Antonio Caldara, to make copies of Amadio's illustrations.

9 Bibliothèque Nationale, Paris, MS nouv.acq.Lat.1673, fol. 28v.

10 Biblioteca Casanatense, Rome, MS 4182.

11 Petrarch and his fellow humanists of the fourteenth century had encouraged a similar shift in script which gradually changed from Gothic to a more legible Renaissance hand, the *litera fere humanistica*.

12 See especially the Medicina antiqua, Österreichische Nationalbibliothek, Vienna, MS Vindobonensis 93.

13 See, for instance, the tapestries made in Brussels 1466 at the Musée d'histoire de Bern and the Unicorn tapestries at the Metropolitan Museum, New York.

14 Musée du Louvre, Paris.

15 Antonio Pisanello, *Study of Plants*, c.1438-1442, pen and ink, brown wash and white heightening on red prepared paper, Musée Ingres, Montauloan.

16 For a full account, see Thomas Kren and Scott McKendrick, *Illuminating the Renaissance*, the catalogue of an exhibition held at the Paul Getty Museum, Los Angeles, in 2003 and at the Royal Academy, London, in 2004.

17 See, for instance, the fat caterpillar, dragonfly, peacock butterfly, wasps, flies and hoverfly on the borders of the Cocharelli Treatise, British Library, London, Add.MS 28841, fol. iv.

18 But see the Book of Hours made by Jean Bourdichon for Anne of Brittany where 340 plants, named in French and Latin, are displayed in the borders.

19 Albrecht Dürer, *Iris*, watercolour and body colour, brush, pen, on two sheets stuck together, Bremen, Kunsthalle, Kupferstichkabinett Inv. 35.

20 Under the plan is a note: 'Let us have fountains on every piazza.'

21 Leonardo da Vinci, *A Treatise on Painting*, translated by John Francis Rigaud (London, 1877), ch. 334.

22 Albrecht Dürer, *Vier bucher von menschlicher proportion* (Nuremberg, 1528).

23 Graphische Sammlung Albertina, Vienna.

24 See, for example, the exotic date palm, Italian cypress and umbrella pine in Van Eyck's famous Ghent altarpiece made in 1432, or the plantain, dandelion, buttercup, wild strawberry, primrose, violets and ferns in the turf of St John Writing the Gospel by Dirk Bouts (c.1420-c.1475). When Bouts died, Dürer was still only four years old. In the centre panel of Hans Memling's triptych of 1484, St Christopher carries the Christ child through grass spangled with dandelion, mallow, campanula, martagon lilies.

Memling's flowers include a large clump of creamy narcissus.

第十章

1 'In hoc sexto libro vegetabiliurn nostrorurn magis satisfacimus curiositati studentium quam philosophiae. De particularibus enim philosophia esse non poterit.'

2 The *Herbarius* of Apuleius Platonicus was printed in Rome c.1481 by Johannes Philippus de Lignamine.

3 For a full account of the effect of printing on fifteenth- and sixteenth-century Europe, see E. L. Eisenstein, *The Printing Press as an Agent of Change* (Cambridge, 1979).

4 Marie Boas, *The Scientific Renaissance 1450-1630* (London, 1962).

5 Preface to the *Der Gart der Gesundheit* (Mainz, 1485), quoted in A. Arber, *Herbals, their origin and evolution 1470-1670* (Cambridge, 1912), pp. 24-26.

第十一章

1 Otto Brunfels, *Herbarum vivae eicones* (Strasbourg, 1532), Dedication.

2 'They persuaded me to include a picture of the herb which is commonly called Good Henry, or Schwerbel. The herb women told me that.'

3 Brunfels, *Herbarum vivae eicones*, as quoted in T. A. Sprague, 'The Herbal of Otto Brunfels' in *Journal of the Linnaean Society*, Botany vol. 48 (London, 1928), pp. 79-124, read to the society on 3 November 1927.

4 *Ibid.*

第十二章

1 From the Dedicatory Epistle of Leonhart Fuchs, *De historia stirpium* (Basel, 1542), translated by Elaine Mathers and John Heller in the facsimile edition and commentary published by Stanford University Press in 1999. All quotations from *De historia stirpium* are from this edition and are reprinted by kind permission of the publisher.

2 *Ibid.*

3 Meyer's original drawings are now at the Österreichische Nationalbibliothek, Vienna.

4 Fuchs, *De historia stirpium*, Cap CXLVII, p. 392.

5 *Ibid.*, Dedicatory Epistle.

6 George Hizler, *Oratio de vita et morte ... Leonharti Fuchsii* (Tübingen, 1566), translated by Elaine Mathers and quoted in the Fuchs facsimile published by Stanford University Press.

7 'On August 14, 1535, the honourable Leonhart Fuchs, doctor of medicine, summoned and sent by our illustrious prince, was admitted to the council of the academy to teach medicine at an annual salary of 160 florins, and has sworn to his hiring and ... to contribute to the university articles for publishing, and the university agrees to pay 15 florins for him to publish his own Books himself.' Translated from the Latin original at Universitätsarchiv, Tübingen, fol. 66v, and quoted in the Fuchs facsimile published by Stanford University Press.

8 See the *Dienerbuch*-a record of people, events, activities for the town-for 1549. 'Doctor Leonhart Fuchs occupies the nunnery at Tübingen, wherein much construction has been done for him. He uses the garden by the house and expects that he might realise 20 pounds from it ... the house is being improved and rebuilt, which he deserves, with window, stove and all other things. The university has so much

income that it can well support the doctor.' From Klaus Dobat and Karl Magdefrau, '300 Jahre Botanik in Tübingen', *Attempto* 55-56 (Tübingen, 1975), pp. 8-27.

9 *Ibid.*

10 Original letter, written in German, in the Old Royal Collection, Royal Library, Copenhagen, quoted in the commentary to the Fuchs facsimile published by Stanford University Press.

11 Title page, originally in Latin, of *De historia stirpium*, published by Isingrin, Basel, 1542.

12 Letter from Fuchs to Camerarius, dated 23 November 1542, in the Trew Collection, Universitäsbibliothek, Erlangen. Twenty-six of these letters came into the possession of Christoph Jacob Trew (1694-1769), a physician and a wealthy patron of botany.

13 Letter from Fuchs to Camerarius, undated but probably written end 1541, or early 1542.

14 See Marcel de Cleene and Marie Claire Lejeune, *Compendium of Symbolic and Ritual Plants in Europe* (Ghent, 2003), p. 370.

15 Fuchs gave the foxglove its Latin name, a translation of the German common name, 'fingerhut'. Meyer's illustration (see plate 72), an afterthought on p. 893 of the Historia, is the first published picture of the flower, which for centuries had been used by country people as a medicine. (Its power was confirmed by William Withering in *An Account of the Foxglove, and Some of its Medicinal Uses, with Practicat Remarks on Dropsy, and Other Diseases* (Birmingham, 1785).)

16 Fuchs, *De historia stirpium*, p. 228, as translated in the Fuchs facsimile published by Stanford Univcrsity Press, p. 368.

17 T. A. Sprague and E. Nelmes, 'The Herbal of Leonhart Fuchs', *Journal of the Linnaean Society*, Botany vol. 48 (London, 1928), p. 553, read on 29 November 1928.

18 Fuchs's *De historia stirpium* was also a beautifully made book, which is perhaps why the pre-Raphaelite William Morris and the Victorian art critic John Ruskin both bought copies from the London shop of the antiquarian Bookseller, Bernard Quaritch.

19 Fuchs, *De historia stirpium*, Dedicatory Epistle.

20 From the Fuchs-Camerarius correspondcnce in the Trew Collection, Universitätsbibliothek, Erlangen, translated by Elaine Mathers.

21 The manuscript, bound in nine folio volumes and including 1,529 hand-coloured pictures of plants, is in the Österreichische Nationalbibliothek, Vienna.

22 Conrad Gesner, *Bibliotheca universalis* (Tiguri, 1545).

23 Letter, written by an amanuensis, from Gesner to Fuchs, 18 October 1556, translated by John Heller from the original in the Bibliothek Zentrum, Zurich, MS C50a no.20.

24 Letter from Fuchs to Camerarius, 24 November 1565, in the Trew Collection, Universitätsbibliothek, Erlangen, translated by Elaine Mathers.

25 Rauwolf's collection is now in the Rijksherbarium, Leiden.

26 Letter from Fuchs at Tübingen to Rondelet at Montpellier, 10 December 1556, Universitätsarchiv, Basel, Fr Gr II 5a, no. 44, translated from the Latin by Karen Meier Reeds and quoted in her Book, *Botany in Medieval and Renaissance Universities* (New York and London, 1991).

27 Letter from Fuchs to Camerarius, 24 November 1565, in the Trew Collection, Unversitätsbibliothek, Erlangen, translated by Elaine Mathers.

28 Ch. XLI, p. 256 from Fuchs's original manuscript in the Österreichische Nationalbibliothek, Vienna.

29 Letter from Fuchs to Camerarius, 3 April 1563, in the Trew Collection, Universitätsbibliothek, Erlangen, translated by Elaine Mathers.

第十三章

1 The Latin name for the Volga was the *flumen Rha* from which rhubarb, *Rheum rhaponticum*, gets its name.

2 See David Abulafia (ed.), *The Mediterranean in History* (London, 2003).

3 Biblioteca Nazionale Marciana, Venice, MS Ital. II XXVI 4860. See also Mauro Ambrosoli, *The Wild and the Sown* (Cambridge, 1997).

4 Nicolò Leoniceno, Introductions to *Errors in Pliny and in Several other Authors who have Written on Medicinal Simples* (Ferrara, 1492).

5 Marcello Virgilio Adriani, Preface to *Dioscorides de Materia Medica* (Florence, 1518).

6 Antonio Musa Brasavola, *Examen omnium simplicium medicamentorum, quorum in officinis usus est. Jean & François Frellon, Lyon* (Rome, 1536).

7 *Ibid.*

8 *Ibid.*

9 Sir Walter Raleigh, *The History of the World* (London, 1614).

第十四章

1 For a full account of the botanic garden at Pisa, see Fabio Garbari, Lucia Tongiorgi Tomasi and Alessandro Tosi, *Giardino dei Semplici* (Pisa, 2002).

2 See Emilio Tolaini, *Forma Pisarum. Storia urbanistica della città di Pisa* (Pisa, 1979).

3 Archivio di Stato di Firenze, Mediceo 1171, cc256-7, quoted in Garbari et al, *Giardino*.

4 Biblioteca Universitaria di Bologna, MS Aldrovandi 136, *Observationes variae* XIX.

5 Giovanni Battista de Toni, *I placiti di Luca Ghini* (Venice, 1907), p. 29.

6 *Ibid*., pp. 24-25.

7 See S. Seybold, 'Luca Ghini, Leonhart Rauwolf und Leonhart Fuchs', *Jh. Ges. Naturkunde*, 145 (1990).

8 Letter to George Marius, dated 12 December 1558, in Piet Andrea Mattioli, *Epistolarum medicinalium* (1561) in *Opera* (Frankfurt, 1598), Book 3, p. 118.

9 See Bartolomeo Taegio, *La villa* (Milan, 1559).

10 The site of this second garden is commemorated in the street name Via del Giardino in Pisa.

11 Andrea Cesalpino, *De plantis libri XVI* (Florence, 1583), translated from the Dedication.

12 *Ibid*., Lib. I, cap. XIII.

13 Matthias de l'Obel and Pierre Pena, *Stirpium adversaria nova* (London, 1570), p. 161.

14 Letter, dated 26 September 1592, quoted in G. Calvi, *Commentarium inservitorum historiae Pisani vireti Botanici Accademici* (Pisa, 1777).

15 Al-Ghassani was physician to Sultan Ahmad al-Mansur and his book, dealing with 379 Moroccan plants and drugs, was called *Hadiquat al-azhar fi sarh mahiyat al-ushb wa al-aggar*.

16 Cesalpino, *De plantis*, translated from the Dedication.

第十五章

1 Pierre Belon, *Les Observations de plusieurs singularités* (Paris, 1555).

2 Toni, *I placiti*, p. 23.

3 See letter to G. Marius, dated 12 December 1558, in Mattioli, *Epistolarum* in *Opera*, Book 3, p. 118.

4 *Ibid.*, Book 3, p. 171.

5 Piet Andrea Mattioli, *Commentarii in libros sex Pedacii Dioscoridis Anazarbei* (1565 edition), Book 2, ch. 139, pp. 544-545.

第十六章

1 The first scientific society in Europe, the Accademia dei Lincei, was founded by a Roman nobleman, Federico Cesi, in 1603. The name 'lynx-eyed' was suggested by Galileo, a founder member.

2 Amatus Lusitanus, *In Dioscoridis Anazarbei de medica materia libros quinque enarrationes* (Venice, 1553).

3 From William Turner's *A new herball* (London and Cologne, 1551-1568).

4 Pieter Coudenberg in a letter to Conrad Gesner, quoted in Gesner's *De hortis Germaniae* (Tiguri, 1561), p. 244.

5 Preface to Turner, *A new herball*, 1568 edition.

6 Turner, *A new herball*, 1551 edition.

7 Marjorie Blamey and Richard Fitter, *Wild Flowers* (London and Glasgow, 1980).

8 Public Record Office, Edw. VI Dom vii, no. 32, quoted in W. R. D. Jones, *William Turner, Tudor Naturalist, Physician and Divine* (London, 1988).

9 Public Record Office, Edw. VI Dom xi., no. 14, fol. 24.

10 British Museum, London, Lansdowne MS 2, no. 63, ff. 139-140.

11 Public Record Office, Edw. VI Dom xiii, no. 19.

12 Quoted in Blanche Henrey, *British Botanical and Horticultural Literature Before 1800* (London, 1975).

13 British Library, London, Lansdowne MS VIII, no. 3.

14 W. Pierce, *The Marprelate Tracts* 1588, 1589 (London, 1911).

15 See B. Dietz, *The Port and Trade of Early Elizabethan London*, Documents, London Record Society (London, 1972), pp. 63, 78, 138ff.

16 Turner, *A new herball* (1568 edition), part II, p. 27.

17 *Ibid.*, part III, p. 80.

18 He included, for example, the foxglove, which he said, 'groweth very much in Englande, and specially in Norfolke about ye cony holes in sandy ground'.

第十七章

1 Writing in *De naturis rerum* in praise of the weasel, the medieval author Alexander Neckham noted how 'educated by nature, it knows the virtues of the herbs, although it has neither studied medicine at Salerno nor been drilled in the schools at Montpellier'.

2 For a full account of the university at Montpellier, see K. M. Reeds, *Botany in Medieval.*

3 Before it ever became established as a centre for the wine trade, Montpellier's wealth was founded on spice.

4 Sean Jennett (trs.), *Beloved Son Felix: The Journal of Felix Platter, a medical student in Montpellier in the sixteenth century* (London, 1961). All subsequent quotations from Platter are taken from this source and are reproduced here by permission.

5 Laurentius Joubertus, *Gulmielmi Rondeletii Vita in Operum Latinorum* (Frankfurt, 1599).

6 The Place des Cénevols no longer exists; it was swept away during the construction of the Rue Nationale, now the Rue Foch. Catalan's own sons had been lodging in Strasbourg until they went on to

stay with Platter's father in Basel. This system of exchange was common at the time and cut down on the cost of a university education.

7 In Platter's day it stood on the Rue de l'Université, now renamed the Rue de l'École de Pharmacie.

8 W. G. Waters (trs.), *Journal of Montaigne's Travels* (London, 1903).

第十八章

1 The final volume of Gesner's *Historia animalium* did not come out until 1587, twenty-two years after Gesner's death.

2 Heinrich Zoller, Martin Steinmann, Karl Schmidt (eds), *Conradi Gesneri Historia Plantarum*, 3 vols (Zurich, 1972-1974).

3 For a full account of Gesner's *Bibliotheca universalis*, see Hans Fischer, 'Conrad Gesner (1516-1565) as Bibliographer and Encyclopedist', *The Library*, Fifth Series, vol. XXI, no. 4, December 1966, pp. 269-281.

4 E. L. Greene, *Landmarks of Botanical History* (Stanford, CA, 1983), p. 797.

5 From the Preface of Conrad Gesner, *De hortis Germaniae* (Tiguri, 1561).

6 The long correspondence between Gesner and Jean Bauhin was published in 1591.

7 Universitätsbibliothek, Erlangen Inv. MS 2386, fol. 273v.

8 Conrad Gesner, in a letter dated 26 November 1565, collected in *Epistolarum medicinalium* (Tiguri, 1577). Twenty of the letters in this volume are addressed to Zwinger (1533-1588), who was born in the year that Gesner first went to study in Paris.

9 Universitätsarchiv, Basel, UAB Fr Gr I 12 #203 (1596).

第十九章

1 Seán Jennett (trs.), *Journal of a Younger Brother, The Life of Thomas Platter as a Medical Student in Montpellier at the Close of the Sixteenth Century* (London, 1963), pp. 165-166.

2 Michault had studied with Busbecq in Italy and subsequently became Imperial Ambassador at the Portuguese Court.

3 From the first letter, dated Vienna, 1 September 1555, and reprinted in E. S. Forster (trs.), *The Turkish Letters*.

4 Sir John Chardin, *Travels in Persia*, trs. E. Lloyd (London, 1927).

5 John Gerard, *The Herball or Generall historie of plantes* (London, 1597), p. 153.

6 John Parkinson, *Paradisi in sole paradisus terrestris* (London, 1629).

7 John Frampton, *Joyfull newes out of the newe founde worlde* (London, 1662), fol. 1.

8 A particularly virulent form of syphilis had come to Europe when trade with the New World opened up in the decade after 1490.

9 Frampton, *Joyfull newes*, fol. 40.

10 *Ibid.*, fol. 102.

11 *Ibid.*, fol. 103.

12 Codex Barberini, Lat. 241, Biblioteca Apostolica Vaticana, Rome.

第二十章

1 Ludovico Guicciardini, *Descrittione di tutti i Paesi Bassi* (Antwerp, 1567).

2 The business remained here until the middle of the nineteenth century. The building is now a museum with the presses, woodblocks (3,874 of them), page proofs, cases of fonts and furnaces to cast the type still as they were in Plantin's time.

3 Translation from Colin Clair, *Christopher Plantin* (London, 1960).

4 When Rondelet died, he left M. l'Obel all his manuscripts.

5 It was published by Plantin in 1567, in an edition of 1,250 copies. The paper cost about forty-seven florins, the printing a little over twenty-nine florins and the illustrations ten florins. His total investment in the book amounted to about ninety-one florins and delivered a profit of 150 per cent.

6 The link with Pisa continued when Francesco Malocchi (*prefetto* from 1596 to 1613) took over from Godenhuize. Pigments were ordered from Guido Marucelli's shop on the Ponte della Carraia in Florence 'to paint certain plants to be sent abroad to Carolus Clusius' (Archivio di Stato di Pisa 518, payment no. 69, dated 10 June 1606, quoted in Garbari et al, *Giardino dei Semplici*).

7 De Morgues was born in Dieppe, a centre renowned for its cartographers and illuminators.

8 See M. l'Obel, *Plantarum seu stirpium historia* (Antwerp, 1576), p. 14.

9 In April 1605 this same fritillary flowers in the London garden of James Nasmyth, surgeon to King James I, the first time it has been seen in England.

10 M. l'Obel, *Stirpium adversaria nova*, with Pierre Pena (London, 1570), p. 312.

第二十一章

1 Testimony by George Baker printed in the preliminary pages of the first edition of John Gerard, *Herball*.

2 Ben Jonson wrote in his epitaph.

3 The story is told by William How in his *Stirpium illustrationes* of 1655.

4 He later retracted it, perhaps as a result of his dealings with Gerard over the *Herball*. The Natural History Museum in London has a copy of the catalogue in his own hand with a cross note: 'haec esse falsissima M. l'Obel' (This is most false, M. l'Obel).

5 Gerard, *Herball*, p. 1,391.

6 *Ibid.*, Dedicatory Letter.

7 *Ibid.*, p. 275.

8 In the parsonage lived George Fuller, rector of Hildersham 1561-1591, 'a very kinde and loving man, and willing to shew unto any man the saide close, who desired the same'.

9 Gerard, *Herball*, 1633 edition edited by Thomas Johnson, Johnson's address 'to the reader'.

10 *Ibid.*, p. 1,516.

第二十二章

1 Edward, Lord Herbert of Cherbury, *Autobiography*, 1599, edited by S. L. Lee (London, 1886), pp. 57-59.

2 Sir Henry Wotton, letter to Thomas Johnson, 2 July 1637, quoted in A. Arber, *Herbals, their origin and evolution*.

3 Translation of Johnson's *Descriptio itineris plantarum* (1632) taken from Gilmour (ed.), *Thomas Johnson: Journeys*. All subsequent quotations from Johnson are taken from this source.

4 The shrine had been destroyed by Thomas Cromwell scarcely a hundred years earlier.

5 For a full account of the journey, see W. J. Thomas, *The Itinerary of a Botanist through North Wales in the Year 1639* (Bangor, 1908).

6 All Goodyer's papers are deposited in the library of Magdalen College, Oxford. For a full account of Goodyer's life, see R. T. Gunther, *Early British Botanists and their Gardens* (Oxford, 1922).

7 His translation, a full year's work, was the only version of Theophrastus in English until Sir Arthur Hort provided one for the Loeb Classical Library in 1916.

8 Those three volumes comprised Jean Bauhin's *Historia plantarum universalis*, published posthumously in 1650.

第二十三章

1 Hieronymus Bock in the Prefacc to the *Kreuter Buch* (Strasbourg, 1551 edition).

2 Conrad Gesner, *Correspondence*, edited by Jean Bauhin (1591).

3 List bound among the Goodyer papers, Magdalen College, Oxford, Goodyer MS 11, fol. 21.

4 Roger Williams, *Key into the Language of America, or, An help to the Language of the Natives in that part of America called New England* (London, 1643), p. 98

5 The Royal Society's *Philosophical Transactions* (1668).

6 Francis Higginson, *New England's Plantation, or a Short and True Description of the Commodities and Discommodities of that Countrye, Written by a reverend divine now there resident* (London, 1630).

7 John Josselyn, *New England's Rarities Discovered* (London, 1672). Josselyn's first visit to the New World started in Boston in July 1638. From there he sailed up the coast to Scarborough, where he stayed for the next eighteen months.

8 *Ibid.*

9 Salem was established by Puritan settlers who set up the Massachusetts Bay Colony there in 1628. Winthrop became its first governor and planted a garden on Conant's Island in Boston harbour.

10 Massachusetts Historical Society, Winthrop Papers, vol. III.

11 John Ray, *Synopsis methodica stirpium Britannicarum* (London, 1690).

第二十四章

1 See John Ray, *Methodus plantarum emendata*, published in Amsterdam in 1703.

2 It still goes on, even if twenty-first-century scientists analysing DNA to demonstrate kinship between plants have moved far beyond Ray's sensible third rule, that the characteristics used to group plants should be obvious and easy to grasp.

3 John Ray, *Methodus plantarum nova* (London, 1682).

4 Taken from the English version of the Preface in *Ray's Flora of Cambridgeshire*, translated and edited by A. H. Ewen and C. T. Prime (Hitchin, 1975).

5 *Ibid.*

6 R. T. Gunther (ed.), *Further Correspondence of John Ray* (London, 1928), p. 25.

7 *Ibid.*, p. 68.

8 Preface to John Ray, *Observations and Catalogus Stirpium in Exteris Regionibus* (London, 1673).

9 Ray's herbarium is in the Natural History Museum, London.

10 Letter to Lister dated 18 June 1667, *Correspondence of John Ray*, Ray Society (London, 1848), pp. 13-14.

11 John Ray, Preface to *Methodus plantarum nova* (London, 1682), translated in C. E. Raven, *John Ray Naturalist, His Life and Works* (Cambridge, 1942).

12 The first road maps of Britain had only recently been published. They were prepared by

Scotsman John Ogilby (1605-1676) who, by order of Charles II, brought out *Britannica* Atlas in 1675, illustrated with a hundred copperplate engravings of Principal Roads thereof.

13 Gunther, *Further Correspondence*, p. 181.

14 Letter to Tancred Robinson, 1684, *Correspondence of John Ray*, p. 146.

15 The volumes were illustrated by engravings taken from original work done in Brazil by the artists Frans Post and Albert Eckhout. The portfolio of their work, containing more than 1,500 sketches, is in the Jagiellonian Library in Krakow.

16 The wood engravings which had illustrated the early plant books were now obsolete. Copperplate engravings allowed artists to show the parts of plants in much greater detail. The earliest botanical book to use copperplate etchings had been Fabio Colonna's *Phytobasanos* of 1592.

17 Gunther, *Further Correspondence*, p. 146. On 21 May 1685 Francis Aston, Secretary of the Royal Society, had written to the former Secretary, William Musgrave: 'Mr Ray's *History of Plants* being designed to be printed with old figures, we have prevailed that it may be printed without figures ... I believe it will be an incomparable book.' Quoted in R. T. Gunther, *Early Science in Oxford* (Oxford, 1945).

18 Preface to John Ray, *Historia plantarum*, vol. I (London, 1686).

19 Ray, *Historia plantarum*, pp. 183, 363.

20 *Ibid*., pp. 278-279.

21 The Oxford Botanic Garden was founded in 1621 near the River Cherwell, on a site outside the east gate of the city. The fine gateway was designed by Inigo Jones. Though Robert Morison did not take up his chair until 1669, Jacob Bobart had been appointed gardener c.1641. In his account of Oxford c.1670-1700, Thomas Baskerville wrote, 'After the walls & gates of this famous garden were built, old Jacob Bobert, father to this present Jacob may be said to be ye man yt first gave life & beauty to this famous place, who by his care & industry replenish'd the walls, with all manner of good fruits our clime would ripen, & and bedeck the earth wth great variety of trees plants and exotick flowers, dayly augmented by the botanists, who bring them hither from ye remote quarters of ye world.'

22 Rudolph Jakob Camerarius, a pioneer in the study of sexual reproduction in plants, did not publish his *De sexu plantarum* until 1694. It was followed in 1718 by Sebastien Vaillant's *Sermo de natura florum*.

23 Preface to Ray's *Historia plantarum*, vol. II (London, 1688).

24 Courten was the grandson of Sir William Courten, silk merchant and coloniser of Barbados. The younger Courten's collection was later acquired by Sir Hans Sloane and became one of the foundations of the British Museum.

25 Ray was, however, avidly read by the Italian scholar Marcello Malpighi and by the Frenchman Joseph Pitton de Tournefort, whose own book, *Élémens de botanique* was published in 1694.

26 Gunther, *Further Correspondence*, p. 191.

27 In *Institutiones rei herbariae* (1700), Tournefort described a system of assigning species to classis according to the form of their flowers. Plant genera were organised and described in a lucid, straightforward fashion that made them easy to identify. For a while, Tournefort's system was widely adopted in Europe.

28 *Philosophical Transactions*, XVII, no. 193, p. 528.

29 'The great difficulties the lovers of Botanie are forced to encounter ... ' in *Philosophical Letters*, 1718, p. 290.

30 From the Preface to the second edition of John Ray, *Synopsis*.

收束语

1 Renaissance scholars had used the terms *herbae* and *plantae*, though in his translation of Theophrastus, Teodoro Gaza had preferred *stirpes*. This was the word enthusiastically taken up in book titles by later authors such as Fuchs, M. l'Obel and Clusius. With his *Botanologicon* of 1534, Euricius Cordus had favoured Greek words over Latin ones, but it was not a popular move. In giving a new, specific name to the study of plants, Ray returned to the Greek *botan-* root.

2 See Gaspard Bauhin's *Pinax theatri botanici*, published in Basel in 1623, the year before he died.

3 The full story is told in the *Journal of the Royal Society of Antiquaries of Ireland*, 26, 1896, pp. 211-226, 349-361.

4 See William Steam, *Dictionary of Plant Names for Gardeners* (London, 1996).

5 Mark Griffiths (ed.), *Index of Garden Plants* (London, 1994).

6 The first code was drawn up by the Swiss botanist Alphonse de Candolle and confirmed the concept of precedence in choosing plant names.

7 See R. K. Brummitt, *Vascular Plant Families and Genera* (London, 1992).

参考文献

Abulafia, David (ed.) *The Mediterranean in History* (London, 2003)
Acosta, Christobal *Tractado de las drogas y medicinas . . .* (Burgos, 1578)
Acton, William *Journal of Italy* (London, 1691)
Agnew, D. C. A. *Protestant Exiles from France in the reign of Louis XIV* (London, 1871–1874)
Allen, D. A. *The Naturalist in Britain: A Social History* (London, 1976)
Allen, Mea *The Tradescants, their Plants, Gardens and Museums 1570–1662* (London, 1964)
Alpino, Prospero *De plantis Aegypti* (Venice, 1592)
Ambrosoli, Mauro *The Wild and the Sown* (Cambridge, 1997)
Ancona, M. Levi d' *Botticelli's Primavera: A botanical interpretation including astrology, alchemy and the Medici* (Florence, 1983)
Ancona, M. Levi d' *The garden of the Renaissance: botanical symbolism in Italian painting* (Florence, 1977)
Anderson, Alexander *The Coming of the Flowers* (London, 1932)
Anderson, Frank *An Illustrated History of the Herbals* (Columbia, NY, 1977)
Arber, A. *Herbals, their origin and evolution 1470–1670* (Cambridge, 1912)
Arber, A. *The Natural Philosophy of Plant Form* (Cambridge, 1950)
Arber, A. 'From Medieval Herbalism to the Birth of Modern Botany' in *Science, Medicine and History: Essays written in honour of Charles Singer*, edited by E. Ashworth Underwood, vol. I, pp. 317–336 (London, 1953)
Aristotle *Parts of Animals, see* Peck, A. L.
Backer, W. D., et al. *Botany in the Low Countries*, Plantin-Moretus Museum catalogue (Antwerp, 1993)
Backlund, Anders, and Kate Bremer 'To be or not to be', *Taxon*, vol. 47, pp.391–400
Balme, D. M. 'Development of Biology in Aristotle and Theophrastus', in *Phronesis* 7 (1962), pp. 91–104
Barlow, H. M. *Old English Herbals 1525–1640*, from Proceedings of the Royal Society of Medicine, 6 (London, 1913), pp. 108–149
Barnes, J. (ed.) *Cambridge Companion to Aristotle* (Cambridge, 1995)
Barrelier, Jacques de *Plantae per Galliam et Italiam observatae* (Paris, 1714)
Barrett, C. R. B. *History of Apothecaries* (London, 1905)
Bartholomew of England *De proprietatibus rerum, see* Bateman
Bateman, *Batman uppon Bartholome his booke De proprietatibus rerum* (London, 1582)
Bauhin, Gaspard *Pinax theatri botanici* (Basel, 1623 and 1658)

Bauhin, Jean *Historia plantarum universalis* (Yverdon, 1650)
Baumann, Felix *Erbario Carrarese* (Bern, 1974)
Bayon, H. P. *Masters of Salerno* (London and New York, 1953)
Beer, G. R. de *Early Travellers in the Alps* (esp. for Gilbert Burnet's journey in 1685: Zurich–Chur–Chiavenna, which mirrors William Turner's) (London, 1966)
Belon, Pierre *Les Observations de plusieurs singularités* (Paris, 1555)
Birch, Thomas *History of the Royal Society* (London, 1756–1757)
Blamey, Marjorie and Richard Fitter *Wild Flowers* (London, 1980)
Blunt, W. *The Art of Botanical Illustration* (London, 1950)
Blunt, W., and S. Raphael *The Illustrated Herbal* (London, 1979)
Boas, F. S. (ed.) *The Diary of Thomas Crosfield* (London, 1935)
Boas, Marie *The Scientific Renaissance 1450–1630* (London, 1962)
Bock, Hieronymus *Kreuter Buch* (Strasbourg, 1539)
Bodleian Library 'Duke Humphrey and English Humanism in 15thC', Bodleian Library exhibition catalogue (Oxford, 1970)
Bollea, L. C. 'British Professors and Students at the University of Pavia', *Modern Philology*, 23 (1925), 2, pp. 236ff
Bosse, Abraham, L. de Chastillon, N. Robert, *Recueil des plantes gravées par ordre du Roi Louis XIV* (Paris, n.d.)
Bostock, John (trs.) *The Natural History of Pliny* (London, 1855–1857)
Boulger, G. S. 'A Seventeenth-Century Botanist Friendship', *Journal of Botany* (1918), p. 197ff
Britten, James, and Robert Holland *Dictionary of Plant Names* (London, 1886)
Brown, Robert *Prodromus florae Novae-Hollandiae* (London, 1810)
Brunfels, Otto *Herbarum vivae eicones* (Strasbourg, 1530–1536)
Bry, Theodor de *Anthologia Magna* (Frankfurt, 1626)
Bullein, William *The booke of simples*, Part I of *Bullein's bulwarke of defence againste all sicknes* (London, 1562)
Calvi, G. *Commentarium inserviturum historiae Pisani vireti Botanici Accademici* (Pisa, 1777)
Camden, William *Britannia* (London, 1586)
Campbell-Thompson *The Assyrian Herbal* (London, 1924)
Casanova, M. *L'incendie de la Bibliothèque d'Alexandrie par les Arabes* (Paris, 1923)
Cecil, Alicia *A History of Gardening in England* (London, 1895)
Cesalpino, Andrea *De plantis libri XVI* (Florence, 1583)
Cesalpino, Andrea, and Silvio Boccone *Museo di piante rare della Sicilia, Malta, Corsica, Italia, Piemonte e Germania con l'appendix ad libros de plantis A Caesalpini* (Venice, 1697)
Chardin, Sir John *Travels in Persia*, translated by E. Lloyd (London, 1927)
Childe, Vere Gordon *Man Makes Himself* (London, 1951)
Choate, Helen A. 'The Origin and Development of the Binomial System of Nomenclature', *The Plant World* 15:257–263 (1912)
Chroust, A. H. 'The miraculous disappearance and recovery of the Corpus Aristotelicum', *Classica et Mediaevalia*, XXIII (1962), pp. 50–67
Clair, Colin *Christopher Plantin* (London, 1960)
Clair, Colin 'Refugee Printers and Publishers in Britain during the Tudor period', *Proceedings of the Huguenot Society of London*, XXII (1976)
Clarke, W. A. *First Records of British Flowering Plants* (London, 1900)
Cleene, Marcel de, and Marie Claire Lejeune *Compendium of Symbolic and Ritual Plants in Europe* (Ghent, 2003)

Clusius, Carolus *Rariorum aliquot stirpium per Hispanias* ... (Antwerp, 1576)
Clusius, Carolus *Rariorum aliquot stirpium, per Pannoniam* ... (Antwerp, 1583)
Clusius, Carolus *Rariorum plantarum historia* (Antwerp, 1601)
Coats, Alice M. *Flowers and their Histories* (London, 1956)
Cockagne, Oswald *Leechdoms, Wort-Cunning and Starcraft of Early England*, 3 vols (London, 1864–1866)
Coles, William *Adam in Eden* (London, 1657)
Coles, William *The Art of Simpling* (London, 1656)
Colin, D. *Gardens and Gardening in Papal Rome* (Princeton, NJ, 1991)
Collins, Minta *Medieval Herbals: The Illustrative Traditions*, British Library Studies in Medieval Culture (London, 2000)
Colonna, Fabio *Phytobasanos* (Naples, 1592)
Cordus, Euricius *Botanologicon* (Cologne, 1534)
Cordus, Valerius *Annotationes in pedacii Dioscoridis* (Strasbourg, 1561)
Cornut, Jacques Philippe *Canadensium plantarum, aliarumque nondum editorum historia* (Paris, 1635; reprinted New York, 1966)
Dalechampius, Jacobus *Histoire generale des plantes* (Lyons, 1653; the French translation by Jean de Moulins of the Latin original was published in Lyons, 1587–1588)
Dandy, J. E. *The Sloane Herbarium* (London, 1958)
Dannenfeldt, K. H. *Leonhard Rauwolf: sixteenth-century physician, botanist and traveler* (Cambridge, MA, 1968)
D'Aronco, M. A., and M. L. Cameron (eds) *The Old English Illustrated Pharmacopoeia* (Copenhagen, 1998)
Dietz, B. *The Port and Trade of Early Elizabethan London*, Documents, London Record Society (London, 1972)
Diogenes Laertius *Lives of the Philosophers, see* Hicks, R. D.
Dioscorides *De materia medica, see* Gunther, R. W. T.
Dodoens, Rembert *Cruydeboeck* (Antwerp, 1554)
Dodoens, Rembert *Florum et coronarium odoratarumque* (Antwerp, 1568)
Dodoens, Rembert *Histoire des plantes* (Antwerp, 1557)
Dodoens, Rembert *Stirpium historiae pemptades sex* (Antwerp, 1583)
Duff, E. G. *A Century of the English Book Trade 1457–1557* (London, 1905)
Dürer, Albrecht *Vier bucher von menschlicher proportion* (Nuremberg, 1528)
Earle, John *English Plant Names from the Tenth to the Fifteenth Century* (Oxford, 1880)
Ebell, B. *The Papyrus Ebers* (Copenhagen and London, 1937)
Einstein, L. *The Italian Renaissance in England* (New York, 1902)
Eisenstein, E. L. *The Printing Press as an Agent of Change* (Cambridge, 1979)
Emery, F. *Edward Lhwyd* (Cardiff, 1971)
Emmart, E. W. (ed.) *The Badianus Manuscript*, a facsimile of the Codex Barberini Latin 241 Vatican Library, Rome (Baltimore, MD, 1940)
Evelyn, John *The Diary* (Oxford, 1955)
Ewan, Joseph *A Flora of North America* (New York, 1969)
Farrar, Linda *Ancient Roman Gardens* (Stroud, 2000)
Farrington, Benjamin *Greek Science* (Harmondsworth, 1961)
Farrington, Benjamin *Science in Antiquity* (London, 1969)
Ferri, Sara, and Francesca Vannozzi *I Giardini dei Semplici e gli orti botanici della Toscana* (Perugia, 1993)
Fischer, Hans 'Conrad Gesner (1516–1565) as Bibliographer and Encyclopedist', *The Library*, Fifth Series, vol. XXI, no. 4, December 1966, pp. 269–281

Fisher, Celia *Flowers in Medieval Manuscripts* (London, 2004)
Fletcher, Richard *The Cross and the Crescent: Christianity and Islam from Mohammad to the Reformation* (Harmondsworth, 2003)
Forster, E. S. (trs.) *The Turkish Letters of Ogier Ghiselin de Busbecq* (Oxford, 1927)
Frampton, John *Joyfull newes out of the newe founde worlde* (London, 1577)
Fuchs, Leonhart *De historia stirpium* (Basel, 1542), read in the facsimile reprint, edited by Frederick Meyer, Emily Emmart Trueblood and John L. Heller (Stanford, CA, 1999)
Fuller, Thomas *The history of the worthies of England* (London, 1662)
Furley, D. J. (ed.) *From Aristotle to Augustine: Routledge History of Philosophy*, vol. I (London, 1999)
Galenus, Claudius *Opera omnia* (Leipzig, 1821–1833; originally printed Geneva, 1579)
Garbari, Fabio, Lucia Tongiorgi Tomasi and Alessandro Tosi *Giardino dei Semplici* (Pisa, 2002)
Gerard, John *The Herball or Generall historie of plantes* (London, 1597; Johnson edition, 1633)
Gerstenberg, Kurt *The Art of Albrecht Dürer* (London, 1971)
Gerstinger, H. (ed.) *Dioskurides: Codex Vindobonensis*, facsimile edition of the Juliana Anicia codex MS med. gr. 1 (Graz, 1970)
Gesner, Conrad *De hortis Germaniae* (Tiguri, 1561)
Gesner, Conrad *Epistolarum medicinalium* (Tiguri, 1577)
Gesner, Conrad *Historia Plantarum* (Basel, 1541), read in the facsimile edited by Heinrich Zoller et al. (Zurich, 1972)
Gibbon, Edward *The History of the Decline and Fall of the Roman Empire* (London, 1776–1788)
Gillispie, C. C. (ed.) *Dictionary of Scientific Biography* (New York, 1970–1980)
Gilmour, J. S. L. *British Botanists* (London, 1944)
Gilmour, J. S. L. (ed.) *Thomas Johnson: Journeys in Kent and Hampstead*, (Pittsburgh, PA, 1972)
Godwin, Sir H. *The History of the British Flora* (Cambridge, 1975)
Godwin, Dr H. 'The Ancient Cultivation of Hemp' in *Antiquity* 41 (1967), pp. 42–50
Goldthwaite, R. *Private Wealth in Renaissance Florence: A Study of Four Families* (Princeton, NJ, 1968)
Gotthelf, Allan and James G. Lennox, *Philosophical Issues in Aristotle's Biology* (Cambridge, 1987)
Green, J. R. *A History of Botany in the United Kingdom* (London, 1914)
Green, M. L. 'History of Plant Nomenclature' in *Kew Bulletin* 1927, pp. 403–414
Greene, E. L. *Landmarks of Botanical History* (Stanford, CA, 1983)
Grew, Nehemiah *The Anatomy of Plants* (London, 1682)
Griffiths, Mark (ed.) *Index of Garden Plants* (London, 1994)
Gudger, E. W. 'Pliny's *Historia Naturalis*: the most popular natural history ever published', *Isis* 6 (1924), pp. 269–281
Gunther, R. T. (ed.) *Dioscorides de Materia Medica: The Greek Herbal of Dioscorides* (Oxford, 1934)
Gunther, R. T. *Early British Botanists and their Gardens* (Oxford, 1922)
Gunther, R. T. *Early Science in Cambridge* (Oxford, 1937)
Gunther, R. T. *Early Science in Oxford* (Oxford, 1945)
Gunther, R. T. *Further Correspondence of John Ray*, published by the Ray Society (London, 1928)
Gunther, R. T. *The Herbal of Apuleius Barbarus*, facsimile of MS Bodley 130 (Oxford, 1925)
Gwyn, R. D. *Huguenot Heritage: The History and Contribution of the Huguenots in Britain* (London, 1985)
Hakluyt, Richard *The Principal Voyages and Discoveries of the English Nation* (Glasgow, 1904)
Hakluyt Society, *The Travels of John Sanderson in the Levant (1584–1602)* (London, 1931)
Hale, J. R. *England and the Italian Renaissance* (London, 1954)
Hall, A. R. *The Scientific Revolution 1500–1800* (Cambridge, 1962)
Hallam, H. E. *Rural England 1066–1348* (Glasgow, 1981)

Hanmer, Sir Thomas *The Garden Book of Sir Thomas Hanmer* (London, 1933)
Hedrick, Ulysses P. *A History of Horticulture in America to 1860* (New York, 1950; reprinted Portland, OR, 1988)
Henrey, Blanche *British Botanical and Horticultural Literature Before 1800* (London, 1975)
Herbert, Edward, Lord *Autobiography* (1599), edited by S. L. Lee (London, 1886)
Hicks, R. D. (ed.) *Diogenes Laertius Lives of Eminent Philosophers*, Loeb Classical Library series, (London, 1925)
Higginson, Francis *New England's Plantation* ... (London, 1630)
Hirsch, R. *Printing, selling and reading 1450–1550* (Wiesbaden, 1967)
Hoeniger, F. D. and J. F. M. *The Development of Natural History in Tudor England* (Charlottesville, VA, 1969)
Holland, Dr Philemon *The Historie of the World. Commonly called, the Naturall Historie of C. Plinius Secundus* (London, 1601)
Hort, Sir Arthur (ed.) *Theophrastus Enquiry into Plants*, 2 vols, Loeb Classical Library series (London, 1916)
How, W. *Phytologia Britannica* (London, 1650)
Hubert, Robert *A catalogue of many natural rarities* (London, 1665)
Hunger, F. W. T. *The Herbal of Pseudo-Apuleius* (Leiden, 1935)
Hunger, F. W. T. *Charles de l'Écluse* ('s-Gravenhage, 1927–1943)
Jackson, B. D. *A Catalogue of plants cultivated in the garden of John Gerard 1596–1599* (London, 1876)
Jashemski, Wilhelmina Feemster *A Pompeian Herbal* (Austin, TX, 1999)
Jeffers, R. H. *The Friends of John Gerard* (Falls Village, CT, 1967–1969)
Jennett, Seán (trs.) *Beloved Son Felix: the Journal of Felix Platter, a medical student in Montpellier in the Sixteenth Century* (London, 1961)
Jennett, Seán (trs.) *Journal of a Younger Brother, The Life of Thomas Platter* ... (London, 1963)
Johnson, Francis R. 'Latin versus English: the sixteenth-century debate over scientific terminology', *Studies in Philology*, 41, pp. 109–135
Johnson, F. R. *Astronomical Thought in Renaissance England: A Study of the English Scientific Writings from 1500–1645* (Baltimore, MD, 1937)
Johnson, George W. *A History of English Gardening* (London, 1829)
Johnson, T. *Descriptio itineris plantarum* (London, 1632)
Johnson, T. *Iter plantarum investigationis* (London, 1629)
Johnson, T. *Mercurius botanicus* (London, 1634 and 1641)
Jones, W. R. D. *William Turner, Tudor Naturalist, Physician and Divine* (London, 1988)
Josselyn, John *New England's Rarities Discovered* (London, 1672)
Joubertus, Laurentius *Operum Latinorum* (Frankfurt, 1599)
Kessler, H. L. (ed.) *Studies in Classical and Byzantine Manuscript Illumination* (London and Chicago, 1971)
Kew, H. Wallis, and H. E. Powell *Thomas Johnson: Botanist and Royalist* (London, 1932)
Koreny, Fritz *Albrecht Dürer and the Animal and Plant Studies of the Renaissance* (Boston, 1985)
Kren, Thomas, and Scott McKendrick *Illuminating the Renaissance* (Los Angeles and London, 2003)
Lambarde, W. *A perambulation of Kent, containing the description, Historye and Customes of the Shyre* (London, 1576)
Launey, M. 'Le verger d'Heracles à Thasos', *Bulletin de correspondance hellenique*, 61 (1937)
Legre, L. *La Botanique en Provence au xvième siècle*, vols I–V (Marseille, 1899–1904)
Leighton, Ann *Early English Gardens in New England* (London, 1970)

Lennox, James G. *Aristotle's Philosophy of Biology* (Cambridge, 2001)
Leoniceno, Nicolò, *Plinii ac plurinum aliorum auctorum ...* (Ferrara, 1492)
Linnaeus, C. *Genera plantarum* (Leiden, 1737)
Linnaeus, C. *Species plantarum* (Stockholm, 1753)
Lisle, Edward *Observations in Husbandry* (London, 1757)
Lobelius, M. *Kruydtboeck* (Antwerp, 1581)
Lobelius, M. *Plantarum seu stirpium historia* (Antwerp, 1576)
Lobelius, M. *Plantarum seu stirpium icones* (Antwerp, 1581)
Lobelius, M. *Stirpium illustrationes* (London, 1655)
Lobelius, M., and Pierre Pena *Stirpium adversaria nova* (London, 1570)
Loret, Victor *La Flore pharaonique* (Paris, 1887)
Lowry, M. *The World of Aldus Manutius. Business and scholarship in Renaissance Venice* (Oxford, 1979)
Lusitanus, Amatus *In Dioscoridis ... de medica materia libros quinque enarrationes* (Venice, 1553)
Lynch, John Patrick *Aristotle's School* (Berkeley, CA, 1972)
Lyte, Henry *A Niewe Herball, or Historie of Plantes* (London, 1578)
MacCulloch, Diarmuid *Reformation: Europe's House Divided 1490–1700* (London, 2003)
MacDougall, Elisabeth Blair *Fountains, Statues and Flowers: Studies in Italian Gardens of the Sixteenth and Seventeenth Century* (Dumbarton Oaks, Washington, DC, 1994)
MacDougall, Elisabeth Blair, and Jashemski, Wilhelmina F. (eds) *Ancient Roman Gardens*, Dumbarton Oaks Colloquium (Washington, DC, 1981)
Magnol, Pierre *Botanicon monspeliense* (Montpellier, 1686)
Magnol, Pierre *Hortus regius monspeliensis* (Montpellier, 1697)
Malpighi, Marcello *Anatome plantarum* (London 1675, 1679)
Markham, Sir Clements (trs.) *Colloquies on the Simples and Drugs of India* (London, 1913); *see also* Orta, Garcia de
Marshall, W. *The Rural Economy of the West of England* (London, 1796)
Matthews, L. G. *The Royal Apothecaries* (London, 1967)
Mattioli, Pier Andrea *Commentarii in libros sex Pedacii Dioscoridis Anazarbei* (Venice, 1554)
Mattioli, Pier Andrea *Opera* (Frankfurt, 1598)
McLean, Antonia *Humanism and the Rise of Science in Tudor England* (London, 1972)
Merret, Christopher *Pinax rerum naturalium britannicarum* (London, 1666)
Moir, E. *The Discovery of Britain: The English Tourist 1540–1840* (London, 1964).
Monardes, Nicolas *Dos Libros* (Seville, 1569–1571)
Morison, Robert (ed.) *Icones et descriptiones rariorum plantarum Siciliae, Melitae, Galliae et Italiae* (Oxford, 1674)
Morison, Robert *Plantarum umbelliferarum distributio nova* (Oxford, 1672)
Morton, A. G. *History of Botanical Science* (London, New York, 1981)
Nasr, Seyyed Hossein *Islamic Science* (n.p., 1976)
Nissen, Claus *Herbals of Five Centuries* (Zurich, 1958)
Noltie, Henry (ed.) *The Long Tradition*, Botanical Society of the British Isles conference report no. 20 (1986)
North, F. J. *Humphrey Lluyd's map of England and Wales* (Cardiff, 1937)
Ogilby, J. *Britannia ... or an illustration of the Kingdom of England and Dominion of Wales* (London, 1675)
Oliver, Francis Wall *Makers of British Botany* (Cambridge, 1913)
Orta, Garcia de *Coloquios dos simples* (Goa, 1563); *see also* Markham, Sir Clements

Oviedo, Gonzalo Fernandez de *Dela natural historia de las Indias* (Toledo, 1526), edited and translated by S. A. Stoudemire as *Natural History of the West Indies* (Chapel Hill, NC, 1959)
Pächt, Otto 'Early Italian Nature Studies and the Early Calendar Landscape', *Journal of the Warburg and Courtauld Institutes*, XIII (1950) pp. 13–47
Panofsky, Erwin *The Life and Art of Albrecht Dürer* (1955; reprinted Princeton, NJ, 1971)
Panofsky, Erwin *Renaissance and Renascences in Western Art* (New York, 1972)
Parkinson, John *Paradisi in sole paradisus terrestris* (London, 1629)
Parkinson, John *Theatrum botanicum* (London, 1640)
Parsons, Edward Alexander *The Alexandrian Library* (New York, 1952)
Passe, Crispin de *Hortus Floridus* (Utrecht, 1614)
Peck, A. L. (ed.) *Aristotle's Parts of Animals*, Loeb Classical Library series (London, 1937)
Petrarch, Francesco *De rebus memorandis* (Basel, 1563)
Pierce, W. *The Marprelate Tracts 1588, 1589* (London, 1911)
Plat, Sir Hugh *Garden of Eden* (London, 1654)
Plat, Sir Hugh *The Jewell House of Art and Nature* (London, 1594/1653)
Platter, Felix *Beloved Son Felix: the Journal of Felix Platter, a medical student in Montpellier in the Sixteenth Century*, see Jennett, Seán
Pliny the Elder *Natural History*, Loeb Classical Library series (Cambridge, MA, 1980)
Pliny *Letters*, translation by William Melmoth for the Loeb Classical Library series (London, 1915)
Prest, John *The Garden of Eden: The Botanic Garden and the Re-Creation of Eden* (London, 1981)
Pulteney, R. *Historical and Biographical Sketches of the Progress of Botany in England* (London, 1790)
Raleigh, Sir Walter *The History of the World* (London, 1614)
Rashed, Roshdi (ed.) *Encyclopaedia of the History of Arabic Science* (London and New York, 1996)
Raven, C. E. *English Naturalists From Neckham to Ray* (Cambridge, 1947)
Raven, C. E. *John Ray Naturalist, His Life and Works* (Cambridge, 1942)
Raven, John *Plants and Plant Lore in Ancient Greece* (Oxford, 2000)
Ray, John *Catalogus plantarum Angliae* (London, 1670)
Ray, John *Catalogus plantarum circa Cantabrigiam nascentium* (1660), translated and edited by A. H. Ewen and O. T. Prime (Hitchin, 1975)
Ray, John *Dictionariolum trilingue*, reprint of the 1675 original by the Ray Society (London, 1981)
Ray, John *Historia plantarum*, 3 vols, (London, 1686–1704)
Ray, John *Methodus plantarum emendata* (London and Amsterdam, 1703)
Ray, John *Methodus plantarum nova* (London, 1682)
Ray, John *Synopsis methodica stirpium Britannicarum* (London, 1690)
Raymond, J. *Itinerary containing a Voyage, made through Italy in the yeare 1646 and 1647* (London, 1648)
Rea, John *Flora, seu de florum cultura* (London, 1665)
Reeds, Karen Meier *Botany in Medieval and Renaissance Universities* (New York and London, 1991)
Riddle, John *Dioscorides on Pharmacy and Medicine* (Austin, TX, 1986)
Rohde, E. S. *The Old English Herbals* (London, 1922)
Ruel, J. *De natura stirpium libri tres* (Paris, 1536)
Sachs, Julius von *History of Botany 1530–1860* (Oxford, 1890)
Sadek, M. M. *The Arabic Materia Medica of Dioscorides* (Quebec, 1983)
Sarton, George *Introduction to the History of Science* (Baltimore, 1927–1948; reprinted 1962)
Sarton, George *Six Wings* (Bloomington, IN, 1957)
Seward, A. C. 'The Foliage, Flowers and Fruit of Southwell Chapter House', *Cambridge Antiquarian Soc. Comm.*, XXXV, pp. 1–32
Seybold, S. 'Luca Ghini, Leonhart Rauwolf und Leonhart Fuchs', *Jh. Ges. Naturkunde*, 145 (1990)

Singer, Charles *From Magic to Science: Essays on the Scientific Twilight* (London, 1928)

Singer, Charles *Greek Biology and Greek Medicine* (Oxford, 1920)

Singer, Charles 'Early English Magic and Medicine', *Proc. British Academy*, read 28 January 1920 (London, 1920)

Singer, Charles 'Greek science and modern science', inaugural lecture, University College, London, 12 May 1920 (London, 1920)

Singer, Charles 'The herbal in Antiquity and its transmission to later ages' *Journal of Hellenic Studies*, vol. 47 (1927), pp. 1–52

Singer, Charles 'Herbals', *Edinburgh Review*, 237, January 1923, pp. 95–102

Southwell, T. *Notes and Letters on the Natural History of Norfolk* (London, 1902)

Sprague, T. A. 'The Herbal of Otto Brunfels', *Journal of the Linnaean Society*, Botany vol. 48, (London, 1928) pp. 79–124

Sprague, T. A. 'Plant Morphology in Albertus Magnus', *Kew Bulletin* (1933), pp. 431–440

Sprague, T. A. and Nelmes, E. 'The Herbal of Leonhart Fuchs' in *Journal of the Linnaean Society*, Botany vol. 48 (London, 1931), pp. 545–642

Stafleu, Frans A. *Taxonomic literature* (Utrecht, 1976)

Stafleu, Frans A. et al *International code of botanical nomenclature* (Utrecht, 1978)

Stannard, Jerry 'A fifteenth century botanical glossary', *Isis* 55, pp. 353–367

Stannard, Jerry 'Pliny and Roman Botany', *Isis*, 56 (1965), pp. 420–425

Stearn, W. *Botanical Latin* (Newton Abbott, 1992)

Stearn, W. T. (ed.) *Turner's Libellus and Names of Herbes*, fascimile edition published by the Ray Society (London, 1965)

Stearn, William T. *Dictionary of Plant Names for Gardeners* (London, 1996)

Stearn, William T. 'The background of Linnaeus's contributions to the nomenclature and methods of systematic biology', *Systematic Zoology*, 7: 4–22

Stearn, William T. 'From Theophrastus and Dioscorides to Sibthorp and Smith', *Journal of the Linnaean Society*, London 8: 285–298

Stearn, William T. 'The origin and later development of cultivated plants', *JRHS*, 110, (1965), pp. 279–290 and 322–340

Stoye, J. W. *English Travellers Abroad 1604–1667: Their Influence in English Society and Politics* (London, 1952)

Strabo, Walahfrid *Hortulus* (Vienna, 1510)

Stroup, Alice *A Company of Scientists* (Berkeley and Los Angeles, 1990)

Sweerts, Emmanuel *Florilegium* (Frankfurt, 1612)

Szafer, Wladyslaw *Zarys historii botaniki w Krakowie* (History of Botany in Cracow) (Krakow, 1964)

Thacker, C. 'Huguenot Gardeners in the Age of Gardens', *Proceedings of the Huguenot Society of London*, 24 (1912), pp. 60–65

Theophrastus *De causis plantarum* and *Historiae plantarum*, *see* Hort, Sir Arthur

Thomas, Hugh *Rivers of Gold: The Rise of the Spanish Empire* (London, 2003)

Thomas, K. *Religion and the Decline of Magic* (London, 1971)

Thomas, Keith *Man and the Natural World* (London, 1983)

Thomas, W. J. *The Itinerary of a Botanist through North Wales in the Year 1639* (Bangor, 1908)

Thompson, D. W. *On Growth and Form*, abridged edition (Cambridge, 1971)

Thorndike, L. *The Herbal of Rufinus* (Chicago, 1946)

Thorndike, L. *A History of Magic and Experimental Science* (vol. VI covers the sixteenth century) (New York, 1941)

Tolaini, Emilio *Forma Pisarum. Storia urbanistica della città di Pisa* (Pisa, 1979)
Tomasi, Lucia Tongiorgi, and Gretchen A. Hirschauer *The Flowering of Florence*, exhibition catalogue (Washington, DC, 2002)
Toni, Giovanni Battista de *I placiti di Luca Ghini* (Venice, 1907)
Tooley, R. V. *Maps and Map Makers* (London 1949; new ed., 1978)
Tosi, Alessandro *Ulisse Aldrovandi e la Toscana* (Florence, 1989)
Tournefort, J. Pitton de *Élémens de botanique* (Paris, 1694)
Tournefort, J. Pitton de *Histoire des plantes qui naissent aux environs de Paris avec leur usage dans la medicine* (Paris, 1698)
Touwaide, Alain (ed.) *Farmacopea Araba Medievale*, facsimile of MS Ayasofia 3703 (Milan, 1992–1993)
Turner, William *Libellus de re herbaria* (London, 1538)
Turner, William *The Names of Herbes*, a facsimile of the 1548 edition published by the Ray Society (London, 1965)
Turner, William *A new herball* (London and Cologne, 1551–1568)
Underwood, E. Ashworth *A History of the Worshipful Society of Apothecaries* (London, 1963)
Vinci, Leonardo da *A Treatise on Painting*, translated by John Francis Rigaud (London, 1877)
Walters, S. M. and C. J. King, *European Floristic and Taxonomic Studies* (Faringdon, 1975)
Waters, W. G. (trs.) *Journal of Montaigne's Travels* (London, 1903)
Webster, Charles *The Great Instauration: Science, Medicine and Reform, 1626–1660* (London, 1975)
Weitzmann, Kurt 'Greek Sources of Islamic Scientific Illustrations' and other contributions in *Studies in Classical and Byzantine Manuscript Illumination, see* Kessler, H. L.
Wheeler, Rev. Sir George *A Journey into Greece* (London, 1682)
Williams, Roger *Key into the Language of ... the natives in that part of America called New England* (London, 1643)
Wilson, N. G. *Books and Readers in Byzantium*, Dumbarton Oaks Papers (Washington, DC, 1975)
Withering, William *An Account of the Foxglove* (Birmingham, 1785)
Zoller, Heinrich, Martin Steinmann, Karl Schmidt (eds) *Conradi Gesneri Historia Plantarum*, 3 vols, (Zurich, 1972–4)

手稿

CAMBRIDGE

University Library: MS Ee.5.7

FLORENCE

Biblioteca Nazionale: MS Pal.586

ISTANBUL

Süleymaniye Mosque Library: MS Ayasofia 3703 (available in facsimile as *Farmacopea Araba Medievale*, edited by Alain Touwaide, Milan, 1992–1993)

Topkapi Library: MS 2127

LEIDEN

Bibliotheek der Rijksuniversiteit: MS Voss.lat.Q.9; MS.or.289

LONDON

British Library: MS Cotton Vitellius C III; MS Egerton 747 (available in facsimile as *A Medieval Herbal* with commentary by Minta Collins and plant list by Sandra Raphael, British Library, London, 2003); MS Egerton 2020 (The Carrara Herbal); MS Harley 585; MS Sloane 1975; MS Sloane 4016; Add.MS 28841 (The Cocharelli Treatise); Add.MS 41623

Wellcome Institute: MS 5753 (The Johnson Papyrus)

NAPLES

Biblioteca Nazionale: MS gr.1 (available in facsimile as the *Codex Neapolitanus*, Graz, 1992)

OXFORD

Bodleian Library: MS Bodley 130; MS Ashmole 1462

PARIS

Bibliothèque Nationale de France: MS gr.2286; MS Lat. 6823; MS nouv.acq.Lat.1673

Bibliothèque de l'École des Beaux Arts: MS Masson 116

ROME

Biblioteca Casanatense: MS 4182

VATICAN

Biblioteca Apostolica Vaticana: MS Barberini Lat. 241 (available in facsimile as *The Badianus Manuscript*, edited by E. W. Emmart, Baltimore, MD, 1940)

VENICE

Biblioteca Nazionale Marciana: MS Lat. VI; MS Ital. II XXVI 4860

VIENNA

Österreichische Nationalbibliothek: MS med. gr. 1 (Juliana Anicia codex, available in facsimile as *Dioskurides: Codex Vindobonensis* with a commentary by H. Gerstinger, Graz, 1970); MS Vindobonensis 93 (Medicina antiqua, available in facsimile with introduction by Peter Murray-Jones, London, 1999)

致谢

作者本人最先要敬表谢忱的，是几位放下自己手中的工作来帮助这本书的女士们与先生们。承蒙敏达·柯林斯允许我参考她写入《流行于中世纪的插图植物书册》中的大量资料，并审阅本书有关中世纪情况的四章内容，使这些文字大为增色。感谢伦敦大学学院希腊语与拉丁语系的鲍勃·沙普尔斯教授不但将罕有其匹的研究泰奥弗拉斯托斯的心得尽心传授，还评介了本书中与古典时期有关的四章文字，使作者获益匪浅。伦敦林德利图书馆的布兰特·埃利奥特（Brent Elliott）博士在阅读了介绍奥托·布伦费尔斯和莱昂哈特·富克斯的部分后，一如既往地提出了中肯和有用的建议。英国皇家植物园分子系统发生学组的负责人马克·蔡斯教授不吝赐教，花费时力向我解释与被子植物种系发生学有关的知识。他还同意阅读本书的收束语部分及涉及约翰·雷伊的一章并发表见解。卡萝尔·哈伯德（Caryl Hubbard）第一位通读了全书的手稿，谈了她的看法，又在我最需要的时候给我以支持与鼓励。对他们的帮助本人极为承情，书中的不足之处自然是在下自己努力不足之故。

来自佛罗伦萨自然博物馆基娅拉·奈皮（Chiara Nepi）博士的热心支持，使我在意大利的工作得到不少助力。通过她的安排，我见识到了安德烈亚·切萨尔皮诺的植物标本收藏，复印了部分意大利文资料供事后译成英文之用，还得到了极有价值的图片资料。承蒙比萨大学生物系教授法比奥·加尔巴里（Fabio Garbari）大力协助，不但允准我引用他与露西娅·佟基奥吉·托马西（Lucia Tongiorgi Tomasi）和亚历山德罗·托西（Alessandro Tosi）合著的《药草之园》一书中的文字，还提供了该大学所拥有的几幅人物肖像的复制品。在此向上述四人深表谢意。我还要衷心感激比阿特丽丝·蒙蒂·德拉科尔特（Beatrice Monti della Corte）为我提供了圣玛德莱纳村的住处。那是一处极其适于在佛罗伦萨奔忙一番后回来静心的好所在。在那里六周的流连是我后来时时怀念的时光。

剑桥大学图书馆珍本阅览室馆员们不辞辛劳的高效工作，使我有了得阅种种难得资料的可能。他们的帮助和提议是我需要并且感激的。伦敦图书馆的工作人员定期将我需要的书递送到乡间我的住处——真不啻 VIP 级待遇哟，为我写此书提供了极大的保障。大英图书馆和维尔康医学图书馆允准我阅读其馆藏手稿和抄本，在这里也一并感谢。

我的出版代理人、瓦特书刊经纪公司的卡拉多克·金（Caradoc King）也给了我一如既往的大力支持。在布卢姆斯伯里出版公司的莉兹·考尔德（Liz Calder）批准将本书纳入出版计划后，我又得到了两位能干的组织者——设计室主任威尔·韦布（Will Webb）和出版部主任潘妮·爱德华兹（Penny Edwards）的不懈关注。能干的编辑维多利亚·米拉（Victoria Millar）不惜心力对尾注多方考证，以保证本书内容的真确。这种敬业精神令我起敬，使我感激。希瑟·维克斯（Heather Vickers）为书中的插图大费心力，道格拉斯·马修斯（Douglas Matthews）编纂了全书的索引[①]。他们都理应得到本人的感铭。

最后我还要对我的丈夫特雷弗·韦尔（Trevor Ware）说声多谢。我为写这本书所去的地方，无论是哈萨克斯坦、圭亚那、雅典、佛罗伦萨、阿姆斯特丹、布吕赫、安特卫普，还是另外的地域，他都同我一起跋涉。我每打算去参观一座博物馆、去坐一处图书馆，他也从不曾有过二话。

本书中引用的《托马斯·约翰逊在肯特郡和汉普斯特德丘地的搜寻植物之旅》［吉尔摩（J. S. L. Gilmour）编，1972］，是经美国卡内基·梅隆大学的亨特生物学资料研究与服务中心同意复印的。引用的《博物学家约翰·雷伊传》和《从亚历山大·内柯罕到约翰·雷伊的英国博物学家诸众》（两书作者均为查尔斯·雷文，分别出版于 1942 年和 1947 年）得到了剑桥大学出版社的首肯。转引自《流行于中世纪的插图植物书册》（2000）的材料得到了作者敏达·柯林斯本人和大英图书馆的允准。所引用的奥托·派赫特发表于《瓦堡研究所与库尔陶研究所联合年报》第 13 卷的文章，也得到了此学术刊物编辑的支持。来自玛丽·博阿斯所著《1450—1630 年间的科学复兴》（1962）一书中的文字同样经过了作者本人的应许。斯坦福大学出版社的大度，使得翻译莱昂哈特·富克斯的《精评草木图志》影印版（1999）的原文和评论成为可能。此外，下列书中的引文，也分别得到了有关人士和机构的许可：袖珍丛书《野花》，哈珀柯林斯出版

① 此中译本中未收入原书的索引部分。——译注

集团；布兰奇·亨里（Blanche Henrey）的《1800 年前的英国植物学与园艺学出版物》（1975）和罗伯特·西奥多·冈瑟（Robert Theodore Gunther）的《牛津大学的早期科学研究》（1945）两书，牛津大学出版社；肖恩·热内（Sean Jennet）英译的《医学院学生费利克斯·普拉特的日记》（1961）和《托马斯·普拉特传》（1963），波林杰公司及这两本书的版权持有人；马克·格里菲思编制的《英国皇家园艺学会新编园林植物索引》，麦克米伦出版公司。此外，本书也有所引用的另外两本书——一本是科林·克莱尔（Colin Clair）的《克里斯托夫·普朗坦传》（1960），由卡斯尔出版社出版；另一本是尤恩（A. H. Ewen）与普赖姆（C. T. Prime）合作编译的《约翰·雷伊的剑桥植物目录》（1975），尽管多方努力，都未能联系到有关的版权人。此外还可能有遗漏的版权所有者。凡有发现此种疏漏者，请与本书的出版公司接洽，该公司将乐于在以后此书再版时予以弥补。